装备科技译著出版基金

U0465421

雾化和喷雾（第2版）

Atomization and Sprays（Second Edition）

[美] 阿瑟 · H. 勒菲弗（Arthur H. Lefebvre） 著
[美]文森特 · G. 麦克唐奈（Vincent G. McDonell）
魏祥庚 朱韶华 何国强 秦飞 译

国防工业出版社
· 北京 ·

著作权合同登记　图字:01－2022－5903号

图书在版编目(CIP)数据

雾化和喷雾：第2版/(美)阿瑟·H.勒菲弗，(美)文森特·G.麦克唐奈著；魏祥庚等译. -- 北京：国防工业出版社，2025. 6. -- ISBN 978－7－118－13604－3

Ⅰ. TQ038.1;TK263.4

中国国家版本馆CIP数据核字第2025UN7521号

Atomization and Sprays (Second Edition)/ by Arthur H. Lefebvre | Vincent G. McDonell /

ISBN: 978－1－4987－3625－1

Copyright © 2017 by Taylor & Francis Group, LLC

Authorized translation from English language edition published by CRC Press, part of Taylor & Francis Group LLC. All rights reserved.

National Defense Industry Press is authorized to publish and distribute exclusively the Chinese (simplified characters) language edition. This edition is authorized for sale throughout Chinese mainland. No part of the publication may be reproduced or distributed by any means, or stored in a database or retrieval system, without the prior written permission of the publisher.

Copies of this book sold without a Taylor & Francis sticker on the cover are unauthorized and illegal.

本书原版由 Taylor & Francis 出版集团旗下 CRC 出版公司出版,并经其授权翻译出版。版权所有,侵权必究。本书中文简体翻译版授权由国防工业出版社独家出版并限在中国大陆地区销售。未经出版者书面许可,不得以任何方式复制或发行本书的任何部分。本书封面贴有 Taylor & Francis 公司防伪标签,无标签者不得销售。

※

国防工業出版社 出版发行

(北京市海淀区紫竹院南路23号　邮政编码100048)

雅迪云印(天津)科技有限公司印刷

新华书店经售

*

开本 710×1000　1/16　印张 27½　字数 448 千字

2025年6月第1版第1次印刷　印数 1—1600 册　定价 188.00 元

(本书如有印装错误,我社负责调换)

国防书店:(010)88540777　书店传真:(010)88540776

发行业务:(010)88540717　发行传真:(010)88540762

译　者　序

雾化是目前很多工业生产和生活中的重要现象和过程，同时也是航天动力装置工作过程中出现的重要现象。在航天动力装置中，液体火箭发动机、固液混合发动机、冲压发动机等在工作过程中存在推进剂的雾化现象，其对动力装置的性能具有重要影响。理解和掌握雾化相关知识对航天发动机设计人员具有重要的帮助。

本书由美国航空航天协会（AIAA）推进剂和燃烧奖的第一位获得者普渡大学的 Arthur H. Lefebvre 教授和加利福尼亚大学欧文分校（UCI）燃烧实验室的副主任 Vincent G. McDonell 教授共同撰写，结合作者多年的科学研究及雾化领域的最新研究成果编写而成，实践性及与工程结合度比较高。本书从第 1 版出版到现在已经有 30 余年了，在业界备受欢迎，具有广泛影响力。本书（第 2 版）主要讲解了喷嘴的类型及其应用、液滴破碎机理、雾化性能表征参数、雾化测量方法、液滴蒸发及喷嘴设计要求及基本方法等内容，可以供液体火箭发动机、冲压发动机、航空发动机等领域的喷嘴设计、雾化燃烧研究人员及技术人员阅读，也可供高年级本科生、研究生阅读。

本书由西北工业大学航天学院的魏祥庚、朱韶华、何国强、秦飞翻译。翻译过程中得到了团队人员的协助，如赵骁、谢远、赵志新、李玲玉、崔巍、周之瑶、魏宇祺、王白岩、赵雅淳、董译洹等。感谢国防工业出版社引进本书并在翻译过程中提供帮助，以及装备科技译著出版基金资助出版。本书在翻译过程中获得了西安航天动力研究所的周立新研究员、上海空间推进研究所的洪鑫研究员的大力支持，以及中国科学院工程热物理研究所等单位一些专家学者的支持，在此一并表示感谢。

本书译者在翻译过程中付出了大量努力，在专业术语、译文表述等方面进行了反复斟酌，并向有关人员进行请教，但由于译者水平有限，书中难免出现不当之处，恳请读者批评指正。

译者
2024 年 5 月

第2版前言

由于从第1版开始作者就尝试收集和整理喷雾研究领域的重要研究成果，并且这是一项非常具有挑战性的工作，因此，本书的第2版至今才出版。本书的主题始终联系实际，在物理理论方法方面的内容主要是 Arthur H. Lefebvre 在工作实践中获得的。实际上，他作为雾化和喷雾技术的工程师或实践者，采用简单易用的设计工具，开发硬件，获得喷雾行为的特定属性是非常有用的。在过去的至少25年里，虽然雾化和喷雾领域有了显著的研究进展，但是在第1版中描述的指导性原则仍然保留在第2版中。仅仅报告观察结果、新方法，甚至分析方法的工作，由于没有提炼成易于应用的形式，因此就没有在本书中重点介绍。虽然这些研究可能为新模型或设计工具发展提供前进路径，但重点仍是放在新模型或新工具上。对于工具来说，需优先给出顺利使用它的所有必要信息。虽然现在可以通过测量和模拟获得关于喷雾性能的详细信息，但仍要认识到，这些信息是达到创新、发展和改进雾化技术这一目的的手段。

虽然在第1版的创作时期，Arthur H. Lefebvre 在雾化和喷雾领域几乎没有同行，但现在已经不同，众多研究人员和开发人员已活跃在这个领域。作为这一领域众多研究人员中的一员，我仍然对完成从世界各地汇编最新信息并尽量以简单的方式将其纳入第1版所确立的框架的任务感到诚惶诚恐。毫无疑问，一些优秀的工作被忽视了，对于那些贡献者，我只能道声抱歉了。

我很荣幸也很高兴认识 Arthur H. Lefebvre，并在美国机械工程师协会、美国航空航天协会和液体雾化和喷雾系统研究所（ILASS）的会议上同他交流。每年冬天，他都会在 Ievine 花费几周时间，在 Scott Samuelsen 和 Don Bahr 的帮助下，开设“燃气轮机燃烧”课程。他很珍惜在 UCI 燃烧实验室与学生见面的时光，并就研究方向和分析提出许多好的建议。通过相处，我能够更好地了解他，并很欣赏他对工程、燃烧、雾化和喷雾所提出的观点。

就第2版而言，有几点内容值得一提。首先，应用到本书的设计工具中的液体特性的重要性怎么强调都不为过，因此对第1版第1章做出了许多修改。此外，由于很多有关内部流动和喷雾基本原理的新的研究工作已经完成,因此,本书第 2 章增加了大量的新内容。

虽然在改进与描述液滴尺寸和尺寸分布相关的细节和微妙之处进行了努力,但本书描述这些内容的基本方法仍然与第 1 版基本相同。不同的是通过现成的回归分析工具快速确定系数和常数的能力。此外,本书还描述了各种分布(计数、表面积、体积)的统计差异性,以便从这些分布中提取典型的统计矩,如标准方差、偏态等。第 3 章包含了这些信息。

就喷嘴类型而言,其在一般分类方法上变化不大。虽然一些有趣的概念已经更新,但是基于压力或双流体的方法仍然被广泛使用。静电和超声波设备持续得到利用。因此,本书第 4 章仍然与第 1 版类似,但增加了先进制造方法。

近年来随着新的诊断方法和模拟技术的发展,喷嘴的内部流动研究取得了重大进展。因此,第 5 章描述了有关在雾化性能中气蚀起关键作用的更多细节。

液滴大小和形态仍然是喷雾性能的关键参数。因此,第 6 章和第 7 章提供了描述这些参数的设计工具的详细信息。其中,出现在许多应用中的关于横流射流现象的研究取得了很大进展。

对于燃烧应用,蒸发仍然是一个关键步骤。尽管现在有了其他发展,但第 1 版中的相关内容仍然是密切相关的。但对于实际燃烧环境中复杂湍流喷雾的应用,和早期工作相关的一些简化,仍然在设计工作中非常适用。

最后,第 9 章专门讨论测试设备,并对模拟进行了一些说明。实验测量和模拟相结合的研究方法已经被证实是提供最佳研究的方法。

我要感谢整个不断发展的喷雾行业,特别是世界各地的液体雾化和喷雾系统研究所(ILASS)。ILASS 的倡议和建立源于受本书第 1 版鼓舞的一批人,它是一个将喷雾研究工作聚集的重要论坛。同样感谢《雾化与喷雾》杂志及时提供了这一单一领域内重要的喷雾研究进展内容。当然,很多期刊都做过相关的工作,但一般都是关于应用驱动和聚焦方面的,其在众多的资源中发现了许多新的诊断方法和仿真方法。

数十年来,我与 Mel Roquemore、Hukam Mongia、Don Bahi、Lee Dodge、Will Bachalo、Mike Houser、Chris Edwards、Bill Sowa、Ibm Jackson、Barry Kiel、Rolf Reitz、Roger Rudoff、Greg Smallwood、Michael Benjamin、Masayuki Adachi、Yannis Hardapulas、Alex Taylor、Chuck Lippz、Scott Parrish、Randy McKinney、Doug Talley、Dom Santavicca、Jon Guen Leez May Corn、Jeff Cohen、Corinne Lengsfeld、Norman Chigiei、Jiro Senda、Paul Sojkaz Marcus Herrmann、David

Schmidt、Rudi Schick、Jim Drallmeier、Lee Markle、Eva Gutheil、Rick Sticklesz Muh Rong Wang 进行过很多次深入讨论,包括 Arthur H. Lefebvre 等,在建立联系和激发我的灵感方面都很有帮助。

感谢 Josh Holt、Ryan Ehlig、Rob Miller、Elliot Sullivan Lewis、Max Venaas 和 Scott Leask 对本书提供的帮助;感谢 Derek Dunn - Rankin、Roger Rangel、Enrique Lavernia 和 Bill Sirignano 提供的分析和建议,并一直激发我的灵感。多年来,能源研究顾问公司的同事和长期合作者 Christopher Brown 和 Ulises Mondragon 提供了友情支持并与我进行过深入的探讨。特别感谢 Scott Samuelsen,他是一位伟大的朋友、同事和良师益友。同时,我要感谢 UCI 燃烧实验室的许多学生以及工作人员,他们给予了我很多的乐趣和灵感。

最后,我还要感谢我的家人,特别是我的妻子 Jan,她在本书写作这段时间里一直鼓励和支持我。

Vincent G. McDonell

第1版前言

在许多工业过程中,将气态大气中大体积液体转化为喷雾和其他小颗粒的物理分散体是非常重要的。其中包括燃烧(在熔炉、燃气轮机、柴油机和火箭中的喷雾燃烧)、工业加工(喷雾干燥、蒸发冷却、粉末冶金和喷涂)、农业(作物喷洒),以及在医学和气象学中的许多应用。许多喷雾装置已经被研制出来,它们通常称为雾化器或喷嘴。

从上述应用中可以明显看出,雾化是非常广泛和重要的议题。在过去的10年里,人们对雾化科学和技术的关注度有了极大的提升,现在已经发展成为一个国际和跨学科研究的专业领域。随着喷雾的激光诊断领域的大幅进步和喷雾燃烧过程数学模型的激增,这些关注度在进一步提升。对于工程师来说,更好地理解雾化的基本过程和充分了解所有有关雾化装置的能力和局限性变得越来越重要。尤其重要的是,要知道哪种类型的喷嘴最适合给定的应用,以及对于给定的喷嘴,液体性质和工作条件的变化是如何影响其性能的。

本书的出版归功于1986年4月在卡内基梅隆大学 Norman Chigier 教授指导下举办的一个非常成功的关于雾化和喷雾的短期课程。作为本课程的特邀讲师,我完成的任务绝非易事,因为关于雾化的大多数相关信息分散在各种各样的期刊文章和会议论文中。我对这些文献进行了相当彻底的研究,最后编写了大量的课程笔记。对这门课程的热情回应鼓励我将这些笔记扩展成本书。本书可以作为雾化和喷雾领域的研究人员的专业指导书、设计指导手册和研究参考资料。

本书第1章首先概述了喷嘴的类型及其应用。本章还列出了在雾化文献中广泛使用的专业词汇表。第2章详细介绍了液滴破碎的各种机理,以及从喷嘴中喷出的液体射流或液膜破碎成液滴的模式。

由于雾化过程的非均匀性,大多数实用的喷嘴产生的液滴直径从几微米到大约500μm不等。因此,除了液滴平均直径(对于许多工程目的来说可能是令人满意的),描述喷雾的另一个重要参数是液滴直径分布。第3章描述了用于表征喷雾中液滴直径分布的各种数学和经验关系。

第4章介绍了工业和实验室用主要类型喷嘴的性能要求和基本设计特点。重点介绍了用于工业清洗、喷雾冷却和喷雾干燥的喷嘴,与液体燃料燃烧应用,是喷嘴最重要的应用。

第5章主要介绍了直流喷嘴和压强旋流喷嘴的内部流动特性,同时也介绍了旋转杯或盘表面的复杂流动情况。这些流动特性很重要,因为它们控制着雾化质量和喷雾液滴直径分布。

雾化质量通常用液滴平均直径来表征。由于人们对雾化的物理过程还没有很好理解,因此根据液体性质、气体性质、流动条件和喷嘴尺寸建立了表述喷雾液滴平均直径的经验公式。第6章介绍了第4章提及的对喷嘴类型来说最实用的表达式。

喷嘴的作用不仅是将大块液体破碎成小液滴,而且还将这些液滴以对称、均匀的喷雾形式排放到周围的气体中。第7章讨论了最具实际意义的喷雾特性,包括锥角、穿透力、径向分布,以及周向分布。

尽管蒸发过程不是雾化和喷雾的固有过程,但它仍不能被忽视,因为在许多应用中,雾化的主要目的是增加液体的表面积,从而提高液体的蒸发速率。第8章重点关注了在环境气体压力和温度范围较宽的条件下燃料液滴的蒸发,同时介绍了稳态和非稳态蒸发。为了方便计算液态碳氢燃料的蒸发速率和液滴寿命,引入了有效蒸发常数的概念。

大多数实用喷嘴产生的喷雾模式非常复杂,只有将准确可靠的仪器和数据简化程序与对其应用范围的合理评价结合起来,才能获得精确的液滴直径分布。第9章介绍了液滴尺寸测量的各种方法,重点放在光学方法上。这种方法的突出优点是可以在不将物理探针插入喷雾的情况下测量液滴尺寸。对于整体测量来说,光衍射方法有许多值得推荐的地方,其作为喷雾分析的通用工具被广泛应用。在所讨论的其他方法中,先进的光学技术可以测量液滴速度、数密度和液滴直径分布。

本书所涉及的大部分内容基于我在过去30年喷嘴设计和性能研究方面所获得的成果。然而,读者会注意到,我也借鉴了我的同事的大量实践经验,尤其是燃油系统TEXTRON公司的Ted Koblish、Parker Hannifin公司的Hal Simmons和Delavan公司的Roger Tate。我非常感谢我在克兰菲尔德机械工程学院和普渡燃气轮机燃烧实验室的研究生。他们为本书做出了重要贡献,他们的名字出现在本书和参考书目中。

Norman Chigier教授一直是本书的热心支持者。我其他的朋友和同事也很乐意用他们的专业知识为本书个别章节提供建议,特别是第9章。本章所涉及的领域近年来已成为相当热门的研究和发展的主题。他们分别是航空测量股份有限公司的 Will Bachalo 博士、西南研究院的 Lee Dodge 博士、马尔文公司的 Patricia Meyer 博士和路易斯安那州立大学的 Arthur Sterling 教授。在审稿工作中,我得到了 Norman Chigier 教授、Ju Shan Chin 教授和研究生 Jeff Whitlow 的大力协助,在此表示感谢。

我非常感谢 Betty Gick 和 Angie Myers 为本书书稿进行录入,感谢 Mark Bass 为本书提供高质量插图。最后,我要感谢我的妻子 Sally,感谢她在我从事这项耗时但愉快的工作期间给予的鼓励和支持。

Arthur H. Lefebvre

作者简介

Arthur H. Lefebvre(1923—2003)是普渡大学的名誉教授,也是 AIAA 推进剂和燃烧奖的第一位获得者。凭借 40 多年的工业实践和学术研究,他撰写了 150 多篇关于雾化和燃烧基础和实践方面的学术论文。他获得的荣誉包括美国机械工程师协会燃气涡轮奖、美国机械工程师协会 R. Tom Sawyer 奖、美国机械工程师协会 George Westinghouse 金奖,以及 IGTI 学者奖。

Vincent G. McDonell 是加利福尼亚大学欧文分校(UCI)燃烧实验室的副主任,也是机械和航空航天工程系的教授。1990 年,他在加利福尼亚大学欧文分校获得博士学位,并曾是国际液体雾化与喷雾系统学会美洲分会和国际液体雾化与喷雾系统学会大会的执行委员会成员。他因在雾化方面的工作获得了国际液体雾化与喷雾系统学会美洲分会和美国机械工程师协会的最佳论文奖。他在雾化和燃烧领域进行了广泛研究,拥有该领域的专利,并在该领域撰写或合著了 150 多篇论文。

目 录

第1章 绪论

1.1 引言

大块液膜在气态环境中转化为喷雾和小颗粒在多种工业过程中具有重要意义，该转化过程在农业、气象学和医学等领域中有很多应用。目前，已经研制出了多种喷雾装置，通常将其称为雾化器或喷嘴。在雾化过程中，液体高速运动产生的动能、作用于液体表面的空气动力及外部的旋转或振动装置所施加的机械能都会促进液体射流或液膜的破碎。由于雾化过程的随机性，所产生的喷雾通常具有宽范围的液滴尺寸特征。该过程高度耦合且具有大量特征，这些特征重要与否取决于实际应用。图1.1所示为滴液雾化过程及雾化特性[1]。

自然界的雾化包括降雨、瀑布和海水雾化等。在日常生活中，雾化主要由淋浴头、花园浇水管、家用清洁剂的触发式喷嘴和发胶喷嘴等产生。它们通常应用于喷洒农药、喷漆、湿固体的喷雾干燥、食品加工、各种系统的冷却、核堆芯、气液传质、燃烧的液体燃料、灭火、造雪等。

在柴油发动机、火花塞点火发动机、燃气轮机、火箭发动机和工业炉中，液体燃料的燃烧效果取决于雾化效果，有效的雾化能够增加燃料的比表面积，从而实现燃料的高效蒸发及与助燃剂的高效混合。在大部分的燃烧系统中，雾化所得液滴平均直径越小，体积热释放率越高，更容易点燃，燃烧效率越高，排放的废气中污染物浓度[2-4]越低。

然而，其他的一些应用如喷洒灌溉时，要求雾化液滴的尺寸不能太小，尺寸过小的液滴具有较低的沉降速度，可能会受外界风力影响而漂移。液

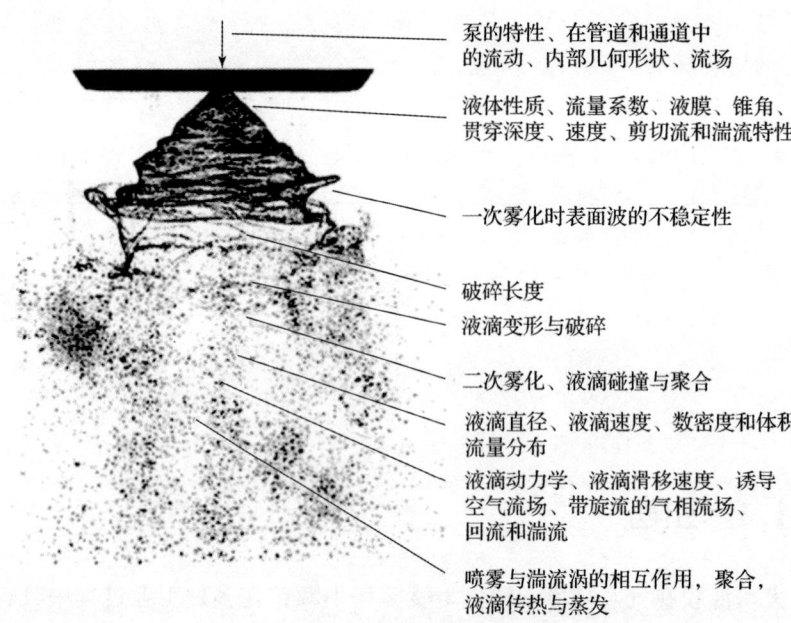

图1.1　液滴雾化过程及雾化特性

滴尺寸在喷雾干燥中也很重要,必须严格控制以达到所需的传热传质速率。在制造金属粉末时,根据其应用选择合适的液滴直径。对于增材制造,液滴直径需控制在100～150μm,当材料中含有其他尺寸的颗粒和一些不能使用的副产品时,如果不能重新熔化,就会增加成本,降低效率。

质量控制、提高利用效率、污染物排放、精密制造等方面的工作使雾化科学与技术成为国际化、交叉学科的重要研究领域。随着用于雾化研究的先进诊断技术飞速发展及雾化和喷雾过程数学模型与数值模拟技术研究的深入,其应用也不断发展。对于工程师来说,更好地理解雾化基本过程、充分熟悉雾化装置的性能和局限性是非常重要的。尤其重要的是,了解哪种类型的喷嘴最适合给定的任务,以及液体性质和环境因素对喷嘴特性的影响。

1.2　雾化

雾化可以由多种途径产生,所有的雾化途径存在几种基本特性。例如,喷嘴内部的流动特性,它决定了喷出射流的湍流特性。射流或液膜的发展和小扰动的增长会导致喷射液体破碎,然后形成液滴,该流动特性同样对喷雾液滴的形状和穿透力以及一些具体特性如数密度、液滴速度和液滴直径随时间和空间的分布是至关重要的,如图1.1所示。喷嘴的几何形状、气体介质的性质和液体本身的物理特性对射流特性具有显著影响。最简单的情况为层流圆射流从圆孔喷嘴中喷出,其速度主要为轴向速度。瑞利(Rayleigh)在其经典著作《射流的不稳定性》中指出,只要液体圆射流表面波的波长接近圆射流直径2倍,气流的扰动就会导致圆射流破碎[5]。因此,湍流射流能够在没有任何外力作用的情况下只依靠自身湍流脉动实现破碎。一旦液体离开喷嘴,液体的径向速度就不再受孔壁限制,而只受表面张力的约束,当液体克服了自身表面张力时,圆射流就会破碎。液体的黏度抑制射流不稳定性的增长,并延迟液体的破碎进程,使雾化发生在相对速度较低的下游区域,并且黏性越大液滴平均直径越大。在多数情况下,液体的湍流、喷嘴的空化和环境气体的气动力作用(随气体密度增加而增加)都对雾化有利。

许多锥形或扇形喷雾的应用是为了充分实现气液混合所需的液滴分布。锥形液膜射流由压力旋流喷嘴产生。该喷嘴前有一个腔室,其腔室上有用于向液体施加旋转离心力的切向孔或槽。平面液膜射流通常由高压液体通过一个狭缝产生(如扇形喷嘴)或通过一个转盘或旋流室产生。为了克服表面张力的收缩力而使液膜扩展,需要一定的喷射速度。该速度由压力旋流喷嘴或扇形喷嘴的喷射压力或旋转喷嘴中的离心力产生。无论液膜射流是如何形成的,空气动力学扰动都会强化初始流体动力学不稳定。随着液膜射流远离喷嘴,逐渐扩展,液膜射流的厚度会逐渐变薄,并随之断裂,如果继续膨胀,将产生扭曲变形并形成液丝。由于这些液丝直径差异较大,因此当它们破碎时,形成的液滴直径差异也较大。这一过程产生的大液滴会进一步破碎为小液滴。最终,形成具有一定液滴直径分布的小液滴组成的液雾。液雾的液滴直径范围和平均直径主要取决于液膜初始厚度、与环境气体的相对速度、液体的黏性和表面张力等因素。

在没有缝隙的情况下,液膜射流在高速运动下也可以破碎。其基本机理是液膜射流的表面波由于高速喷射气流的扰动而破碎、雾化。最后,液体在高速运动状态下,如果喷射压力足够大,液体在喷嘴出口处就会雾化成细小颗粒,而没有线状过渡区。虽然已经确定了几种破碎形式,但是根据瑞利机理,最终的雾化过程都是液片破碎为液滴。

利用预成膜喷气喷嘴喷射的液体与环境气体之间有很高的相对速度,

液体运动速度慢,而喷射的空气运动速度快。对于低黏度液体,通过高速摄影观察与在压力喷嘴雾化中观察得到的现象是相同的,即雾化过程都是由液膜或液片破碎为液滴。

通常,雾化液滴的直径范围很大。液滴直径分布对于评估雾化质量以及液滴与环境气体之间的传热传质计算十分重要。由于目前喷雾的液体动力学和气体动力学的研究还不够完善,因此没有完整的理论描述真实雾化条件下液膜射流的破碎过程,只能通过经验公式来预测液滴平均直径及直径分布范围。通过对比几种常用的分布函数,发现每种函数都存在一定的不足。例如,在一些情况下,液滴的最大直径为无限大,而最小直径可能为零甚至为负。到目前为止,没有发现一种函数相较于其他函数具有明显的优势。对于任何给定的应用程序,最好的分布函数都是易于操作的,并且所得结果与实验数据最匹配。确定雾化液滴直径分布的困难致使人们使用不同的方法来表示液滴平均直径,如长度平均直径、表面积平均直径或体积平均直径[6]。液滴平均直径可由图3.6所示的不同累积液滴直径分布曲线来确定。雾化液滴的平均直径通常以微米为单位,根据所选用的不同表示方法,会有大约4倍的变化。因此对于不同的问题需要采用不同的平均直径来表示。其中一些直径比较直观、比较容易理解,但也有一些直径由于是从理论或实践推导的预测方程中得到的,比较抽象。一些液滴直径测试技术会产生一种新的平均直径表示方法,在某些情况下,需要选定一种平均直径来强调一些重要的特性,如喷雾的总表面积。对于燃烧室内燃料的传质、传热问题,多选用索特平均直径进行评估。索特平均直径为喷雾体积与表面积的比值。质量平均直径应用范围也较广,它比索特平均直径大15%~25%。Tate[6]提出,这两种平均直径的比值可以测量喷雾液滴直径分布。

1.3 喷嘴

液体经喷嘴喷射会形成喷雾。实际上,需要的是雾化液体与环境气体或空气之间的相对高速运动。一种方法是一些喷嘴通过将液体高速喷射到速度相对缓慢的空气或气体中来实现这一目的。典型的例子如压力喷嘴和旋转喷嘴,它们通过高速旋转的转盘或旋流室来喷射液体。另一种方法是通过将低速运动的液体喷射到高速运动的气流中来实现这一目的。后一种方法通常称为双气流、空气辅助或空气喷射雾化。其他例子可能涉及非均质过程,如气泡或液体蒸气会影响液体喷射。

1.3.1　压力喷嘴

当液体在高压作用下通过喷嘴喷射时，压力能会转换为动能。对于典型的碳氢燃料，在没有摩擦损失的情况下喷嘴压力降为138kPa，出口速度为18.6m/s。速度随压强的平方根增加，当压强为689kPa时，速度为41.5m/s；而当压强为5.5MPa时，速度为117 m/s。

(1)直流喷嘴。通过圆形喷口形成的圆射流喷出，喷口越小，雾化效果越好。但是，在实践中，要使液体喷射不受杂质颗粒的影响，喷口的最小直径应在0.3mm左右。其广泛应用于柴油发动机和火箭发动机的燃烧室中。

(2)压力旋流喷嘴。在圆形喷口之前设置了一个涡流室，在涡流室中，流体会流过多个切向的孔或槽。环形液体中间形成空气芯，从排气口延伸到涡流室的后部。液体从排放孔流出，呈环形片状，放射性向外扩散，形成空心锥形喷雾。喷雾角度为30°~180°。雾化性能一般较好。压力越大，喷雾角度越大，雾化程度越好。

在很多应用中，通常选择锥形喷雾。可以使用轴向射流或其他装置将液滴注入涡流室中心，以产生空心锥形喷雾。这两种喷射方式形成了液滴直径的双峰分布，在喷雾中心的液滴通常比在边缘附近的液滴大。

(3)方形喷嘴。方形喷嘴类似于实心锥喷嘴，但喷口形状比较特殊，是将锥形喷雾扭曲成方形喷雾。它的雾化质量不像传统的空心锥喷嘴那样高，但当多个喷嘴组合使用时，可以实现大面积均匀覆盖。

(4)双路喷嘴。所有类型的压力喷嘴都有一个共同的缺点，即液体流量与喷注压降的平方根成正比。这限制了单喷嘴的流量范围(约为10∶1)。双路喷嘴克服了这个缺点，通过两个流道将液体输送至涡流腔，每个流道都有单独的液体供应，其中一个流道宽，另一个流道窄。较窄的流道称为第一流道，较宽的流道称为第二流道。当燃料流量较低时，液体通过第一流道进入涡流腔，随着流量的增加，燃料压力增大，当压力达到某一预定的值时，密封阀门打开，液体经第一流道和第二流道进入涡流腔。

当液体流量范围为40∶1，不需要很高的输送压力时，双路喷嘴可以实现良好的雾化。由于第二喷口附近燃料压力较低，雾化质量恶化。喷雾锥角随液体流率的增大而减小，流率最小时，喷雾锥角最大。

(5)双口喷嘴。双口喷嘴与双路喷嘴的区别在于第二流道液体不进入涡流腔，因而没有两路液体的混合；第一喷口嵌于第二喷口内，两股流体互不干涉地从喷口喷出。当燃料流速较低时,第二喷口关闭,燃料通过第一喷口喷出;当燃料流速较高时,燃料压力增大打开密封阀门,燃料经过第一喷口和第二喷口喷出,可以进一步增加燃料流量。与双路喷嘴一样,在密封阀门刚打开时,由于第二喷口的燃料压力较小,会消耗第一喷口中用于雾化的能量,因此雾化效果变差。

双口喷嘴比双路喷嘴更灵活。例如,如果有需要的话,第一喷口和第二喷口在喷嘴下端会合并成单一的喷嘴;或者,可以将第一喷口和第二喷口设计成不同的喷雾锥角,使第一喷口的流速较低,第二喷口的流速较高。

(6)回流喷嘴。回流喷嘴本质上是一个简单的喷嘴,但在喷嘴涡流腔的后壁或侧壁上开有回流道,喷射的液体靠回流道内的回油阀调节,并进入燃烧室。这种设计可以获得非常大的调节比。喷嘴的雾化效果较好,因为所提供的压力一直维持在一个较高的恒定值。可通过调整溢流回流管路中的阀门,调节流量的回收率。且这种喷嘴所喷出的喷雾为空心锥形喷雾模式,随着喷雾锥角的增加,燃料流率会降低。

(7)扇形喷嘴。扇形喷嘴有几种不同的类型,最常用的一种喷嘴是狭缝式扇形喷嘴。喷嘴内部为圆形流道,流道顶端为半球形,喷口是一个V形狭缝[6]。它会喷射出与主轴平行的液膜,然后分解成一个狭窄的椭圆形喷雾。扇形液膜也可以通过另一种方法得到:将液体通过一个普通的圆形孔排放到一个弯曲的偏转板上。扇形喷嘴的喷雾锥角大,流量大。由于喷嘴流道相对较宽,很少出现堵塞问题。

冲击射流的撞击也能产生扇形喷雾,如果两股液体射流在喷嘴外部发生碰撞,就会形成一个垂直于射流平面的平面液膜。这种类型的喷嘴雾化性能相对较差,须提供较高的流速才能接近其他类型稳压喷嘴的喷雾质量。需要确保两股射流严格对齐。这种雾化方法的主要优点是可以隔离不同的液体,直到它们在喷嘴外碰撞终止。这种喷嘴通常用于自燃推进剂系统,氧化剂和燃料只有在接触时才发生反应。

1.3.2 旋转喷嘴

广泛使用的旋转喷嘴是由高速旋转圆盘和中心的液体引入装置组成的。液体沿圆盘以很高的速度向外呈放射状喷出。旋转面可以是一个平面圆盘,也可以是一个圆杯、叶盘或者带有狭缝的风轮。在低流速下,液滴在圆盘边缘附近形成;在高流速下,液片在圆盘边缘更容易分裂成液滴。在高转速和低流速下工作的圆盘能够产生液滴大小均匀的喷雾。360°喷射模式由旋转圆盘发展而来,这种圆盘通常安装在圆柱形或锥形的腔室中,在腔室中,向下的气流会形成伞状的喷射[6]。

有些旋转喷嘴的旋转面是圆杯而不是圆盘。圆杯的直径通常较小,其形状像细长的碗。在一些设计中,圆杯的边缘是锯齿状的,可以使液滴直径分布得更加均匀。喷嘴周围的空气流动可以促进喷雾的形成,也可以促使液滴从喷嘴中分离出来。与压力喷嘴不同的是,旋转喷嘴的液体流量和旋流室的转速是独立变量,可以更方便地操作。

1.3.3 空气辅助喷嘴

在空气辅助喷嘴中,液体会暴露在高速运动的空气或蒸气中。在内部混合喷嘴中,气体和液体在喷嘴内部混合,然后通过喷口喷出。液体可以通过切向槽进入喷嘴混合室,这样有利于控制喷雾锥角。然而,喷雾锥角的最大值被限制在60°。这种喷嘴的能源效率低,但雾化效果比压力喷嘴好。

在外部混合空气辅助喷嘴中,高速运动的空气或蒸气会在喷口外冲击液体。对于内部混合喷嘴而言,其优点是,由于气体和液体在喷嘴内部不接触,能够避免背压问题。但是它的效率没有内部混合喷嘴高,且需要提供更高的气体流量来达到与内部混合喷嘴相同的雾化效果。这两种喷嘴均能有效雾化高黏度液体。

1.3.4 喷气喷嘴

喷气喷嘴的工作原理与空气辅助喷嘴几乎一致,这两种喷嘴都属于两相流喷嘴。两者的区别在于使用的空气量和空气的流速不同。空气辅助喷嘴使用相对较少的空气以很高的速度(通常为声速)喷射,而喷气喷嘴的空气流速相对较低(小于100m/s),空气流量较大。因此,喷气喷嘴被广泛应用于连续流燃烧系统(如燃气轮机)中,在这些系统中,这种量级的空气流速很容易获得。目前,使用最多的喷气喷嘴是预膜喷嘴,液体首先喷射成较薄的锥形液膜,然后在高速气流的作用下破碎成细小的液滴。预膜喷嘴的雾化性能优于另一种普通喷气喷嘴,这种喷嘴将液体以一种或多种离散射流的形式注入气流中。

1.3.5 其他类型喷嘴

压力喷嘴、旋转喷嘴和两相流喷嘴的应用范围比较广泛。然而,目前也开发出了很多其他类型的喷嘴,这些喷嘴在一些特殊的应用中效果较好。

(1)静电喷嘴。当液体射流或液膜受到电压力的作用时,液体的表面积会增大。而在增大的过程中,又会受到表面张力的阻碍。如果电压力超过表面张力,就会形成液滴,液滴大小受电压力、液体流量以及液体的物理性质和电性质的影响。由于静电喷嘴的流体流速非常低,其实际应用限制在喷墨绘画和喷墨打印的范畴。

(2)超声波喷嘴。超声波喷嘴中含有变频器和放大转换器,液体通过时,变频器和放大转换器以超声波频率振动,产生雾化所需要的压力波。该系统需要高频输入两个压电变频器和一个可调节的放大转换器。这种喷嘴适用于雾化效果较好而液体流速较低的领域。目前,超声波喷嘴由于雾化效果较好,且没有气体对雾化产生干扰,因而在医疗吸入治疗领域有非常重要的应用。

(3)气哨喷嘴。气体在装置(冲击板或谐振腔)内加速到声速,产生声波反射到液体射流上[7]。声音的频率为20kHz左右,产生的雾化液滴直径为0~50μm。声波和气压效应很难相互隔离,为减小噪声干扰,正在设计频率超过可听范围的喷嘴[8]。然而,在某些应用中(如燃烧)存在的声场对雾化过程是有利的。

(4)风车旋转喷嘴。空中喷洒农药要求形成的液滴发散度较小,在低流速液片模式下传统旋转圆盘喷嘴可以达到这个要求。通过在圆盘的边缘进行径向切割,并旋转圆盘的尖端,圆盘则可以转换为一台风车,当以飞机的飞行速度插入气流时,风车会迅速旋转。根据Spillmann和Sanderson[9]的说法,圆盘式风车是一种理想的旋转喷嘴,可在空中喷洒农药。它可以使农药以相对较高的流速形成发散度较小的液滴。

(5)振动毛细管喷嘴。振动毛细管喷嘴第一次用于研究小液滴的碰撞和凝聚。它由一个以共振频率振动的皮下注射针组成,所产生的液滴平均直径可以降到30μm以下。液滴的大小和产生频率取决于液体通过针孔的流速、针孔的直径、谐振频率和针尖的振荡幅值。

(6)闪蒸喷嘴。在下游的孔板中,高压液体闪蒸蒸发,液体破碎成小液滴,可以形成比较规则的喷射模式。Brown和York[10]、Sher和Elata[11]、Marek和Cooper[12]以及Solomon等[13]研究了闪蒸溶解气体体系。结果表明,即使闪蒸少量的溶解气体(摩尔分数<15%)也能显著改善雾化效果。除非安装一个上游带有排放孔的膨胀室,否则,难以实现闪蒸。对这种膨胀室的需求源于溶解气体系统的低气泡增长率。这种低气泡增长率对溶解气体系统闪蒸喷射的实际应用构成了根本性的限制,但往复式动力机等正在

寻求利用这种雾化方法来提高性能。

(7)气泡喷嘴。这种雾化方法解决了闪蒸溶解气体系统的基本问题。没将任何空气或气体溶解在液体中;相反,气体可以较低的速度喷射进入液流排放孔上游的某个点。雾化气体和所喷射的液体之间的压差仅为几厘米水柱,这只是为了防止液体回流到气体管道。Arthur H. Lefebvre 和他的同事的研究表明,当液体喷射压力低于雾化所需的正常压力时,雾化效果更好。图1.2 所示为典型喷嘴简图,各种喷嘴的优缺点和主要应用领域如表1.1 所列。

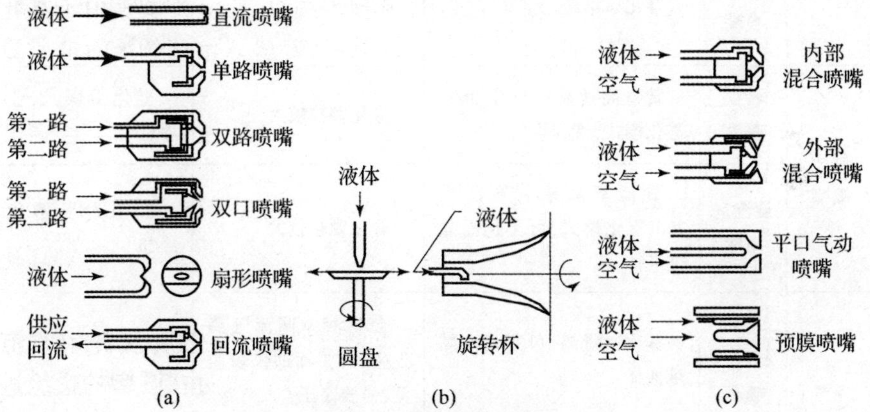

图1.2 典型喷嘴简图

(a)压力喷嘴;(b)旋转喷嘴;(c)两相流喷嘴。

表1.1 各种喷嘴的优缺点和主要应用领域

喷嘴类型		优点	缺点	应用
压力喷嘴	直流喷嘴	简单,便宜	高的喷射压力,喷雾锥角较小	柴油机、喷气发动机、冲压发动机和火箭发动机
	单路喷嘴	简单,便宜; 喷雾锥角大,可达180°	很高的喷射压力,喷雾锥角随压力和环境气体的密度变化	燃气轮机和工业锅炉
	双路喷嘴	简单,便宜; 喷雾锥角大,可达180°; 雾化质量高	喷雾锥角随液体流速增大而减小	燃气轮机

续表

喷嘴类型		优点	缺点	应用
压力喷嘴	双口喷嘴	喷雾锥角保持不变; 雾化质量高	过渡区雾化较差,设计复杂	飞机发动机和工业用燃气轮机
	回流喷嘴	结构简单; 在整个流动区雾化质量高	很高的喷射压力,喷雾锥角随液体流速变化	各类燃烧室
	扇形喷嘴	雾化质量高	高的喷射压力	高压制衣、工艺流程和环状燃气轮机燃烧室
旋转喷嘴	转盘喷嘴	转盘高速旋转产生360°雾化模式,液滴均匀	雾化颗粒较大	雾化干燥、农业灌溉
	旋流室喷嘴	旋流室高速旋转产生360°雾化模式,可雾化高黏度液体	雾化颗粒较大	雾化干燥、雾化冷却
空气辅助喷嘴	内部混合喷嘴	雾化质量高,可雾化高黏度液体	会有液体回流气路发生,需要辅助仪表监测,需要高压空气	工业锅炉和工业燃气轮机
	外部混合空气辅助喷嘴	雾化质量高,可雾化高黏度液体,防止液体回流气路	需要高压空气,不能采用低的空燃比	工业锅炉和工业燃气轮机
喷气喷嘴	平流喷嘴	结构简单,雾化质量高	喷雾锥角较小	工业燃气轮机
	预膜喷嘴	喷雾锥角宽,在高背压空气环境下雾化质量高	喷射气流速度低时雾化差	工业和飞机用燃气轮机
气泡喷嘴		在低喷射压力和小气液比下保证高的雾化质量,喷口不易结焦阻塞,碳烟排放少	需附加供气装置	工业锅炉
气哨喷嘴		直接产生液滴雾化	雾化液滴尺寸变化较大,不易控制	燃烧装置

续表

喷嘴类型	优点	缺点	应用
超声波喷嘴	电控雾化效果,液体流速低时保证高的雾化质量	喷射速度高时雾化差	小型锅炉、药片糖衣、加湿器、雾化干燥、蚀刻
静电喷嘴	雾化质量高	喷射速度高时雾化差	喷墨绘画、喷墨打印机、燃烧装置

1.4 喷雾的影响因素

喷嘴的雾化性能取决于它的尺寸、几何形状以及分散相(液相)和连续相(气相)。对于直流喷嘴和平流喷嘴,关键尺寸是喷孔直径。对于压力旋转喷嘴、旋流喷嘴和预膜喷气喷嘴,关键尺寸是液膜离开喷嘴时的厚度。经过理论预测和实验证实,雾化液滴平均直径与液体射流直径或液膜厚度的平方根大致成正比。因此,如果影响雾化的其他参数保持不变,喷嘴尺寸的增大会影响雾化。

1.4.1 液体的物理性质

在喷嘴的喷雾过程中,液体的物理性质——密度、黏度和表面张力极大地影响喷嘴的流动特性和雾化特性。理论上,通过压力喷嘴的质量流率将随着液体密度的变化而改变。然而,Tate[6]指出,实际上,如果没有液体其他的物理性质和外部环境的影响,液体的密度则很难改变。由于大多数液体密度变化不大,因此密度对雾化性能的影响较小。此外,现有的关于液体密度对雾化液滴平均直径影响的少量数据表明,液体密度对雾化液滴平均直径影响很小。

可根据雾化过程中液体表面积的增加量来定义喷雾质量。破碎前的表面积是液体射流从喷嘴喷出时的表面积。雾化后的面积是所有单个液滴的表面积之和。雾化前后表面积的比直接表明了所达到的雾化效果,在强调蒸发和吸收等表面现象的应用中非常有用。液滴的稳定性取决于液体的表面张力,它会阻止液滴表面变形。雾化所需的最小能量等于表面张力乘以液体表面积的增加量。因此,无论喷雾发生在何种条件下,表面张力都是雾化过程中十分重要的物理性质。喷雾学中常用的量纲参数——韦伯数 *We* 就与空气动力与表面张力的比值有关。通常,水的表面张力为 0.073N/m,石油的表面张力为 0.025N/m。对于大多数置于空气中的液体,其表面张力随温度的升高而减小,而与液体放置的时间无关[14-15]。图 1.3 很清楚地说明了这一点。

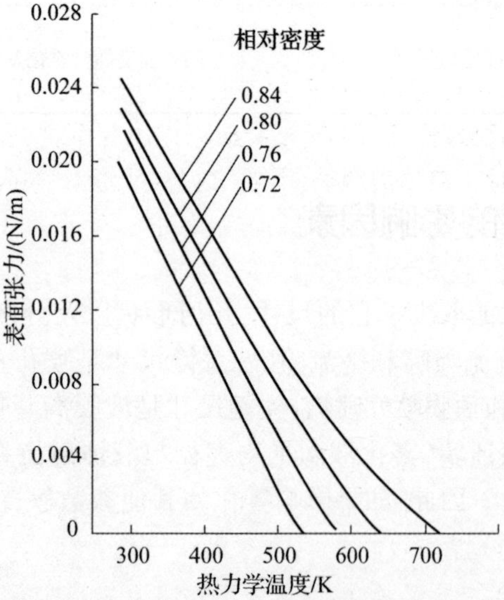

图 1.3　高温下汽油和煤油的表面张力随温度的变化关系

在大多数情况下,黏性是液体最重要的性质。虽然它对喷雾的影响不如表面张力大,但是它的影响不仅体现在雾化液滴直径分布,还体现在液体在喷嘴内部的流速和雾化的模式。液体黏度的增加将使雷诺数 *Re* 减小,减缓湍流的发展,阻止喷雾圆射流或液膜射流的破碎,使雾化液滴增大。

液体黏性对喷嘴内部流动的影响是十分复杂的。在空心圆锥喷嘴中,适度增加黏度会使喷嘴流速增加,这是由于增加喷嘴出口液膜厚度,从而提高了有效流动面积。然而,对于高黏度液体,流速通常随液体黏度的增大而减小。对于压力旋流喷嘴,黏度的增加通常会使喷雾锥角变小。当黏度非常高时,锥形喷雾会变为直线射流喷出。液体黏度的增加会对雾化产生不利的影响,因为当黏性损失较大时,雾化可用的能量减小,雾化效果较差。在喷气喷嘴中,液体流速通常比压力喷嘴低得多。因此,喷气喷嘴雾化产生的液滴尺寸基本不受液体黏度的影响。表 1.2 列出了一些用于喷雾的相关物理特性。这些液体的黏度为 0.001kg/(m·s)(水)到 0.5kg/(m·s)(重油)。液体的黏度一般随温度升高而降低,因而习惯上会加热很多重燃料油,一方面是为了减少泵送功率,另一方面是为了改善雾化效果。

一些流体,如泥浆和固体粉尘,其剪切应力和剪切应变速率之间呈非线性关系,这类流体称为非牛顿流体,通常用黏性来表示剪切速率。随着剪切速率增加,黏度明显降低。因此,需要尽可能地减小流体供给系统和喷嘴处的压力损失[15],并且由于流体的高黏性和低剪切速率,初级雾化的液滴很少二次雾化。

成功模拟雾化过程需要知道雾化的关键物理性质。表1.2列出了用于喷雾的一部分液体的物理性质,但是在很多应用中,必须考虑温度对液体物理性质的影响。而且,对于液体混合物,需要了解这些混合物的物理性质。在一些情况下,混合物的性质是简单的质量加权平均值,但是对于一些液体(如醇),可能会产生共沸物,其混合物具有高度的非线性性质。因此,为了得到最佳结果,研究人员使用 ASTM、ISO 或 SAE 等方法(如用 ASTM D1343-93、ASTM D971 测量黏度,用 ASTM D3825-09 或 ASTM D7541-11 测量表面张力,用 ASTM D4052 测量密度)测量混合物物理性质。由于喷气燃料在飞机中的关键作用以及确保安全的相关需求,因此有大量信息(CRC 报告 635)可用于喷气燃料的温度依赖性[16]。然而,作为一个了解正在使用的液体的实际物理性质的重要性例证,CRC 报告 635 中的信息仍然只具有代表性,并且批次间喷气燃料的性质仍需要独立测量,以增加喷气燃料在实际应用中的可信性。

总之,必须充分了解所使用液体的物理性质才能应用本书中的概念。

表1.2 液体的物理性质

液体	热力学温度/K	黏度/[kg/(m·s)]	密度/(kg/m^3)	表面张力/(N/m)
燃油(重)	313	0.567	970	0.0230
	366	0.037	920	0.0210
	400	0.015	900	0.0200
汽油	288	0.0060	850	0.0240
	313	0.0033	863	0.0230
甘油	273	12.1	1260	0.0630
	288	2.33		
	293	0.622		0.0630

续表

液体	热力学温度/K	黏度/[kg/(m·s)]	密度/(kg/m^3)	表面张力/(N/m)
庚烷	273	0.00052		
	300	0.00038		0.0194
	313	0.00034		
	343	0.00026		0.0194
正己烷	273	0.00040		
	293	0.00033		0.0184
	300	0.00029		0.0176
	323	0.00025		
联氨	274	0.00129		
	293	0.00097		
	298			0.0915
煤油	293	0.0016	800	0.0260
亚麻油	288		942	
	303	0.0331		
	363	0.0071		
机油(轻)	288.6	0.114		
	310.8	0.0342		
	373	0.0049		
机油(重)	288.6	0.661		
	310.8	0.127		
汞	273	0.0017	13600	
	293	0.00153	13550	0.480
	313	0.00045		

续表

液体	热力学温度/K	黏度/[kg/(m·s)]	密度/(kg/m³)	表面张力/(N/m)
甲醇	273	0.00082	810	0.0245
	293	0.00060		0.0226
	300	0.00053		0.0221
	323	0.00040		
萘	353	0.00097		
	373	0.00078		
	400			0.0288
壬烷	300			0.0223
正辛烷	293	0.00054		0.0218
	300	0.0005		0.0210
橄榄油	283	0.138		
	288		918	
	291			0.0331
	293	0.0840		
	343	0.0124		
戊烷	273	0.00029		
	300	0.00022		0.0153
丙烷	300	0.000098		0.0064
甲苯	273	0.00077		0.0277
	293	0.00059		0.0285
	303	0.00053		0.0274
	343	0.00035		

续表

液体	热力学温度/K	黏度/[kg/(m·s)]	密度/(kg/m³)	表面张力/(N/m)
松节油	273	0.00225	870	
	283	0.00178		0.0270
	303	0.00127		
	343	0.000728		
水	291			0.073
	300	0.00085		0.0717

1.4.2 环境因素

液体喷射进入气体环境的压力(背压)和温度变化范围巨大,尤其是以液体为燃料的燃烧系统。在柴油机中,缸内气体的压力和温度远远高于柴油自燃的临界条件;在涡轮机的燃烧室中,燃油被喷入高涡流、高湍流的气体介质中;在工业锅炉中,燃油则被喷入高温火焰中。压力旋转喷嘴的喷雾锥角明显随环境气体密度的增大而减小,到达一个极限角度之后,其喷雾锥角才不再受环境气体密度的影响。环境气体的密度还对压力旋流喷嘴所产生的液滴的直径有很大的影响。如果环境压力持续升高,超过正常大气压,则液滴平均直径开始增大,直到达到最大值,然后缓慢下降。第6章讨论了环境压力和液滴平均直径呈非线性关系的原因。

压力旋转喷嘴产生的雾化模式也受到液体喷射压降 Δp_L 的影响,高速喷雾的喷射作用会导致环境气体发生强烈扰动,并且会使喷雾锥角减小。这种影响会随着喷射压差 Δp_L 的增加和喷射速度的进一步增大而越来越大。因此,虽然喷射压降 Δp_L 的增加对靠近喷嘴下游的喷雾锥角没有影响,但是它会使喷雾锥角在更下游发生明显的收缩。

对于直流喷嘴,环境气体密度的增加会导致喷雾锥角增大。这是因为随着气体密度增加,造成喷射的空气阻力增大,使油束径向扩散,喷雾锥角增大,喷雾的轴向速度比径向速度下降得快。

喷气喷嘴的雾化模式对环境气体的密度不太敏感,大部分下游的液滴都随着喷嘴出口形成的高速气流的流线运动。这种气流的流动模式通常与空气密度无关,主要取决于二阶雷诺数和马赫数。但是,如果喷雾的自然锥角,即无空气流动的喷雾锥角与有空气的喷雾锥角存在显著差异,则空气密度变化所产生的空气阻力将影响所形成的喷雾形态。一般来说,气体密度的增加会导致喷雾液束的收缩,使之更加紧密。

1.5　雾化特性

雾化过程本质上是紊乱的和随机的,而且产生的喷雾是几个复杂步骤的结果,是从喷嘴本身的行为开始的。液体向液滴的转化涉及许多动态过程。在很多应用中,喷雾液滴的大小和分布都是重要的参数,然而生成液滴的大小和分布是靠近喷嘴的喷雾作用的结果。近年来,模拟和仪器测量主要侧重于上游。液滴大小对许多利用液体喷雾的应用非常关键,使用仪器测量和模拟都是为了更好地理解整个雾化过程。

在内部流动区域,可以使用新的 X 射线方法测量流动通道内的实际流动情况。现在正在使用各种方法[17]研究靠近喷嘴出口处液体的流动情况,并使用多种方法对所得到的液滴大小与喷雾的空间时间分布进行了表征。

在液滴直径的测量方面,由于液滴直径是雾化过程中的重要参数,在过去的几十年中已经发展出多种测量方法。根据应用领域的不同,每种测量方法都有优缺点。传统的测量方法包括将单个液滴收集在载玻片上进行测量和计数,或将液滴冻结成固体颗粒。利用冲击法,根据惯性差对不同大小的液滴进行分类。液滴由于尺寸不同,可能会撞击固体表面,也可能不会撞击固体表面,或者沿不同的轨迹运动,可以将喷雾液滴按大小分为几类。高速成像法可以提供喷雾液滴的瞬时图像,并将其记录下来,可以用于后续的计数和分析。高速脉冲显微摄影、电影摄影和全息摄影可以用来研究液滴直径分布和喷雾结构。通常,详细研究喷雾各个区域的液滴直径分布会比较复杂,但是现在可以使用自动图像分析系统来解决这一问题。该方法不会对实验结果产生影响,还可以给出液滴直径随时间的分布。近年来,激光诊断技术取得了很大的进步,可以用来测量喷雾液滴直径和速度。

Fraunhofer 衍射干涉条纹是一种较为普遍和有效的评估喷雾质量的方法,它利用干涉条纹的间距来测量液滴直径和速度。该仪器有多种型号,可用于测量连续或间歇的喷雾。

通过干涉测量方法可以得到点或平面内喷雾的更详细的信息。激光多普勒法可以对喷雾场中的单个粒子进行测量,得到其大小、速度、浓度或体积通量等参数。这些参数是验证模拟的理想方法。对喷雾场中某一平面进行测量可以得到液滴直径和速度,更好地了解喷雾内部的动态过程以及空气动力学和喷雾之间的联系。事实上,从对它的一些最新评价中[17-18]可以看出激光诊断学已经独立为一门学科。Chigier[19]总结的1980年以前的喷雾分析方法、Putnam等[20]和Tate[21]总结的更早之前的方法以及最近的进展将在第9章中详细地叙述。

随着计算机技术的不断发展,仿真模拟能力不断提高,可以描述雾化过程和建立液滴运输的复杂模型。蒸发、液滴与表面间的相互影响以及液体/蒸气与表面和气体的反应也可以很容易地计算出来。

1.6 应用

Tate[6]编译的一些喷雾在各个领域中的应用如表1.3所列。虽然这些观点已有40多年的历史,但仍然十分重要。由于不同喷嘴的成本、结构、雾化性能和能耗差别很大,在不同的应用领域应选择合适的喷嘴。雾化液体的选择应考虑以下因素:雾化液体的物理性质,如密度、黏度、表面张力和温度;环境气体的性质,如压力、温度和流动模式;喷雾颗粒直径以及喷雾中所含固体的百分比;最大流量;流量范围(下降比);液滴平均直径和液滴直径分布;喷嘴可用液体或气体压力,或旋转喷嘴所需功率;可能导致磨损和腐蚀的条件;喷嘴、喷嘴外壳以及燃烧室的容积和尺寸;喷嘴的初始成本、操作费用和折旧费;安全性。

表1.3　喷雾应用

生产或生产工艺	其他方面
雾化干燥(乳制品、咖啡和茶叶、药片糖衣、肥皂和清洁剂等)	药用喷雾剂
雾化冷却	化学试剂的分散
雾化反应(吸收、烘干等)	农业喷洒(杀虫剂、除草剂、肥料溶液等)
雾化悬浮技术(废水、废液等)	泡沫和雾抑制
粉末冶金	印刷
治疗	酸性刻蚀
蒸发和通风	

续表

生产或生产工艺	其他方面
冷却(喷雾池、喷雾塔、反应器等)	
雾化润湿	
加湿空气	
工业清洗	
涂层	
表面处理	
喷漆(气动、无空气、静电)	
火焰喷涂	
制作绝缘体、纤维和底漆材料	
多组分树脂(如聚氨酯、环氧树脂、聚酯等)	
颗粒涂层和封装	
燃烧室	
燃油锅炉(熔炉和加热器、工业锅炉和船用锅炉)	
柴油喷射	
燃气轮机(飞机、船舶、汽车等)	
火箭燃料喷射	

1.7 名词术语

下列内容是描述喷嘴和雾化时经常使用的一些术语。这些定义比较简短,且没包含限定条件。

(1)空气辅助喷嘴:利用高速空气或蒸气在低液体流速下增强雾化压力的喷嘴。

(2)喷气喷嘴:使液体射流或液片暴露在高速流动的空气中的喷嘴。

(3)气芯:在单形旋流室中旋转的液体内部的圆柱形空腔。

(4)算术平均直径:雾滴的线性平均直径。

(5)雾化:将一定体积的液体分解成多个小液滴的过程。

(6)光束转向:激光束在连续相位中由于密度梯度而发生的折射。

(7)破碎长度:从喷嘴出口到射流破碎点的距离。

(8)气蚀现象:在低静压流动区域,气体或蒸气释放形成气泡;影响流量系数和射流破碎。

(9)空化数:压差与下游压力之比,是气蚀倾向性指标。

(10)混合喷雾:两级同时在双孔板或先导式气流喷嘴内流动时产生的喷雾。

(11)连续相:发生雾化的介质,通常为气态。

(12)临界流量:从一种雾化方式向另一种雾化方式转变时所对应的流量。

(13)临界韦伯数:韦伯数的值大于此值时,一个液滴会分裂成两滴或两滴以上。

(14)累积分布:按粒径小于给定粒径的液滴数、表面积或体积分数绘制的图。

(15)流量系数:实际流量与理论流量之比。

(16)出料口:液体进入环境气体的最终出口。

(17)分散相:待雾化的液体。

(18)分散度:喷雾的体积与喷雾内液体的体积之比。

(19)流水:喷头在喷射过程中缓慢滴下液体,通常是由喷头撞击喷口以外的物体表面造成的[22]。

(20)液滴聚合:两个液滴碰撞形成一个液滴。

(21)液滴直径:球形液滴的直径,其单位通常为微米。

(22)液滴均匀度指数:表征雾化液滴相对于中值直径的发散程度。

(23)液滴饱和度:超过仪器或方法能力的液滴数量。

(24)双口喷嘴:由两个单喷嘴组成的喷嘴,其中一个喷嘴位于另一个喷嘴的中心。

(25)双路喷嘴:喷嘴具有旋流室,有两组切向旋流端口,一组为主要端口,液体流量较低时使用;另一组为次要端口,液体流量较高时使用。

(26)有效蒸发常数:蒸发常数的值,包括升温周期和对流效率。

(27)静电喷嘴:利用电压力克服表面张力,实现雾化的喷嘴。

(28)等效喷雾锥角:从喷嘴出口沿喷雾左右叶片中的液体质量中心画

两条直线所形成的角度。

(29)蒸发常数:稳态蒸发过程中液滴表面积的变化率。

(30)外部混合喷嘴:一种空气辅助喷嘴,高速气体撞击在喷孔或喷孔外的液体上。

(31)消光:从原方向移去的光的百分率;表征液滴平均直径的测量受多次散射影响的程度。

(32)扇形喷嘴:喷雾呈扇形,锥角约为75°;截面呈椭圆形。

(33)膜厚:从喷嘴排出的环形液膜的厚度。

(34)直立式喷嘴:与扇形喷嘴相同。

(35)流速:喷管的有效流量面积,通常表示为喷管的质量或体积流量与喷射压差的平方根之比。

(36)流量:给定时间内流出的液体量;通常影响流量的因素很多,如压差和液体密度等。

(37)频率分布曲线:不同粒径的液滴体积分布曲线图。

(38)传热速率:周围气体向液滴传热而蒸发的速率。

(39)升温周期:液滴达到稳态条件前的初始蒸发阶段。

(40)空心锥喷嘴:大多数液滴集中在锥形喷嘴外边缘的喷嘴。

(41)碰撞:两个圆形液体射流的碰撞或液体射流与固定偏转器的碰撞。

(42)射流撞击式喷嘴:两股液体射流在喷嘴外碰撞而形成垂直于射流平面的液体薄片的喷嘴。

(43)内部混合喷嘴:一种空气辅助喷嘴,气体和液体在喷嘴内部混合后经喷孔排出。

(44)传质速率:由传质引起的蒸发速率。

(45)质量(体积)中值直径:小于或大于液滴总质量(体积)50%的液滴直径。

(46)平均粒径:将给定喷雾替换为一个虚构的喷雾,其中所有的粒径都相同,同时保留原有喷雾的某些特性。

(47)单分散喷雾:含有大小均匀液滴的喷雾。

(48)多次散射:当雾化形成的液滴数量较多时,一些液滴会使其他液滴产生的部分信号变得模糊,从而产生偏置衍射图样。

(49)正态分布:液滴直径大小的随机分布。

(50)欧尼索数:韦伯数的平方根除以雷诺数得到的无量纲数,从而消除了两者的速度;表征射流或射片的稳定性。

(51)图像化:一种测量液体在锥形喷雾中圆周分布均匀性的方法。径向图像化用来描述液体在锥形喷嘴中的径向分布。

(52)分布试验台:有两种类型,其中一种用于测量圆锥喷雾液体的径向分布,另一种用于测量周向液体分布的均匀性。

(53)直流喷嘴:液体通过小圆孔高速喷射的喷嘴;柴油喷射器就是直流喷嘴。

(54)多分散喷雾:含有不同大小液滴的喷雾。

(55)预成膜:在固体表面上形成的连续的液体薄膜。

(56)压力喷嘴:一种单流体喷嘴,它将压力转化为动能,使液体与周围气体之间具有较高的相对速度。

(57)相对密度:给定体积的液体的质量与等体积的水的质量之比;必须说明这两种液体的热力学温度。例如,在289K/277K处的相对密度为0.81,表明液体的质量是在289K处测量的,除以277K处等体积的水的质量。

(58)发散度:相对于质量中值直径的下降尺寸范围。

(59) Rosin - Rammler 分布:液滴直径分布用两个参数来描述,其中一个参数提供了液滴直径分布的度量。

(60)旋转喷嘴:从旋转圆盘、圆杯或开槽轮的边缘排出液体的喷嘴。

(61)索特平均直径:与实际液滴具有相同表面积和体积的球形液滴的直径。

(62)护罩空气:在喷嘴表面流动的空气,可防止炭的沉积;也可用于改善低流量下的喷雾特性。

(63)单口喷嘴:采用单旋流室产生宽喷雾锥角的喷嘴。

(64)偏度:喷射雾锥轴线与喷嘴中心轴线不共线;最大偏差用度数表示[22]。

(65)甩油环系统:小型燃气轮机所用的旋转喷嘴。

(66)实心锥喷嘴:液滴在整个锥形喷嘴内均匀分布的喷嘴。

(67)空间取样:对某一体积内的液滴进行测量,在任意一次测量时,该体积内的样品不会发生变化。

(68)回流喷嘴:一种单喷嘴,用于将液体从旋流室中移出并返回供给;即使在最低的流量下,雾化效果也较好。

(69)喷雾:由均匀的喷射液体间歇产生的大而不规则的液滴;有时是由喷嘴内部流动泄漏造成的[22]。

(70)喷雾锥角:从喷口引出两条直线,在与喷嘴端面一定距离处切割喷雾而形成的角度。

(71)喷雾轴:喷雾的两个对称平面的交线;对于对称喷雾,喷雾轴与喷雾角中心线重合。

(72)稳定性曲线:射流速度与破碎长度曲线图。

(73)条纹:非常窄的喷雾区域,比平均雾滴浓度高或低。

(74)表面张力:抵抗液体表面膨胀的力。表面张力必须通过气动力、离心力或压力来克服,才能实现雾化。

(75)旋流腔:具有切向入口的锥形或圆柱形腔,使液体发生旋流运动。

(76)时间采样:在特定时间间隔内对固定区域的液滴进行测量。

(77)过渡范围:双级喷嘴流量范围小,雾化质量较差;当加压阀第一次打开并允许二次液体流入喷嘴时产生。

(78)调节比:最大额定液流量与最小额定液流量之比。

(79)双流体喷嘴:通用术语,包括使用高速空气、气体或蒸气实现雾化的所有喷嘴类型。

(80)超声波喷嘴:利用振动表面使液体薄膜不稳定并分解成液滴的喷嘴。

(81)上临界点:稳定性曲线上的由弯折变为弯曲的点。

(82)弯折:用于描述在没有与空气相互作用的情况下破碎时液体喷射的外观。

(83)速度系数:实际流量速度与喷嘴总压差对应的理论流量速度之比。

(84)黏度:对雾化质量和喷雾锥角有显著影响的液体性质,同时也影响泵功率;严重依赖液体温度。

(85)可视化技术:与激光多普勒风速法结合使用的液滴尺寸干涉测量法,用于测量液滴的大小和速度。

(86)韦伯数:动量与表面张力的无量纲比值。

(87)湿球温度:液滴稳定蒸发时的表面温度。

(88)气哨喷嘴:一种利用声波将液体射流粉碎成液滴的喷嘴。

(89)宽域喷嘴:在宽的液体流量范围内提供良好雾化效果的喷嘴,如双口喷嘴。

(90)风车旋转喷嘴:用于喷洒农药的旋转喷嘴,独特的特点是利用风力进行旋转运动。

参考文献

1. Bachalo, W. D., Spray diagnostics for the twenty-first century, *Atomization Sprays*, Vol. 10, 2000, pp. 439–474.
2. Lefebvre, A. H., Fuel effects on gas turbine combustion—Ignition, stability, and combustion efficiency, *ASME J. Eng. Gas Turbines Power*, Vol. 107, 1985, pp. 24–37.
3. Reeves, C. M., and Lefebvre, A. H., Fuel effects on aircraft combustor emissions, ASME Paper 86-GT-212, 1986.
4. Rink, K. K., and Lefebvre, A. H., Influence of fuel drop size and combustor operating conditions on pollutant emissions, SAE Technical Paper 861541, 1986.
5. Rayleigh, L., On the instability of jets, *Proc. London Math. Soc.*, Vol. 10, 1878, pp. 4–13.
6. Tate, R. W., *Sprays, Kirk-Othmer Encyclopedia of Chemical Technology*, Vol. 18, 2nd ed., New York: John Wiley & Sons, 1969, pp. 634–654.
7. Fair, J., *Sprays, Kirk-Othmer Encyclopedia of Chemical Engineering*, Vol. 21, 3rd ed., New York: John Wiley & Sons, 1983, pp. 466–483.
8. Topp, M. N., Ultrasonic atomization—A photographic study of the mechanism of disintegration, *J. Aerosol Sci.*, Vol. 4, 1973, pp. 17–25.
9. Spillmann, J., and Sanderson, R., A disc-windmill atomizer for the aerial application of pesticides, in: *Proceedings of the 2nd International Conference on Liquid Atomization and Spray Systems*, Madison, Wisconsin, 1982, pp. 169–172.
10. Brown, R., and York, J. L., Sprays formed by flashing liquid jets, *AIChE J.*, Vol. 8, No. 2, 1962, pp. 149–153.
11. Sher, E., and Elata, C., Spray formation from pressure cans by flashing, *Ind. Eng. Chem. Process Des. Dev.*, Vol. 16, 1977, pp. 237–242.
12. Marek, C. J., and Cooper, L. P., U.S. Patent No. 4,189,914, 1980.
13. Solomon, A. S. P., Rupprecht, S. D., Chen, L. D., and Faeth, G. M., Flow and atomization in flashing injectors, *Atomization Spray Technol.*, Vol. 1, 1985, pp. 53–76.
14. Sovani, S. D., Sojka, P. E., and Lefebvre, A. H., Effervescent atomization, *Prog. Energy Combust. Sci.*, Vol. 27, 2001, pp. 483–521.
15. Christensen, L. S., and Steely, S. L., Monodisperse atomizers for agricultural aviation applications, NACA CR-159777, February 1980.
16. Coordinating Research Council. Handbook of aviation fuel properties, Coordinating Research Council Report 635, 2004.
17. Linne, M., Imaging in the optically dense regions of a spray: A review of developing techniques, *Prog. Energy Combust. Sci.*, Vol. 39, 2013, pp. 403–440.
18. Fansler, T. D., and Parrish, S. E., Spray measurement technology: A review, *Meas. Sci. Technol.*, Vol. 26, 2015, pp. 1–34.
19. Chigier, N., Drop size and velocity instrumentation, *Prog. Energy Combust. Sci.*, Vol. 9, 1983, pp. 155–177.
20. Putnam, A. A., Miesse, C. C, and Pilcher, J. M., Injection and combustion of liquid fuels, Battelle Memorial Institute, WADC Technical Report 56–344, 1957.
21. Tate, R. W., and Olsen, E. O., *Techniques for Measuring Droplet Size in Sprays*, West Des Moines, IA: Delavan Manufacturing Co., 1964.
22. Anon., *Atomizing Nozzles for Combustion Nozzles*, West Des Moines, IA: Delavan Manufacturing Co., 1968.

第2章 雾化的基本过程

2.1 引言

雾化过程实际上是将大体积液体转化为小液滴的过程。从根本上说，它可以看作内力和外力作用下，对表面张力的一种破坏。一方面，表面张力促使液滴成为球形，因为球形液滴所需要的表面能是最小的；液体的黏性会阻止液滴几何形状的变化；另一方面，作用于液体表面的空气动力通过对液体施加径向力促使其破碎。一旦外部作用力超过了表面张力，破碎就会发生。

在最初分裂过程中产生的许多较大的液滴是不稳定的，它们会进一步分裂成较小的液滴。因此，雾化形成的最终液滴尺寸不仅取决于初级雾化所形成的大颗粒液滴尺寸，还取决于这些液滴在二次雾化时的破碎作用。

本章主要解释从喷嘴中喷射出的射流或液片破碎成小液滴的过程。这个研究领域较为广泛，因为预测液滴大小和雾化需要使用这些过程的模型，这些过程可以实现关键的低阶计算和高阶计算。射流的解体过程对广泛应用于柴油发动机和火箭发动机的不同类型的直流喷嘴的设计至关重要。液片破碎机理直接关系到喷雾干燥用旋转喷嘴的设计，关系到压力旋流喷嘴和预膜喷嘴的性能。由于它们在整个雾化过程中至关重要，本章首先考虑了液滴破碎的各种机理。

2.2 静态液滴的形成

在讨论实际的雾化过程前，首先需要了解雾化最基本的形式，即静态悬浮液滴的破碎。最典型的例子就是从滴管或关得很小的水龙头中滴下的液滴,当液体的重力超过了吸附在管口上液体的表面张力时,液体的附着状态就会被破坏,液体下落,形成液滴。所形成的液滴的质量取决于重力和液滴的表面张力。从一个直径为 d_o 的圆孔中向下流出的液滴,其质量为

$$m_D = \frac{\pi d_o \sigma}{g} \tag{2.1}$$

与此对应的球形液滴直径为

$$D = \frac{6 d_o \sigma}{\rho_l g} \tag{2.2}$$

对于直径为1mm的锋利开口,根据式(2.2)可以算出,从喷口滴下的水滴直径为3.6mm,煤油液滴直径为2.6mm。若喷孔直径为10μm,则所形成的水滴和煤油液滴直径分别为784μm和560μm。

对于从湿润的平板上滴下的液滴,这涉及重力和表面张力之间复杂的平衡关系,Tamada 和 Shibaoka[1]推导出这种液滴直径大小的公式为

$$D = 3.3\sqrt{\frac{\sigma}{\rho_l g}} \tag{2.3}$$

式(2.3)给出了在重力作用下,由液膜逐渐形成的液滴直径,水滴直径为9mm,煤油液滴直径为5mm。因此,从缓慢流动的液体中滴下的液滴直径都比较大。尽管这种机理在自然界中很常见,但在实际应用中是无用的,因为在大多数实际应用中需要高流速和良好的雾化。重力只是在大液滴的形成和下落过程中起重要作用,液滴的直径通常在1~300μm。

2.3 液滴的破碎

当液体与周围空气相互作用而发生雾化时,整个雾化过程涉及几种相互作用的机制,其中包括大液滴在二次雾化过程中的破碎。因此,研究液滴在气动力作用下的各种破碎方式是很有意义的。

液滴破碎的严格数学解要求精确地了解液滴表面的空气压力分布。一旦这些液滴受压变形,它周围的压力分布就会发生变化,要么外部气动力和由表面张力和黏性引起的内力之间达到平衡,要么进一步变形导致液滴破碎。

Klüsener[2]研究了液滴周围气压分布变化的影响。在平衡条件下,液滴表面任意一点的内部压力 p_1,就足以平衡外部气体压力 p_A 和表面张力压力

p_σ,即

$$p_1 = p_A + p_\sigma = 常数 \tag{2.4}$$

对于球形液滴,表面张力压力为

$$p_\sigma = \frac{4\sigma}{D} \tag{2.5}$$

显然,只要外部气体压力 p_A 与表面张力压力 p_σ 平衡,从而使 p_1 保持不变,水滴就可以保持稳定。然而,如果外部气体压力 p_A 大于表面张力压力 p_σ,p_σ 就不能抵抗 p_A 的变化而使内部压力 p_1 保持为常数。在这种情况下,外部气体压力 p_A 将促使液滴变形,并使 p_σ 更小[3]。由式(2.5)可知,这些小颗粒的液滴具有较高的 p_σ,足以使它们适应表面上的外部压力的变化,进而使小颗粒液滴在新的平衡状态下趋于稳定。由此可知,液滴尺寸在某一平衡状态下有一个临界值。液滴的破碎时间随着液滴尺寸的增大而减小,一旦液滴直径大于临界值,破碎就会发生,直到液滴在新的平衡状态下稳定下来终止,此时破碎时间趋于无穷大。

2.3.1　液滴在稳定气流中的破碎

20 世纪初,人们就开始研究空气中液滴破碎的机理。Lenard[5] 和 Hochschwender[6] 首先研究了空气中大颗粒的自由落体液滴位于稳定气流中的破碎机理。从那时起,便有了关于这个破碎过程的广泛的理论和试验研究[7-30]。

高速摄影技术能够显示液滴在气动力作用下以多种形式破碎的过程,它取决于液滴周围气体的流动模式。Hinze[7] 确定了液滴破碎的三种基本类型,如图 2.1 所示。

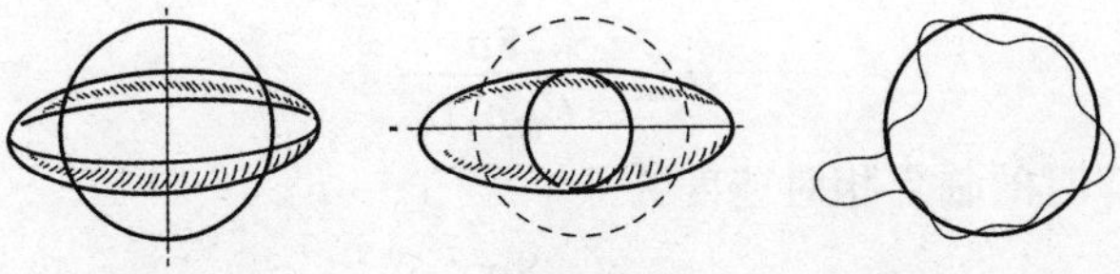

透镜状变形　　雪茄形变形　　凹凸形变形

图 2.1　液滴破碎的三种基本类型

(1) 当液滴受平行或旋转气流以及黏性切应力作用时,其被压扁成为椭球形(透镜状变形)。随后的变形取决于引起变形的内力大小。据推测,椭球体被转换为一个圆环体,之后被拉伸并分解为小液滴。

(2) 当液滴受双曲气流作用时,其被拉成长圆柱形或扁带状,即雪茄形变形。

(3)当液滴受到不规则流动的气流作用时,表面局部变形。整个液滴呈凹凸不平状,最终从大液滴中分离出来,形成更小的液滴(凹凸形变形)。

因此,液滴的变形大小、破碎时间和破碎后细小液滴的状况取决于气体和液体介质的物理性质,如它们的密度、黏度及气液交界面处的表面张力,还取决于液滴周围气体的流动模式。

通常,位于稳定气流中的液滴受气动力、表面张力和黏性力的控制。对于低黏度液体,液滴的变形主要取决于空气动力($0.5\rho_g U_R^2$)和表面张力与液体直径之比(σ/D)。该比值正比于雾化理论中至关重要的参数——韦伯数$\left(We=\frac{\rho_g U_R^2 D}{\sigma}\right)$。韦伯数越大,变形外压力越大,对于变形表面张力越大。

对于任意给定的液体,当气动力等于表面张力时,便得到初始破碎条件:

$$C_D\frac{\pi D^2}{4}0.5\rho_A U_R^2=\pi D\sigma \tag{2.6}$$

整理得到液滴破碎时的量纲(临界韦伯数)为

$$\left(\frac{\rho_A U_R^2 D}{\sigma}\right)_{\text{crit}}=\frac{8}{C_D} \tag{2.7}$$

式中:下标 crit 为临界条件。由于式(2.7)的第一项是韦伯数,因此可以写成

$$We_{\text{crit}}=\frac{8}{C_D} \tag{2.8}$$

由式(2.7)可以得到在某一气液相对速度 U_R 下,液滴的最大稳定直径为

$$D_{\max}=\frac{8\sigma}{C_D\rho_A U_R^2} \tag{2.9}$$

液滴破碎时的临界相对速度为

$$U_{R_{\text{crit}}}=\left(\frac{8\sigma}{C_D\rho_A D}\right)^{0.5} \tag{2.10}$$

有很多不同的实验技术来研究大液滴的破碎。其中包括:①塔台和楼梯井的自由落体;②液滴悬浮于垂直风洞中,调整风速使液滴保持静止;③利用激波管产生超声速。这些研究得到的结论对喷嘴的研究有直接的应用价值。

Lane[18]通过试验证明,Hinze[7]从理论上证实了液滴的破碎模式取决于液滴是受到稳定加速度作用还是突然暴露在高速气流中。在一定的加速度

下，液滴逐渐被压扁，到达临界速度后，液滴破碎，边缘形成厚度不等的环状，如图 2.2[31] 所示。边缘部位包含球形大颗粒液滴 70% 的质量，气流吹在球形液滴上使边缘撕裂成片状。中心部位形成大量的小液泡，最终破碎成各种尺寸的细小液滴或小液泡。与突然暴露于高速气流中的液滴破碎方式完全不同。液滴不会形成边缘厚度不等的空心环状体，而是朝相反的方向变形，在气流中呈现一个凸面。碟形边缘被拉伸成薄片状，然后变成液丝，最后破碎成小液滴。

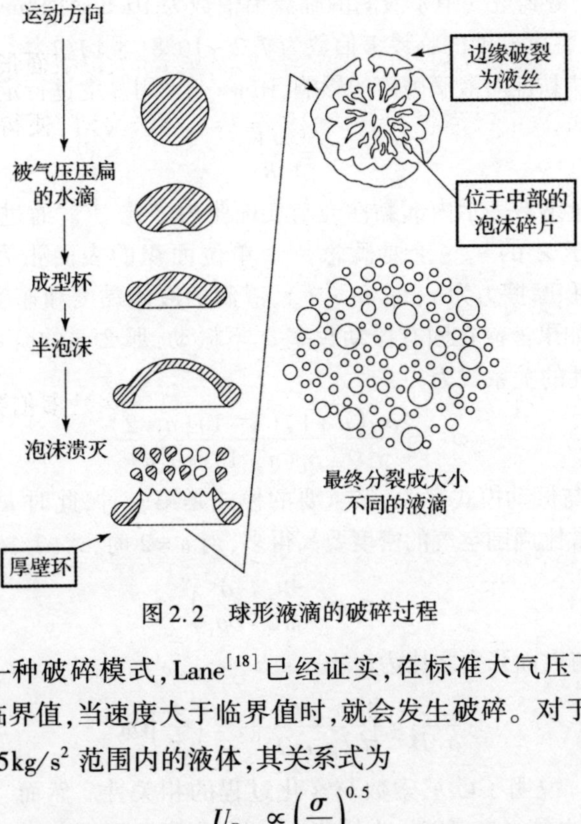

图 2.2　球形液滴的破碎过程

对于第一种破碎模式，Lane[18] 已经证实，在标准大气压下，相对速度 $U_{R_{crit}}$ 有一个临界值，当速度大于临界值时，就会发生破碎。对于表面张力在 0.028 ~ 0.475kg/s² 范围内的液体，其关系式为

$$U_{R_{crit}} \propto \left(\frac{\sigma}{D}\right)^{0.5} \tag{2.11}$$

对比式(2.10)和式(2.11)，对于水，式(2.11)可以写为

$$U_{R_{crit}} = \frac{784}{\sqrt{D}} \tag{2.12}$$

式中：$U_{R_{crit}}$ 的单位是 m/s；D 的单位是 μm。

由 Merrington、Richardson[9] 和 Hinze[7] 提供的数据可知，液滴自由落体

时的临界韦伯数 We_{crit} 为22;突然暴露于高速气流中的低黏度液滴的临界韦伯数 We_{crit} 为13。

Taylor[10]解释了为什么液滴在恒定速度下的临界韦伯数几乎是突然暴露于高速气流中的液滴的2倍。将液滴看作是一个振动系统,通过对比突然施加给这个系统的一个力 F_T 和逐渐增加到相同大小的力 F_S 来解释这一现象的原因。液滴不发生破碎且达到最大变形时,$F_T = 0.5F_S$。

Hinze 通过式(2.8)得到的临界韦伯数为13,Lane[18]得到的数据为10.6,Hass[19]得到空气中汞液滴的临界韦伯数为10.3,而 Hanson 等[20]得到水、甲醇和低黏度硅油的临界韦伯数为7.2~16.8(平均约为13)。

考虑液体黏性对液滴破碎的影响,Hinze[7]采用黏度进行定义,公式为

$$Z = \frac{\sqrt{We}}{Re} \tag{2.13}$$

这个无量纲数表示内部黏性力与表面张力之比[13]。通过检验这些力,可以得到关于 Z 的一些重要概念[21]。单位面积的表面张力可以表示为 σ/D,单位面积摩擦力为 τ(kg/m · s^2),液滴的液体黏度和速度梯度分别为 μ_L、$\delta U/\delta x$。如果液滴在固有振动频率 ω 下振动,那么 τ 的阶数是 $\mu_L\omega$。频率与液滴特性的关系式为

$$\omega^2 = \frac{2\sigma n(n+1)(n-1)(n+2)}{\pi^2 D^3[\rho_L(n+1)+\rho_A n]} \tag{2.14}$$

其中:n 与振动模式有关,最重要的模式是第一种,此时 $n=2$。由于液体的密度通常比周围空气的密度要高得多,当 $n=2$ 时,式(2.14)可以写为

$$\tau = \mu_L\omega = \frac{4\mu_L}{\pi D}\left(\frac{\sigma}{D\rho_L}\right)^{0.5} \tag{2.15}$$

摩擦力与表面张力之比为

$$\frac{\tau}{\sigma/D} = \frac{4}{\pi}\frac{\mu_L}{(\rho_L\sigma D)^{0.5}} = \left(\frac{4}{\pi}\right)Oh \tag{2.16}$$

式(2.16)说明了欧尼索数与雾化过程的相关性。然而,Sleicher[21]提出,液滴破碎之前很有可能发生扭曲,其扭曲程度远远超过式(2.15)的线性有效区。因此,式(2.15)中表示的黏性力存在一定的误差。

Hinze[7]提出,黏度对临界韦伯数的影响可以表示为以下形式:

$$We_{crit} = We_{crit}[1+f(Oh)] \tag{2.17}$$

式中:We_{crit} 为黏度为0时的临界韦伯数。

由式(2.17)计算所得结果误差较小,因为在极限情况下,Oh 和 μ_L 都趋于

0。因此,当 μ_L 特别小时,液滴不会受到变形阻力,韦伯数的初值由式(2.17)给出,在黏度为 0 的条件下进行计算。

Hanson 等[20]的数据为式(2.17)提供了定性支持,但在一些细节上不一致。Brodkey[22]对 $Oh<10$ 的情况提出了经验关系式:

$$We_{\text{crit}} = We_{\text{crit}} + 1.077Oh^{1.6} \tag{2.18}$$

式(2.18)的精确度在 20% 以内。

此外,还有类似的经验公式,表明黏度会延迟破碎。Gelfand[23]提出,当 $Oh<4$ 时,有

$$We_{\text{crit}} = We_{\text{crit}} + 1.5Oh^{0.74} \tag{2.19}$$

通过检验发现,式(2.18)和式(2.19)中系数的变化导致 Oh 的结果不同。因此,Oh 的计算仍是一个问题。Faeth 和他的同事通过进一步的实验研究得到了 We 和 Oh 的关系图,它显示了这两个参数对液滴破碎的影响[24],如图 2.3 所示。由文献[24]中提出的理论可以得到各种液体在不同条件下的破碎情况。

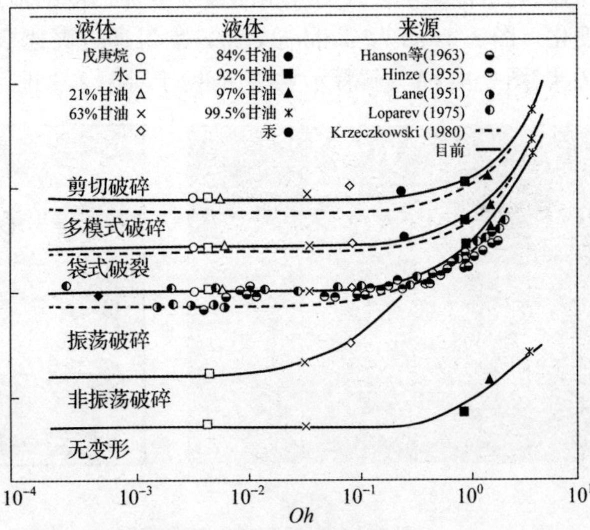

图 2.3　$We-Oh$ 关系图

直观地说,液滴的破碎过程不是瞬间发生的(在高 Oh 下,破碎时间可能会非常短)。因此,研究人员对液滴破碎时间进行了量化,这一数值与液滴破碎长度有关。Plich 和 Erdman[25]对液滴破碎时间进行了划分以便进行计算,如下所示:

$$
\begin{cases}
t_b = 6(We-12)^{-0.25}, & 12 < We < 18 \\
t_b = 2.45(We-12)^{0.25}, & 18 < We < 45 \\
t_b = 14.1(We-12)^{-0.25}, & 45 < We < 351 \\
t_b = 0.766(We-12)^{0.25}, & 351 < We < 2670 \\
t_b = 0.766, & 2670 < We < 10^5
\end{cases}
\tag{2.20}
$$

式中:t_b 为破碎时间。式(2.10)中的过渡性韦伯数(如18、45等)与图2.3中Hsiang和Faeth提出的破碎模式的分段值相对应。

由此发展出了很多分析模型,这些模型被应用到各种预测液滴破碎过程的方案中。其中包括泰勒破碎(TAB)模型[26]、ETAB模型[27]、液滴变形破碎模型[28]和喷雾统一破碎模型[29]。Chryssakis等对这些模型和其他液滴破碎模型进行了较为详细的总结[30]。一般来说,该模型模拟了液滴受到表面扰动到破碎为小液滴的过程。扰动的来源可以是液滴表面所受的力,也可以是表面剪切力。

如前所述,随着液滴所进入的气相的速度或加速度的增加,其破碎形式也会发生变化。图2.4(a)为Guildenbecher等[32]通过高速摄影拍摄的液滴破碎过程图像,图2.4(b)为解释示意图,有助于对图2.3进行理解。

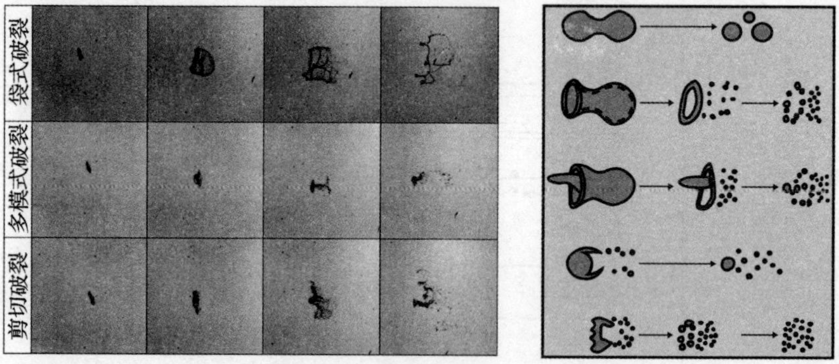

(a) (b)

图2.4 牛顿液滴的二次雾化

(a)高速摄影图;(b)解释示意图。

2.3.2 液滴在湍流区中的破碎

上述讨论是建立在液滴与周围气体相对速度较高的假设基础上的,这可能是液滴突然暴露在气流或冲击的情况。但在实际情况下,可能不存在较高的相对速度或速度的突然变化。Kolmogorov[33]和 Hinze[7]研究了液滴在湍流区中的破碎。他们认为:处于湍流区中液滴的破碎和湍流的动能有关,湍流的空气动力作用决定了雾化的液滴最大直径。湍流动能对雾化的影响随喷射液束的表面波波长的增大而增大,随着液体与气体相对速度的增大而增大。当表面波的波长大于2倍的液滴直径时,液体与气体的速度差能够产生较高的空气动力作用,这种湍流的动能将造成液滴的破碎。对于等熵流,临界韦伯数可以用下式表达:

$$We_{crit} = \frac{\rho_A \bar{u}^2 D_{max}}{\sigma} \tag{2.21}$$

式中:$\bar{u}^2$ 为整个流场中速度差的平方除以最大距离 D_{max} 的平均值。对于各向同性湍流,动能主要是由波动引起的,可以用 Kolmogorov 的能量分布规律来计算。在整个区域中,$\bar{u}^2$ 与单位时间单位质量的动能 E 有关,可以表示为

$$\bar{u}^2 = C_1 (ED)^{2/3} \tag{2.22}$$

式中:$C_1 = 2$。

对于 $Oh \ll 1$ 的低黏度液体,式(2.18)可以写为

$$We_{crit} = \frac{2\rho_A}{\sigma} E^{2/3} D_{max}^{5/3} \tag{2.23}$$

和

$$D_{max} = C \left(\frac{\sigma}{\rho_A}\right)^{3/5} E^{-2/5} \tag{2.24}$$

式中:C 为由实验确定的常数。也可以直接通过量纲分析,假设只有 σ、ρ_A 和 E 来确定液滴最大直径。

Hinze[7]利用 Clay[35]的实验数据计算了式(2.22)中常数 C 的值。Clay 的实验装置由两个同轴圆筒组成,内筒进行旋转。圆筒之间装有两种互不相溶的流体,其中一种为离散相(液体)。Clay 确定了液滴直径分布与能量的函数关系,并由此计算出了 D_{95} 的值,即95%的组分液体在较小直径的液滴的 D 值。假设 $D_{max} = D_{95}$,Hinze 使用 Clay 的数据得到 C 的值为0.725(图2.5)。因此,式(2.24)可以写为

$$D_{max} = 0.725 \left(\frac{\sigma}{\rho_A}\right)^{3/5} E^{-2/5} \tag{2.25}$$

将式(2.25)代入式(2.23)中,可得

$$We_{crit} = 1.18 \tag{2.26}$$

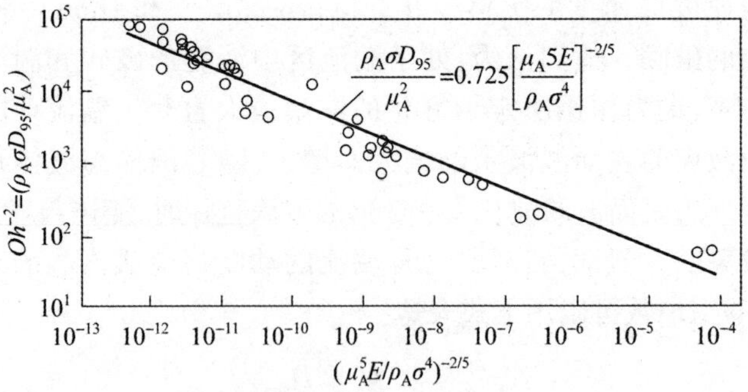

图2.5 液滴最大直径与能量输入的函数[7]

液滴在各向同性场中的破碎数据是不存在的,因此不可能直接验证式(2.25)和式(2.26)。Sleicher[21]已经证明这些公式不适用于管道流动。在管道系统中,破碎是由表面力、速度波动、压力波动和较大的速度梯度之间的平衡造成的。

Sevik 和 Park[36]对 Kolmogorov[33]和 Hinze[7]关于液滴湍流区中的破碎进行了修正。他们认为,当特征湍流频率与液滴的最低频率或固有频率相匹配时,会产生共振,导致湍流区中的液滴破碎。由于阻尼非常小,如果现有频率与其中一个谐振频率相等,则液滴会发生剧烈的变形。Sevik 和 Park[36]将湍流的特征频率设置为谐振频率,从理论上预测 Clay 液滴破碎实验和他们的气泡破碎实验对应的临界韦伯数。对于液滴,有

$$We_{crit}=1.04 \tag{2.27}$$

这与 Hinze 的结果1.18相近。

对于相对速度较高的情况,液滴在湍流区中的破碎在实际中发生得更多。Prevish 和 Santavicca[37]发现,随着周围介质湍流强度的增加,临界韦伯数减小。Lasheras 和他的同事指出,临界停留时间还受到湍流速度波动的影响。Andersson 增加了相对于液滴大小湍流长度尺度在促进液滴进一步破碎方面的作用和认识,并阐明了液滴在湍流中破碎之前会发生显著的变形[39-40]。他们的研究表明,大多数模型低估了导致破碎所需的湍流能量,这表明湍流中预测的液滴尺寸可能比实际观测到的值要小。

Greenberg[41]在综述中讨论了碰撞造成液滴二次破碎的其他因素,他指出,几乎没有理论依据可以说明这些因素在大多数类型喷雾中的作用。对喷雾相互作用的研究发现,液滴的结合可能比液滴的进一步破碎更容易发生[41]。

2.3.3　液滴在黏性流体中的破碎

这种破碎机理适用于被黏性流体所包围的液滴，且液滴附近的速度梯度很大。在这种情况下，流场的特征雷诺数很小，不需要考虑动力作用，破碎主要取决于流体的黏度和液滴的表面张力。当黏性力远大于液滴的表面张力时，液滴将会破碎。

1934 年，泰勒[10]对液滴在黏性力和表面张力作用下的破碎过程进行了第一次基础实验。他设计了测试设备来精确控制流动模式，对几种黏度不同的液体进行了试验。随后，Tomotika[42]对泰勒观察到的现象进行了解释，如下所示。

(1) 在黏性切应力作用下，液滴被拉长成为椭球形。

(2) 变形直接受参数 $\mu_c SD/\sigma$ 的影响，其中，μ_c 是周围流体介质的动力黏度；S 是液滴表面两种流体的最大相对速度梯度。

(3) 液滴的破碎度取决于临界韦伯数，该临界值取决于连续流场。

Meister 和 Scheele[43]通过试验证明了分散相和连续相的黏度以及两相之间的黏度比对液滴破碎的影响。此时，需要区分分散相和连续相。分散相是指要雾化的液体，连续相是指雾化产生的介质，通常为气体介质。Meister 和 Scheele 通过将正庚烷喷射进入不同浓度的含水甘油溶液中的试验证明连续相黏度的变化对雾化过程没有明显的影响。然而，分散相的黏度阻止了液滴以更高的速度破碎，从而阻碍了雾化。

Tomotika[42]和 Miesse[43]的分析表明，当黏度比 μ_L/μ_A 几乎一致时，扰动波长有最小值(最大增长速率)。减小或增大这个比值都会使液滴更不易破碎。Hinze[7]也得到了同样的结论，从泰勒的试验数据中可以看出，当黏度比介于 1~5 时，We_{crit} 的最小值小于 1。

Rumscheidt 和 Mason[45]对泰勒的理论进行了修正，提出液滴在黏性流体中破碎的临界韦伯数为

$$We_{crit} = \frac{1 + (\mu_L/\mu_A)}{1 + (19/16)(\mu_L/\mu_A)} \tag{2.28}$$

当黏度比 μ_L/μ_A 从零增大到无穷大时，临界韦伯数为 0.84~1。

Sevik 和 Park[36]指出，只有当未变形液滴和被拉长的液滴都小于黏性流局部区域时，泰勒的球形变形机理才适用。在大多数实际应用中，当外部流场的雷诺数 Re 较大时，局部区域的空间维数相对于液滴的尺寸而言非常小。在这种情况下，决定因素是由速度变化引起的动态压力，而速度随液滴直径

的变化而变化。从泰勒的试验中也可以清楚地看出,对黏度比高的液体进行雾化是困难的。这就解释了为什么在实际应用中,纯黏性流的分散仅限于乳化作用。

对于黏性较大的液滴,Pilch 和 Erdman[25] 对 Gelfand 关于黏性液滴破碎总时间的式(2.19)进行了修改:

$$t_b = 4.5(1 + 1.2Oh^{0.74})We \approx We_{\text{crit}}, \quad Oh < 0.3 \tag{2.29}$$

Pilch 和 Erdman 认为对于黏度较低的液滴,使用式(2.20)更为准确。Hsiang 和 Faeth 提出的修正公式如下:

$$t_b = \frac{5}{1 - \frac{Oh}{7}} We < 10^3 \approx We_{\text{crit}}, \quad Oh < 3.5 \tag{2.30}$$

对于黏度较高的液滴($Oh < 0.5$),使用式(2.29)或式(2.30)都可以得到较为准确的结果。

2.4 液体射流的破碎

当液体射流以圆柱形连续地从喷嘴中喷出时,受外界气体的扰动作用,在其表面会形成一定的振动波。表面波的振幅会逐渐增大,分裂成为液片和大颗粒液滴。这个过程称为初级雾化。如果一次雾化的液滴直径超过了临界值,它们将进一步破碎成大量的细小液滴,这个过程称为二次雾化。二次雾化与2.3节讨论的液滴破碎的概念直接相关。

射流破碎现象经过了100多年的理论和实验研究。Krzywoblocki[46] 对射流进行了综述,也有与液体射流相关的其他综述[44,47-57]。方便起见,通常将周围的气体当作空气,本章只讨论喷射进入空气中的液体射流,结论适用于液相(分散相)和气相(连续相)的任何组合。

液体射流中最主要的特性是射流连续长度(表征扰动增长率)、液滴大小(表征最不稳定扰动波数)以及射流破碎方式。由此,提出了几种液体射流破碎模型。Yoon 和 Heister[55] 指出,这些模型所得结果较为相似。本章通过这些模型的发展,以及 Yoon 和 Heister 所提出的观点,对液体射流破碎的本质进行了讨论。

Bidone[58] 和 Savart[59] 首先对液体射流进行了研究。Bidone 的研究关注的是非圆形截面的液体射流,而 Savart 提供了第一个与射流破碎相关的定量数据。结果表明,在保证射流直径不变的情况下,射流连续长度与射流速度成正比；当射流速度恒定时，射流连续长度与射流直径成正比。

Plateau[60]首先对液体射流不稳定性进行了理论研究。他认为当圆射流的长度超过它的周长时，便处于不稳定状态，会破碎成两个液滴。破碎后液滴的总表面积小于初始液柱的表面积。Plateau 的研究解释了 Savart 的研究结果，并为瑞利的射流破碎机理提供了基础。

在早期的数学分析中，Rayleigh[11]采用小扰动的方法来预测导致低速射流(如空气中的低速水射流)破碎的必要条件。McCarthy 和 Molloy[61]对这一综合分析进行了总结。

瑞利将扰动液柱的表面能(表面能与表面积和表面张力成正比)与未扰动液柱的表面能进行了比较，认为扰动的能量为

$$E_s = \frac{\pi\sigma}{2d}(\gamma^2 + n^2 - 1)b_n^2 \tag{2.31}$$

式中：E_s 为表面势能；d 为圆射流直径；b_n 为傅里叶展开级数的常数；$\gamma = \frac{2\pi}{\lambda}$ 为无量纲波数；n 为任意正数(包括零)。

对于非对称扰动，当 $n \gg 1$ 时，E_s 为正值，表示系统趋于稳定；对于对称扰动，当 $n=0$，且 $\lambda > 2\pi$ 时，E_s 为负，表示系统是不稳定的。因此，对于波长满足下面不等式的轴对称扰动，只受表面张力影响的液体射流是不稳定的。

$$\lambda > \pi d$$

对应于

$$\gamma < 1$$

从瑞利对层流条件下非黏性液体射流破碎的分析中可以得出，波长大于周长的液体射流上的所有扰动都会增大。此外，他的研究结果表明，前一类扰动的增长速度最快，在破碎过程中起主导作用。虽然实际液体射流为黏性液体，且会受到周围空气的影响，但这一结论与后人的理论研究及实验结果基本相符。

瑞利对射流破碎的数学分析的贡献源于他认识到射流破碎是一个动态问题，并且射流破碎速度是一个重要的物理量。假设式(2.31)中 b_n 与 $\exp(qt)$ 成正比，其中 q 为扰动增长率，瑞利证明增长最快的扰动增长率为

$$q_{max} = 0.97\left(\frac{\sigma}{\rho_L d^3}\right)^{0.5} \tag{2.32}$$

且 λ_{opt} 对应于 q_{max}，有

$$\lambda_{opt} = 4.51d \tag{2.33}$$

破碎后,长度为4.51d的圆柱体变成球形液滴,因此$4.51d \times \frac{\pi}{4}d^2 = \frac{\pi}{6}D^3$。

因此

$$D = 1.89d \tag{2.34}$$

对于瑞利破碎机理而言,未破碎射流液滴的直径大约是破碎液滴平均直径的2倍。

图2.6为瑞利液滴破碎的理想模型,它适用于下落液滴射流的实际破碎过程。从图2.6(a)中可以看出,这种液滴破碎模式十分有规则。液体射流首先开始下落,最终破碎成大小、间距均匀的液滴。图2.6(b)为高速摄影照片,可以看到该区域射流的外表面有明显的轴对称扰动和增长,破碎前为哑铃状,射流在连接圆柱体的尾部收缩,随后变得不稳定并破碎成液滴。形成的小液滴通常会聚合,最终形成大液滴中分布着许多小液滴的"卫星"式液滴。

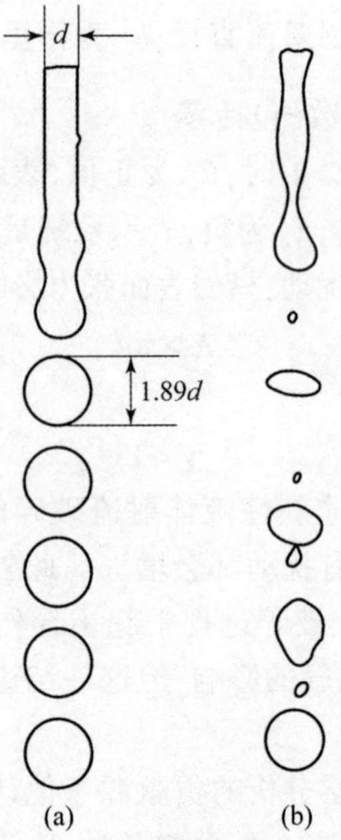

图2.6 低速圆射流的破碎

(a)理想模型;(b)高速摄影得到的实际破碎过程。

后来,Tyler[62]测量了液滴破碎时射流形成的频率,并将其与扰动波长相关联。Tyler假设由射流破碎形成的球形液滴的体积等于具有无扰动射流的直径和增长最快扰动的波长的圆柱体的体积,获得了以下结果:

$$\frac{D}{d}=\left(1.5\,\frac{\lambda}{d}\right)^{1/3} \tag{2.35}$$

$$\lambda_{\text{opt}}=4.69d \tag{2.36}$$

$$D=1.92d \tag{2.37}$$

鉴于他的实验结果与瑞利的数学分析预测之间紧密的一致性[参见式(2.33)和式(2.34)],Tyler得出与瑞利理论所预测的结果一致的结论,即最大不稳定扰动在圆射流的破碎中起主导作用。

Weber[63]提出了一种在低速射流破碎下更通用的理论,他将瑞利的分析扩展到黏性液体。假设任何干扰都会导致射流的旋转对称振荡,如图2.7(a)所示。如果初始干扰的波长小于$\lambda_{\min}$,则表面张力会减弱干扰;如果初始干扰的波长大于$\lambda_{\min}$,则表面张力会增加干扰,这将导致射流破碎。但是有一个特定波长λ_{opt}最有利于射流的破碎,对于非黏性液体有

$$\lambda_{\min}=\pi d \tag{2.38}$$

$$\lambda_{\text{opt}}=\sqrt{2}\pi d=4.44d \tag{2.39}$$

对于黏性液体有

$$\lambda_{\min}=\pi d \tag{2.40}$$

$$\lambda_{\text{opt}}=\sqrt{2}\pi d\left(1+\frac{3\mu_{\text{L}}}{\sqrt{\rho_{\text{L}}\sigma d}}\right)^{0.5} \tag{2.41}$$

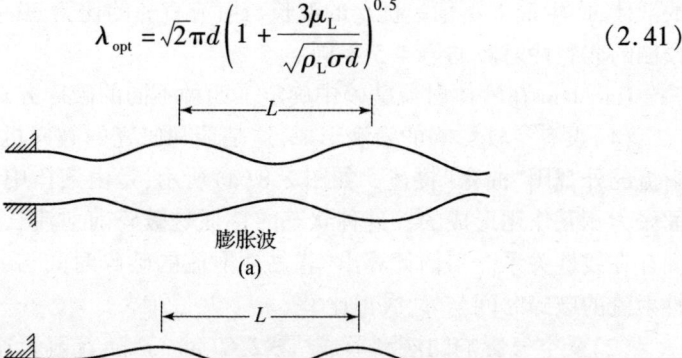

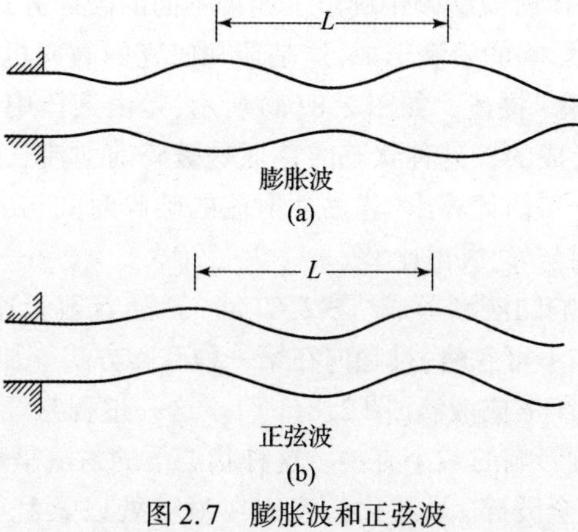

图2.7 膨胀波和正弦波

(a)具有轴对称扰动的射流;(b)射流扰动引发波形成。

因此,对于非黏性液体,产生最大不稳定扰动所需的λ/d值为4.44,接近瑞利的预测值4.51。而对于黏性液体和非黏性液体,最小波长是相同的。但对于黏性液体,最佳波长更大。

韦伯接下来分析了空气阻力对射流破碎成液滴的影响。他发现空气摩擦会缩短形成液滴的最小波长和最佳波长。对于非黏性液体射流和零空气速度液体射流,

$$\lambda_{min}=3.14d \tag{2.42}$$

$$\lambda_{opt}=4.44d \tag{2.43}$$

当相对风速为15m/s时,

$$\lambda_{min}=2.2d \tag{2.44}$$

$$\lambda_{opt}=2.8d \tag{2.45}$$

因此,相对空气速度的影响会减小射流破碎的最佳波长。

韦伯还考虑了空气运动形成波的情况,并提出只有当相对空气速度超过某一最小值时才会出现这种情况。对于甘油,空气运动形成波的最小速度为20m/s。在该速度下,理论破碎距离是无限长的。增加速度会缩短破碎距离。例如,当速度分别为25m/s、30m/s和35m/s时,相应的波长分别为3.9d、3.0d和1.3d。

Haenlein[12]提供了支持韦伯理论分析的实验证据。他使用长径比为10的喷嘴以及不同黏度和表面张力的液体,表明对于高黏度[0.85kg/(m·s)]的液体,产生最大不稳定扰动的波长与射流直径的比为30~40,与瑞利理论预测的非黏性射流的值4.5不同。

Haenlein在液体射流破碎中确定了四种不同的破碎方式。

(1)没有空气影响的液滴形成,这是瑞利研究的破碎机理。这种状态下射流的外观用“曲张”描述。如图2.8(a)所示,是由液体中的内部张力和表面张力相互作用形成的。这种状态的特征是破碎前射流长度与射流速度之间存在线性关系。韦伯计算出,非黏性射流的破碎时间与$d_o^{1.5}$成正比,而黏性射流的破碎时间与d_o成正比。

(2)受空气影响的液滴形成[图2.8(b)]。随着射流速度的增加,周围空气的气动力影响不可忽略,且趋向在第一种破碎方式下加强波的形成。

(3)射流的波纹形成液滴[图2.8(c)]。这一过程与气动力效率的提高和表面张力的相对影响的减小有关。这种状态下的射流呈弯曲形。

(4)射流的完全破碎,即雾化。液体在喷嘴处以紊乱且不规则的方式破碎。

虽然这4种不同的状态可以清楚地进行描述,但它们之间没有明确的界限。从实际的观点来看,直流喷嘴在正常工作状态下是很难实现第四种破碎方式的。

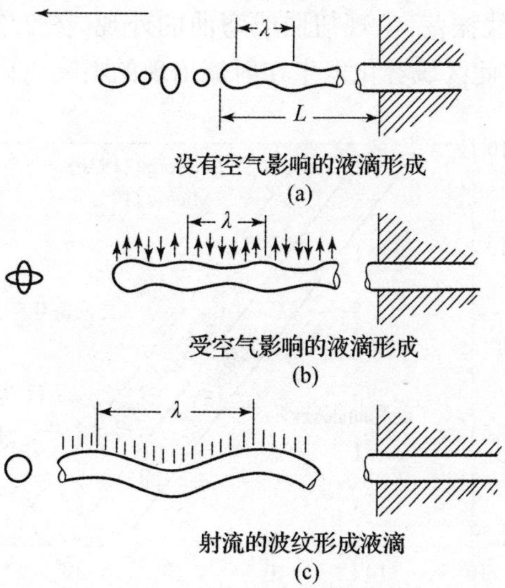

图 2.8　液滴形成机理[12]

或许最常引用的射流破碎的标准是 Ohnesorge[13] 提出的。依据射流破碎的摄影记录，Ohnesorge 根据重力、惯性、表面张力和黏性力的相对重要性对数据进行了分类。

他采用无量纲分析，效果较好，表明射流的破碎机理可以分为三个阶段，每个阶段用 Re 的大小和无量纲量 Z 表示，Z 的表达式如下：

$$Z = \left(\frac{U_L^2 \rho_L d_o}{\sigma}\right)^{0.5} \left(\frac{U_L d_o \rho_L}{\mu_L}\right)^{-1} = \frac{\mu_L}{(\rho_L \sigma d_o)^{0.5}} \tag{2.46}$$

式(2.46)被称为稳定值、黏度组[7]或 Ohnesorge 数(Oh)。

Ohnesorge 指出，根据液滴形成的速度，在 Oh/Re 图上，射流破碎的各种机理可以分为以下三个区域。

(1)在低 Re 时，射流分解成大小均匀的大液滴。这就是瑞利分解机理。

(2)在中间区，射流的破碎是由射流轴向的射流振荡引起的。这些振荡的幅度随着空气阻力的增大而增大，直到射流完全破碎为止。产生的液滴尺寸范围大。

(3)在高 Re 时，雾化在离喷嘴很短的距离内完成。

Ohnesorge 做的图如图 2.9 所示。由于对于给定的液体和喷嘴尺寸，Oh 是恒定的，因此图中 Re 变化为一条水平线。因此，在低 Re 区(区域Ⅰ)，射流结构以曲张为主,破碎模式遵循瑞利机理。随着 Re 的增加,模态进入Ⅱ区,射流围绕其轴线振荡,呈现扭曲或弯曲的外观[图2.7(b)]。通过这个窄带,到达Ⅲ区,在此区域雾化发生在射流出现的喷嘴出口处。

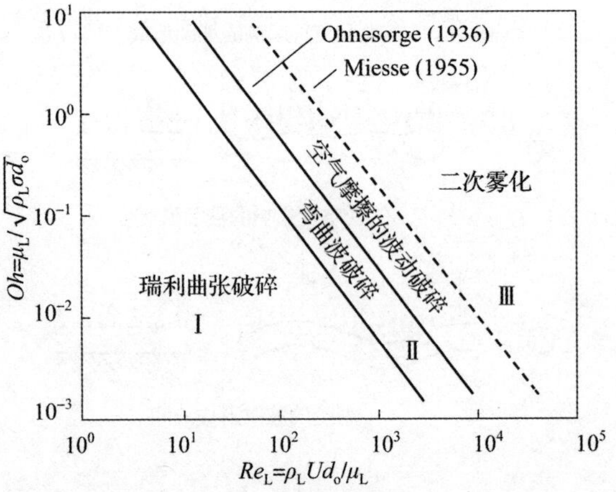

图2.9　破碎模式的分类[13]

对于Ⅲ区,Castleman[8]提出了一种基于Sauter[14]和Scheubel[15]观测的射流破碎机理。根据Castleman[8],射流破碎过程中最重要的因素是外层射流与空气的相对运动影响,再加上空气摩擦的作用,就会导致以前光滑的液体表面不平整,产生不稳定的液丝。随着相对速度的增加,液丝的尺寸减小,寿命变短;根据瑞利的理论,在它们破碎时,会形成更小的液滴。

Miesse[44]发现,只有将区域Ⅱ和区域Ⅲ的边界线向右平移,他的实验数据才会落在图2.9的适当区域,如图2.9虚线所示。修正后的边界由Miesse方程确定,如式(2.47)所示:

$$Oh = 100Re^{-0.92} \tag{2.47}$$

或者

$$We^{0.5} = 150Oh^{-0.087} \tag{2.48}$$

在一项关键的研究中,Reitz[64]试图解决围绕Ohnesorge图的一些不确定性。他的分析是对自己和其他工作人员(包括Giffen和Muraszew[3]、Haenlein[12])获得的柴油喷雾数据的解释。根据Reitz[64]的研究,随着射流速度的逐渐增大,会遇到以下四种破碎模式。

(1)瑞利射流破碎。这是由表面张力引发的射流表面轴对称振动引起的。液滴直径超过射流直径。

(2)一次迎风破碎。射流与周围气体之间的相对速度增加了表面张力效应,从而在射流上产生静压分布,加速了破碎过程。与第一种情况一样,破碎发生在喷嘴下游的射流中。液滴直径与射流直径大致相同。

(3)二次迎风破碎。射流与周围气体的相对运动导致短波表面波在射流表面不稳定生长,从而产生液滴。这种波的增长与表面张力相反。破碎发生在喷嘴出口下游几倍直径处。平均液滴直径远小于射流直径。

(4)雾化。射流在喷嘴出口处完全破碎。平均液滴直径远小于射流直径。

图2.10显示了 $Oh-Re$ 图上的这4种状态,以及每种状态下射流行为的示意图,表2.1列出了破碎模式的分类。

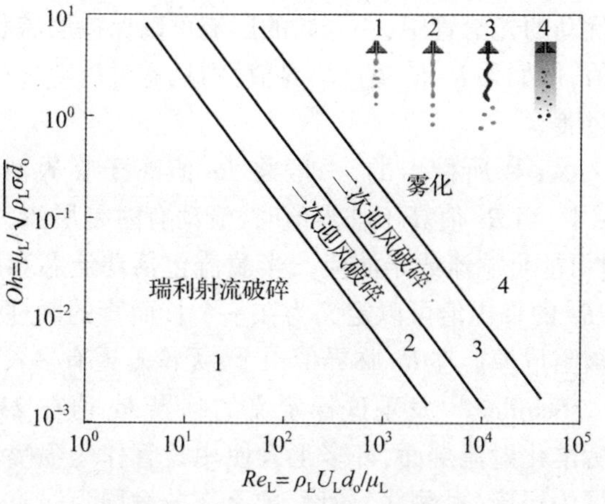

图2.10　破碎模式的分类[64]

表2.1　破碎模式的分类[64]

方式	描述	液滴形成机理	过渡到下一个状态的标准
1	瑞利射流破碎	表面张力	$We_A>0.4$;$We_A>1.2+3.4Oh^{0.9}$
2	一次迎风破碎	表面张力、环境气体的动压力	—
3	二次迎风破碎	环境气体的动压力与初始表面张力相反	$We_A>40.3$;$We_A>13$
4	雾化	尚不清楚	—

2.4.1 射流速度分布的影响

在稳态射流实验过程中,可能会出现一些与之相关的特性和偏差,这些特性和偏差来自射流从喷嘴喷出时的速度分布和湍流特性的差异。Schweitzer[47]对射流和喷嘴处水力湍流进行了定性描述。射流从喷嘴中以层流或湍流状态出现。当液滴以平行于管的轴向流动时,流动为层流。当液滴的路径随机交叉时,且具有不同横向速度分量时,为湍流。层流是在流动不受任何干扰、管口呈圆形及液体黏度高的情况下形成的;而湍流是由高流速、大管径、表面粗糙度、管材截面积的快速变化以及流动气流中的凸起所形成的。无论管的长度如何,一开始的层流将保持层流 *Re* 值低于 *Re* 的临界值;反之,如果 *Re* 值保持在临界值以上,一开始的湍流将保持湍流。

在无流动扰动的光滑管中,一开始的层流可以保持层流状态,直到 *Re* 值远远高于临界值,但如果 *Re* 值超过临界值,则只需对流动进行一个小的扰动便可以向湍流过渡。

正如 Schweitzer[47]所指出的,一般将 *Re* 值高于临界值的流动视为湍流,然而在实际中,当 *Re* 值高于临界值时,流动有时是层流,当 *Re* 值低于临界值时,流动也可能是湍流或半湍流。半湍流包括湍流芯和层流包络层,如图 2.11 所示。*Re* 的临界值可以定义为在一个长而直的圆柱形管道中,任何流体扰动都会被阻尼掉。在 *Re* 临界值以上,无论管道有多长,流体中的扰动都不会衰减[47]。Schiller[65]发现这样定义的临界 *Re* 值在 2320 左右。在射流中人们试图标准化射流剖面,许多工人使用长管作为喷嘴,以确保射流最初要么充分发展为层流(抛物线)轮廓,要么充分发展为湍流速度剖面。

通常,喷嘴的长度和直径都较小,以便尽量减小压力损失。喷嘴出口处的流动状态是由喷嘴上游的流动状态和进口通道及喷嘴内部产生的扰动决定的。对于一个给定的喷嘴,这些因素都是恒定的,所以流动状态(层流、湍流或半湍流)是由 *Re* 决定的。

Schwietzer[47]、McCarthy 和 Molloy[61]、Sterling[49,66]描述了射流的速度分布对其随后破碎的强烈影响。在层流情况下,紧靠射流孔下游的射流速度分布呈抛物线变化,从外表面的零到射流轴上的最大值。如果射流被注入静止或缓慢移动的空气中,射流的外表面与相邻的空气之间没有明显的速度差。因此,空气摩擦力雾化的必要条件并不存在。然而,经过一定距离后,空气摩擦和表面张力的共同作用使表面不规则,最终导致射流破碎。

如果喷嘴处的流动完全是湍流的,径向速度分量很快就会导致表面膜

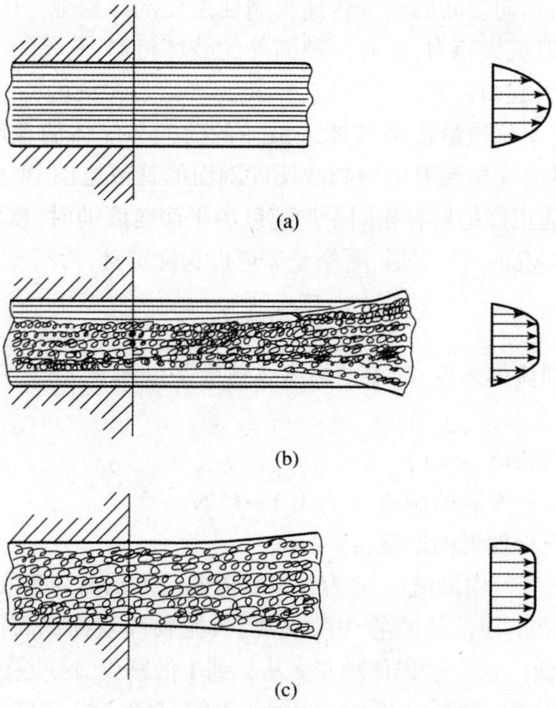

图 2.11　Giffen 和 Muraszew[3] 提出的不同的射流速度分布
(a)层流速度分布;(b)半湍流速度分布;(c)湍流速度分布。

被破坏,然后射流破碎。应该注意的是,当喷射出的射流完全是湍流时,不需要任何空气动力来破坏。即使注入真空,射流也会在自身湍流的影响下破碎。

如图 2.11 所示,如果射流是半湍流的,则湍流核周围的层流环往往会阻止核内的液滴到达射流表面,并扰乱射流表面。同时,由于射流表面与周围空气的相对速度很低,空气摩擦的影响很小。因此,射流破碎不会发生在喷嘴出口附近。然而,在下游,速度更快的湍流核超过了它的保护层流层,然后以湍流射流的正常方式破碎;或者,在某种程度上,同时在总气流的层流和湍流组分之间发生能量的重新分配,从而使射流速度剖面变平。这一过程产生了具有径向速度分量的射流表面液体颗粒,这些颗粒破坏射流表面,最终使射流分解成液滴。

发生在喷嘴出口下游速度剖面的变化(通常称为速度剖面松弛)对射流稳定性和射流破碎有重要影响。当射流离开喷嘴,即不受喷嘴壁面的物理约束时，射流内横向层间的动量传递机制使速度剖面松弛。因此，除了前面讨论的正常的射流失稳力，还有一种额外的破坏机制，其是由与剖面松弛相关的内部运动引起的。

众所周知，单位质量流动气体或液体的动能与流体的速度分布密切相关。例如，在具有完全展开的抛物线速度剖面的管道流动中（如层流），单位质量流体的动能正好是具有相同平均速度的平面速度剖面（塞状流）的2倍。继 McCarthy 和 Molloy[61]之后，一个量 ϵ 可以这样定义

$$\epsilon = \int_0^A U_r^3 \mathrm{d}A / U^3 A \tag{2.49}$$

式中：U_r 为局部流体速度；U 为平均流体速度除以面积 A。有三种不同的流体情况。

(1) 对于塞状流，$\epsilon = 1$；

(2) 对于充分发展的湍流，ϵ 为 1.1 ~ 1.2；

(3) 对于充分发展的层流，$\epsilon = 2.0$。

因此，对于管道中的流动，ϵ 为在塞状流条件下动能与等效动能的比值。

当完全发展的层流从喷管中喷出时，其抛物线型面以相同的平均速度松弛成平面型面。这个过程伴随着 ϵ 从2到1的减少，这涉及射流内部能量相当大的重新分配，导致产生的力很大，射流破碎。爆破破碎现象最早由 Eisenklam 和 Hooper[67] 观察并解释，Rupe[68] 也注意到了这一现象。显然，在出口处具有完全发展的湍流剖面的射流（ϵ 为 1.1 ~ 1.2）只对剖面松弛效应有轻微的影响。

对于高速射流，现在普遍认为，周围空气或气体的作用是雾化的主要原因，尽管射流湍流具有促进作用，因为它破坏了射流表面，使它更容易受到空气动力学的影响。对于这一观点，部分文献提出了质疑。例如，在某些条件下，Faeth 和其同事观察到湍流破碎状态下气动效应的影响很小[69]，除非液气密度比小于500。根据液体湍流和空气摩擦所起的不同作用区分一次雾化和二次雾化。一次雾化与射流破碎有关，它是由诸如湍流、惯性效应或由速度剖面松弛和表面张力引起的内力作用引起的。二次雾化除了受一次雾化影响外，还涉及气动力的作用[61]。气动力通过直接作用于射流表面，将一次雾化过程中形成的液滴分裂成更小的液滴，从而促进雾化。

考虑到湍流对射流不稳定性的影响，需要一种更全面的方法来估计射流表面扰动的波长。Reitz[70] 认为，从所涉及的波长光谱中，可以发现有一个最高的增长率，并产生一个主波长，即最大增长率的波长 λ^*，在这个主波长

上发生破碎。Kelvin Helmholtz 稳定性分析表明：

$$\frac{\lambda^*}{r}=\frac{9.02(1+0.45Oh^{0.5})(1+0.4T^{0.7})}{(1+0.87We_{\mathrm{A}}^{1.67})^{0.6}} \tag{2.50}$$

$$\Omega\frac{\rho_{\mathrm{L}}r^3}{\sigma^{0.5}}=\frac{0.34+0.38We_{\mathrm{A}}^{1.5}}{(1+Oh)+(1+1.4T^{0.6})} \tag{2.51}$$

式中：$T=Oh\cdot We_{\mathrm{A}}^{0.5}$；$We_{\mathrm{L}}=\rho_{\mathrm{L}}U_r^2r/\sigma$；$We_{\mathrm{A}}=\rho_{\mathrm{A}}U_r^2r/\sigma$；$Oh=We_{\mathrm{L}}^{0.5}\cdot Re_{\mathrm{L}}^{-1}$；$Re_{\mathrm{L}}=\rho_{\mathrm{L}}U_rr/\mu_{\mathrm{L}}$。

从现象上看，最大波长增加，相应的最不稳定波长迅速减少。随着黏度的增加，波的增长减弱，最不稳定波长增加。因此，黏度的影响是延迟破碎，这与液滴行为的表达式一致[式(2.18)和式(2.19)]。该模型用于识别关键的破碎参数，已广泛应用于综合模型，并进一步细化到液滴的二次雾化[71]。

Faeth 等[72]所讨论的，关于空气动力效应如何影响湍流破碎的细节仍然存在争议。使用体积平均速度值与考虑湍流尺度的问题仍然是一个悬而未决的问题。关于这种争议是如何表现的，下面两个表达式说明了由于湍流液体射流破碎而产生的液滴大小。

Faeth 和 Reitz 均发现气动湍流一次破碎的尺寸分布遵循通用根正态分布，MMD/SMD = 1.2，与 Simmons[73]一致。这意味着可以使用单一的尺寸来表示产生的液滴的大小(如 SMD)。

Faeth 等[72]提出了以下液滴表面粗糙度作为注入误差的函数表达式：

$$\rho_{\mathrm{A}}\mathrm{SMD}u_{\mathrm{o}}^2/\sigma=12.9(x/\Lambda)^{1/3}(\rho_{\mathrm{A}}/\rho_{\mathrm{L}})^{3/2}We_{\mathrm{L}\Lambda}^{5/6}/Re_{\mathrm{L}\Lambda}^{1/2} \tag{2.52}$$

此外，以涉及瑞利破碎时间(t_{R})与二次破碎时间(t_{b})的特征时间比的形式给出了该过程的时间尺度表达式：

$$t_{\mathrm{R}}/t_{\mathrm{b}}=(\rho_{\mathrm{L}}/\rho_{\mathrm{A}})^{0.5}(xWe_{\mathrm{L}\Lambda}/\Lambda)^{0.3} \tag{2.53}$$

式中：L 为气相湍流的径向惯性长度标度。这是令人满意的，因为从直观上看，射流破碎的波结构与气相湍流涡流的大小有关，特别是在气相密度较高的情况下(如高压环境)。

从设计工具的角度来看，需要确定 Λ 的值这一点存在一定问题。然而，这些结果可以从湍流能谱和流体力学的知识中发现。这需要较少的信息，这可能是 Reitz 的模型[见式(2.54)~式(2.75)]被广泛使用的部分原因，因为可以使用更容易获得的基本量。无论如何，Faeth 模型的性能在图 2.12 中得到了验证，该图显示了与实验相关的性能。其他条件的比较和相关讨论见文献[72]。

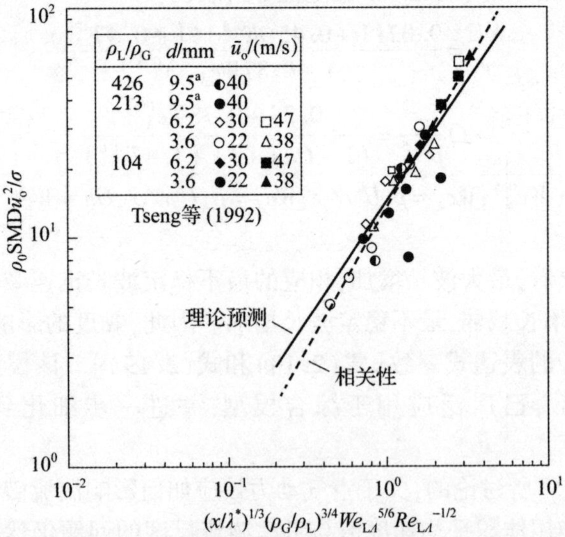

图 2.12 液体射流气动强化破碎过程中液滴的 SMD 分析[72]

Reitz 提出了以下关于射流破碎时间和由此产生的液滴大小的表达式。根据 We_A 的值给出了分段结果。当 $We_A<1000$[74]时,有

$$t_b = C_{\tau,1}\left(\frac{\rho_L}{\rho_A}\right)^{0.5}\left(\frac{1}{Re_L \cdot We_L}\right)^{0.2}\frac{d_o}{U_o} \tag{2.54}$$

$$\mathrm{SMD} = C_{\mathrm{SMD},1}\left(\frac{\rho_L}{\rho_A}\right)^{0.1}\left(\frac{1}{We_A}\right)^{0.2} d_o \tag{2.55}$$

当 $We_A>1000$[74]时,有

$$t_b = C_{\tau,2}\left(\frac{\rho_L}{\rho_A}\right)^{0.5}\frac{d_o}{U_o} \tag{2.56}$$

$$\mathrm{SMD} = C_{\mathrm{SMD},2}\left(\frac{\rho_L}{\rho_A}\right)^{0.05}\left(\frac{1}{We_A}\right)^{0.03} d_o \tag{2.57}$$

式中:$C_{\tau,1}=5$;$C_{\tau,2}=1.0$;$C_{\mathrm{SMD},1}=0.15$;$C_{\mathrm{SMD},2}=0.05$。

根据式(2.57),可以得到射流破碎时间和由此产生的液滴尺寸。

2.4.2 稳度曲线

许多研究人员由实验确定的射流速度和破碎长度之间的关系表征射流的特性。后者定义为射流连续部分的长度,从喷嘴到液滴形成破碎点之间的距离。

层流区长度－速度曲线的一般形状如图 2.13 所示。曲线 A 下方的初始虚线部分对应滴状流。点 A 表示较低的临界速度，在该速度下，滴状流变为射流。从 A 到 B，破碎长度 L 随速度线性增加。根据瑞利和韦伯的研究，这部分曲线对应于射流在表面力作用下的破碎。

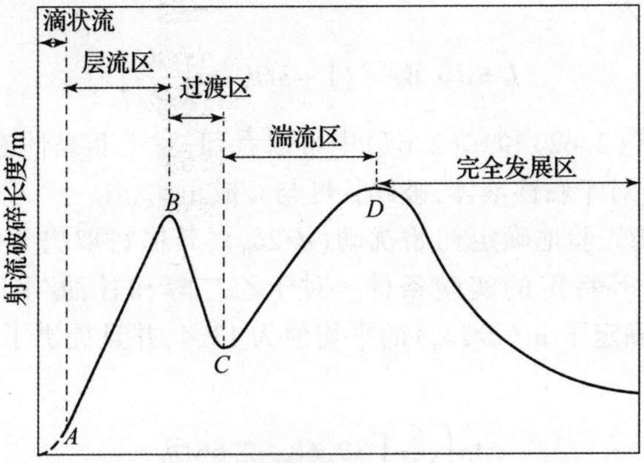

图 2.13　射流破碎长度随射流速度变化的曲线

韦伯[63]研究表明，一个小轴对称扰动 δ_0 会议指数型扰动增长率 q_{max} 增长直到 δ_0 等于射流半径。如果 t_b 是破碎时间，则假设：

$$r_0 = \delta_0 \exp(q_{max} t_b) \tag{2.58}$$

因此

$$t_b = \frac{\ln(d/2\delta_0)}{q_{max}} \tag{2.59}$$

因为

$$t_b = \frac{L}{U}$$

$$L = \frac{U}{q_{max}} \ln\left(\frac{d}{2\delta_0}\right) \tag{2.60}$$

把式(2.32)代入式(2.60)中，可得

$$\frac{L}{d} = 1.03 U \ln\left(\frac{d}{2\delta_0}\right)\left(\frac{\rho_L d}{\sigma}\right)^{0.5} \tag{2.61}$$

或

$$L = 1.03 d \cdot We^{0.5} \ln(d/2\delta_0) \tag{2.62}$$

因此，式(2.62)是对仅承受惯性和表面张力的液体射流破碎长度的预测。

对于没有空气摩擦的黏性射流的破碎长度,韦伯分析得出以下形式的表达式:

$$L = U\ln\left(\frac{d}{2\delta_0}\right)\left[\left(\frac{\rho_L d^3}{\sigma}\right)^{0.5} + \frac{3\mu_L d}{-\sigma}\right] \tag{2.63}$$

可以改写为

$$L = d \cdot We^{0.5}(1+3Oh)\ln\left(\frac{d}{2\delta_0}\right) \tag{2.64}$$

因此,从式(2.62)和式(2.64)中可以看到,对于非黏性液体,破碎长度与 $d^{1.5}$ 成正比;对于黏性液体,破碎长度与 d 成正比。

然而,不能先验地确定初始扰动($d/2\delta_0$),其值将取决于喷嘴的几何形状和液体流速等特定的实验条件。对于乙二醇和甘油/水溶液,Grant 和 Middleman[75]确定了 $\ln(d/2\delta_0)$ 的平均值为13.4,并且提供了以下更一般的相关性:

$$\ln\left(\frac{d}{2\delta_0}\right) = 7.68 - 2.66Oh \tag{2.65}$$

韦伯关于射流破碎长度的分析结果基本没有得到后续实验验证。实际上,由于缺乏共识,一些研究人员完全放弃了韦伯理论。如前所述,Sterling 和 Sleicher[66]证明,理论和实验之间报道的差异可能是由射流中速度分布的松弛所致。他们还表明,在没有速度分布松弛的情况下,韦伯理论放大了空气动力的影响。因此,他们修改了韦伯理论,以考虑环境气体的黏度。他们的分析过程不在本书研究的范围内,但是图2.14和图2.15说明他们的方法在数据预测方面有了显著改进。

Mhoney 和 Sterling[76]随后扩展了 Sterling 和 Sleicher[66]的结果,获得层流牛顿射流长度的通用公式。他们的公式仅对最初具有均匀速度分布的射流严格有效,但是当 Oh(基于射流性质)较大时,对于具有初始抛物线分布的射流也适用。它与式(2.50)基本相同,但是有一个附加项,它是 Oh 和 We 的函数。

$$L = d \cdot We^{0.5}(1+3Oh)\ln\left(\frac{d}{2\delta_0}\right)\Big/ f(Oh, We) \tag{2.66}$$

有关根据射流速度和液体性质估算 $f(Oh, We)$ 的表达式的详细内容,请参考文献[76]。

图2.16说明了式(2.66)在预测破碎长度方面的有效性。该图对比了测量的射流破碎长度 L 和由 Phinney 和 Humphries[77]预测的带有喷嘴的射流破碎长度,射流长度由式(2.66)预测。该结果显然是令人非常满意的。

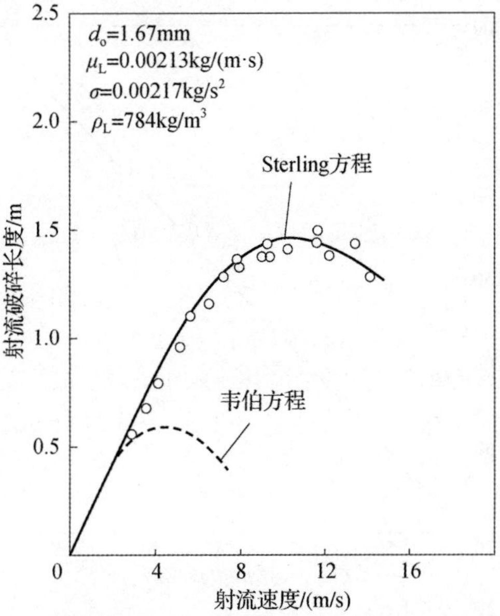

图 2.14　实验数据与 Weber[63] 和 Sterling[49] 预测数据的对比

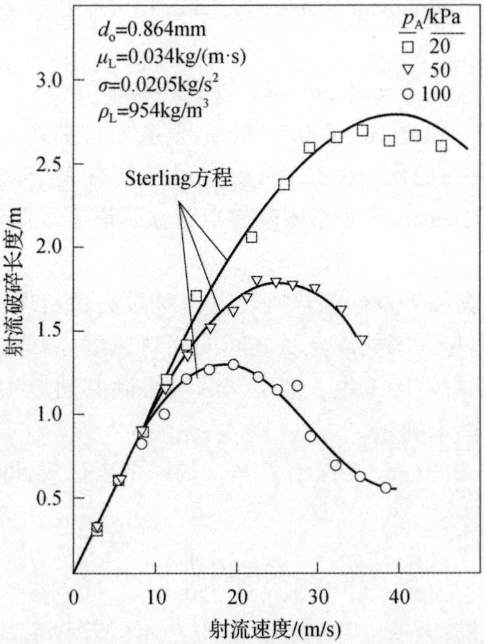

图 2.15　实验数据和 Sterling 和 Sleicher[66] 预测数据的对比

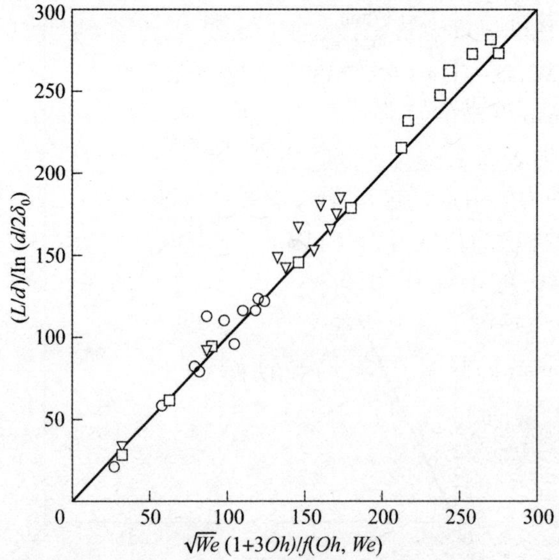

图 2.16　测量的射流破碎长度与式(2.66)预测的射流破碎长度的比较[76]

根据 Grant 和 Middleman[75] 的研究,图 2.13 中 AB 区域的数据的进一步经验相关性如下:

$$L = 19.5d \cdot We^{0.5}(1 + 3Oh)^{0.85} \tag{2.67}$$

(1)上临界点。根据 Haenlein[12] 的研究,稳定性曲线上的点 B 对应破碎机理从曲张到弯曲的变化[图 2.7(b)]。对于具有完全抛物线速度分布的射流,Grant 和 Middleman[75] 为上限临界点建立了以下经验相关性:

$$Re_{\text{crit}} = 3.25Oh^{-0.28} \tag{2.68}$$

韦伯认为,最高临界点标志着空气阻力对射流稳定性的突然影响,并且仅取决于射流表面与周围气体介质之间的相对速度。其他研究人员将这一临界点归因于射流湍流的发生。似乎这两种机制共同作用可以加速射流破碎,但其主导因素尚未确定。

Van de Sande 和 Smith[78] 提出了 Re_{crit} 的以下表达式,即射流从层流变为湍流的条件:

$$Re_{\text{crit}} = 12000\left(\frac{1}{d}\right)^{-0.3} \tag{2.69}$$

该式适用于过渡区域,如图 2.13 中的 BC 区域所示,其中发生了从层流到湍流射流的转换。

(2)湍流射流。在湍流射流中,喷嘴出口处的流动是湍流。湍流射流倾向于具有乳白色的表面。这是由速度分量的随机波动产生的,是由表面褶皱的光散射所致,这与层流的透明玻璃外观相反。

如 Castleman[16] 所假定的那样,雾化是液体和气体之间的气动相互作用导致液体在喷射表面上不稳定波动增长,这一观点尚未得到普遍认可。公认的是,空气动力学引起的波动增长需要时间来发展,因此,在喷嘴出口处能观察到不受扰动的长度。但是,Reitz 和 Bracco[79] 指出,最不稳定的波长和不受扰动的长度可能比射流直径小得多,因此,很难通过实验观察。Taylor 和 Hoyt[80] 拍摄了水射流的清晰照片并证实了这一点,如图 2.17 所示,这为 Castleman 的假设提供了有力的支撑。

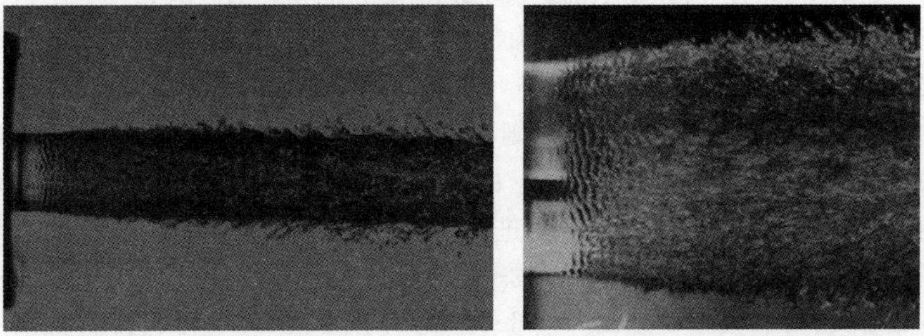

(a)　　(b)

图 2.17　高速水射流照片及放大图

(a)高速水射流照片,显示表面波不稳定性和喷雾分离;
(b)喷嘴出口下游水射流的放大图[10]。

研究者提出了使湍流射流破碎的替代机制。例如,DeJuhasz[81] 提出,射流破碎过程开始于喷嘴,并受到湍流的强烈影响。如前所述,Schweitzer[47] 认为,在湍流管道中产生的径向速度分量可能会立即导致喷嘴出口处的射流破碎。Bergwerk[82] 假设喷嘴内的液体气蚀现象会在流动中产生大幅度的压力干扰,从而产生雾化现象。Sadek[83] 认为空化气泡可能会影响雾化过程。其他研究者,包括 Eisenklam、Hooper[67] 和 Rupe[68],都认为射流破碎是速度分布松弛引起的,这也说明了湍流的更大稳定性。Reitz 和 Bracco[71,79] 从他们对湍流射流实验工作的回顾和自己的实验观察中得出的结论是,在所有情况下,没有单一的机制导致射流破碎,通常涉及多种因素。

虽然每种机理的解释不同,但很明显,许多机制对该过程都有相似的定性作用[55]。此外,无论雾化过程的详细机理如何,对于在液体与周围气体介质之间具有强相互作用的湍流射流,射流破碎长度随速度的增加而增加,如稳定性曲线上 C 点以外的区域所示,如图 2.13 所示。该区域破碎数据的经验相关性已由多位研究者开发,包括 Vitman[84]、Lienhard 和 Day[85]、Phinney[50]和 Lafrance[86]。对于从长的光滑管中产生的湍流射流,Grant 和 Middleman[75]提出以下经验关系式:

$$L = 8.51 d_o \cdot We^{0.32} \tag{2.70}$$

而 Baron[87]与 Miesse[44]的数据公式如下:

$$L = 538 d_o \cdot We^{0.5} \cdot Re^{-0.625} \tag{2.71}$$

如果增加的射流速度不确定(图 2.13 中 D 点以外的区域),则稳定性曲线的形状会发生什么变化,尚不确定。McCarthy 和 Molloy[61]在对该区域的实验数据进行回顾时指出,Tanasawa 和 Toyoda[88]断言,L/d_o 随着速度的增加持续增加,而 Yoshizawa 等[89]则声称 L/d_o 随速度的增加而减小。根据 Hiroyasu等[90]和 Arai 等[91]的描述,破碎长度随着射流速度的增加而增加,直到达到最大值,超过该速度,任何进一步的增加都会导致破碎长度减小,如图 2.13 所示。这些结论所基于的一些结果如图 2.18 ~ 图 2.22 所示,为清楚起见,已从中删除了数据点。Reitz 及其同事的模拟工作支持了观察实验[74],但是他们指出,图 2.13 中的行为可能会受到喷嘴几何形状的显著影响,较长的喷嘴通道可能会表现出不同的行为。

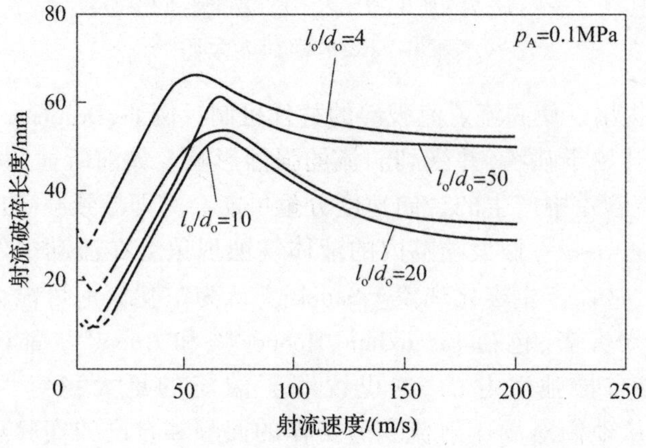

图 2.18 低压下 l_o/d_o 比值和射流速度对破碎长度的影响[90]

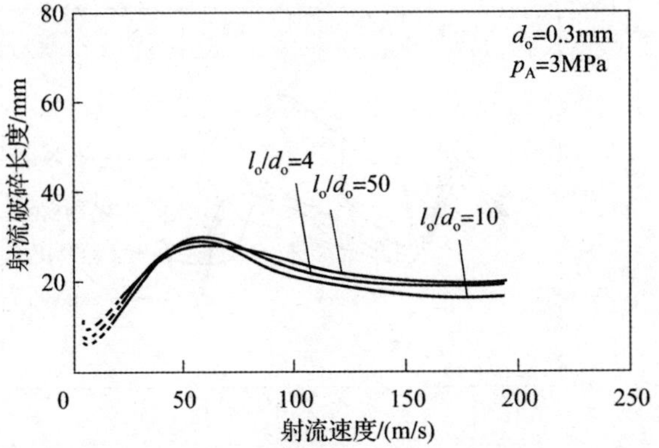

图 2.19　高压下 l_o/d_o 比值和射流速度对破碎长度的影响[90]

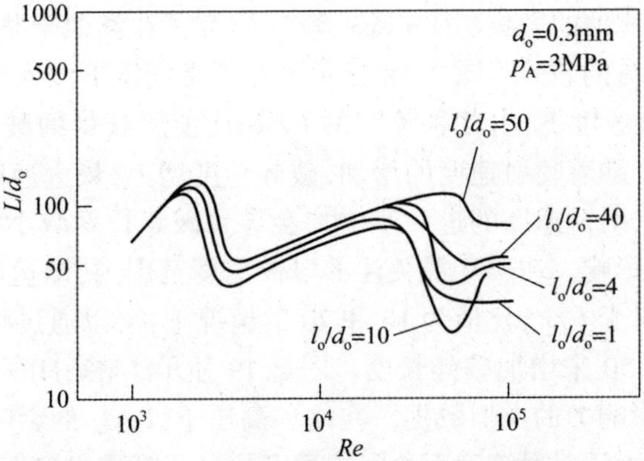

图 2.20　l_o/d_o 比值和 Re 对破碎长度的影响[91]

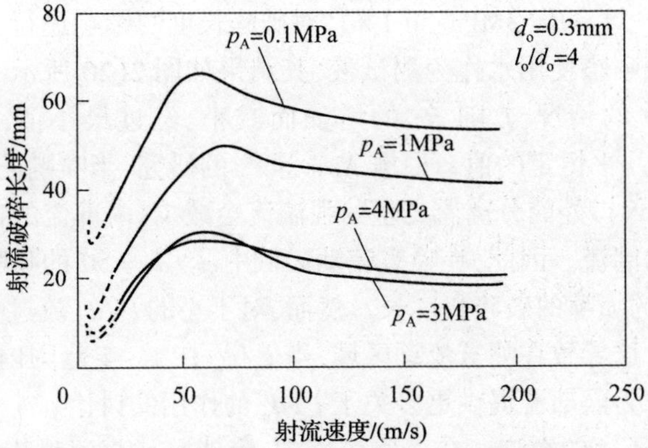

图 2.21　环境压力对破碎长度的影响[90]

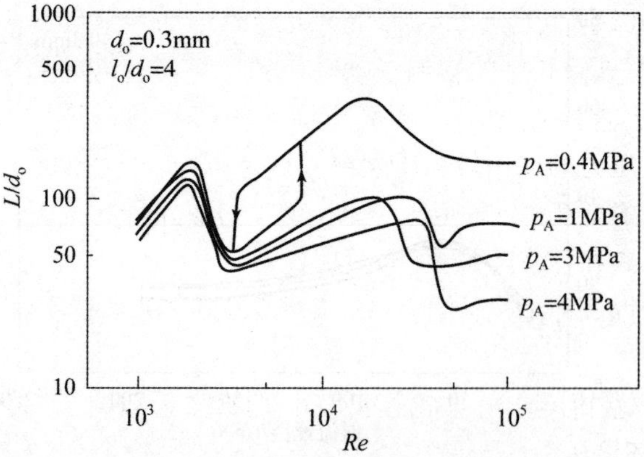

图2.22　环境压力对破碎长度的影响[91]

(3) l_o/d_o 比值的影响。Hiroyasu 等[90]研究了在类似于柴油发动机的情况下高速水射流的破碎。图2.18显示了在正常气压下注入空气时，在高达200m/s的射流速度下，由几种喷嘴的 l_o/d_o 比值所获得的破碎长度的测量值。该图显示，随着喷射速度的增加，破碎长度增大，最大速度约为60m/s，超过此速度时，射流速度的进一步增加会导致破碎长度减小。l_o/d_o 对破碎长度没有显著影响。在实际最关注的射流速度范围内，即速度大于50m/s，要注意的是，对于 l_o/d_o 比值为10和20的情况下，可以通过将 l_o/d_o 比值降到4或增加到50来增加破碎长度。图2.19显示了在3MPa的环境气压下获得的 l_o/d_o 影响 L 的类似数据。在这种高压下，l_o/d_o 的影响不明显，大概是因为空气动力学对射流表面的影响远远超过了喷嘴出口上游的液体内部产生的流体动力不稳定性。

Arai 等[91]对高压(3MPa)下 l_o/d_o 对破碎长度的影响进行了一系列类似的测试。柴油喷嘴使用水作为测试液，其结果如图2.20所示。对于雷诺数 Re 大于30000的情况，L 随 Re 的增加而减小，经过最小值，然后在 $Re>50000$ 时达到几乎恒定的值。根据 Arai 等[91]的研究，当喷嘴的 l_o/d_o 远大于10时，由喷嘴入口处的分离流产生的强湍流会减少，内部流的速度曲线会变为完全发展的湍流。因此，在喷雾流动区域中，$l_o/d_o=50$ 的喷嘴的破碎长度比 $l_o/d_o=10$ 的喷嘴的破碎长度长。然而，对于小的 l_o/d_o 流过喷嘴的湍流并未完全产生。这导致在喷雾流动区域，当 l_o/d_o 在1~4范围内时，破碎长度增加。第5章为内部流提供更多关于 l_o/d_o 的作用的讨论。

(4)环境压力的影响。在一些应用中，液体是从直流喷嘴中以3MPa或更高的压力喷入空气中的。通过对比图2.18和图2.19，可以了解环境压力对破碎长度的影响,可以清楚地看出,压力的增加导致破碎长度减小,同时减小了 l_o/d_o 对破碎长度的影响,如前所述。

图 2.21 更直接地显示了环境压力对破碎长度的影响,表明在 0.1 ~ 3MPa 范围内,压力的作用较为剧烈。在此范围内,压力增加 30 倍,破碎长度将缩减到原来的 1/3。将环境压力从 3MPa 增加到 4MPa 似乎对破碎长度的变化影响较小。在任意压强下,当喷射速度低于 60m/s 时,破碎长度都会随着喷射速度的增加而增大,当速度大于 60m/s 时,破碎长度将随着速度增加而减小。

Arai 等[91]获得的压力对破碎长度的影响结果如图 2.22 所示。在层流区和转捩区,环境压力的影响很小,但在湍流区,其影响更为明显。图 2.19 中关于充分发展的喷雾区域的结果与 Hiroyasu 等[90]的观点大致一致。这两组数据均表明,随着气体压力的增加,破碎长度显著减小。但是 Arai 等的结果更贴合图 2.13 中的稳定性曲线。

图 2.19 的一个显著特征是,对于 0.4MPa 的压力,存在一定范围的雷诺数使得破碎长度具有两个值。对低于此范围的雷诺数,雷诺数的增加会导致破碎长度取较小值。但是,如果雷诺数在下降时接近并通过该区域,破碎长度取较大值。Arai 等[91]将这种现象归因于喷嘴内流动分离和重新附着的影响。对于实际系统而言,这种滞后现象值得关注。

在雾化领域,高速稠密射流破碎长度的实验测试准确性仍有较大争议。这说明对图 2.13[92]中 D 点以外的射流的行为进行总体分类时遇到一些挑战。研究方法的发展带来很多年前无法获得的发现。关于这一争议的部分内容将在第 9 章中进行阐述。

(5)同向流动空气的影响。在许多情况下,液体射流周围会围绕着一股同向流动气环。这种配置可以预见以下情况:液体和气体之间的相对速度先是亏空,然后是过高,中间经过零点。目前针对这一配置已取得较多研究成果。Farago 和 Chigier[93]首先对这种情况下液体破碎的一般行为进行了分类,如图 2.23 所示[93-94]。在此图中,未考虑液气动量通量比 q 的影响。

$$q = \frac{\rho_A U_A^2}{\rho_L U_L^2} \tag{2.72}$$

Lasheras 和 Hopfinger 进一步考虑了液气动量通量比,绘制出了如图 2.24 所示[95]的更为详细的状态图,并指出这些区域图与 Ohnesorge[13]和 Reitz[64]提出的图的差异。空气动力学韦伯数代替了 Oh,表明在气相有助于雾化的情况下气相特性变得更加关键。

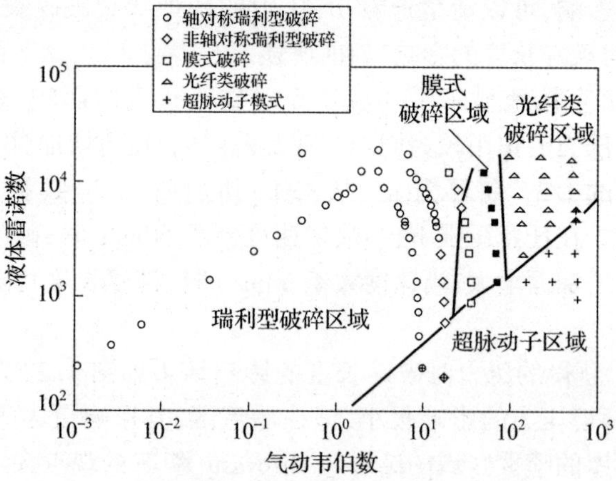

图2.23 具有同轴气流的液体射流的破碎方式[93]

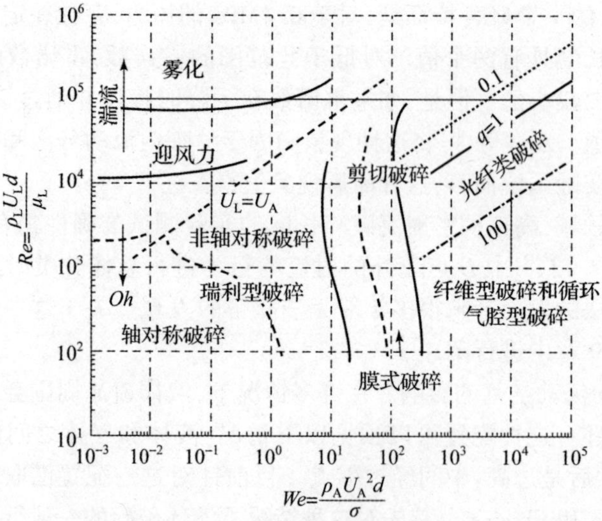

图2.24 气体同流时液体破碎的破碎区域[95]

同轴喷注过程中液体破碎长度的表达式如下[93]：

$$L=0.66d_o \cdot We^{-0.4} \cdot Re_L^{0.6} \tag{2.73}$$

Leroux 等[96]发现类似于式(2.73)的形式,只在指数系数值方面有所不同。在这种情况下,与 We 相关的速度项是气液之间的相对速度 $U_r(U_A-U_L)$。

比较具有环形协流和不具有环形协流的情况是有必要的。例如,比较静态环境和同轴环境中湍流射流的破碎形式[式(2.73)、式(2.70)和式(2.71)],对图 2.13 中的 C 点和 D 点之间的区域有效,表明指数符号发生了变化。因此,在同轴流的情况下,完整液柱长度总是随着气体和液体之间相对速度的增加而缩短,在静态情况下是不同的。并且对于静止的情况,射流破碎的长度在 D 点之后是继续缩短还是延长或是保持不变,还不清楚。

仅基于动量通量比 q 的破碎长度的表达式如下(如文献[97]):

$$L = 10 d_o q^{-0.3} \tag{2.74}$$

(6)横向气流的影响。一些雾化装置产生液体射流,该液体射流通过暴露于交叉流动的气流中而破碎。Kitamura 和 Takahashi[98] 在早期工作中对这种类型的雾化进行了详细研究。由高速闪光曝光的底片测量破碎长度。沿着喷射轴线的距离(其形状为曲线)用作破碎长度。利用水进行测量,结果如图 2.25 所示。使用乙醇和甘油水溶液进行实验也获得了相似的结果。结果证明,气体流速的增加会增加射流表面的气动不稳定作用,从而加速射流破碎。如图 2.8(b)所示,高速照片显示在低气流速度下,液体射流会因液体扰动而破碎,而在图 2.8(c)所示的高射流速度下,射流会形成正弦波。

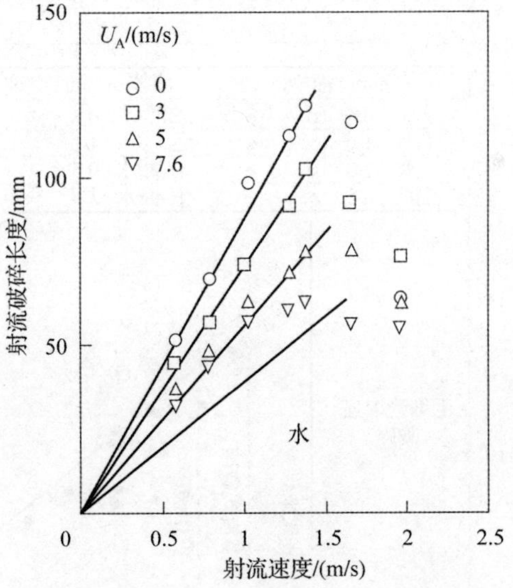

图 2.25　横向气流对破碎长度的影响[98]

就液体射流沿横向流方向弯曲现象来说。液体射流的特征具有与注入静态环境中的液体射流相似的特征。然而,垂直于射流轨迹的横流喷入冲击导致表面不稳定,当它们围绕射流中心线沿切线方向以及沿横流的方向切向移动时,其固有地变为三维。可以肯定的是,在足够高的横流速度下,材料可能会从喷嘴表面剥离。因此,破碎可能是液柱破碎(类似于静态环境)和物料从喷射表面剥离的结合。先前的研究已表明,动量通量比 q[参见式(2.72)]是与弯曲行为相关的主要参数。

针对横流中液体射流的基本特征的扩展研究建立了许多基本现象以及相关的设计工具。对于 Schetz 和 Padhye[99]、Karagozian 及其同事[100-101]、Nejad 及其同事[102-103],以及 Faeth 及其同事[104-105],这只是他们众多研究成果的一小部分而已。Birouk 及其同事[106]对该领域的一些工作进行了总结归纳,特别是关于很多表达的解释。这些内容将在第6章中进行阐述。

Wu 等[102]提出了一个横流液体射流的破碎状态图,如图2.26所示,以 q 和 We 表示(基于气相密度和速度)。q 的基本原理可能并不那么明显,但可以表明 q 是描述同轴液气喷注中的重要参数[95]。对于该物理过程,引入 We 至关重要。需要注意的是,对于横流,We 是基于气相性质建立的,而不是在静止环境中液体射流的破碎[12,64]。为了观察某些区域中射流的表面,图2.27中提供了从高速摄像视频中提取的射流破碎的影像[107]。

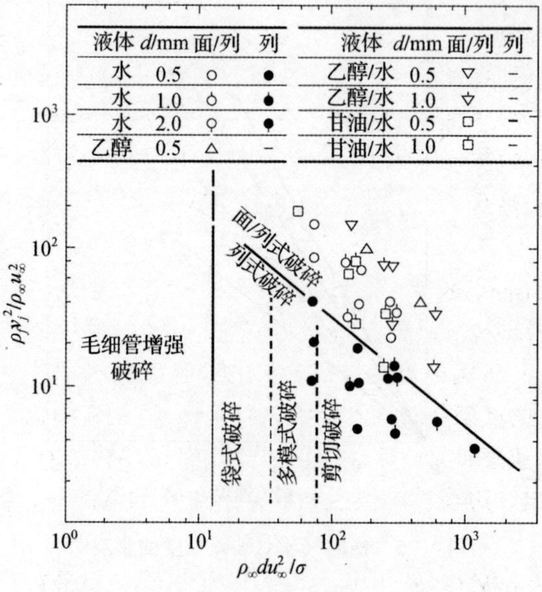

图2.26　横向流下液体的破碎方式[102]

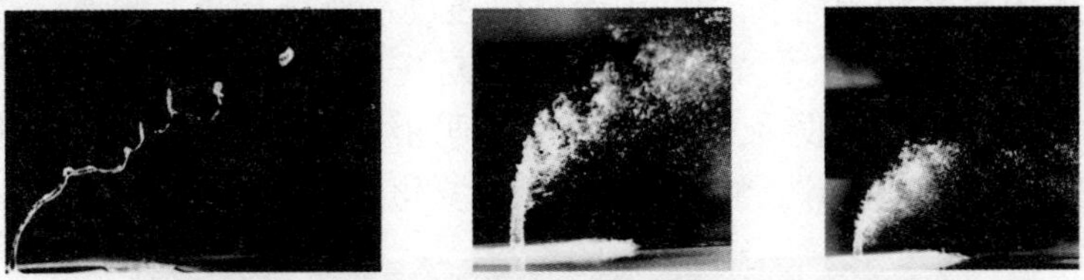

图 2.27　图 2.26 中几种破碎方式的照片[106]
(a)列式/袋式破碎;(b)多模式破碎;(c)剪切破碎/表面破碎。

2.5　液柱的破碎

许多喷嘴不形成液体射流,而是形成扁平模或圆锥形的薄片。两股液体射流撞击可以产生液片。如果在管路内流动的液体通过一个环形孔偏转,则可获得圆锥形液片,液片的形式由偏转角决定。在压力旋流和预膜的空气雾化喷嘴中也会产生锥形液片,在这一过程中,液体从孔口流出时由于穿过一个或多个切线或螺旋槽,因此产生切向速度分量。另一种广泛使用的产生扁平圆形液片的方法是将液体输送到旋转盘或杯的中心。

当液片从喷嘴喷出时,随后的发展主要受到其初始速度以及液体和周围气体的物理特性影响。为了使液片膨胀需要抵抗收缩的表面张力,需要让液片达到一个最小的临界速度。这个速度由压力、气动阻力或离心力决定,这分别取决于喷嘴是压力旋流式、预膜鼓风式还是旋转式。增大初始速度会扩展并延长液片,直到形成一个前缘,在该前缘处表面张力和惯性力之间达到平衡。

Fraser 和 Eisenklam[108] 定义了液片破碎的三种模式,即边缘破碎、波浪破碎和多孔液片破碎。在边缘破碎模式中,表面张力导致液片的自由边缘收缩成厚的轮缘,然后通过对自由射流的破碎机制将液片破坏。发生这种情况时,所产生的液滴将继续沿原始方向移动,但是它们仍然通过液丝附着在表面,液丝迅速破碎为液滴。当液体的黏度和表面张力都很高时,这种破碎模式最为突出。边缘破碎模式倾向于产生大的液滴并伴随大量的“小卫星”液滴。

在多孔液片破碎中,孔出现在液片中,轮廓形状由最初包含在内部的液体形成的边缘构成。这些孔会迅速变大,直到与相邻孔合并在一起,形成不规则形状的液丝,最后破碎成大小不同的液滴。

在没有穿孔的情况下,液面破碎可以通过在液片上产生波动来产生,从而在到达前缘之前,将半波长或全波长相对应的区域撕裂。这些区域在表面张力的作用下迅速收缩,但是在形成规则的线网之前,它们可能会因空气作用或液体湍流而破碎。波状液片的破碎雾化照片如图2.28所示。

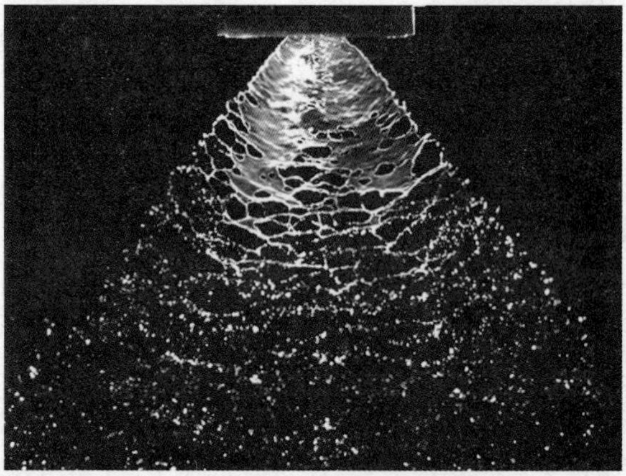

图2.28 波状液片的破碎雾化照片

正如 Fraser[109] 所指出的,破碎过程的有序性和液丝产生过程的均匀性对液滴直径分布影响很大。在距喷嘴相同距离处,出现在液片中的破碎较为相似。因此在多孔液片破碎中,液丝直径趋于均匀并且液滴直径恒定。然而,波状液片的破碎是高度不规则的,导致液滴的相对尺寸范围更大。

以片状形式喷出液体的喷嘴通常能够表现出片状破碎的三种模式。有时两种不同的模式同时发生,它们的相对重要性会极大地影响液滴平均直径和液滴直径分布。Dombrowski、Eisenklam、Fraser 及其同事[108-114] 对液片的破碎机理进行了许多研究。20 世纪 50 年代初期,Dombrowski 和 Fraser 利用改进的照相技术和高强度、极短持续时间的特殊光源,在液片的破碎方式方面取得较大成果。他们确定液丝主要是由液体层中的穿孔引起的。如果孔是由空气摩擦引起的,则液丝会很快破碎;但是,如果通过其他方式(例如喷嘴中的湍流)产生孔,则液丝的破碎速度会很慢。通过对多种液体的大量测试,Dombrowski 和 Fraser[112] 得出结论:①具有高表面张力和高黏度的液片最不易破碎;②液体密度对液片破碎的影响小到可以忽略不计。

像液体射流一样,液片破碎已被证明是一个非常复杂的问题。因此,该领域的文献众多。简单设计工具的许多公式基于线性稳定性分析,而更复杂的形式则以非线性方式考虑了时间波和空间波。本章的写作目的是强调液片破碎的机理和现象，这是通过开发简化公式来实现的。我们鼓励读者阅读如Sirignano 及其同事[115-116]、Lin[117]、Dumouchel[118]和威斯康星大学麦迪逊分校的研究员[119]关于该主题的观点，以获得更多详细信息。

York 等[17]在理论上和实验中研究了扁平液片的破碎机理。他们得出如下结论：连续相和不连续相之间的界面处的不稳定和波形成是将液片分解成液滴的主要因素。他们考虑了分散作用在空气中运动的液片微元上的力系统，如图 2.29 所示。表面张力试图使凸起返回到原始位置，但是空气会经历静压的局部减小（与速度的局部增大相对应），该静压倾向于使凸起进一步向外扩展。这对应于风引起的不稳定性的正常模式，其中表面张力对任何使界面偏离原来位置的趋势进行抵抗，并试图使其恢复平衡，然而空气动力增加了界面的偏离，从而加剧了不稳定。

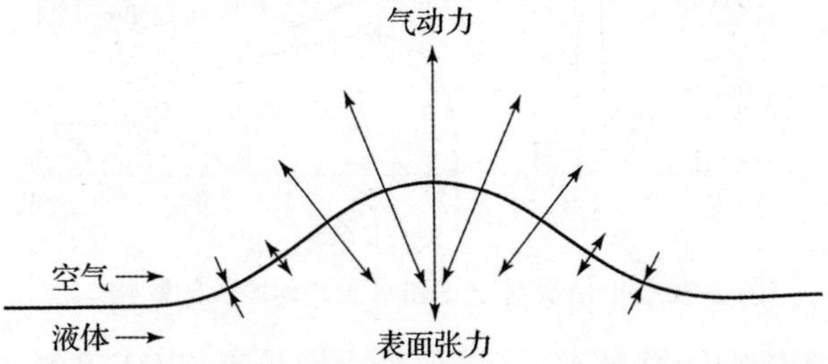

图 2.29 作用在空气中移动的液体薄片的分布界面上的力系统

在液体和环境空气之间的边界处，力的平衡可以表示为

$$p_L - p_A = -\sigma \frac{d^2 h}{dx^2} \tag{2.75}$$

式中：h 为液体从平衡位置开始的位移（幅度）；x 为沿液片移动的距离。

为了解决这个问题，York 等[17]考虑了二维无限大的有限厚度的液体，其两侧有空气。通过忽略黏性效应并假设无旋流，可以从速度势获得速度。利用得到的速度和伯努利方程，可以估算压力并确定位移 h。与液体喷射的情况一样，在某些条件下，波幅也会呈指数级增长。幅度增加为

$$h_t = A\exp(\beta t) \tag{2.76}$$

式中：h_t 为时间 t 的幅度；A 为初始干扰的幅度；β 为确定干扰的增长率的数字。如果已知初始扰动的幅度 A，则可以由下式计算出破碎时间：

$$t = \beta^{-1}\ln\left(\frac{t_s}{2A}\right) \tag{2.77}$$

式中：t_s 为液片的厚度。图 2.30 绘制了基于 York 等分析的图，该图说明了

韦伯数对标准大气压下空气中液片生长速率的影响。

图2.30显示,对于给定的韦伯数,增长率具有明确定义的最大值,尤其是在高韦伯数下。该波长的干扰将主导界面并迅速使液片破碎。图2.30还提出了 λ/t_s 的一个相当精确的下限,在这一下限下,界面是稳定的。这表明除非风速或韦伯数很高,厚板上的短干扰波长是稳定的。

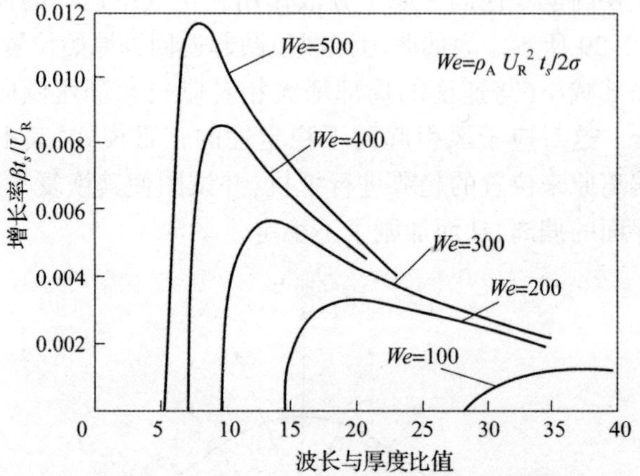

图2.30　韦伯数对空气和水的波动增长的影响[17]

如果用给定韦伯数($U_R^2 t_s \rho_A/\sigma$)的最大增长率相对应的波长 λ^* 计算相应的韦伯数($U_R^2 \lambda^* \rho_A/\sigma$),则可以在一张图中将这两个韦伯数标记出来,显示单独改变液片厚度的效果。如图2.31所示,该图证明了液片厚度的较大变化只会使 λ^* 产生很小的变化,尤其是在低密度比时。例如,对于在标准大气压下的水和空气,液片厚度变化100倍仅使波长 λ^* 改变10%。

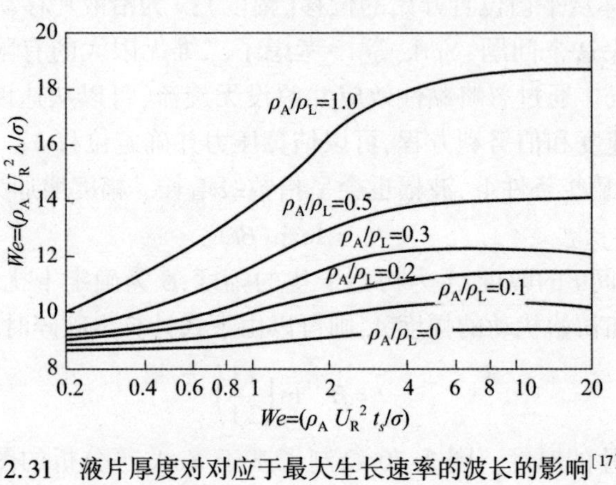

图2.31　液片厚度对对应于最大生长速率的波长的影响[17]

Hagerty 和 Shea[120] 使用扁平液片的照片，获得了正弦波的生长速率因子(β)的实验值，并将其与根据方程式计算出的理论预测曲线进行了比较。

$$\beta = \frac{n^2 U_R^2(\rho_A/\rho_L) - n^3\sigma/\rho_L}{\tanh n(t_s/2)} \tag{2.78}$$

式中：n 为干扰波的波数($n=\omega/U$)，ω 为波频率；U_R 为气液相对速度。对比结果如图 2.32 所示。

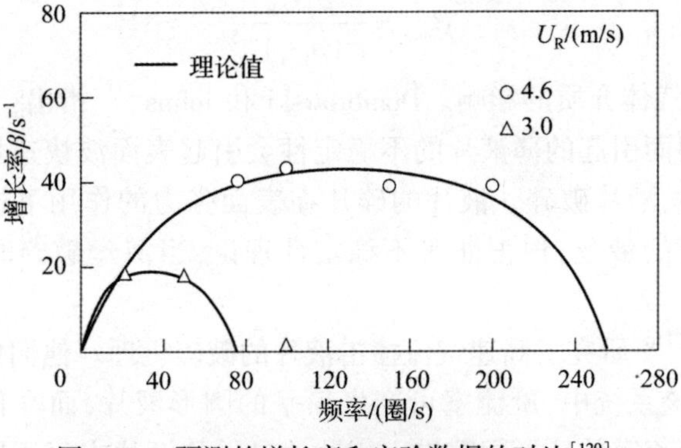

图 2.32　预测的增长率和实验数据的对比[120]

Hagerty 和 Shea 的分析还表明，最低稳定频率为

$$f_{\min} = \frac{\omega}{2\pi} = \frac{\rho_A U_R^3}{2\pi\sigma} = \frac{U_R \cdot We}{2\pi t_s} \tag{2.79}$$

式中：$We = \rho_A U_R^2 t_s/\sigma$。

频率、速度和波长的关系为

$$f = \frac{U}{\lambda} \tag{2.80}$$

因此，根据式(2.79)和式(2.80)，不稳定系统的最小波长为

$$\lambda_{\min} = \frac{2\pi\sigma}{\rho_A U_R^2} \tag{2.81}$$

通过对在静止空气中移动的液片的不稳定振荡的分析，Squire[121] 得出最小波长的表达式：

$$\lambda_{\min} = \frac{2\pi t_s \rho_L}{\rho_A(We-1)} \tag{2.82}$$

式中：$We = \rho_L U_R^2 t_s/\sigma$。考虑到通常 $We \gg 1$，最小波长可简化为

$$\lambda_{\min} = \frac{2\pi\sigma}{\rho_A U_R^2}$$

它与 Hagerty 和 Shea[120]推导的式(2.81)相同。

液片破碎的最佳波长 λ_{opt} 是具有最大生长速率 β_{max} 的波长。当 $We \gg 1$ 时,得

$$\lambda_{opt} = \frac{4\pi\sigma}{\rho_A U_R^2} \tag{2.83}$$

以及

$$\beta_{max} = \frac{\rho_A U_R^2}{\sigma(\rho_L t_s)^{0.5}} \tag{2.84}$$

(1)周围气体介质的影响。Dombrowski 和 Johns[111]指出,与周围的气态介质相互作用而引起的薄液片的不稳定性会引起表面波快速增长。当波幅达到临界值时,液片破碎。液片的碎片在表面张力的作用下被撕裂并迅速收缩成不稳定的液丝,根据曲张不稳定性理论,当液丝破碎时会产生液滴(图2.28)。

Fraser 等[110]研究了高速气流撞击液片的破碎机理。他们使用了一种特殊的系统,在该系统中,旋流室可产生扁平的圆形液片,而雾化气流则通过轴向对称于旋流室的环形间隙进入。照片显示从液片中气流冲击的位置开始产生圆周波,并且观察到液片通过形成不稳定的液丝而破碎成液滴。

Rizk 和 Lefebvre[122]研究了初始液片厚度对喷雾特性的影响。他们使用了两个经过特殊设计的鼓风喷嘴,这些喷嘴在二维风管的中心线上产生扁平的液片,并使液片的两侧都暴露于高速空气中。通过对涉及的过程的分析和对实验数据的相关性验证,发现较高的液体黏度和液体流速会导致液膜变厚。实验数据还表明,根据关系 $\mathrm{SMD}\alpha t^{0.4}$,较薄的液膜会破碎成较小的液滴。这是一个有趣的结果,因为如果其他参数恒定,则液膜厚度与喷嘴直径成正比,这意味着 SMD 应该与喷嘴线性标度的0.4次方成比例。实际上,这正是 El－Shanawany 和 Lefebvre[123]在研究喷嘴直径对 SMD 的影响时获得的结果。

以前的研究者也注意到类似的关系。例如,York 等[17]、Hagerty 和 Shea[120],以及 Dombrowski 和 Johns[111]的分析均表明,液滴平均直径大致与薄膜厚度的平方根成正比。此外, Fraser 等[109]进行的液膜破碎的摄影研究表明,对于由于形成不稳定液丝而破碎的液片,液丝直径主要取决于液片的厚度。

Rizk 和 Lefebvre[122]还使用持续时间0.2μs 的超高速闪光照相技术研究了液片破碎和液滴形成的机理。一些典型的照片如图2.33和图2.34所示。

图 2.33 是将水喷注于速度为 55 m/s 的空气中获得的。它清楚地显示了 Dombrowski 和 Johns[111] 假设的雾化过程类型，其中液/气相互作用产生的波变得不稳定并使得液片破碎成碎片。然后这些碎片破碎成液丝，最后破碎成液滴。随着空气速度的增加，液片会更早地破碎，并且液丝会在靠近喷嘴出口处形成。这些液丝往往更薄更短，并破碎成更小的液滴。对于高黏度液体，不再存在波浪面机制，而是以长液丝的形式从雾化唇口中喷出。当发生雾化时，这一效应在相对较低速度的区域中即雾化唇口的下游效果很好。结果显示，液滴直径更大。如图 2.34 所示，对于黏度为 0.017kg/m · s 且空气速度为 91m/s 的液体，这种雾化非常符合 Castelman 的液丝理论[8]。

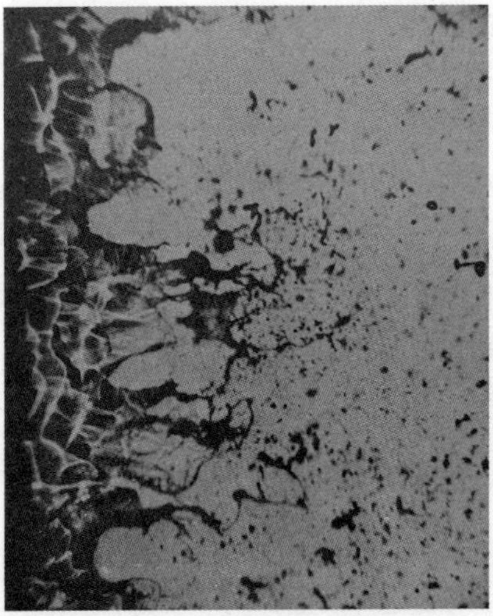

图 2.33　低黏度液体雾化机理（气流从左至右）[122]

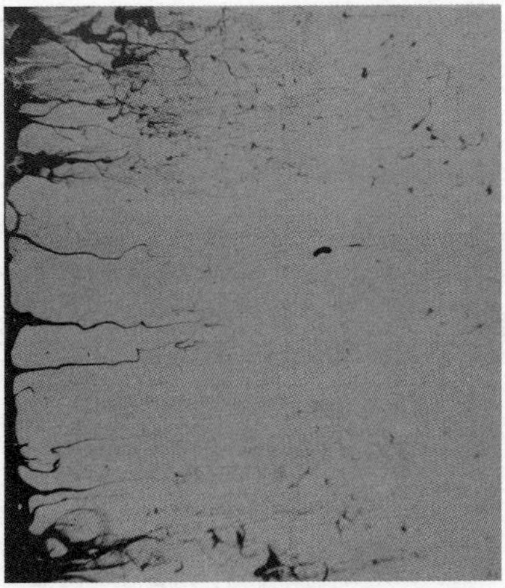

图 2.34　高黏度液体雾化机理（气流从左至右）[122]

较厚的液片会产生较厚的液丝，然后破碎成较大的液滴，这一事实突出了将液体散布到非常薄的液片中以实现最佳雾化的重要性。Rizk 和 Lefebvre[122] 发现，液片的厚度取决于空气和液体的性质。较高的液体黏度及液体流速会导致液膜变厚，而表面张力的变化似乎对液片的厚度没有影响。但是，对于低表面张力的液体，液片在气流的作用下更容易破碎，并且产生的液丝更短。

先前的分析根据 Fraser 等[113] 的研究成果得出了由于液片破碎而产生的预期液滴直径的表达式：

$$D = C\left(\frac{\rho_L}{\rho_A}\right)^{1/6}(kt_s)^{1/3}\left(\frac{1}{We_L}\right)^{1/3} \tag{2.85}$$

式中:k 为文献[113]中定义的扇形喷雾的喷雾参数:

$$k = \frac{t_s W}{2\sin\left(\frac{\theta}{2}\right)} \tag{2.86}$$

式中:W 为喷嘴宽度;θ 为薄片的喷射角度。

Dombrowski 和 Johns[111]的研究结果如下:

$$D_d = D_{lig}\left[1 + \frac{3\mu_L}{\sqrt{\rho_L \sigma D_{lig}}}\right]^{1/6} \tag{2.87}$$

式中:D_{lig}为最初的液片破碎产生的液丝的直径。

$$D_{lig} = C\left(\frac{k^2\sigma^2}{\rho_L \rho_A U^4}\right)^{1/6}\left(1 + 2.6\mu_L \sqrt[3]{\frac{k\rho_A^4 U^7}{72\rho_L^2\sigma^5}}\right)^{1/5} \tag{2.88}$$

(2)破碎长度。Arai 和 Hashimoto[124]研究了注入同向气流中液片的破碎。用从许多照片中获得的平均值来确定破碎长度。对于恒定的液片厚度,图2.35显示破碎长度随气液相对速度的增加而减小。图2.35表明,破碎长度随着液片速度的增加或液体黏度的降低而增加。破碎长度的经验公式为

$$L = 0.123 t_s^{0.5} \cdot We^{-0.5} \cdot Re^{0.6} \tag{2.89}$$

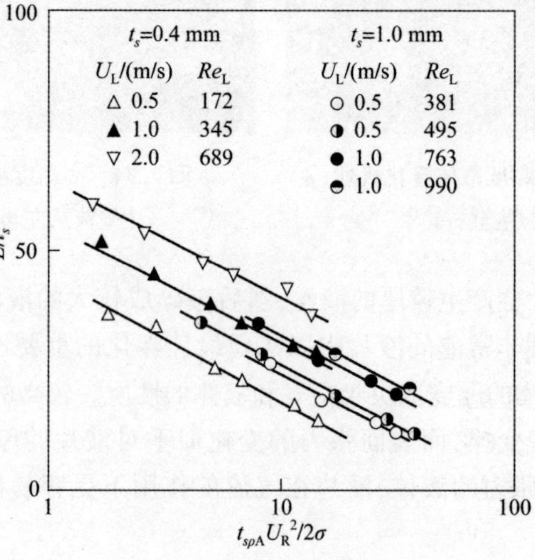

图2.35 同向气流中扁平液片的破碎长度[124]

式中：$We = t_s\rho_A U_R^2/2\sigma$；$Re = t_s U_L\rho_L/\mu_L$。

此外，还有其他描述破碎长度的表达式，Carvalho 等[125] 和 Park 等[126] 提出的表达式如下：

$$L = 6.51 t_s q^{-0.68} \tag{2.90}$$

$$L = Ct_s \frac{\rho_L U_L}{\rho_A (U_A - U_L)} We_R^{-0.5} \tag{2.91}$$

(3) 锥形液片。Mehring 和 Sirignano[116] 总结了与圆锥形压力旋流喷嘴产生的液片的不稳定行为相关的详细理论。他们在扁平液片的行为的基础上将其与圆锥形液片联系起来，并强调了非线性效应和黏性效应在分析圆锥形液片时的重要性。他们还开展了将已获取大量现象的线性模型扩展到圆锥系统的工作。在文献[119]中给出了仿真实现的示例。

本节将基于简单的分析模型给出一些观点。有证据表明，圆锥形液片的曲率半径对波动有破坏作用，因此圆锥形液片往往比扁平液片短[127]。通过在分析中作出某些近似，York 等[17] 能够粗略估计压力旋流喷嘴产生的液滴的大小。在喷嘴附近形成的并且具有最大增长波长的波将使液片在垂直于流动方向上周期性地变厚。液环从圆锥形液片上脱落，并且环中包含的液体体积可以看作从液片上脱落的液丝的体积，其厚度等于破碎长度处的液片厚度，宽度等于一个波长。最后，这些圆形液丝根据瑞利机理破碎成液滴。产生的液滴平均直径的估计值如下：

$$D = 2.13 (t_s \lambda^*)^{0.5} \tag{2.92}$$

式中：t_s 为液片厚度(m)；λ^* 为最大生长速率的波长(m)。以上两个值基于图 2.31 估算得出。

York 等[17] 发现，在理论分析中使用的无限扁平液片模型与实验中的圆锥形喷雾并不近似，因此理论与实验之间的一致性是定性的。Hagerty 和 Shea[120] 通过选择进行研究的系统来解决这个问题，该系统产生的液片可以经受任何所需频率的波动。液片的宽度为 15cm，厚度为 1.6mm，其速度可以连续变化，最高可达 7.6m/s。他们的分析包括弯曲波和膨胀波，如图 2.36 所示。当液片的两个表面同相振荡时会产生正弦波，而膨胀波是两个表面异相运动的结果。根据 Fraser 等[110] 的观点，液片中的膨胀波可以忽略不计，因为它们的不稳定程度总是小于正弦波的不稳定程度。

(4) 扇形液片。Fraser 等[110] 扩展了 Hagerty 和 Shea[120]、Squire[121] 的理论，以得出由低黏度扇形喷雾片破碎产生的液滴直径的表达式。他们的模型假设增长最快的(β_{max})波在前沿以半波长宽($\lambda_{opt}/2$)的带状形式分离。该带立即收缩成直径为 D_L 的液丝,其随后破碎为相等直径的液滴。该机制如图2.37所示。

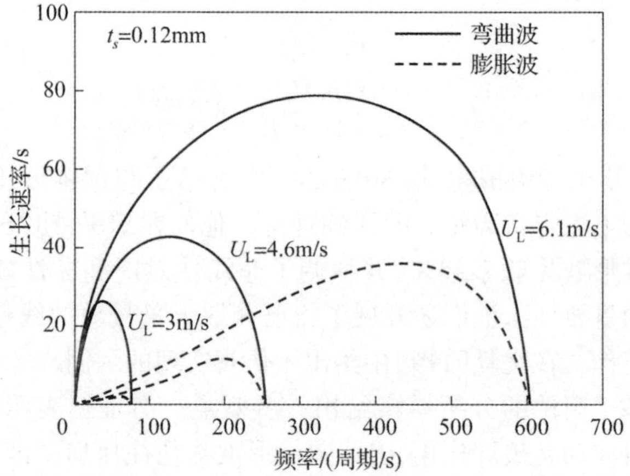

图2.36 弯曲波和膨胀波的生长速率与频率的关系[120]

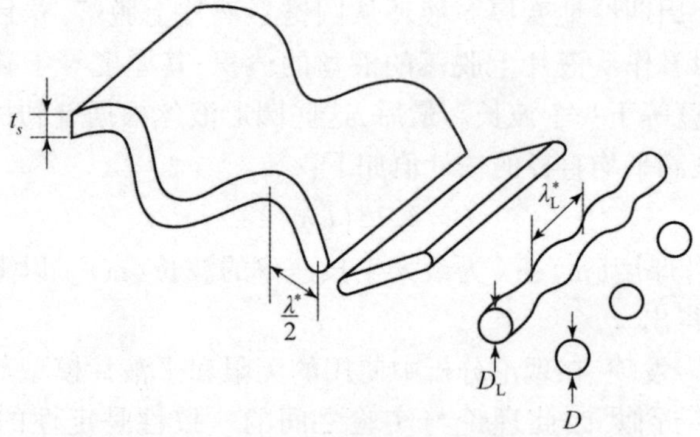

图2.37 波浪状液片理想化破碎的连续阶段[110]

若带和液丝的体积相等,则可以得出液丝直径为

$$D_L = \left(\frac{2}{\pi}\lambda_{opt} t_s\right)^{0.5} \tag{2.93}$$

根据 Rayleigh[11] 的分析,液丝破碎产生的液滴直径为

$$D = 1.89 D_L \tag{2.94}$$

因此

$$D = \text{const}(\lambda_{opt} t_s)^{0.5} \tag{2.95}$$

破碎时液片厚度的推导公式为

$$t_s = \left(\frac{1}{2H^2}\right)^{1/3}\left(\frac{k^2\rho_A^2 U_R^2}{\rho_L\sigma}\right)^{1/3} \tag{2.96}$$

式中:k 为喷嘴系数(m^2);$H=\ln(h^0/h_o)$,h^0 为破碎时的振幅(m),h_o 为喷嘴处的初始振幅(m)。

根据在不同密度和液体速度下进行的测试,Fraser 等[110]确定 H 恒定。在这种情况下,将式(2.83)、式(2.95)和式(2.96)结合起来,可以得出前面为液片雾化提供的液滴直径的表达式(2.85)。

这可以应用于压力旋流锥形喷嘴和风扇喷嘴。无论哪种情况,k 都是常数,U_R 等于液片速度 U_L,这与喷嘴压力差相关:

$$\Delta P_L = 0.5\rho_L U_L^2 \tag{2.97}$$

因此,对于给定喷嘴:

$$D \propto \left(\frac{k\sigma\rho_L^{0.5}}{\Delta P_L\,\rho_A^{0.5}}\right)^{1/3} \tag{2.98}$$

式(2.85)[请参阅式(2.86)]中 k 的尺寸以 m^2 为单位,从文献[113]中提供的 k 的描述来看,它与喷嘴流量成正比。将 $k=FN$ 代入式(2.85)可得

$$D \propto \left(\frac{\rho_L}{\rho_A}\right)^{1/6}\left(\frac{FN\sigma}{\rho_L U_L^2}\right)^{1/3} \tag{2.99}$$

通过代入式(2.96)

$$\mathrm{FN} = \frac{\dot{m}_L}{\sqrt{\rho_L\Delta P_L}} \tag{2.100}$$

它变为

$$D \propto \left(\frac{\dot{m}_L\sigma}{\rho^{0.5}\Delta P_L^{1.5}}\right)^{1/3} \tag{2.101}$$

该式显示了液滴平均直径如何受到喷注压降和液体流速的喷嘴工作条件的影响。式(2.101)还表明,液滴的大小会随着周围空气密度的增加而减小,这一结果已由 Fraser 等[110]证实,该结果是由低于大气压的液片破碎产生的。随后,众多研究人员的研究成果普遍支持了 Fraser 等的结论,即环境气压的增加导致平均液滴直径减小。

式(2.85)、式(2.97)~式(2.101)仅适用于液体黏度可忽略不计的流动情况。Dombrowski 和 Johns[111]以及 Hasson 和 Mizrahi[128]研究了一种更贴近现实的情况,即液体具有有限的黏度,并且当其离开喷嘴时,液片的厚度减小。在这种情况下,可以确定液滴直径的表达式。上面的表达式在式(2.87)和式(2.88)[111]中给出。

Hasson 和 Mizrahi[128] 使用式(2.102)关联了扇形喷嘴的索特平均直径测量值,该式在理论上针对黏性流,与黏度在经验上相关:

$$\mathrm{SMD}=0.071\left(\frac{t_s x\sigma\mu_{\mathrm{L}}^{0.5}}{\rho_{\mathrm{L}}^{0.5}U_{\mathrm{L}}^{2}}\right)^{1/3} \tag{2.102}$$

式中:x 为喷嘴下游到喷嘴的距离,并使用厘米-克-秒单位制(CGS)单位。

式(2.102)在 0.003 ~ 0.025kg/(m · s)的黏度范围显示了令人满意的实验数据相关性。

2.6 即时雾化

将上述模型用于液体射流或液片的破碎需要基于以下条件:液体表面呈现某种形式的不稳定性,且该不稳定性随后逐渐增大。在比较存在气流的情况下液片雾化的不同数据集时,Lefebvre 认识到在某些情况下可以改变波增长的经典观点。在许多实际的喷嘴中存在这些情况,因此,不稳定性建模方法的应用可能会有误导。特别是当 Lefebvre 使用 Beck 等的数据[129]研究液片的雾化并将所得实验数据与 Rizk 和 Lefebvre[122]的工作数据进行比较时,发现文献[129]的数据基本上没有考虑黏度效应。进一步研究发现,在 Beck 等指出的情况下,空气和液片之间的碰撞角比平行流动的气流中的平行角更接近法线。在这种情况下,没有足够的时间来允许波结构增长。Lefebvre 将此机制称为促进[130]作用。然而,这种情况仅进行了少量研究[118]。显然,相对于理论的发展和验证,平行流动的气体和液体所偏爱的更有规律的破碎机制是令人感兴趣的。然而从实际的角度来看,在某些情况下希望在快速雾化模式下降低对液体物理性质的敏感性。例如,在金属雾化的某些应用中,迅速雾化双流体构型已成为实现最大密度的相对高密度、高表面张力液体破碎的一种手段[131]。

2.7 小结

本章描述的理论有助于我们对雾化所涉及的基本机理进行理解,但最终尚未得出可用于设计和预测实际喷嘴性能的定量描述。尽管在综合建模方面取得了很大进展,但第一原理对雾化过程的预测仍在不断发展。另外,筛分喷嘴的设计工作需要简化的工具。这就是大多数实验数据以第 6 章中介绍的经验和半经验公式的形式积累的原因。然而,从目前可用的理论、实验和摄影证据中,可以得出关于关键点的某些一般性结论。控制射流和液片破碎的因素,以及它们对喷雾中产生的液滴直径的影响方式和程度。现在很明显,重要的喷雾特性(如液滴平均直径和液滴直径分布)取决于较多变量,如喷嘴几何形状、被雾化的液体的物理特性以及周围气体的物理特性、湍流特性和流动条件等。

本章的内容仅限于均质液体并且通常为牛顿流体。非均质液体雾化的作用(如气泡或油与水的不混溶混合物)将在雾化性能的后续章节中进行介绍。同样,在某些应用中,液体可以注入超临界环境中。这也将在随后的章节中涉及,但是这些案例所依据的详细理论目前仍在研究中。这里鼓励读者参考空军研究实验室有关超临界喷射的工作,如 Talley、Mayer、Woodward 和 Cheroudi 等的工作。

关于射流和液片破碎的理论和实验研究均表明,需要将这些变量分组为无量纲参数,以阐明它们对雾化过程的影响。像在大多数流动系统中一样,代表动量力与黏滞阻力之比的雷诺分组有效地描述了新兴射流的流动状态,包括速度分布和促进射流破碎的径向速度分量的大小。与雾化最相关的流动特性是速度、速度分布和湍流特性,这些特性可以有效地促进射流或液片的分解,尤其是在空气动力学影响相对较小的条件下。

实际上,空气动力的作用很小,而描述破坏性空气动力与恢复表面张力的比的韦伯数非常重要。对于以高相对速度经受环境气体作用的低黏度液体,韦伯数的作用占主导地位。

另一个重要的无量纲数是 Ohnesorge 数。该数仅用于在一次雾化中形成液滴,然后在二次雾化中分裂成较小的液滴的特性中。有时将其称为稳定基团,是因为它表明液滴对进一步破碎的抵抗力,但由于它考虑了液体黏度对液滴的影响,因此也被称为黏性稳定基团。获得的其他无量纲数可作为气相和液相的密度比以及喷雾生成系统的各种几何比。显然,在气体和液体之间的相互作用是瞬态的情况下,许多与经典雾化有关的概念可能需要改进。例如,黏度起到延迟破碎作用的概念可能不适用。

液体破碎的基本原理是以圆柱形或片的形式增加其表面积,直至其变得不稳定并破碎成液滴。如果喷射出的射流处于层流状态,则射流的振动或外部干扰会导致出现瑞利破碎机理所预测的破碎。如果射流为完全湍流,则可以在不施加外部空气动力的情况下破碎。相对速度的增加促进射流或液片的破碎,而液体黏度的增加使射流或液片的破碎受到抑制。不管其他影响如何,分解过程总通过空气阻力来加速,空气阻力随着空气密度的增加而增加。在大多数实际应用中空气阻力高的地方,与作用在液体表面上的方向相反的空气动力和表面张力会引起振荡和扰动。在某些条件下,这些振荡被放大使得液体破碎。射流破碎成液滴,而液片破碎成液丝,然后破碎成液滴。如果如此形成的液滴直径超过稳定的最大极限,则它们进一步破碎成较小的液滴,直到所有液滴直径低于临界尺寸止。

雾化过程的随机性意味着大多数喷雾的特点是液滴直径范围大。描述和量化液滴直径分布的方法构成了第3章的主题。

2.8 变量说明

MMD:质量中值直径($D_{0.5}$)

SMD:索特平均直径(D_{32})

A:面积,m^2

C_D:阻力系数

D:液滴直径,m

D_L:液丝直径,m

d:圆射流直径,m

d_o:喷嘴直径,m

E:单位时间,单位质量的动能,J/(kg·s)

E_s:表面势能

f:频率

g:重力加速度,$kg \cdot m/s^2$

h:液体从平衡位置开始的位移/幅度,m

h_o:喷嘴处的初始振幅,m

h^0:破碎时的振幅,m

h_t:时间 t 的幅度,m

k:喷嘴系数,m^2

L:破碎长度,m

l:射流长度,m

l_0:喷嘴长度,m

m_D:液滴质量,kg

$\dot{m}$:质量流率,kg/s

n:振动模式的顺序或干扰波的波数

Oh:Ohnesorge 数
δP_L:喷嘴液压差,Pa
p_l:内部压力,Pa
p_σ:表面张力压力,Pa
q:动量通量比
q_{max}:扰动增长率
Re:雷诺数
r:射流半径,m
t_b:破碎时间,s
t_s:液片厚度,m
U:轴向速度,m/s
$\bar{u}$:波动速度分量的均方根值,m/s
W:喷嘴宽度,m
We:韦伯数
β:确定干扰的增长率的数字
δ:扰动幅值,m
γ:无量纲波数($\gamma = 2\pi/\lambda$)
λ:扰动波长,m
λ^*:最大增长率的波长,m
Λ:气相径向惯性长度尺度,m
μ_c:动力黏度,kg/(m·s)
ρ:密度,kg/m^3
σ:表面张力,kg/s^2
ω:固有振动频率
Ω:主频增长率
τ:单位面积摩擦力,kg/m·s^2
下标:
A:空气
D:液滴
L:液体
R:相对值
o:初始值
crit:临界值

max:最大值
min:最小值
opt:最佳值

参考文献

1. Tamada, S., and Shibaoka, Y., cited in Atomization—A survey and critique of the literature, by Lapple, C. E., Henry, J. P., and Blake, D. E., Stanford Research Institute Report No. 6, 1966.
2. Klüsener, O., The injection process in compressor less diesel engines, *VDI* Z., Vol. 77, No. 7, 107–110 February 1933.
3. Giffen, E., and Muraszew, A., *The Atomization of Liquid Fuels*, New York: John Wiley & Sons, 1953.
4. Gordon, D. G., Mechanism and speed of breakup of drops, *J. Appl. Phys.*, Vol. 30, No. 11, 1959, pp. 1759–1761.
5. Lenard, P., Uber Regen, *Meteorol.* Z., Vol. 21, 1904, pp. 248–262.
6. Hochschwender, E., Mechanism and Speed of Breakup of Drops, Ph.D. thesis, University of Heidelberg, Heidelberg, Germany, 1949.
7. Hinze, J. O., Fundamentals of the hydrodynamic mechanism of splitting in dispersion processes, *AIChE J.*, Vol. 1, No. 3, 1955, pp. 289–295.
8. Castelman, R. A., The mechanism of the atomization of liquids, *J. Res. Natl. Bur. Stand.*, Vol. 6, No. 281, 1931, pp. 369–376.
9. Merrington, A. C., and Richardson, E. G., The breakup of liquid jets, *Proc. Phys. Soc. Lond.*, Vol. 59, No. 331, 1947, pp. 1–13.
10. Taylor, G. I., The function of emulsion in definable field flow, *Proc. R. Soc. Lond. Ser. A.*, Vol. 146, 1934, pp. 501–523.
11. Rayleigh, L., On the instability of jets, *Proc. Lond. Math. Soc.*, Vol. 10, 1878, pp. 4–13.
12. Haenlein, A., Disintegration of a liquid jet, *NACA TN* 659, 1932.
13. Ohnesorge, W., Formation of drops by nozzles and the breakup of liquid jets, *Z. Angew. Math. Mech.*, Vol. 16, 1936, pp. 355–358.
14. Sauter, J., Determining size of drops in fuel mixture of internal combustion engines, NACA TM 390, 1926.
15. Scheubel, F. N., On atomization in carburettors, NACA TM 644, 1931.
16. Castleman, R. A., Jr., The mechanism of the atomization accompanying solid injection, NACA Report 440, 1932.
17. York, J. L., Stubbs, H. F., and Tek, M. R., The mechanism of disintegration of liquid sheets, *Trans. ASME*, Vol. 75, 1953, pp. 1279–1286.
18. Lane, W. R., Shatter of drops in streams of air, *Ind. Eng. Chem.*, Vol. 43, No. 6, 1951, pp. 1312–1317.
19. Haas, F. C., Stability of droplets suddenly exposed to a high velocity gas stream, *AIChE J.*, Vol. 10, 1964, pp. 920–924.
20. Hanson, A. R., Domich, E. G., and Adams, H. S., Shock tube investigation of the breakup of drops by air blasts, *Phys. Fluids*, Vol. 6, 1963, pp. 1070–1080.
21. Sleicher, C. A., Maximum drop size in turbulent flow, *AIChE J.*, Vol. 8, 1962, pp. 471–477.
22. Brodkey, R. A., *The Phenomena of Fluid Motions*, Reading, MA: Addison-Wesley, 1967.
23. Gelfand, B. E., Droplet breakup phenomena in flows with velocity lag, *Prog. Energy Combust. Sci.*, Vol. 22, 1995, pp. 201–265.
24. Hsiang, L. P., and Faeth, G. M., Drop deformation and breakup due to shock wave and steady disturbances, *Int. J. Multiphase Flow*, Vol. 21, 1995, pp. 545–560.
25. Pilch, M., and Erdman, C. A., Use of breakup time data and velocity history data to predict the maximum size of stable fragments of acceleration-induced breakup of a liquid drop, *Int. J. Multiphase Flow*, Vol. 13, 1987, pp. 741–757.
26. O'Rourke, P. J., and Amsden, A. A., The TAB method for numerical calculations of spray droplet breakup, *SAE Paper* 872089, 1987.
27. Tanner, F. X., Liquid jet atomization and droplet breakup modeling of non-evaporating diesel fuel sprays, *SAE Paper* 970050, 1997.
28. Ibrahim, E. A., Yang, H. Q., and Przekwas, A. J., Modeling of spray droplets deformation and breakup, *J. Prop. Power*, Vol. 9, 1993, pp. 651–654.
29. Chryssakis, C., and Assanis, A., A unified fuel spray breakup model for internal combustion engine application, *Atomization Sprays*, Vol. 18, 2008, pp. 275–426.
30. Chryssakis, C. A., Assanis, D. N., and Tanner, F. X., Atomization models, in: Ashgriz, N. (ed.), *Handbook of Atomization and Sprays: Theory and Applications*, New York: Springer, 2011.
31. Simmons, H. C., The atomization of liquids: Principles and methods, *Parker Hannifin Report No. 7901/2-0*, 1979.
32. Guildenbecher, D. R., Lopez-Rivera, C., and Sojka, P. E., Secondary atomization, *Exp. Fluids*, Vol. 46, 2009, pp. 371–402.
33. Kolmogorov, A. N., On the disintegration of drops in a turbulent flow, *Dokl. Akad. Nauk SSSR*, Vol. 66, 1949, pp. 825–828.
34. Batchelor, G. K., *The Theory of Homogeneous Turbulence*, Cambridge: University Press, 1956.
35. Clay, P. H., *Proc. R. Acad. Sci.* (Amsterdam), Vol. 43, 1940, p. 852.
36. Sevik, M., and Park, S. H., The splitting of drops and bubbles by turbulent fluid flow, *J. Fluids Eng.*, Vol. 95, 1973, pp. 53–60.
37. Prevish, T. D., and Santavicca, D. A., *Turbulent Breakup of Hydrocarbon Droplets at Elevated Pressures*, Sacramento: ILASS Americas, 1999.
38. Lasheras, J. C., Villermaux, E., and Hopfinger, E. J., Break-up and atomization of a round water jet by a high-speed annular jet, *J. Fluid Mech.*, Vol. 357, 1998, pp. 351–379.
39. Andersson, R., and Andersson, B., On the breakup of fluid particles in turbulent flows, *AIChE J.*, Vol. 52, 2006, pp. 2021–2030.
40. Andersson, R., and Andersson, B., Modeling the breakup of fluid particles in turbulent flows, *AIChE J.*, Vol. 52, 2006, pp. 2031–2038.
41. Greenberg, J. B., Interacting sprays, in: Ashgriz, N. (ed.), *Handbook of Atomization and Sprays: Theory and Applications*, New York: Springer, 2011.

42. Tomotika, S., Breaking up of a drop of viscous liquid immersed in another viscous fluid which is extending at a uniform rate, *Proc. R. Soc. London Ser. A.*, Vol. 153, 1936, pp. 302–320.
43. Meister, B. J., and Scheele, G. F., Drop formation from cylindrical jets in immiscible liquid system, *AIChE J.*, Vol. 15, No. 5, 1969, pp. 700–706.
44. Miesse, C. C., Correlation of experimental data on the disintegration of liquid jets, *Ind. Eng. Chem.*, Vol. 47, No. 9, 1955, pp. 1690–1701.
45. Rumscheidt, F. D., and Mason, S. G., Particle motion in sheared suspensions. deformation and burst of fluid drops in shear and hyperbolic flows, *J. Colloid Sci.*, Vol. 16, 1967, pp. 238–261.
46. Krzywoblocki, M. A., Jets–Review of literature, *Jet Propul.*, Vol. 26, 1957, pp. 760–779.
47. Schweitzer, P. H., Mechanism of disintegration of liquid jets, *J. Appl. Phys.*, Vol. 8, 1937, pp. 513–521.
48. Marshall, W. R., Atomization and spray drying, *Chem. Eng. Prog. Monogr. Ser.*, Vol. 50, No. 2, 1954, pp. 50–56.
49. Sterling, A. M., The Instability of Capillary Jets, Ph.D. thesis, University of Washington, Washington, 1969.
50. Phinney, R. E., The breakup of a turbulent liquid jet in a gaseous atmosphere, *J. Fluid Mech.*, Vol. 60, 1973, pp. 689–701.
51. Bixson, L. L., and Deboi, H. H., Investigation of rational scaling procedure for liquid fuel rocket engines, *Technical Documentary Report SSD-TDR-62-78*, Rocket Research Laboratories, Edwards Air Force Base, California, 1962.
52. Kocamustafaogullari, G., Chen, I. Y., and Ishii, M., Unified theory for predicting maximum fluid particle size for drops and bubbles, Argonne National Laboratory Report NUREG/CR-4028, 1984.
53. Lin, S. P., and Reitz, R. D., Drop and spray formation from a liquid jet, *Annu. Rev. Fluid Mech.*, Vol. 30, 1998, pp. 85–105.
54. Lin, S. P., and Kang, D. J., Atomization of a liquid jet, *Phys. Fluids*, Vol. 30, 1987, pp. 2000–2006.
55. Yoon, S. S., and Heister, S. D., Categorizing linear theories for atomizing round jets, *Atomization Sprays*, Vol. 13, 2003, pp. 499–516.
56. Birouk, M., and Lekic, N., Liquid jet breakup in quiescent atmosphere: A review, *Atomization Sprays*, Vol. 19, 2009, pp. 501–528.
57. Sirignano, W. A., and Mehring, C., Review of theory of distortion and disintegration of liquid streams, *Prog. Energy Combust.*, Vol. 26, 2000, pp. 609–655.
58. Bidone, G., *Experiences sur la Forme et sur la Direction des Veines et des Courants d'Eau Lances par Diverses Ouvertures*, Turin: Imprimerie Royale, 1829, pp. 1–136.
59. Savart, F., Memoire sur le choc d'une veine liquide lancee sur un plan circulaire, *Ann. Chim. Phys.*, Vol. 53, 1833, pp. 337–386.
60. Plateau, J., Statique expérimentale et théorique des liquides soumis aux seules forces moléculaires, in: Rayleigh, L. (ed.), *Theory of Sound*, Vol. 2, New York: Dover Publications, 1945.
61. McCarthy, M. J., and Molloy, N. A., Review of stability of liquid jets and the influence of nozzle design, *Chem. Eng. J.*, Vol. 7, 1974, pp. 1–20.
62. Tyler, F., Instability of liquid jets, *Philos. Mag.* (London), Vol. 16, 1933, pp. 504–518.
63. Weber, C., Disintegration of liquid jets, *Z. Angew. Math. Mech.*, Vol. 11, No. 2, 1931, pp. 136–159.
64. Reitz, R. D., Atomization and Other Breakup Regimes of a Liquid Jet, Ph.D. thesis, Princeton University, Princeton, NJ, 1978.
65. Schiller, L., Untersuchungen ueber laminare und turbulente stromung, *VDI Forschungsarbeit.*, Vol. 248, 1922, pp. 17–25.
66. Sterling, A. M., and Sleicher, C. A., The instability of capillary jets, *J. Fluid Mech.*, Vol. 68, 1975, pp. 477–495.
67. Eisenklam, P., and Hooper, P. C., The flow characteristics of laminar and turbulent jets of liquid, *Ministry of Supply D.G.G.W. Report/EMR/58/10*, September 1958.
68. Rupe, J. H., *Jet Propulsion Laboratory Report No. 32-207*, January 1962.
69. Wu, P. K., Miranda, R. F., and Faeth, G. M., Effects of initial flow conditions on primary breakup of non-turbulent and turbulent round liquid jets, *Atomization Sprays*, Vol. 5, 1995, pp. 175–196.
70. Reitz, R. D., Modeling atomization processes in high-pressure, vaporizing sprays, *Atomization Spray Technol.*, Vol. 3, 1987, pp. 309–337.
71. Beale, J. C., and Reitz, R. D., Modeling spray atomization with the Kelvin-Helmholtz/Rayleigh-Taylor hybrid model, *Atomization Sprays*, Vol. 9, 1999, pp. 623–650.
72. Faeth, G. M., Hsiang, L. P., and Wu, P. K., Structure and breakup properties of sprays, *Int. J. Multiphase Flows*, Vol. 21, 1995, pp. 99–127.
73. Simmons, H. C., The correlation of drop-size distributions in fuel nozzle sprays, *J. Eng. Power*, Vol. 99, 1977, pp. 309–319.
74. Yi, Y., and Reitz, R. D., Modeling the primary breakup of high-speed jets, *Atomization Sprays*, Vol. 14, 2004, pp. 53–80.
75. Grant, R. P., and Middleman, S., Newtonian jet stability, *AIChE J.*, Vol. 12, No. 4, 1966, pp. 669–678.
76. Mahoney, T. J., and Sterling, M. A., The breakup length of laminar Newtonian liquid jets in air, in: *Proceedings of the 1st International Conference on Liquid Atomization and Spray Systems*, Tokyo, 1978, pp. 9–12.
77. Phinney, R. E., and Humphries, W., *Stability of a Viscous Jet—Newtonian Liquids*, NOLTR 70-5, January 1970, U.S. Naval Ordnance Laboratory, Silver Spring, MD.
78. Van de Sande, E., and Smith, J. M., Jet breakup and air entrainment by low-velocity turbulent jets, *Chem. Eng. Sci.*, Vol. 31, No. 3, 1976, pp. 219–224.
79. Reitz, R. D., and Bracco, F. V., Mechanism of atomization of a liquid jet, *Phys. Fluids*, Vol. 25, No. 2, 1982, pp. 1730–1741.
80. Taylor, J. J., and Hoyt, J. W., Water jet photography—Techniques and methods, *Exp. Fluids*, Vol. 1, 1983, pp. 113–120.
81. DeJuhasz, K. J., *Trans. ASME*, Vol. 53, 1931, p. 65.
82. Bergwerk, W., Flow pattern in diesel nozzle spray holes, *Proc. Inst. Mech. Eng.*, Vol. 173, 1959, pp. 655–660.
83. Sadek, R., Communication on flow pattern in nozzle spray holes and discharge coefficient of orifices, *Proc. Inst. Mech. Eng.*, Vol. 173, No. 25, 1959, pp. 671–672.
84. Vitman, L. A., in: Kutateladze, S. S. (ed.), *Problems of Heat Transfer and Hydraulics in Two-Phase Media*, Moscow, 1961, p. 374.
85. Lienhard, J. H., and Day, J. B., The breakup of superheated liquid jets, *Trans. ASME J. Basic Eng. Ser. D.*, Vol. 92, No. 3, 1970, pp. 515–522.
86. Lafrance, P., The breakup length of turbulent liquid jets, *Trans. ASME J. Fluids Eng.*, Vol 99, No. 2 June 1977, pp. 414–415.
87. Baron, T., *Technical report No. 4*, University of Illinois, 1949.
88. Tanasawa, Y., and Toyoda, S., On the Atomizing Characteristics of High-Speed Jet I, *Trans. Jpn. Soc. Mech.*, Vol. 20, 1954, p. 300.

89. Yoshizawa, Y., Kawashima, T., and Yanaida, K., Tohoku kozan, *J. Tohoku Mining Soc.*, Vol. 11, 1964, p. 37.
90. Hiroyasu, H., Shimizu, M., and Arai, M., The breakup of high speed jet in a high pressure gaseous atmosphere, in: *Proceedings of the 2nd International Conference on Liquid Atomization and Spray Systems*, Madison, Wisconsin, 1982, pp. 69–74.
91. Arai, M., Shimizu, M., and Hiroyasu, H., Breakup length and spray angle of high speed jet, in: *Proceedings of the 3rd International Conference on Liquid Atomization and Spray Systems*, London, 1985, pp. IB/4/1–10.
92. Linne, M., Imaging in the optically dense regions of a spray: A review of developing techniques, *Prog. Energ. Combust.*, Vol. 39, 2013, pp. 403–440.
93. Farago, Z., and Chigier, N., Morphological classification of disintegration of round liquid jets in a coaxial air stream, *Atomization Sprays*, Vol. 2, 1992, pp. 137–153.
94. Fritsching, U., Spray systems, in: Crowe, C. (ed.), *Handbook of Multiphase Flows*, Boca Raton, FL: CRC Press, 2005.
95. Lasheras, J. C., and Hopfinger, E. J., Liquid jet instability and atomization in a coaxial gas stream, *Annu. Rev. Fluid Mech.*, Vol. 32, 2000, pp. 275–308.
96. Leroux, B., Delabroy, O., and Lacas, F., Experimental study of coaxial atomizers scaling, *Part I: Dense core zone, Atomization Sprays*, Vol. 17, 2007, pp. 381–407.
97. Engelbert, C., Hardalupus, Y., and Whitelaw, J., Breakup phenomena in coaxial airblast atomizers, *Proc. R. Soc.*, Vol. 451, 1995, pp. 189–229.
98. Kitamura, Y., and Takahashi, T., Stability of a liquid jet in air flow normal to the jet axis, *J. Chem. Eng. Jpn.*, Vol. 9, No. 4, 1976, pp. 282–286.
99. Schetz, J. A., and Padhye, A., Penetration and breakup of liquids in subsonic airstreams, *AIAA J.*, Vol. 15, 1977, pp. 1385–1390.
100. Heister, S. D., Nguyen, T. T., and Karagozian, A. R., Modeling of liquid jets injected transversely into a supersonic crossflow, *AIAA J.*, Vol. 27, 1989, pp. 1727–1734.
101. Li, H. S., and Karagozian, A. R., Breakup of a liquid jet in supersonic crossflow, *AIAA J.*, Vol. 30, 1992, pp. 1919–1921.
102. Wu, P. K., Kirkendall, K. A., Fuller, R. P., and Nejad, A. S., Breakup processes of liquid jets in subsonic crossflow, *J. Propul. Power*, Vol. 14, 1998, pp. 64–73.
103. Wu, P. K., Kirkendall, K. A., Fuller, R. P., and Nejad, A. S., Spray structures of liquid jets atomized in subsonic crossflows, *J. Propul. Power*, Vol. 13, 1997, pp. 173–182.
104. Sallam, K. A., Aalburg, C., and Faeth, G. M., Breakup of round nonturbulent liquid jets in gaseous crossflow, *AIAA J.*, Vol. 42, 2004, pp. 2529–2540.
105. Lee, K., Aalburg, C., Diez, F. J., Faeth, G. M, and Sallam, K. A., Primary breakup of turbulent round liquid jets in uniform crossflows, *AIAA J.*, Vol. 45, 2007, pp. 1907–1916.
106. Wang, M., Broumand, M., and Birouk, M., Liquid jet trajectory in a subsonic gaseous crossflow: An analysis of published correlations, Atomization Sprays, Vol 26, No. 11, 2016, pp. 1083–1110.
107. Wang, Q., Mondragon, U. M., Brown, C. T., and McDonell, V. G., Characterization of trajectory, breakpoint, and breakpoint dynamics of a plain liquid jet in a crossflow, *Atomization Sprays*, Vol. 21, 2011, pp. 203–219.
108. Fraser, R. P., and Eisenklam, P., Research into the performance of atomizers for liquids, *Imp. Coll. Chem. Eng. Soc. J.*, Vol. 7, 1953, pp. 52–68.
109. Fraser, R. P., Liquid fuel atomization, in: *Sixth Symposium (International) on Combustion*, Rein-hold, New York, 1957, pp. 687–701.
110. Fraser, R. P., Eisenklam, P., Dombrowski, N., and Hasson, D., Drop formation from rapidly moving sheets, *AIChE J.*, Vol. 8, No. 5, 1962, pp. 672–680.
111. Dombrowski, N., and Johns, W. R., The aerodynamic instability and disintegration of viscous liquid sheets, *Chem. Eng. Sci.*, Vol. 18, 1963, pp. 203–214.
112. Dombrowski, N., and Fraser, R. P., A photographic investigation into the disintegration of liquid sheets, *Philos. Trans. R. Soc. Lond. Ser. A Math. Phys. Sci.*, Vol. 247, No. 924, 1954, pp. 101–130.
113. Fraser, R. P., Dombrowski, N., and Routley, J. H., The atomization of a liquid sheet by an impinging air stream, *Chem. Eng. Sci.*, Vol. 18, 1963, pp. 339–353.
114. Crapper, G. D., and Dombrowski, N., A note on the effect of forced disturbances on the stability of thin liquid sheets and on the resulting drop size, *Int. J. Multiphase Flow*, Vol. 10, No. 6, 1984, pp. 731–736.
115. Rangel, R., and Sirignano, W. A., The linear and nonlinear shear instability of a fluid sheet, *Phys. Fluids A.*, Vol. 3, 1999, pp. 2392–2400.
116. Mehring, C., and Sirignano, W. A., Review of theory of distortion and disintegration of liquid streams, *Prog. Energy Combust. Sci.*, Vol. 26, 2000, pp. 609–655.
117. Lin, S. P., *Breakup of Liquid Sheets and Jets*, Cambridge: Cambridge Publishing, 2003.
118. Dumouchel, C., On the experimental investigation on primary atomization of liquid streams, *Exp. Fluids*, Vol. 45, 2008, pp. 371–422.
119. Senecal, P. K., Schmidt, D. P., Nouar, I., Rutland, C. J., Reitz, R. D., and Corradini, M. L., Modeling high-speed viscous liquid sheet atomization, *Int. J. Multiphase Flows*, Vol. 25, 1999, pp. 1073–1097.
120. Hagerty, W. W., and Shea, J. F., A study of the stability of plane fluid sheets, *J. Appl. Mech.*, Vol. 22, No. 4, 1955, pp. 509–514.
121. Squire, H. B., Investigation of the instability of a moving liquid film, *Br. J. Appl. Phys.*, Vol. 4, 1953, pp. 167–169.
122. Rizk, N. K., and Lefebvre, A. H., Influence of liquid film thickness on airblast atomization, *Trans. ASME J. Eng. Power*, Vol. 102, 1980, pp. 706–710.
123. El-Shanawany, M. S. M. R., and Lefebvre, A. H., Airblast atomization: The effect of linear scale on mean drop size, *J. Energy*, Vol. 4, No. 4, 1980, pp. 184–189.
124. Arai, T., and Hashimoto, H., Disintegration of a thin liquid sheet in a cocurrent gas stream, in: *Proceedings of the 3rd International Conference on Liquid Atomization and Spray Systems*, London, 1985, pp. V1B/1/1–7.
125. Carvalho, I. S., Heitor, M. V, and Santos, D., Liquid film disintegration regimes and proposed correlations, *Int. J. Multiphase Flow*, Vol. 28, 2002, pp. 773–789.
126. Park, J., Huh, K. Y., Li, X., and Renksizbulut, M., Experimental investigation on cellular breakup of a planar liquid sheet from an air-blast nozzle, *Phys. Fluids*, Vol. 16, 2004, pp. 625–632.
127. Eisenklam, P., Recent research and development work on liquid atomization in Europe and the U.S.A., in: *Paper presented at the 5th Conference on Liquid Atomization*, Tokyo, 1976.
128. Hasson D., and Mizrahi, J., The drop size of fan spray nozzle, measurements by the solidifying wax method compared with those obtained by other sizing techniques, Trans. *Inst. Chem. Eng.*, Vol. 39, No. 6, 1961, pp. 415–422.
129. Beck, J. E., Lefrevre, A. H., and Koblish, T. R., Airblast atomization at conditions of low air velocity, *J. Prop. Power*, Vol. 7, 1991, pp. 207–212.
130. Lefebvre, A. H., Energy considerations in twin-fluid atomization, *J. Eng. Gas Turb. Power*, Vol. 114, 1992, pp. 89–96.
131. Yule, A. J., and Dunkley, J. J., *Atomization of Melts*, New York: Oxford Press, 1994.

第 3 章

喷雾的液滴直径分布

3.1 引言

喷雾一般是指浸入气态连续相中的液滴系统。自然界中的喷雾包括雨、雾和瀑布薄雾等。图 3.1[1]所示为在某些自然现象中以及在喷嘴中通常产生的液滴尺寸谱。

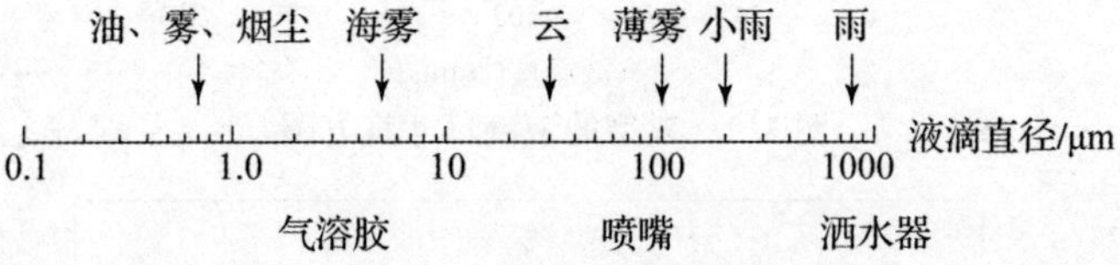

图 3.1　液滴尺寸谱[1]

大多数实用的喷嘴产生的液滴直径从几微米到 500μm 不等。由于雾化过程的非均匀性,由射流和液片破碎的各种机理形成的液丝的直径变化很大,并且所得的主液滴和附属液滴的尺寸也相应地变化。因此,在给定的操作条件下,实用的喷嘴都不会产生均匀液滴大小的喷雾;相反,喷雾可以看作分布在一些任意定义的平均值附近的液滴大小的频谱。只有在某些特殊条件下(例如,使用在液体流速和转速的有限范围内运行的旋转杯状喷嘴)才能产生均匀的喷雾。因此,除了液滴平均直径,在喷雾定义中另一个重要的参数是其包含的液滴直径分布。

3.2 液滴直径分布的图形表示

可以通过绘制液滴尺寸直方图来获得液滴直径分布的指导性图像,纵坐标值表示液滴直径在极限 $D-\Delta D/2$ 和 $D+\Delta D/2$ 之间的液滴数量。这种典型的液滴尺寸直方图如图3.2所示,其中 $\Delta D=17\mu m$。如果无须绘制液滴数,而是将与 $D-\Delta D/2$ 和 $D+\Delta D/2$ 之间的液滴大小范围相对应的喷雾量绘制成液滴大小直方图,则得出的分布图会偏斜,如图3.3所示,由于较大液滴的加权效应,所得分布向右移动。

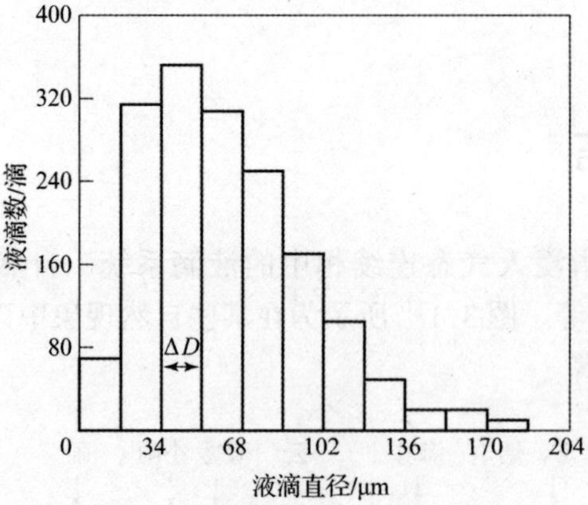

图3.2 典型的液滴尺寸直方图

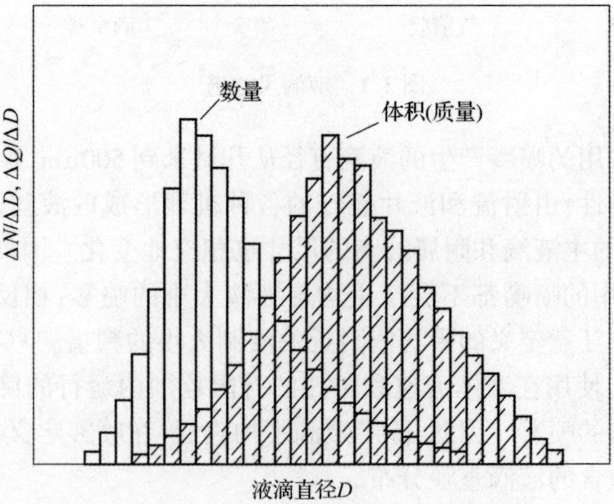

图3.3 基于数量和体积的液滴尺寸直方图

随着 ΔD 变小,直方图采用频率曲线的形式,只要它基于足够大的样本,就可以视为喷雾的特征。如图3.4所示,这种曲线通常称为频率分布曲线。纵坐标值有几种可供选择的表示方式:具有给定直径的液滴数,相对数量或总数的比例,或每种尺寸等级占总数的百分比。如果以最后一种方式表示纵坐标值,则频率分布曲线下的面积必须等于1.0。

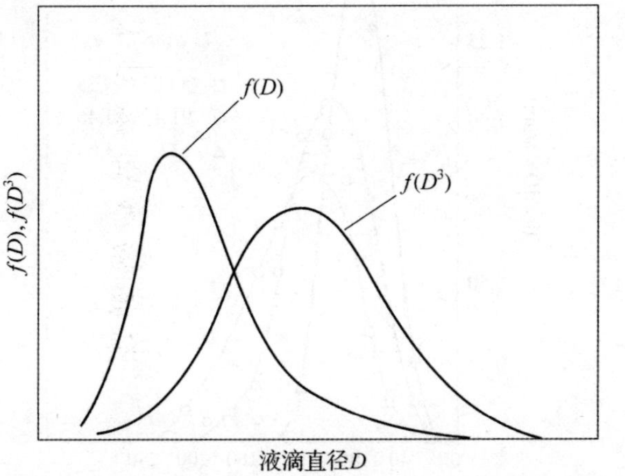

图3.4 基于数量和体积的液滴直径频率分布曲线

显然,通过绘制 $(\Delta N_i/N)\Delta D_i$ 或 $(\Delta Q_i/Q)\Delta D_i$ 与 D 的关系图,可以直接从液滴直径分布数据构建增量频率图,其中 ΔN_i 是 ΔD_i 内的数量增量,ΔQ_i 是体积在 ΔD_i 之内的增量。可以得出:

$$\Delta Q_i = \Delta N_i\left(\frac{\pi}{6}\right)[0.5(D_{i1} + D_{i2})]^3 \qquad (3.1)$$

式中:D_{i1} 和 D_{i2} 分别为 $\Delta D_i(i_{\text{th}})$ 液滴直径类别中的上、下边界 N_i 注。

如果对喷雾中液滴的表面积或体积与直径作图,则由于较大直径的加权效应,分布曲线再次偏向右侧,如图3.4所示。图3.5[2]所示为使用这种类型的曲线来显示的雾化空气速度对液滴直径分布的影响,在这种情况下,通过鼓风喷嘴的风速会增加。根据具体应用情况,使用数量、表面积或基于体积的分布可能是适当的,或令人感兴趣的。

除了用频率图表示液滴直径分布,还可以使用累积分布曲线表示。这本质上是频率曲线的积分图,它可以表示小于给定尺寸的喷雾中液滴总数的百分比,或者表示小于给定尺寸的喷雾中所包含的喷雾总表面积或体积分数。在算术坐标上绘制的累积分布曲线具有如图3.6所示的一般形状。

纵坐标可以是直径小于给定液滴直径的液滴的数量、表面积、体积分数。图3.7显示了对应于图3.5频率分布曲线的累积分布。

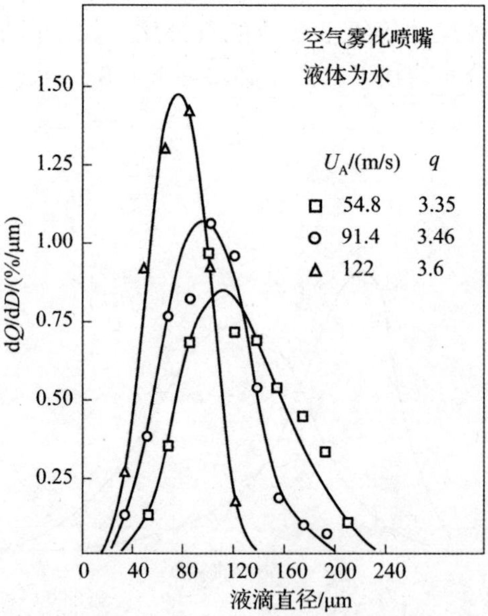

图3.5 雾化空气速度对液滴直径分布的影响[2]

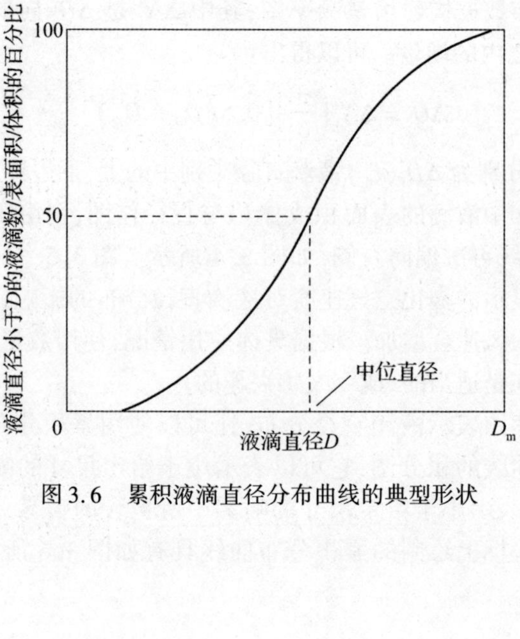

图3.6 累积液滴直径分布曲线的典型形状

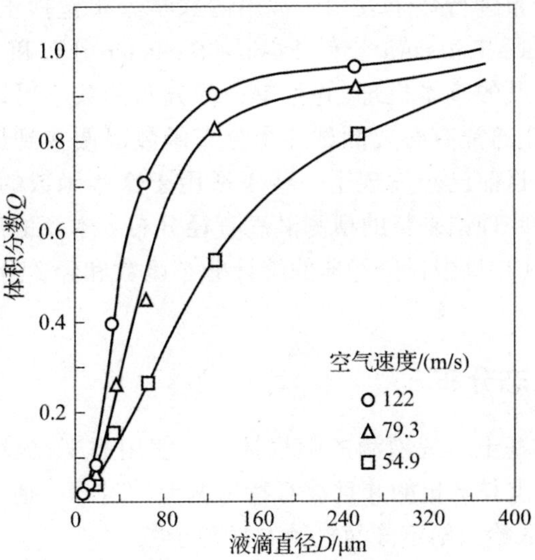

图3.7 雾化空气速度对累积体积分布的影响

3.3 数学分布函数

尽管典型的仪器通常会报告液滴直径分布的分段表示，但如果此类数据用连续函数充分表示，则推断可以通过几个参数确定整个分布。这对于比较建模结果与测量结果非常方便。当基于有限数量的液滴时，这种方法还可以使分布更加平滑。尤其对于单液滴计数仪器（如相位多普勒干涉仪从图像或全息图计数液滴）而言，相对较少的大液滴可能仅由计数统计导致累积分布曲线中的显著不连续。在这种情况下，用合适的功能显示测量数据的拟合值可能是有意义的。合适的数学表达式具有以下属性[3]。

(1) 为液滴尺寸数据提供令人满意的拟合。

(2) 允许使用外推法使液滴尺寸超出测量值范围。

(3) 允许简单计算平均直径和代表性液滴直径以及其他令人感兴趣的参数。

(4) 提供一种合并大量数据的方法。

(5) 理想情况下，为雾化涉及的基本机制提供一些见解。

在没有任何可用于构建液滴直径分布理论的基本机制或模型的情况下，基于概率或纯粹经验考量，已经提出了许多函数，这些函数允许对所测量的液滴直径分布进行数学表示。常用的数学分布包括正态分布、对数正态分布、Nukiyama - Tanasawa 分布、Rosin - Rammler 分布和上限分布。由于尚不清楚雾化涉及的基本机理,并且单一的分布函数不可以代表所有液滴直径的数据,因此通常有必要测试几个分布函数以便找到最适合给定实验数据集的函数。目前已经发现了一些不适用于这些函数的液滴分布,并且已经努力使用一些理论来帮助预测液滴直径分布。本章的后续部分将讨论其某些方面,尤其是集中讨论经典的统计分布函数和经验分布,以描述液滴直径分布。

3.3.1 正态分布

该分布函数基于形成液滴的随机性。它使用起来比较简单,但是它的应用仅限于本质上是随机的并且没有特定偏差的过程。通常用数分布函数 $f(D)$ 表示,该函数给出给定液滴直径 D 的粒子数:

$$\frac{\mathrm{d}N}{\mathrm{d}D}=f(D)=\frac{1}{\sqrt{2\pi}s_n}\exp\left[-\frac{1}{2s_n^2}(D-\bar{D})^2\right] \tag{3.2}$$

式中:s_n 为 D 与液滴平均直径值 $\bar{D}$ 的偏差的度量,通常称为几何标准偏差;s_n^2 为方差,如统计标准教科书中的定义。正态分布和对数正态分布如图 3.8 所示。通常将其描述为标准正态曲线。从 $-\infty$ 到 ∞ 的曲线下的面积等于 1,y 轴两侧的面积相等。

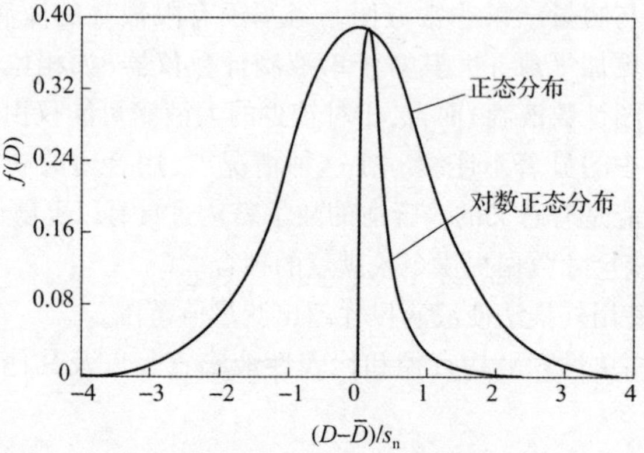

图 3.8　正态分布和对数正态分布

标准正态曲线的积分是累积标准数目分布函数 $F(D)$。通过将下式代入式(3.2):

$$t=\frac{D-\bar{D}}{s_n} \tag{3.3}$$

并注意到正态分布曲线上，$D=0$，$s_n=1$，因此，可以将 $F(D)$ 推导为

$$F(D)=\left(\frac{1}{\sqrt{2\pi}}\right)\int_{-\infty}^{D}\exp[-(t^2/2)]\,dt \tag{3.4}$$

在大多数数学手册中可以找到该积分的列表值。式(3.4)表示，如果数据符合正态分布，则在算术概率方格纸或分析和绘图程序中的概率标度上进行绘制时，它们将位于一条直线上。可以将此类图形与式(3.4)结合使用，以定义平均直径和标准偏差。

3.3.2　对数正态分布

如果将粒径的对数用作变量，则发现自然界中的许多粒径分布都遵循高斯定理或正态分布定律。通过此修改，式(3.2)变为

$$\frac{dN}{dD}=f(D)=\frac{1}{\sqrt{2\pi}Ds_g}\exp\left[-\frac{1}{2s_g^2}(\ln D-\ln\bar{D}_{ng})^2\right] \tag{3.5}$$

式中：$\bar{D}_{ng}$为几何数目平均直径；s_g 为几何标准偏差。s_g 和 $\bar{D}_{ng}$项在对数概率图上的含义与 s_n 和 $\bar{D}$ 在算术概率图上的含义相同。

从式(3.5)中可以明显看出，当液滴直径数据符合此类函数时，直径的对数呈正态分布。因此，令 $y=\ln(\bar{D}/\bar{D}_{ng})$，可将式(3.5)简化为正态分布形式——式(3.2)。式(3.5)也绘制在图3.8中，以便与正态分布函数进行比较。对数正态分布函数也可以写为表面积和体积分布的表面积分布：

$$f(D^2)=\frac{1}{\sqrt{2\pi}Ds_g}$$

表面积分布：

$$\exp\left[-\frac{1}{2s_g^2}(\ln D-\ln\bar{D}_{sg})^2\right] \tag{3.6}$$

式中：$\bar{D}_{sg}$为几何表面积平均直径。

$$f(D^3)=\frac{1}{\sqrt{2\pi}Ds_g}$$

体积分布：

$$\exp\left[-\frac{1}{2s_g^2}(\ln D-\ln\bar{D}_{vg})^2\right] \tag{3.7}$$

式中：$\bar{D}_{vg}$为几何体积平均直径。

各种平均直径之间的关系可以用几何数目平均直径 $\bar{D}_{ng}$表示。例如：

表面积： $$\ln\bar{D}_{sg} = \ln\bar{D}_{ng} + 2s_g^2 \tag{3.8}$$

体积： $$\ln\bar{D}_{vg} = \ln\bar{D}_{ng} + 3s_g^2 \tag{3.9}$$

体积/表面积(SMD)： $$\ln\bar{D}_{vg} = \ln\bar{D}_{ng} + 2.5s_g^2 \tag{3.10}$$

可以使用各种电子表格软件包或数据分析软件包提供的回归分析来实现这些分布的拟合。

3.3.3 对数双曲线分布

值得注意的是,在过去几十年中,与数学分布函数相关的工作进一步发展。例如,Bhatia 等[4]根据对数双曲线分布的四个参数,提出了一种更为复杂但又非常灵活的分布函数。Xu 等[5]提出了三参数的变量,以帮助提高四参数版本的计算稳定性。由于这些方法涉及复杂的表达式和规范化,因此读者可考虑这些文献以及 Babinsky 和 Sjoka 的评论以便获取更多的详细信息[6]。这样的表示具有能够处理多峰分布的好处。

3.4 经验分布函数

目前已经提出了几种经验关系来表征喷雾中的液滴直径分布。这些经验关系并不优于其他方法,并且任何特定功能与任何给定数据集匹配的程度在很大程度上取决于所涉及的破碎机制。3.4.1 节至 3.4.4 节提供了一些最常用的分析和与液滴直径数据关联的功能。

3.4.1 Nukiyama – Tanasawa 分布

Nukiyama 和 Tanasawa[7]给出了一个描述实际分布的相对简单的数学函数：

$$\frac{dN}{dD} = aD^p\exp[-(bD)^q] \tag{3.11}$$

该式包含四个独立的常数,即 a、b、p 和 q。大多数常用的尺寸分布函数代表对该函数的简化或修改。一个例子是 Nukiyama – Tanasawa[7]方程,其中 $p=2$：

$$\frac{\mathrm{d}N}{\mathrm{d}D} = aD^2 \exp[-(bD)^q] \tag{3.12}$$

将该式除以 D^2 并在等号两端取对数可得

$$\ln\left(\frac{1}{D^2}\frac{\mathrm{d}N}{\mathrm{d}D}\right) = \ln a - (bD)^q \tag{3.13}$$

对于任何给定的数据集，可以假定 q 值，并针对 D^q 绘制 $\ln(D^{-2}\mathrm{d}N/\mathrm{d}D)$ 的图。如果 q 的假定值正确，则所绘制的图为一条直线，从中可以确定 a 和 b 的值。

这种分布函数的一个难点是需要同时优化四个参数以提高分布函数的拟合度。在上述示例中，进行了简化假设。使用软件执行同步多变量回归分析(如 EXCEL®求解器软件包、WolframAlpha®或 MATLAB®)可以在有或没有参数约束的情况下完成任务。$N-T$ 函数的一项重要功能是，原则上它可以捕获某些应用程序中可能出现的多峰分布。两个参数的函数不能做到这一点，包括下面讨论的 Rosin – Rammler 分布。

3.4.2　Rosin – Rammler 分布

Rosin 和 Rammler[8] 在 1933 年为粉末开发了广泛使用的液滴直径分布函数。此分布函数也称威布尔分布。它可用下式表示：

$$1 - Q = \exp[-(D/X)^q] \tag{3.14}$$

式中：Q 为直径小于 D 的液滴的总体积分数；X、q 为常数。因此，将 Rosin – Rammler 关系应用于喷雾，可以根据两个参数 X 和 q 描述液滴直径分布。参数 q 提供了液滴直径分布的度量。q 值越大，喷雾越均匀。如果 q 为无限大，则喷雾中的液滴直径均相同。对于大多数喷雾而言，q 的值在1.5 ~4；但是，对于旋转喷嘴，q 可能高达 7。如上所述，这种分布函数的显著缺点是无法处理多峰分布。但是，它对典型的单峰分布结果非常有用。

尽管 Rosin – Rammler 方程假定液滴大小是无限的，但它较为简单，这可能是其受欢迎的原因之一。此外，它允许将数据外推到非常精细的液滴范围内，在此范围内测量最困难，通常精度最低。

图3.9 所示为典型的 Rosin – Rammler 曲线图。q 是直线的斜率，而 X 代表 Rosin – Rammler 方程的特征直径，当 X 等于 D 时，该方程变为 $1 - Q = \mathrm{e}^{-1}$。通过解该方程式可得出以下结果：$Q = 0.632$；也就是说，X 是液滴直径，以使全部液体总体积的 63.2% 位于较小直径的所有液滴中。

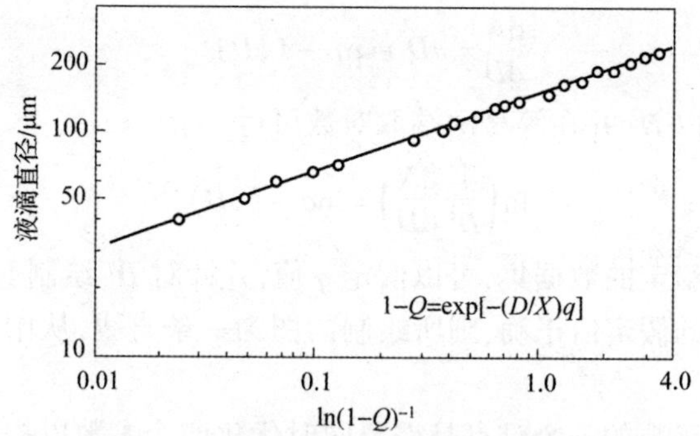

图3.9　典型的 Rosin - Rammler 曲线图

3.4.3　Rosin - Rammler 修正分布

Rizk 和 Lefebvre 通过对使用压力旋流喷嘴获得的大量液滴直径数据的分析[9]发现,尽管 Rosin - Rammler 方程在大多数液滴直径范围内提供了足够的数据拟合,但是从较大液滴直径的实验数据中得出偶尔会有明显的偏差。修正的 Rosin - Rammler 方程:

$$1 - Q = \exp\left[- \left(\frac{\ln D}{\ln X}\right)^q \right] \tag{3.15}$$

体积分布方程为

$$\frac{dQ}{dD} = q\,\frac{(\ln D)^{q-1}}{D(\ln X)^q}\exp\left[- \left(\frac{\ln D}{\ln X}\right)^q \right] \tag{3.16}$$

如文献[11]中的图3.10和图3.11所示,它更适合液滴直径数据。但是,在声称改进版本优于原始的 Rosin - Rammler 方程之前,还必须进行更多的比较评估。

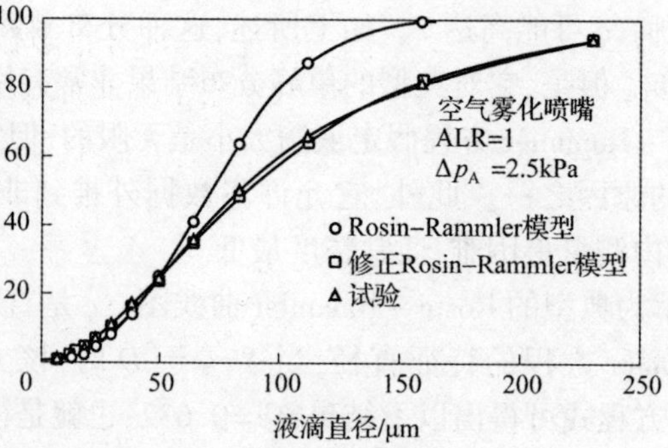

图3.10　Rosin - Rammler 分布和 Rosin - Rammler 修正分布对比(ALR = 1, Δp_A = 2.5kPa)[7]

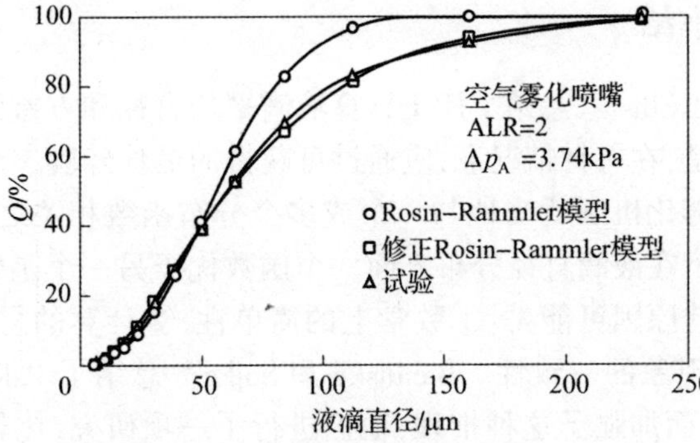

图 3.11　Rosin – Rammler 分布和 Rosin – Rammler 修正分布对比（ALR = 2，Δp_A = 3.74kPa）[7]

3.4.4　上限分布

Mugele 和 Evans[11]通过计算实验数据的平均直径，并将它们与根据先前给出的分布函数计算出的平均值进行比较，分析了用于表示液滴直径分布数据的各种函数。这些函数中使用的经验常数由实验确定。作为分析结果，Mugele 和 Evans[11]提出了上限函数，作为表示喷雾液滴直径分布的最佳方法。这是基于正态分布函数的对数概率方程的修正形式。体积分布方程为

$$\frac{\mathrm{d}Q}{\mathrm{d}y} = \delta \exp\left(\frac{-\delta^2 y^2}{\sqrt{\pi}}\right) \tag{3.17}$$

其中

$$y = \ln \frac{aD}{D_m - D} \tag{3.18}$$

当 y 从 $-\infty$ 到∞时，D 由 D_0（最小液滴直径）变为 D_m（最大液滴直径），而δ与 y 的标准偏差有关，因此也与 D 的标准偏差有关。a 是无量纲常数。索特平均直径（SMD）由式（3.19）给出：

$$\mathrm{SMD} = \frac{D_m}{1 + a\exp(4\delta^2)^{-1}} \tag{3.19}$$

因此，δ 的减小意味着分布更加均匀。

上限分布函数假设实际喷出的液滴大小有限，最大困难是需要使用对数概率的积分。必须假定 D_m 的值，通常需要进行多次试验才能找到最合适的值。

3.4.5 小结

Mugele 和 Evans[11]总结了用于计算液滴平均直径和方差的各种统计公式。主要结论是,在每种情况下,应通过可获得的最佳经验表示来给出液滴直径分布。在雾化机制适当地与一个或多个分布函数相关之前,理论上似乎没有理由表示在液滴直径分布方面一个函数优于另一个函数。选择给定分布函数的最佳原因可能是:①数学上的简单性;②计算的易操作性;③与所涉及的物理现象的一致性。Babinsky 和 Sojka[6]总结了 Paloposki[12]研究的关键成果,从而加强了这种推理,他们进行了一项研究,比较了哪些可用分布函数在拟合 22 个数据时可以提供最佳的整体性能。基于这种相当严格的性能评估,发现 Nukiyama - Tanasawa 分布和对数双曲线函数提供了最准确的拟合。显而易见,这是因为具有最多可调整参数的函数将直观地表现出最好的结果。也就是说,Babinsky 和 Sojka[6]指出,这些相同的函数很难用数学方法处理,并且存在数值稳定性问题。这与以下观察结果一致:尽管与四个参数分布函数相关的复杂性和灵活性有所提高,但两参数函数仍被广泛使用。

有关液滴直径分布的经验方程的更多信息,请参考文献[1,3,6,11,13-14]。

3.5 平均直径

在传质和流动过程的许多计算中,仅使用平均直径而不使用完整的液滴直径分布进行表示是非常方便的。Mugele 和 Evans 对平均直径的概念进行了概括,并对其符号进行了标准化[11]。最常见的平均直径之一是 D_{10},其中

$$D_{10} = \frac{\int_{D_0}^{D_m} D(\mathrm{d}N/\mathrm{d}D)\,\mathrm{d}D}{\int_{D_0}^{D_m} (\mathrm{d}N/\mathrm{d}D)\,\mathrm{d}D} \tag{3.20}$$

其他表示平均直径的方法有以下几种。

表面积平均直径:

$$D_{20} = \left[\frac{\int_{D_0}^{D_m} D^2(\mathrm{d}N/\mathrm{d}D)\,\mathrm{d}D}{\int_{D_0}^{D_m} (\mathrm{d}N/\mathrm{d}D)\,\mathrm{d}D}\right]^{1/2} \tag{3.21}$$

体积平均直径：

$$D_{30} = \left[\frac{\int_{D_0}^{D_m} D^3 (\mathrm{d}N/\mathrm{d}D) \mathrm{d}D}{\int_{D_0}^{D_m} (\mathrm{d}N/\mathrm{d}D) \mathrm{d}D} \right]^{1/3} \tag{3.22}$$

通常，有

$$(D_{ab})^{a-b} = \frac{\int_{D_0}^{D_m} D^a (\mathrm{d}N/\mathrm{d}D) \mathrm{d}D}{\int_{D_0}^{D_m} (\mathrm{d}N/\mathrm{d}D) \mathrm{d}D} \tag{3.23}$$

其中，a 和 b 可以取与所研究效果相对应的任何值，并且 $a + b$ 的和称为平均直径的顺序。

式(3.23)可以表示为

$$D_{ab} = \left[\frac{\sum N_i D_i^a}{\sum N_i D_i^b} \right]^{1/(a-b)} \tag{3.24}$$

式中：i 为所考虑的尺寸范围；N_i 为尺寸范围 i 内的液滴数；D_i 为尺寸范围 i 内液滴的中间直径。因此，D_{10} 是喷雾中所有液滴的线性平均值；D_{30} 是液滴的体积直径，如果乘以液滴的数量，则等于样品的总体积；D_{32}(SMD)是液滴的索特平均直径，该直径液滴的体积与表面积之比与整个喷雾场比例相同。这些变量和其他重要的平均直径以及 Mugele 和 Evans[8] 提出的应用领域如表 3.1 所列。

表 3.1　平均直径及其应用

a	b	$a+b$(阶数)	符号	平均直径名称	表达式	应用
1	0	1	D_{10}	长度	$\frac{\sum N_i D_i}{\sum N_i}$	比较
2	0	2	D_{20}	表面积	$\left(\frac{\sum N_i D_i^2}{\sum N_i}\right)^{1/2}$	表面控制
3	0	3	D_{30}	面长比	$\left(\frac{\sum N_i D_i^3}{\sum N_i}\right)^{1/2}$	吸收
2	1	3	D_{21}	体积，质量	$\frac{\sum N_i D_i^2}{\sum N_i D_i}$	体积控制，液体流动

续表

a	b	$a+b$(阶数)	符号	平均直径名称	表达式	应用
3	1	4	D_{31}	体长比	$\left(\frac{\sum N_i D_i^3}{\sum N_i D_i}\right)^{1/2}$	蒸发,分子扩散
3	2	5	D_{32}	索特平均直径	$\frac{\sum N_i D_i^3}{\sum N_i D_i^2}$	质量输运,燃烧反应
4	3	7	D_{43}	De Brouckere 平均直径或 Herdan 平均直径	$\frac{\sum N_i D_i^4}{\sum N_i D_i^3}$	燃烧平衡

Bayvel[15]对这些平均直径的解释有进一步的见解。例如,他表明 D_{21} 可以表示为气动阻力与表面张力的比例,其中包括分子中的 D^2 项和分子中的 D 项[参见式(2.6)]。如果 D 项没有被取消,而是被设置为 D_{21},则可以表示为

$$D_{21} \propto \frac{\sigma}{\rho_A U^2} \tag{3.25}$$

需要指出的是,D_{31} 反映了单位体积的蒸发或燃烧速率。蒸发液体的质量与初始直径成正比。以一种类似于在 We 内发现的 D_{21} 的方式,D_{32} 被表示为惯性与阻力的比例。表明 D_{43} 与通过筛分获得的结果有关。

尽管这些平均直径已被广泛使用而无须考虑纯粹的统计联系,但从统计的角度解释每种直径的形式也是有启发性的,因为这进一步增加了人们对每种直径的适用性的认识,如 Sowa[16]所建议的。考虑关于原点的第一时刻的一般情况,否则将其表示为平均值 M。在这种情况下,横坐标是液滴大小 D_i:

$$M = \sum D_i p_i \tag{3.26}$$

式中:p_i 为某一尺寸范围 i 的概率,$p_i = \frac{n_i}{\sum n_i}$。定义 $\sum p_i = 1$。

显然,式(3.20)为 D_{10}(数字分布的平均直径)提供了类似的格式。但是,如果考虑表面积,则尺寸范围 i 中包含的表面积概率可以写为

$$p_i = \frac{s_i}{\sum n_i s_i} = \frac{s_i}{S} \tag{3.27}$$

式中:S 为总表面积或 $\sum \pi n_i D_i^2$。

将式(3.27)替换为式(3.26)的平均值的一般表达式为

$$M = \sum_i D_i p_i = \sum D_i \frac{s_i}{S} = \frac{\sum D_i(\pi n_i D_i^2)}{\sum(\pi n_i D_i^2)} = \frac{\sum(n_i D_i^3)}{\sum(n_i D_i^2)} = D_{32} \tag{3.28}$$

因此,对SMD的另一种解释是,它只是液滴表面区域分布平均值的液滴大小。鉴于此,取决于表面积(如蒸发、燃烧)的过程与D_{32}的关联可能更具物理意义。

类似地,D_{43}可以表示为体积分布的平均值。此外,可以将其他力矩添加到分析中,以便得出表3.2中的值。对各种直径分布(标准偏差、偏度、峰度)进一步作惯例分析,可以更好地理解液滴直径分布。当涉及确定有关分布的相对宽度或总体形状特征的重要信息时,这在概念上非常重要。

表3.2 液滴分布

参数	数加权直径分布	长度加权直径分布
平均值	D_{10}	D_{21}
方差	$D_{20}^2 - D_{10}^2$	$D_{31}^2 - D_{21}^2$
偏度系数	$\frac{D_{30}^3 - 3D_{20}^2 D_{10} + 2D_{10}^3}{(D_{20}^2 - D_{10}^2)^{3/2}}$	$\frac{D_{41}^3 - 3D_{31}^2 D_{21} + 2D_{21}^3}{(D_{31}^2 - D_{21}^2)^{3/2}}$
峰度系数	$\frac{D_{40}^4 - 4D_{30}^3 D_{10} + 6D_{20}^2 D_{10}^2 - 3D_{10}^4}{(D_{20}^2 - D_{10}^2)^2}$	$\frac{D_{51}^4 - 4D_{41}^3 D_{21} + 6D_{31}^2 D_{21}^2 - 3D_{21}^4}{(D_{31}^2 - D_{21}^2)^2}$
参数	表面积加权直径分布	体积加权直径分布
平均值	D_{32}	D_{43}
方差	$D_{42}^2 - D_{32}^2$	$D_{53}^2 - D_{43}^2$
偏度系数	$\frac{D_{52}^3 - 3D_{42}^2 D_{32} + 2D_{32}^3}{(D_{42}^2 - D_{32}^2)^{3/2}}$	$\frac{D_{63}^3 - 3D_{53}^2 D_{43} + 2D_{43}^3}{(D_{53}^2 - D_{43}^2)^{3/2}}$
峰度系数	$\frac{D_{62}^4 - 4D_{52}^3 D_{32} + 6D_{42}^2 D_{32}^2 - 3D_{32}^4}{(D_{42}^2 - D_{32}^2)^2}$	$\frac{D_{73}^4 - 4D_{63}^3 D_{43} + 6D_{51}^2 D_{43}^2 - 3D_{43}^4}{(D_{53}^2 - D_{43}^2)^2}$

表3.2中的公式假定D_{pq}是根据式(3.24)定义的,即

$$D_{pq}^{p-q} = \frac{\sum_i d_i^q n_i}{(\sum_i d_i^q n_i)}$$

式中:d_i 为 i 类直径范围内的代表直径;n_i 为 i 类直径范围内的液滴总数;p、q 为整数。(来源:Sowa, W. A., *Atomization Sprays*, 2, 1-15, 1992.)

3.6 特征直径

对于大多数工程目的而言,喷雾中液滴直径分布可以简洁地表示为两个参数的函数(例如,在 Rosin-Rammler 表达式中),其中一个参数是代表直径,另一个参数是对液滴直径范围的度量。在某些情况下,引入另一个参数(如表示液滴最小直径的参数)可能是有利的,但基本上至少有两个参数来表示液滴直径分布。

有很多表示直径的方式,每种方式都可以在定义分布函数中起作用。表3.2列出了表示直径的不同方法。

$D_{0.1}$表示小于该直径的所有液滴体积占全部液滴总体积的10%。

$D_{0.5}$表示小于该直径的所有液滴体积占全部液滴总体积的50%。这是质量中值直径(MMD)。

$D_{0.632}$表示小于该直径的所有液滴体积占全部液滴总体积的63.2%。是式(3.14)中的 X。

$D_{0.9}$表示小于该直径的所有液滴体积占全部液滴总体积的90%。

$D_{0.999}$表示小于该直径的所有液滴体积占全部液滴总体积的99.9%。

D_{peak}表示液滴直径分布曲线的峰值,即占有体积最大的液滴直径。

图3.12所示为液滴直径频率曲线上不同特征直径的位置(假设为 Rosin-Rammler 分布)。

Chin 及其同事[17-18]认为支持 Rosin-Rammler 分布函数是因为它易于使用并且可以使用标准的液滴尺寸分析仪轻松获得。喷雾中的所有特征直径都通过分布参数 q 唯一地相互关联。例如,有[18]

$$\frac{\mathrm{MMD}}{\mathrm{SMD}}=(0.693)^{1/q}\Gamma\left(1-\frac{1}{q}\right) \tag{3.29}$$

式中:$\Gamma(\cdot)$为伽马函数。

该式表明,MMD/SMD 之比不是恒定的,正如有时断言的那样,是 q 的唯一函数。

从图3.12中可以明显看出 D_{peak}的定义。

显然,在 $D_{\mathrm{peak}}\cdot \mathrm{d}^2Q/\mathrm{d}D^2=0$ 时,式(3.14)的微分为

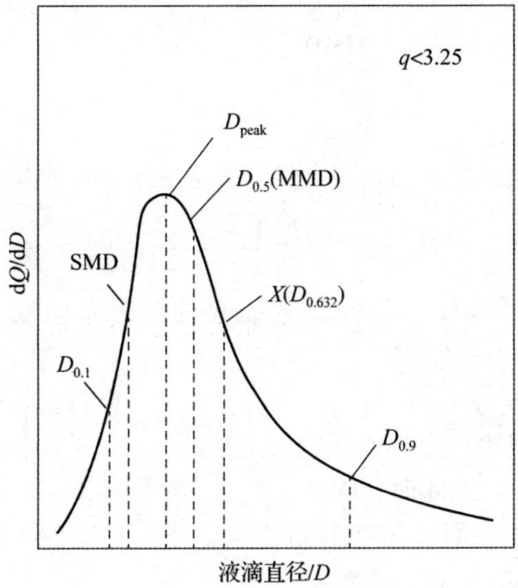

图 3.12　不同特征直径的位置[17]

$$\frac{d^2Q}{dD^2}q(q-1)\frac{D^{q-2}}{X^q}\exp\left[-\left(\frac{D}{X}\right)^q-\left(q\frac{D^{q-1}}{X^q}\right)^2\right]\exp\left[-\left(\frac{D}{X}\right)^q\right]=0 \tag{3.30}$$

因此

$$\frac{D_{peak}}{X}=\left(1-\frac{1}{q}\right)^{1/q} \tag{3.31}$$

根据式(3.14)可以得到：

$$\frac{D_{0.1}}{X}=(0.1054)^{1/q} \tag{3.32}$$

$$\frac{D_{0.9}}{X}=(2.3025)^{1/q} \tag{3.33}$$

$$\frac{MMD}{X}=(0.693)^{1/q} \tag{3.34}$$

且

$$\frac{SMD}{X}=\left[\Gamma\left(1-\frac{1}{q}\right)\right]^{-1} \tag{3.35}$$

其他有用的关系式如下：

$$\frac{D_{0.1}}{MMD}=(0.152)^{1/q} \tag{3.36}$$

$$\frac{D_{0.9}}{\text{MMD}}=(3.32)^{1/q} \tag{3.37}$$

$$\frac{D_{0.999}}{\text{MMD}}=(9.968)^{1/q} \tag{3.38}$$

使用以下一般表达式可以方便地计算表3.1中的平均直径：

$$D_{ab}=X\sqrt[a-b]{\frac{\Gamma[1+(a-3)/q]}{\Gamma[1+(b-3)/q]}} \tag{3.39}$$

观察MMD和SMD在与峰值直径有关的分布曲线上的位置。根据式(3.31)和式(3.34)，得到：

$$\frac{D_{\text{peak}}}{\text{MMD}}=\frac{(1-1/q)^{1/q}}{(0.6931)^{1/q}}=\left(1.4428-\frac{1.4428}{q}\right)^{1/q} \tag{3.40}$$

这表明当 $q=3.2584$ 时，$\text{MMD}=D_{\text{peak}}$。参考图3.12，这意味着MMD将分别出现在 D_{peak} 的左侧或右侧，这取决于 q 是大于3.2584还是小于3.2584。根据式(3.31)和式(3.35)，得到：

$$\frac{D_{\text{peak}}}{\text{SMD}}=\left(1-\frac{1}{q}\right)^{1/q}\Gamma\left(1-\frac{1}{q}\right) \tag{3.41}$$

从该式可以看出，D_{peak} 总是大于SMD，因此SMD必须始终位于 D_{peak} 的左侧。

表3.3中定义了一些特征直径，表3.4和图3.13～图3.15中显示了不同直径的比例。图3.16和图3.17分别显示了SMD和 q 变化对液滴尺寸频率分布曲线和累积液滴直径分布曲线的影响。这些数字是使用式(3.43)计算得到的。

表3.3　一些特征直径

符号	名称	Rosin - Rammler 分布的值	Q 和 D 在图上的位置
$D_{0.1}$	—	$X(0.1054)^{1/q}$	$Q=10\%$
D_{peak}	峰直径	$X\left(1-\frac{1}{q}\right)^{1/q}$	$\frac{dQ}{dD}$ 与 D 曲线上的峰值点
$D_{0.5}$	质量中值直径(MMD)	$X(0.693)^{1/q}$	$Q=50\%$
$D_{0.632}$	特征直径	X	$Q=63.2\%$
$D_{0.9}$	—	$X(2.3025)^{1/q}$	$Q=90\%$
$D_{0.999}$	最大直径	$X(6.9077)^{1/q}$	$Q=99.9\%$

表3.4 Rosin－Rammler分布参数 q 和其他喷雾参数之间的关系

q	$\frac{D_{0.9}}{D_{0.5}}$	$\frac{D_{peak}}{D_{0.5}}$	$\frac{D_{peak}}{SMD}$	$\frac{D_{0.5}}{SMD}$	$Q_{at}SMD$ /%	$r\left(1-\frac{1}{q}\right)$	$\frac{D_{peak}}{X}$	$\frac{D_{0.9}}{X}$	$\frac{D_{0.1}}{X}$	$\frac{D_{0.5}}{X}$	$\frac{SMD}{X}$	$\Delta=\frac{D_{0.9}-D_{0.1}}{D_{0.5}}$	$\Delta_B=\frac{D_{0.999}-D_{0.5}}{D_{0.5}}$
1.2	2.71952	0.30494	1.2506	4.1013	11.965	5.5673	0.22467	2.00376	0.15331	0.73681	0.17965	2.51143	5.7939
1.4	2.35134	0.531	1.287	2.4238	18.18	3.1496	0.40868	1.81437	0.20041	0.76967	0.31755	2.09695	4.1671
1.6	2.11772	0.6812	1.2841	1.8851	22.23	2.3707	0.54171	1.68417	0.245	0.79527	0.42187	1.80966	3.2081
1.8	1.94832	0.78125	1.2701	1.6257	25.1	1.993	0.6373	1.58939	0.28645	0.81577	0.5018	1.59719	2.5871
2	1.82262	0.84935	1.2534	1.4757	27.26	1.7727	0.70711	1.51743	0.32459	0.83255	0.56418	1.43275	2.157
2.2	1.72585	0.89683	1.2367	1.379	28.95	1.6291	0.75918	1.46098	0.35955	0.84657	0.61388	1.3011	1.8437
2.4	1.6491	0.93068	1.2212	1.3122	30.31	1.5288	0.79885	1.41554	0.39155	0.85837	0.65415	1.19295	1.6065
2.6	1.58685	0.95529	1.2071	1.2636	31.48	1.455	0.82967	1.3782	0.42083	0.86852	0.68788	1.1023	1.4213
2.8	1.53536	0.97348	1.1943	1.2269	32.36	1.3956	0.85402	1.34698	0.44767	0.87731	0.71506	1.02507	1.2731
3	1.4921	0.98712	1.183	1.1984	33.15	1.3542	0.87358	1.3205	0.47231	0.885	0.73848	0.95841	1.152
3.2	1.45524	0.99747	1.1726	1.1756	33.84	1.3183	0.8895	1.29775	0.49498	0.89178	0.75857	0.90019	1.0514
3.4	1.42348	1.00539	1.1633	1.1571	34.43	1.2889	0.902263	1.27801	0.51588	0.89781	0.77591	0.84888	0.9665
3.6	1.39582	1.0115	1.1549	1.1418	34.95	1.2642	0.91357	1.26071	0.5352	0.9032	0.79103	0.80327	0.894
3.8	1.37154	1.01624	1.1473	1.129	35.4	1.2434	0.92278	1.24543	0.55311	0.90805	0.8043	0.76242	0.8314
4	1.35004	1.01992	1.1403	1.118	35.83	1.2253	0.9306	1.23184	0.56973	0.91244	0.81613	0.72564	0.7768

从表3.4中可以明显看出:

(1)MMD/SMD之比始终大于1。当$q \geqslant 3$,其变化很小,如图3.15所示。

(2)对于$q=3$的喷雾,$D_{0.9}$仅比$D_{0.5}$高50%,但当$q \leqslant 1.7$时,$D_{0.9}$比$D_{0.5}$的2倍还大。

(3)对于大多数喷雾,q介于2和2.8之间,SMD为峰直径的80%~84%。

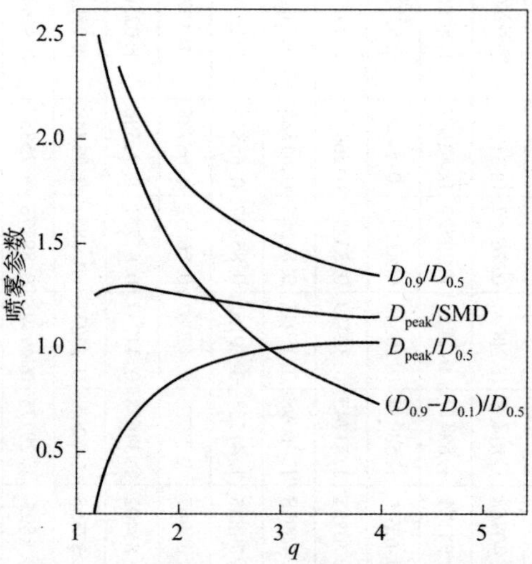

图3.13 Rosin-Rammler分布参数q和其他喷雾特性(一)[17]

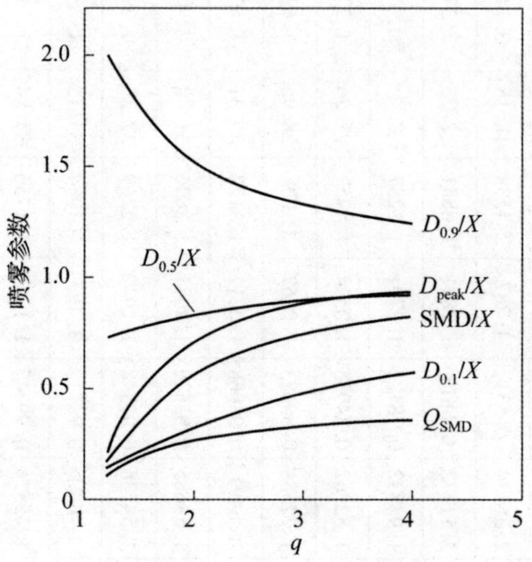

图3.14 Rosin-Rammler分布参数q和其他喷雾特性(二)[17]

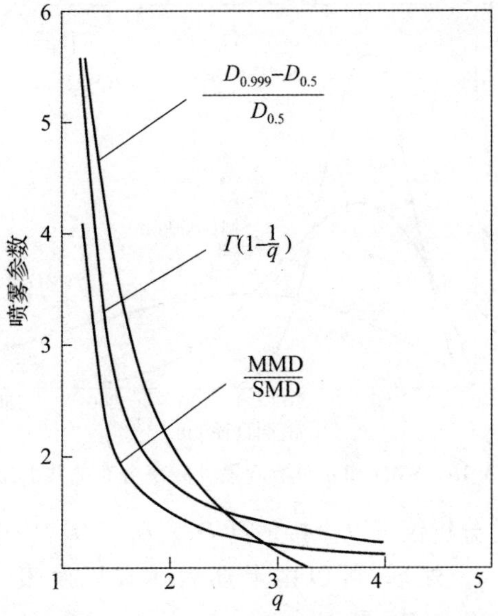

图 3.15 Rosin - Rammler 分布参数 q 和其他喷雾特性(三)[17]

由式(3.29)和式(3.31)~式(3.41)可知,当使用 Rosin - Rammler 表达式时,任意两个特征直径的比例始终是 q 的唯一函数。在式(3.14)中,可以使用任意特征直径来代替 X,且将得到相同的分布。例如,式(3.14)可以重写为

$$Q = 1 - \exp\left[-0.693\left(\frac{D}{MMD}\right)^q\right] \tag{3.42}$$

或

$$Q = 1 - \exp\left[-\Gamma\left(1-\frac{1}{q}\right)^{-q}\left(\frac{D}{SMD}\right)^q\right] \tag{3.43}$$

尽管式(3.14)比式(3.43)简单,但强烈建议使用式(3.43),因为它可以清楚地显示喷雾的细度和液滴直径分布。

从表 3.4 中可以看出,对于 50μm 的恒定 SMD,q 从 2 更改为 3 将会在 MMD 和 X 中产生以下变化:

q	2	2.2	2.4	2.6	2.8	3
$D_{0.5}$(MMD)/μm	73.78	68.95	65.61	63.18	61.35	59.9
X/μm	88.62	81.45	76.45	72.69	69.93	67.7

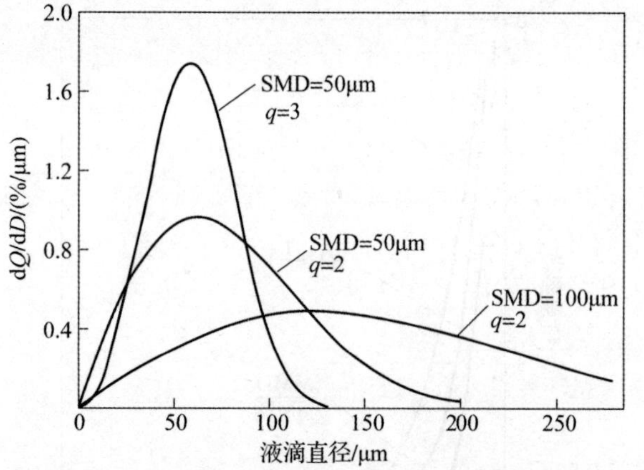

图 3.16　SMD 和 q 对液滴尺寸频率分布曲线的影响

一些液滴尺寸分析仪可以直接估算 $D_{0.9}$、$D_{0.1}$、$D_{0.5}$、SMD 等，但其他分析仪只能估算 X 和 q。然后，可以由上述表达式以及表 3.4 和图 3.13 ~ 图 3.15 获得 SMD、$D_{0.5}$、$D_{0.9}$ 和 $D_{0.1}$。

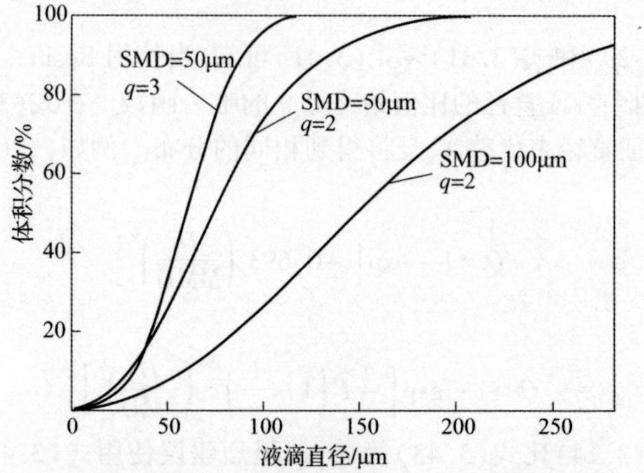

图 3.17　SMD 和 q 对累积液滴直径分布曲线的影响

在表 3.4 中注意到，随着 q 的增加（朝向更均匀的喷雾），D = SMD 时的体积分数 Q 也增加。相对而言，这意味着 SMD 在增加。之所以会出现这种奇怪的趋势，是因为 q 的增加使喷雾中的所有液滴直径接近 $D_{0.5}$，进而消除了许多小液滴。对于大多数燃烧系统，其中需要很小的液滴以提供高的初始燃料蒸发速率并快速点火，在喷雾中液滴直径分布较不均匀，但是在其他应用（如农作物喷雾）中，则需要较大的液滴均匀性分布。

区分特征直径的概念和提供雾化质量直径的概念显然很重要。表 3.3 中列出的任何直径都可以描述液滴直径分布的特征直径，但是 SMD 已被广泛用于燃烧系统。即使 MMD($D_{0.5}$)减小，也无法确定喷雾是否更细，因为如果 q 改变，则 SMD 可能会增加或恒定。出于相同的原因，其他特征直径(如 D_{peak}、X 和 $D_{0.9}$)也无法指示喷雾的细度。所以强烈建议在燃烧系统中使用 SMD 来描述雾化质量，因为使用任何特征直径都可能得出有关喷雾细度的错误结论。在其他应用中，另一个特征直径可能更合适。例如，在目标是蒸发液体的应用中，较大的尺寸(如 $D_{0.9}$ 或 $D_{0.99}$)可能反映所需时间的限制。在这种情况下，SMD 可能不是最佳特征直径。

3.7 液滴尺寸的散布

有时使用术语"撒布指数"来描述喷雾中液滴尺寸的范围。"宽度"的概念也用于表示液滴尺寸的范围，但可能会引起误解。例如，具有特定 SMD 的喷雾的宽度可以小于具有较高 SMD 的另一个喷雾的宽度，但是前者的液滴尺寸散布不一定小于后者，因为它们的平均值不同。

通常认为，MMD/SMD 之比可以很好地表明液滴尺寸的散布(如文献[19])，但是，如前所述，该比例的细微变化可能对应于散布的较大变化(或 q)。

3.7.1 液滴均匀度指数

Tate[20] 提出用液滴均匀度指数来描述喷雾中液滴直径分布。定义为

$$\text{液滴均匀度指数} = \frac{\sum_i V_i (D_{0.5} - D_i)}{D_{0.5}} \text{(基于体积)} \tag{3.44}$$

式中：D_i 为尺寸范围 i 的中点；V_i 为尺寸范围内的体积分数。

该式表示相对于 MMD 的扩展，并考虑了所有离散尺寸范围。可以看出，液滴均匀度指数主要取决于 q，较小程度上取决于平均直径。

3.7.2 相对跨度因子

相对跨度因子定义为

$$\Delta = \frac{D_{0.9} - D_{0.1}}{D_{0.5}} \tag{3.45}$$

它提供了液滴直径相对于 MMD 的液滴大小范围。而且,从式(3.32)~式(3.34)中可以得到,对于 Rosin - Rammler 分布,

$$\Delta = (3.322)^{1/q} - (0.152)^{1/q} \tag{3.46}$$

这也是 q 的特殊公式。

表 3.4 显示了相对跨度因子随 q 变化的方式和程度。

3.7.3 散布指数

用于表示液滴尺寸范围的另一个参数是为 Rosin - Rammler 分布定义的散布指数,如

$$\delta = \int_0^{D_m} D \frac{dQ}{dD} dD = \int_0^{D_m} q \left(\frac{D}{X}\right)^q \exp\left[-\left(\frac{D}{X}\right)^q\right] dD \tag{3.47}$$

这与 Tate[20] 提出的均匀度指标基本相同。

应该注意的是,散布指数不仅取决于 q,而且在很小程度上取决于 X。由于其形式较为复杂,因此 δ 相对于相对跨度系数 Δ 没有优势。对于大多数工程设计目的,相对跨度因子可以充分描述散布。

3.7.4 发散边界

为了说明最大的液滴尺寸,定义

$$\Delta_B = \frac{D_{0.999} - D_{0.5}}{D_{0.5}} \tag{3.48}$$

假设 Rosin - Rammler 分布,根据式(3.14),得到:

$$\frac{D_{0.999}}{X} = (6.90775)^{1/q} \tag{3.49}$$

因此,由式(3.38)和式(3.49)得

$$\Delta_B = (9.9665)^{1/q} - 1 \tag{3.50}$$

这也是 q 的特殊公式。表 3.4 中列出了 Δ_B 的值。

从表 3.4 中可以看出,分散边界随 q 变化,对于给定的 q 值,可以估计喷雾中的液滴最大直径。例如,对于

$$q = 2,\quad D_{0.999} = 3.16 D_{0.5}$$

$$q = 3,\quad D_{0.999} = 2.15 D_{0.5}$$

$$q = 4,\quad D_{0.999} = 1.77 D_{0.5}$$

Chin 及其同事[17-18]在开发用于仅根据特征直径和 Rosin - Rammler 分散参数 q 定义液滴直径分布的方法时所采用的原理,可以轻松地扩展到更复

杂的分布函数,如上层极限函数。但是,这将增加复杂性,而不提高准确性,除非有其他分布函数显示出明显优于 Rosin – Rammler 分布参数的优势,否则很难证明其合理性。

这里还指出,用于描述从某一时刻导出的分布函数的形式的传统统计方法可能是另一种策略。如 Sowa 所示,一旦使用式(3.24)确定了表 3.1 中的各种平均直径,就很容易地根据表 3.2 确定任何目标分布函数的标准偏差或偏度。

颇为奇怪的现实是,尽管可以使用散布概念,但许多从业人员仍然依赖单个特征直径,通常为 SMD 或 D_{32}。

3.8　重要尺寸和速度分布

为了能够获得提供重要尺寸和速度信息的仪器,几个研究小组在 20 世纪 90 年代进行了大量工作,实施策略来预测破碎过程中产生的液滴尺寸和速度,并在更有限的范围内预测了离散概率函数。从事这项工作的目的是将生成的分布基于考虑能量守恒的理论模型等。对于这些方法的通用性,仍存在很多争论,因为每种方法都需要某些假设才能使其正常工作。Babinsky 和 Sojka[6] 对这项工作进行了很好的评论。从本次审查中可以明显看出,需要做更多的工作,因为没有一种方法可以提供没有问题的结果。无论如何,这一概念对于提高表示各种雾化喷嘴喷雾行为的能力而言都是一个重要的概念。迄今为止,除了将其用于计算流体力学(CFD)模拟的边界条件,对于这些深入的信息几乎没有任何意义。然而,仅该应用就证明了可获得的重要尺寸、速度信息的实用性。

3.9　小结

本章主要介绍了代表喷雾中液滴直径分布的可用方法。很难判断一种方法是否优于其他方法。这样的结论必须等待基于对液滴形成所涉及的基本机制的更完整理解的理论确定。如 Dechelette 等[21] 所述,这项工作正在进行。他们的总结虽然很有希望,但概述了许多尚待解决的挑战。因此,出于工程目的,本章讨论的分布概念仍然有很多用途。以下观点可能有助于避免一些较常见的陷阱。

(1)没有任何一个参数可以完全定义液滴直径分布。例如,两个喷雾不只是因为它们具有相同的 SMD 或 MMD 而相似。在许多实际应用中,最重要的是喷雾中的液滴最小直径或最大直径,SMD 和 MMD 都无法提供此信息。

(2)喷雾的平均直径(或特征直径)与其液滴直径分布之间没有普遍相关性。它们完全独立。

(3)平均直径和特征直径本质上是不同的。MMD 不是平均直径,而是特征直径。特别是,不应将 MMD($D_{0.5}$)与质量平均直径 D_{30}混淆。

(4)如果使用 Rosin - Rammler 分布,则喷雾中液滴直径分布由两个参数定义:特征直径和液滴尺寸散布。

(5)相对跨度因子可用于指示喷雾中液滴直径分布。

(6)色散边界因子可用于定义有意义的液滴最大直径。

3.10 变量说明

D:液滴直径

$\bar{D}$:液滴平均直径

$D_{0.1}$:小于该直径的所有液滴体积占全部液滴总体积的10%

$D_{0.5}$:小于该直径的所有液滴体积占全部液滴总体积的50%

$D_{0.632}$:小于该直径的所有液滴体积占全部液滴总体积的63.2%

$D_{0.9}$:小于该直径的所有液滴体积占全部液滴总体积的90%

$D_{0.999}$:小于该直径的所有液滴体积占全部液滴总体积的99.9%

D_{peak}:液滴直径分布曲线的峰值,即占有体积最大的液滴直径

D_m:最大液滴直径

D_0:最小液滴直径

$\bar{D}_{ng}$:几何数目平均直径

$\bar{D}_{sg}$:几何表面积平均直径

$\bar{D}_{vg}$:几何体积平均直径

MMD:质量中值直径($D_{0.5}$)

N:液滴数目

Q:液滴直径小于 D 的液体体积分数

q:Rosin - Rammler 液滴直径分布参数

SMD:索特平均直径(D_{32})

s_g:几何标准偏差

s_n:标准差

V:体积

X:Rosin – Rammler 方程的特征直径

δ:散布指数

Δ:相对跨度因子

Δ_B:分散边界

参考文献

1. Fraser, R. P., and Eisenklam, P., Liquid atomization and the drop size of sprays, *Trans. Inst. Chem. Eng.*, Vol. 34, 1956, pp. 294–319.
2. Rizk, N. K., and Lefebvre, A. H., Airblast atomization: Studies on drop-size distribution, *J. Energy*, Vol. 6, No. 5, 1982, pp. 323–327.
3. Miesse, C. C., and Putnam, A. A., Mathematical expressions for drop-size distributions, *Injection and Combustion of Liquid Fuels*, Section II, WADC Technical Report 56–344, Battelle Memorial Institute, March 1957.
4. Nukiyama, S., and Tanasawa, Y., Experiments on the atomization of liquids in an air stream, Report 3, On the Droplet-Size Distribution in an Atomized Jet, Defense Research Board, Department National Defense, Ottawa, Canada; translated from *Trans. Soc. Mech. Eng. Jpn.*, Vol. 5, No. 18, 1939, pp. 62–67.
5. Rosin, P., and Rammler, E., The laws governing the fineness of powdered coal, *J. Inst. Fuel*, Vol. 7, No. 31, 1933, pp. 29–36.
6. Rizk, N. K., and Lefebvre, A. H., Drop-size distribution characteristics of spill-return atomizers, *AIAA J. Propul. Power*, Vol. 1, No. 3, 1985, pp. 16–22.
7. Rizk, N. K., Spray characteristics of the LHX nozzle, Allison Gas Turbine Engines Report Nos. AR 0300-90 and AR 0300-91, 1984.
8. Mugele, R., and Evans, H. D., Droplet size distributions in sprays, *Ind. Eng. Chem.*, Vol. 43, No. 6, 1951, pp. 1317–1324.
9. Bhatia, J. C., Dominick, J., and Durst, F., Phase-Doppler anemometry and the log-hyperbolic distribution applied to liquid sprays, *Part. Part. Syst. Char.*, Vol. 5, 1988, pp. 153–164.
10. Xu, T.-H., Durst, F., and Tropea, C., The three parameter log-hyperbolic distribution and it application to particle sizing, in: *Proceedings, ICLASS-91*, Gaithersburg, MD, July, 1991, pp. 316–331.
11. Babinsky, E., and Sojka, P. E., Modeling drop size distributions, *Prog. Energ. Combust.*, Vol. 28, 2002, pp. 303–329.
12. Paloposki, T., *Drop size distributions in liquid sprays, Acta Polytechnica Scandinavica: Mechanical Engineering Series*, Vol. 114, Helsinki, Finland: Finnish Academy of Technology, 1994.
13. Brodkey, R. A., *The Phenomena of Fluid Motions*, Reading, MA: Addison-Wesley, 1967.
14. Marshall, W. R., Jr., Mathematical representations of drop-size distributions of prays. *Atomization and Spray Drying*, Chapter VI, Chem. Eng. Prog. Monogr. Ser., Vol. 50, No. 2, New York: American Institute of Chemical Engineers, 1954.
15. Bayvel, L.P. *Liquid Atomization, Washington, DC*, CRC Press, 1993.
16. Sowa, W. A., Interpreting mean drop diameters using distribution moments, *Atomization Sprays*, Vol. 2, 1992, pp. 1–15.
17. Chin, J. S., and Lefebvre, A. H., Some comments on the characterization of drop-size distributions in sprays, in: *Proceedings of the 3rd International Conference on Liquid Atomization and Spray Systems*, London, Paper No. IVA/1, 1985.
18. Zhao, Y. H., Hou, M. H., and Chin, J. S., Drop size distributions from swirl and airblast atomizers, *Atomization Spray Technol.*, Vol. 2, 1986, pp. 3–15.
19. Martin, C. A., and Markham, D. L., Empirical correlation of drop size/volume fraction distribution in gas turbine fuel nozzle sprays, ASME Paper ASME 79-WA/GT-12, 1979.
20. Tate, R. W., Some problems associated with the accurate representation of drop-size distributions, in: *Proceedings of the 2nd International Conference on Liquid Atomization and Sprays (ICLASS)*, Madison, WI, 1982, pp. 341–351.
21. Dechelette, A., Babinsky, E., and Sojka, P. E., Drop size distributions, in: Ashgriz, N. (ed.), *Handbook of Atomization and Sprays*, New York: Springer, 2011.

第4章 喷嘴的性能要求和基本设计特点

4.1 引言

雾化一般是通过将液体高速喷射到低速气流中来实现的。典型的例子包括各种压力雾化喷嘴以及旋转雾化喷嘴。旋转雾化喷嘴将液体从旋转杯或旋转盘的边缘高速甩出可以实现雾化。另外,将缓慢运动的液体暴露于高速空气流中也可以实现雾化。这种方法一般称为双流体雾化、气助雾化或气流冲击雾化。

本章对工业上和实验室中使用的主要类型喷嘴的一般特点进行介绍。由于喷嘴在燃烧装置中应用广泛,因此本章对燃烧装置中的喷嘴进行重点介绍。在热机及工业炉中使用的燃料大多是液体燃料,它在喷入燃烧区之前必须经过雾化。雾化可以使液相达到很大的表面积,从而显著提升蒸发和燃烧速度。燃料的喷注过程在决定燃烧性能的多个方面起着重要作用。由于未来所有类型的燃烧装置都被要求燃烧更少的燃料同时符合日益严苛的污染物排放标准要求,此外还要求燃料喷嘴具有燃烧多种燃料的能力,因此雾化过程在未来更显重要。

以上所描述的喷嘴概念可以在广泛的应用领域中找到,如喷涂、清洁、雾化干燥、制药、消费品制造、金属粉末生产、农业领域、消防以及冷却等。

许多喷嘴可以在市场上购买,如可以从 Parker Hannifin 公司、Lechler 公司、Bete 公司、Hago 公司、Woodword 公司和喷雾系统公司等公司购买。在过去几十年里,喷嘴行业进行了大规模的整合。一些喷嘴的长期供应商如 Excello 公司和 Delavan 公司已经全部或部分被 TEXTRON 公司和 Goodrich

公司等公司收购。还有一些公司被联合技术公司这样的厂商整合。以上整合主要发生在燃气轮机行业。因此,本章示例中所引用的一些公司现在可能已经不存在了,但是这些设计概念仍然是有效的。

4.2　喷嘴的技术要求

一个理想的喷嘴应具备以下特点:

(1) 在宽泛的液体流量范围内具有良好的雾化能力。

(2) 对流量变化响应迅速。

(3) 不受流动不稳定性影响。

(4) 低功耗。

(5) 可按比例放大,具有设计柔性。

(6) 廉价、轻质、易维护和易拆卸。

(7) 制造和安装过程中不易损坏。

燃料喷嘴除了应具备上述特点还应满足以下要求:

(1) 对污染物阻塞及喷嘴面板积碳的敏感度低。

(2) 对热浸引起的结焦敏感性低。

(3) 均匀的径向和周向燃料分布。

4.3　压力雾化喷嘴

顾名思义,压力雾化喷嘴通过将压力转化为动能使液体获得相对于周围气体很高的相对速度。通常使用的喷嘴大多数是这种类型,包括直流喷嘴和简单离心式喷嘴,以及多种变工况设计喷嘴,如变几何喷嘴双联喷嘴、双孔喷嘴等。下面将对这些不同类型的喷嘴进行讨论。

4.3.1　直流喷嘴

低黏度液体最容易通过小圆孔喷射来实现雾化。如果喷射速度比较低,则液体喷出后形成一个轻微扰动的射流柱,但如果液体压力超出环境气体压力约 150kPa,就会形成高速液体射流并迅速破碎成良好的液雾。提高喷射速度可以增强射流破碎,因为射流速度的提高不仅能提高液体射流中的湍流水平,还能提高周围气体作用在射流上的气动阻力;而增加液体黏度和表面张力不利于射流破碎,会妨碍液丝的破碎过程。

直流喷嘴产生的喷雾一般有一个介于5°~15°的锥角。喷雾锥角的大小主要取决于液体黏性、表面张力以及射流的湍流度,喷雾锥角仅略微受到圆孔孔径和长/径比的影响。增加湍流度会增加射流径向速度分量与轴向速度分量的比值从而使喷雾锥角增大。

1. 柴油喷嘴

或许直流喷嘴中最知名是柴油喷嘴。柴油喷嘴是在活塞式发动机的每个做功冲程中向燃烧空间脉冲或间歇地喷入燃料。由于气缸内空气事先已被活塞压缩至高压状态,因此喷嘴必须采用很高的喷射压力才能达到期望的雾化效果和喷雾穿透深度。

在柴油发动机中可以通过燃料喷嘴和燃烧室的多样化设计来实现燃料和空气的良好混合。在所有情况下,其主要目标都是获得要求的雾化特性,即不仅要获得设计要求的穿透深度、雾角、雾化质量,还要提供空气和燃料液滴或者在空气和燃料蒸气之间进行适宜的相对运动。

燃料和空气的第一阶段混合是当燃料射流柱在高压下高速射入空气,射流柱边缘发生雾化并产生细小液滴时完成的。此时的雾场结构为一个“固体”射流柱外周边笼罩着燃料液滴和空气的混合物。燃料射流中心的速度最高,向外速度逐渐变低,到雾化区与环境空气的分界面上速度几乎降到零。在这个分界面附近,液滴相对于空气的运动速度较低,燃料和空气的进一步混合是靠由燃烧室设计决定的空气的运动或燃烧室中的湍流掺混来完成的。在发生破碎的射流中,燃料的浓度范围为外围的零到中心的100%[1]。

液滴一旦形成,燃料的蒸发过程就开始了。燃料蒸气的自燃开始于喷嘴和液雾锥末梢之间的某个区域。然后火焰沿着正在展开的喷雾迅速传播,且燃烧过程发生在包含空气、燃料蒸气和部分蒸发的燃料液滴的混合物中。在喷注过程的后段,燃料被喷入正在传播的火焰当中,燃烧发生在湍流和富燃的条件下。在此阶段,燃料液雾靠自身的运动夹带空气,并且现在清楚地认识到,废气中的未燃碳氢燃料、一氧化氮及颗粒物的浓度严重依赖液雾的空气动力学运动及燃料和空气的混合速率。图4.1给出了康明斯发动机柴油喷嘴及附属驱动系统的示意图。

喷注循环开始时,柱塞位于最大提升位置,供油口开启。然后凸轮驱动喷嘴柱塞下行将供油孔关闭。当柱塞位移达到“燃料充实高度”时,向燃烧室喷注燃料的过程才开始。“燃料充实高度”指的是柱塞的一个特定位移

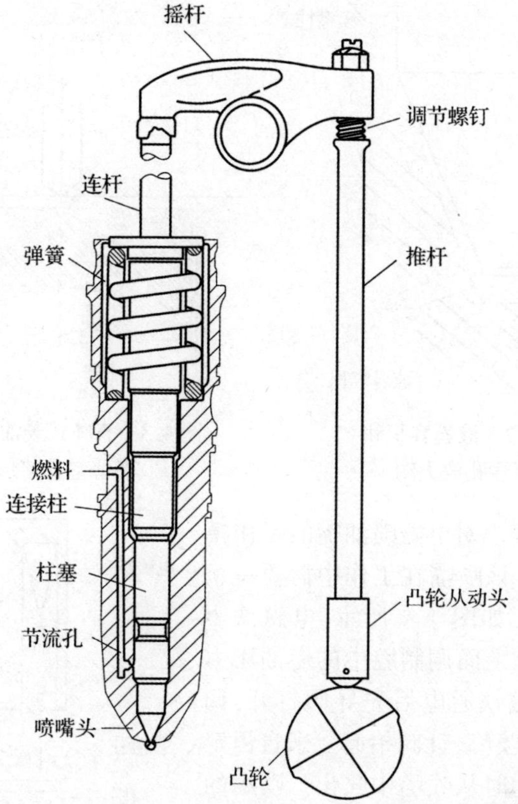

图 4.1 柴油喷嘴及附属驱动系统(由康明斯发动机公司提供)

量。当柱塞位移量达到这个特定值时,喷嘴内剩余容积在充填过程中被节流孔注入喷嘴的燃料充满[2]。随后柱塞进一步移动并驱使燃料通过喷孔喷入燃烧室,喷嘴的机械传动系统(凸轮、推杆、摇杆和连杆)通过提供动力来产生所需的高喷注压力。柴油喷嘴的典型压力为 83 ~ 103MPa。喷注的结束也是由柱塞的位移来控制的,当柱塞头移动到与喷嘴头的配合锥面贴合之后喷注结束,如图 4.2 所示。在设计喷注孔的数量和周向位置分布时需使喷雾场结构与燃烧室几何形状相匹配,如图 4.3 所示。

机械驱动的柴油喷嘴已经有多年的应用历史,关于其使用特性已积累了大量实践经验和知识。近年来,人们的注意力逐渐转向电磁驱动燃油喷嘴。图 4.4 所示为这种喷嘴的原理图。这是通用汽车公司柴油设备分部生产的一个喷嘴。这种喷嘴的喷注压力和喷注持续时间可以单独变化,并且不依赖发动机转速。

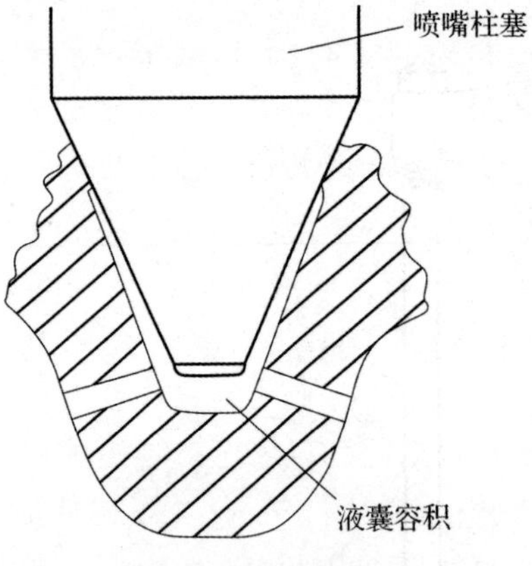

图 4.2　液囊容积和喷注孔放大图

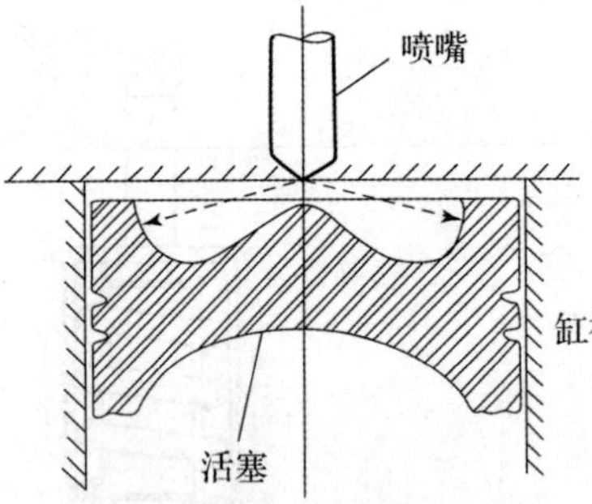

图 4.3　直喷式柴油机典型的燃烧室几何形状

Sinnamon 等[3]对电磁喷油嘴的工作模式进行了描述。该喷嘴在工作中需要一个恒定高压油源。如图 4.4 所示,电磁铁驱动先导阀对针阀上面调制腔中的燃油压力进行调制。电磁铁通电后先导阀打开,调制腔压力降低,喷嘴、针阀抬起。来自恒定高压源的燃油此时从喷嘴中喷出。喷嘴的关闭可以通过电磁铁断电来实现。此时先导阀关闭,调制腔中的压力驱使针阀回到关闭位置。燃油供应路和调制腔之间的孔的尺寸要能保证针阀快速关闭,同时还要避免调制腔中的快速压力波动对喷嘴压力产生影响。

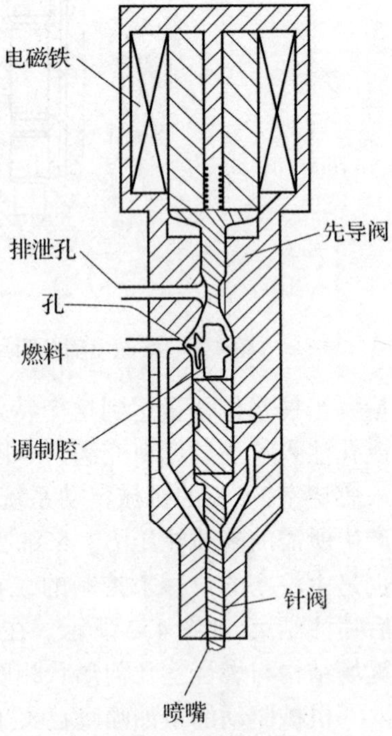

图 4.4　电磁柴油喷嘴原理图(由通用公司提供)

关于柴油发动机中的喷雾已有大量的研究工作。如 Elkotb[4]、Borman 和 Johnson[5]、Adler 和 Lyn[6]、Arai 等[7],以及 Hiroyasu[8]的研究工作。这些文献中列出了大量的柴油发动机喷雾方面的参考内容。一些研究人员采用可视化技术来研究柴油发动机中的间歇性喷雾燃烧。这个方面早期的研究工作由 Schweitzer[9]

完成,后续的研究工作包括 Lyn 和 Valdamanis[10]、Huber 等[11]、Rife 和 Heywood[12]、Hiroyasu 和 Arai[13]、Reitz 和 Bracco[14]、Pickett 和 Siebers[15]、Linne 等[16]、Smallwood 和 Gülder[17]、Lee 等[18]、Dec[19]和 Payri 等[20]的研究工作以及一些其他人的研究工作。先进的光学诊断方法使人们对柴油喷雾的行为以及后续的燃烧行为有了深刻的认识。除了喷雾过程的细节,实用设备中喷嘴内部的流动特性也已得到了广泛研究[20]。这些研究表明,尽管结构简单,但直流喷嘴还是受到与上游几何结构相关的众多因素影响,并且直到最近这些影响才有可能通过实验进行研究。

运用仿真分析对柴油喷雾过程进行的研究已比较普遍。早期的模型涵盖范围比较宽,从高度经验性方程(如 Chiu 等[22]、Dent[23]及 Hiroyasu 和 Kadota[24]等所用的模型),到采用运用积分型连续方程和动量方程(高度依赖实验数据)进行求解的方法(如 Adler 和 Lyn[6]、Melton[25]、Rife 和 Heywood[12]以及 Sinnamon 等[3]所做的工作)。各种计算流体力学(CFD)方法也常被用来对直流喷嘴喷雾过程的演化规律进行研究。研究人员还建立了详细的多维模型,该模型依赖对基本守恒方程进行有限差分求解[26-27]。也有很多从多角度对喷雾过程进行描述的模型,包括由 Reitz 和 Rutland[28]、Arcoumanis及其同事[29]、Basha 和 Gopal[30],以及 Dahms 等[31]的模型。

这些模型的最初目标主要是表征和预测在柴油机燃烧室内燃油喷雾的穿透深度和轨迹。但随着其自身的不断改进,这些模型已经用来预测排放水平以及气缸内的瞬态过程特性。这些预测可以应用于发动机设计或分析从已有发动机获得的实验数据。例如,Sinnamon 等[3]开发的模型能在无论是否有空气涡流的情况下从腔室内的任何位置以任何方向进行喷注。与实验的比较表明,该模型可以以合理的精度预测喷雾的渗透和轨迹,并可以对喷嘴直径、喷射压力、喷射方向、气缸空气密度和空气涡流率的变化做出适当的响应。最近,复杂的综合模型(如文献[28 - 31]中讨论和使用的模型)可以适用于气缸内所有过程的描述。商用软件,例如,Convergent Science(威斯康星州麦迪逊市)、ANSYS(宾夕法尼亚州卡农斯堡)、KIVA(洛斯阿拉莫斯国家实验室、新墨西哥州洛斯阿拉莫斯)、AVL(奥地利格拉茨)和 CD - adapco(现在是 Siemens PLM 的一部分,得克萨斯州普莱诺)常常被用于各工作工程的详细计算。然而,可以认为最具挑战性的方面仍然是对喷雾本身的预测。因此仍然需要考虑使用经验关联式。实际上,由于缺乏对雾化过程基本特性的充分认识,许多经验相关性仍保留在 CFD 模拟中。

除了用于柴油喷雾的普通节流孔,早期的汽油直喷(GDI)发动机也使用了结构形式和布置方式多样的直流喷嘴,包括采用多个径向孔,以加快气缸内的混合和蒸发过程。这些喷注过程的控制是通过电控喷注实现的。因为目标是为火花塞点火准备好燃油空气混合物,所以 GDI 系统具有与使用压缩点火来点燃混合物的柴油发动机不同的限制。有关 GDI 系统演化的详细评论,请参见 Zhao、Lai 和 Harrington[32] 以及 Drake 和 Haworth[33] 的研究。由于 GDI 系统的喷射压力相对较低,燃料喷嘴已演变为更复杂的类型,例如本节稍后介绍的压力旋流喷嘴[32]。

2. 加力燃烧室喷嘴

直流喷嘴在燃烧领域的另一个重要应用是喷气发动机加力燃烧室,其中燃料喷射系统通常由一个或多个环形集液腔组成,这些集液腔由安装在喷管内的支柱支撑。燃料由支撑杆中的供油管提供给集液腔,并从集液腔上的直流喷孔喷入火焰区。有时使用图 4.5 所示类型的短喷油杆代替集液腔,由径向安装在圆形集液腔上的短喷油杆组成喷油嘴阵列。不论是哪一种情况,目的都是在流入燃烧区的气流中均匀分布雾化良好的燃料。

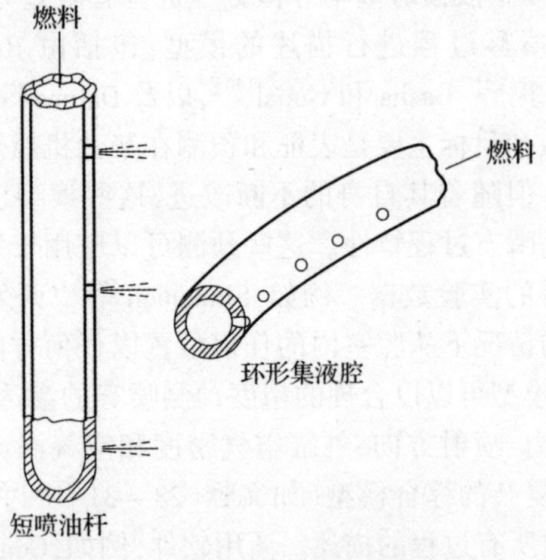

图 4.5　加力燃烧室直流喷嘴

对于任何给定的液体流量,大量的小孔相比少量的大孔能够提供更均匀的液体分布。但由于存在堵塞的风险,通常将 0.5mm 孔径作为煤油类燃料的最小实际尺寸。在一些设计中,可变的喷孔尺寸可以扩大燃料流量的范围,在宽广的流量范围内可以实现良好的雾化。此类设计将在其他类型的喷油器中进行讨论。

3. 火箭发动机喷嘴

直流喷嘴也用在火箭发动机当中。图4.6中给出了一些典型火箭发动机直流喷嘴结构的示意图。尽管液体射流被设计成通过撞击雾化,但其雾化特性介于直流射流雾化和液膜雾化之间[34]。在低喷射速度和大撞击角情况下,会形成一个轮廓分明的液膜,液膜与两射流平面成直角;然而,随着液体速度的增加或撞击角度的减小,液膜轮廓逐渐变得不那么清晰。高速摄影表明,在典型的工况条件下,喷雾是通过类似于直流射流的破碎过程以及通过在两束射流的撞击点处形成不规则液膜这两种机制共同作用而产生的[34]。由于可以观察到其中包含液体射流和液膜的行为,因此研究撞击射流这一复杂系统是非常有趣的。多年来,许多研究人员已经对该系统进行了研究,其主要特征由 Ashgriz[35] 总结。

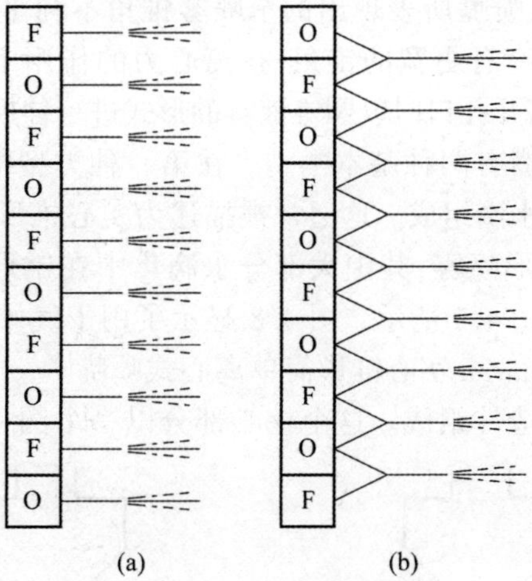

图4.6　火箭发动机直流喷嘴

(a)莲蓬头喷注器;(b)互击式喷注器。

F—燃料;O—氧化剂。

4. 其他应用

直流喷嘴广泛用于将液体引入空气或气体流动当中。具有实际重要性的两种情况:①注入顺流或逆流的空气流中;②横向注入空气流。

空气或气体速度的影响很重要,因为射流离开孔口时雾化过程还没有完成。实际上该过程在周围的介质中会继续进行,直到液滴尺寸降至临界值终止,低于该临界值将不会发生进一步的破碎。对于任何给定的液体,该临界液滴尺寸不取决于液体射流的绝对速度,而是取决于其相对于周围气体的速度。如果两者沿相同方向移动,则破碎长度会增加,雾化会受到阻碍,并且平均液滴直径会增加。当运动方向相反时,破碎长度会降低,锥角会变宽,雾化的质量会改善。因此,当讨论气流影响喷雾的形成和发展以及达到的雾化程度时,应该考虑相对速度。

空气运动对直流喷嘴雾化特性的影响仅与空气流速不足以大到改变雾化过程基本性质的情况有关。但是,如果喷出的液体射流受到高速气流的作用,则射流破碎的机理会发生变化,并与气助雾化有关。这种气助雾化直流喷嘴有时会用在燃气轮机中,本章后面的"空气雾化喷嘴"部分将对此进行讨论。

4.3.2 简单离心式喷嘴

在实际中,直流喷嘴所表现出的窄喷雾锥角不利于应用。简单离心式喷嘴或压力旋流喷嘴有更宽的锥角,在离心力的作用下,液体产生旋流运动,以至于当液体离开孔口时以圆锥液雾的形式进行伸展。

简单离心式喷嘴有两种基本类型。在第一种类型中,喷雾由均匀地分布在整个体积中的水滴组成。这通常被描述为实心锥形喷雾。第二种类型的喷嘴产生空心锥形喷雾,其中大部分水滴集中在锥形喷雾形状的外缘。这两种喷雾结构如图4.7所示。图4.8显示了用于气体洗涤、熄焦、化学处理和喷淋操作的Delavan实心锥形简单离心式喷嘴[36]。它由一个带有可拆卸核心的一体式铸造件组成。这个核心部分以一个圆柱形的孔为特征,该

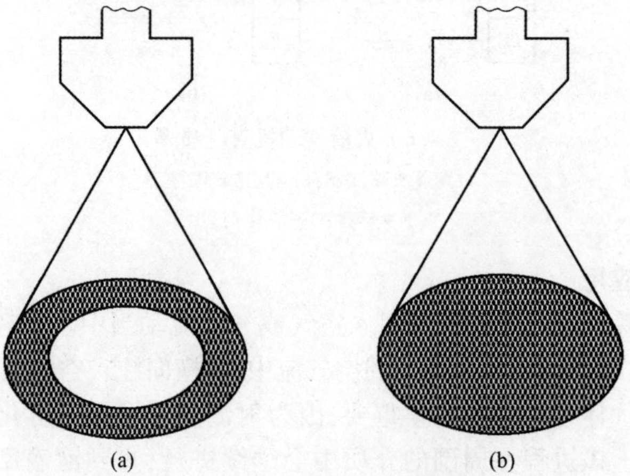

图4.7 压力旋流喷嘴产生的喷雾
(a)空心圆锥体;(b)实心圆锥体。

孔为直流喷嘴锥形喷雾的中心提供液体。方形喷雾简单离心式喷嘴如图4.9所示。这个喷嘴有一个特殊的孔口出口装置,以突出喷雾形状的角度。它的设计目的是提供一个合理的、均匀分布的方形水滴结构,用于气体清洗、防火、泡沫破碎、砾石清洗和蔬菜清洗等[36]。

图4.8 实心锥形简单离心式喷嘴
(由 Delavan 公司提供)

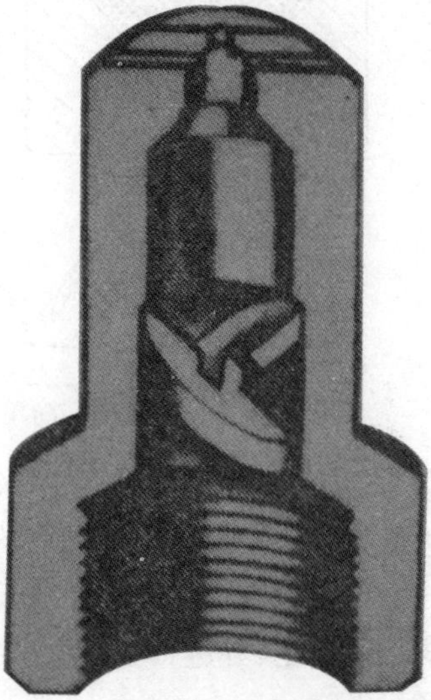

图4.9 方形喷雾简单离心式喷嘴
(由 Delavan 公司提供)

实心锥形喷嘴的主要缺点是雾化相对粗糙,并且喷雾中心的液滴尺寸比雾化边缘的液滴大很多[37]。空心锥形喷嘴可以提供更好的雾化效果,其径向液体分布特性使其成为许多工业用途上的首选喷嘴,特别是在燃烧应用中。

空心锥形喷嘴最简单的形式是简单离心式涡流喷嘴,如图4.10所示。液体通过切向端口进入涡流室,切向端口使液体具有高的角速度,从而产生空心涡流。涡流室的出口是最终的孔口,旋转的液体在轴向径向力的作用下流过该孔,以空心锥形片的形式从喷嘴中射出,其实际锥角由出口处的切向和轴向分量的相对大小确定。

随着液体喷射压力从零逐渐增加,喷雾的发展经历了以下几个阶段。

(1)液体从孔口滴出。

(2)液体像一支变形的细铅笔。

(3)圆锥体在孔口处形成,但在表面张力作用下收缩成一个闭合的气泡。

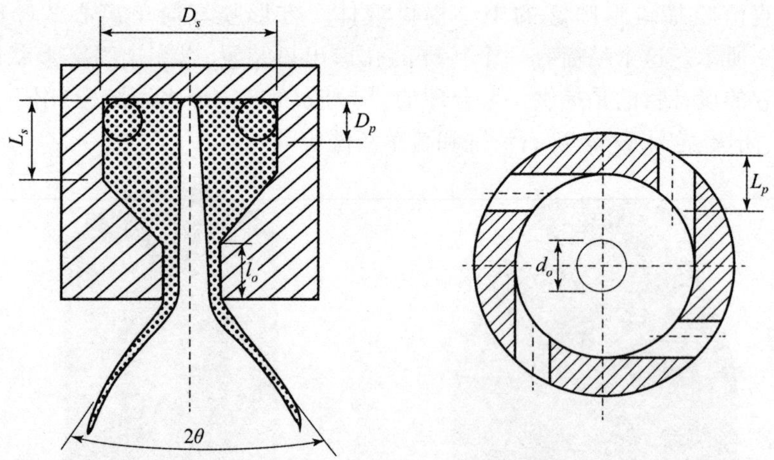

图 4.10　简单离心式涡流喷嘴示意图

(4)气泡开始形成一个空心的郁金香形状,终止于一个不规则的边缘,在该边缘处液体被雾化成相对较大的液滴。

(5)曲面拉直形成圆锥形薄层。随着片状物的膨胀,其厚度逐渐减小,很快变得不稳定,并进一步雾化成韧带结构,然后以轮廓分明的空心锥形喷雾的形式下降。

这5个喷雾发展阶段如图4.11和图4.12所示。针对燃烧应用人们已经开发了各种类型的空心锥形简单离心式喷嘴。它们的主要区别是给射流传递涡流的方法不同[38]。它们包括带有切向槽或钻孔的涡流室,以及通过螺旋槽或叶片旋转的涡流室,如图4.13所示。在雾化均匀度不是首要考虑因素的情况下,可以通过使用薄的、可拆卸的涡流板来节约成本,涡流室入口可从中切割或冲压。

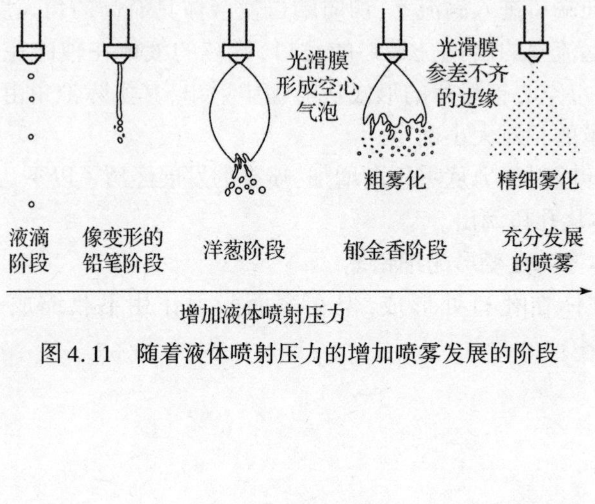

图 4.11　随着液体喷射压力的增加喷雾发展的阶段

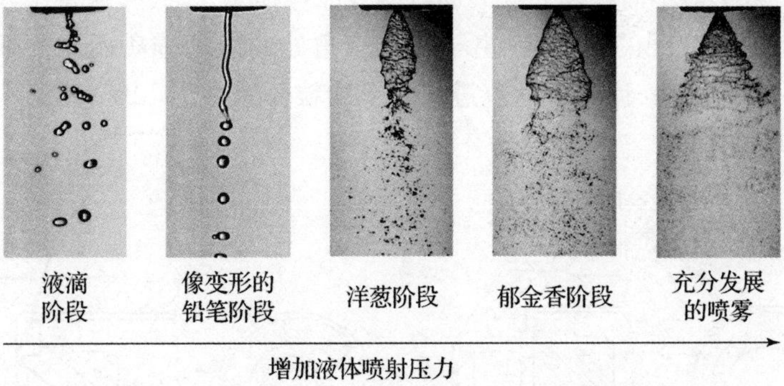

图 4.12　简单离心式涡流喷嘴喷雾发展阶段的照片

图 4.14 所示的空心锥形简单离心式喷嘴结构更加坚固。这种喷嘴的特点是具有可拆卸螺旋型中心的一体式结构。它主要用于气体清洗、喷雾冷却、冲洗和抑尘。

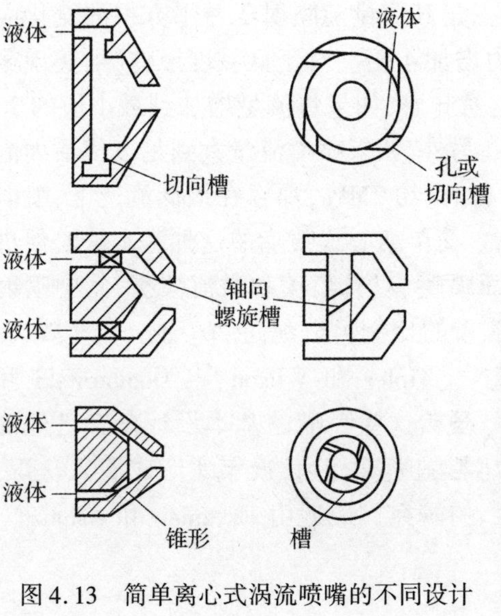

图 4.13　简单离心式涡流喷嘴的不同设计

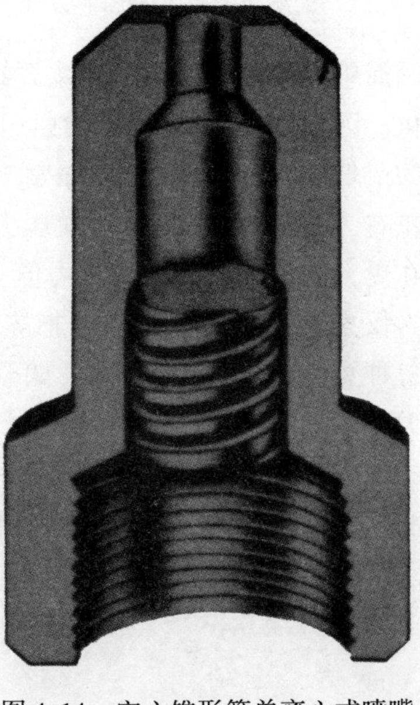

图 4.14　空心锥形简单离心式喷嘴（由 Delavan 公司提供）

在电站锅炉和工业炉中使用了许多不同类型的大型简单离心式喷嘴。典型的商业设计如图 4.15 所示。这种类型的喷嘴设计可实现高达 4000kg/h 的油流量。图 4.16 显示了一个更先进的版本，其中包含一些提高雾化质量的功能[39]:①最小面积的润湿表面以减少摩擦损失,②改善从每个入口槽发出的离散射流之间的混合,③由于在急转角处的流动分离而减少损失。根据 Jones[39] 的说法,这些设计改进使得平均粒径减小了12%,相当于颗粒物排放减少30%。

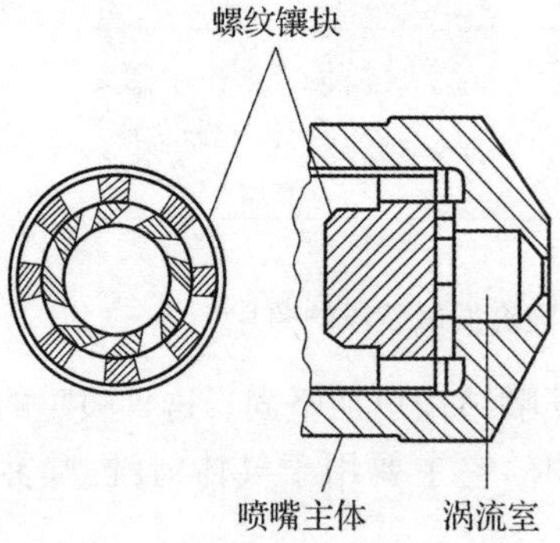

图4.15 大型压力喷嘴的商业设计[39]

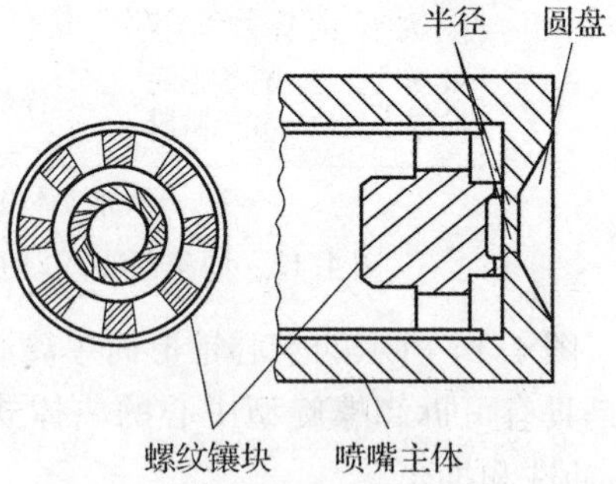

图4.16 大型压力喷嘴的改进设计[39]

简单离心式喷嘴的一个主要缺点是其流量随喷射压差平方根的变化而变化。因此,流量加倍需要喷射压力增加4倍。对于低黏度液体,可实现雾化的最低喷射压力约为100kPa。这意味着,如果将流量增加到最小值的20倍左右,则需要40MPa的喷射压力。另外,如果喷嘴流量大到足以使最大流量在更大的可接受的喷射压力值下,如大约7MPa,那么在最低流速下,喷射压力仅为17.5kPa,雾化质量非常差。简单离心式喷嘴的这种基本缺陷促进了各种宽调节比喷嘴的发展,如双面喷嘴、双孔喷嘴和溢流喷嘴,其中喷射压力不超过7MPa时,最大到最小流量的比例可以超过20。Joyce[40]、Mock 和 Ganger[41]、Carey[42]、Radcliffe[43-44]、Tipler 和 Wilson[45]、Dombrowski 和 Munday[46] 描述了这些不同的设计。虽然这些喷嘴的基本设计概念已经确立了一段时间,但对于具体设计如何影响喷雾行为,近年才形成深入认识,如 Rizk 和 Lefebvre[47]、Sakman 等[48] 的研究。最近由 Eslamian 和 Ashgiz[49] 和 Vijay 等[50] 总结。

4.3.3 宽调节比喷嘴

虽然目前已经生产许多不同类型的宽调节比喷嘴,但是所有情况下的设计目标都是相同的,即在液体流量的整个工作范围内提供良好的雾化效果且不依赖不切实际的泵压水平。这在宽调节比喷嘴设计中具有独创性,接下来对主要的宽调节比喷嘴设计进行介绍。

1. 双通道喷嘴

双通道喷嘴的基本特征如图4.17所示。区别于简单离心式喷嘴的主要特征是其涡流室采用了两组切向涡流端口,一组是低流量的先导或主端口,另一组是大流量的主通道或次通道。在工作中,主歧管首先向主涡流端口供应液体,同时弹簧加压阀防止液体进入辅助燃油歧管。只有当达到预定的喷射压力时,阀门才会打开,液体才会同时流过主通道和次通道涡流端口。双通道喷嘴的典型流动特性如图4.18所示。此图显示了双通道喷嘴的优越性能,特别是在低流量下。例如,考虑流速为最大值的10%的情况。由图4.18可以看出,双通道喷嘴的喷射压力比简单离心式喷嘴大约高8倍。第6章表明双通道喷嘴的液滴平均直径相比简单离心式喷嘴将减小为1/3左右。这种在低流量下雾化效果更好的优点同样适用于双孔喷嘴,这将在4.3.4节介绍。

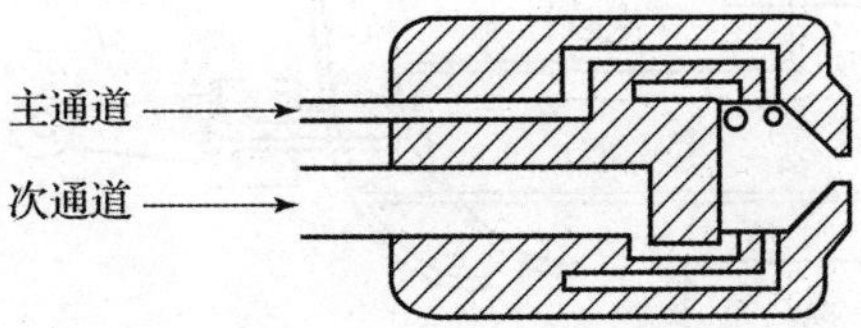

图4.17　双联喷嘴

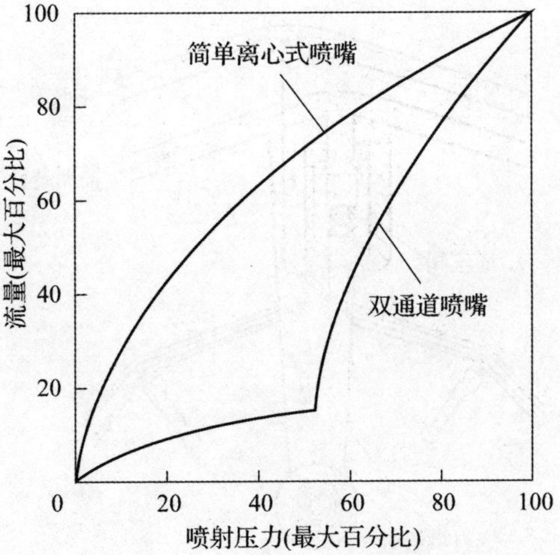

图4.18　简单离心式喷嘴和双通道喷嘴的流动特性

双通道喷嘴的一个缺点是,在混合流量范围内,喷雾锥角比在主歧管流量范围内小约20°。这是因为从一次流到混合流时,A_p/D_Sd_o 增大,喷雾锥角减小(图7.4)。在某些设计中,通过将主要涡流端口设置在比次要端口小的切圆上来解决此问题。这样做的目的是减少涡流成分,从而在低流量情况下减小喷雾锥角。

在燃气涡轮设计的布局中,如图4.19所示,无论使用多少喷嘴,都只安装一个增压阀。该阀控制主歧管和辅助歧管之间的燃料分配。当在主歧管流量范围内工作时,这个特殊系统的缺点是会再通过二次歧管在喷嘴之间发生混流。为了克服这个缺点,有时会在每个喷嘴进料管上安装增压阀(或止回阀),如图4.20所示。

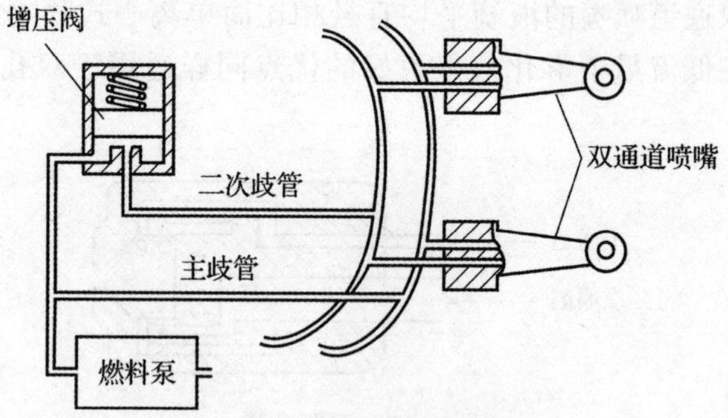

图4.19　双歧管双通道喷嘴

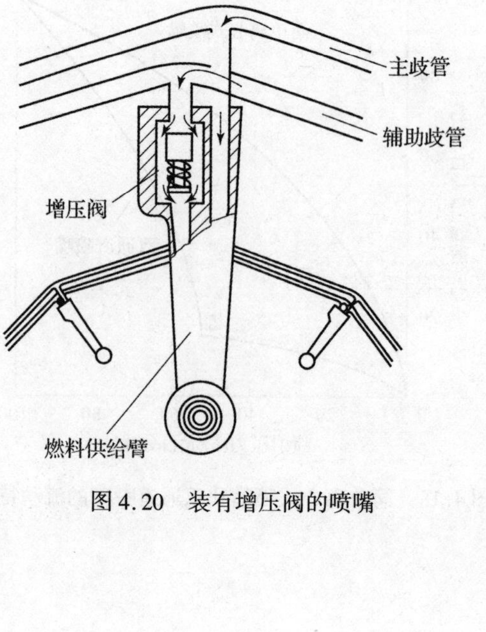

图4.20　装有增压阀的喷嘴

另一个燃气涡轮双通道系统采用单一的公共歧管,用于一次和二次燃料供应,每个喷嘴组件中包含一个增压阀。随着泵输送压力的增加,可以满足不断增加的发动机燃油需求,该压力最终会变得足够高以克服增压阀的弹簧负载,于是增加的流量将通过二级涡流端口进入涡流室。增压阀设置为在约700kPa的压力下打开,这样当发动机在低功率条件下工作时,所有燃油都会通过小的主槽,从而确保良好的雾化。

双通道喷嘴的设计步骤与简单离心式喷嘴的设计步骤相同,但如果主出口设置在比重要出口小的切圆上,以获得恒定的喷雾锥角,则需要进行特殊处理[45]。

2. 双孔喷嘴

双孔喷嘴在英国称为双喷嘴,如图4.21所示。30多年来,这种喷嘴已广泛应用于多种飞机和工业发动机上。与图4.21的示意图相比,图4.22所示的普惠JT8发动机上使用的双孔喷嘴实际更为复杂。

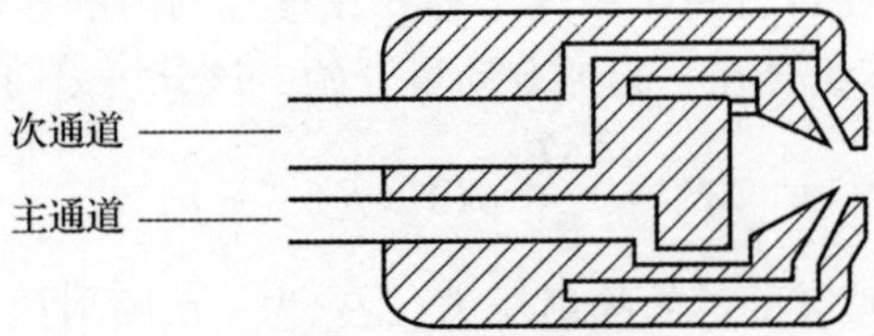

图4.21 双孔喷嘴

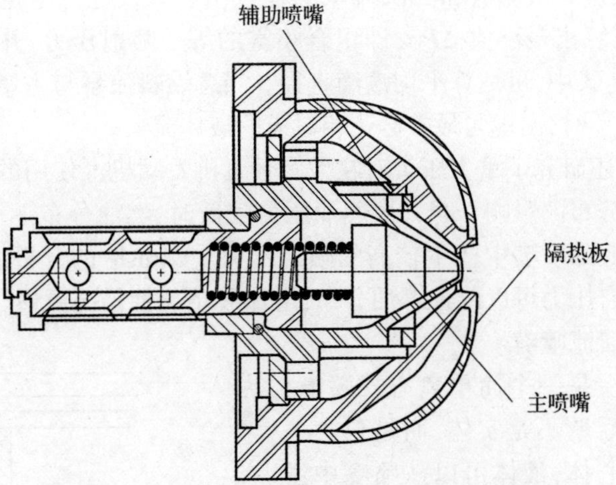

图4.22 普惠JT8发动机上使用的双孔喷嘴

(由燃油系统TEXTRON公司提供)

本质上,双孔喷嘴包括两个同心安装的简单离心式喷嘴,一个喷嘴安装在另一个喷嘴内部。一级喷嘴安装在内部,一级和二级喷嘴的并置使一级喷嘴不会干扰二级喷嘴或喷嘴内的二级喷雾。当燃料输送量较低时,燃料全部流过主喷嘴,雾化质量往往较高,因为需要相当高的燃料压力来迫使燃油通过主涡流室中的小端口。随着燃料供应量的增加,最终达到燃料增压阀压力,此时增压阀打开并将燃油输送至辅助喷嘴。当这种情况发生时,由于二次燃料压力低,雾化质量会大大降低。随着燃油流量的进一步增加,二次燃油压力增加,雾化质量改善。然而,从增压阀打开的时刻开始,不可避免地存在一个雾化质量相对较差的宽燃料流量范围。为了解决这一问题,通常将一次喷雾锥角布置得比二次喷雾锥角稍宽一点,这样两次喷雾就能在离喷嘴不远的地方合并共享能量。这在一定程度上有助于改善雾化质量,但结果可能仍不令人满意。因此,设计者必须确保增压阀的开度与发动机的工作条件不一致,在该工作条件下,燃烧效率高和污染物排放量少是首要要求。D. R. Carlisle 分析了在这个临界流量范围内的雾化条件,从假设一次喷雾和二次喷雾组合在一起拥有动量开始。该分析表明:

$$\Delta P_e = \frac{4\Delta P_p}{R^2}[(1+R)^{0.5}-1]^2 \tag{4.1}$$

式中:ΔP_e 为组合喷雾的等效喷射压力;ΔP_p 为一次喷射压力;R 为二次流量与一次流量之比。

因此,根据一次流量和二次流量的任意组合以及任意给定的增压阀开启压力,可计算出最小值 $\Delta P_{e'}$,即组合喷雾的等效喷射压力,并将其用于表6.2中的表达式中,可估算平均液滴直径。当总燃料流量与主燃料流量之比等于$(1+R)^{0.5}$时,出现与最差雾化相对应的液体流量。

Carlisle 还研究了重力压头对在大多数飞机发动机上使用的多喷嘴系统获得的燃油分布的影响。当二次燃油压力较低时,燃油分布不均,重力压头的作用是在底部喷嘴中产生较高的喷射压力。Carlisle 的分析结果证实,增加增压阀开启压力可以改善燃油分布,增加 R 值会使情况更糟。

3. 溢油回流喷嘴

这基本上是一个简单离心式喷嘴,但涡流室的后壁不是实体,而是包含一个通道的空心体,液体可以从喷嘴中溢出,如图4.23所示。Joyce[40]、Carey[42]、

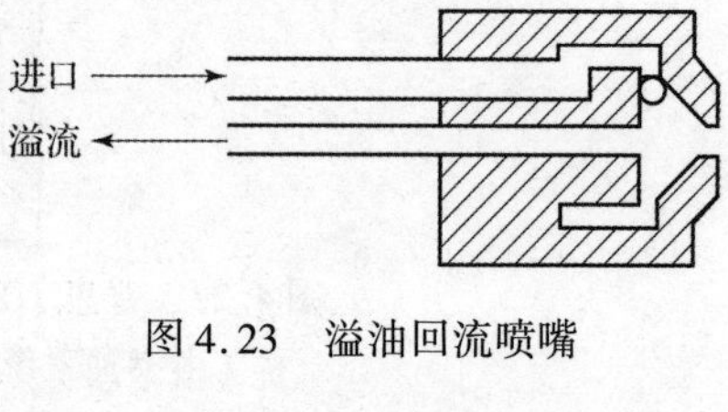

图4.23 溢油回流喷嘴

Pilcher 和 Miesse[51]、Tyler 和 Turner[52]描述了它的基本特征。液体总是以最大的压力和流量提供给涡流室。当喷嘴工作在最大容量时，位于溢流管线中的阀门完全关闭，所有液体以喷嘴雾化的形式从喷嘴中喷射出来。打开阀门可以使液体从涡流室中排出，从而减少通过雾化孔的液体流量。即使在极低的流速下，溢油回流嘴持续的相对较高压力也可产生足够的涡流以提供有效的雾化。根据卡雷[42]的研究，即使流量低到其最大值的 1%，也可以达到令人满意的雾化效果，并且总体来看随着流量的减小，也会出现提高雾化质量的趋势。

在宽范围流量区间内提供高质量喷雾效果是回流式喷嘴最有用的特性。Joyce[40]指出，仅通过使用恒定的供应压力进行溢流控制，就可以获得 20 : 1 的流量范围。如果压力在 25 : 1 的范围内变化，则很容易达到 100 : 1 的流量范围。回流式喷嘴其他吸引人的特点包括没有运动部件，并且由于流道设计用于始终处理大流量，因此不会被液体中的污染物堵塞。

溢油回流喷嘴的一个缺点是喷射角随流量变化较大。流速减小会使在不影响切向分量的情况下降低速度的轴向分量，因此，喷射角变宽。最小流量下的喷雾角可比最大流量时宽 50°。

溢油回流喷嘴的另一个缺点是，与其他类型的喷嘴相比，流量计量问题更为复杂，并且需要一个更大容量的泵来处理大循环流量。由于这些原因，近年来人们对将溢流回流喷嘴用于燃气轮机的兴趣有所下降，其主要应用领域是大型工业炉。然而，如果燃气轮机燃料中的芳烃含量继续上升，则可能形成结焦而造成传统压力喷嘴的细通道堵塞。溢油回流喷嘴没有小通道，因此实际上没有这个缺陷。这一因素加上其优异的雾化性能，使其成为目前用于雾化燃气涡轮应用中各种替代燃料的一个有吸引力的解决方案，这些替代燃料大多兼具高芳香烃和高黏度。

4. 其他类型的喷嘴

其他类型的喷嘴如图 4.24 显示的变几何压力涡流喷嘴，该喷嘴由 Lubbock 设计，用于早期的 Whittle 发动机。它基本上是一个单一的涡流喷嘴，涡流室的背面是由活塞的正面形成的。活塞在圆柱形套筒中滑动，在套筒中切出窄而深的切向槽。螺旋弹簧将活塞向前压向排放孔。

这个装置操作起来很简单。在低流速下，液体通过狭窄切向槽在非常有限的深度进入涡流室，该切向槽不会在其最前方位置被活塞遮挡。在这种情况下，小面积的进气道需要相当高的喷射压力才能达到所需的流量，因此可以自动确保良好的雾化效果。当逐渐增加喷射压力以获得更高的流量

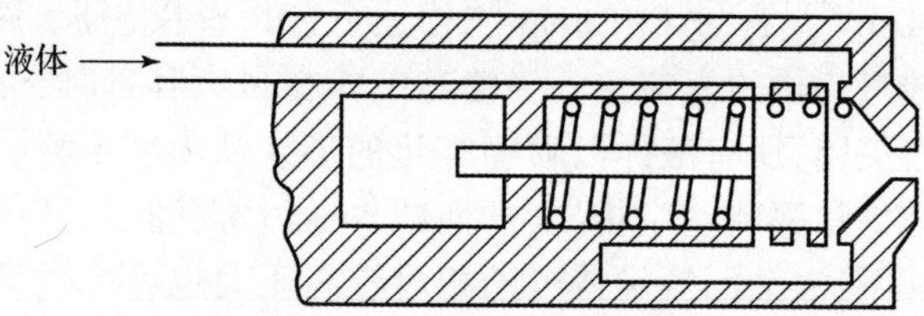

图4.24　变几何压力涡流喷嘴

时,活塞向后移动,压缩弹簧,从而使切向槽的深度增加。最后,在最大供气压力下,切向槽打开到最大面积,喷嘴的流量输出达到峰值。

根据 Joyce[40],在0.14～3.5MPa的压力范围内,这种喷嘴的流量范围为25∶1。该装置的主要优点是仅使用单一的进料管即可在宽流量范围内获得良好的雾化效果。该系统的缺点包括 A_p 随流量变化(图7.4)、喷雾锥角也随流量变化,以及活塞有被液体中的胶质或其他杂质堵塞的风险。

图4.25和图4.26显示了利用液体压力改变喷嘴有效流动面积的另外两种喷嘴。图4.25介绍了一个本质上是简单涡流的喷嘴,它的正面由一个薄金属盘组成。该喷嘴的阀瓣或隔膜在液体压力的作用下扭曲,有助于增加流通面积。从原理上讲,它与前面描述的Lubbock喷嘴完全相同。这两种装置都通过设置流量随着供给压力的升高而增加来避免对过高液压的需要。但是必须特别注意选择合适的隔膜材料。控制隔膜厚度和热处理也是重要的考虑因素。这一装置的主要缺点是,很难在液体压力的整个工作范围内,匹配一组喷嘴,以获得非常相似的渐进流动特性,这妨碍了它的广泛应用。

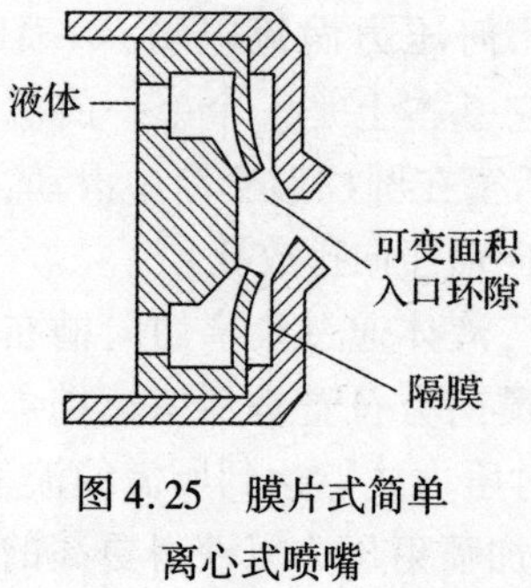

图4.25　膜片式简单离心式喷嘴

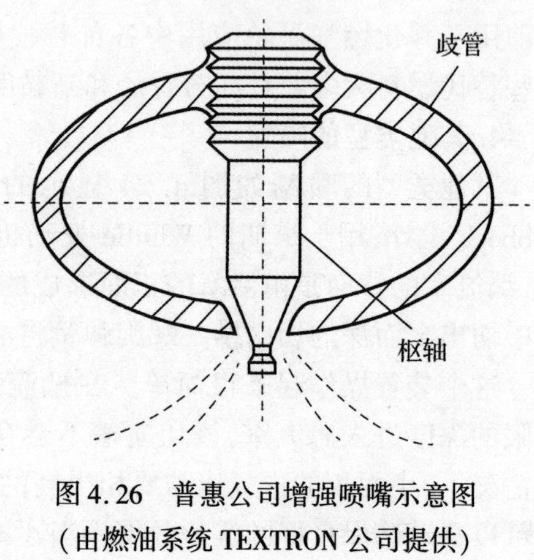

图4.26　普惠公司增强喷嘴示意图
(由燃油系统TEXTRON公司提供)

图 4.26 所示的喷嘴在喷气发动机补燃系统中得到了成功的应用。燃油歧管是喷嘴组件的一部分。当需要额外的燃油流量时,燃油压力的相应增加会导致椭圆形歧管从枢轴向外膨胀,从而增加喷嘴的有效排放面积。枢轴本身的形状可将燃油以锥形喷雾的形式从喷嘴喷出。

这些有效的机械可变几何概念的示例虽然从概念的角度来看很吸引人,但由于磨损和腐蚀等因素对运动部件的移动和可重复定位的影响,在实践中可能并不完全可行。这些因素不能满足本章开头概述的许多要求。

与所讨论的纯机械概念相比,利用磁收缩或压电材料或快动电子阀改变流量的电子手段也许可以提供更好的可重复性。相关的示例见文献[53 - 54]。当然,调节燃料流的例子可以在汽车应用中找到。在汽车应用中,单个燃料脉冲被细分为不同的部分[33]。然而,对于高液体流量的应用,从能量的角度出发,以目前期望的方式改变流量可能是不切实际的。

4.3.4　护风的使用

当压力涡流喷嘴用于高温环境(如锅炉或燃气轮机燃烧室)时,通常将喷嘴放置在环形通道内,如图 4.27 所示。进入燃烧室总气流的一小部分空气(通常小于 1%)流过该通道,并在下游端口排出,在此处沿径向向内流过喷嘴面。这种空气通常被称为护风或防碳空气。其最初的目的是保护喷嘴不受火焰过热的影响,并防止结焦积炭,从而避免对燃油喷射产生干扰。然而,经验表明,护风不仅有这一作用,如果使用得当,对雾化质量也会产生显著的和有益的影响,特别是在喷雾相当粗糙的情况下。

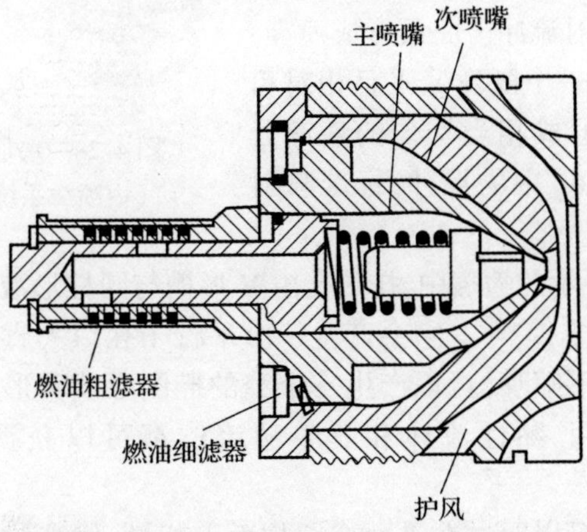

图 4.27　使用防碳(保护罩)空气的双孔板组件(由燃油系统 TEXTRON 公司提供)

Clare 等[55]使用选定的不同涡流空气罩和非涡流空气罩研究了护风降低喷雾平均滴径的效果。他们发现,旋转护风改善了雾化质量[在一种情况下,索特平均直径(SMD)从 171μm 减少到 126μm],并有助于在低燃油压力下保持喷雾正常工作;它对完全展开的喷雾锥角没有影响。而没有非旋转护风时在降低液滴平均直径方面效果有所减弱(从 171μm 降到 149μm),在最低燃油流量下可将喷雾锥角降低 30°。研究结果表明,护风还可以用来改变和控制喷雾锥角。非旋转的护风倾向于缩小喷雾角度,而旋转护风通过诱导气体径向向外运动,倾向于扩大喷雾锥角。

综上所述,除了冷却喷嘴表面并保持其无沉积物的主要功能,护风还可用于改善低燃料流量下的雾化质量,从而延长最弱极限并提高点燃能力。然而,过量的非旋转护风会导致喷雾锥角过窄,甚至燃烧不稳定。

4.3.5 扇形喷雾喷嘴

扇形喷雾喷嘴用于涂层工业、一些小型环形燃气轮机燃烧室,以及窄椭圆形比普通圆形更适合的其他特殊应用。特别是它们在农业生产中的空中喷洒得到了非常普遍的应用。在这类应用中,由于 Smith 和 Miller 所讨论的喷雾漂移问题,人们对产生的液滴的细节非常关注[56]。在图 4.28 所示的扇形或扁平喷嘴中,通过布置圆形液体射流冲击曲面形成喷雾。这种设计会产生一个既宽又平且相对粗糙的喷雾模式,形成相当均匀的液滴分布。根据文献[36]中的尺寸,标准喷射模式为 120°或更大。

图 4.28　扇形或扁平喷嘴
(由喷涂系统公司提供)

在图 4.29 所示的喷嘴中,排放孔由 V 形槽与圆柱形液体入口连通的半球形空腔相交形成[36-37]。它会产生一个平行于孔口大直径的液膜。这是最广泛使用的扇形喷嘴,可以产生一个窄的椭圆形喷雾形状,边缘呈锥形,重叠时分布均匀。黏性流体和非牛顿流体都可以获得优异的雾化和形状[37,57]。

扇形喷雾也可以通过在平面或圆柱面上切槽,使液体从两个相反的方向流入槽中来获得。在单孔扇形喷射器中，有一个单一形状的喷孔，其可将液体强制射入内部的两个相反的液流中，这样一个扁平的喷雾从喷孔中射出，并呈大约 75°角的扇形分布。在发动机中，通常在喷嘴周围安装一个空气罩，利用燃烧室缸套壁上的压差，在喷嘴尖端的雾化和排气过程中提供空气辅助。Fraser 和 Eisenklam[58]、Dombrowski 和 Fraser[59]、Dombrowski[60]、Carr[61-62]、Lewis[34]、Mansour 和 Chigier[63-64] 和 Altimira[65] 等研究了扇形或扁平喷雾的行为。Lewis 的研究结果表明，随着环境压力的增加，扇形喷嘴产生液滴的平均直径增大。他将此归因于在靠近喷嘴表面的地方发生的薄片崩解，因此水滴最初是由较厚的薄片产生的。Lewis 还评论说，环境压力对扇形喷注器获得的喷射角度影响不大。静态条件下的多重分离区域被描述为在不同条件下占主导地位的边缘、波浪和穿孔板[58]。当薄板在足够高的 *We* 值下与气相强烈相互作用时，所得到的液滴尺寸与区域无关[65]。这是在快速雾化条件下的情况。

图 4.29　扁平喷雾喷嘴
（由喷涂系统公司提供）

在没有表面张力的情况下，板材的边缘将从孔口沿直线移动，从而形成一个圆的扇形部分[60]。然而，由于表面张力的作用，边缘收缩，并且随着板材超出孔口而形成弯曲的边界。扇形喷雾的典型照片如图 2.28 所示。薄板边缘的破碎受到黏性力的限制，这解释了为什么这些边缘会分解成相对较大的液滴，如 Snyder 等[57] 所观察到的液滴。有趣的是，文献[63]指出在喷雾中心线处发现了最大液滴速度，因此最大滴尺寸的位置对应于最低速度。

Dombrowski 等[60] 的研究表明，液膜的轨迹与喷射压力、薄膜厚度和表面张力相关，与液体密度无关。任意一点的液膜厚度都与它距离孔口的距离成反比。

一般情况下，扇形喷嘴产生的液滴尺寸比同等流量下的离心式喷嘴产生的液滴尺寸大。然而，Carr[61-62] 描述了一种扇形喷嘴可产生极细的喷雾（SMD $<25\mu m$），即使油的黏度高达 $8.5\times10^{-6}m^2/s$。该喷嘴的主要设计特点如图 4.30 所示。使用黏度为 $6.5\times10^{-6}m^2/s$ 的油进行实验所获得的液滴尺寸数据见图 4.31。可以看出护风提高雾化质量的效果。

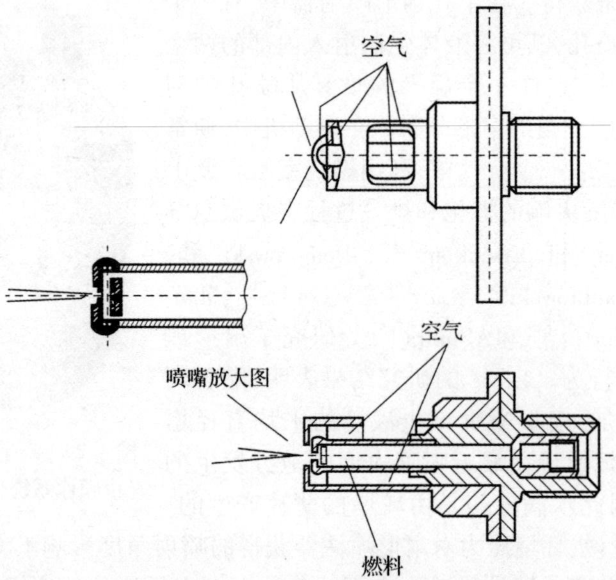

图4.30　卢卡斯扇形喷嘴[61]

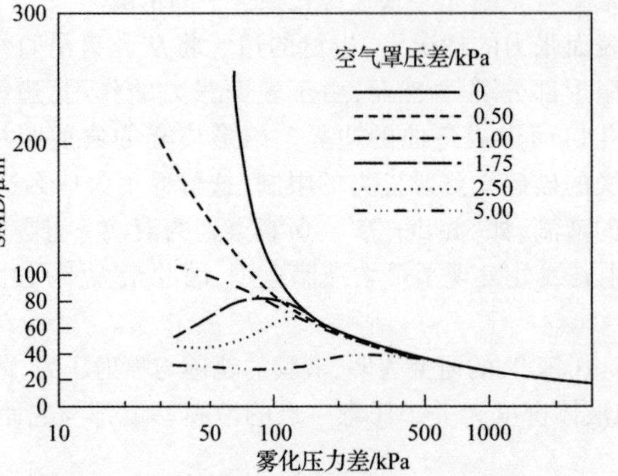

图4.31　卢卡斯扇形喷嘴的雾化特性[61]

扇形喷嘴适合小型环形燃烧器,因为它提供了良好的燃油横向扩展且允许喷射点的数量最小化。AVCO 莱康明公司已经制造了几个不同版本的扁平喷嘴。其中一个版本在图4.32中以更加简化的形式给出。关于此类喷嘴和其他类型的莱康明扁平喷嘴的详细信息可查阅文献[66]。

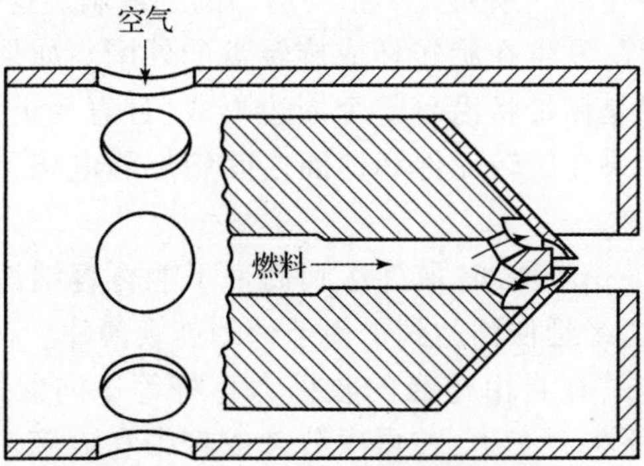

图 4.32　AVCO 莱康明扇形喷嘴[66]

4.4　旋转喷嘴

在旋转喷嘴中,液体被送入旋转表面,在离心力的作用下,液体在旋转表面均匀地扩散。旋转表面可以是扁平圆盘、有叶圆盘、杯形或开槽轮形。旋转杯式喷嘴如图 4.33 所示。圆盘直径从 25mm 到 450mm 不等,小圆盘转速最高达 1000r/s,大圆盘转速最高达 200r/s,并且雾化能力高达 1.4kg/s[67]。当同轴空气射流辅助雾化时,可以使用 50r/s 的低转速。该系统具有极强的通用性,并已被证明能成功地雾化黏度变化很大的液体。这种喷嘴一个突出的优点是,通过调节液体流速和转速,可以很容易地控制液体薄层的厚度和均匀性。

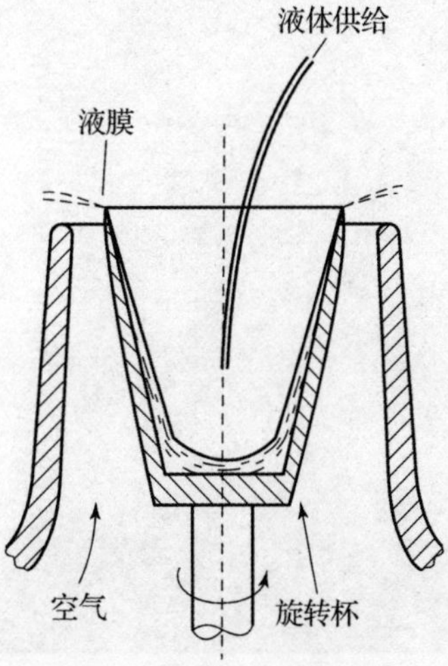

图 4.33　旋转杯式喷嘴

离心雾化过程被一些工作者研究过,包括 Hinze 和 Milborn[68]、Dombrowski 和 Fraser[59]、Friedman 等[69]、Kayano 和 Kamiya[70]以及 Tanasawa[71]等,并且 Dombrowski 和 Munday[46]、Matsumoto 等[72]和Willauer等[73]在相关综述中对雾化方法进行了详细描述。

根据不同的液体流速和旋转圆盘转速,旋转圆盘的几种雾化机理可以被观察到。在低流速下,液体扩散到圆盘表面,并以均匀大小的离散液滴离心分离,每个液滴在其后面都有一条细韧带。液滴最后从韧带中分离出来,韧带本身被转化成一系列大小相当均匀的细液滴。这一过程本质上是一个不连续的过程,发生在旋转杯或旋转盘的外围。如果流速增加,雾化过程基本不变,只是韧带将沿着整个周边形成,且直径更大。这个过程如图4.34所示。如果在旋转元件和地面之间施加静电场,韧带的形成可以产生更细的液滴。

随着流速的进一步增加,最终达到韧带不能再容纳液体流动的条件,并且形成一个从边缘延伸到达到平衡条件的连续薄片。在平衡条件下,由于表面张力的存在,在自由边缘的收缩力正好等于向前推进的液膜的动能。一个厚的边缘将会产生,并再次分裂成韧带和液滴。然而,由于边缘没有可控制的固体表面,韧带以不规则的方式形成,因此液滴大小变化明显。锯齿状的杯或盘的边缘延迟了从韧带形成到薄片形成的过渡过程。图4.35的闪光照片很好地说明了这一点。该图显示的是一个旋转杯,其部分边缘为锯齿状,其余部分未排列。最后,当旋转圆盘的圆周速度变得非常高,如超过50m/s时,出现在圆盘边缘的液体将迅速被周围的空气雾化。

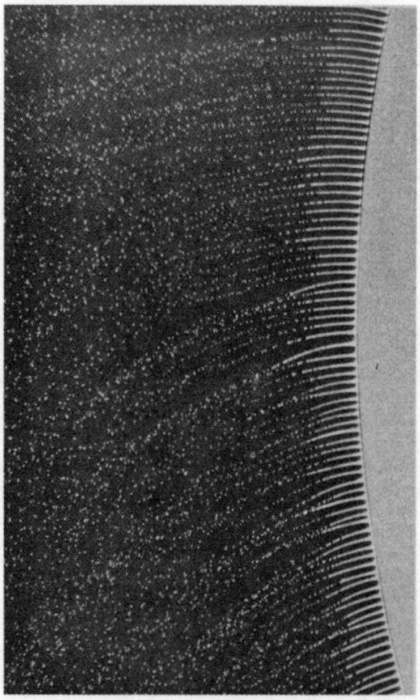

图4.34 解释韧带形成雾化的照片(由 Ransburg Gema 公司提供)

图4.35 显示边缘锯齿在延迟从韧带形成到薄片形成过渡中的作用的照片(由 Ransburg Gema 公司提供)

通常来说,以下方法可以改善雾化质量:①提高转速,②降低液体流量,③降低液体黏度,④外边缘锯齿化。此外,为了获得厚度均匀的薄膜,即得到更均匀的液滴尺寸,以下条件也应得到满足[74]:①离心力应比重力大,

②杯旋转时应无振动,③液体流速应恒定,④杯表面应光滑。

扁平圆盘喷嘴的主要缺点是液体与圆盘之间发生滑移,特别是在高转速下。因此,液体以远低于磁盘外围的速度从磁盘边缘喷出。在商用喷嘴中,利用径向叶片可以克服这一缺点。供应有叶盘或叶轮的液体流过其表面,直到被旋转叶片所容纳。然后在离心力的影响下沿着径向向外流动,在叶片表面覆盖一层薄膜。对于叶片,无论是径向的还是弯曲的,都能防止液体横向流过表面,所以一旦液体接触到叶片,就会发生滑动,并且分离速度近似等于轮周速度。

NIRO 喷嘴公司生产的一些叶片式喷嘴叶轮的设计如图 4.36 所示。这些喷嘴有广泛的工业应用。对于任何给定的液体,平均液滴大小由转速的变化控制。Masters[67] 对喷雾干燥中使用的此类和其他类的旋转喷嘴进行了详细说明。图 4.36 中所示的设计可以用耐腐蚀的金属制成,如哈氏合金、钽和钛,以便处理腐蚀性液体。当磨料供给雾化时,轮盘表面过度磨损的问题可以通过在内轮体内加入耐磨刀片来解决,如图 4.36(c)所示的用于直叶片的设计。

图 4.36　叶片式喷嘴叶轮的设计

(a)直叶片;(b)弯曲叶片(拆下轮顶盖);(c)耐磨叶片(嵌入件);(d)大容量叶片。

根据 Masters[75] 的预期,旋转喷嘴将在工业喷雾干燥操作中得到更多的应用。这是由于旋转式喷嘴新式设计的发展,以及更加可靠的驱动系统和轮盘运行。在高轮周速度下处理高进料速率(高达 40kg/s)可以产生非常精细的雾化(SMD < 20μm),该研究已经取得重大进展。

旋转喷嘴在化工行业中的应用已经有近一个世纪的历史,并在农药的空中喷洒中得到广泛的应用。它们也被用作热机的喷油器,并被称为甩油盘装置。该系统迄今为止主要应用于低压缩比的小型发动机。由于该系统的高转速(通常大于350r/s),它显然不适用于轴转速低得多的大型发动机。在美国,甩油盘系统已经成功地应用于威廉姆斯研究公司生产的几种发动机上。关于该系统的公开信息数量并不多,但 Wehner[76]、Maskey 和 Marsh[77]、Nichol[78]和 Burgher[79]提供了有用的描述。Morishita[80]进行了滴径试验,Willauer 等[78]、Dahm 及其同事[81-82]以及 Choi 及其同事[83-84]概述了这些系统中雾化性能的其他细节。

Turbomeca 系统与径向环形燃烧室一起使用,如图 4.37 所示。燃油沿空心主轴低压供应,并通过轴上的钻孔径向向外排出。这些喷油孔的数量从 9 个到 18 个不等,直径从 2.0mm 到 3.2mm 不等。这些孔可以在同一平面上单排分布,但有些装置具有双排孔结构。液体可以积聚在槽中,槽将液体分配到圆盘边缘的离散孔中。示例如图 4.38 和图 4.39 所示。图 4.39 说明了双排孔结构的布置。与加压平射流结构不同,甩油盘系统中的孔可能不会充满液体。事实上,由于需要考虑较多设计因素以提高可制造性,并减少污垢的可能性,这些孔通常保持未填满状态。在这种情况下,液体将在注入孔的内表面上形成环形薄膜。如 DAHM[82]所讨论的,也存在燃料完全填充孔的内部区域。但是,该系统孔的加工需要十分精确,因为经验表明,一个喷油孔和另一个喷油孔之间的流动均匀性取决于它们的尺寸精度和表面粗糙度。显然,如果一个喷油孔相比其他喷油孔提供了更多的燃油,那么它将在废气中产生一个旋转的热点,该热点处的撞击会对特定涡轮叶片产生灾难性后果。

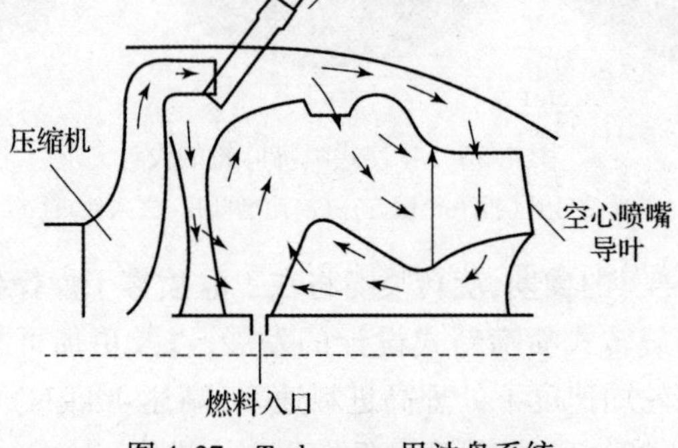

图 4.37　Turbomeca 甩油盘系统

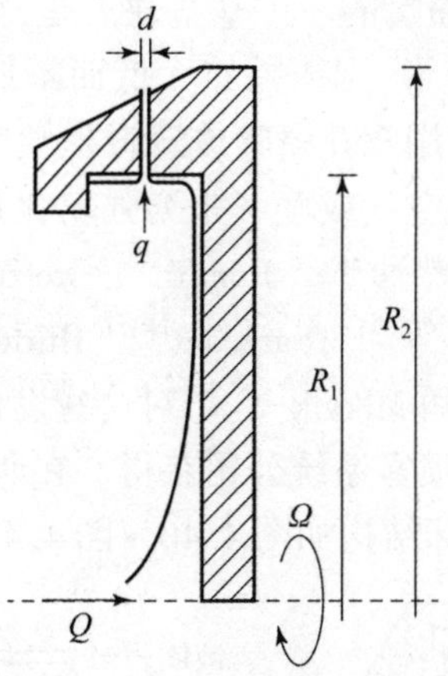

图 4.38　槽式甩油盘喷注系统[81]

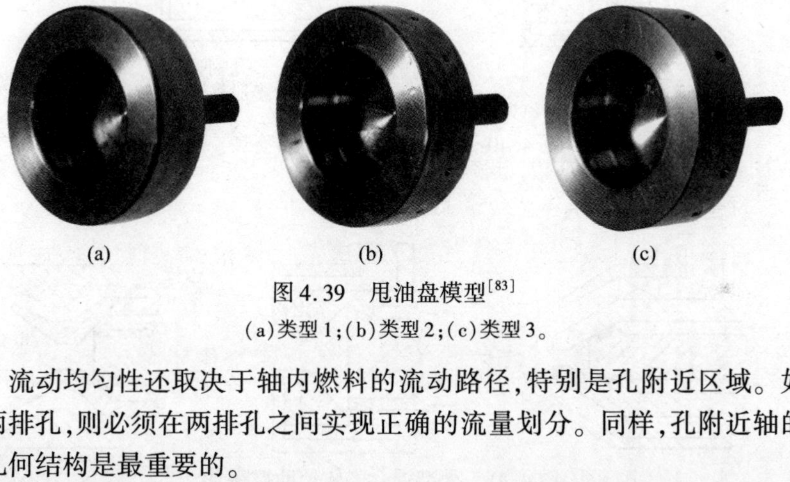

图 4.39　甩油盘模型[83]

(a)类型 1;(b)类型 2;(c)类型 3。

流动均匀性还取决于轴内燃料的流动路径,特别是孔附近区域。如果有两排孔,则必须在两排孔之间实现正确的流量划分。同样,孔附近轴的内部几何结构是最重要的。

甩油盘系统的主要优点是经济、简单。只需一个低压燃油泵,并且雾化质量只取决于发动机转速。其产生的等效喷射压力非常高,在额定工况下为 34MPa,并且在低于额定最大值 10% 的速度下依然得到满意的雾化效果。燃油黏度对其影响很小,因此该系统具有潜在的多燃料性能。

4.5　气体辅助喷嘴

本章包含一些关于流动空气在协助液体射流或液膜破碎方面的参考资料。示例包括在扇形喷嘴和压力涡流喷嘴中使用护风。如同在简单离心式喷嘴部分中的讨论,这些喷嘴的一个基本缺点是,如果旋流端口的尺寸在最大喷射压力下通过最大流量,则压差将太低而不能以最低流速实现良好雾化。这个问题可以通过使用双孔喷嘴或双通道喷嘴来解决;但是,另一种方法是在低喷射压力下使用空气或蒸气来增强雾化过程。这种类型的设计已被用于工业燃气轮机和燃油炉。Romp[85]、Gretzinger 和 Marshall[86]、Mullinger 和 Chigier[87]、Bryce 等[88]、Sargeant[89]、Hurley 和 Doyle[90]、Hewitt[91]、Kufferath 等[92]、Lal 等[93]和 Mlkvik 等[94]对这些设计进行过介绍。商业设备很容易从 Delavan 公司和喷雾系统公司获得。在所有设计中,高速气流撞击相对低速的液体流,其内部结构如图 4.40 ~ 图 4.42 所示。

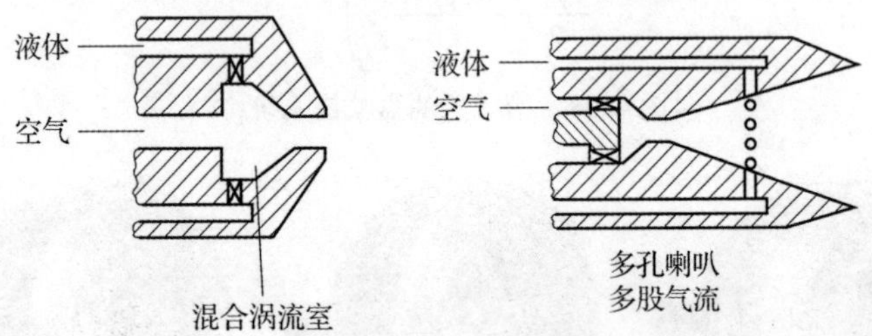

图 4.40　内混合型气体辅助喷嘴

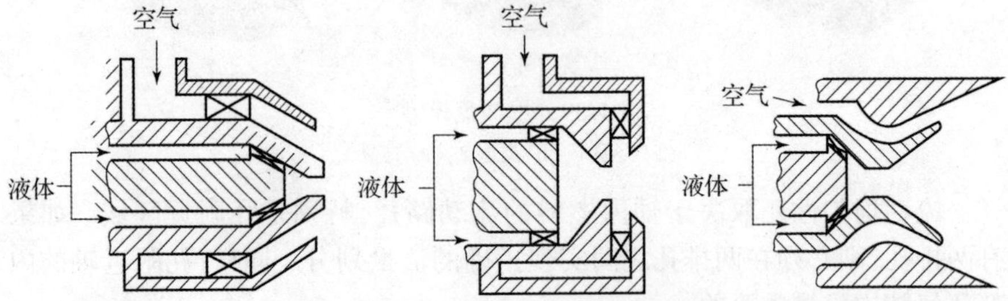

图 4.41　外部混合气体辅助喷嘴

在内混合型气体辅助喷嘴中,喷雾锥角在气流最大时取得最小值,随着气流减小,喷雾变宽。这种类型的喷嘴非常适合高黏性液体,并且在很低的液体流速下可以获得良好的雾化效果。外部混合类型可以在所有液体流率下提供恒定的喷雾角,其优点是没有液体进入空气管路的危险。然而,这种喷嘴对空气的利用效率较低,因此对功率的要求较高。

气体辅助喷嘴的主要缺点是需要外部供应高压空气。这限制了它们在飞机上的应用。此类喷嘴对工业发动机很有吸引力,特别是只有在发动机点火和加速时才需要高压空气。此外,其还用于材料制造、黏性液体、乳液和灭火系统等需要细液滴的场合。外部混合系统可以利用空气来帮助形成最终的喷雾,如图 4.42 中的示例。

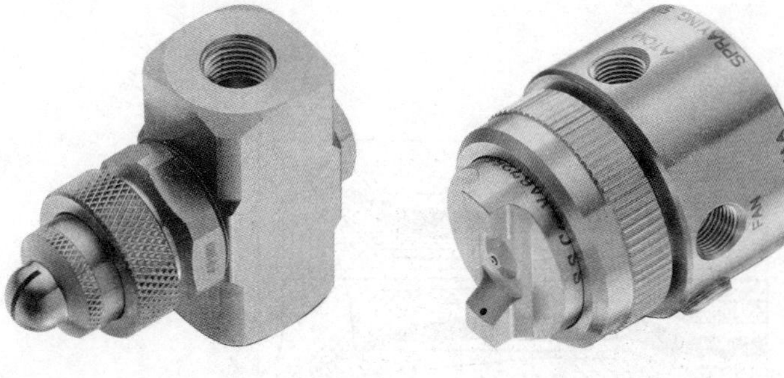

(a)　　　　　　　　(b)

图 4.42　两种混合扁平喷嘴

(a)内部混合扁平喷嘴;(b)外部混合扁平喷嘴示例(由喷涂系统公司提供)。

对于前面描述的气体辅助喷嘴,压力雾化组件能够在大多数工作范围内提供良好的雾化。只有在液体流量较低,喷嘴压差过低,无法实现良好压力雾化的情况下,才需要空气或蒸气辅助来补充雾化过程。然而,在一些其他喷嘴设计中,单独使用液体喷嘴获得的雾化质量水平总是很低,因此在整个工作范围内都需要空气辅助。这种类型的一个例子是 Parker Hannifin 喷嘴,专门设计用于处理煤水泥浆等难以通过常规的方法雾化的液体。该喷嘴的主要特征如图 4.43 所示。它利用内部气流和外部气流实现对喷嘴尖端环形液体板的剪切作用。这两种气流都是顺时针旋转的,而液膜则是逆时针旋转的。

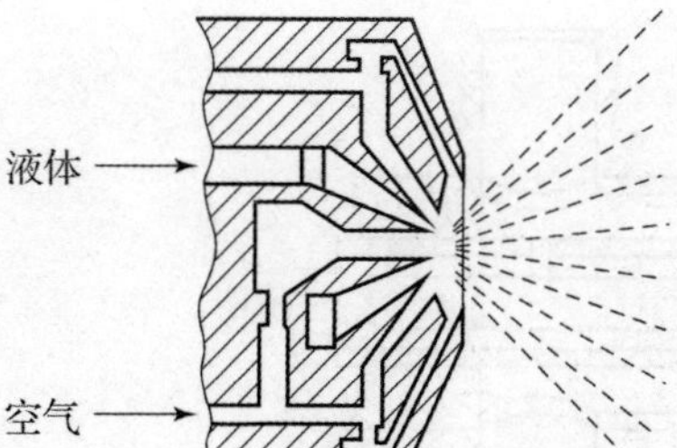

图 4.43　Parker Hannifin 浆体喷嘴

图 4.44 所示的 Lezzon 喷嘴也使用内部气流和外部气流来剪切液体薄层。然而,在这个概念中,这些流动的初始接触发生在喷嘴内,从而允许空

气和液体在从喷嘴发出之前相互作用。在一种布置中,喷嘴体上的外部调整提供液体和空气出口间隙高度的连续变化[95]。

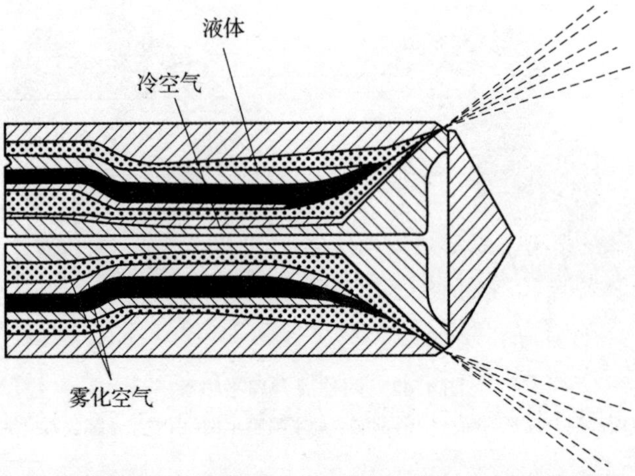

图4.44 Lezzon 喷嘴

其他的例子有 NGTE[96] 设计的国家燃气轮机设施喷嘴和 Mullinger 和 Chigier[83] 喷嘴,分别如图4.45 和图4.46 所示。后一个喷嘴设计用于模拟 Babcock Y 形喷嘴的一个喷射口,如图4.47 所示。

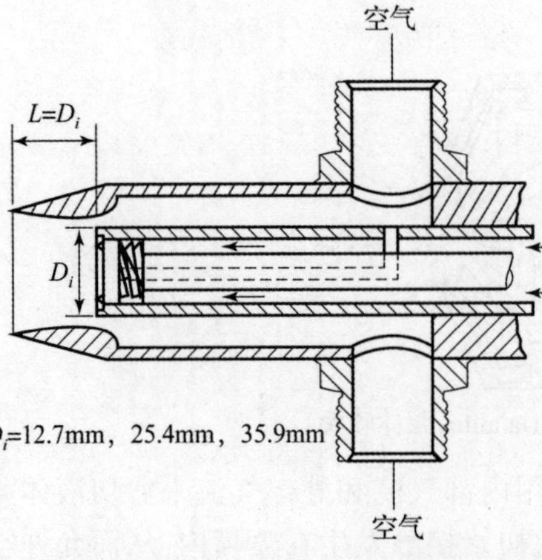

图4.45 国家燃气轮机设施喷嘴[96]

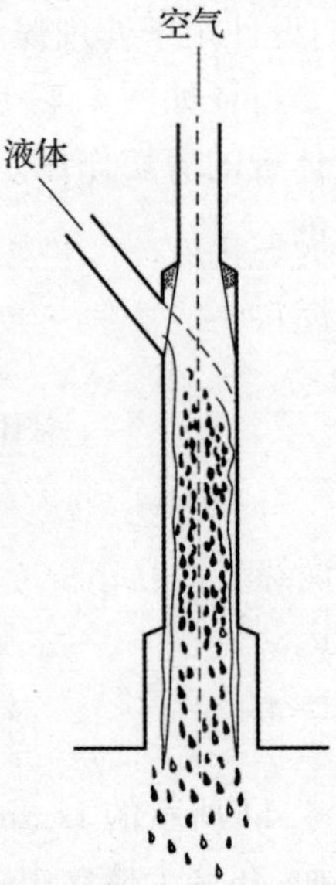

图4.46 Mullinger 和 Chigier 喷嘴[87]

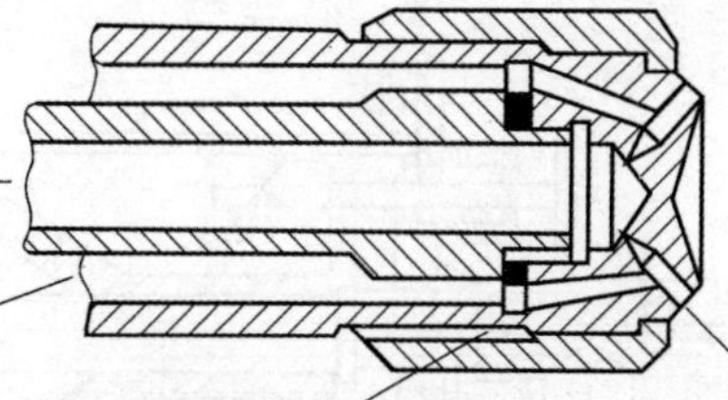

图 4.47　典型的 Babcock Y 形喷嘴布置[89]

Y 形喷嘴在大型燃油锅炉厂中应用广泛。它通常由多个射流组成,从最小的 2 个到最大的 20 个,以环形的方式布置,以提供中空的锥形喷雾。在每个单独的 Y 形喷嘴中,油以一定的角度注入出口,在那里与通过空气端口接纳的雾化流体(空气或蒸气)混合。出口端口与喷嘴轴线呈一定的间距分布在喷嘴主体周围,使得从出口发出的两相混合物的单个射流迅速合并成中空锥形喷雾。

根据 Byuce 等[88]的说法,操作 Y 形喷嘴的最常见的方法是在整个油流范围内保持雾化液的压力恒定,油流由油压的变化控制。这种控制模式导致雾化液/油的质量流量比随着燃油流量的减小而增大。

另一种操作方法是在燃油流量范围内保持油液压力比恒定。这导致在油流范围的最大处可获得较高的雾化流体流量,而在较低的油流下可获得较低的雾化流体流量,从而在不显著降低雾化质量的情况下,在低负载下节省雾化流体。

大型电站锅炉燃烧器的典型重质残余燃油流量约为 2kg/s。通常采用蒸气作为雾化液体。使用蒸气的一个明显的优点是,在混合端口中从蒸气转移到燃料中的任何热量将通过降低燃料的黏度和表面张力来增强雾化。然而,Bryce 等[88]进行了比较试验,结果表明压缩空气产生的喷雾比蒸气细得多。

另一种类型的双流体喷嘴如图 4.48 所示。燃料首先经过压力雾化,然后经过两级空气(或蒸气)雾化。在第二阶段中,涡流叶片或槽用来赋予气流螺旋运动。

Delavan 公司生产的广泛使用的空气辅助喷嘴如图 4.49 所示。空气被切向地引入喷嘴室以产生一次雾化。当液体离开喷孔时,它会撞击导流环,有双重作用:密切控制喷雾角度,并将喷雾分解成更小的液滴(二次雾化)。

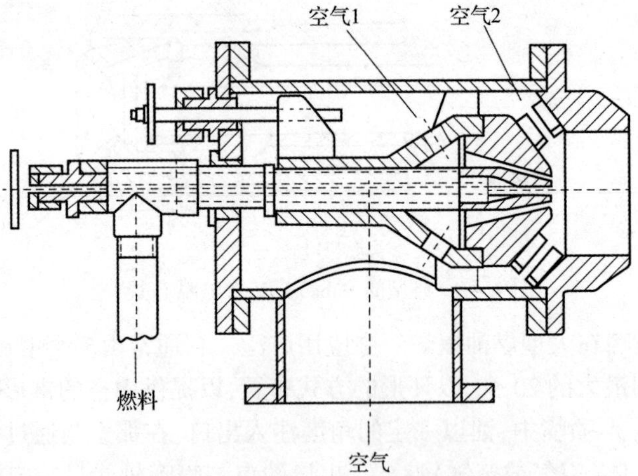

图4.48　组合压力和双流体喷嘴[97]

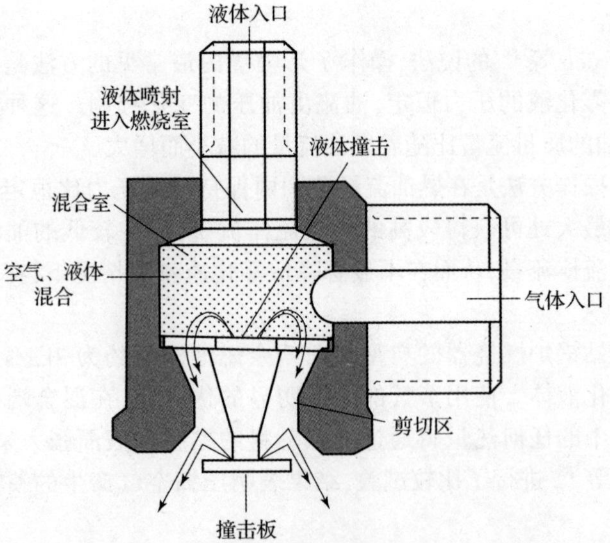

图4.49　空气辅助喷嘴(由 Delavan 公司提供)

4.6　空气雾化喷嘴

原则上,气动喷嘴的工作方式与空气雾化喷嘴的工作方式完全相同;两者都利用流动气流的动能将液体射流或薄片粉碎最终形成液滴。空气雾化喷嘴已经被广泛使用,主要应用于航空工业。这两种系统的主要区别在于使用的空气量和雾化速度。对于空气雾化喷嘴，气流从压缩机或高压气缸进入，保持最低的气流速度是很重要的。但是，由于没有对空气压力的特殊限制，雾化空气的速度可以非常高。因此，空气雾化喷嘴的特点是使用相对少量的非常高速的空气。然而，由于通过空气雾化喷嘴的空气速度被限制为最大值（通常约为 120m/s），考虑到燃烧器衬套之间的压力差，需要更大的空气量以实现良好雾化。然而，这种空气并没有被浪费，因为在雾化燃料后，它会将液滴输送到燃烧区，与完全燃烧所需的额外空气相遇并混合。

空气雾化喷嘴相较于压力雾化喷嘴有许多优点，特别是在高压燃烧系统中的应用。它们需要更低的燃油泵压力并产生更细的喷雾。此外，由于气流雾化过程确保空气和燃料的彻底混合，随后的燃烧过程将会产生非常少的烟尘和低亮度的蓝色火焰，因此产生相对低的火焰辐射和最小的排气烟度。

如前所述，由于空气雾化喷嘴的优点，它已经安装在各种各样的飞机、船舶和工业燃气轮机上。现在使用的大多数系统都是预膜式的，液体首先在连续薄片中扩散，然后受到高速空气的雾化作用。图 4.50 显示了为燃气轮机设计的预膜空气雾化喷嘴的一个示例。在这种设计中，燃料在被排放到雾化唇口之前，先经过许多等距的切向端口进入预膜表面。该装置提供两股独立的气流，以允许雾化空气冲击液体板的两侧。一股气流流过含有涡流器的中央环形通道，涡流器使气流径向向外偏转，撞击燃料片的内表面；另一股气流流过喷嘴主体周围的环形通道。该通道还包含一个空气涡流器，使撞击在燃料片外表面上的气流产生涡流运动。在喷嘴出口处，两个旋流气流合并在一起，并将雾化燃料输送到燃烧区。

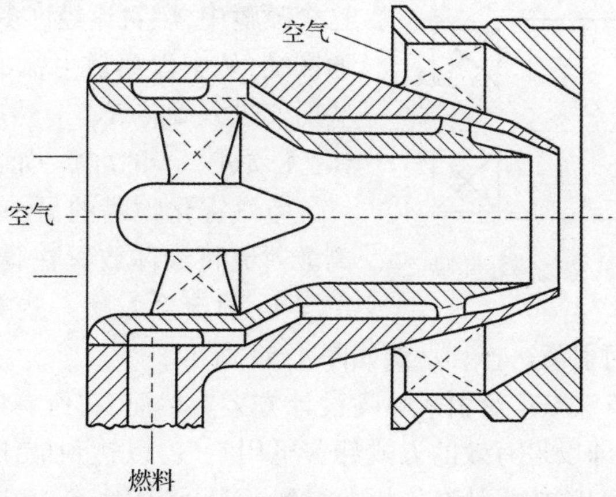

图 4.50　预膜气动喷嘴（由 Parker Hannifin 公司提供）

如图4.51所示,一些高性能飞机发动机使用了先导式喷嘴或混合式喷嘴。其基本构造是一个预膜空气雾化喷嘴加一个简单离心式喷嘴。它的设计是为了克服纯气动式喷嘴的一个基本缺点,即在低空气速度和低启动速度下雾化不良。简单离心式喷嘴供给压力雾化燃油,以在发动机启动期间和在高空熄火时实现快速点火。

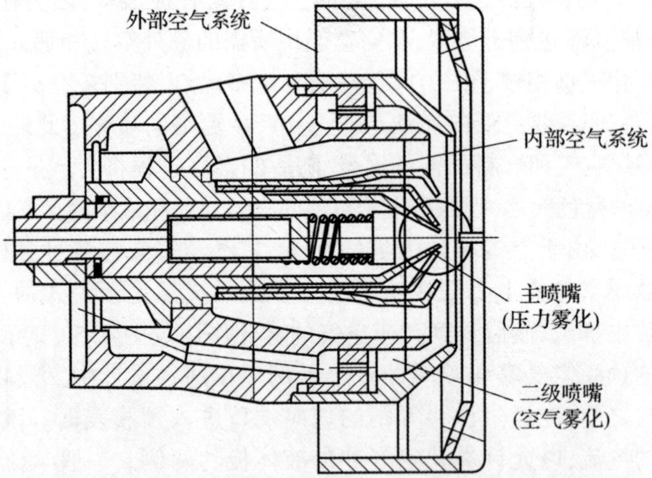

图4.51　先导式气流喷嘴(由燃油系统TEXTRON公司提供)

空气雾化喷嘴的一种形式是将燃料以一个或多个离散喷流的形式喷射到高速气流中。图4.52显示了为燃气轮机应用设计的直射式空气雾化喷嘴。在这个喷嘴中,燃料流经许多径向钻孔的普通圆孔,从中以离散射流的形式出现,这些射流进入旋转气流。然后,在运动中解体,无须进一步的准备,如预膜。

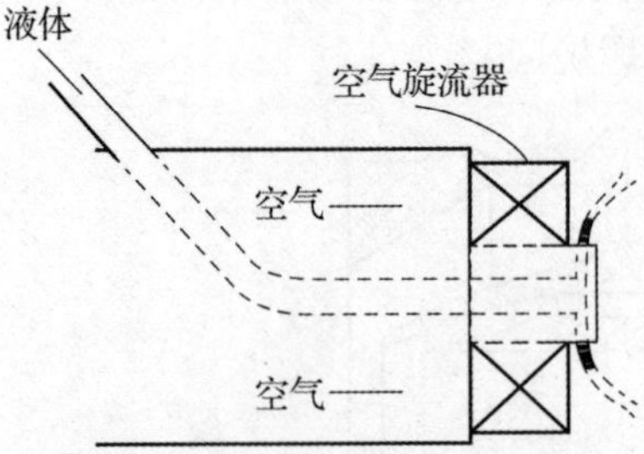

图4.52　直射式空气雾化喷嘴[98]

空气雾化喷嘴的另一种形式是使用离散射流将液体放置在膜表面。在这种情况下,射流会发生一些雾化,就像在横向流中喷射任何射流一样。示例如图4.53所示。

空气雾化方法被广泛引入喷嘴设计方案。然而,在所有情况下,基本目标都是相同的,即以最有效的方式部署可用空气,以达到最佳雾化水平。同样,这种特殊的双流体设计在飞机上得到了广泛应用。

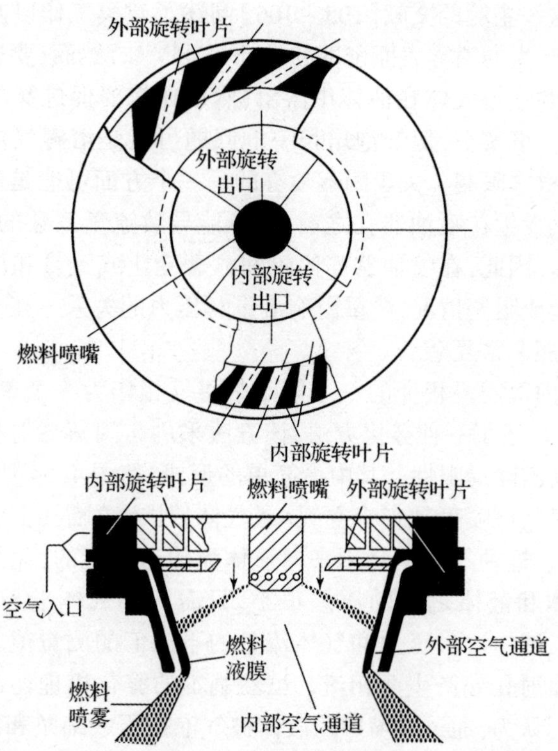

图4.53 高剪切喷注器[99]

4.7 气泡雾化喷嘴

前面描述的所有双流体喷嘴都有一个共同的重要特点：待雾化的大量液体在暴露于高速空气之前首先转变成射流或液膜。另一种雾化方法是在喷嘴出口上游的某个点将空气或气体直接引入大量液体。其中一种方法是超临界注入，它依赖液体中溶解气体的闪蒸。Sher 和 Elata[100] 对闪蒸溶解气体系统进行了研究，他们根据气泡增长率研究了雾化特性的相关性。Marek 和 Cooper[101] 提出使用溶解气体来改善液体燃料的雾化质量。在对超临界喷射的研究中，Solomon 等[102] 发现即使是少量溶解气体（摩尔分数 < 15%）闪蒸也会对 Jet - a 燃料的雾化产生显著影响。Reitz 对经历闪蒸雾化的直射射流的核心进行了研究，发现核心的尺寸减小，并产生了更细的液滴[103]。Cleary 及其同事研究了危险物质意外释放情况下的闪蒸喷雾，并建立了喷雾尺寸与过热的函数模型，发现随着过热（超过 15°K），喷雾表面密度显著降

低[104]。关于这一主题的文献[105-106]阐述了建模工作以及优化喷油器配置以最小化产生的喷雾表面密度的设计标准[105]。然而,要达到这种良好的雾化性能需要强迫气体在液体中溶解,然后在需要促进雾化时强迫气体从液体中冒出。事实上,低气泡增长率的问题可能是溶解气体系统闪蒸实际应用的一个根本限制。关于闪蒸喷雾的另一个方面可能是证明具有挑战性的,如果闪蒸发生在喷油器孔之前,则可能导致流量系数的阶跃变化,从而产生蒸气锁。因此,在喷油器停留时间显著变化或流量和压力变化的情况下,可能会造成阻塞情况,严重影响流量与压力的关系。在实践中对这类系统的控制可能非常复杂。

克服液体内部需要相变的一个策略是将气相作为一个单独的相引入。Lefebvre 等[107]描述了一种雾化方法,该方法采用与闪蒸喷射相同的基本原理,但不具有其实际局限性。其中最简单的形式,如图4.54所示,新概念包括一个直流喷嘴,该喷嘴具有将空气(或气体)注入喷嘴孔上游某一点的大量液体的装置。这种气体不是用来向液体流传递动能的,而是以低速注入的。因此,气体和液体之间的压差很小,只需诱导气体进入流动的液体。图4.55显示了液体注入压力和气体流量的不同值的测量值。注入的气体形成气泡,在喷射孔处产生两相流。虽然基本的雾化机理还没有得到详细的研究,但人们认为,通过喷嘴口的液体被气泡挤压成细条和液丝。这是雾化的一种重要辅助手段,因为已经很好地证明,喷雾中产生的液滴大小,无论是通过压力雾化还是通过气流雾化,大致与形成它们的韧带的初始厚度或直径的平方根成正比[108]。因此,用于雾化的气体量越大,流过喷嘴孔的气泡数量就越多,雾化过程中产生的液滴也就越小。当气泡从喷嘴中冒出时,它们会爆炸,其方式与所罗门等[102]描述的闪蒸喷射方式大致相同。喷嘴射流中大量小气泡的迅速膨胀,会将离开最终喷口的周围的液体细条和液丝击碎成小液滴。

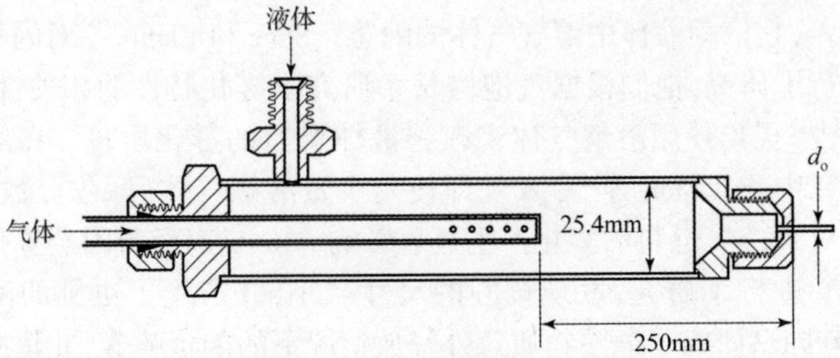

图4.54 气泡流喷嘴示意图[108]

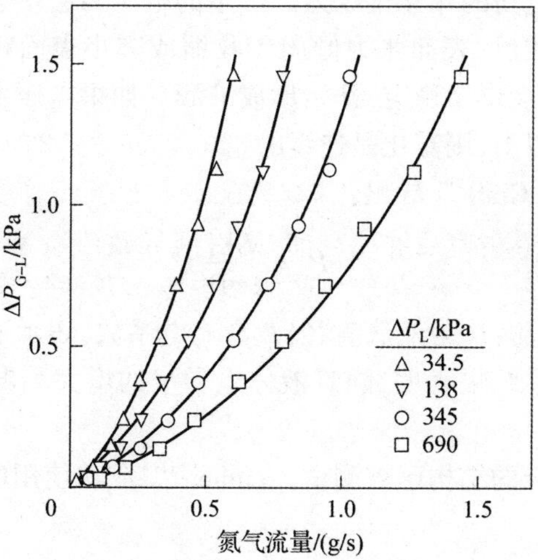

图 4.55　雾化气体和液体之间的压差[108]

Sovani 等[109]对近几年这种方法的大量改进工作进行了总结。他们列出了 60 项关于这一课题的不同研究,其中有许多潜在的应用。他们还为气泡雾化提供了有用的设计工具,如第 6 章所述。气泡雾化的优点如下:

(1)即使在非常低的喷射压力和气体流量下,雾化也非常好。在相同的气液比下,液滴平均直径与空气辅助喷嘴获得的液滴尺寸相当。

(2)该系统具有大通道,大大减少了堵塞问题。这对于燃烧残余燃料、浆体燃料或任何类型燃料的燃烧装置来说都是一个重要的优势,因为必须使用大孔和大通道尺寸以免喷嘴堵塞。

(3)对于燃烧应用,由气泡产生的喷雾渗气现象可以被证明在减轻烟尘形成和降低排烟方面非常有益。

(4)该装置的简单性使其具有良好的可靠性、易维护性和低成本。

这种方法唯一明显的缺点是需要单独供应雾化空气或气体,其压力必须与液体相同。对于许多应用来说,这似乎很简单。对于其他情况,如瞬态流动情况,这可能会导致面临控制方面的重大挑战。

4.8　静电喷嘴

雾化液体的基本原理是使其表面的某些区域不稳定,然后表面断裂成液丝,液丝随后分解成液滴。在静电雾化中,导致表面破碎的能量来自积聚在表面上的相同电荷的相互排斥力。产生的电压力会使表面积扩大。这种压力与表面张力相反,表面张力倾向于收缩或减小表面积。当电压力超过表面张力时,表面变得不稳定,开始形成液滴。如果电压力保持在与液体流量一致的临界值以上,则雾化是连续的。

电压力 P_e 由 Graf[110] 导出:

$$P_e = \frac{FV^2}{2\pi D^2} \tag{4.2}$$

式中:V 为外加电压;D 为液滴直径;F 为充电系数,表示液滴表面上获得的外加电压的分数。结果表明,随着液体电导率的增大和电极间距的增大,F 减小。

许多雾化电极的结构已被测试。Luther[111] 成功使用的典型直流电路如图4.56所示。

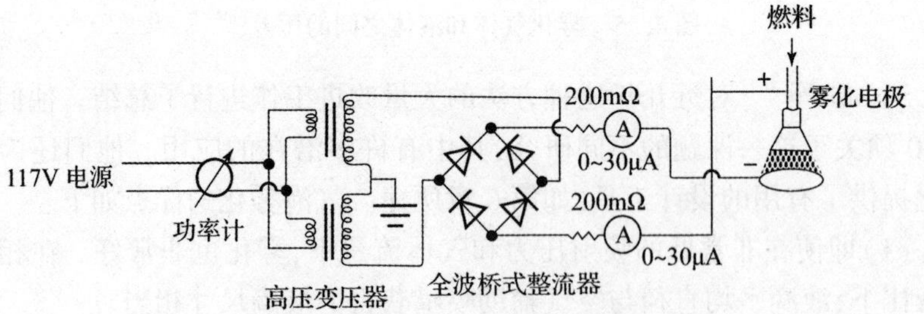

图4.56 静电雾化用锥形和环形电极系统[106]

许多关于静电雾化的实验研究结果[112-123]表明,一般来说,所产生的液滴大小取决于外加电压、表面张力、电极尺寸和结构、液体流速以及液体的电学性质,如介电常数和电导率。电压越高液滴直径越小,可以在不产生过多损耗的情况下使用此措施。

通常情况下极低液体流速限制了静电雾化在静电喷涂和无冲击印刷中的实际应用。然而,Kelly[118,120] 发明的喷雾三极管,如图4.57所示,为处理大多数实际燃烧装置所需的高燃料流量的静电喷嘴提供可能。此图显示中央浸入式发射极电极和钝孔电极之间的压差。两个电极形成一个浸没式电子枪,用来对围绕发射极流动的流体进行充电,并通过孔流出。一旦脱离电极间区域的限制,带电液体就会受到破坏并形成喷雾。电荷通过一个集电极返回到电路中,在燃烧系统中,集电极是火焰前端和燃烧室壁。电阻器在液体内部击穿时限制电极电流。可以注意到,活性电极处于理想位置,并浸入绝缘液体中。这种安排排除了有外部电晕击穿的可能性,并允许在电离燃烧气体中运行。

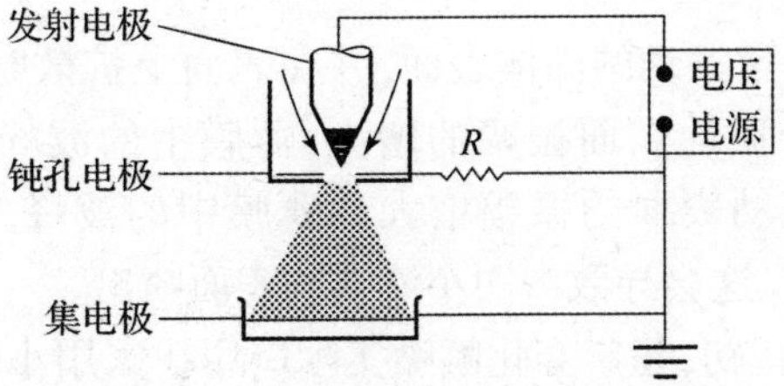

图 4.57 喷雾三极管喷嘴原理图[118]

上述喷嘴的一个关键特点在于特殊的发射极电极,它由嵌入耐火材料中的多种非常小的钨纤维组成,如图 4.58 所示。据称,亚微米直径的连续单晶光纤可以在密度高达 $10^7 cm^{-2}$[113] 的情况下形成,因为每根光纤能够处理高达 1mL/s 的流量,这意味着,即使直径为 1mm 的电极也能有效地处理高达 30kg/h 的燃料流量。从其在实际燃烧系统中的潜在应用来看,这显然是令人满意的。

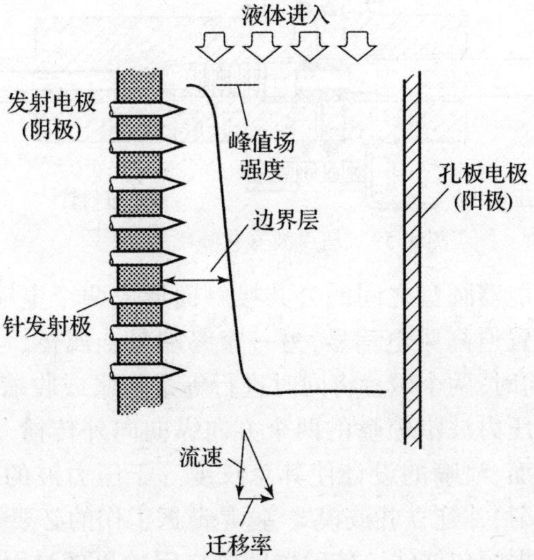

图 4.58 电荷注入过程[118]

静电雾化使农业喷洒行业发生了革命性的变化[121,123]。这项技术对整体涂层效率和减少浪费材料具有重大意义。

4.9 超声雾化喷嘴

当液体流入快速振动的固体表面,并在表面上扩散时,薄膜中会出现棋盘状的波形。随着振动表面振幅的增大,薄膜中的波峰高度也随之增大。Lang[124]证明,当振动表面的振幅增大到薄膜中的波峰变得不稳定和坍塌时,就会发生雾化。这会导致一团小液滴从表面喷出。

20世纪60年代初,超声雾化喷嘴实际应用在家用小锅炉上。在接下来的20年左右的时间里,其仍然重点应用在燃烧领域。然而,近年来超声波喷嘴技术已经在工业和实验室中得到广泛应用,目前已广泛应用于半导体加工、增湿、药物涂层和全身麻醉用挥发性麻醉剂气化等领域[125]。

Berger[126]描述了一类广泛应用的喷嘴。如图4.55所示,喷嘴是一个声学共振装置,由夹在一对钛喇叭段之间的一对压电换能器元件组成。雾化面在小直径柄的末端。液体通过该装置的轴向管输送到该表面(图4.59)。

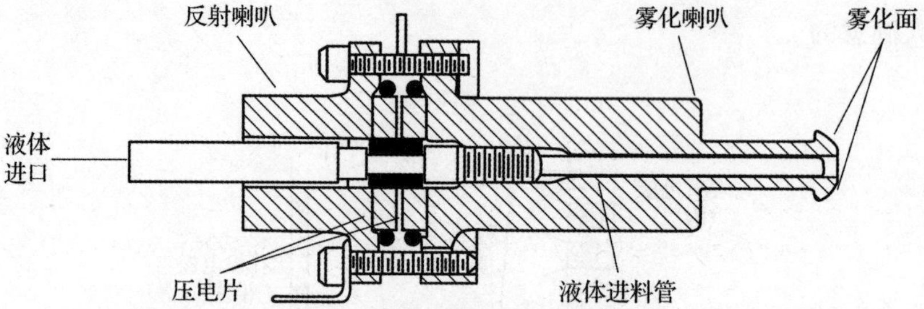

图4.59 超声波雾化喷嘴装置[119]

两个压电换能器圆盘之间的公共接触面形成两个电输入终端,其中一个终端用于向装置通高频电信号,另一个终端是金属体。根据输入信号的极性,传感器定向时,两个磁盘将同时进行等量膨胀或收缩。这种周期性的膨胀和收缩导致压力波沿喷嘴的两个方向纵向向外传播,其频率等于输入信号的频率。然而,喷嘴的设计使其总长度等于压力波的一个波长。这将导致波在两端反射,并建立驻波模式,这是谐振工作的必要条件。图4.60描绘了这种驻波的振幅包络线。传感器圆盘之间的界面被固定为一个节点平面,因为在这里产生的相等和相反的力阻止了任何净运动。在每个自由端,边界条件决定了波腹的存在,即驻波振幅为最大的平面。雾化端更大的振幅是由于在第二节面处放置了直径阶跃过渡。使用阶梯喇叭是一种众所周知的提高振动振幅的方法。所获得的振幅变化等于较大横截面积与较小横截面积的比。这种放大是实现雾化所必需的振动能级的必要条件。最小振幅通常为几微米。为了在这些喷嘴的输入功率处理能力范围内达到这些水平,需要6到8之间的最小振幅增益比。

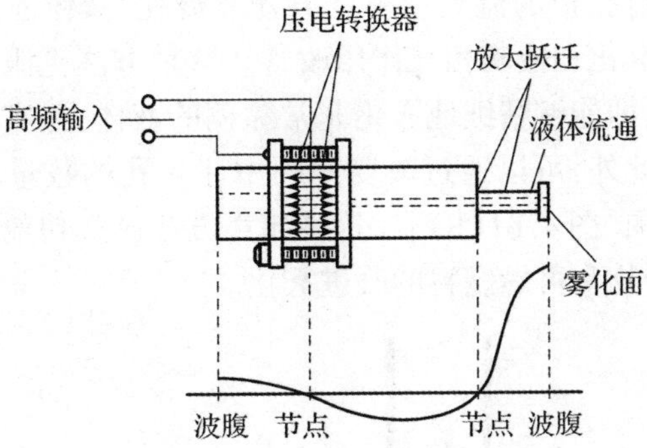

图4.60 驻波图[119]

超声雾化喷嘴的一个最有用的特性是它的低喷雾速度。这会使在流动的气流中夹带喷雾,并以控制的方式将液滴作为均匀的雾来输送。这在涂料应用和诸如增湿、产品保湿和喷雾干燥等过程中尤其重要。

超声雾化喷嘴的另一个优点是能够在某些制药和润滑工艺所需的极低流速下提供非常精细的雾化。喷嘴在医学上称为雾化器,其产生的液滴大小在1~5μm,吸入后可穿透肺部的极端空气通道,用于药物治疗或加湿[127]。然而,这种类型的喷嘴在处理发动机和熔炉等应用所需的高流量方面表现不佳。典型的最大流量是在7 L/h左右,频率为55kHz。这主要是由于超声换能器产生的低振幅振荡。提高流量的一种方法是将超声雾化原理与口哨式雾化原理相结合。以这种方法,由超声波振动器产生的振幅通过在喇叭的中空空间内产生的共振效应进一步放大[128]。然而,这种方法的一个缺点是传感器的工作频率被限制在一个值内。

除了燃烧应用,这些喷嘴还用于喷洒酸或碱溶液,以蚀刻计算机芯片等极小的零件,并在实验室干燥器中喷洒干燥的化学品或药品。它们也用于产生封装[129]。它们处理大范围液体的能力属性是显而易见的[130]。如前所述,空气辅助喷嘴也是如此,但可以证明,通过超声雾化喷嘴产生相同细度的液滴的相对能量水平可以小于相应空气辅助喷嘴的10%[131]。上述类型的商用超声雾化喷嘴可从Sono-tek、JD超声波和喷涂系统等获得。

上面的讨论强调了超声波装置,它将能量传输到液体被雾化的表面。利用超声波的另一种方法是直接向液体中添加声能[图4.61(a)]。这将导致能量被更有效地转移到液体,从而改善液体的雾化和分散效果。Aurizon Ultrasonic(威斯康星州)公司生产这种喷嘴,他们称之为超声波辅助压力喷嘴。在这些喷嘴中,超声波喇叭以延伸模式振动,频率范围为20~70kHz,有效地调节液体通过孔板的流动。一旦离开节流孔,液体通过最终孔口的快速加速和减速使雾化和液滴相互作用改善。这种方法克服了替代超声波方法的两个局限性,即能够精细地雾化非常黏稠的液体,并实现工业过程通常需要的高流速。此外,可以通过改变阵列中注入孔的数量和直径来处理广泛的材料流速范围[图4.61(b)]。这种超声方法已成功地应用于高黏度食品成分、工业聚合物和可燃燃料的改进雾化。

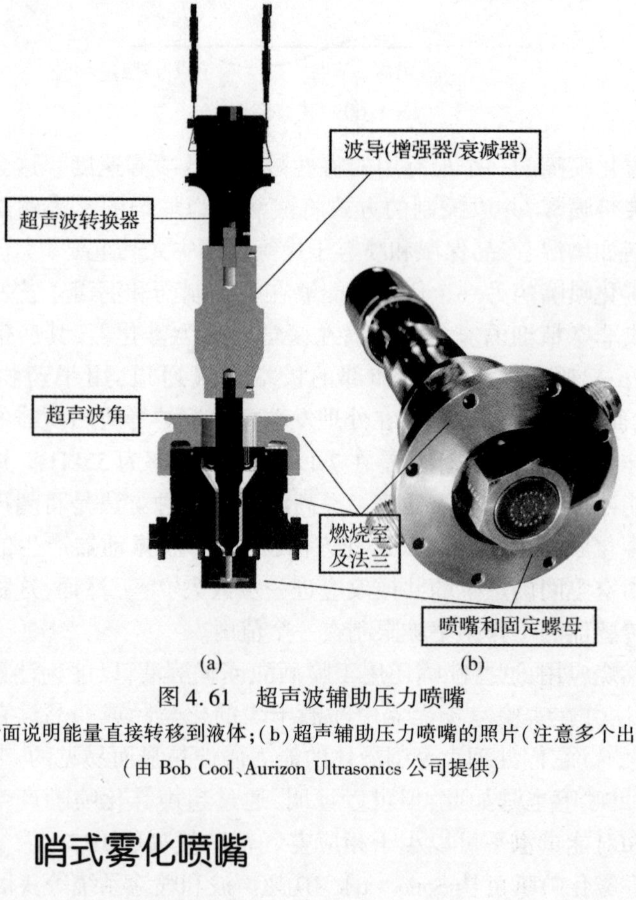

图4.61　超声波辅助压力喷嘴

(a)横断面说明能量直接转移到液体;(b)超声辅助压力喷嘴的照片(注意多个出口孔)。
(由Bob Cool、Aurizon Ultrasonics公司提供)

4.10　哨式雾化喷嘴

正如在使用传感器的超声雾化喷嘴一样,液体也可以通过将高压气体导入液体射流的中心而破碎成液滴,如图4.62所示。由于聚焦气流在喷嘴内部产生强烈的声波，因此这种喷嘴通常被称为哨式雾化喷嘴或杆腔式雾化喷嘴。它通常在约 10kHz 的声频下工作，并以高达 1.25L/s 的流量产生直径约 50μm 的液滴。

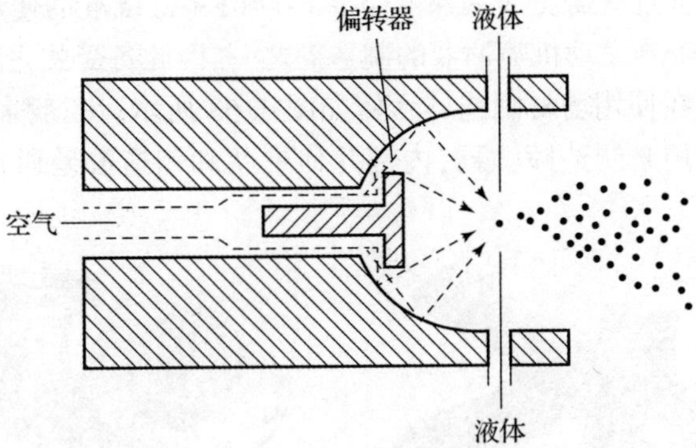

图 4.62　哨式雾化喷嘴原理图[128]

哨式雾化喷嘴的一个缺点是，除非改变喷嘴尺寸，否则液滴尺寸不易控制。Wilcox 和 Tate[132] 对这类喷嘴进行了系统的研究，认为声场不是雾化过程中的一个重要变量。这使 Topp 和 Eisenklam[127] 怀疑所有的哨式雾化喷嘴都只是作为空气辅助类型工作；也就是说，液体主要是由气体和液体之间的空气动力相互作用而破碎的。对于哨式雾化喷嘴的性能，似乎没有可靠的或经证实的理论分析可用[128]。

4.11　生产制造

以上所有喷嘴的设计概念需要考虑可制造性。以特殊方式或以更高精度制造零件的能力本身就是一个不断发展的领域。本章介绍的许多设计和示例可以使用传统的加工方法进行。考虑到这一限制，设计概念可能由于与制造相关的成本或保持适当精度或可重复性的能力而被忽略。然而，鉴于新的制造或加工方法，这些概念现在可能是可行的。这在喷嘴设计的文献[133]中有所涉及。

示例包括用印刷方法学或光刻方法来基本地分层生成喷嘴。20 世纪 70 年代，Aerojet 公司将层板技术用于喷油器、热交换器和无数其他部件（如文献[134]）。宏层压方法是这些方法的另一个例子，其中可以设想由一系列层构成的任何给定设计。Parker Hannifin 使用这种方法制造了低成本、高重复性的喷嘴,具有广泛的流量范围[135-136]。

另一个非常有趣的技术是增材制造,零件是用金属粉末和激光分层制造的,而不是像传统加工那样去除材料。2015 年,通用电气航空公司(GE Aviation)成为首批获得美国联邦航空管理局(FAA)批准的使用增材制造的某些部件的 LEAP 发动机喷油器的制造商之一,因此备受关注。火箭发动机的喷注器也正在使用增材制造。示例如图 4.63 所示。一般来说,虽然激光烧结方法可以用来制造喷注器,内部几何形状和制造公差通常需要一些后处理工作。

(a)

(b)

图 4.63　一些使用增材制造的喷注器部件示例

(a)通用航空公司提供的;(b)美国航空航天局提供的。

鉴于各种类型喷嘴的液体喷注普遍使用普通喷嘴,以及第 2 章中所述的液滴尺寸与喷嘴直径之间的关系,任何能够提供精确、干净孔的技术都值得关注。因此,先进的激光打孔技术被应用到喷注器上。使用皮秒激光脉冲,可以在不显著加热周围材料的情况下去除材料。这允许在非常小的直径(小于一位数微米直径)上制造高度精确的孔。如图 4.64 所示为牛津激光公司的一个示例。

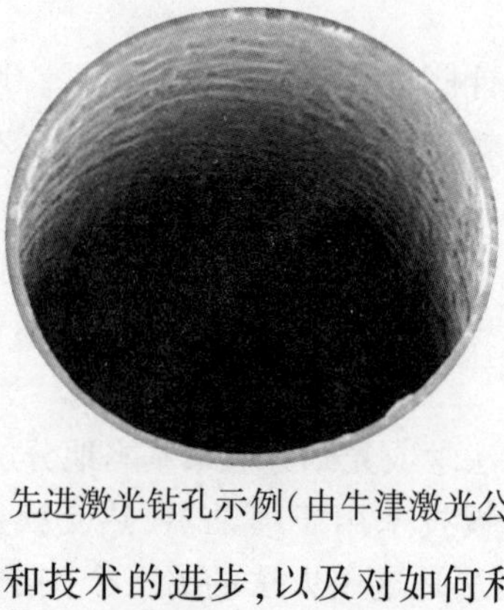

图 4.64　先进激光钻孔示例(由牛津激光公司提供)

随着最近制造方法和技术的进步,以及对如何利用这些方法来设计喷嘴的理解的深化,喷嘴设计可能继续发展多年。

参考文献

1. Elliott, M. A., Combustion of diesel fuel, *SAE Trans.*, Vol. 3, No. 3, 1949, pp. 490–497.
2. Rosselli, A., and Badgley, P., Simulation of the Cummins diesel injection system, *SAE Trans.*, Vol. 80, Pt. 3, 1971, pp. 1870–1880.
3. Sinnamon, J. F., Lancaster, D. R., and Steiner, J. C., An experimental and analytical study of engine fuel spray trajectories, *SAE Trans.*, Vol. 89, Sect. 1, 1980, pp. 765–783.
4. Elkotb, M. M., Fuel atomization for spray modeling, *Prog. Energy Combust. Sci.*, Vol. 8, 1982, pp. 61–91.
5. Borman, G. L., and Johnson, J. H., Unsteady vaporization histories and trajectories of fuel drops injected into swirling air, SAE Paper 598C, 1962.
6. Adler, D., and Lyn, W. T., The evaporation and mixing of a fuel spray in a diesel air swirl, *Proc. Inst. Mech. Eng.*, Vol. 184, Pt. 3J, Paper 16, 1969.
7. Arai, M., Tabata, M., Hiroyasu, H., and Shimizu, M., Disintegrating process and spray characterization of fuel jet injected by a diesel nozzle, *SAE Trans.*, Vol. 93, Sect. 2, 1984, pp. 2358–2371.
8. Hiroyasu, H., Diesel engine combustion and its modelling, in: *International JSME Symposium on Diagnostics and Modeling on Combustion in Reciprocating Engines*, Tokyo, September 4–6, 1985.
9. Schweitzer, P. H., Penetration of oil sprays, Pennsylvania State Engineering Experimental Station Bulletin No. 46, 1937.
10. Lyn, W. T., and Valdamanis, E., The application of high-speed Schlieren photography to diesel combustion research, *J. Photogr. Sci.*, Vol. 10, 1962, pp. 74–82.
11. Huber, E. W., Stock, D., and Pischinger, F., Investigation of mixture formation and combustion in diesel engine with the aid of Schlieren method, in: *9th International Congress on Combustion Engines (CIMAC)*, Stockholm, Sweden, 1971.
12. Rife, J., and Heywood, J. B., Photographic and performance studies of diesel combustion with a rapid compression machine, *SAE Trans.*, Vol. 83, 1974, pp. 2942–2961.
13. Hiroyasu, H., and Arai, M., Fuel spray penetration and spray angle in diesel engines, *Trans. JSAE*, Vol. 21, 1980, pp. 5–11.
14. Reitz, R. D., and Bracco, F. V., On the dependence of spray angle and other spray parameters on nozzle design and operating conditions, SAE Technical Paper Series, 790494, 1979.
15. Pickett, L. M. and Siebers, D. L., Soot in diesel fuel jets: Effects of ambient temperature, ambient density, and injection pressure, *Combust. Flame*, Vol. 138, 2004, pp. 114–135.
16. Linne, M., Paciaroni, M., Hall, T., and Parker, T., Ballistic imaging of the near field in a diesel sprays, *Exp. Fluids*, Vol. 40, pp. 836–846.
17. Smallwood, G. J. and Gülder, O. L., Views on the structure of transient diesel sprays, *Atomization Sprays*, Vol. 10, 2000, pp. 355–386.
18. Lee, S. L., Park, S. W., and Kwon, S. I., An experimental study on the atomization and combustion characteristics of biodiesel-blended fuels, *Energ. Fuels*, Vol. 19, 2005, pp. 2201–2208.
19. Payri, R., Salvador, F. J., Gimeno, J., and De la Morena, J., Influence of injector technology on injection and combustion development Part I and II, *Appl. Energ.*, Vol. 88, pp. 1068–1074; 1130–1139.
20. Dec, J., Advanced compression-ignition engines—Understanding the in-cylinder processes, *P. Combust. Inst.*, Vol. 32, 2009, pp. 2727–2742.
21. Duke, D. J., Kastengren, A. L., Tilocco, F. Z., Swantek, A. B., and Powell, C. F., X-ray radiography measurements of cavitating nozzle flow, *Atomization Sprays*, Vol. 23, 2013, pp. 841–860.
22. Chiu, S., Shahed, S. M., and Lyn, W. T., A transient spray mixing model for diesel combustion, *SAE Trans.*, Vol. 85, Sect. 1, 1976, pp. 502–512.
23. Dent, J. C., A basis for comparison of various experimental methods for studying spray penetration, *SAE Trans.*, Vol. 80, Pt. 3, 1971, pp. 1881–1884.
24. Hiroyasu, H., and Kadota, T., Models for combustion and formation of nitric oxide and soot in direct-injection diesel engines, *SAE Trans.*, Vol. 85, 1976, pp. 513–526.
25. Melton, R. B., Diesel fuel injection viewed as a jet phenomenon, SAE Paper 710132, 1971.
26. Haselman, L. C., and Westbrook, C. K., A theoretical model for two-phase fuel injection in stratified charge engines, SAE Paper 780318, 1978.
27. Pirouz-Panah, V., and Williams, T. J., Influence of droplets on the properties of liquid fuel jets, *Proc. Inst. Mech. Eng.*, Vol. 191, No. 28, 1977, pp. 299–306.
28. Reitz, R. D., and Rutland, C. J., Development and testing of diesel engine CFD models, *Prog. Energ. Combust.*, Vol. 21, 1995, pp. 173–196.
29. Andriotis, A., Gavaises, M., and Arcoumanis, C., Vortex flow and cavitation in diesel injector nozzles, *J. Fluid Mech.*, Vol. 610, 2008, pp. 195–215.
30. Basha, S. A., and Gopal, K. R., In-cylinder fluid flow, turbulence, and spray models—A review, *Renew. Sust. Energ. Rev.*, Vol. 13, 2009, pp. 1620–1627.
31. Dahms, R. N., Manin, J., Pickett, L. M., and Oefelein, J. C., Understanding high-pressure gas–liquid interface phenomena in diesel engines. Proceedings of the Combustion Institute, Vol 34, No. 1, 2013, pp 1667–1675
32. Drake, M. C., and Haworth, D. C., Advanced gasoline engine development using optical diagnostics and numerical modeling, *Proc. Combust. Inst.*, Vol. 31, 2007, pp. 99–124.
33. Zhao, F., Lai, M.-C., and Harrington, D. L., Automotive spark-ignited direct injection gasoline engines, *Prog. Energ. Combust.*, Vol. 25, 1999, pp. 437–562.
34. Lewis, J. D., *Studies of Atomization and Injection Processes in the Liquid Propellant Rocket Engine, Combustion and Propulsion, Fifth AGARD Colloquium on High Temperature Phenomena*, London: Pergamon Press, 1963, pp. 141–174.
35. Ashgriz, N., Impinging jet atomization, in: Ashgriz, N. (ed.), *Handbook of Atomization and Sprays*, New York: Springer, 2011.
36. Delavan Industrial Nozzles and Accessories, brochure, Delavan Ltd., Gorsey Lane, Widnes, Cheshire, WA80RJ, England.
37. Tate, R., Sprays, in: *Kirk-Othmer Encyclopedia of Chemical Technology*, Vol. 18, 2nd ed., Kirk-Othmer, editor, New York: Inter-science Publishers, 1969, pp. 634–654.
38. Joyce, J. R., The atomization of liquid fuels for combustion, *J. Inst. Fuel*, Vol. 22, No. 124, 1949, pp. 150–156.
39. Jones, A. R., Design optimization of a large pressure jet atomizer for power plant, in: *Proceedings of the 2nd*

International Conference on Liquid Atomization and Spray Systems, Madison, Wisconsin, 1982, pp. 181–185.
40. Joyce, J. R., Report ICT 15, Shell Research Ltd., London, 1947.
41. Mock, F. C., and Ganger, D. R., Practical conclusions on gas turbine spray nozzles, *SAE Q. Trans.*, Vol. 4, No. 3, July 1950, pp. 357–367.
42. Carey, F. H., The development of the spill flow burner and its control system for gas turbine engines, *J. R. Aeronaut. Soc.*, Vol. 58, No. 527, November 1954, pp. 737–753.
43. Radcliffe, A., The performance of a type of swirl atomizer, *Proc. Inst. Mech. Eng.*, Vol. 169, 1955, pp. 93–106.
44. Radcliffe, A., Fuel injection, in: *High Speed Aerodynamics and Jet Propulsion*, Sect. D, Vol XI, Hawthorne, W.R. and Olson, W.T., editors Princeton, NJ: Princeton University Press, 1960.
45. Tipler, W., and Wilson, A. W., Combustion in gas turbines, Paper No. B9, in: *Proceedings of the Congress International des Machines a Combustion (CIMAC)*, Paris, 1959, pp. 897–927.
46. Dombrowski, N., and Munday, G., Spray Drying, in: *Biochemical and Biological Engineering Science*, Vol 2, Chap. 16, Blakegrough, N., editor New York: Academic Press, 1968, pp. 209–320.
47. Rizk, N., and Lefebvre, A. H., Internal flow characteristics of simplex swirl atomizers, *J. Prop Power*, Vol. 1, 1985, pp. 193–199.
48. Sakman, A. T., Jog, M. A., Jeng, S. M., and Benjamin, M. A., Parametric study of simplex fuel nozzle internal flow and performance, *AIAA J.*, Vol. 38, 2000, pp. 1214–1218.
49. Eslamian, M., and Ashgriz, N., Swirl, t-jet, and vibrating-mesh atomizers, in: Ashgiz, N. (ed.), *Handbook of Atomization and Sprays*, New York NY: Springer, 2011.
50. Vijay, G. A., Moorthi, N. S. V., and Manivannan, A., Internal and external flow characteristics of swirl atomizers: A review, *Atomization Sprays*, Vol. 25, 2015, pp. 153–188.
51. Pilcher, J. M., and Miesse, C. C., Methods of atomization, in: *Injection and Combustion of Liquid Fuels*, Chap. 2, WADC-TR-56-3 AD 118142, Columbus, Ohio: Battelle Memorial Institute, March 1957.
52. Tyler, S. R., and Turner, H. G., Fuel systems and high speed flight, *Shell Aviation News*, No. 233, 1957.
53. Hermann, J., Gleis, S., and Vortmeyer, D., Active Instability Control (AIC) of spray combustors by modulation of the liquid fuel flow rate, Combust. Sci. Technol., Vol. 118, 1996, pp. 1–25.
54. Lee, J.-Y., Lubarsky, E., and Zinn, B. T., "Slow" active control of combustion instabilities by modification of liquid fuel spray properties, *Proc. Combust. Inst.*, Vol. 30, 2005, pp. 1757–1764.
55. Clare, H., Gardiner, J. A., and Neale, M. C., Study of fuel injection in air breathing combustion chambers, in: *Experimental Methods in Combustion Research*, Surugue, J. (Editor). London: Pergamon Press, 1964, pp. 5–20.
56. Smith, R. W., and Miller, P. C. H., Drift predictions in the near nozzle region of a flat fan spray, *J. Agr. Eng. Res.*, Vol. 59, 1994, pp. 111–120.
57. Snyder, H., Senser, D. W., Lefebvre, A. H., and Coutinho, R. S., Drop size measurements in electrostatic paint sprays, *IEEE T. Ind. Appl.*, Vol. 25, 1989, pp. 720–727.
58. Fraser, R. P., and Eisenklam, P., Liquid atomization and the drop size of sprays, *Trans. Inst. Chem. Eng.*, Vol. 34, 1956, pp. 295–319.
59. Dombrowski, N., and Fraser, R. P., A photographic investigation into the disintegration of liquid sheets, *Philos. Trans. R. Soc. Lond. Ser. A.*, Vol. 247, No. 924, September 1954, pp. 101–130.
60. Dombrowski, N., Hasson, D., and Ward, D. E., Some aspects of liquid flow through fan spray nozzles, *Chem. Eng. Sci.*, Vol. 12, 1960, pp. 35–50.
61. Carr, E., The Combustion of a range of distillate fuels in small gas turbine engines, ASME Paper 79-GT-175, 1979.
62. Carr, E., Further applications of the Lucas fan spray fuel injection system, ASME Paper 85-IGT-116, 1985.
63. Mansour, A., and Chigier, N., Disintegration of liquid sheets, *Phys. Fluids*, Vol. 2, 1990, pp. 706–719.
64. Mansour, A., and Chigier, N., Dynamic behavior of liquid sheets, *Phys. Fluids*, Vol. 3, 1990, pp. 2971–2980.
65. Altimira, M., Rivas, A., Ramos, J. C., and Anton, R., On the disintegration of fan-shaped liquid sheets, *Atomization Sprays*, Vol. 22, 2012, pp. 733–755.
66. Watkins, S. C., Simplified flat spray fuel nozzle, U.S. Patent No. 3,759,448, 1972.
67. Masters, K., *Spray Drying*, 2nd ed., New York: John Wiley & Sons, 1976.
68. Hinze, J. O., and Milborn, H., Atomization of liquids by means of a rotating cup, *ASME J. Appl. Mech.*, Vol. 17, No. 2, 1950, pp. 145–153.
69. Friedman, S. J., Bluckert, F. A., and Marshall, W. R., Centrifugal disk atomization, *Chem. Eng. Prog.*, Vol. 48, 1952, pp. 181–191.
70. Kayano, A., and Kamiya, T., Calculation of the mean size of the droplets purged from the rotating disk, in: *Proceedings of the 1st International Conference on Liquid Atomization and Spray Systems*, Tokyo, 1978, pp. 133–143.
71. Tanasawa, Y., Miyasaka, Y., and Umehara, M., Effect of shape of rotating disks and cups on liquid atomization, in: *Proceedings of the 1st International Conference on Liquid Atomization and Spray Systems, Tokyo*, 1978, pp. 165–172.
72. Matsumoto, S., Crosby, E. J., and Belcher, D. W., Rotary atomizers; *performance understanding and prediction, in: Proceedings of the 3rd International Conference on Liquid Atomization and Spray Systems*, London, July 1985, pp. 1A/1/1–20.
73. Willauer, H. D., Mushrush, G. W., and Williams, F. W., Critical evaluation of rotary atomizer, *Petrol. Sci. Technol.*, Vol. 24, 2006, pp. 1215–1232.
74. Karim, G. A., and Kumar, R., The atomization of liquids at low ambient pressure conditions, in: *Proceedings of the 1st International Conference on Liquid Atomization and Spray Systems*, Tokyo, August 1978, pp. 151–155.
75. Masters, K., Rotary atomizers, in: *Proceedings of the 1st International Conference on Liquid Atomization and Spray Systems*, Tokyo, August 1978, p. 456.
76. Wehner, H., Combustion chambers for turbine power plants, *Interavia*, Vol. 7, No. 7, 1952, pp. 395–400.
77. Maskey, H. C, and Marsh, F. X., The annular combustion chamber with centrifugal fuel injection, SAE Preprint No. 444C, 1962.
78. Nichol, I. W., The T65 and T72 shaft turbines, SAE Preprint No. 624A, 1963.
79. Burgher, M. W., Interrelated parameters of gas turbine engine design and electrical ignition systems, SAE Preprint No. 682C, 1963.
80. Morishita, T., A development of the fuel atomizing device utilizing high rotational speed, ASME Paper, 81-GT-180, New York: 1981
81. `Dahm, W. J. A., Patel, P. R., and Lerg, B. H., Experimental visualizations of liquid breakup regimes in fuel slinger atomization, *Atomization Sprays*, Vol. 16, 2006, pp. 933–944.
82. Dahm, W. J. A., Patel, P. R., and Lerg, B. H., Analysis of liquid breakup regimes in fuel slinger atomization, *Atomization Sprays*, Vol. 16, 2006.
83. Choi, S. M., Lee, D., and Park, J., Ignition and combustion characteristics of the gas turbine slinger combustor, *J. Mech. Sci. Tech.*, Vol. 22, 2008, pp. 538–544.

84. Choi, S. M., Jang, S. H., Lee, D. H., and You, G. W., Spray characteristics of the rotating fuel injection system of a micro-jet engine, *J. Mech. Sci. Tech.*, Vol. 24., 2010, pp. 551–558.
85. Romp, H. A., *Oil Burning*, New York: Martinus Nijhoff, The Hague; Stechert & Company, 1937.
86. Gretzinger, J., and Marshall, W. R., Jr., Characteristics of pneumatic atomization, *J. Am. Inst. Chem. Eng.*, Vol. 7, No. 2, June 1961, pp. 312–318.
87. Mullinger, P. J., and Chigier, N. A., The design and performance of internal mixing multi-jet twin-fluid atomizers, *J. Inst. Fuel*, Vol. 47, 1974, pp. 251–261.
88. Bryce, W. B., Cox, N. W., and Joyce, W. I., Oil droplet production and size measurement from a twin-fluid atomizer using real fluids, in: *Proceedings of the 1st International Conference on Liquid Atomization and Spray Systems*, Tokyo, 1978, pp. 259–263.
89. Sargeant, M., Blast atomizer developments in the central electricity generating board, in: *Proceedings of the 2nd International Conference on Liquid Atomization and Spray Systems*, Madison, Wisconsin, 1982, pp. 131–135.
90. Hurley, J. F., and Doyle, B. W., Design of two-phase atomizers for use in combustion furnaces, in: *Proceedings of the 3rd International Conference on Liquid Atomization and Spray Systems*, London, July 1985, pp. 1A/3/1–13.
91. Hewitt, A. J., Droplet size spectra produced by air-assisted atomizers, *J. Aerosol Sci.*, Vol. 24, 1993, pp. 155–162.
92. Kufferath, A., Wende, B., and Leuckel, W., Influence of liquid flow conditions on spray characteristics of internal-mixing twin-fluid atomizers, *Int. J. Heat Fluid Flow*, Vol. 20, 1999, pp. 513–519.
93. Lal, S., Kushari, A., Gupta, M., Kapoor, J. C., and Maji, S., Experimental study of an air-assisted mist generator, *Exp. Therm. Fluid Sci.*, Vol. 34, 2010, pp. 1029–1035.
94. Mlkvik, M., Stahle, P., Schuchmann, H. P., Gaukel, V., Jedelsky, J., and Jicha, M., Twin-fluid atomization of viscous liquids: The effect of atomizer construction on breakup process, spray stability, and droplet size, *Int. J. Multiphase Flows*, Vol. 77, 2015, pp. 19–31.
95. Rosfjord, T. J., Atomization of coal water mixtures: Evaluation of fuel nozzles and a cellulose gum simulant, ASME Paper 85-GT-38, 1985.
96. Wigg, L. D., The effect of scale on fine sprays produced by large airblast atomizers, National Gas Turbine Establishment Report No. 236, 1959.
97. Stambuleanu, A., *Flame Combustion Processes in Industry*, Turnbridge Wells, Kent: Abacus Press, 1976.
98. Jasuja, A. K., Atomization of crude and residual fuel oils, *ASME J. Eng. Power*, Vol. 101, No. 2, 1979, pp. 250–258.
99. Cohen, J. M., and Rosfjord, T. J., Influences on the sprays formed by high-shear fuel nozzle/swirler assemblies, *J. Propul. Power*, Vol. 9, 1993, pp. 16–29.
100. Sher, E., and Elata, D., Spray formation from pressure cans by flashing *Ind. Eng. Chem. Process Des. Dev.*, Vol. 16, 1977, pp. 237–242.
101. Marek, C. J., and Cooper, L. P., U.S. Patent No. 4,189,914, 1980.
102. Solomon, A. S. P., Rupprecht, S. D., Chen, L. D., and Faeth, G. M., Flow and atomization in flashing injectors, *Atomization Spray Technol.*, Vol. 1, No. 1, 1985, pp. 53–76.
103. Reitz, R., A photographic study of flash-boiling atomization, *Aerosol Sci. Technol.*, Vol. 12, 1990, pp. 561–569.
104. Witlox, H., Harper, M., Bowen, P., and Clearly, V., Flashing liquid jets and two-phase droplet dispersion: II. Comparison and validation of droplet size and rainout, *J. Hazard. Mater.*, Vol. 142, 2007, pp. 797–809.
105. Sher, E., Bar-Kohany, T., and Rashkovan, A., Flash-boiling atomization, *Prog. Energ. Combust.*, Vol. 34, 2008, pp. 417–439.
106. Polanco, G., Hold., A. E., and Munday, G., General review of flashing jet studies, *J. Hazard. Mater.*, Vol. 173, 2010, pp. 2–18.
107. Lefebvre, A. H., Wang, X. F., and Martin, C. A., Spray characteristics of aerated liquid pressure atomizers, *AIAA J. Propul. Power*, Vol. 4, 1988, pp. 293–298.
108. Lefebvre, A. H., *Gas Turbine Combustion*, Hemisphere Publishing Corp, 1983.
109. Sovani, S. D., Sojka, P. E., and Lefebvre, A. H., Effervescent atomization, *Prog. Energ. Combust.*, Vol. 27, 2001, pp. 483–521.
110. Graf, P. E., Breakup of small liquid volume by electrical charging, in: *Proceedings of API Research Conference on Distillate Fuel Combustion*, API Publication 1701, Paper CP62–4, 1962.
111. Luther, F. E., Electrostatic atomization of No. 2 heating oil, in: *Proceedings of API Research Conference on Distillate Fuel Combustion*, API Publication 1701, Paper CP62–3, 1962.
112. Peskin, R. L., Raco, R. J., and Morehouse, J., A study of parameters governing electrostatic atomization of fuel oil, in: *Proceedings of API Research Conference on Distillate Fuel Combustion*, API Publication 704, 1965.
113. Bollini, R., Sample, B., Seigal, S. D., and Boarman, J. W., Production of monodisperse charged metal particles by harmonic electrical spraying, *J. Interface Sci.*, Vol. 51, No. 2, 1975, pp. 272–277.
114. Drozin, V. G., The electrical dispersion of liquids as aerosols, *J. Colloid Sci.*, Vol. 10, No. 2, 1955, pp. 158–164.
115. Macky, W. A., Some investigations on the deformation and breaking of water drops in strong electric fields, *Proc. R. Soc. Lond. Ser. A*, Vol. 133, 1931, pp. 565–587.
116. Nawab, M. A., and Mason, S. C., The preparation of uniform emulsions by electrical dispersion, *J. Colloid Sci.*, Vol. 13, 1958, pp. 179–187.
117. Vonnegut, B., and Neubauer, R. L., Production of monodisperse liquid particles by electrical atomization, *J. Colloid Sci.*, Vol. 7, 1952, pp. 616–622.
118. Kelly, A. J., The electrostatic atomization of hydrocarbons, in: *Proceedings of the 2nd International Conference on Liquid Atomization and Spray Systems*, Madison, Wisconsin, 1982, pp. 57–65.
119. Bailey, A. G., The theory and practice of electrostatic spraying, *Atomization Spray Technol.*, Vol. 2, 1986, pp. 95–134.
120. Kelly, A. J., On the statistical, quantum, and practical mechanics of electrostatic sprays, *J. Aerosol Sci.*, Vol. 25, 1994, pp. 1159–1177.
121. Law, E. S., Agricultural electrostatic spray application: A review of significant research and development during the 20th century. *J. Electrostat.*, Vol. 51–52, 2001, pp. 25–42.
122. Shrimpton, J., and Yule, A. J. Electrohydrodynamics of charge injection atomization: Regimes and fundamental limits, *Atomization Sprays*, Vol. 13, 2003, pp. 173–190.
123. Maski, D., and Durairaj, D., Effects of electrode voltage, liquid flow rate, and liquid properties on spray chargeability of an air-assisted electrostatic-induction spray-charging system, *J. Electrostat.*, Vol. 68, 2010, pp. 152–158.
124. Lang, R. J., Ultrasonic atomization of liquids, *J. Acoust. Soc. Am.*, Vol. 34, No. 1, 1962, pp. 6–8.
125. Cabler, P., Geddes, L. A., and Rosborough, J., The use of ultrasonic energy to vaporize anaesthetic liquids, *Br. J. Aneasth.*, Vol. 47, 1975, pp. 541–545.
126. Berger, H. L., Characterization of a class of widely applicable ultrasonic nozzles, in: *Proceedings of the 3rd International Conference on Liquid Atomization and Spray*

Systems, London, July 1985, pp. 1A/2/1–13.

127. Topp, M. N., and Eisenklam, P., Industrial and medical use of ultrasonic atomizers, *Ultrasonics*, Vol. 10, No. 3, 1972, pp. 127–133.
128. Lee, K. W., Putnam, A. A., Gieseke, J. A., Golovin, M. N., and Hale, J. A., Spray nozzle designs for agricultural aviation applications, NASA CR 159702, 1979.
129. Freitas, S., Merkle, H. P., and Gander, B., Ultrasonic atomisation into reduced pressure atmosphere—Envisaged aseptic spray-drying for microencapsulation, *J. Control. Release*, Vol. 95, 2004, pp. 185–195.
130. Avvaru, B., Patil, M. N., Gogate, P. R., and Pandit, A. B., Ultrasonic atomization: Effects of liquid phase properties, *Ultrasonics*, Vol. 44, 2006, pp. 146–158.
131. Rajan, R., and Pandit, A. B., Correlations to predict droplet size in ultrasonic atomisation, *Ultrasonics*, Vol. 39, 2001, pp. 235–255.
132. Wilcox, R. L., and Tate, R. W., Liquid atomization in a high intensity sound field, *J. Am. Inst. Chem. Eng.*, Vol. 11, No. 1, 1965, pp. 69–72.
133. Lefebvre, A., Fifty years of gas turbine fuel injection, *Atomization Sprays*, Vol. 10, 2000, pp. 251–276.
134. Kors, D. L., Lawver, B. R., and Addoms, J. F., Platelet-injector venture carburetor for internal combustion engines, US Patent 3,914,347, 1975.
135. Simmons, H. C., and Harvey, R. J., Spray nozzle and method of manufacturing same, US Patent 5,435,884, 1995.
136. Mansour, A., Benjamin, M., Straub, D. L., and Richards, G. A., Application of macrolamination technology to lean, premixed combustion, *J. Engr. Gas Turb. Power*, Vol. 123, 2001, pp. 796–802.

第 5 章 喷嘴中的流动

5.1 引言

在气动式双流体喷嘴和空气辅助式双流体喷嘴中,雾化和喷雾分散往往受空气动力的控制,流体动力过程只起次要作用。然而,对于压力旋流喷嘴,内部流动特性是最重要的,因为它们决定最终排放孔中形成的环形液膜的厚度和均匀性以及该膜的轴向和切向分量的相对大小。所以研究内部流动特性、喷嘴设计变量和重要的喷雾特征如锥角和液滴平均直径之间存在的相互关系是非常有实际意义的。由于喷嘴流量系数不仅影响给定喷嘴的流量,而且可以用来计算喷嘴的速度系数和喷雾锥角,因此本章对导出的各种喷嘴流量系数方程进行了详细的讨论。

越来越清楚的是,气蚀在流动特性和外部喷雾特性中都起着复杂的作用。气蚀是产生在喷注器流道内的两相流动行为,并且得益于成像技术的许多进步(包括在实际喷注器内探测流体流动的能力),越来越受到人们的重视和理解。

旋转杯盘表面的复杂流动情况被纳入考虑范围。这些流动特性对这些喷嘴的正常运行至关重要,因为它们决定了雾化过程的性质、雾化质量和喷雾中液滴直径分布。

5.2 流动数

压力喷嘴的有效流动面积通常用一个流动数来描述,它为喷嘴流量与

喷油压差平方根的比值。流量的定义通常有两种:一种是基于体积流量的英国版本;另一种是基于质量流量的美国版本。其公式如下:

$$\mathrm{FN_{UK}} = \frac{流量,加仑(美)/\mathrm{h}}{(喷注压差,\mathrm{psi})^{0.5}} \tag{5.1}$$

$$\mathrm{FN_{US}} = \frac{流量,磅/\mathrm{h}}{(喷注压差,\mathrm{psi})^{0.5}} \tag{5.2}$$

请注意,1 加仑(英) = 1.2 加仑(美) = 4.55L,1psi = 6.895kPa,1 磅 = 0.45kg。

式(5.1)和式(5.2)的优点是可以用一般使用的单位表示。但是,他们基本上是不稳妥的。例如,它们不允许为任何给定的喷嘴分配固定和恒定的流量值。因此,尽管通常在简单离心式喷嘴的主体上标记额定流量值,但只有用喷嘴流动的密度为 765kg/m^3 的标准校准流体时,该值才是正确的。在过去,这对飞机燃气轮机不会产生影响,因为 765kg/m^3 大致相当于航空煤油的密度。然而,对于其他密度的液体,当用于计算液体流速或喷注压力时,这两个流动数的定义可能会导致明显的误差。

很明显,式(5.1)和式(5.2)中的基本缺陷是忽略了液体密度。如果包含液体密度特性,则不仅可以将这些方程改写为单位正确的形式,而且可以比目前更有用的方式定义流动数,即喷嘴的有效流动面积。因此,任何给定喷嘴的流量对于所有液体都是固定不变的。

通过计算液体密度,以平方米(m^2)为单位的流量为

$$\mathrm{FN} = \frac{流量,\mathrm{kg/s}}{(压差,\mathrm{Pa})^{0.5}(液体密度,\mathrm{kg/m^3})^{0.5}} \tag{5.3}$$

根据式(5.3),标准英国和美国流量计算式如下:

$$\mathrm{FN_{UK}} = 0.66 \times 10^8 \times \rho_L^{-0.5} \times \mathrm{FN} \tag{5.4}$$

$$\mathrm{FN_{US}} = 0.66 \times 10^6 \times \rho_L^{-0.5} \times \mathrm{FN} \tag{5.5}$$

尽管以这种方式定义流量有明显的优点,但至少对于喷注器而言,使用式(5.2)仍然是工业上的标准做法。

5.3 直流喷嘴

一般认为,直流喷嘴内的流动与管内的流动相似,因此流动的性质与雷诺数有关。Bird[1] 和 Gellales[2] 对流量系数的测量表明,高雷诺数下的流动特性与低雷诺数下的流动特性相比有很大的差异。Schweitzer[3] 指出,当雷

诺数超过一定值时,喷雾可更迅速地分散,他将此归因于从层流到湍流的过渡,这导致射流更迅速地破碎。第2章介绍了直流喷注的一些重要研究。与本章特别相关的是关于射流稳定性曲线和破碎长度的讨论,这两个特性都可能受到气蚀等现象的影响。

雷诺数的临界值,即流动性质从层流到湍流的临界值,通常在2000~3000。对于低于临界雷诺数的数值,流动趋向层流,而在较高的数值,则趋向湍流。雷诺数的临界值不能精确定义,它取决于喷嘴的几何形状和液体的性质[3-4]。一般而言,层流由以下因素推动。

(1)孔口的圆形入口;

(2)光滑通道壁;

(3)无弯曲;

(4)高液体黏度;

(5)低流速。

湍流由以下因素推动。

(1)大通道直径;

(2)流速和方向的变化;

(3)横截面积的突变;

(4)表面粗糙度;

(5)喷嘴几何缺陷;

(6)机械振动;

(7)低液体黏度;

(8)高流速。

湍流有利于良好的雾化,但通常以增加压力损失为代价。

对于低黏度液体,如水、煤油和轻柴油,喷嘴中的流动通常是湍流的。然而,在间歇喷射系统中,当速度从零开始上升时,在每次喷射开始时有一个周期,当速度再次下降到零时,在结束时有一个相应的周期,在此期间,流动是层流或半湍流的。

直流喷嘴的流量系数部分不仅取决于喷嘴流道中产生的压力损失,也取决于流经最终流量孔的液体充分利用可用流量区域的程度。流量系数与喷嘴流量关系式为

$$\dot{m}_L = C_D A_o (2\rho_L \Delta P_L)^{0.5} \tag{5.6}$$

$$\dot{m}_L = 1.111 C_D d_o^2 (\rho_L \Delta P_L)^{0.5} \tag{5.7}$$

$$\dot{m}_L = 35.12 C_D d_o^2 (SG \Delta P_L)^{0.5} \tag{5.8}$$

影响流量系数的因素。在宽范围的工作条件下对不同孔口结构的流量系数进行的测量表明,最重要的参数是雷诺数、长径比、喷射压力、环境或气体压力、入口倒角和气蚀。

(1)雷诺数。Bird[1]、Gellales[2]、Bergwerk[5]、Spikes 和 Pennington[6]、Lichtarowicz[7]、Arai 等[8],以及其他学者研究了雷诺数对流量系数的影响。雷诺数对孔板流量系数的影响如图 5.1 所示。这幅图有三个不同的阶段。在第一阶段,对应于层流,C_D 几乎与 $\sqrt{Re}$ 呈线性关系。在第二阶段,对应于半湍流,C_D 首先随着 Re 增加到最大值,超过 Re 的进一步增加导致 C_D 下降。在最具实际意义的第三阶段,即湍流阶段 C_D 保持合理的恒定。

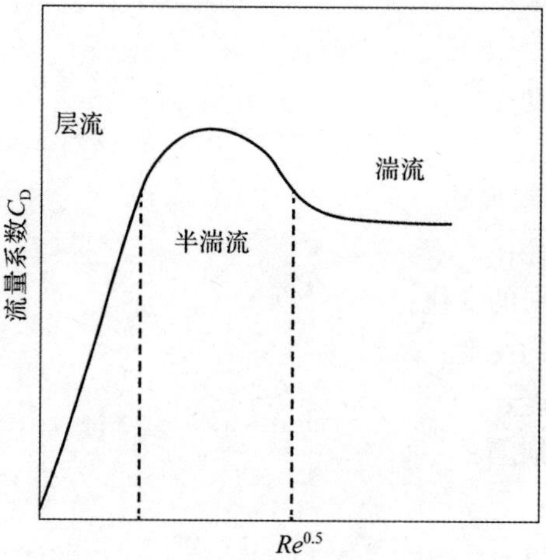

图 5.1　流量系数随雷诺数的变化[4]

(2)长径比。当 l_o/d_o 从 0.5 增加到 1 时,锐边孔口 C_D/Re 曲线的特征峰迅速减小,如图 5.2 所示。这个数字是基于 Lichtarowicz 等[7]从几个来源汇编的实验数据。对于 $l_o/d_o=0.5$,通道类似于简单的板孔,如图 5.3 所示。流量系数低是因为液体射流形成静脉收缩,在可用的较短长度内,没有时间重新展开和填充喷嘴。随着 l_o/d_o 的增加,射流在通道中膨胀,C_D 增加,在 l_o/d_o 比值为 2 左右时达到最大值。由于摩擦损失的增加,l_o/d_o 的进一步增加降低了 C_D。

图 5.2 表明流量系数通常随着雷诺数的增加而增加,直到雷诺数为 10000 时达到最大值。在这一点之后,C_D 的值保持合理的恒定,并且与雷诺数无关。$C_{D_{max}}$ 与 l_o/d_o 如图 5.4 所示。该图所依据的实验数据来自文献[7],但清晰起见,省略了实际数据点。该图显示,当 l_o/d_o 从 0 增加到 2 时,$C_{D_{max}}$

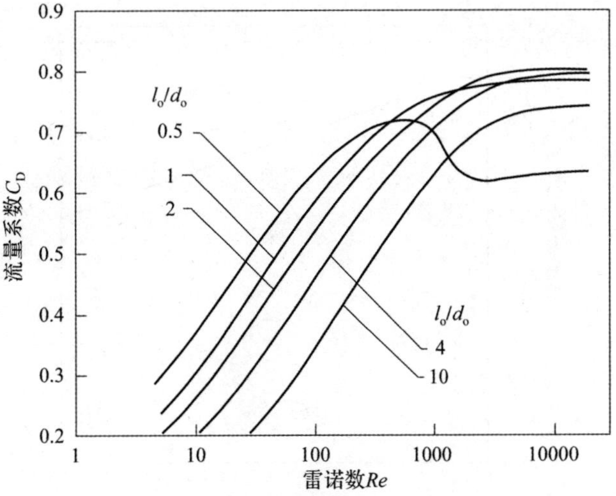

图 5.2　不同孔口长径比下流量系数随雷诺数的变化[7]

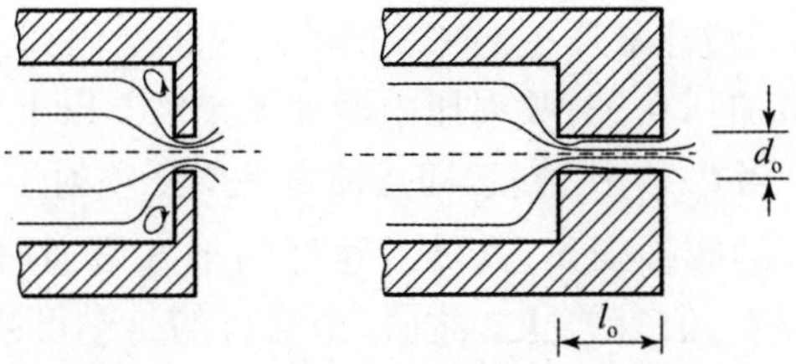

图 5.3　最终孔口长径比对流型的影响

从约 0.61 急剧上升到最大值约 0.81。在 $l_o/d_o=10$ 时，l_o/d_o 的进一步增加导致 $C_{D_{max}}$ 以近似线性的方式缓慢下降至约 0.74。需要注意的是，对于短喷注器（$l_o/d_o=0.5$），Re 增大的影响接近图 5.1 所示的趋势。雷诺数与流量系数的整体特性也取决于气蚀现象，本章稍后将重新讨论气蚀现象。实际上，在图 5.1 和图 5.2 中观察到的高雷诺数行为取决于是否发生了气蚀。

图 5.4 显示了 l_o/d_o 在 2 ~ 10 范围内 $C_{D_{max}}$ 和 l_o/d_o 之间的线性关系。对于这一区间，Lichtarowicz 等[7]提出了下面的表达式，声称其与实验数据的拟合度在 1% 左右：

$$C_{D_{max}} = 0.827 - 0.0085\frac{l_o}{d_o} \tag{5.9}$$

同样，如图 5.4 中虚线所示，短喷注器的行为在文献[7]中没有很好的记录。

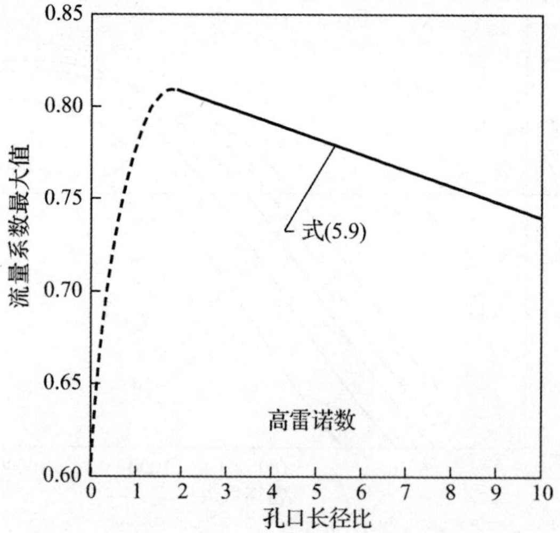

图 5.4　流量系数最大值随孔口长径比的变化[7]

(3)喷射压力。喷注液压差对 C_D 的影响很小。例如,Gellales[2] 发现柴油的 C_D 从 0.91 增加到 0.93,喷射压力增加了 5 倍。以上结果是在 l_o/d_o 比值为3 时得到的。当 l_o/d_o 比值较高时,流量系数随喷射压力的增大而减小。这主要是由于较高的摩擦损失,其随着速度的平方增加而增加[4]。这意味着流体黏度应该与 C_D 值有关联。然而,很明显的是黏度降低了 Re,这可能会加剧或减轻黏度的影响。当 Re 值较高时,C_D 对 Re 的依赖性变小,黏度效应通常会降低 C_D。同样,这种行为可能会受到气蚀的存在或缺乏的影响。

(4)环境或气体压力。Arai 等[8] 研究了环境空气或气体压力对流量系数的影响。其结果(省略了数据点)如图 5.5 所示。它们是使用水通过长 1.2mm、直径 0.3mm 的圆形喷嘴得到的。有趣的是,在图中观察到,C_D 不仅随 Re 变化,而且随环境气压变化。在正常大气压力下,C_D 在 $Re=3000$ 时达到最大值 0.8 左右。对于 3000 到 15000 之间的 Re,它有两个值。较高的值对应于 Re 从 3000 开始增大,较低的值对应于 Re 从 15000 开始降低。Re 大于 15000 时,C_D 值约为 0.7。这种滞后效应会对喷雾性能产生复杂的影响,因为喷雾性能取决于压力是增大还是减小。对于压力变化的应用场景,必须仔细考虑与控制或流量监测策略相关的问题。

在较高的环境压力下,没有观察到 C_D 存在的两个值。相反,在 2000 ~ 20000 的 Re 范围内,C_D 始终保持恒定且与环境压力无关,其值约为 0.8。当 Re 值较高时,C_D 从 $Re=20000$ 时的 0.8 缓慢下降到 $Re=50000$ 时的 0.72。

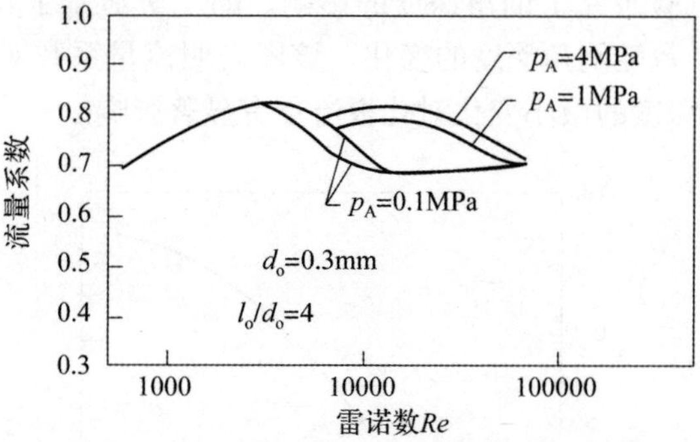

图 5.5　环境空气或压力对流量系数的影响[8]

(5)入口倒角。在对柴油机喷油嘴的试验中,Bergwerk[5]发现喷油嘴上的入口倒角可以提高排气系数。Zucrow[9]也发现了类似的现象,其结果表明,当倾角在 20°～60°时,对于低压降的淹没孔,流量系数达到最大值。

Spikes 和 Pennington[6]提供了有关入口倒角对流量系数影响的详细信息。这些工作人员对淹没孔进行了全面的测试,以确定在尽可能大的操作条件范围内保持恒定流量系数的最佳倒角角度和深度。在一系列试验中,他们改变了倒角角度。选择直径为 1.57mm、固定平行喉部长度为 0.51mm 的孔口进行试验,并在上游边缘切出 0.51mm 深的倒角。使用倒角孔获得结果的主要特征是倒角所给出的流量系数增加,如图 5.6 所示。此图表示最佳倒角角度约为 50°,这与 Zucrow[9]发现的结果一致。

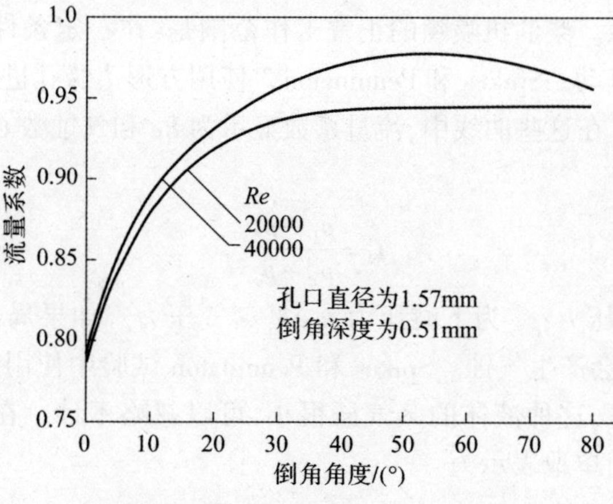

图 5.6　流量系数随倒角角度的变化[6]

进一步的试验研究了倒角深度的影响。图5.7显示了具有50°夹角的倒角孔的流量系数随倒角深度的变化。该图表明流量系数对倒角深度的依赖性很强,倒角深度的微小变化对孔板流量有显著影响。

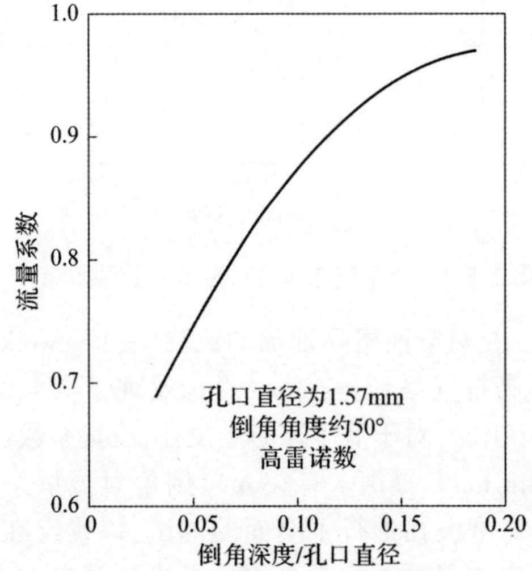

图5.7　流量系数随倒角深度的变化[6]

(6)气蚀。气蚀在低静压的流动区域,气体或蒸气会从液体中释放出来形成气泡,并且对流量系数有明显的影响。随后这些气泡的爆炸或坍塌也会加速射流的破碎。气蚀除了对流量系数有不利影响外,还可能引起喷嘴通道的严重侵蚀。柴油机喷嘴的正常工作范围是:在一定条件下,可能发生气蚀和非气蚀流动。Spikes 和 Pennington[6]使用方形边缘孔进行的试验结果如图5.8所示。在这些曲线中,流量系数显示为 Re 和气蚀数 C 的函数,气蚀数 C 定义为

$$C = \frac{p_1 - p_2}{p_2 - p_v} \tag{5.10}$$

式中:p_1 为上游压力;p_2 为下游压力;p_v 是蒸气压力。如果局部压力等于液体的蒸气压,就会产生气蚀。Spikes 和 Pennington 试验中使用的液体是航空煤油。在室温下,这种液体的蒸气压很小,可以忽略不计。在这种情况下,气蚀数可以更简单地表示为

$$C = \frac{p_1 - p_2}{p_2} = \frac{\text{压强}}{\text{下游压力}} \tag{5.11}$$

图 5.8 显示气蚀效应可能很高,当 Re 较高时,气蚀效应可能导致流量系数的变化大于与 Re 相关的变化。

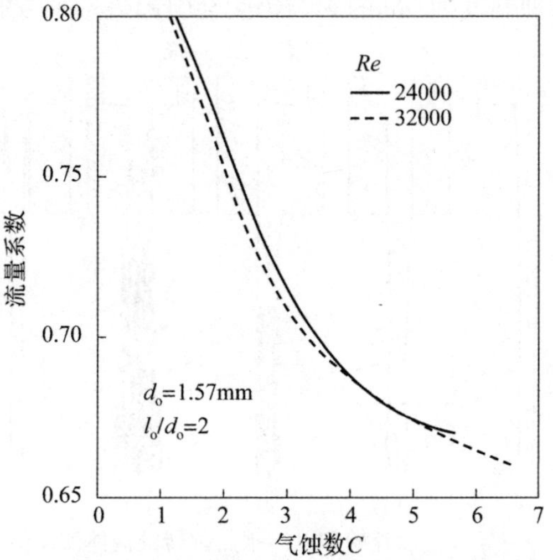

图 5.8　方形边缘圆孔的气蚀数对流量系数的影响[6]

许多喷孔在从气蚀流到非气蚀流的转换点附近表现出了工作不稳定。对于长孔,这是由于收缩截面下游的液体有膨胀和充满腔的趋势。使用非常短的长度将气蚀区放置在孔口下游一定距离处,这样就不会影响通过孔口的流型。通过使孔足够长,也可以消除不稳定性,但这会导致流量系数随气蚀数和 Re 发生较大变化[6]。

许多研究已经很好地说明了气蚀开始的过程,随后气蚀区域延长到液体不再重新附着在喷注器内壁的点。Hiroyasu 等[10]提供了这种流体形态的早期例子,如图 5.9 所示。由图 5.9(b) ~ (d) 可以看到分离发生在锐边入口边缘下游的过程[图 5.9(d)]。在这种情况下,液体重新附着在内壁。当空腔最宽时,液体通过的相关区域被最小化为 A_C(出口面积)。随着压力的增加,再附着长度增加。如图 5.9(e) 所示,如果长度足够长,就会发生液压翻转。在这种情况下,如图所示,由于气蚀作用而增强的雾化突然减少,射流再次呈现玻璃状,很像层流射流。在 $l_o/d_o = 0.5$ 的情况下,这种行为很可能如图 5.2 所示,尽管文献[7]中没有讨论这一点。

由于气蚀与产生高流速和低静压区的尖角有关,因此可以通过在孔口入口处用引入倒角替换尖角在一定程度上减轻气蚀。一个理想的倒角将有一个轮廓,并且孔口本身直径等于收缩腔的直径。Spikes 和 Pennington[6]的实验表明,如果倒角的夹角为50°且倒角深度为孔口直径的0.30倍,则采用直边倒角可以接近这一理想条件。然而,应该注意的是,尽管这种倒角可以在很宽的范围内抑制气蚀,Re 的影响仍然会引起流量系数的显著变化[6]。

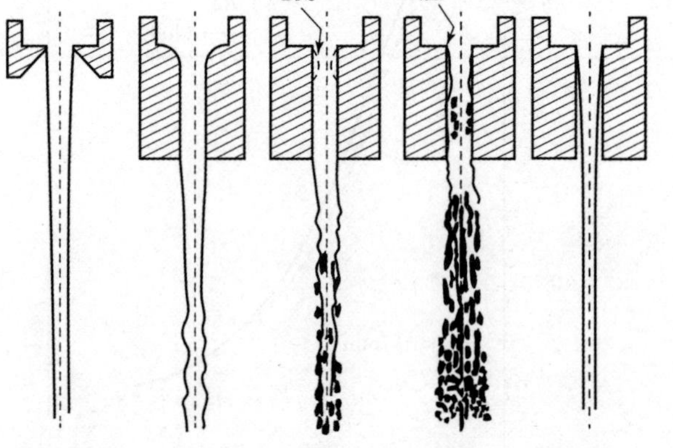

图5.9 导致气蚀开始和最终水力翻转的流体流动演变[10]

(7)非气蚀流动的经验表达式。在 Re 较宽的范围内,由于缺乏关于孔内流动的定量理论,因此产生许多非气蚀流动条件的经验关联式。据文献[11]有

$$C_D = \frac{Re^{5/6}}{17.11 l_o/d_o + 1.65 Re^{0.8}} \tag{5.12}$$

对于1.5~17范围内的 l_o/d_o 和550~7000范围内的 Re,该式精度在2.8%以内。Nakayama还建议:

$$C_{D_{max}} = 0.868 - 0.0425\left(\frac{l_o}{d_o}\right)^{0.5} \tag{5.13}$$

作为高雷诺数下流量系数的表达式,l_o/d_o 范围同样为1.5~17.0。该式给出的值低于Lichtarowicz等的式(5.9)[7],因为在Nakayama的测试中,Re 的范围限制在上限。

Asihmin等[12]建议:

$$C_D = \left[1.23 + \frac{58(l_o/d_o)}{Re}\right]^{-1} \tag{5.14}$$

当 l_o/d_o 为2~5,Re 为 $100 \sim 1.5\times10^5$ 时,其精度在1.5%以内。为了适应 l_o/d_o 的更宽范围变化,Lichtarowicz等[7]对Asihmin方程提出以下修改:

$$\frac{1}{C_D} = \frac{1}{C_{D_{max}}} + \frac{20}{Re}\left(1 + 2.25\frac{l_o}{d_o}\right) \tag{5.15}$$

其中 $C_{D_{max}}$ 由式(5.9)给出。这为 l_o/d_o 从2到10以及 Re 从10到20000范围内的实验数据[7]提供了极好的拟合。

值得注意的是,这些经验公式不适用于存在气蚀的情况。Ruiz 和 Chigier[13]在一台柴油电磁喷油器上进行的试验表明,这种喷油器在大部分工作范围内会出现气蚀现象。Re 在40000左右时,C_D 保持在0.7左右,但气蚀效应导致 C_D 下降到0.6,Re 从40000增加到50000。

柴油机喷油器的另一个复杂问题是在喷油过程中 Re 的值会发生变化。Varde 和 Popa[14]引用了 C_D 的值,根据平均雷诺数,C_D 的值从0.5到0.8不等。

(8)气蚀的经验表达式。气蚀条件下 C_D 的行为与非气蚀条件下完全不同。事实上,Nurick[15]的早期研究表明,在气蚀条件下,C_D 只与气蚀数有关[式(5.10)]。包括 Schmidt 和 Corradini[16]以及 Thompson 和 Heister[17]在内的一些研究人员对此进行了深入的回顾。正如 Schmidt 和 Corradini[16]所讨论的,并得到了 Payri 等[18]的实验观察的支持。在气蚀条件下,通过孔板的质量流量由式(5.16)给出:

$$\dot{m}_L = A_o C_C \sqrt{2\rho_L (p_1 - p_v)} \tag{5.16}$$

这里

$$C_C = \frac{A_C}{A_o} \tag{5.17}$$

式(5.17)是基于锐边进口推导出来的;然而 Nurick[15]提出了一个更通用的 C_C 表达式,该表达式考虑了喷油器喷孔入口处倒圆角所产生的影响:

$$C_C = \left[\left(\frac{1}{0.62}\right)^2 - 11.4\left(\frac{r}{d}\right)\right]^{-0.5} \tag{5.18}$$

此表达式仅适用于 $r/d \leqslant 0.14$ 的情况。在 $r/d = 0.14$ 这一点上,且收缩系数 $C_c = 1.0$ 时,空化现象可能停止发生。这意味着,与观察结果一致的是,具有锐边进口的孔板的流量系数为0.62。

式(5.16)可与伯努利方程一起使用,将气蚀喷注器的流量系数定义为

$$C_D = \sqrt{\frac{\frac{1}{2}\rho_L U^2}{p_1 - p_2}} \tag{5.19}$$

将式(5.19)与式(5.10)结合,流量系数与 C_C 相关:

$$C_D = C_C \sqrt{\frac{p_1 - p_v}{p_1 - p_2}} \tag{5.20}$$

如果根号下的比值定义为 K,气蚀数 C[式(5.10)]可以重写为

$$C = \sqrt{\frac{p_1 - p_2}{p_2 - p_v}} \tag{5.21}$$

式(5.20)可表示为[15]

$$C_D = C_C\sqrt{K} \tag{5.22}$$

式(5.22)表明,在气蚀条件下,流量系数与$\sqrt{K}$有关。注意,当K趋于1.0时,流量系数等于C_C。并且,考虑到式(5.18),流量系数也等于0.62,这将是尖锐进口的值。可以绘制图来说明这一点,如图5.10所示。在K的临界值以上,流量系数不再依赖根K。这个值大约为2[16]。流量系数与临界点以上的K之间的关系目前还不清楚。如图5.10所示,来自几个研究者的数据似乎可由式(5.22)描述。然而,所示的数据分散说明了与确认气蚀的存在或液压翻转的条件有关的困难。Hiroyasu 等[10]的数据虽然用于仔细观察以确认气蚀的条件,但似乎偏离了曲线,Schmidt 和 Corradini[16]将其归因于可能需要标定。Reitz[19]的数据与液压翻转一致,在液压翻转中,数据会从直线上下降。这一点已被观察到的矩形槽以及 Thompson 和 Heister[17]指出。

图5.10的结果暗示了本节开头提到的一些有趣的特性。首先,流量系数不依赖下游压力。其次,它只取决于上游压力。它不再是雷诺数的函数。因此,流量系数行为确实与非气蚀条件下的行为大不相同。

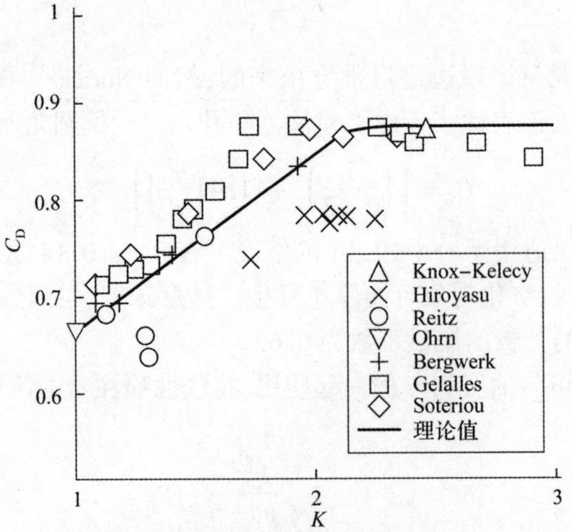

图5.10　C_D和K之间的关系[16]

回到关于 Hiroyasu 等[10]的数据的问题上。其他研究人员得出结论,喷注器尺寸大小很重要(如 Payri 等[18])。许多可视化研究是利用大规模实验进行的。Sou 等[20]基于 Hiroyasu 等[10]的研究提出了一种具体的缩放方法,其中建议修改气蚀数：

$$C' = C^2\left(\frac{p_2 - p_v}{\frac{1}{2}\rho_L U^2} + \frac{f l_o}{D_H} + 1\right) \tag{5.23}$$

式(5.23)在Sou等[20]的研究中得到了验证。Sou等还提供了可能导致改进预测的额外气蚀数定义。无论如何，图5.10中的基本趋势都为使用气蚀喷注器提供了一个坚实的起点。

Nurick与空军研究实验室合作开展了额外的工作，以解决有关喷注器背面流动的问题[21-22]。例如，如果出口孔与流入歧管中的流动呈角度，或者在喷注器垂直于歧管液体流动方向的情况下，对于交叉流动液体的一般情况，V_1是歧管的流速，V_2是孔板中的流速[21]：

$$C_D = \frac{C_C K_{cav}^{0.5}}{\left[1 + \left(\frac{V_1}{V_2}\right)^2 C_C^2 (K_{cav} - 1)\right]^{0.5}} \tag{5.24}$$

该式基本上给出图5.10所示的线性区域向下移动。实际上，C_D的最小值从低比值时的0.62下降到$V_1/V_2 = 0.355$时的0.60。因此，对于较大的歧管流速，气蚀喷嘴的流量系数略有下降。Nurick及其同事观察到K_{cav}的临界值随着V_2/V_1的降低而升高。他们还发现，当V_1/V_2较小时，K_{cav}的临界值随l_o/d_o的增加而降低（例如，当l_o/d_o分别为5和10时，K_{cav}的临界值从1.74降至1.52）。在这项工作中，可以观察到的是，对于歧管和喷注器之间的不同角度，旋转角度的增加有利于气蚀开始（即K_{cav}的临界值增加）。一般情况下，气蚀起始的K_{cav}临界值约为1.8。然而，他们注意到，当K_{cav}值在1.5~1.8时，会导致完全气蚀。

气蚀条件的进一步考虑包括可能导致退化的声学特性。文献[17,20]指出，与直觉一致，气蚀不是一个稳定的过程。它会随着时间而发生变化。正如Thompson和Heister[17]所总结的，这种行为可能与气蚀过程相关的主频有关：

$$F_{low} = \frac{1}{l_o}\sqrt{\frac{2(p_2 - p_1)}{\rho_L}} \tag{5.25}$$

$$F_{high} = \frac{1}{l_C}\sqrt{\frac{2(p_2 - p_1)}{\rho_L}} \tag{5.26}$$

这些可检测频率意味着，流量在气蚀条件下，流过孔的质量流率也会发生变化，尽管流量变化的幅度并不太清楚。

5.4 压力涡流喷嘴

如在第4章中所讨论的,在压力涡流喷嘴中,液体通过切向或螺旋通道喷射到涡流室中,从涡流室中出现切向和轴向速度分量,在喷嘴出口处形成薄的锥形膜。这个薄片迅速变薄,然后分裂成液丝,最后形成液滴。

尽管单旋流喷嘴的几何结构简单,但喷嘴内的流动过程非常复杂。基于无摩擦流动假设的早期理论很快给出了主要喷嘴尺寸与各种流动参数(如流量系数和初始喷雾锥角)之间定量关系式[23-24]。随后,Taylor[25]指出,虽然流体的运动可以看作无旋,但延迟边界层的黏性效应是不容忽视的。与涡流室端壁接触的液体不能以足够的速率旋转,以使其在径向压力梯度的作用下保持在圆形通道中,因此通过表面层制造了一个流向喷孔的液流。其他研究人员[26-27]已经表明,对于真实的流体,也可能通过空气核心周围的边界层向外流动。描述内部流动的方法详见 Moon 等[28]和 Chinn[29-30]的研究。然而,正如 Dombrowski 和 Hassan[31]、Jones[32]所强调的,对于低黏度液体,简单的无黏分析仍然提供了对压力涡流喷嘴流动特性的基本介绍,并对流量系数和锥角给出了合理的指导。本书提出这一点是为了了解关键因素。Chinn[29-30]的评估再次证实了这些早期实验的简化方法的实用性,这些方法能够非常好地捕捉到实验中的关键流场信息。与此同时,计算流体力学(CFD)已经发展到足够完善的程度,这些工具经常用于本节末尾涉及的设计。

5.4.1 流量系数

由于空气芯会有效地阻挡喷嘴中心部分,涡流喷嘴的流量系数不可避免地会很低。Radcliffe[33]基于通用设计规则使用覆盖了广泛密度和黏度范围的流体,研究了一系列喷注器的性能。他证明了基于孔直径的流量系数和雷诺数之间存在唯一的关系。在低雷诺数下,黏度的作用是使最终孔板中的液膜变厚,从而增加流量系数。对于小流量的喷嘴,这种效果在低流量时会非常明显。然而,对于大于3000的雷诺数,即在大多数正常工作范围内,流量系数实际上与雷诺数无关。因此,对于低黏度液体,惯例是忽略低雷诺数的条件,并假设给定的喷嘴具有恒定的流量系数。

Giffen 和 Muraszew[4]的分析是针对单喷嘴的,但所得结果可应用于其他类型的压力涡流喷嘴,如双路喷嘴、双孔喷嘴和溢流回流喷嘴。Chinn[29]提供了其他无黏分析的总结,但表明无论使用哪种方法,结果都相当相似。在 Giffen 和 Muraszew[4] 以及其他无黏分析中,液体流动模式是通过在自由旋涡上施加螺旋运动而产生的,如图 5.11 所示。有关其他术语和定义,请参阅图 4.10。角动量守恒提供的切向速度 v 和半径 r 之间的关系如下:

$$vr = v_i R_s \tag{5.27}$$

式中:v_i 为涡流室的入口速度;R_s 为其半径。而且,有

$$v_i = \frac{\dot{m}_L}{\rho_L A_p} \tag{5.28}$$

式中:A_p 为入口的总横截面积。式(5.28)意味着在涡流室的中心存在一个空气芯,这是在实践中观察到的,因为 $R=0$,否则速度 v 是无限的。

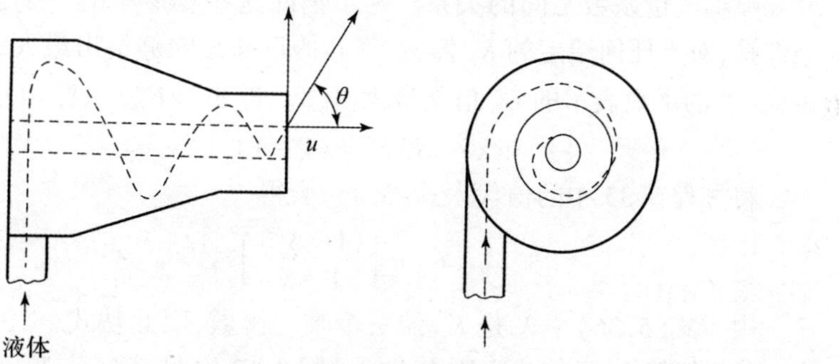

图 5.11　简单离心式喷嘴内的流道示意图

假设喷嘴内没有损失,整个涡流室的总压,被认为是恒定的,并且等于喷射压力 P。然后,通过伯努利方程,得出了流过孔板的液体中任意一点的总压力:

$$P = p + 0.5\rho_L u^2 + 0.5\rho_L v^2 = 常数 \tag{5.29}$$

式中:p 为液体中任何点的静压;u 为节流孔中的轴向速度。但是对于一个单独的自由涡,可以证明的是 $P + 0.5\rho_L v^2 = 常数$,因此对于非黏性流体的稳定流动,孔中的空气芯周围液体环中 R 的所有值的轴向速度 u 是均匀且恒定的。在空气核心处,静压是周围大气的背压,即 $p=0$,所以

$$P = 0.5\rho_L (u_{r_a}^2 + v_{r_a}^2) \tag{5.30}$$

由于 u 保持不变,因此得到 $u_{r_a} = u$。式(5.30)中用 u 代替 u_{r_a} 可以得到:

$$P = 0.5\rho_L (v_{r_a}^2 + u^2) \tag{5.31}$$

节流孔的轴向分量可由下式获得:

$$u = \frac{\dot{m}_L}{\rho_L (A_o - A_a)} \tag{5.32}$$

式中:A_o 为孔口区域;A_a 为空气核心区域。由式(5.26)和式(5.27)得到:

$$v_{r_a} = \frac{\dot{m}_L R_s}{\rho_L A_p r_a} \tag{5.33}$$

分别将式(5.32)和式(5.33)的 u 和 v_{r_a} 代入式(5.31),得出:

$$P = 0.5\rho_L \left[\left(\frac{\dot{m}_L R_s}{\rho_L A_p r_a} \right)^2 + \left(\frac{\dot{m}_L}{\rho_L (A_o - A_a)} \right)^2 \right] \tag{5.34}$$

因此将式(5.6)中的 m_L 代入式(5.34)可得

$$\frac{1}{C_D^2} = \frac{1}{K_1^2 X} + \frac{1}{(1-X)^2} \tag{5.35}$$

其中,$X = A_a/A_o$ 和 $K = A_p/\pi r_o R_s$。式(5.35)显示了喷嘴尺寸、空气芯尺寸和喷嘴流量系数之间的关系。为了消除这些变量中的一个,可以应用的条件是,对于任何给定的 K_1 值,空气芯的尺寸总能够给出最大流量;也就是说,以 X 的函数表示的 C_D 值是最大值[4]。将 $\mathrm{d}(1/C_D^2)/\mathrm{d}X = 0$ 引入可得

$$2K_1^2 X^2 = (1-X)^3 \tag{5.36}$$

将方程5.35中的值代入式(5.35)会得

$$C_D = \left[\frac{(1-X^3)}{1+X} \right]^{0.5} \tag{5.37}$$

由于式(5.36)中 X 是 K_1 的一个唯一函数,因此从式(5.37)中可以看出,C_D 仅依赖 K,且与注入压力无关。图5.12说明了 C_D 与喷嘴常数 K 的关系,其中 $K = A_p/D_S d_o = \pi K_1/4$。

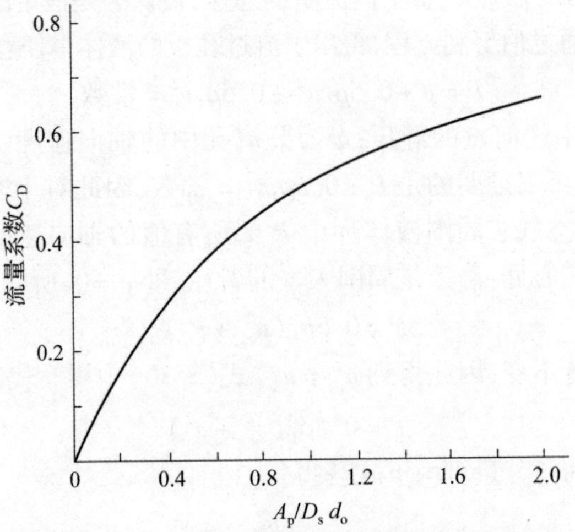

图5.12 流量系数与喷嘴尺寸之间的理论关系

Giffen 和 Muraszew[4] 观察到式(5.37)给出的 C_D 值与实验数据相比太低。为了适应这一点,他们在式(5.37)中引入了一个常数,修正后的公式为

$$C_D = 1.17\left[\frac{(1-X)^3}{1+X}\right]^{0.5} \tag{5.38}$$

其他学者导出了流量系数的另外几个方程。根据 Taylor[25] 的研究,对于无黏流动的涡流喷嘴,流量系数可由下式给出:

$$C_D^2 = 0.225\frac{A_p}{D_s d_o} \tag{5.39}$$

请参阅图4.10了解此处的相关术语。式(5.39)需要根据文献[34]关于 D_s/d_o 和 L_s/D_s 对流量系数影响的证据进行修正。C_D 与 D_s/d_o 之间的关系可由图5.13中一系列的数据点表明,通过分析得到以下关系式:

$$\frac{C_{D,\text{meas}}}{C_{D,\text{theor}}} = 0.55\left(\frac{D_s}{d_o}\right)^{0.5} \tag{5.40}$$

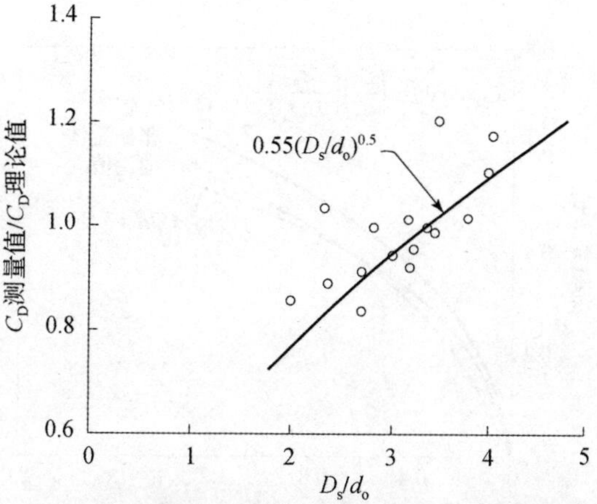

图5.13 涡流室出口孔直径比对流量系数的影响[34]

因此对于 D_s/d_o 的影响可以很容易地采用修正系数进行修正。图5.14表明在 L_s/D_s 最受关注的尺寸范围内(0.5~1.0),适当的校正因子恒定在约0.95。将这两个项合并到式(5.39)中给出:

$$C_D^2 = 0.0616\frac{D_s}{d_o}\frac{A_p}{D_s d_o} \tag{5.41}$$

图5.15显示了这种关系。其中 D_s/d_o 的两个值分别为3.5和5.0。

Eisenklam[35]、Dombrowski 和 Hassan[31] 使用以下尺寸将他们的射流实验数据进行关联:

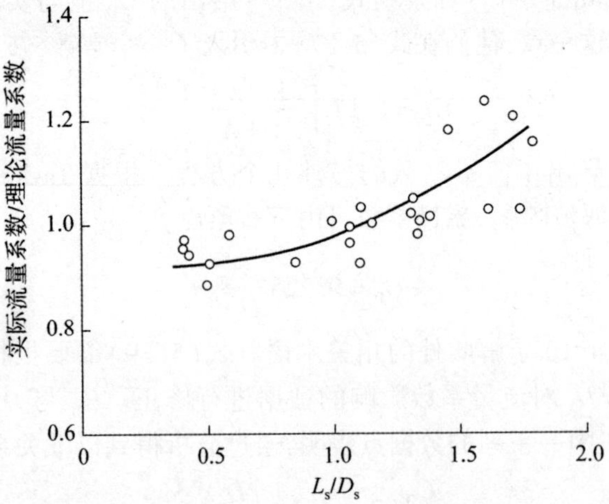

图5.14 旋流室直径与长度比对流量系数的影响[34]

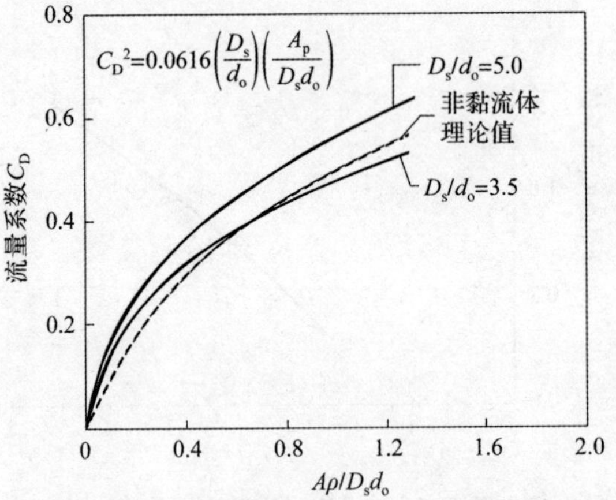

图5.15 式(5.41)中流量系数与喷嘴的实际关系

$$\frac{A_p}{D_s d_o}\left(\frac{D_s}{d_o}\right)^{1-n} \tag{5.42}$$

Eisenklam 的研究表明 n 值从 0.1 到 0.1 不等，但 Dombrowski 和 Hassan 声称 n 只能取值为 0.5。

Rizk 和 lefebvre[36] 得出以下 C_D 的关系式：

$$C_D = 0.35\left(\frac{A_p}{D_s d_o}\right)^{0.5}\left(\frac{D_s}{d_o}\right)^{0.25} \tag{5.43}$$

图5.16中示出了这种关系。

根据之前的分析,以下对影响内部流动的关键几何因素进行总结。

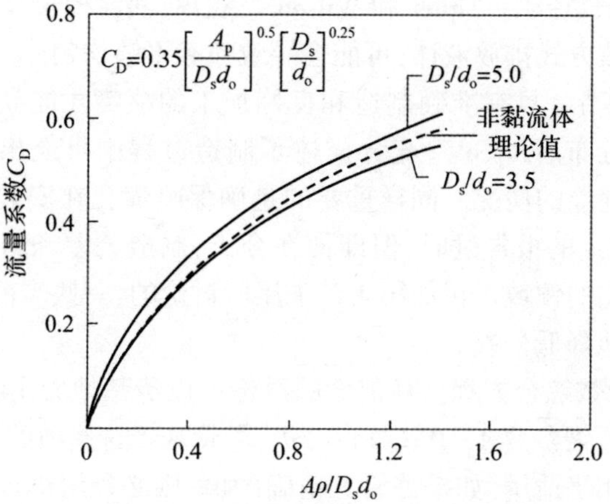

图5.16 式(5.43)中流量系数与喷嘴的实际关系[36]

(1)设计考虑。摩擦损失是旋流喷嘴设计中的一个主要考虑因素。为了解释这些影响,上面的无黏描述在几个地方进行了修正,尽管修正通常是经验的。摩擦损失对流量系数有两个相反的影响。首先,摩擦损失是雾化能量的无效耗散,它降低了喷嘴的有效压降和流量系数;其次,通过阻止涡流室中的旋转气流,摩擦减小了空气芯的直径,从而增加了流量系数。这两种相反效果的相对重要性主要取决于下面讨论的各种几何特征。

(2)涡流室直径与出口直径之比。D_s/d_o 对流量系数的影响如图5.13所示,表明 C_D 随 D_s/d_o 的增加而增加。然而,文献[34]指出,应保持较小的 D_s/d_o 值,以减少摩擦损失,并建议 D_s/d_o 不超过5.0。Tipler 和 Wilson[37]也持类似观点,他们推荐的值为2.5。然而,在没有相互矛盾的情况下,D_s/d_o 不超过3.3被认为更合适,与 Carlisle、Tipler 和 Wilson 的建议一致,且具有图5.13所示的额外益处。在 $D_s/d_o=3.3$ 时,C_D 的理论值和实验值接近。

(3)涡流室长径比。应该保证涡流室长径比较小以尽量减少摩擦损失。然而,必须提供足够的长度,以便从涡流端口发出的独立射流合并成均匀的预流膜。目前,在主流的大多数设计中,L_s/D_s 介于0.5和1之间,尽管有人建议 L_s/D_s 值更高,最高可达2.75,可以改进雾化效果[38]。

(4)喷孔长径比。喷孔通道中产生的高摩擦损失要求其尽可能短。在大型喷嘴上,l_o/d_o 可以做得小到0.2,但在小型喷嘴上,制造所需精度的小型组件的难度通常使 l_o/d_o 的最小值约为0.5。

(5)涡流槽长径比。Tipler 和 Wilson[37]建议,涡流槽长径比不小于1.3,因为短槽以扩散方式排放液体,可能会导致喷雾不够均匀。

(6)生产制造。只有准确制造和良好加工的喷嘴才能获得良好的雾化和均匀的液滴分布。Joyce[39]充分描述了制造过程中可能出现的各种故障以及影响喷嘴性能的情况。同样重要的是确保喷嘴孔在安装过程中不会被损坏。尽管 Joyce 的报告过时,但即使在今天,制造公差和可重复制造仍然是一个备受关注的领域。正如第4章末尾所讨论的,一些当前的先进制造方法可以针对性地降低公差。

(7)流量系数综合方程。从前面的讨论可以清楚地看出,流量系数并不完全取决于无量纲参数 $A_p/D_s d_o$ 和 D_s/d_o,尽管基于这些项的 C_D 的简单推导公式在实践中相当适用,如果需要更精确的值,则必须考虑前面讨论的一些其他几何比,即 L_s/D_s 和 l_o/d_o,虽然其对 C_D 的影响很小但很显著。

Jones[32]对液体性质、工作条件和喷嘴几何形状对流量系数的影响进行了详细的实验研究。采用特殊设计的三片式大型喷嘴,研究了喷嘴几何尺寸对雾化效果的影响。这3个组成部分的几个版本被制造出来,共建造了159个不同的喷嘴配置。然而,在实践中,人们发现只需使用一小部分可能的喷嘴配置,就可以涵盖每个几何无量纲组的满意范围。

表5.1列出了对每个无量纲组进行研究的范围,并将这些值与英国中央发电局用于发电的典型大压力涡流喷嘴的值进行了比较。

表5.1 无量纲组的取值范围[32]

无量纲参数	取值范围	典型值	
$\frac{l_o}{d_o}$	0.1~0.9	0.15	—
$\frac{L_s}{D_s}$	0.31~1.26	0.7	—
$\frac{L_p}{D_p}$	0.79~3.02	1.2	—
$\frac{A_p}{d_o D_s}$	0.19~1.21	0.52	—
$\frac{D_s}{d_o}$	1.41~8.13	2.7	—

续表

无量纲参数	取值范围	典型值	
$\frac{d_o\rho_L U^2}{\sigma}$	$11.5\times10^3 \sim 3.55\times10^5$	低压 $\frac{2.4\text{MPa}}{1.08\times10^5}$	高压 $\frac{6.3\text{MPa}}{3.88\times10^5}$
$\frac{d_o\rho_L U}{\mu_L}$	$1.913\times10^3 \sim 21.14\times10^3$	6.45×10^3	23.64×10^3
$\frac{\mu_L}{\mu_A}$	279 ~ 2235	750	—
$\frac{\rho_L}{\rho_A}$	694 ~ 964	700	—

通过对实验数据的分析，Jones[32]得到以下流量系数的经验公式：

$$C_D = 0.45\left(\frac{d_o\rho_L U}{\mu_L}\right)^{-0.02}\left(\frac{l_o}{d_o}\right)^{-0.03}\left(\frac{L_s}{D_s}\right)^{0.05}\left(\frac{A_p}{D_s d_o}\right)^{0.52}\left(\frac{D_s}{d_o}\right)^{0.23} \tag{5.44}$$

在式(5.44)中，值得注意的是$A_p/D_s d_o$和D_s/d_o的指数项与式(5.43)中的指数项非常接近。在式(5.44)中这些指数是0.52和0.23，相比式(5.43)中其值为0.50和0.25。

Babu等[40]依据Eisenklam[25]和Dombrowski和Hassan[31]的研究假设在涡流形状喷嘴内：

$$vr^n = 常数 \tag{5.45}$$

他们的理论研究辅以实验数据，分析得到了以下经验流量系数表达式：

$$C_D = \frac{K_{cd}}{[1/(1-X)^2 + (\pi/4B)^2/X^n]^{0.5}} \tag{5.46}$$

其中

$$K_{cd} = 7.3423\frac{A_o^{0.13735}A_s^{0.07782}}{A_p^{0.041066}}$$

$$B = \frac{A_p}{D_m d_o}\left(\frac{D_m}{d_o}\right)^{1-n}$$

$$n = 17.57\frac{A_o^{0.1396}A_p^{0.2336}}{A_5^{0.1775}},\quad \Delta p_L > 2.76\text{MPa}$$

$$n = 28\frac{A_o^{0.14176}A_p^{0.27033}}{A_s^{0.17634}}$$

$$\Delta p_L = 0.69\text{MPa}$$

式(5.46)的主要优点是它是依据几种不同喷嘴的大量可重复实验数据而建立的。但是,其没有考虑几何参数 L_s/D_s 及 l_o/d_o 的变化。此外,它需要知道气芯区域面积 A_a 以计算 X 的值并代入式(5.46)。这些信息不总是唾手可得的。

5.4.2 液膜厚度

在压力涡流喷嘴中,液体从喷嘴中流出,形成一个薄的锥形液膜,当液体径向向外扩散时迅速衰减,然后分解成液丝,最后下降。在预膜式气动喷嘴中,液体在暴露于高速空气之前也会被分散成一个连续的液膜。因此,研究影响液膜厚度的因素是很有意义的。

(1)理论。对于压力涡流和空气喷射式喷嘴,人们早已认识到在喷嘴出口产生的环形液体膜的厚度对喷雾的液滴平均直径有很大影响[41]。在压力旋流喷嘴中,最终孔板中液膜的厚度与空气芯的面积直接相关。Giffen 和 Muraszew 在假设为非黏性流体的情况下,对单喷嘴内的流动条件进行了分析,得出如式(5.36)所示的喷嘴尺寸与空气芯尺寸之间的关系。将式(5.36)代入 $K_1 = 4A_p/\pi D_s d_o$,得到:

$$\left(\frac{A_p}{D_s d_o}\right)^2 = \frac{\pi^2}{32}\frac{(1-X)^3}{X^2} \tag{5.47}$$

式中:X 为空气芯面积与最终喷孔面积之比。

根据式(5.47)计算 X 后,从几何角度考虑,很容易得出相应的液膜厚度 t 值:

$$X = \frac{(d_o - 2t)^2}{d_o^2} \tag{5.48}$$

在式(5.48)中,喷嘴流量系数为 X 的唯一函数。在式(5.43)中,流量系数为喷嘴尺寸的函数。将这两个方程结合起来得到以下表达式,可以用喷嘴尺寸计算 X 和 t:

$$\frac{(1-X)^3}{1+X} = 0.09\left(\frac{A_p}{D_s d_o}\right)\left(\frac{D_s}{d_o}\right)^{0.5} \tag{5.49}$$

Simmons 和 Harding[42] 导出了 t 的以下表达式:

$$t = \frac{0.48\mathrm{FN}}{d_o\cos\theta} \tag{5.50}$$

在式(5.50)中,应注意薄膜厚度以 μm 表示,FN 是标准校准流体(MIL-C-7024II 或 MIL-PRF-7024 II 型)的喷嘴流量,单位为(磅/h)/

$(\text{psi})^{0.5}$，d_o 是喷孔直径，单位为 in(1in = 25.4mm)，θ 是喷雾角度的一半，单位为°。

在国际单位制中，式(5.50)变成：

$$t = \frac{0.00805\sqrt{\rho_L}\text{FN}}{d_o\cos\theta} \tag{5.51}$$

式(5.47)、式(5.49)和式(5.51)表明液膜厚度与液体黏度和液体注入压力无关，虽然这与人们的直觉不一致。

为了克服这一问题，Rizk 和 Lefebvre[36] 采用理论方法研究了压力旋流喷嘴的内部流动特性。他们特别研究了喷嘴尺寸和工作条件对喷雾锥角、速度系数和在出口处形成的环形液膜厚度的影响。根据喷嘴尺寸、液体特性和液体喷射压力导出了液膜厚度的一般表达式：

$$t^2 = \frac{1560\dot{m}_L\mu_L}{\rho_L d_o \Delta P_L}\frac{1+X}{(1-X)^2} \tag{5.52}$$

或者，通过替换 $\text{FN} = m_L/(\Delta p_L\rho_L)^{0.5}$ 可以得到：

$$t^2 = \frac{1560\text{FN}\mu_L}{\rho_L^{0.5} d_o \Delta P_L^{0.5}}\frac{(1+X)}{(1-X)^2} \tag{5.53}$$

X 的取值依赖 t，事实上，$X = A_a/A_o = (d_o - 2t)^2/d_o^2$。求解式(5.52)和式(5.53)的过程涉及一些试错手段。

Rizk 和 Lefebvre[36] 使用式(5.52)计算不同喷嘴尺寸和工作条件下的膜厚度。其结果显示在图 5.17 ~ 图 5.21 中，这些图不仅显示了液膜厚度与注射压差的关系，还显示了 Kutty 等的相应测量值[43-44]。理论和实验都表明，喷嘴压降越大，液膜越薄。因此，雾化质量的提高总伴随着压降的增大，这通常是由于液体喷注速度的增加，也可能是由于喷嘴压降增加使膜厚减小，如图 5.17 ~ 图 5.21 所示。

出口直径的增加导致液膜厚度增加，如图 5.17 所示。这是因为增加 d_o 降低了 C_D[参见式(5.39) ~ 式(5.44)]。膜厚随液体出口面积的变化如图 5.18 所示。增加入口面积可以提高通过喷嘴的流速，产生了更厚的液膜。减少涡流室直径可以增加液膜厚度，如图 5.19 所示。这归因于较低的涡流作用，减小了最终喷孔内空气芯的直径。孔长和涡流室长度对液膜厚度的影响相当小，如图 5.20 和图 5.21 所示。

式(5.53)被用来确定液膜厚度，数据来源为索特平均直径(SMD)[36,42,45]。其结果如图 5.22 所示，研究人员指出 SMD 与 $t^{0.39}$ 相关。指数 0.39 与 Rizk 和 lefebvre[46] 用于预膜喷气喷嘴的结果几乎相同，也与 Simmons[47] 的结论接近。

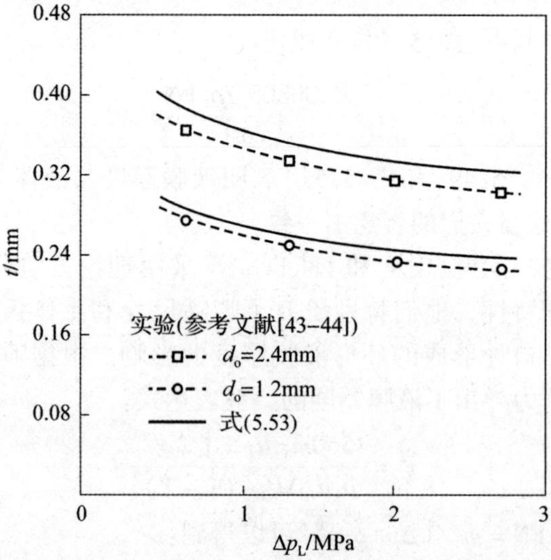

图 5.17　不同孔口直径的膜厚 t 随喷射压力的变化[46]

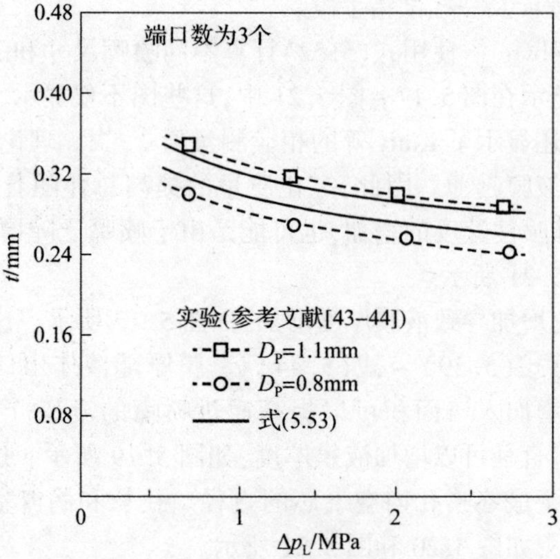

图 5.18　不同喷注压力和液膜厚度对进气口直径的影响[46]

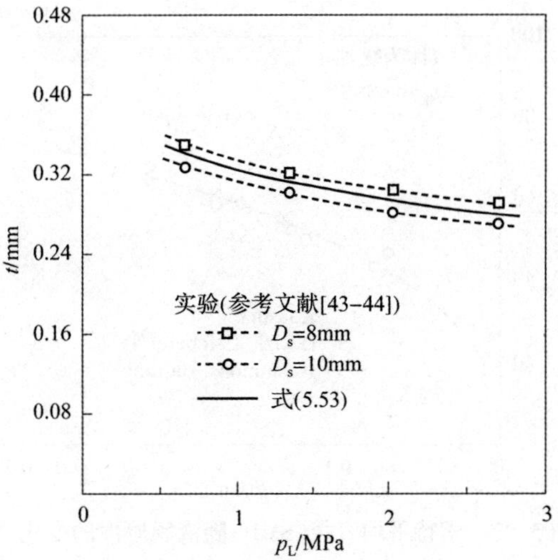

图5.19 不同喷注压力和液膜厚度对漩涡室直径的影响[46]

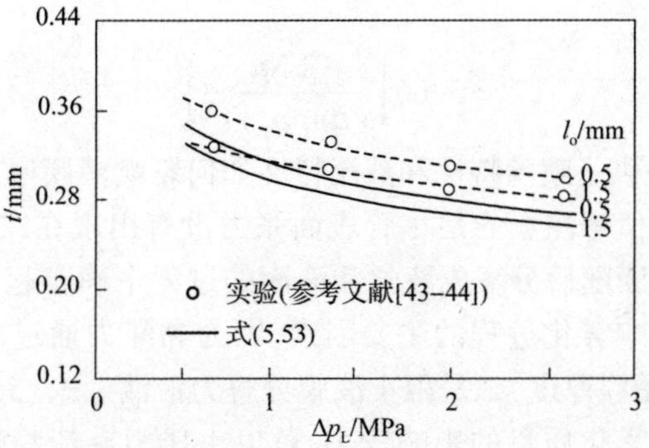

图5.20 不同方向的膜厚和喷注压力对 Fice 长度的影响[46]

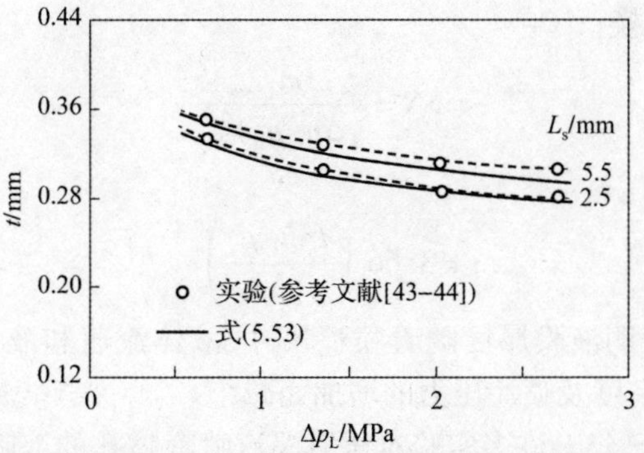

图5.21 液膜厚度和喷注压力对涡流室长度的影响[46]

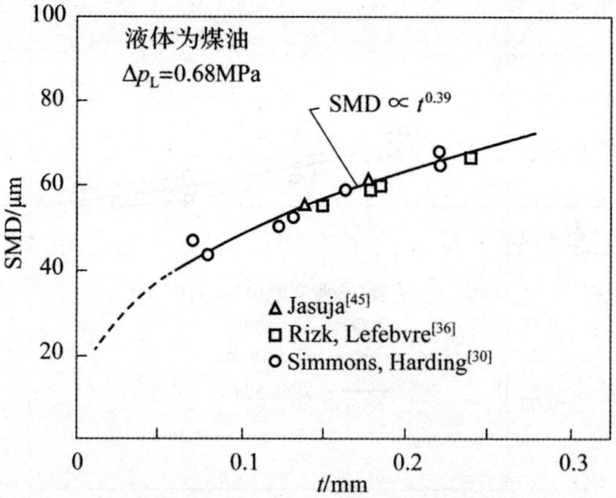

图5.22 索特平均直径(SMD)随液膜厚度的变化[46]

Rizk 和 Lefebvre[36]指出当 $t/d_o \ll 1$ 时,式(5.52)可以在保留其基本特征的条件下简化为

$$t = 3.66\left[\frac{d_o \mathrm{FN} \mu_L}{(\Delta p_L \rho_L)^{0.5}}\right]^{0.25} \tag{5.54}$$

式(5.54)提供了喷嘴特性和液流特性如何影响液膜厚度和液滴平均直径的指导方向。值得注意的是尽管表面张力没有出现在式(5.54)中,显而易见的是其在液膜随后分解成液丝和液滴的过程中确实起了很大作用。液体黏度显然是影响雾化过程的主要因素,因为黏滞力通过两种方式阻碍雾化,一是增加初始膜厚度,二是阻止液膜分解为液滴。式(5.54)表明液体密度对液膜厚度和雾化质量的影响较小,可以由压力旋流喷嘴液滴平均直径的测量结果证实[46]。

通过以下变换:

$$\mathrm{FN} = \frac{\dot{m}_L}{(\Delta p_L \rho_L)^{0.5}}$$

式(5.54)可写为

$$t = 3.66\left(\frac{d_o \dot{m}_L \mu_L}{\rho_L \Delta p_L}\right)^{0.25} \tag{5.55}$$

式(5.55)表明液膜厚度随着喷嘴尺寸、液体流速和液体黏度的增加而增加,随着液体密度及喷注压力的增加而减小。

(2)实验。已经有许多实验对压力涡流喷嘴喷孔的液膜厚度进行测量。在一些实验中液膜厚度是直接测量的,其他实验则是通过气芯直径和孔口直径测量值的间接计算获得，液膜厚度为以上两个测量值之差的一半。

Kutty 等[43]使用摄影技术研究液体压差对气芯尺寸的影响。照片是摄像机通过喷嘴出口指向上游孔口的位置而获得的。通过在旋转室后面安装一个透明窗口来提供照明。气芯直径则从放大 100 倍后的微胶片中获得。

Suyari 和 lefebvre[48]使用了一种基于电导率的测量手段。方法是顺着流体流动的方向测量放置于排放孔中不同位置电极的电导率。由于水的电导率是已知的，这种方法可以直接测量两个电极之间的液膜厚度。

该系统通过让水流过喷嘴，在喷孔插入一个低导电性塑料棒，然后测量电导率。使用不同尺寸多次测量，就可得到液膜厚度电导率测量的基准曲线。

为了验证喷嘴构型变化对液膜厚度的影响，许多镶嵌件被用于提供四个不同值的入口端口直径，即 0.749mm、1.143mm、1.245mm 和 1.346mm。由此获得的液膜厚度如图 5.23 所示，其中显示了液膜厚度与在 1 个大气压下液体喷射压差之间的关系。

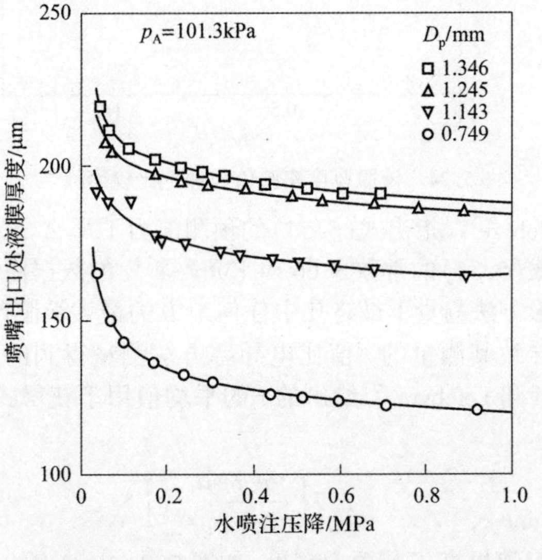

图 5.23　喷注压力和进口直径对液膜在喷孔口的厚度的影响[48]

(3)理论和实验的比较。将式(5.47)、式(5.49)、式(5.50)和式(5.54)的计算数据和实验数据进行对比。图 5.24 中给出了正常大气压和液体压差为 0.69MPa 下的对比结果。可以看出利用喷嘴尺寸和气芯尺寸之间的简单无黏关系(Giffen 和 Muraszew[4])即式(5.47)得到的 t 的测量值与实验值具有良好的一致性。但是,式(5.49)提供了对实验数据的最佳拟合。Simmons 和 Harding 提出的式(5.50)证明良好的数据一致性。

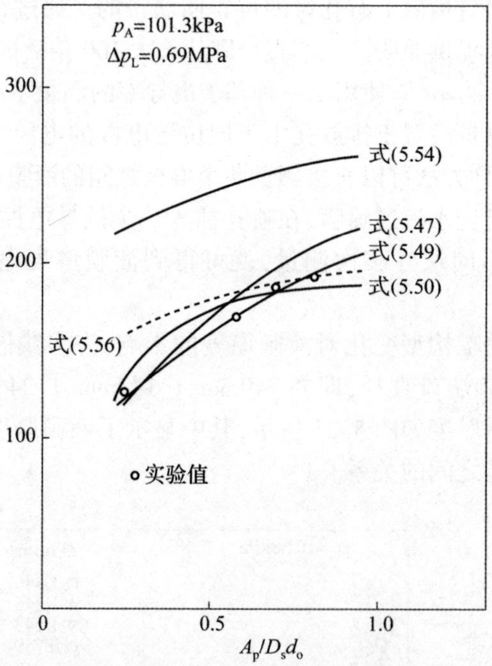

图 5.24 液膜厚度实验值与理论比较预测[48]

Rizk 和 Lefebvre[34] 指出式(5.54)的预测能力不那么令人满意。这可能是因为选择的式(5.54)的常数 3.66 对 Kutty 等[43] 的数据提供最好的拟合。

他们的摄影方法测量了最终孔中任何地方的最大液膜厚度。液体表面的波纹可能会导致其测量的 t 值比电导率方法测量得到的平均厚度更高。如果将由 Suyari 和 Lefebvre[48] 给出的 t 的平均值用于获得式(5.54)中的常数,则有

$$t = 2.7\left[\frac{d_o \mathrm{FN} \mu_L}{(\Delta p_L \rho_L)^{0.5}}\right] \tag{5.56}$$

式(5.56)显著提高了其预示精度,如图 5.24 中的虚线所示,但与实验值的一致性仍然不如式(5.49)。

Moon 等[49] 利用 GDI 喷注器获得了其他的液膜厚度关联式。这项研究考虑了压力高于 2MPa 的情况,并给出了以下计算方法:

$$t = 0.97 A_p^{0.08}\left(\frac{\mu_L d_o}{\rho_L}\right)^{0.25}\left(\frac{l_o}{d_o}\right)^{0.76}(\tan\alpha)^{-0.12} \tag{5.57}$$

该式概括了不同进气口数量下的应用[相较于 Rizk 和 Lefebvre[36]广泛使用的式(3)]。相似之处可由式(5.55)中相同的物理量和指数项看出，其他显式几何特征包含在式(5.56)中，尤其是 l_o 和液体进入涡流室的角度 α。

5.4.3 流动数

喷嘴的流量很容易确定。液体流量 m_L 通过测量流过给定体积(或质量)液体所需的时间而获得，测量同时需保持喷嘴上的压差为恒定值。通常，压差为 0.69MPa，液体为标准校准液(MIL－C－7024 II 或 MIL－PRF－7024－Type II)，室温下密度为 765kg/m^3。然后，将 m_L，Δp_L 和 ρ_L 这些值代入式(5.3)，以获得流动数。

Kutty 等[43,50]采用实验方法研究了喷嘴尺寸对流动数的影响。他们制造了大量的简单喷嘴，所有喷嘴都有三个等间距的入口，其设计方式旨在阐明每个关键尺寸的变化对喷嘴流动特性的影响。Rizk 和 Lefebvre[36]通过对其数据的分析得出以下喷嘴流量的经验表达式：

$$FN = 0.0308\left(\frac{A_p^{0.5} d_o}{D_s^{0.45}}\right) \tag{5.58}$$

图 5.25～图 5.29 显示了流量随喷嘴尺寸变化而变化，如式(5.58)所示，以及参考文献[43,50]中煤油的实验结果。这些数据表明，式(5.58)能够预测喷嘴尺寸变化对喷嘴流量的影响。

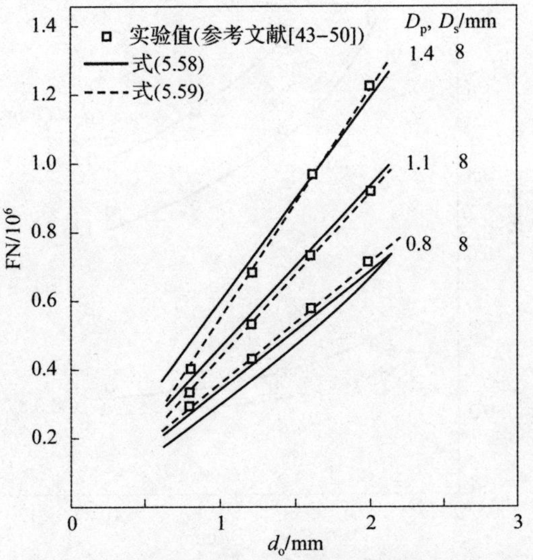

图 5.25 喷孔直径对喷嘴流量的影响[46]

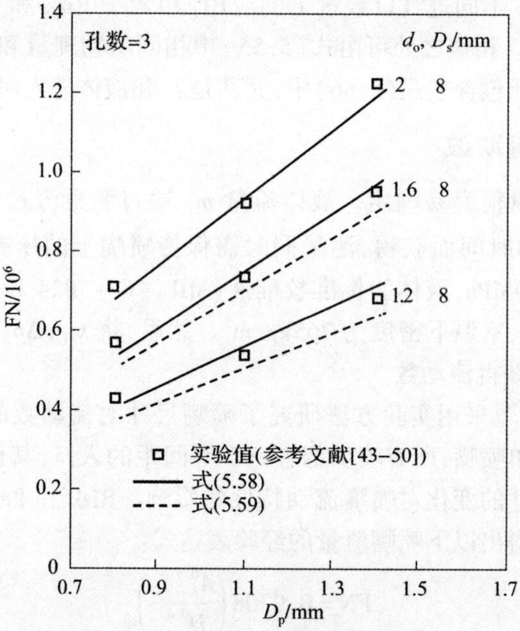

图 5.26 入口直径对喷嘴流量的影响[46]

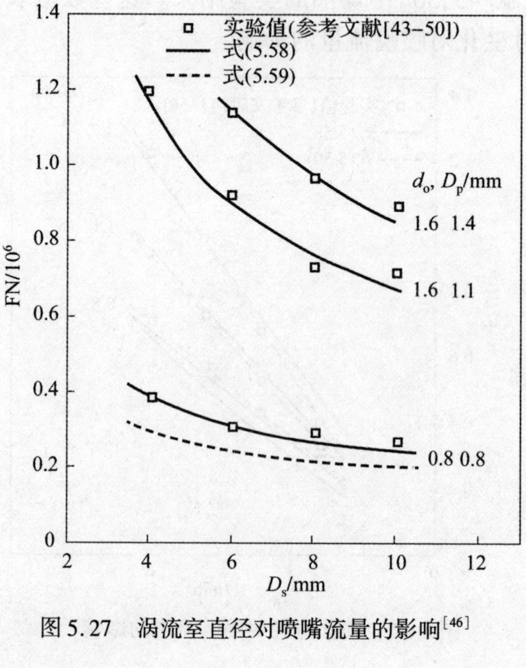

图 5.27 涡流室直径对喷嘴流量的影响[46]

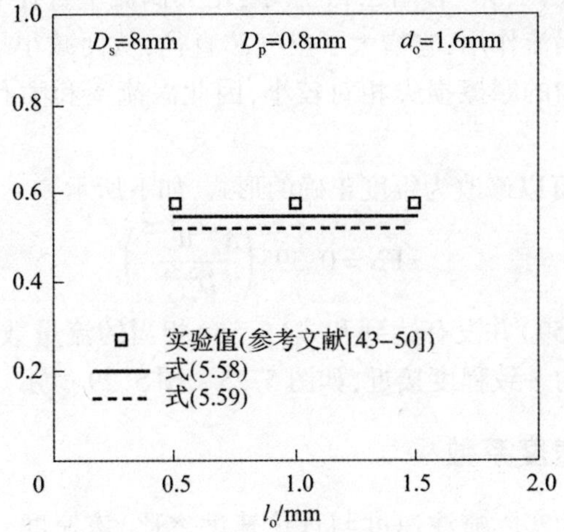

图 5.28　喷孔长度对喷嘴流量的影响[46]

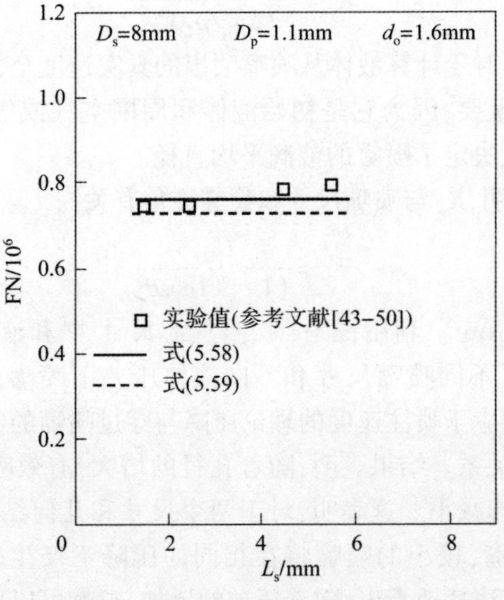

图 5.29　涡流室长度对喷嘴流量的影响[46]

式(5.58)也适用于除三个入口外的喷嘴，但其中的常数(0.0308)可能需要修改。

考虑到式(5.58)中的各种喷嘴尺寸，可以合理地预示，由于可用流动面积的增加，对于任何给定的喷射压差，喷孔直径和入口面积的较高值应增加液体流速。如式(5.58)和图5.27所示,增大涡流室直径对降低流速的影响是由于较高的涡流作用,它增大了空气芯直径,从而减小了喷孔口的有效流动面积。喷嘴内的摩擦损失相对较小,因此涡流室和喷孔的长度对流量的影响较小。

式(5.57)可以修改为维度正确的形式,如下所示:

$$\mathrm{FN}=0.395\left(\frac{A_{\mathrm{p}}^{0.5}d_{\mathrm{o}}^{1.25}}{D_{\mathrm{s}}^{0.25}}\right) \tag{5.59}$$

尽管式(5.59)并没有达到和式(5.58)相当的流量数的预测精度,但理论和实验之间的一致程度接近,如图5.25~图5.29所示。

5.4.4 速度系数

速度系数为实际喷注速度与理论速度之比,该速度对应于穿过喷嘴的总压差,即

$$K_v=\frac{U}{(2\Delta p_{\mathrm{L}}/\rho_{\mathrm{L}})^{0.5}} \tag{5.60}$$

准确的 K_v 值对于计算液体从喷嘴喷出的真实速度至关重要。这个速度对雾化效果尤其重要,因为它是初始液体和周围空气或气体之间的相对速度,在很大程度上决定了喷雾的液滴平均直径。

文献[51]表明,K_v 与喷嘴尺寸和喷雾锥角有关:

$$K_v=\frac{C_{\mathrm{D}}}{(1-X)\cos\theta} \tag{5.61}$$

Rizk 和 Lefebvre[51]利用锥角[43]、空气芯尺寸[44]和液体流量[50]的现有实验数据,计算了不同喷嘴尺寸和不同液体压差下喷嘴的液体喷注速度。图5.30描述了对应于喷注速度的理论压降与穿过喷嘴的实际测量压降之比与喷孔口直径的关系。结果表明,随着孔径的增大,有效喷射压力与实际喷射压力的比值迅速减小。这表明,对于两个尺寸和几何结构相似、仅在喷孔直径上不同的喷嘴,较小的喷嘴将在相同的压降下产生较高的喷注速度。从图5.30中可以清楚地看出,随着压差的增加,喷嘴可以更加有效地将可用压降转换为喷注速度。

式(5.61)也可用于检查喷嘴尺寸变化对 K_v 的影响。将分别来自式(5.55)、式(7.31)和式(5.43)的膜厚、锥角和流量系数的计算值与液体流量和喷嘴压差的测量值结合使用,即可得出图5.31~图5.35所示的结果。如图5.31显示,孔口直径的增加导致速度系数降低。这是因为增加 X

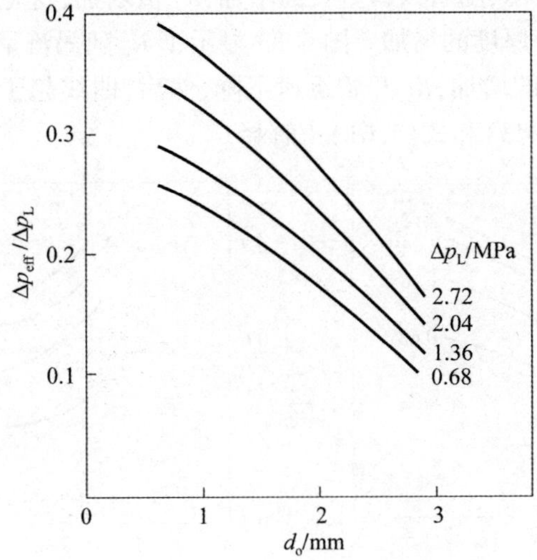

图 5.30　喷孔直径对有效喷射压力的影响[13]

对 K_v 的影响被相应的 C_D 减少所抵消。在较高的 Δp_L 水平下,速度系数的提高是由于液膜厚度的减小。

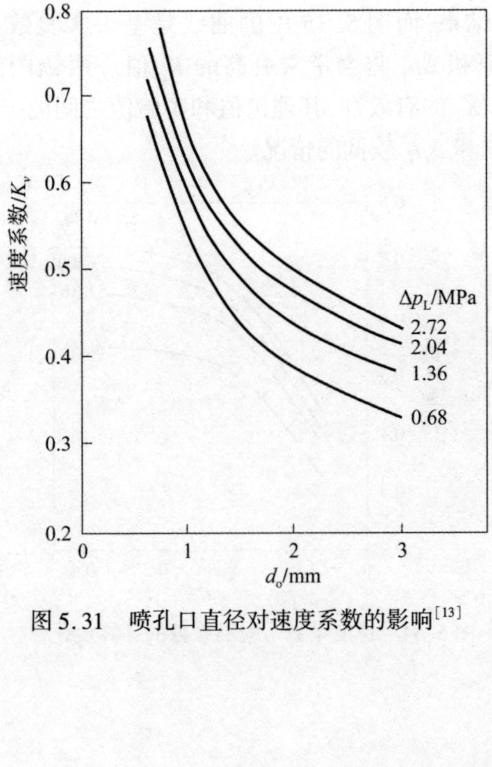

图 5.31　喷孔口直径对速度系数的影响[13]

如图5.32所示,随着入口直径的增加,K_v 值增加,这是由于流量系数增大,足以弥补液膜厚度的增加。图5.33显示了 K_v 随涡流室直径的变化。结果表明,随着 D_s 的增加,K_v 开始迅速下降,然后,曲线趋于稳定。这些影响也可以根据式(5.43)和式(5.61)来解释。

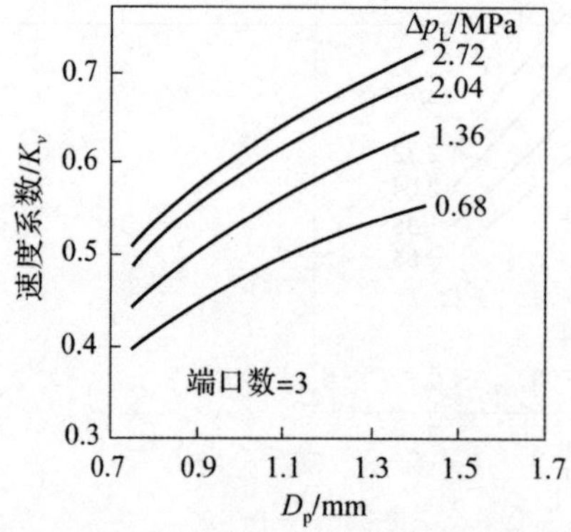

图5.32　进口直径对速度系数的影响[13]

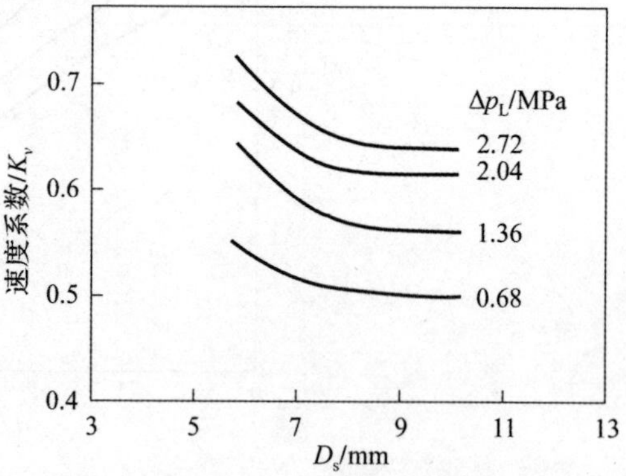

图5.33　涡流室直径对速度系数的影响[13]

速度系数随喷嘴系数 K 的变化如图5.34和图5.35所示。图5.34中的曲线是计算的结果,而图5.35中的曲线是基于实验数据。这两幅图都表明,更高的 K 值和 Δp_L 将会带来更高的 K_v 值。两幅图的比较有助于确认式(5.61)计算 K_v 的有效性,其理论值和实验值之间的一致性通常令人满意,尤其是对于 K 和 Δp_L 较低的情况。

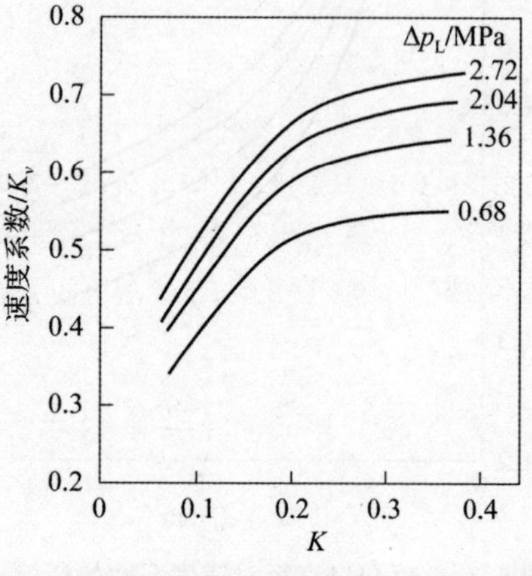

图5.34　速度系数与喷嘴系数的计算变化[13]

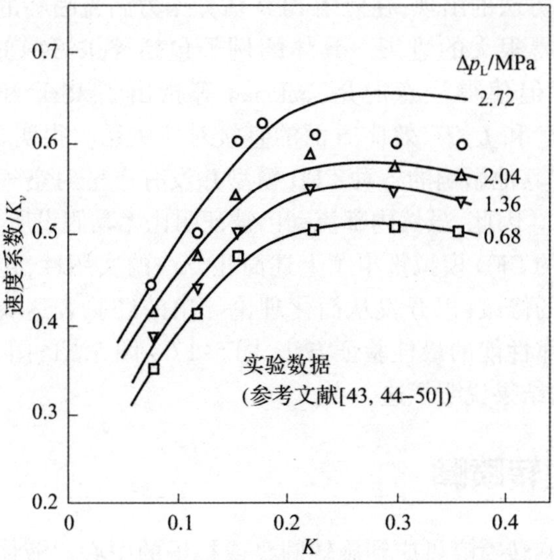

图 5.35　速度系数随喷嘴系数变化的实验数据[13]

众所周知,黏性力通过阻止不同类型喷嘴产生的液体射流和液膜的解体而损害喷雾质量,但很少有人注意到黏度对雾化的其他不利影响,这是由于它对喷嘴内部流动过程的强烈影响。黏度对 K_v 影响的计算结果表明,由于膜厚增加和锥角减小的共同作用,液体黏度的增加使 K_v 明显降低。然而,当膜厚发展到空气芯直径相当小的程度时,X 和 θ 的变化比流量系数的增加要小。这会导致 K_v 的下降速度变慢;事实上,K_v 甚至会略微上升,直到达到一个充满喷孔的黏度水平。在此条件下,不管 Δp_L 如何,K_v 的值都保持在 0.34 附近。

Rizk 和 Lefebvre[52] 的研究清楚地表明,液体黏度的增加阻碍了雾化,不仅通过将液膜分解成液滴,而且通过在喷孔中加厚液膜,降低喷嘴压力差在喷嘴出口处转换成动能的效率。分析结果表明,影响速度系数的主要因素是喷嘴几何形状、喷嘴压差、液体密度特性和黏度特性。结果表明,在大范围的喷嘴尺寸和液体性质下,速度系数的计算值与以下经验公式符合得很好:

$$K_v = 0.00367K^{0.29}\left(\frac{\Delta p_L\,\rho_L}{\mu_L}\right)^{0.2} \tag{5.62}$$

5.4.5　小结

正如在本章开头讨论压力涡流喷嘴时所提到的,随着能够隔离气液界面的CFD研究方法的出现,在使用CFD估算压力涡流喷嘴的各种参数方面的研究已经取得很大的进展。具体的例子包括Yule和Chinn[53]、Sakman等[54]的研究。但值得注意的是,Sakman等指出了Rizk和Lefebvre[36]与Jones[32]在l_o/d_o和L_s/D_s效应方面的直接对应关系。很明显,用于捕捉界面、包含湍流和其他影响的各种CFD模型并没有产生对空气核芯内部形状的一致结果[55]。因此,虽然内部流动已被证明比无黏假设所建议的更复杂,但许多更详细的CFD模拟重申了上述简化方法的实用性,包括研究人员对无黏理论进行的修改,以开发从简化理论导出的经验表达式。用测量数据进行确认是可靠性能的最佳验证方法,图5.17~图5.21、图5.24~图5.29和图5.35中的结果说明了这一点。

5.5 旋转喷嘴

液体通过旋转喷嘴供应到旋转圆盘或杯子的中心。液体与杯壁之间的摩擦使液体以与杯大致相同的速度旋转。这种旋转运动在液体中产生离心力,使液体沿径向向外流向杯子边缘。如果杯子的转速足够高,液体将以连续薄膜的形式到达边缘。这种薄膜分解成液滴的方式取决于杯子的大小和几何形状、转速、液体流速和液体的物理性质[56-60]。

当液体流量从零逐渐增加到以恒定速度旋转的杯子时,液体流动变化是有指导意义的。在低流速下,液体扩散到整个表面,并以非常均匀的液滴形式分离。这种现象通常称为直接液滴形成。如果流速增加,液丝沿着周围形成,然后分解成液滴。液丝的数目随着流速的增加而增加到最大值,超过最大值后将保持恒定,与流速无关。在这种雾化模式下,液丝的厚度随着流速的增加而增加[61]。液丝本身是不稳定的,并在离周围一定距离处分解成液滴,如图5.36所示。这个过程通常称为液丝形成的雾化。

图5.36 液丝形成和崩解成液滴的图示[62]

随着流速的不断增加,最终达到液丝维持最大数量和大小的条件,并且不再继续适应液体的流动。一种向外延伸到杯子边缘以外某一距离的厚膜已经被制造出来。当这层膜分解成液丝时,它以一种不规则的方式分解,从而导致液滴大小发生明显变化。这一过程通常称为成膜雾化。

5.6　临界流率

Tanasawa 等[63]提供了计算从一种雾化方式过渡到另一种雾化方式所对应的临界流量的经验公式,具体如下。

直接液滴形成:

$$q \leqslant 2.8\left(\frac{D}{n}\right)^{2/3}\left(\frac{\sigma}{\rho_L}\right)\left[1+10\left(\frac{\mu_L}{(\rho_L\sigma D)^{0.5}}\right)^{1/3}\right]^{-1} \tag{5.63}$$

液丝形成:

$$q = 80\left(\frac{D}{n}\right)^{2/3}\left(\frac{\sigma}{\rho_L}\right)\left\{1+10\left[\frac{\mu_L}{(\rho_L\sigma D)^{0.5}}\right]^{1/3}\right\}^{-1} \tag{5.64}$$

薄膜形成:

$$q \geqslant 5.3\left(\frac{D}{n}\right)^{2/3}\left(\frac{\sigma}{\rho_L}\right)\left(\frac{\rho_L}{\mu_L}\right)^{1/3},\frac{D\rho_L}{\mu_L} < 30\text{s/cm} \tag{5.65}$$

$$q \approx 20(D)^{1/2}\left(\frac{1}{n}\right)^{2/3}\left(\frac{\sigma}{\rho_L}\right)^{5/6},\frac{D_{\rho_L}}{\mu_L} > 30\text{s/cm} \tag{5.66}$$

式中:q 为体积流量(cm^3/s);D 为圆盘直径(cm);n 为旋转速度(r/min);s 为液丝间距(cm);μ_L 为动力黏度($10^{-5}\,N/cm^2$);ν_L 为运动黏度(cm^2/s);ρ_L 为流体密度(g/cm^3);σ 为表面张力(10^{-5}N/cm)。

5.7　液膜厚度

Hinze 和 Milborn[56]通过简单地将黏性力和离心力相等,分析了旋转杯上液膜的径向速度分布。Emslie 等[64]进行了类似的分析,引入了重力的影响。Oyama 和 Endou[65]推导出径向和切向速度分布的表达式。最近,人们提出了更精确的解决方案[66]。Nikolaev 等[67]从膜的角速度与盘的角速度之差出发,求解了旋转圆盘上液体膜的运动方程。Bruin[68]用复变函数法求解简化的 Navier – Stokes 方程,得到了速度剖面的简单表达式。Matsumoto 等[69]通过对由 Navier – Stokes 方程导出的非线性微分方程的数值积分,预测了旋转圆盘上液膜的速度分布。

Matsumoto 等[69]比较了文献[67-69]关于平面圆盘上流动的径向速度分布的解决方案。其结果如图5.37所示,表明这些解决方案之间的差别很小。虽然通常认为液膜角速度与旋转圆盘之间的速度滞后很大,但这些结果表明,速度滞后不超过约20%。

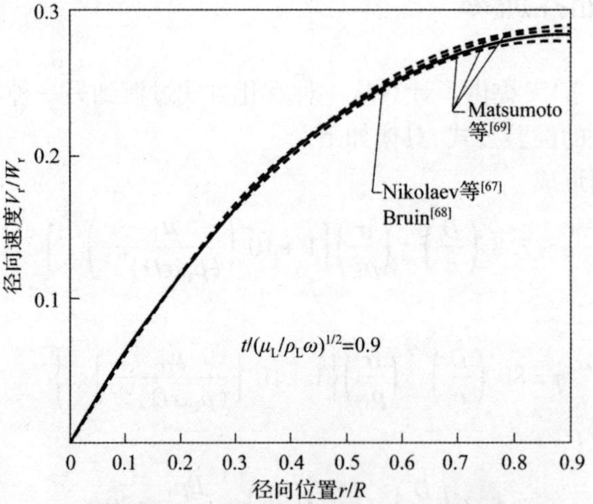

图5.37　根据平面圆盘上的流动预测径向速度分布[66]

图5.38将由这些结果预测的液膜厚度的理论解与实验数据进行了比较。这些不同解决方案之间的一致程度显然令人满意。

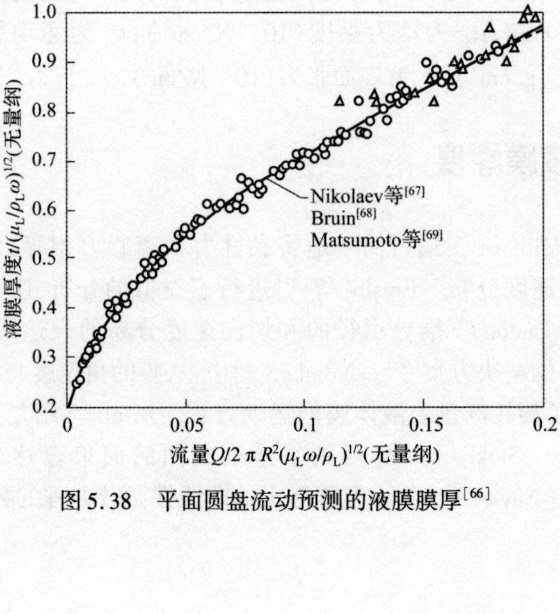

图5.38　平面圆盘流动预测的液膜膜厚[66]

5.8　齿形设计

研究发现，在杯壁上切割的凹槽有助于引导和调节离心力作用下的流量。把齿放在杯子的外缘可以获得额外的好处。这种齿有助于液丝脱落，避免液膜雾化(图 4.35)。最佳齿数取决于杯形尺寸、转速和液体性质。根据 Christensen 和 Steely[61]，可以通过表达式计算出最佳齿数：

$$z = 0.215\left(\frac{\rho_L \omega^2 D^3}{\sigma}\right)^{5/12}\left(\frac{\rho_L \sigma D}{\mu_L^2}\right)^{1/6} \tag{5.67}$$

该式显示，维持液丝形成所需的齿数随着杯子的大小和转速增加而增加，随着表面张力和黏度的增加而减小。表 5.2 说明了根据式(5.67)计算出的所需齿数。

表 5.2　维持韧带形成的所需齿数、转速和直径的关系[61]

直径/cm	转速/(r/min)	齿数/个	每厘米的齿数/个
5	1000	37.6	2.4
5	3000	94.6	6.0
5	5000	145.4	9.3
10	1000	56.6	1.8
10	3000	142.5	4.5
10	5000	219.0	7.0
20	1000	85.2	1.4
20	3000	214.5	3.4
20	5000	330.0	5.2

一旦液体到达轮齿，就会发生前面讨论过的各种雾化模式。这些模式如图 5.39 所示。它们包括齿的直接液滴形成、液滴和液丝联合形成、液丝形成和液膜形成。该图说明，单分散喷雾只能通过直接液滴形成或液丝形成获得。

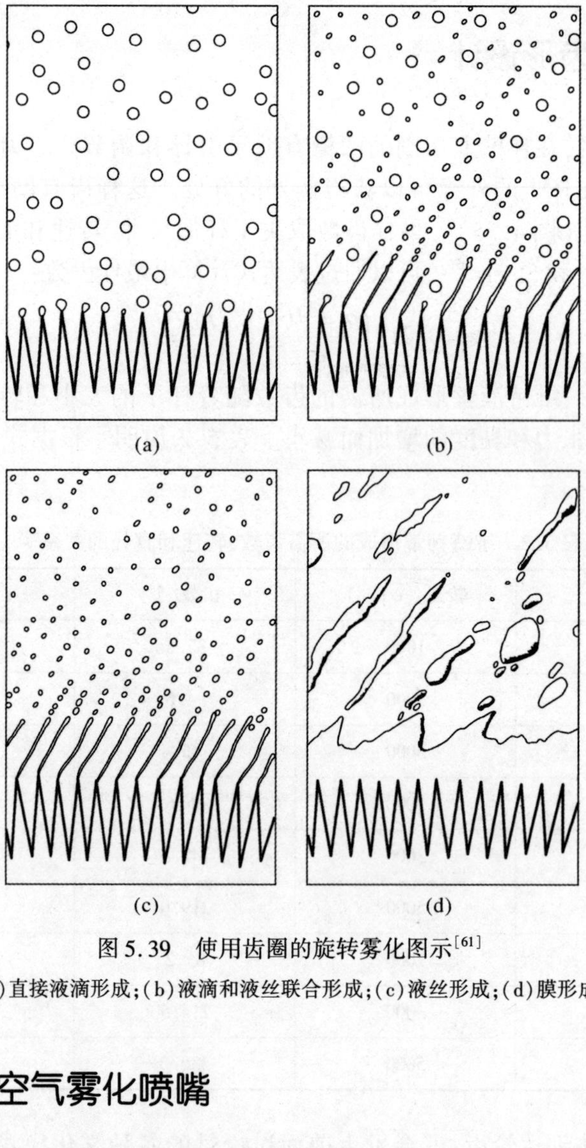

图5.39　使用齿圈的旋转雾化图示[61]

(a)直接液滴形成;(b)液滴和液丝联合形成;(c)液丝形成;(d)膜形成。

5.9　空气雾化喷嘴

对于直流空气雾化喷嘴,内部流体力学特性与直流压力雾化喷嘴基本相同。预膜式气动喷嘴的情况则更为复杂,但实现良好雾化的关键因素已经被认识一段时间。通过对几种不同喷嘴结构进行详细的实验研究,Lefebvre 和 Miller[70]确定了成功喷嘴设计的以下基本特征。

(1)液体首先应摊铺成厚度均匀的连续液膜。

(2)通过产生最小厚度的液膜片获得最佳雾化。实际上,这意味着雾化唇口的直径应尽可能大。

(3)在雾化唇口形成的环形液膜应以最高速度暴露在空气中。因此,喷嘴应设计成在气流通道中实现总压力的最小损失和雾化唇口的最大空气速度。

在大多数预膜喷嘴中,液体通过若干等距的切向端口流入堰,从堰中扩散到预膜表面,然后在雾化唇处排出。预膜喷嘴示意图如图5.40所示。堰的目的是保护液体不受高速空气的影响,直到流入堰内的液体离散射流失去各自的特性,并在堰后形成一个完整的环形储液池。当液体从这个储液池流出时,暴露在高速气流中,这使得它扩散到预膜表面,在雾化唇口形成一层连续的液膜。通常,液膜保留了很大比例的切向速度分量,因此当它流过预膜唇时,会被径向向外抛出,形成中空的锥形喷雾。当然,只有在没有雾化空气的情况下才能观察到这种自然喷雾锥。在正常操作条件下,预浸器唇口产生的液膜被雾化空气迅速分解,这决定了随后喷雾的有效锥角。然而,宽的自然喷雾角是一个理想的设计,因为它增加了液体和雾化空气之间的相对速度,也增加了液体和外部气流之间的相互作用。在预膜喷嘴的设计中,这通常是外部气流速度超过内部气流速度(图5.40)的原因之一。

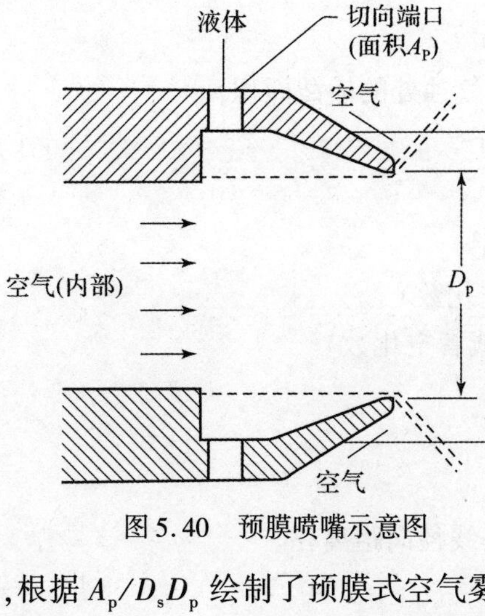

图5.40 预膜喷嘴示意图

在图5.41中,根据A_p/D_sD_p绘制了预膜式空气雾化喷嘴的流量系数理论值。该图所示数值是Simmons[71]根据Giffen和Maraszew[4]的式(5.36)和式(5.37)进行计算的结果。从图5.41中可以清楚地看出,预膜喷嘴的流量系数典型值明显低于通常与压力喷嘴相关的值。

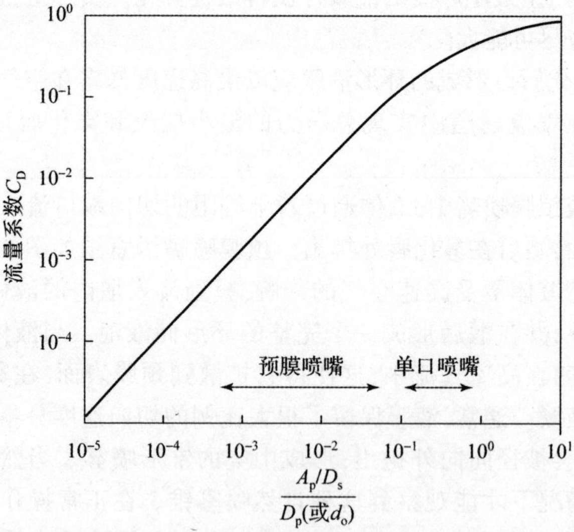

图5.41　流量系数与喷嘴尺寸之间的理论关系[42]

5.10　变量说明

A_a:空气芯面积,m^2

A_C:流道壁面产生气蚀处的横截面积,m^2

A_p:总入口面积,m^2

A_o:出口面积,m^2

A_s:涡流室面积,m^2

C:气蚀数(或者空化数)

C':修正气蚀数(或者空化数)

C_D:流量系数

D:截面直径,m

D_H:水力直径,m

D_m:不同入口中心线径向距离,m

D_p:入口直径,m

D_s:涡流室直径,m

d_o:出口直径,m

f:摩擦系数

FN：流数[$\dot{m}_L/(\Delta P_L \rho_L)^{0.5}$]，$m^2$

FN_{UK}：流数，(UK gal/h)/(psid)$^{0.5}$

FN_{US}：流数，(lb/h)/(psid)$^{0.5}$

K：喷嘴常数($A_p/d_o D_s$)

K_1：喷嘴常数($A_p/\pi r_o R_s$)

K_v：速度系数，实际速度与理论速度比值

L_s：涡流室圆柱段长度，m

L_p：涡流入口长度，m

l_C：壁面空化气泡长度，m

l_o：孔长度，m

$\dot{m}_L$：液体质量流率，kg/s

P：总压，Pa

p：静压，Pa

ΔP_L：喷注压降，Pa

R：圆盘半径，m

R_s：涡流室半径，m

r：半径，m

r_a：空气核半径，m

r_o：出口半径，m

SG：比重

t：膜厚，m

U：孔合成速度，m/s

u：孔轴向速度，m/s

v：流速，m/s

v_i：涡流室入口速度，m/s

v_r：液体径向速度，m/s

X：A_a/A_o

z：牙数

α：进入涡流室液体的旋流角度

μ_L：液体动态黏度，kg/(m·s)

v_L：液体运动黏度，m^2/s

ρ_L：液体密度，kg/m^3

σ：表面张力，kg/s^2

ω:转速,r/s

θ:雾锥半角,°

参考文献

1. Bird, A. L., Some characteristics of nozzles and sprays for oil engines, in: *Transactions, Second World Power Conference*, Berlin, Vol 8, Sect. 29, No. 82, 1930, p. 260.
2. Gellales, A. G., Effect of orifice length/diameter ratio on fuel sprays for compression ignition engines, NACA Report No. 402, 1931.
3. Schweitzer, P. H., Mechanism of disintegration of liquid jets, *J. Appl. Phys.*, Vol. 8, 1937, pp. 513–521.
4. Giffen, E., and Muraszew, A., *Atomization of Liquid Fuels*, London: Chapman & Hall, 1953.
5. Bergwerk, W., Flow pattern in diesel nozzle spray holes, *Proc. Inst. Mech. Eng.*, Vol. 173, No. 25, 1959, pp. 655–660.
6. Spikes, R. H., and Pennington, G. A., Discharge coefficient of small submerged orifices, *Proc. Inst. Mech. Eng.*, Vol. 173, No. 25, 1959, pp. 661–665.
7. Lichtarowicz, A., Duggins, R. K., and Markland, E., Discharge coefficients for incompressible non-cavitating flow through long orifices, *J. Mech. Eng. Sci.*, Vol. 7, No. 2, 1965, pp. 210–219.
8. Arai, M., Shimizu, M., and Hiroyasu, H., Breakup length and spray angle of high speed jet, in: *Proceedings of the 3rd International Conference on Liquid Atomization and Spray Systems (ICLASS)*, London, 1985, pp. IB/4/1–10.
9. Zucrow, M. J., Discharge characteristics of submerged jets, Bull. No. 31, Engineering Experimental Station, Purdue University, West Lafayette, Ind., 1928.
10. Hiroyasu, H., Arai, M., and Shimizu, M., Break-up length of a liquid jet and internal flow in a nozzle, in: *Proceedings of the 5th International Conference on Liquid Atomization and Spray Systems (ICLASS)*, Gaithersberg, MD, 1991, pp. 275–282.
11. Nakayama, Y., Action of the fluid in the air micrometer: First report, characteristics of small diameter nozzle and orifice, Bull. *Jpn. Soc. Mech. Eng.*, Vol. 4, 1961, pp. 516–524.
12. Asihmin, V. I., Geller, Z. I., and Skobel'cyn, Y. A., Discharge of a Real Fluid from Cylindrical Orifices (in Russian), *Oil Ind.*, Vol 9, Moscow, 1961.
13. Ruiz, F., and Chigier, N., The mechanics of high speed cavitation, in: *Proceedings of the 3rd International Conference on Liquid Atomization and Spray Systems*, London, 1985, pp. VIB/ 3/1–15.
14. Varde, K. S., and Popa, D. M., Diesel fuel spray penetration at high injection pressure, SAE Paper 830448, 1984.
15. Nurick, W. H., Orifice cavitation and its effect on spray mixing, *J. Fluid. Eng.*, Vol. 98, 1976, pp. 681–687.
16. Schmidt, D. P., and Corradini, M. L., The internal flow of diesel fuel injector nozzles: *A review*, *Int. J. Engine Res.*, Vol. 2, 2001, pp. 1–23.
17. Thompson, A. S., and Heister, S. D., Visualization of cavitating flow within a high-aspect-ratio slot injector, *Atomization Sprays*, Vol. 26, 2016, pp. 93–119.
18. Payri, F., Bermudez, V., Payri, R., and Salvador, F. J., The influence of cavitation on the internal flow and the spray characteristics in diesel injection nozzles, *Fuel*, Vol. 83, 2004, pp. 419–431.
19. Reitz, R. D., Atomization and Other Breakup Regimes of a Liquid Jet, Ph.D. thesis, Princeton University, Princeton, New Jersey, 1978.
20. Sou, A., Hosokawa, S., and Tomiyama, A., Cavitation in nozzles of plain orifice atomizers with various length-to-diameter ratios, *Atomization Sprays*, Vol. 20, 2010, pp. 513–524.
21. Nurick, W. H., Ohanian, T., Talley, D. G., and Strakey, P. A., Impact of orifice length/diameter ratio of 90 deg sharp-edge orifice flow with manifold cross flow, *J. Fluid. Eng.*, Vol. 131, 2009, pp. 081103, doi:10.1115/1.3155959.
22. Nurick, W. H., Ohanian, T., Talley, D. G., and Strakey, P. A., The impact of manifold to orifice turning angle on sharp-edge orifice flow characteristics in both cavitation and noncavitation turbulent flow regimes, *J. Fluid. Eng.*, Vol. 130, 2009, pp. 121102, doi:10.1115/1.2978999.
23. Watson, E. A., Unpublished report, Joseph Lucas Ltd., London, 1947.
24. Taylor, G. I., The mechanics of swirl atomizers, *Seventh International Congress of Applied Mechanics*, London, UK, Vol. 2, Pt. 1, 1948. pp. 280–285.
25. Taylor, G. I., The boundary layer in the converging nozzle of a swirl atomizer, *Q. J. Mech. Appl. Math.*, Vol. 3, Pt. 2, 1950, pp. 129–139.
26. Binnie, A. M., and Harris, D. P., The application of boundary layer theory to swirling liquid flow through a nozzle, *Q. J. Mech. Appl. Math.*, Vol. 3, Pt. 1, 1950, pp. 80–106.
27. Hodgekinson, T. G., Porton Technical Report No. 191, 1950.
28. Moon, S., Bae, C., Abo-Serie, E. F., and Cho, J., Internal and near-nozzle flow of a pressure-swirl atomizer under varied fuel temperature, *Atomization Sprays*, Vol. 17, 2007, pp. 529–550.
29. Chinn, J. J., An appraisal of swirl atomizer inviscid flow analysis, Part 1: The principle of maximum flow for a swirl atomizer and its use in the exposition of early flow analyses, *Atomization Sprays*, Vol. 19, 2009, pp. 263–282.
30. Chinn, J. J., An appraisal of swirl atomizer inviscid flow analysis, Part 2: Inviscid spray cone angle analysis and comparison of inviscid methods with experimental results for discharge coefficient, air core radius, and spray cone angle, *Atomization Sprays*, Vol. 19, 2009, pp. 283–308.
31. Dombrowski, N., and Hassan, D., The flow characteristics of swirl centrifugal spray pressure nozzles with low viscosity liquids, *AIChE J.*, Vol. 15, 1969, p. 604.
32. Jones, A. R., Design optimization of a large pressure-jet atomizer for power plant, in: *Proceedings of the 2nd International Conference on Liquid Atomization and Spray Systems*, Madison, WI, 1982, pp. 181–185.
33. Radcliffe, A., The performance of a type of swirl atomizer, *Proc. Inst. Mech. Eng.*, Vol. 169, 1955, pp. 93–106.
34. Carlisle, D. R., Communication on the performance of a type of swirl atomizer, by A. Radcliffe, *Proc. Inst. Mech. Eng.*, Vol. 169, 1955, p. 101.
35. Eisenklam, P., Atomization of liquid fuels for combustion, *J. Inst. Fuel*, Vol. 34, 1961, pp. 130–143.
36. Rizk, N. K., and Lefebvre, A. H., Internal flow characteristics of simplex swirl atomizers, *AIAA. J. Propul. Power*, Vol. 1, No. 3, 1985, pp. 193–199.

37. Tipler, W., and Wilson, A. W., Combustion in gas turbines, Paper B9, in: *Proceedings of the Congress International des Machines a Combustion* (CIMAC), Paris, 1959, pp. 897–927.
38. Elkotb, M. M., Rafat, N. M., and Hanna, M. A., The influence of swirl atomizer geometry on the atomization performance, in: *Proceedings of the 1st International Conference on Liquid Atomization and Spray Systems*, Tokyo, 1978, pp. 109–115.
39. Joyce, J. R., Report ICT15, Shell Research Ltd., London, 1947.
40. Babu, K. R., Narasimhan, M. V., and Narayanaswamy, K., Correlations for prediction of discharge rate, cone angle, and air core diameter of swirl spray atomizers, in: *Proceedings of the 2nd International Conference on Liquid Atomization and Spray Systems*, Madison, WI, 1982, pp. 91–97.
41. Lefebvre, A. H., *Gas Turbine Combustion*, Washington, DC: Council on Hemisphere Affairs, 1983.
42. Simmons, H. C, and Harding, C. F., Some effects of using water as a test fluid in fuel nozzle spray analysis, ASME Paper 80-GT-90, presented at ASME Gas Turbine Conference, New Orleans, 1980.
43. Sankaran Kutty, P., Narasimhan, M. V., and Narayanaswamy, K., Design and prediction of discharge rate, cone angle, and air core diameter of swirl chamber atomizers, in: *Proceedings of the 1st International Conference on Liquid Atomization and Spray Systems*, Tokyo, 1978, pp. 93–100.
44. Narasimhan, M. V., Sankaran Kutty, P., and Narayanaswamy, K., Prediction of the air core diameter in swirl chamber atomizers, Unpublished report, 1978.
45. Jasuja, A. K., Atomization of crude and residual fuel oils, *ASME J. Eng. Power*, Vol. 101, No. 2, 1979, pp. 250–258.
46. Rizk, N. K., and Lefebvre, A. H., Influence of liquid film thickness on airblast atomization, *ASME J. Eng. Power*, Vol. 102, No. 3, 1980, pp. 706–710.
47. Simmons, H. C, The prediction of Sauter mean diameter for gas turbine fuel nozzles of different types, *ASME J. Eng. Power*, Vol. 102, No. 3, 1980, pp. 646–652.
48. Suyari, M., and Lefebvre, A. H., Film thickness measurements in a simplex swirl atomizer, *AIAA J. Propul. Power*, Vol. 2, No. 6, 1986, pp. 528–533.
49. Moon, S., Abo-Serie, E., and Bae, C., Liquid film thickness inside the high pressure swirl injectors: Real scale measurements and evaluation of analytical equations, *Exp. Therm. Fluid Sci.*, Vol. 34, 2010, pp. 113–121.
50. Sankaran Kutty, P., Narasimhan, M. V., and Narayanaswamy, K., Prediction of the coefficient of discharge of swirl chamber atomizers, Unpublished work, 1978.
51. Rizk, N. K., and Lefebvre, A. H., Prediction of velocity coefficient and spray cone angle for simplex swirl atomizers, in: *Proceedings of the 3rd International Conference on Liquid Atomization and Spray Systems, London*, 1985, pp. III C/2/1–16.
52. Rizk, N. K., and Lefebvre, A. H., Influence of liquid properties on the internal flow characteristics of simplex swirl atomizers, *Atomization Spray Technol.*, Vol. 2, No. 3, 1986, pp. 219–233.
53. Yule, A., and Chinn, J. J., The internal flow and exit conditions of pressure swirl atomizers, *Atomization Sprays*, Vol. 10, 2000, pp. 121–146.
54. Sakman, A. T., Jog, M. A., Jeng, S. M., and Benjamin, M. A., Parametric study of simplex fuel nozzle internal flow and performance, *AIAA J.*, Vol. 38, 2000, pp. 1214–1218.
55. Vijay, G. A., Moorthi, N. S. V., and Manivannan, A., Internal and external flow characteristics of swirl atomizers: A review, *Atomization Sprays*, Vol. 25, 2015, pp. 153–188.
56. Hinze, J. O., and Milborn, H., Atomization of liquids by means of a rotating cup, *J. Appl. Mech.*, Vol. 17, No. 2, 1950, pp. 145–153.
57. Adler, C. R., and Marshall, W. R., Performance of spinning disk atomizers, *Chem. Eng. Prog.*, Vol. 47, 1951, pp. 515–601.
58. Fraser, R. P., Dombrowski, N., and Routley, J. H., The production of uniform liquid sheets from spinning cups; The filming by spinning cups; The atomization of a liquid sheet by an impinging air stream, *Chem. Eng. Sci.*, Vol. 18, 1963, pp. 315–321, 323–337, 339–353.
59. Walton, W. H., and Prewitt, W. C., The production of sprays and mists of uniform drop size by means of spinning disc type sprayers, *Proc. Phys. Soc.*, Vol. 62, Pt. 6, June 1949, pp. 341–350.
60. Willauer, H. D., Anath, R., Hoover, J. B., Mushrush, G. W., and Williams, F. W., Critical evaluation of rotary atomizer, *Petrol. Sci. Technol.*, Vol. 24, 2006, pp. 1215–1232.
61. Christensen, L. S., and Steely, S. L., Monodisperse Atomizers for Agricultural Aviation Applications, NASA CR-159777, February 1980.
62. Eisenklam, P., On ligament formation from spinning disks and cups, *Chem. Eng. Sci.*, Vol. 19, 1964, pp. 693–694.
63. Tanasawa, Y., Miyasaka, Y., and Umehara, M., Effect of shape of rotating disks and cups on liquid atomization, in: *Proceedings of the 1st International Conference on Liquid Atomization and Spray Systems*, Tokyo, 1978, pp. 165–172.
64. Emslie, A. G., Benner, F. T., and Peck, L. G., *J. Appl. Phys.*, Vol. 29, 1958, p. 858.
65. Oyama, Y., and Endou, K., On the centrifugal disk atomization and studies on the atomization of water droplets, *Kagaku Kogaku*, Vol. 17, 1953, pp. 256–260, 269–275 (in Japanese, English summary).
66. Matsumoto, S., Belcher, D. W., and Crosby, E. J., Rotary atomizers: Performance understanding and prediction, in: *Proceedings of the 3rd International Conference on Liquid Atomization and Spray Systems*, London, 1985, pp. IA/1/1–21.
67. Nikolaev, V. S., Vachagin, K. D., and Baryshev, Y. N., Film flow of viscous liquids over surfaces of rapidly rotating conical disks *Int. Chem. Eng.*, Vol. 7, 1967, p. 595.
68. Bruin, S., Velocity distributions in a liquid film flowing over a rotating conical surface, *Chem. Eng. Sci.*, Vol. 24, No. 11, 1969, pp. 1647–1654.
69. Matsumoto, S., Saito, K., and Takashima, Y., *Bull Tokyo Inst. Technol.*, Vol. 116, 1973, p. 85.
70. Lefebvre, A. H., and Miller, D., The development of an air blast atomizer for gas turbine application, CoA-Report-AERO-193, College of Aeronautics, Cranfield, Bedford, England, June 1966.
71. Simmons, H. C., Parker Hannifin Report, BTA 136, 1981.

第 6 章 喷嘴性能

6.1 引言

重要的典型喷雾特性包括液滴平均直径、液滴直径分布、径向和周向分布模式、液滴数密度、锥角和穿透深度。雾化过程的质量或精细程度(以下简称细度)通常用液滴平均直径来描述。液滴平均直径有多种定义(见第 3 章),其中使用最广泛的定义是索特平均直径(SMD)。

目前,人们对雾化这一物理过程的了解还不够充分,难以用基本原理推导出的公式来表示平均直径。最简单的液体射流破碎情况已经在理论上研究了一百多年,但是这些研究结果未能以令人满意的精确度预测喷雾特性。因此对结构更加复杂的喷嘴所产生的复杂喷雾特性的预测结果更加糟糕是可以理解的。由于喷雾的物理结构和动力学是许多复杂机制相互交织的结果,并且没有一种机制被完全理解,因此迄今为止雾化的数学处理未能取得成功也就不足为奇了。尽管如此,随着计算能力的提升,高保真雾化模拟的实现程度仍在不断提高,目前可以找到大量预测喷雾行为的模拟研究[1-5]。高度详细数据集的出现为实质性验证[1]提供了一种机制。然而,从工程设计的角度来看,对于给定装置在各种条件和液态下所产生的喷雾,为其相对质量或细度提供一些预估是相当有用的。虽然这种设计工具在本质上倾向工程经验,但它们确实能够为液体性质、气体性质和喷嘴尺寸对液滴平均直径的一般影响做出一定程度上的预测。

如第 1 章所指出的,与雾化最相关的液体性质是表面张力、黏度和密度。对于注入气体介质中的液体,通常认为气体密度是最重要的热力学性质。

重要的液体流动变量是液体射流或液膜的速度和液体流动中的湍流。要考虑的气体流量变量是绝对速度和相对气液速度。然而这两个参数实际上是难以获得的,因为雾化区域中的实际速度场无法准确确定。即使液体被喷射到静止空气中,由于从液体到周围空气[6]的动量传递,喷雾附近的空气速度也可以达到相当高的值。空气或气体的湍流特性也可能影响雾化[7]。

对于直流喷嘴,关键的几何变量是喷孔长度和直径。最后的喷孔直径对于压力旋流喷嘴来说是至关重要的。对于预膜式空气喷嘴,对液滴平均直径影响最大的尺寸是预膜器直径和喷嘴空气导管在出口平面处的水力平均直径;对于旋流式喷嘴,唯一重要的尺寸是旋转盘或旋转杯的直径;对于所有类型的气动或双流体喷注器,其中一个影响雾化的变量是液体与空气或蒸气的质量流量比。

由于缺乏对雾化过程的普适性理论处理,经验方程被广泛发展和应用,其常用于表达喷雾的液滴平均直径与液体性质、气体性质、流动条件和喷嘴尺寸等变量之间的关系。目前,相关文献中发表的许多液滴直径方程的应用价值仍存在疑问。因为在某些情况下,它们的数据基础来自已经被认为失效的实验技术。在其他方程中,插入适当的气体和液体性质值可以获得可用的 SMD 值。针对第 4 章中各类喷嘴液滴平均直径的预测,本章所使用的方程是目前最佳的工程计算方程。

6.2　直流喷嘴

6.2.1　静态环境

在直流喷嘴中,流速的增加促进了射流分裂成液滴,因为这增加了射流的湍流程度和周围介质施加的气动阻力;液体黏度的影响与之相反,黏度的增加会阻碍液膜和液丝的断裂从而延迟雾化的开始。Merrington 和 Richardson[8] 对从直流喷嘴喷入静止空气的射流的喷雾特性进行了实验研究,得出了液滴平均直径与以下因素之间的关系:

$$\mathrm{SMD}=\frac{500d_{\mathrm{o}}^{1.2}v_{\mathrm{L}}^{0.2}}{U_{\mathrm{L}}} \tag{6.1}$$

对直流喷嘴进行的大多数研究都针对压缩点火(柴油)发动机中使用的喷嘴类型。使用这些喷嘴,射流破碎的主要原因是高度湍流射流的气动相互作用。在早期的研究中,Panasenkov[9] 研究了湍流对液体射流破碎的影响,并确定了射流 Re 在 1000 ~ 12000 之间的平均液滴大小。液滴直径与喷孔直径和液体 Re 有关,其关系如下:

$$\mathrm{MMD} = 6d_o \cdot Re_L^{-0.15} \tag{6.2}$$

Harmon[10] 的 SMD 方程考虑了环境气体性质和液体性质。该方程有一个不寻常的特点,即表面张力的增加预计会产生更好的雾化。

$$\mathrm{SMD} = 330 d_o^{0.3} \mu_L^{0.07} \rho_L^{-0.648} \sigma^{-0.15} U_L^{-0.55} \mu_G^{0.78} \rho_G^{-0.052} \tag{6.3}$$

通过分析环境气体密度对液滴直径分布的影响,Giffen 和 Lamb[11] 得出了以下结论:

(1)随着气体密度的增加,喷雾的细度和均匀性得到改善;但在高气体密度下,改善率降低。

(2)气体密度对喷雾中的液滴最小直径影响不大。

(3)根据关系式 $D_{\max} \propto \rho_G^{-0.2}$,气体密度越高,液滴最大直径越小。

(4)随着气体密度的增加,雾化的改善主要是由于大液滴数量减少,其原因可能也是大液滴的细分。

1955 年,Miesse[12] 发表了他对以往关于液体射流破碎的理论和实验研究结果的分析。他对现有实验数据的最佳拟合方程是

$$D_{0.999} = d_o We_L^{-0.333} (23.5 + 0.000395 Re_L) \tag{6.4}$$

几乎在同一时间,Tanasawa 和 Toyoda[13] 提出式(6.5):

$$\mathrm{SMD} = 47 d_o U_L^{-1} \left(\frac{\sigma}{\rho_G}\right)^{0.25} \left[1 + 331 \frac{\mu_L}{(\rho_L \sigma d_o)^{0.5}}\right] \tag{6.5}$$

Hiroyasu 和 Kato da[14] 提出了柴油发动机喷射器产生的液滴平均直径的一些方程,其形式如下:

$$\mathrm{SMD} = 2330 \rho_A^{0.121} Q^{0.131} \Delta P_L^{-0.135} \tag{6.6}$$

Elkotb[15] 提出式(6.7):

$$\mathrm{SMD} = 3.08 v_L^{0.385} (\sigma \rho_L)^{0.737} \rho_A^{0.06} \Delta P_L^{-0.54} \tag{6.7}$$

Feath 及其同事[16] 和 Dumochel[17] 强调了气相湍流对液体破碎的耦合作用。这导致 SMD 的表达式涉及湍流的径向空间积分长度尺度 Λ,正如第 2 章在液体射流破碎中所讨论的。这种表达式具有以下形式:

$$\mathrm{SMD} = 0.5 \Lambda \left(\frac{x}{\Lambda \cdot We_{ex}^{0.5}}\right)^{0.53} \tag{6.8}$$

式中:We_{ex} 为基于液体性质的喷嘴出口韦伯数。在产生了非湍流液丝的情况下,式(6.8)被修正为[16]

$$\mathrm{SMD} = 0.72\Lambda\left(\frac{x}{\Lambda(We_1^{0.5})}\right)^{0.66} \tag{6.9}$$

在这种情况下，We_1 是基于非湍流液丝的韦伯数。

Dumochel[17]也提出了类似的形式：

$$\mathrm{SMD} = 0.69\Lambda\left(\frac{x/\Lambda}{We(\Lambda/d_o)}\right)^{0.57} \tag{6.10}$$

显然，在式(6.8)～式(6.10)中，必须确定径向空间积分长度尺度 Λ 才能确定 SMD，这并不简单。

表 6.1 总结了直流喷嘴 SMD 公式。其中的表达式尽可能利用从业者容易获得的信息进行表达。虽然需要额外信息或常量或特殊数据的方程[如式(6.8)～式(6.10)]可能会引起人们的兴趣，但它们并没有在该表中总结。

表 6.1　直流喷嘴 SMD 公式

参考文献及作者	公式
Merrington 和 Richardson[8]	$\mathrm{SMD} = \frac{500 d_o^{1.2} v_L^{0.2}}{U_L}$
Panasenkov[9]	$\mathrm{MMD} = 6 d_o \cdot Re_L^{-0.15}$
Harmon[10]	$\mathrm{SMD} = 3330 d_o^{0.3} \mu_L^{0.07} \rho_L^{-0.648} \sigma^{-0.15} U_L^{-0.15} \mu_G^{0.78} \rho_G^{-0.052}$
Miesse[12]	$D_{0.999} = d_o \cdot We_L^{-0.333}(23.5 + 0.000395 Re_L)$
Tanasawa 和 Toyoda[13]	$\mathrm{SMD} = 47 d_o U_L^{-1}\left(\frac{\sigma}{\rho_G}\right)^{0.25}\left[1 + 331\frac{\mu_L}{(\rho_L \sigma d_o)^{0.5}}\right]$
Hiroyasu 和 Katoda[14]	$\mathrm{SMD} = 2330 \rho_A^{0.121} Q^{0.131} \Delta P_L^{-0.135}$
Elkobt[15]	$\mathrm{SMD} = 3.08 v_L^{0.385} (\sigma \rho_L)^{0.737} \rho_A^{0.06} \Delta P_L^{-0.54}$

6.2.2　横向射流

如表 6.1 所示，上述直流喷嘴的液滴直径公式严格适用于将液体喷入静止空气中的情况。另外两种常见的情况是：①喷入顺流或逆流的气流中；②横向喷入流动的气流中。

如图 6.1 所示，当直流喷嘴垂直于气流时，较大的液滴穿透深度更大，并且在流动气流中产生的液滴尺寸谱呈放射状倾斜。喷雾的这种变形不一定是不利的。例如,涡轮喷气燃烧室的点火是通过将点火器放置在小液滴区域来实现的。

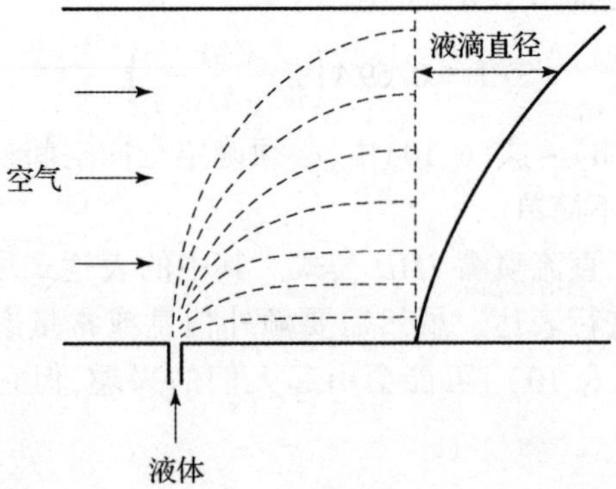

图6.1　横流气流对液滴直径分布的影响

在横向射流中,可以推导出液滴平均直径以及渗透和分散的基本信息。由于这种雾化在本质上是明显的双流体,关于雾化性能的细节将在"各种类型的空气雾化喷注器中通过横向射流的平面喷射雾化"一节中讨论。这种类型的喷嘴的渗透和扩散将在第7章中讨论。

6.3　压力旋流式喷嘴

压力旋流式喷嘴由于广泛的应用,引起了许多研究工作者的关注,并已成为大量理论和实验研究的主题。然而,尽管付出了相当多的努力,人们对压力旋流式雾化的认识仍然不尽如人意。其在物理学中没有得到很好的理解,现有数据和相关性的有效性是值得怀疑的。此外,对于液体性质、喷嘴直径和液滴平均直径之间的确切关系,各位研究者之间几乎没有一致意见。以上这些情况的出现有以下几个原因:雾化过程的复杂性,测试喷注器的设计、尺寸和操作条件的差异,以及与液滴直径测量技术相关的不准确性和局限性。

大多数报告的研究都集中在飞机燃气轮机中使用的小型压力旋流式喷嘴上,值得注意的一个例外是Jones[18]对电力发电中使用的大型压力旋流喷嘴进行的综合实验研究。这些研究重点均放在了液滴直径随液体性质和工作条件的变化上。

6.3.1　影响液滴平均直径的变量

影响压力旋流式喷嘴雾化质量的主要因素是液体性质、液体所喷入气体的物理性质、液体喷射压力,以及以流量表示的喷嘴尺寸。

(1)液体特性。液体的重要性质是表面张力和黏度。在实践中,由于大多数商业燃料在这种表面张力上只表现出轻微的差异,因此其重要性相对较低。密度也是如此。然而,在某些应用中,黏度变化的范围几乎可以达到两个数量级,因此它对雾化质量的影响可能相当大。

(2)表面张力。Simmons 和 Harding[19]研究了 6 个单形燃料喷嘴在水和煤油雾化性能上的差异。这两种液体的黏度几乎相同,密度相差 30%,但水的表面张力要高出 3 倍。因此,根据 Simmons 和 Harding 的说法,SMD 的显著差异是由表面张力的差异而不是密度的差异引起。对于韦伯数小于 1 的常见实际情况,发现 $\mathrm{SMD} \propto \sigma^{a}$,其中 a 的值为 0.19。然而 Kennedy[20]的研究结果并不支持这一结果,他使用了具有更高的流量的单喷嘴,并观察到 SMD 对表面张力的依赖性更强,即 $\mathrm{SMD} \propto \sigma$。然而,Jones[18]对高流量喷嘴的研究表明 a 的值为 0.25,这与 Simmons 的结果接近,并且与 Lefebvre[21]从 SMD 公布数据的量纲分析中得出的值相同。

Wang 和 Lefebvre[22]使用两种不同流量数的单喷嘴来考察表面张力对 SMD 的影响。他们比较了水和柴油获得的结果,并对柴油数据进行了小的调整,使用式(6.21)来补偿柴油较高的黏度。因此,在图 6.2 和图 6.3 中,与柴油相比,水的 SMD 值较高,这完全是由于水的表面张力较高带来的。

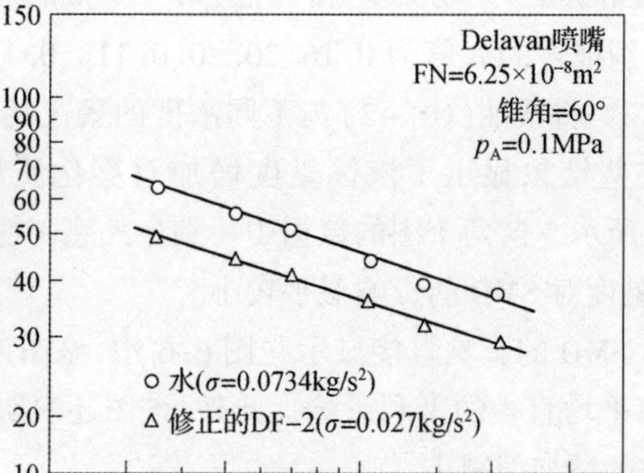

图 6.2　表面张力对液滴平均直径的影响($\mathrm{FN}=6.25\times10^{-8}\,\mathrm{m}^2$)[22]

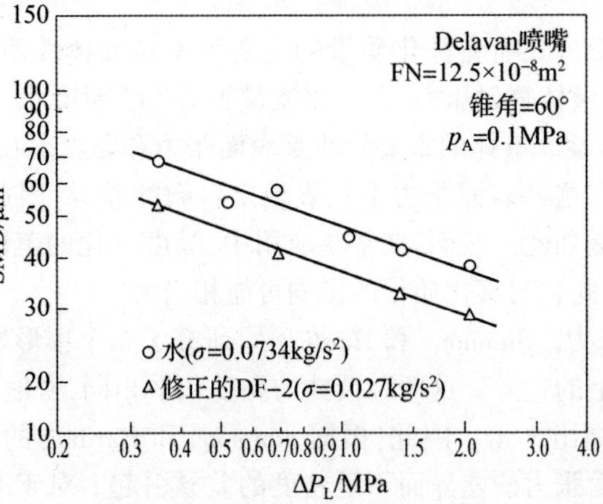

图6.3 表面张力对液滴平均直径的影响($FN = 12.5 \times 10^{-8} m^2$)[22]

对图6.2和图6.3中数据的分析表明,a的值约为0.25。Radcliffe[24]的研究报告显示表面张力系数为0.6。然而,在该研究的评估中,表面张力变化不大,所以在研究过程中不考虑其影响。综上所述,如果忽略Kennedy[20]异常高的a值与Radcliffe[24]的值,那么在大多数实验研究中获得的证据表明,a的最佳值约为0.25。

(3)黏度。关于黏度对液滴平均直径的影响通常以下列形式表示:

$$SMD \propto \mu_L^b \tag{6.11}$$

Jasuja[23]、Radcliffe[24]、Dodge 和 Biaglow[25]、Jones[18]、Simmons[26]和Knight的研究分别报告的b值为0.16、20.20、0.118、0.16、0.06和0.215。Wang和Lefebvre[22]将柴油(DF-2)与不同浓度的聚丁烯混合,获得大范围的黏度。其中一些结果显示了液体黏度增加对雾化质量的不利影响,如图6.4和图6.5所示。这两个图的数据中特别令人感兴趣的是,对于喷雾锥角较窄的喷嘴,黏度对SMD的影响似乎较小。

液体黏度对SMD的影响直接显示在图6.6中,该图说明了黏度和流量数的增加对液滴平均直径的不利影响。此外,该图还表明SMD对黏度的依赖性随着流量数的增加而减小。

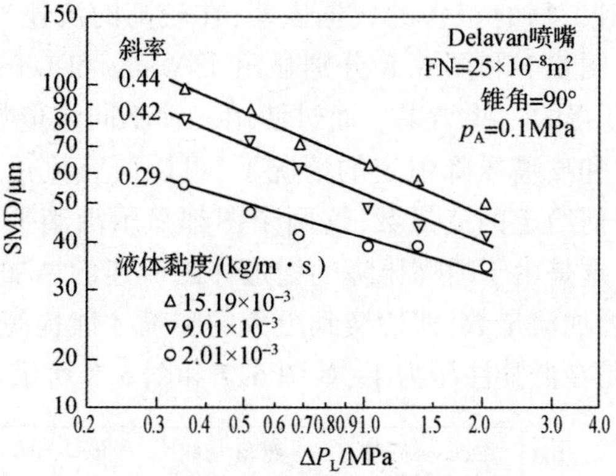

图6.4 90°锥角下黏度对SMD的影响[22]

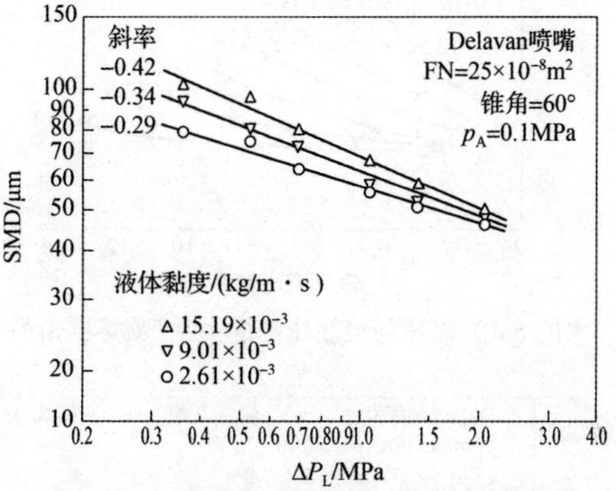

图6.5 60°锥角下黏度对SMD的影响[22]

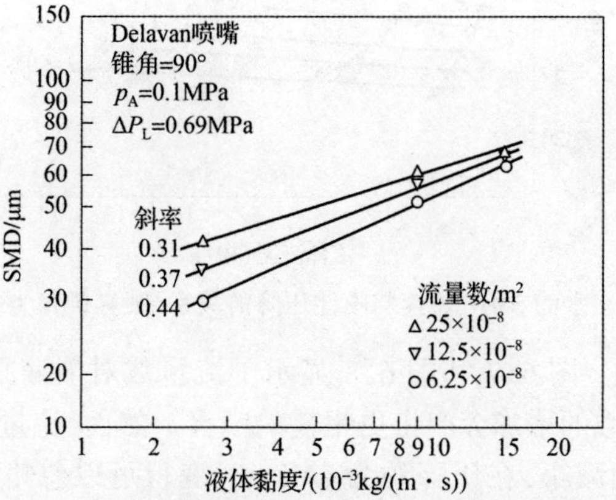

图6.6 不同流量数下液体黏度对SMD的影响[22]

(4)液体流速。所有报告的数据表明,在较高的流速[18,23-24,28]下,液滴平均直径增加。图6.7和图6.8分别显示了 Wang 和 Lefebvre[22]在90°和60°喷雾锥角下获得的一些结果。通过使用三种不同流量数的相似喷嘴,在同时保证流量数和喷嘴压降恒定的情况下,可以研究流速对液滴平均直径的影响。对于任何给定的流量数,这两个图都显示液滴平均直径随着流速的增加而减小。这是由于喷嘴压降的增加伴随流速的增加。如果压降保持不变,只有通过增加流量数,即切换到更大的喷嘴才能提高流速。这会降低雾化质量,特别是在低喷注压力下,如图6.7和图6.8所示。

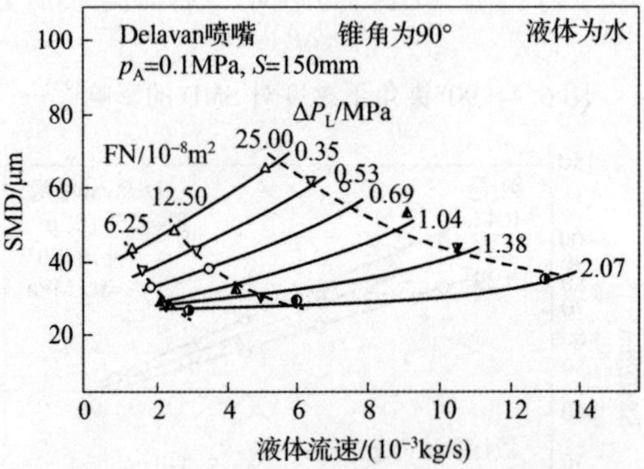

图6.7　水的SMD、流速与喷注压降的关系(喷雾锥角为90°)[22]

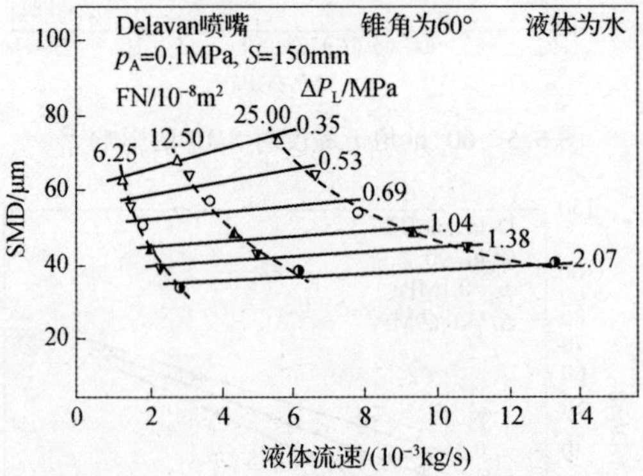

图6.8　水的SMD、流速与喷注压降的关系(喷雾锥角为60°)[22]

(5)流量数。图6.7和图6.8显示了流量数对液滴平均直径的影响。它们表明,流量数的增加会产生更粗糙的喷雾。然而,流量数的影响随着液体压降的增加而减小,在压降约为2MPa时变得可以忽略不计。图6.9和图6.10提供了流量数对液滴平均直径影响的进一步证据。图6.9是用柴油

(DF－2)获得的,图6.10显示了柴油与聚丁烯混合后黏度大幅增加的类似结果。比较图6.9和图6.10可以发现,对于黏度较高的液体来说,流量数减小的影响要小得多,这种影响有利于更好地雾化。

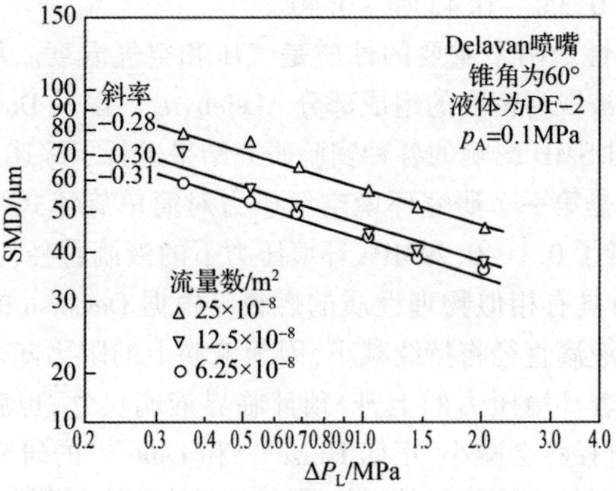

图6.9 流量数对低黏度液体SMD的影响[22]

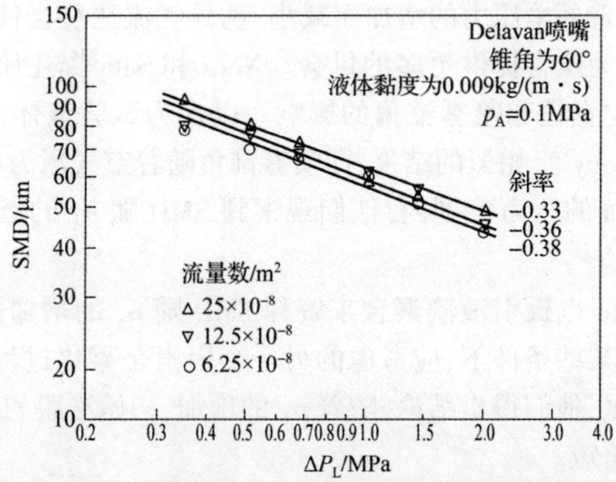

图6.10 流量数对高黏度液体SMD的影响[22]

(6)喷嘴压降。液体压降的增加导致液体以更高的速度从喷嘴喷出,进而促进了更精细的雾化。图6.2～图6.10清楚地说明了提高喷嘴压降对雾化质量的有益影响。这种影响可定量表示为

$$\mathrm{SMD} \propto \Delta P_L^d \tag{6.12}$$

图6.9显示了液体压降对DF－2液滴平均直径的影响,而图6.10显示了较高黏度液体的类似结果。这些数据以对数形式绘制,便于数据分析。

这些图和其他图中所显示的斜率表示表达式 SMD $\propto \Delta P_L^d$ 中的指数 d，图6.4、图6.5、图6.9和图6.10显示的 d 值从 -0.28 到 -0.44 不等。Simmons[26]、Abou-Ellail 等[29]、Jasuja[23]和 Radcliffe[24]报告的其他 d 值分别为 -0.275、-0.35、-0.43 和 -0.40。

(7)空气特性。两个重要的性质是气压和空气温度。从基本的角度来看,它们通常只被视为密度的组成部分。Lefebvre[21]以及 Dodge 和Biaglow[25]针对空气密度对 SMD 影响的各种实验研究结果进行了综述。

DeCorso[30]是第一个研究环境空气压力对简单旋流式喷嘴喷雾特性影响的人。他测量了0.1~0.79MPa 环境压力下的液滴直径,其使用的液体是与柴油(DF-2)具有相似物理性质的燃料。根据 DeCorso 的说法,"随着环境压力的增加,液滴直径将持续减小,因为液滴上的阻力随着密度的增加而增加。因此,随着环境压力的上升,预计临界液滴尺寸,也就是可以承受破碎的液滴最大直径将会减小,正如 Hinze[31]和 Lane[32]的研究所示。"DeCorso 认为,实际观察到的液滴直径的增加是由于环境压力的增加,喷雾液滴的聚合也随之增加。DeCorso 和 Kemeny[33]之前的工作表明,由于诱导气流的作用,喷雾锥角随着环境压力的增加而减小,诱导气流往往会使喷雾收缩成较小的体积,从而为聚合提供更多的机会。Neya 和 Sato[34]还研究了环境空气压力对液滴平均直径和喷雾锥角的影响。以水为试验流体,他们得到了与 DeCorso 和 Kemeny[33]相似的结果,即喷雾锥角随着空气压力的增加而减小。在0.1~0.5MPa 的压力范围内,他们观察到 SMD 随 p_A 的增加而明显上升(SMD $\propto p_A^{0.27}$)。

Neya 和 Sato 也援引液滴聚合来解释 SMD 随 p_A 的增加而增加的现象,但他们声称,在某些条件下,应考虑的另一个因素是雾化过程的变化。基于喷雾的瞬时快照,他们得出结论,随着 p_A 的增加,初始液膜的波纹增大,并且液膜破碎长度缩短。

Rizk 和 Lefebvre[35]还观察到喷雾质量随着 p_A 的增加而下降。他们对这一结果的解释是喷雾角度的收缩减少了与喷雾相互作用的空气量。因此,由喷雾产生的气动阻力使较少的空气在喷雾运动方向上具有更大的加速度,从而降低了液滴与周围空气之间的相对速度。由于液滴平均直径与该相对速度成反比,因此减小喷雾锥角会使液滴平均直径增加。

在另一项关于环境空气压力对液滴平均直径影响的研究中,Wang 和 Lefebvre[36]使不同黏度的液体流过几个具有不同喷雾锥角和流量数的Delavan 单喷嘴。图6.11~图6.13显示了本次研究中所获得一些结果。

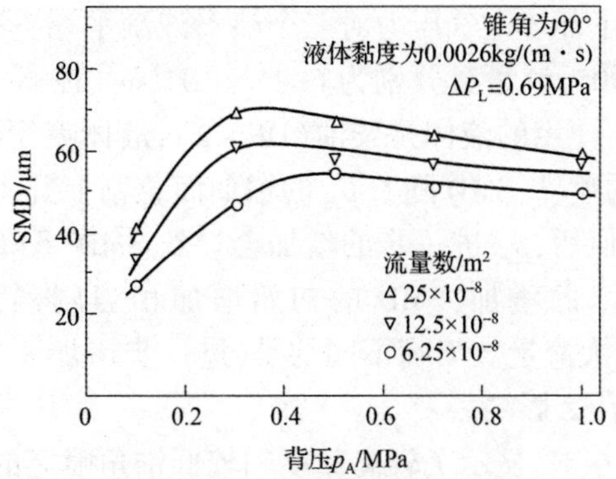

图 6.11　锥角为 90°时环境空气压力和喷嘴流量数对液滴平均直径的影响[36]

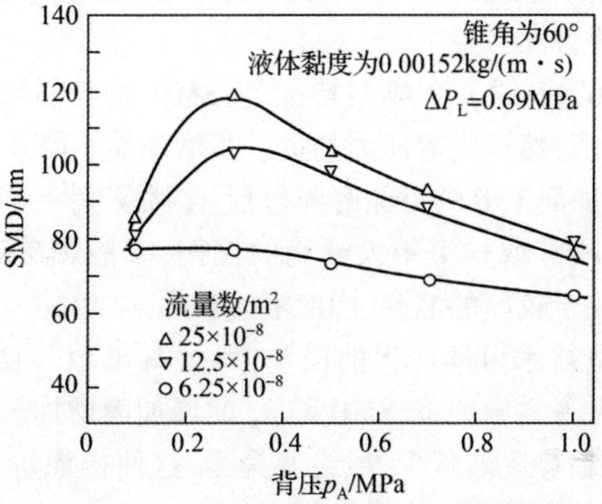

图 6.12　锥角为 60°时环境空气压力和喷嘴流量数对液滴平均直径的影响[36]

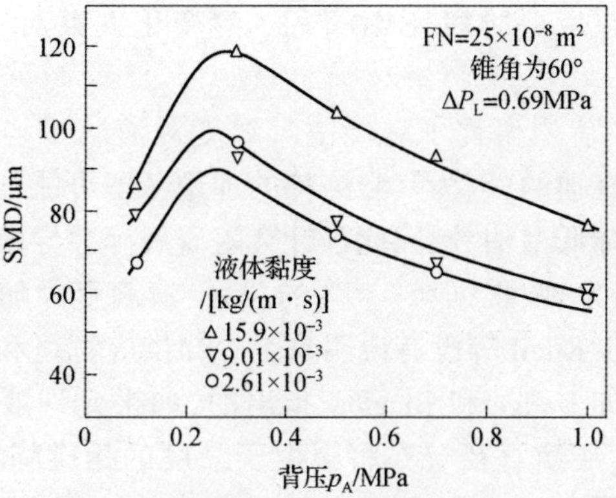

图 6.13　环境空气压力和液体黏度对液滴平均直径的影响[36]

图6.11显示了环境空气压力对三个喷嘴液滴平均直径的影响,这3个喷嘴的锥角均为90°,流量数分别为$6.25 \times 10^{-8}m^2$、$12.5 \times 10^{-8}m^2$和$25 \times 10^{-8}m^2$。该实验所使用的液体是柴油(DF-2),液体喷注压降为0.69MPa。对于最高流量数的喷嘴,SMD随着p_A的增加而急剧上升,0.4MPa左右达到最大值,超过最大值后,p_A进一步的增加会导致SMD下降。对于最低流量数的喷嘴,随着p_A的增加,SMD的初始增加相当剧烈,直到p_A达到约0.4MPa。然而,与大流量数喷嘴不同的是,进一步增加p_A似乎对小流量数喷嘴的SMD没有什么影响。

图6.12和图6.13显示了较高黏度和较低锥角喷雾的类似数据。通常这种情况下的SMD水平要高得多。在所有情况下,SMD仍然随着p_A的增加而上升,最大值在p_A达到约0.3MPa处。进一步增加p_A至0.3MPa以上会使雾化质量明显改善。

图6.11~图6.13的一个典型特征是,SMD随着环境压力的增加而增加,直到达到最大值,然后随着压力的进一步增加而下降。对于SMD在初始阶段随着p_A的增加而上升的可能解释包括:①喷雾角[33-34,37]的减少促进了液滴聚合,增加了喷雾取样束中大液滴的比例;②液膜破碎长度减小,从而使最初的液滴形成于较厚的液膜,因此液滴较大。

如果忽略测量技术可能产生的误差,那么图6.11~图6.13表明,在低压下抑制雾化的力占主导地位,SMD随p_A的增加而增加。随着p_A的持续增加,喷雾角的收缩趋势逐渐减少,最终变为零,这使得崩解力成为主导,因此p_A在临界值以上的任何进一步增加都会导致SMD下降。因此,当SMD值对p_A绘制曲线时,其形状特点是SMD上升到最大值,然后随着p_A的进一步增加而下降。在后一阶段,SMD与p_A的变化大致对应于$SMD \propto p_A^{-0.25}$的关系。

Abou-Ellail等[29]研究了环境空气温度对液滴平均直径的影响。他们的研究结果是有趣的,因为其和纯粹的理论考虑可能与预期的相反。空气温度的升高会降低韦伯数,因此预计会阻碍破碎并导致更大的下降。然而,这些工作人员发现,根据$\propto T_A^{-0.56}$的关系,液滴直径随着空气温度的升高而减小。Abou-Ellail等没有说明是否冷却供应管路和喷嘴以保持恒定的液体温度。正如Dodge和Biaglow指出的,如果允许液体温度随空气温度的升高而升高,液滴直径分布将会由于黏度的相应降低而变小。Dodge和Biaglow[25]使用Jet-A和DF-2燃料获得的结果表明,液体温度保持在20°C附近,空气温度对SMD没有影响。

(8)喷嘴尺寸。人们普遍认为,雾化最重要的尺寸是液体离开最后一个孔时的液膜厚度[21]。目前理论和实验均表明[38-40],液滴平均直径大致与液膜厚度的平方根成正比。因此,如果已知影响雾化的其他关键参数保持不变,根据关系式 $SMD \propto d_o^{0.5}$,喷嘴尺寸的增加将降低雾化质量。虽然量纲分析的结果通常支持这种关系,但是喷嘴尺寸本身的影响还没有经过系统的研究。然而,喷嘴的尺寸通常与喷嘴的流量密切相关,而且流量的增加会产生更粗糙的雾化,如图6.7~图6.10所示。

(9)旋流室长径比。Elkotb 等[41]研究了旋流室长径比的影响,作为旋流式喷嘴几何形状对喷雾液滴大小影响的广泛研究的一部分。L_s/D_s 对液滴直径分布影响的结果如图6.14所示。该图表明,由于额外长度有助于消除有限数量涡流端口造成的流动条纹,雾化质量最初随着 L_s/D_s 比值的增加而提高。然而,一旦这些流动条纹被阻尼,额外长度的作用就是增加能量损失,从而削弱雾化。因此人们期望使用最佳的 L_s/D_s 比值,结果显示该最佳值约为2.75[41]。

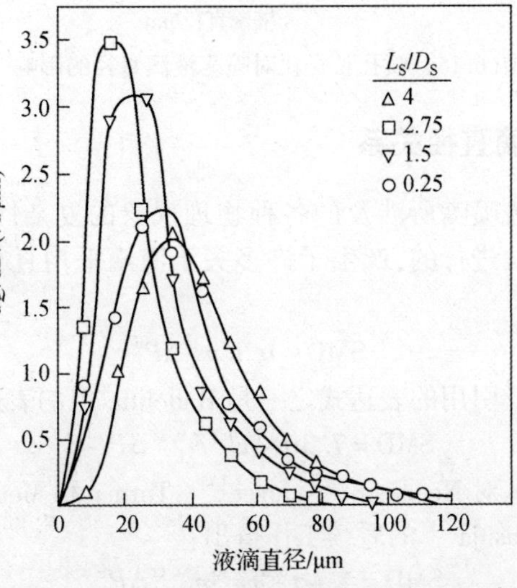

图6.14 旋流室长径比对液滴直径分布的影响[29]

Jones[18]在0.31~1.26的范围内研究了 L_s/D_s 比值对质量中值直径(MMD)的影响。对于本书中使用的大型喷嘴,他发现 $MMD \propto (L_s/D_s)^{0.07}$。

(10)喷孔的长径比。图6.15总结了 Elkotb 等获得的关于 l_o/d_o 比值对喷雾液滴直径影响的结果。对于不同的 l_o/d_o 比值测量液滴直径分布,而其他参数保持在基线值不变。发现 SMD 在 l_o/d_o 为2.82~0.4的范围内连续减小,没有找到 l_o/d_o 的最佳值,因此推测可以通过将 l_o/d_o 进一步降低到0.4以下来获得雾化质量的进一步改善。这一结论得到了 Jones [18]的研究结果的支持,该结果表明,在 l_o/d_o 比值为 0.1 ~ 0.9 的范围内,$\mathrm{MMD} \propto (l_o/d_o)^{0.03}$。

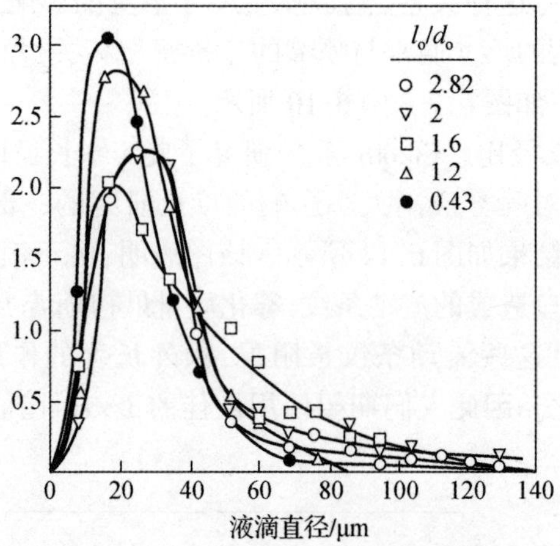

图6.15　喷孔长径比对喷雾液滴直径的影响[29]

6.3.2　液滴直径关系

由于压力旋流喷嘴所涉及的各种物理现象的复杂性,对雾化的研究主要是通过经验方法进行的,产生了许多关于液滴平均直径的基于式(6.13)的关系式:

$$\mathrm{SMD} \propto \sigma^a v^b m_L^c \Delta P_L^d \tag{6.13}$$

最早和最广泛引用的表达式之一是 Radcliffe[24]的表达式:

$$\mathrm{SMD} = 7.3\sigma^{0.6} v_L^{0.2} m_L^{0.25} \Delta P_L^{-0.4} \tag{6.14}$$

这个方程是从对 Needham[42]、Joyce[43]、Turner 和 Moulton[44]的实验数据分析中得出的。Jasuja[23]的后续工作得出:

$$\mathrm{SMD} = 4.4\sigma^{0.6} v_L^{0.16} m_L^{0.22} \Delta P_L^{-0.43} \tag{6.15}$$

然而,在这些实验中,表面张力的变化很小,并且伴随黏度的大范围变化。因此,指数0.6在式(6.14)和式(6.15)中没有特殊意义。

Babu 等 [45]使用回归分析法来确定煤油型燃料的下列方程。

对于小于2.8MPa 的 ΔP_L,有

$$\mathrm{SMD} = 133 \frac{\mathrm{FN}^{0.64291}}{\Delta P_L^{0.22565} \rho_L^{0.3215}} \tag{6.16}$$

对于2.8MPa以上的APL的ΔP_L，有

$$\mathrm{SMD}=607\frac{\mathrm{FN}^{0.75344}}{\Delta P_L^{0.19936}\rho_L^{0.3767}} \tag{6.17}$$

考虑到所有液滴直径测量方法中普遍存在的不确定性，应谨慎对待这些方程中所隐含的高精度。

通过对25种不同燃料进行的一系列试验，利用6种不同的大流量数单喷嘴，Kennedy[20]得出了韦伯数大于10的喷嘴相关参数：

$$\mathrm{SMD}=10^{-3}\sigma_L(6.11+0.32\times10^5\mathrm{FN}\sqrt{\rho_L}-6.973\times10^{-3}\sqrt{\Delta P_L}+1.89\times10^{-6}\Delta P_L) \tag{6.18}$$

在估计韦伯数时，Kennedy[20]将Simmons方程(5.50)给出的最终喷孔出口的膜厚作为特征尺寸。

式(6.18)意味着液滴平均直径对表面张力的依赖性很强，而黏度似乎根本没有影响。Kennedy把这一点，以及他的结果和其他工作人员的结果之间的其他差异归因于他使用的特别大流量数的喷嘴所产生的较大韦伯数。根据Kennedy的说法，"对于韦伯数大于10的情况，会产生一种不同的雾化过程，即剪切型破碎，产生比先前报道的相关预测更精细的雾化"。然而，Jones[18]使用比Kennedy高得多的大型工业喷嘴发现表面张力和黏度对液滴平均直径的影响与以前用小尺寸喷嘴所观察到的影响完全一致。

Jones[18]使用高速摄影技术来研究改变液体性质、工作变量和几何参数对大压力旋流式喷嘴产生的液滴直径的影响。同时使用一系列特殊设计的喷嘴来实现其几何形状的变化，这些喷嘴能够研究50种几何形状。通过对实验数据的分析得出了液滴平均直径：

$$\mathrm{MMD}=2.47m_L^{0.315}\Delta P_L^{-0.47}\mu_L^{0.16}\mu_A^{-0.04}\sigma^{0.25}\rho_L^{-0.22}\times\left(\frac{l_o}{d_o}\right)^{0.03}\left(\frac{L_s}{D_s}\right)^{0.07}\left(\frac{A_p}{D_s d_o}\right)^{-0.13}\left(\frac{D_s}{d_o}\right)^{0.21} \tag{6.19}$$

表5.1列出了本次调研中涉及的变量范围。Lefebvre[21]对单喷嘴喷孔中的流动过程进行了分析，得出以下SMD方程：

$$\mathrm{SMD}=A\sigma^{0.25}\mu_L^{0.25}\rho_L^{0.125}d_o^{0.5}\rho_A^{-0.25}\Delta P_L^{-0.375} \tag{6.20}$$

表面张力指数的值0.25与Simmons的估计值(0.16~0.19)接近，并且与Jones[18]以及Wang和Lefebvre[22]的实验结果完全一致。黏度指数为0.25，与所有报告值吻合得较好。相关文献表明液体密度对SMD的影响很小。0.5的d_o指数与理论值一致。喷注压降和空气密度的指数分别为-0.375和-0.25，与Abou-Ellail等[29]在研究中得到的实验值相同。将

$d_o \propto m_L^{0.5}/(\Delta P_L/\rho_L)^{0.25}$代入式(6.20),并使用 Jasuja[23] 的数据来确定 A 的值,得出:

$$SMD = 2.25\sigma^{0.25}\mu_L^{0.25}m_L^{0.25}\Delta P_L^{-0.25}\rho_A^{-0.25} \tag{6.21}$$

显然,上述类型的 SMD 的单个参数[这些参数本质上都是式(6.13)的导数或修正]充分描述雾化中涉及的复杂流体动力学过程是不合理的。例如,它不包括喷雾锥角,已知喷雾锥角会影响液滴平均直径。此外,它意味着一种无黏性的液体应该产生无限小的液滴喷雾,从理论和实际考虑,这显然是不可能的。

为了克服现有 SMD 公式的一些缺陷,并解释仔细测量经常出现的一些明显异常,Lefebvre[46] 提出了一种替代形式的方程,用于预测压力旋流式喷嘴产生的液滴平均直径。这种方程不是数学处理的结果,而是基于对压力旋流式雾化所涉及的基本机制的考虑。它始于这样一个概念,即从喷嘴喷出的液体射流或液膜的破碎不仅由空气动力引起,而且至少部分由液体本身内的湍流或其他破碎力引起,流动中的这些扰动对液膜破碎有很大的影响,特别是在雾化的第一阶段。随后,液体与周围气体之间的相对速度通过影响最初光滑表面上波动的发展趋势和不稳定液膜的产生在雾化中起到重要作用,从某种程度上讲,上述过程是同时发生的。这种相对速度的任何增加都会导致液膜尺寸的减小,因此当它们破碎时会产生更小的液滴。

由于压力旋流式喷嘴雾化过程非常复杂,因此将其细分为两个主要阶段比较方便。第一阶段是由于水动力和气动力的综合作用而产生的表面不稳定性。第二阶段是表面凸起转化为液膜,然后变成液滴。人们认识到,将总雾化过程细分为两个单独和不同的阶段是对所涉及的机制的过度简化。然而,它允许将 SMD 拆分为以下形式:

$$SMD = SMD_1 + SMD_2 \tag{6.22}$$

式中:SMD_1 为雾化过程的第一阶段。它的大小在一定程度上取决于雷诺数,它提供了一种液膜内存在的破坏性力量的度量。这些力随着液体速度和液膜厚度的增加而增强,并随着液体黏度的增加而减小。SMD_1 也受韦伯数的影响,韦伯数控制着液体表面毛细波(波纹)的发展。这些扰动增长到足以断裂并形成液膜的凸起的速度取决于液体/空气界面上的气动力与液体表面张力的比率,即韦伯数。

因此,一种合适的 SMD_1 形式可能是一个集成了雷诺数 Re 和韦伯数 We 的参数。式(6.23)是通过对实验数据的分析得到的表达式 SMD_1:

$$\frac{\mathrm{SMD}_1}{t_s} \propto (Re \times \sqrt{We})^{-x} \tag{6.23}$$

式中：$Re = \rho_L U_L t_s / \mu_L$；$We = \rho_A U_R^2 t_s / \sigma$；$t_s$ 为喷嘴出口的初始液膜厚度(m)。

不应将 SMD_1 与 Z 或 Ohnesorge 数[47]混淆，后者表示为 $\sqrt{We}/Re$，代表表面张力与作用在液体上的黏性力之比。相比之下，SMD_1 旨在表示一种表面张力和黏性力共同对抗流体动力和空气动力动量力的破坏作用的方式[46]

对于压力喷嘴和空气喷嘴，液体与周围气体之间的相对速度对雾化有重要影响。它使液体表面产生凸起，这是雾化的先决条件，并提供了将这些凸起转化为液膜进而生成液滴所需的能量。然而，如上所述，雾化的另一个重要因素是液体本身内产生的不稳定性对液膜或射流破碎起的作用，而这种不稳定性非常依赖液体速度。在气流雾化中，高速空气影响缓慢移动的液体，促进雾化的唯一因素是空气和液体之间的相对速度。这在压力雾化中也是至关重要的，然而，通过液体运动而不是空气运动来实现这种相对速度有一个重要的优势，即液体现在对其自身的破碎作出了额外的独立贡献，这种影响在空气喷射和空气辅助雾化中是不存在的或者说是微不足道的。

这些论点突出了速度在压力雾化中的特殊重要性。液体从喷嘴排出的速度对雾化有两个不同的影响。取决于绝对速度 U_L 的一个重要影响是在大量液体内产生湍流和不稳定性，这有助于生成雾化过程的第一阶段。取决于相对速度 U_R 的另一个影响是促进在液体表面和邻近环境气体中发生的雾化机制。这意味着与液体体积相关的雷诺数应基于 U_L，而与周围气体对液体表面的作用相关的韦伯数应基于 U_R。

用 Re 除以 $\sqrt{We}$ 可以产生 Z 数，其效果是消除 We 和 Re 中的速度。这严重限制了它在压力雾化中的应用，因为在压力雾化中速度是至关重要的。相反，将 $\sqrt{We}$ 乘 Re 不仅增强了速度的作用，而且提供了 SMD 如何受液体性质、喷嘴尺寸和几何形状变化影响的更准确的描述。

从简单的几何角度考虑，喷管出口的初始液膜厚度 t_s 可与最终孔内的液膜厚度 t 相关联，公式如下：

$$t_s = t\cos\theta \tag{6.24}$$

式中：θ 为喷雾锥角的一半。

将式(6.24)中的 t_s 代入式(6.23)，加上 Re 和 We 的适当形式，得到：

$$\mathrm{SMD}_1 \propto [\sigma^{0.5}\mu_L/(\rho_A^{0.5}\rho_L U_R U_L)]^x\ (t\cos\theta)^{1-1.5x} \tag{6.25}$$

对于喷嘴向停滞或缓慢移动的空气中喷射流体的正常情况，$U_R = U_L$，并且 $0.5\rho_L U_L^2 = \Delta P_L$。因此，式(6.25)可以简化为

$$\mathrm{SMD}_1 \propto (\sigma^{0.5}\mu_L/\rho_A^{0.5}\Delta P_L)^x\ (t\cos\theta)^{1-1.5x} \tag{6.26}$$

SMD_2 表示雾化过程的最后阶段，其中由快速演化的锥形液膜在液体/空气界面处引起的高相对速度导致第一阶段中产生的表面凸起分离并破碎成液丝，然后滴落。这种最终的破碎受到表面张力的阻碍，但与雷诺数不再相关。因此，有

$$(\mathrm{SMD}_2/t_s) \propto We^{-y} \propto (\sigma/\rho_A U_R^2 t_s)^y \tag{6.27}$$

将式(6.24)中代入 t_s，则式(6.27)转化为

$$\mathrm{SMD}_2 \propto (\sigma/\rho_A U_R^2)^y\ (t\cos\theta)^{1-y} \tag{6.28}$$

或者，由于 $U_R \approx U_L$ 和 $\Delta P_L = 0.5\rho_L U_L^2$，且

$$\mathrm{SMD}_2 \propto (\sigma\rho_L/\rho_A\Delta P_L)^y\ (t\cos\theta)^{1-y} \tag{6.29}$$

因此式(6.22)变为

$$\mathrm{SMD} = A\left(\frac{\sigma^{0.5}\mu_L}{\rho_A^{0.5}\Delta P_L}\right)^x (t\cos\theta)^{1-1.5x} + B\left(\frac{\sigma\rho_L}{\rho_A\Delta P_L}\right)^y (t\cos\theta)^{1-y} \tag{6.30}$$

式中：A 和 B 为常数，其值取决于喷嘴设计。

Wang 和 Lefebvre[22] 对压力旋流式喷嘴产生的液滴平均直径的影响因素进行了详细的实验研究。利用6个不同尺寸的单喷嘴和喷雾锥角对 SMD 进行了广泛的测量。使用几种不同的液体以提供 $(1\sim18)\times10^{-6}\mathrm{kg/(m\cdot s)}$ 的黏度范围和 $0.027\sim0.0734\mathrm{kg/s^2}$ 的表面张力范围。在本节中获得的大量 SMD 数据表明 x 和 y 的值分别为0.5和0.25。此外，分别使用4.52和0.39的 A 值和 B 值得到了实验数据的最佳拟合。

将 x、y、A 和 B 的值代入式(6.30)得

$$\mathrm{SMD} = 4.52\ (\sigma\mu_L^2/\rho_A\Delta P_L^2)^{0.25}(t\cos\theta)^{0.25} + 0.39\ (\sigma\rho_L/\rho_A\Delta P_L)^{0.25}(t\cos\theta)^{0.75} \tag{6.31}$$

对式(6.31)的研究揭示了压力旋流式雾化的以下几个有趣的特征：

(1)增加喷雾锥角可以减少液滴平均直径。这一结果与图6.7和图6.8所示的水的实验数据以及图6.4和图6.5所示的高黏度特殊液体的实验数据完全一致。在这些图中，对比分析了90°和60°的喷雾锥角。式(6.31)表明，喷雾锥角的增加会导致 SMD 对黏度和压差 ΔP_L 的依赖性更强。它导致 SMD_2 的下降幅度超过 SMD_1，从而增加了 SMD_1 对总体液滴平均直径的贡献

的相对重要性。这两种效应在图6.4和图6.5所示的数据中都很明显。这两幅图的对比表明，拓宽喷雾锥角不仅提高了雾化质量，而且增加了SMD对黏度和液体喷注压力的依赖性。在这些图中值得注意的是，ΔP_L 的指数随着黏度的增加而增加。这同样直接源于液体黏度的增加赋予SMD的附加重要性。

(2)式(6.31)表示表面张力指数为0.25。这与Jones[18]的研究结果完全一致，并且与Simmons和Harding[19]的值0.19相当接近。图6.2和图6.3所示的水($\sigma=0.0734$kg/s)和校正后的DF-2($\sigma=0.027$kg/s)的数据表明表面张力指数为0.25。

(3)由于液体密度仅出现在 SMD_2 中，其对液滴平均直径的影响一般应非常小，这取决于 SMD_2 对SMD的贡献。商业碳氢化合物燃料的密度通常在760~900kg/m³，这意味着燃料类型的变化通常不会伴随密度的大幅度变化。结合这一事实与式(6.31)所示的SMD对 ρ_L 的小依赖性，意味着在大多数实际应用中，在考虑燃料类型变化对SMD的影响时，通常可以忽略密度的影响。

(4)由于 t 与流量数成正比[见式(5.50)]，式(6.31)表明，对于高黏度液体，流量数的变化对SMD的影响较小。这一预测由图6.9和图6.10中绘制的液体黏度分别为0.0026kg/(m·s)和0.009kg/(m·s)的实验数据所证实。同样的图还显示了SMD对高黏度液体喷注压力的更强依赖性，这与式(6.31)是一致的，它表明 ΔP_L 的指数从非黏性液体的-0.25变化到高黏性液体的-0.5。

(5)图6.6展示了黏性对液滴平均直径的直接影响。如上所述，该图说明了随着黏度的增加，流量数对SMD的影响逐渐减小，同时也表明随着流量数的增加SMD对黏度的依赖性降低，正如式(6.31)所预测的那样。

(6)从式(6.31)得出的另一个结论是，喷嘴尺寸和工作条件的变化对SMD的影响取决于液体的黏度水平。从该式可以明显看出，与低黏度液体相比，高黏度的液体的SMD更依赖喷注压差 ΔP_L，而较少依赖喷嘴流量(通过 t)和喷雾锥角。

插入式(6.31)的液膜厚度可以从式(5.50)或式(5.51)或式(5.54)中获得，根据Suyari和Lefebvre[48]的建议，常数的值从3.66降到2.7，可得

$$t=2.7[d_o FN\mu_L/(\Delta P_L\rho_L)^{0.5}]^{0.25} \tag{6.32}$$

表6.2给出了压力旋流式喷嘴的液滴直径方程。

表6.2 压力旋流式喷嘴的液滴直径关系

研究者	公式	备注
Radcliffe[24]	$SMD=7.3\,\sigma^{0.6}v_L^{0.2}\dot{m}_L^{0.25}\Delta P_L^{-0.4}$	对喷嘴尺寸或空气特性无影响
Jasuja[23]	$SMD=4.4\,\sigma^{0.6}v_L^{0.16}\dot{m}_L^{0.22}\Delta P_L^{-0.43}$	对喷嘴尺寸或空气特性无影响
Babu 等[45]	$SMD=133\,\dfrac{FN^{0.64291}}{\Delta P_L^{0.22565}\rho_L^{0.3215}}$	$\Delta P_L<2.8$MPa
Babu 等[45]	$SMD=607\,\dfrac{FN^{0.75344}}{\Delta P_L^{0.19936}\rho_L^{0.3767}}$	$\Delta P_L>2.8$MPa
Jones[18]	$MMD=2.47\,\dot{m}_L^{0.315}\Delta P_L^{-0.47}\mu_L^{0.16}\mu_A^{-0.04}\sigma^{0.25}\rho_L^{-0.22}S \times\left(\dfrac{l_o}{d_o}\right)^{0.03}\left(\dfrac{L_s}{D_s}\right)^{0.07}\left(\dfrac{A_p}{D_s d_o}\right)^{-0.13}\left(\dfrac{D_s}{d_o}\right)^{0.21}$	适用于大容量喷嘴
Lefebvre[21]	$SMD=2.25\,\sigma^{2.25}\mu_L^{0.25}\dot{m}_L^{0.25}\Delta P_L^{-0.25}\rho_A^{-0.25}$	
Wang 和 Lefebvre[22]	$SMD=4.52\left(\dfrac{\sigma\mu_L^2}{\rho_A\Delta P_L^2}\right)^{0.25}(t\cos\theta)^{0.25}+0.39\left(\dfrac{\sigma\rho_L}{\rho_A\Delta P_L}\right)^{0.25}(t\cos\theta)^{0.75}$	包括由式(5.48)、式(5.51)、式(5.54)和式(6.32)得到的薄膜厚度的喷雾锥角值的影响

值得注意的是，Omer 和 Ashgriz[49] 提供了一些由压力旋流喷嘴产生的 SMD 相关性的其他示例。Omer 和 Ashgriz 也概述了上面提供的许多方程。那些没有明确包含在本章中的表达式是由于缺乏一般性或需要不容易得到的额外信息，例如与液膜相关的最不稳定波长，以及必须为各种情况建立的大量常数。Khavkin[50] 提供了后者（大量的常数）的一个例子，对于一个使用压力涡流喷嘴的设计师来说，这是值得详细研究的。

示例：式(6.31)的应用。

约束条件和临界尺寸：

(1) $6.25\times10^{-8}\,m^2\leqslant FN$(流动数)$\leqslant 25\times10^{-8}\,m^2$

(2) 锥角为 90°、60°

(3) $0.00261\,kg/(m\cdot s)\leqslant\mu_L\leqslant 0.001\,kg/(m\cdot s)$

(4)$0.027kg/(m \cdot s) \leqslant \sigma \leqslant 0.001kg/(m \cdot s)$
(5)$0.2MPa \leqslant \Delta P_L \leqslant 4.0MPa$
问题参数：
(1)$FN = 15 \times 10^{-8} m^2 (FN_{US} = 2.8m^2)$
(2)$\Theta = 60°$
(3)$\Delta P_L = 3MPa$
(4)$\rho_A = 1.225kg/m^3$(空气)
(5)$\rho_L = 800kg/m^3$(煤油)
(6)$\mu_L = 0.0016kg/m^3$
(7)$\sigma = 0.021kg/(m \cdot s)$
步骤 1：计算流量数

$$FN = \frac{\dot{m}_L}{P_{in}^{0.5} \rho_L^{0.5}}$$

(实际不会使用这个公式，因为已经得到了 FN)
步骤 2：根据流量数计算喷口直径(如果需要的话)

$$d_0 = \sqrt{\frac{4}{\pi \sqrt{2}} FN} = 0.949 \sqrt{FN}$$

$$d_0 = 0.949 \sqrt{15 \times 10^{-8}} = 0.000370(m)$$

步骤 3：计算液膜厚度

$$t = 2.7 \left[\frac{d_0 FN \mu_L}{(\Delta p_L \rho_L)^5}\right]^{0.25}$$

$$t = 2.7 \left[\frac{0.000370 \times 15 \times 10^{-8} \times 0.0016}{(3 \times 10^6 \times 800)^{0.5}}\right]^{0.25} = 9.90 \times 10^{-5}(m)$$

步骤 4：SMD

$$SMD = 4.52\left(\frac{\sigma \mu_L^2}{\rho_A \Delta P_L}\right)(t\cos\theta)^{0.25} + 0.39\left(\frac{\sigma \rho_L}{\rho_A \Delta P_L}\right)(t\cos\theta)^{0.75}$$

$$SMD = 4.52\left[\frac{0.026 \times 0.016}{1.26 \times (3 \times 10^6)^2}\right]^{0.25} \times (9.90 \times 10^{-5}\cos 30)^{0.25} + 0.39$$

$$\left(\frac{0.026 \times 800}{1.121 \times 3 \times 10^6}\right) \times (9.90 \times 10^{-5}\cos 30)^{0.75} = 2.123 \times 10^{-5} = 21.1(\mu m)$$

6.4　旋流喷嘴

Hinze、Milborn[51]、Dombrowski、Fraser[52]和 Tanasawa 等[53]对离心雾化的

过程进行了研究。

该过程在 Dombrowski 和 Munday [54]、Christensen 和 Steely [55]、Eisenklam[56]、Matsumoto 等[57]、Fraser 等[58]和 Willauer 等[59]的雾化方法综述中得到了详细的描述。从第5章所概述的旋流雾化机理可以看出,液滴平均直径会随着转速的增大而减小,但会随着质量流率和液体黏度的增加而增加。这一现象被各种理论和各种研究旋流喷嘴雾化特性影响因素的实验研究所证实,并产生了一系列关于液滴直径的关系。

Karim 和 Kumar[60]使用摄影技术来测量旋转杯式喷嘴产生的液滴直径大小。他们采用汽油作为试验介质,使用的旋转杯出口直径为 16mm、19mm、20mm、半角为 10°、20°、30°。典型的结果如图 6.16 所示。结果表明,在给定转速下,随着液体供给速率的增加,形成的液滴平均直径几乎呈线性增加。

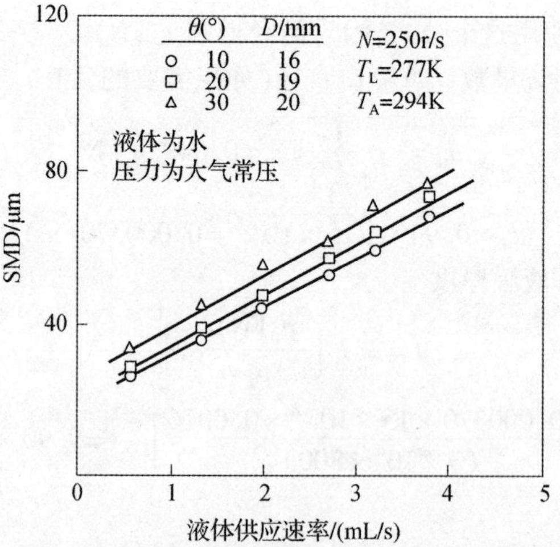

图 6.16　液滴平均直径随液体供给速率的典型变化

图 6.17 显示了转速对液滴平均直径的影响。该图中的数据是通过选用直径为 16mm 的旋转杯,半锥角为 10°,通过改变不同的液体温度获得的。可以看出,随着转速的增加,平均直径减小超过一个的数量级,大约为 10μm。在其他介质液体和其他几何构型的旋转杯试验中也观察到了类似的趋势。

Karim 和 Kumar[60]将降低液体温度对雾化质量的不利影响归因于介质黏度的增加,从而降低了湍流程度和液体分解成液滴的速度。此外,液体的表面张力随着温度的下降而增加,这会阻碍液体表面发生扭曲或不规则化,从而延迟了液丝和液滴的形成。

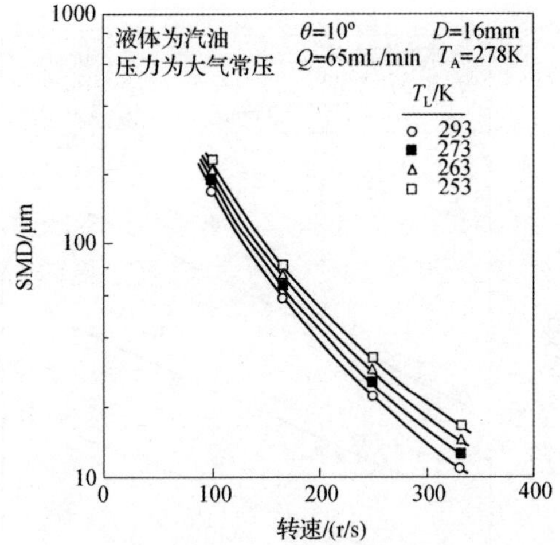

图 6.17　液滴平均直径随转速的典型变化

在许多使用了旋转喷嘴的实际应用中,产生的雾滴暴露在相对剧烈的空气流动中。图 6.18 显示了在液体流量恒定的情况下,随着平行于喷嘴轴线的气流速度的增加,液滴平均直径的变化规律。可以看出,液滴平均直径随着气流速度的增加而减小。减小的程度似乎与雾化杯的几何形状有很大关系。如图 6.19 所示,降低气流温度后,液滴直径几乎呈线性下降趋势。液滴直径的减小是由于空气密度的增加,这增加了液体表面的摩擦力,从而加剧了液体分裂成更细液滴。

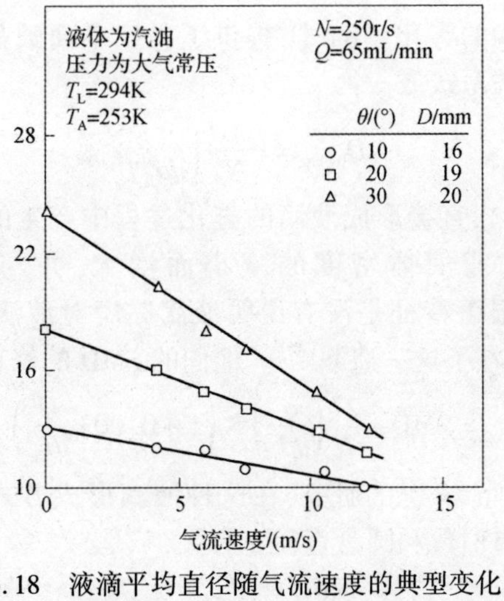

图 6.18　液滴平均直径随气流速度的典型变化

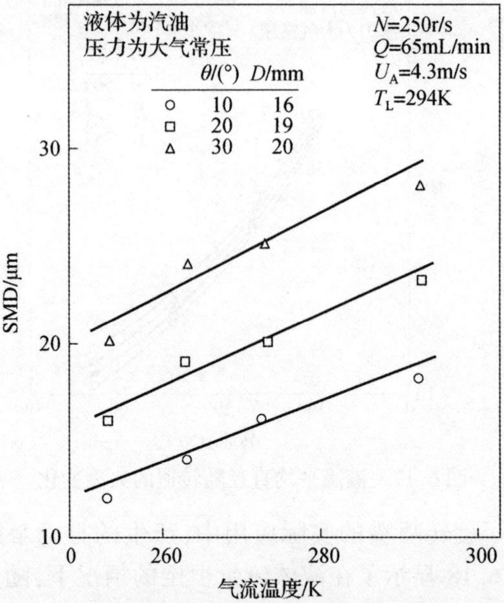

图 6.19　液滴平均直径随气流温度的典型变化

1. 光滑水平无叶片圆盘的液滴直径方程

通过旋流雾化产生的液滴的各种模式已在第5章中讨论,如图5.39所示。研究人员已经提出了几种方程来预测各种雾化模式下的液滴平均直径。

直接形成液滴的雾化。Bar[61]提供了关于平面圆盘旋流喷嘴产生的液滴直径的最早的关系式之一:

$$D_{0.999} = \frac{1.07}{N}\left(\frac{\sigma}{d\rho_L}\right)^{0.5} \tag{6.33}$$

根据式(6.33),直接形成液滴的雾化过程中产生的液滴最大直径随着表面张力的增加或液体密度的减小而增大,并与旋转速度成反比。式(6.33)的一个显著特征是没有说明液滴黏度对液滴直径的影响。40年后,Tanasawa等弥补了这一遗漏[62]。他们的SMD的修正方程为

$$\mathrm{SMD} = \frac{27}{N}\left(\frac{\sigma}{d\rho_L}\right)^{0.5}\left(1 + 0.003\,\frac{Q}{dv_L}\right) \tag{6.34}$$

根据Matsumoto等[63]的研究,在这种液滴形成方式中产生的无量纲液滴平均直径仅与韦伯数和圆盘直径 d 有关,于是有

$$\frac{\mathrm{SMD}}{d} = 1.6We^{-0.523} \tag{6.35}$$

式中：$We = \rho_L d^3 \omega^2 / 8\sigma$。

这与 Willauer 等[59]提出的公式是一致的，其表达式如下：

$$\frac{\text{SMD}}{d} = aWe^b \tag{6.36}$$

与图 4.36 所示的叶轮中的槽相比，Willauer 等的构型的特点是液体出口本质上是孔。a 和 b 的值如表 6.3 所列。

表 6.3　水、乙二醇和甘油体系介质的旋流雾化相关系数[59]

体系	流体流速	系数 a	系数 b
水	365	0.0299	-0.3920
水	634	0.0138	-0.3271
5%乙二醇	365	0.0352	-0.4151
5%乙二醇	634	0.0125	-0.3288
5%甘油	365	0.0296	-0.3960
5%甘油	634	0.0243	-0.3845

通过液带形成的雾化。Walton 和 Prewett[64]是最早研究旋流盘边缘液带产生液滴的研究者之一。他们的液滴最大直径的方程几乎与 Bar 的直接形成液滴方程(6.33)相同，表示为

$$D_{0.999} = \frac{0.87}{N}\left(\frac{\sigma}{d\rho_L}\right)^{0.5} \tag{6.37}$$

另一个通过液带形成产生液滴直径的表达式是由 Oyama 和 Endou 提出的[65]，即

$$\text{SMD} = \frac{0.177Q^{0.2}}{Nd^{0.3}} \tag{6.38}$$

式(6.38)是根据以水为介质的液滴直径测量结果分析得出的。它不包含表示液体性质的条件，因此它的应用领域仅限于水。然而，它确实有着能够表示液滴直径随液体流率的增加而增大的优点，这与实验观察结果一致。高质量流率导致液滴直径增加的原因可能是液膜的增厚，在分裂时形成更大直径的液带。

液带直径和液滴平均直径之间的关系已经被 Matsumoto 和 Takashima[66]表示为

$$\frac{\mathrm{SMD}}{d_1} = (1.5\pi)^{1/3}\left(1 + 3\frac{We}{Re^2}\right)^{1/6} \tag{6.39}$$

式中:d_1 为液带直径;We(韦伯数) $=\rho_L d^3\omega^2/(8\sigma)$;$Re$(雷诺数) $=\rho_L d^3\omega/(4\mu)$。

Tanasawa 等[62]提出了一个借由液带形成来预测产生的液滴平均直径大小的公式,该式充分考虑了圆盘直径、转速、液体流速和液体性质的变化:

$$\mathrm{SMD} = 0.119\frac{Q^{0.1}\sigma^{0.5}}{Nd^{0.5}\rho_L^{0.4}\mu_L^{0.1}} \tag{6.40}$$

式(6.40)的一个有趣的特点是,液滴直径预计会随着液体黏度的降低而略微增大。当然,通常情况下,液体黏度的降低会导致更精细的雾化。Kayano 和 Kamiya 提出的更符合这一一般规则的液滴平均直径大小的公式如下[67]:

$$\mathrm{SMD} = 0.26N^{-0.79}Q^{0.32}d^{-0.69}\rho_L^{-0.29}\sigma^{0.26}(1 + 1.027\mu_L^{0.65}) \tag{6.41}$$

通过液膜破碎形成的雾化。根据 Fraser 和 Eisenklam[68]的研究,对于通过液膜破碎形成雾化的模式,合适的液滴直径大小关系如下:

$$D_{10} = \frac{0.76}{N}\left(\frac{\sigma}{d\rho_L}\right)^{0.5} \tag{6.42}$$

值得注意的是,这个液膜破碎公式和式(6.33)和式(6.37)有着密切的相似性,分别对应直接形成液滴的雾化和通过液带形成雾化。Tanasawa 等[62]提供了一个类似的关系,增加了一个项来评估液体流量对平均液滴直径的影响:

$$\mathrm{SMD} = 15.6\frac{Q^{0.5}}{N}\left(\frac{\sigma}{d^2\rho_L}\right)^{0.4} \tag{6.43}$$

2. 其他无叶片圆盘的液滴直径方程

对于不属于光滑水平的无叶片圆盘,三种雾化模式对应的液滴直径大小方程分别为

直接形成液滴的雾化[69]:

$$D_{10} = \left[\frac{3Q\mu_L}{2\pi\rho_L(\pi dN)^2\sin\theta}\right]^{1/3} \tag{6.44}$$

通过液带形成的雾化[51]:

$$D_{10} = \left[0.77\frac{Q}{Nd}\left(\frac{\rho_L N^2 d^3}{\sigma}\right)^{-\frac{5}{12}}\left(\frac{\rho_L\sigma d}{\mu_L^2}\right)^{-1/16}\right]^{0.5} \tag{6.45}$$

通过液膜破碎形成的雾化[70]:

$$D_{10} = 4.42\left(\frac{\sigma}{\omega^2 \rho_L d}\right)^{0.5} \tag{6.46}$$

3. 雾化轮的液滴直径方程

一些商用旋流喷嘴由装有叶片的圆盘或轮子组成。对于这些装置,需要考虑的其他几何变量是叶片数量 n 和叶片高度 h。根据 Masters[71],适用于雾化轮的液滴直径大小方程如下。

Friedman 等[72]:

$$\text{SMD} = 0.44d\left(\frac{\dot{m}_P}{p_L N d^2}\right)^{0.6}\left(\frac{\mu_L}{\dot{m}_P}\right)^{0.2}\left(\frac{\sigma \rho_L n h}{\dot{m}_P^2}\right)^{0.1} \tag{6.47}$$

Herring 和 Marshall[73]:

$$\text{SMD} = \frac{3.3 \times 10^{-9} K \dot{m}_L^{0.24}}{(Nd)^{0.83}(nh)^{0.12}} \tag{6.48}$$

其中,K 约为 $8.5 \times 10^5 \sim 9.5 \times 10^5$,参见 Master[73]的表 6.11。

Fraser 等[74]:

$$\text{SMD} = 0.483 N^{-0.6} \rho_L^{-0.5}\left(\frac{\mu_L \dot{m}_L}{d}\right)^{0.2}\left(\frac{\sigma}{nh}\right)^{0.1} \tag{6.49}$$

Scott 等[75]:

$$\text{SMD} = 6.3 \times 10^{-4} \dot{m}_P^{0.171}(ndN)^{-0.537}\mu_L^{-0.017} \tag{6.50}$$

光滑水平无叶片圆盘、其他无叶片圆盘和雾化轮的液滴直径方程分别如表 6.4 ~ 表 6.6 所列。关于旋转喷嘴产生液滴平均直径的其他公式可以在相关文献中找到,但并不是所有的公式都可以用于达到预测的目的,因为这些数据来源于包含多种液滴形成机制的数据。

表 6.4 光滑水平无叶片圆盘的液滴直径方程

研究者	公式	备注
Bar[61]	直接形成液滴 $D_{0.999} = \frac{1.07}{N}\left(\frac{\sigma}{d\rho_L}\right)^{0.5}$	液体黏度无影响
Tanasawa 等[62]	$\text{SMD} = \frac{27}{N}\left(\frac{\sigma}{d\rho_L}\right)^{0.5}\left(1 + 0.003\frac{Q}{dv_L}\right)$	包含所有液体特性
Matsumoto 等[63]	$\text{SMD} = 1.6d\left(\frac{8\sigma}{\rho_L d^3 \omega^2}\right)^{0.523}$	液滴平均直径依赖于韦伯数

续表

研究者	公式	备注
Walton, Prewett[64]	液丝脉动断裂形成液滴 $D_{0.999}=\frac{0.87}{N}\left(\frac{\sigma}{d\rho_L}\right)^{0.5}$	液体黏度无影响
Oyama, Endou[65]	$\mathrm{SMD}=\frac{0.177Q^{0.2}}{Nd^{0.3}}$	仅限于水,包括液体质量流率
Matsumoto, Takashima[66]	$\frac{\mathrm{SMD}}{d_1}=(1.5\pi)^{1/3}\left(1+\frac{3We}{Re^2}\right)^{1/6}$	d_1 为液丝直径 韦伯数 $We=\rho_L d^2\omega^3/8\sigma$ 雷诺数 $Re=\rho_L d^2\omega/4\mu$
Tanasawa 等[62]	$\mathrm{SMD}=0.119\frac{Q^{0.1}\sigma^{0.5}}{Nd^{0.5}\rho_L^{0.4}\mu_L^{0.1}}$	包含所有相关参数
Kayano, Kamiya[67]	$\mathrm{SMD}=0.26N^{-0.79}Q^{0.32}d^{-0.69}\rho_L^{-0.29}\sigma^{0.26}\cdot(1+1.027\mu_L^{0.65})$	包含所有相关参数
Fraser, Eisenklam[68]	膜状分解形成液滴 $D_{10}=\frac{0.76}{N}\left(\frac{\sigma}{d\rho_L}\right)^{0.5}$	
Tanasawa 等[62]	$\mathrm{SMD}=15.6\frac{Q^{0.5}}{N}\left(\frac{\sigma}{d^2\rho_L}\right)$	包含液体质量流率影响

表6.5 其他无叶片圆盘液滴直径方程

研究者	公式
Fraser 等[69]	直接形成液滴 $D_{10}=\left[\frac{3Q\mu_L}{2\pi\rho_L(\pi dN)^2\sin\theta}\right]^{1/3}$
Hinze, Milborn[51]	液丝脉动断裂形成液滴 $D_{10}=\left[0.77\frac{Q}{Nd}\left(\frac{\rho_L N^2 d^3}{\sigma}\right)^{-5/12}\left(\frac{\rho_L\sigma d}{\mu_L^2}\right)^{-1/16}\right]^{0.5}$
Hege[70]	膜状分解形成液滴 $D_{10}=4.42\left(\frac{\sigma}{\omega^2\rho_L d}\right)^{0.5}$

表6.6 雾化轮的液滴直径方程

研究者	公式
Friedman 等[72]	$\mathrm{SMD}=0.44\mathrm{d}\left(\frac{\dot{m}_{\mathrm{L}}}{\rho_{\mathrm{L}}Nd^{2}}\right)^{0.6}\left(\frac{\mu_{\mathrm{L}}}{\dot{m}_{\mathrm{L}}}\right)^{0.2}\left(\frac{\sigma\rho_{\mathrm{L}}nh}{\dot{m}_{\mathrm{L}}^{2}}\right)^{0.1}$
Herring, Marshall[73]	$\mathrm{SMD}=\frac{3.3\times10^{-9}K\dot{m}_{\mathrm{L}}^{0.24}}{(Nd)^{0.83}(nh)^{0.12}}$
Fraser 等[74]	$\mathrm{SMD}=0.483N^{-0.26}\rho_{\mathrm{L}}^{-0.5}\left(\frac{\mu_{\mathrm{L}}\dot{m}_{\mathrm{L}}}{d}\right)^{0.2}\left(\frac{\sigma}{nh}\right)^{0.1}$
Scott 等[75]	$\mathrm{SMD}=6.3\times10^{-4}\dot{m}_{\mathrm{L}}^{0.171}(ndN)^{-0.537}\mu_{\mathrm{L}}^{-0.017}$

4. 甩油盘式喷油器的液滴直径方程

如图4.37所示的甩油盘系统通常由圆孔组成,这些圆孔将液体从唇口产生的集液腔中输送出来。在 Choi 和 Dahm 等[76-77]的工作中观察到了有关甩油盘式喷油器雾化过程的有趣现象。Dahm 发现在这些喷嘴中存在不同的流动状态。初始阶段的特点是液体从孔中流出,然后孔被液体填满。他们分别把这些体系称为亚临界和超临界。根据 Choi 的团队大量的相位多普勒测量结果,得到了如下的喷雾大小表达式:

$$\frac{\mathrm{SMD}}{d_1}=4.5285\frac{t}{d_0}+0.0091 \tag{6.51}$$

其中,Dahm 等给出的 t 表达式如下:

$$t=\left(\frac{3}{\pi}\right)^{0.33}\frac{\mu_{\mathrm{L}}Q}{\rho_{\mathrm{L}}dR\Omega^{2}} \tag{6.52}$$

Dahm 等[77]也认为 d 可以用 Dh 代替,水力直径和它的结果可以应用于开槽叶片式喷油器和圆孔喷油器。

6.5 气助喷嘴

在回顾已发表的气助喷嘴性能的工作中,一个主要困难是区分气助喷嘴和喷气喷嘴,因为这两种类型的喷嘴都使用高速空气来实现雾化,它们的平均几何特征大致相同。对于燃气轮机的应用,区分这两个系统最常见的方法是基于气流速度。而气流速度要求(50~100m/s)较低的喷气系统通常可以通过利用燃烧室衬层的压差来满足。然而,由于大多数关于空气雾化的报道研究涉及相当宽的气流速度范围,将任何给定的喷嘴描述为空气辅助式或喷气式有时会有些武断。

一般来说,气助喷嘴需要的空气比喷气喷嘴少,这使它们特别适用于要求空气质量流量尽可能少的雾化系统。它们通常分为内部混合和外部混合两类。内部混合喷嘴具有广泛的灵活性的优点,特别适用于雾化高黏性液体和浆体介质。然而,由于混合室内气液两相强烈混合,其气动和流动相耦合的流动模式非常复杂。

外混式喷嘴通常采用从环形喷嘴流出的高速空气流或蒸气流,并被安排以某种角度撞击在喷嘴中心形成的射流或圆锥形液膜上。外混式气助喷嘴与喷气式雾化喷嘴有许多共同的特点,对一种类型的喷嘴所建立的液滴大小方程通常与另一种类型的喷嘴有关。

6.5.1 内部混合喷嘴

Wigg[78]对喷气雾化机理的分析强调了雾化空气动能的重要性,指出进口空气与喷雾之间的能量差是影响液滴平均直径的主要因素。在后续的工作中[79],Wigg 利用 Clare 和 Radcliffe[80]和 Wood[81]的喷雾数据获得了如图 4.45 所示的 NGTE 喷嘴,推导出以下 MMD 无量纲表达式:

$$\mathrm{MMD} = 20 v_{\mathrm{L}}^{0.5}\ \dot{m}_{\mathrm{L}}^{0.1}\left(1+\frac{\dot{m}_{\mathrm{L}}}{\dot{m}_{\mathrm{A}}}\right)^{0.5} h^{0.1}\sigma^{0.2}\rho_{\mathrm{A}}^{-0.3}U_{\mathrm{R}}^{-1.0} \tag{6.53}$$

式中:h 为空气环的高度,(m)。

Mullinger 和 Chigier[82]研究了一种如图 4.46 所示的内混合双流体喷嘴的性能,在这种喷嘴中,液体燃料与压缩空气或蒸气一起注入混合室。一些雾化发生在混合室内,但大多数液体在喷嘴以膜状的形式出现,然后被气体雾化流粉碎成液滴。他们发现,实验数据和基于式(6.53)的预测有很好的一致性,甚至在气/液质量流率低到 0.005 时(这仅仅是 Wigg 测试出的最低数值的 1/10[78])仍有很好的一致性。

将式(6.53)应用于水喷雾数据[83-84],发现相关性较差;这是由喷雾中液滴的重新组合或合并造成的。为了解释这一效应,他分析,只要条件有利于液滴聚合,由式(6.53)计算出的 MMD 值就应乘以经验表达式:

$$1+5.0\left(\frac{\dot{m}_{\mathrm{L}}}{\dot{m}_{\mathrm{A}}}\right)^{0.6}\dot{m}_{\mathrm{L}}^{0.1} \tag{6.54}$$

Sakai 等[85]通过对以空气为雾化流进行的水雾化的研究，推导出液滴平均直径的经验公式：

$$\mathrm{SMD} = 14 \times 10^{-6} d_0^{0.75} \left(\frac{\dot{m}_L}{\dot{m}_A}\right)^{0.75} \tag{6.55}$$

式(6.55)中水的质量流率范围为 30 ~ 100kg/h，m_L/m_A 比值范围为 5 ~ 100。

Inamura 和 Nagai[86]通过垂直安装的圆柱形喷嘴，并使用宽度为 1mm 的薄环形槽沿喷嘴内壁注入液体来使空气匀速流动。水、乙醇和甘油溶液被用来研究液体性质对雾化的影响。用在涂油玻璃载玻片上收集的喷雾样本测量液滴直径大小。

对于低速液体流和低速空气流，Inamura 和 Nagai 观察到沿壁面流动的液体中存在波长较大的扰动，这导致液膜通过壁面末端时形成不稳定的液带并破碎成液滴。他们称这个过程为液带形成雾化。气流速度和液体流量的增加使扰动波长减小，使液体在喷嘴边缘呈连续薄膜状出现。他们把这种通过高速气流产生的这种液膜的雾化称为液膜形成雾化。图 6.20 显示了气流速度和空气/液体质量流率变化对 SMD 的一些影响。该图中的曲线显示了斜率的变化，这归因于从一种雾化模式到另一种雾化模式的转变。值得注意的是，这种转变出现时的 m_L/m_A 值随着空气流速的增加而增加。

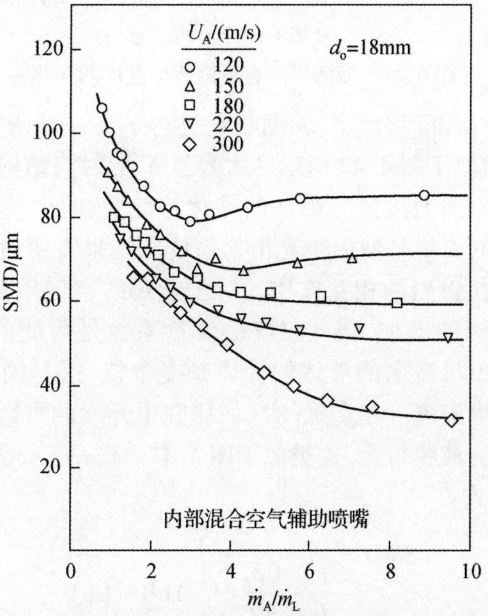

图 6.20　液滴平均直径随空气/液体质量流率的变化

液体黏度对 SMD 的影响如图 6.21 所示。该图中绘制的数据证实了这种类型的喷嘴与其他类型的双流体喷嘴并无不同,无论空气流速如何,液体黏度的增加都会导致雾化更粗糙。

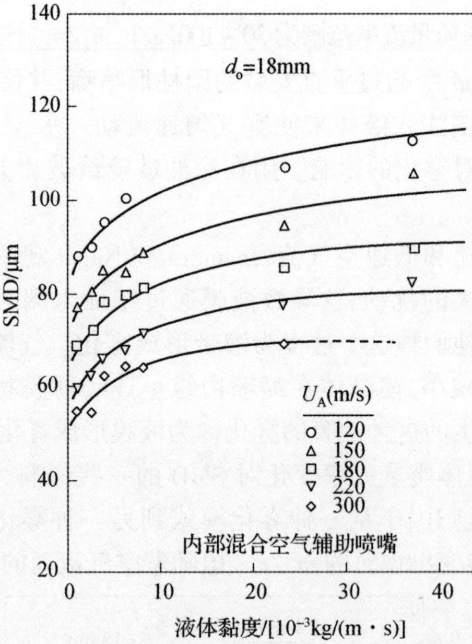

图 6.21　液滴平均直径随流体黏度的变化

Barreras 等对内部混合空气辅助喷嘴进行了另一项研究[87]。在他们的研究中,使用了类似于图 4.47 所示的大容量 Y 形射流结构。这个研究中的最终目的是探究原油通过蒸气喷注的雾化特性,实验中使用的流体是空气和水。液滴大小的测量是使用激光衍射系统。结果表明,在这种条件下,空气和水流之间存在强烈的相互作用。对于给定的空气质量流量,水流量的增加导致空气压降的增加,因此喷嘴的流量系数是可变的,并取决于气液比。一些关于从出口流出的液体的性质颇受争议,这是因为一些液膜行为取决于精确的喷嘴配置。在文献[87]的研究中开发的自定义配置似乎没有与商业版本相同的液膜行为,这类似于图 4.47。Barreras 等提出了一种产生 SMD 喷雾的关系式:

$$\mathrm{SMD}=\frac{3}{\dfrac{1}{t}+\dfrac{C\rho_L}{4\sigma}\left(U_A^2\mathrm{ALR}+U_L^2\right)} \tag{6.56}$$

式中:U_L 为初始液体速度,计算式如下:

$$U_L = \sqrt{\frac{2\Delta P_L}{\rho_L} + \left(\frac{Q_L}{A_{P,L}}\right)^2} \tag{6.57}$$

液膜厚度公式如下($t \ll D_0$):

$$t = \frac{Q_L}{\pi n_h d_0 U_L} \tag{6.58}$$

式(6.53)的形式与 Lefebvre[88] 推导的喷气喷嘴(6.5.2 节将讨论)的形式相似,雾化空气以一个显著的角度撞击液体。正如第 2 章所讨论的,这种方式被认为能够促进雾化。在这种情况下,文献[89]的分析表明,与同向流动装置相比,对液体性质的依赖性有很大不相同。对于气助喷注,雾化空气几乎总是被设计成以最具破坏性的方式与液体相互作用,这是有争议的。因此,认为任何空气助雾化都是迅速的雾化可能是合理的。对于内部混合空气辅助喷注器尤其如此。正如在内部混合空气辅助喷注器的关系式中所指出的那样,在方程中物理特性的作用常常被忽略。

6.5.2　外部混合喷嘴

Inamura 和 Nagai[86] 研究了外混合喷嘴的性能。他们所使用的喷嘴用于产生一个扁平的圆形液膜,其厚度可以通过螺杆的转动在 0~0.7mm 变化。然后,液膜向下偏转,并由环形空气射流雾化,其相对于喷嘴中心轴的撞击角度也可以改变。通过使用不同的乙醇和甘油溶液,Inamura 和 Nagai 研究了表面张力和黏度对液滴平均直径的影响。他们通过对实验数据的分析得到了以下液滴平均直径经验公式:

$$\frac{\text{SMD}}{t} = \left[1 + \frac{1680\, Oh^{0.5}}{We(\rho_L/\rho_A)}\right]\left[1 + \frac{0.065}{(\dot{m}_A/\dot{m}_L)^2}\right] \tag{6.59}$$

式中:t 为初始膜厚,$t = D_0 h / D_{an}$;D_0 为压力喷嘴出口直径;D_{an} 为环形气体喷嘴直径;h 为压力喷嘴槽的直径;Oh 为稳定数,$Oh = (\mu_L^2/\rho_L t \sigma)^{0.5}$;$We$ 为韦伯数,$We = \rho_A = U_A^2 t/\sigma$。

Elkotb 等[89] 使用了 40 种不同的喷嘴来研究喷嘴几何形状和操作变量对煤油喷雾特性的影响。所使用的煤油规格如下:$\rho_L = 800\text{kg/m}^3$,$\sigma = 0.0304\text{kg/s}^2$,$\mu_L = 0.00335\text{kg/(m·s)}$。液滴平均直径由滑动取样法测量。可以采集多达 4000 个液滴来确定任何给定喷雾的 SMD。

本书特别有趣的地方是获得了关于空气压力对液滴平均直径影响的数据。这些结果如图 6.22 所示。根据实验数据的相关性得到了以下修正液滴平均直径方程:

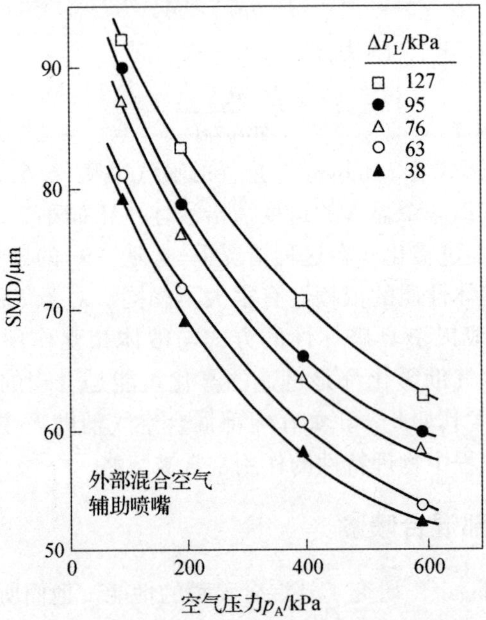

图6.22　空气压力对液滴平均直径的影响

$$\text{SMD} = 51 d_0 Re^{-0.39} We^{-0.18} \left(\frac{\dot{m}_L}{\dot{m}_A}\right)^{0.29} \tag{6.60}$$

式中:$Re = \rho_L U_R d_0 / \mu_L$;$We = \rho_L d_0 U_R^2 / \sigma$。

为了弥补压力喷嘴和空气喷嘴之间的差距,Simmons[26]对这两种喷嘴的SMD进行了大量测量。他通过分析这些数据得出了以下SMD公式:

$$\text{SMD} = C\left(\frac{\rho_L^{0.25}\ \mu_L^{0.06}\ \sigma^{0.375}}{\rho_A^{0.375}}\right)\left(\frac{\dot{m}_L}{\dot{m}_L U_L + \dot{m}_A U_A}\right)^{0.55} \tag{6.61}$$

式中:C为一个常数,其值取决于喷嘴的设计。液滴的性质如ρ_L、μ_L和σ,通过在室温下相对于标准校准液(MIL - C - 7024 Ⅱ型)表示出来。而空气密度表示为相对于海平面、室温条件下的值。

Suyari和Lefebvre[90]研究了如图6.23所示的外部混合空气辅助喷嘴的雾化性能。从本质上讲,它包括一个被同轴旋流的空气包围的单一压力旋流喷嘴。使用Malvern粒度仪测量液滴尺寸。使用的液体包括水、汽油、煤油和柴油。

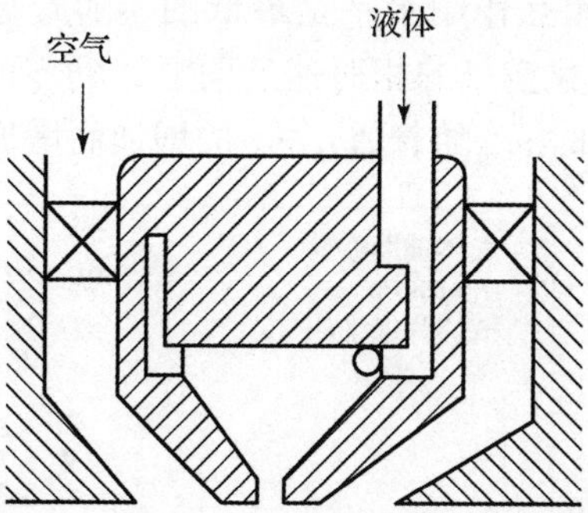

图6.23 外部混合空气辅助喷嘴的原理图

图6.24展示了能够显示这种喷嘴特点的一些有趣特征。首先,很明显,增加 Δp_A,即增加雾化空气流速,对雾化质量有非常有利的影响,特别是在较低的液体流率时。然而,更有趣的是,当 Δp_A 较低时,SMD随液体流率的增加而减小,而当 Δp_A 较高时,SMD随液体流率的增加而增大。这是因为当雾化空气速度较低时($\Delta p_A/p_A < 3\%$),该系统主要作为单一压力旋流喷嘴运行。因此,增大液体流率可以通过增大喷注压力来减小SMD。而同一喷嘴在喷气模式下,即当 $\Delta p_A/p_A$ 较高(大于4%)时,增大液体流率,会降低雾化气液比和气液相对速度,从而降低雾化质量。

这些考虑有助于解释图6.24中 $\Delta p_A/p_A$ 值为2%时所画曲线的形状。这条曲线显示SMD随着液体流率的增加而增加,直到达到最大值,超过这个最大值,质量流率 m_L 的进一步增加会导致SMD下降。这条曲线的不寻常形状可以通过单一喷嘴所产生的锥形液膜与周围共流空气之间的相对速度来解释。在液体流率较低时,空气流速高于液体流速。因此,在这种情况下,液体流率的增加,即液体速度的增加,会降低空气和液体之间的相对速度,从而降低雾化质量。在曲线的峰值处,雾化质量最差,相对速度为零,液膜与周围空气的相互作用最小。超过这一点,液体的速度超过空气的速度,液体流率的任何进一步增加都有助于通过增加液体和空气之间的相对速度来改善雾化质量。

这些论点表明,对于这种类型的喷嘴,始终存在一个液体流速使SMD达到最大值。此时 m_L 的特定值将使液体的速度刚好等于空气的速度。目前,在大多数实际的气助式喷嘴中,从喷嘴流出的空气和液体都具有径向和切向以及轴向的速度分量。在这种复杂的两相流场中,相对速度这个术语很难定义。然而,对于任何给定的空气速度,总有一个特定的液体速度值,使得燃料与空气之间的相互作用水平是最低的。随着雾化空气流速的增大,当液体流速较高时,雾化空气的相对速度明显达到零的状态。因此,可以预测在 SMD 达到最大值时 m_L 随着 $\Delta p_A/p_A$ 的增加而增加,如图 6.24 所示。

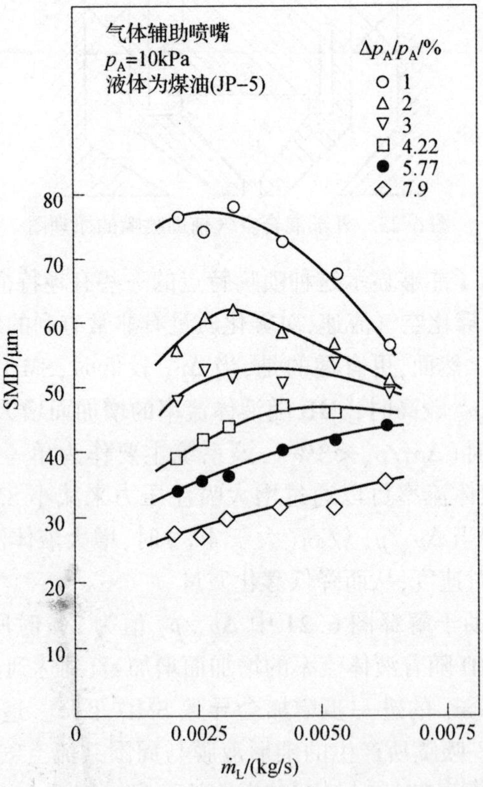

图 6.24 液体流量和气流速度对液滴平均直径的影响[48]

图 6.24 表明,当系统在压力旋流模式下工作时,雾化质量随着液体喷注压力的增加而提高;当系统在空气喷嘴工作时,雾化质量随着雾化空气速度和气液比的增加而提高。这完全符合以前获得的压力旋流喷嘴和喷气喷嘴的经验。然而,这表明,除了有空气速度和液体速度的影响,空气和液体之间的相对速度也有额外且独立的影响。

用 JP-4 燃料在大气压力下获得的雾化试验结果如图 6.25 所示,给出了不同液体喷注压力 Δp_L 下的 SMD 变化规律。从图中发现一个有趣的现象:对于没有雾化空气的工况来说,除了在最低液体流量条件下,由于液体压力太低而不能形成良好雾化外,在其他条件下,都要比具有 2% 大气压强雾化空气工况雾化效果好。事实上，在很宽的液体压力范围内，至少需要3%的雾化空气压差才能提供与没有气体协助情况下相同的雾化质量。然而，在低液体喷注压力下，空气辅助对雾化质量的显著改善也很明显，如图6.25所示。

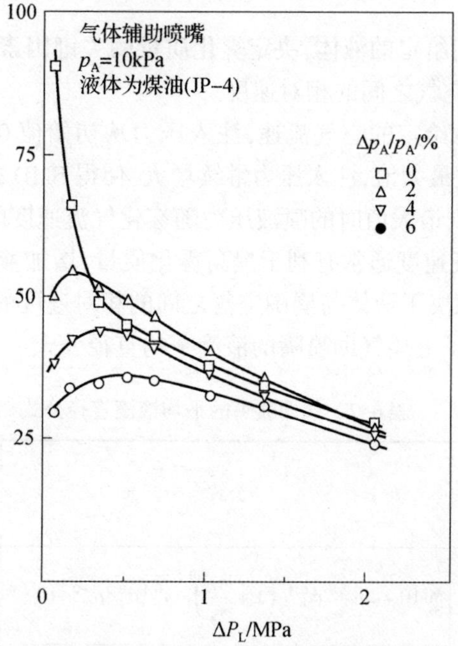

图6.25 液体压差和雾化空气速度对液滴平均直径的影响

Suyari 和 Lefebvre [90]通过对实验数据进行分析得出结论，当使用低黏度液体时，控制外部混合空气辅助喷嘴雾化质量的两个关键因素是空气动压，$0.5\rho_A U_A^2$(由 Δp_A 得到)，以及压力旋流喷嘴产生的液层与周围空气之间的相对速度。因此，相对速度似乎起着重要且独立的作用，其原因大概是通过它促进最初光滑液体表面上张力波(涟漪)的发展和不稳定液丝产生影响。随着相对速度的增加，韧带的尺寸减小，它们的寿命变短，并且根据瑞利理论[91]，当它们暴露在高速气流中时塌陷破碎，形成更小的液滴。

这些发现对 SMD 的一些现有方程的有效性提出了质疑。例如，式(6.61)表明 U_L 或 U_A 的增加有利于提升雾化质量。然而结果表明，增加 U_A 通常有利于更好地雾化，尤其是在较低的液体喷注压力下，然而增加 U_L 既可以提高 SMD 也可以降低 SMD，这取决于 U_L 和 U_A 的初始值。如果 U_L

的初始值小于 U_A,则 U_L 的增加会降低液体和空气之间的相对速度,从而损害雾化。只有当 U_L 的初始值超过 U_A 时,U_L 的进一步增加才会促进更好地雾化。

Suyari 和 Lefebvre[90] 通过对外混式空气辅助喷嘴的研究,得出以下结论:

(1)对于任何给定的液体,决定雾化质量的关键因素是雾化空气的动压力和液体与周围空气之间的相对速度。

(2)对于任意给定的空气流速,注入压力从初始值0持续增大,SMD 增大到最大值,超过最大值,注入压力继续增大,使得 SMD 减小。

(3)SMD 达到最大值时的喷液压力随雾化气流速度的增大而增大。

(4)增加空气速度通常有利于提高雾化质量,增加液体速度可能有助于或阻碍雾化,这取决于液体与周围空气之间的相对速度的增加或减少。

表6.7总结了上述气助喷嘴的液滴平均直径公式。

表6.7 气助喷嘴的平均液滴直径公式

研究者	雾化装置	公式	备注
Wigg[79]	内混合	$\mathrm{MMD}=20v_L^{0.5}\ \dot{m}_L^{0.1}\left(1+\frac{\dot{m}_L}{\dot{m}_A}\right)^{0.5}h^{0.1}\sigma^{0.2}\rho_A^{-0.3}U_R^{-1.0}$	h 为空气环高度(m)
Sakai 等[85]	内混合	$\mathrm{SMD}=14\times10^{-6}d_o^{0.75}\left(\frac{\dot{m}_L}{\dot{m}_A}\right)^{0.75}$	d_o 为喷嘴直径
Inamura, Nagai[86]	外混合	$\frac{\mathrm{SMD}}{t}=\left[1+\frac{16850\ Oh^{0.5}}{We(\rho_L/\rho_A)}\right]\left[1+\frac{0.065}{(\dot{m}_A/\dot{m}_L)^2}\right]$	$Oh=\left(\frac{\mu_L^3}{\rho_L t\sigma}\right)^{0.5}$
Elkotb 等[89]	外混合	$\mathrm{SMD}=51d_o\cdot Re^{-0.39}\cdot We^{-0.18}\left(\frac{\dot{m}_L}{\dot{m}_A}\right)^{0.29}$	$Re=\frac{\rho_L U_R d_o}{\mu_L}$
Simmons[26]	普通的	$\mathrm{SMD}=C\left(\frac{\rho_L^{025}\mu_L^{0.06}\sigma^{0.375}}{\rho_A^{0.375}}\right)\left(\frac{\dot{m}_L}{\dot{m}_L U_L+\dot{m}_A U_A}\right)^{0.55}$	
Barreras 等[87]	内混合	$\mathrm{SMD}=\frac{3}{\frac{1}{t}+\frac{C\rho_L}{4\sigma}(U_A^2\cdot\mathrm{ALR}+U_L^2)}$	$U_L=\sqrt{\frac{2\Delta P_L}{\rho_L}+\left(\frac{Q_L}{A_{P,L}}\right)^2}$ $t=\frac{Q_L}{\pi n_h d_o U_L}$

6.6 气动喷嘴

尽管气动雾化的原理早已为人所知,但直到 20 世纪 60 年代中期,人们才对气动喷嘴的设计和性能产生了浓厚的兴趣,当时人们认识到,在高压比的燃气轮机中,气动喷嘴可以显著减少碳烟形成和废气排放。

目前正在使用的许多系统都是预膜式的,在这种系统中,燃料首先被分散成一个薄而连续的液膜,然后受到高速空气的雾化作用。在其他设计中,燃料以一个或多个离散的射流的形式被注入高速气流。预膜喷嘴的雾化性能一般优于平射流喷嘴[92-93],但只有当液膜的两侧都暴露于空气中时才完全有效。这一要求为设计带来了复杂性,因为这通常意味着要安排两个独立的气流通过喷嘴。由于这个原因,通常选的是平流式气动喷嘴,在这种喷嘴中,燃料不是转化成液膜,而是以离散射流的形式注入高速气流中。事实上,许多近期的喷注器开发都依赖平流喷射,包括 GE GEnx 发动机 LEAP 喷注器[94]。

6.6.1 平面射流

Nukiyama 和 Tanasawa[83]在 75 年前对气动喷嘴进行了第一次重要的研究,该研究对象是一个平面射流喷嘴,如图 6.26 所示。液滴大小是通过在涂油玻璃载玻片上收集喷雾样本来测量的。液滴直径数据通过以下 SMD 经验公式得到:

$$\mathrm{SMD} = \frac{0.585}{U_R}\left(\frac{\sigma}{\rho_L}\right)^{0.5} + 53\left(\frac{\mu_L^2}{\sigma\rho_L}\right)^{0.225}\left(\frac{Q_L}{Q_A}\right)^{1.5} \tag{6.62}$$

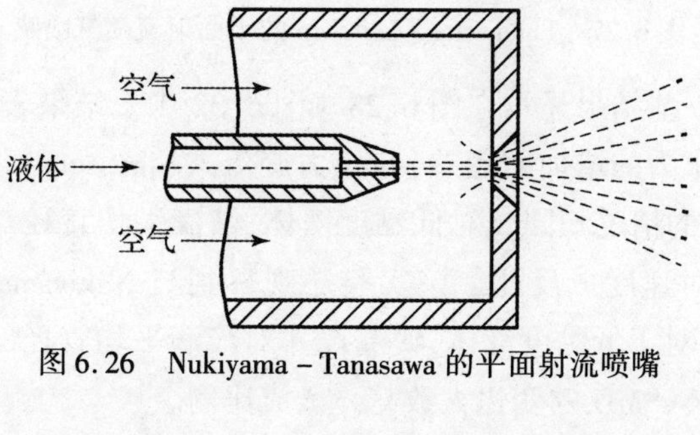

图 6.26　Nukiyama - Tanasawa 的平面射流喷嘴

值得注意的是,式(6.62)等号右边为两项之和,其中一项由相对速度和表面张力决定,另一项由黏度决定。

虽然式(6.62)没有进行三维修正,但仍然可以得出一些有用的结论。例如,对于低黏度的液体,液滴平均直径与空气和液体之间的相对速度成反比,而对于较大的气液比,黏度对 SMD 的影响可以忽略不计。

通过引入一个表示长度的项,使式(6.62)可以三维修正0.5次幂。对于这个长度,一个明显的选择是液体孔或空气喷嘴的直径。然而,通过对不同尺寸和形状的喷嘴与孔的试验,Nukiyama 和 Tanasawa 得出结论:这些因素实际上对液滴平均直径没有影响。因此,没有喷嘴尺寸是式(6.62)的一个显著特点。

另一个显著的遗漏是空气密度,在所有实验中,空气密度保持不变(在正常大气压下)。这是一个严重的限制,因为它限制了将式(6.62)应用于大范围气压和温度范围内工作的许多类型的喷嘴。

Lorenzetto 和 Lefebvre[92] 使用一种特殊设计的系统详细研究了平面射流喷气喷嘴的性能,其中液体物理性质、气液比、空气速度和喷嘴尺寸可以在很大范围内独立变化,并单独检查它们对雾化质量的影响。他们的平面射流喷气喷嘴如图6.27所示。

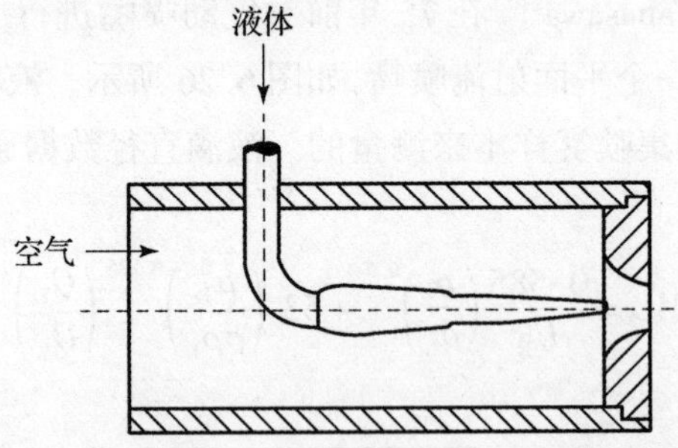

图6.27 Lorenzetto - Lefebvre 的平面射流喷气喷嘴

该研究的一些结果显示在图6.28 ~ 图6.32 中。结果表明,雾化质量随着黏度和表面张力的增加而变差,与压力旋流式(pressure - swirl)喷嘴和旋流(rotary)喷嘴的情况相同。对低黏度液体,液滴平均直径与喷嘴出口处空气和液体的相对速度成反比。该实验还观察到与 Nukiyama 和Tanasawa[83] 一致的结果,即对于低黏度液体,喷嘴尺寸对液滴平均直径的影响不大。对于高黏度的液体,SMD 的变化大致与 $d_o^{0.5}$ 成比例。

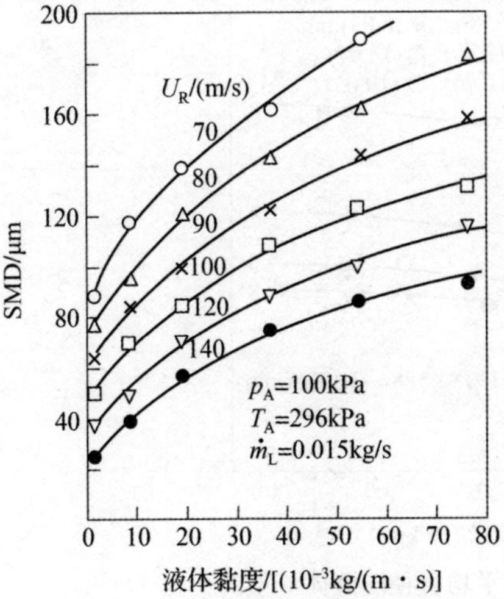

图 6.28 平面射流喷嘴中液滴平均直径随液体黏度的变化

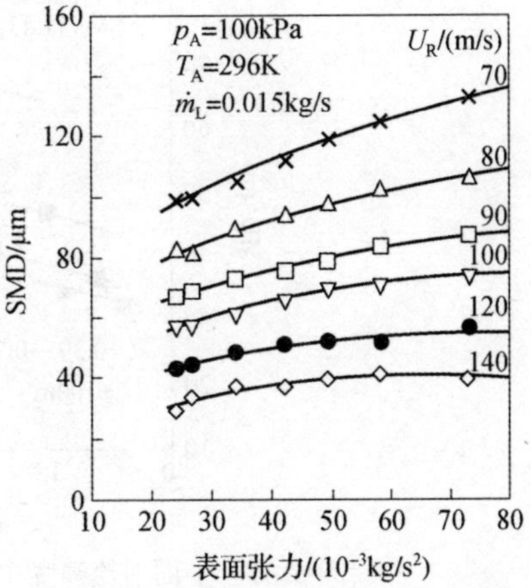

图 6.29 平面射流喷嘴中液滴平均直径随表面张力的变化

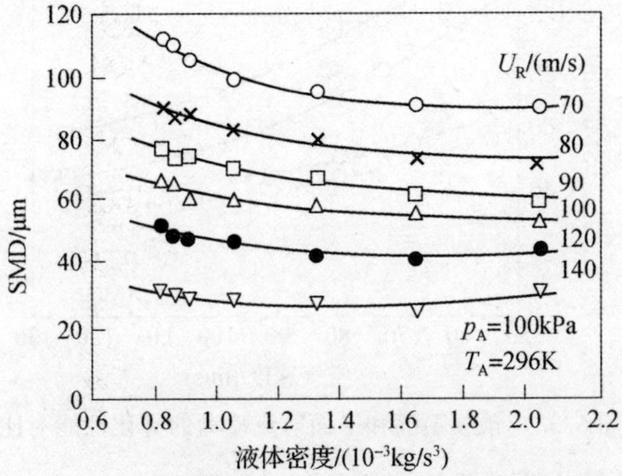

图 6.30 平面射流喷嘴中液滴平均直径随液体密度的变化

在可比较的工作条件下，Rizkalla 和 Lefebvre[95] 将获得的 SMD 的一些测量值进行绘图，并比较了预膜喷嘴和平面射流喷嘴的雾化性能。这种比较的结果如图 6.32 所示。显然，平面射流喷嘴的性能不如预膜喷嘴，特别是在低气液比（ALR）和/或低空气流速的不利条件下。

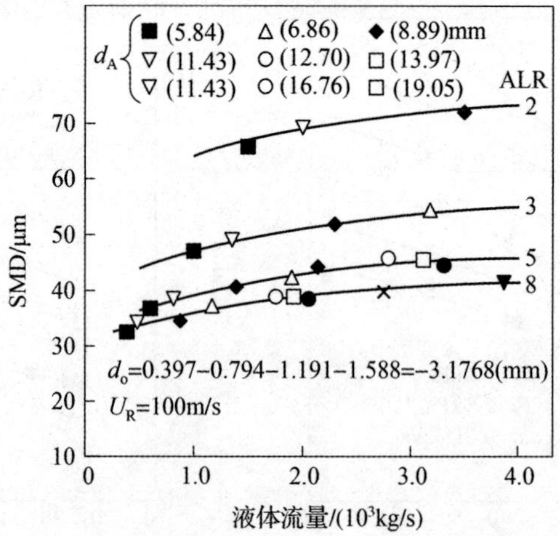

图 6.31 平面射流喷嘴中液滴平均直径随液体流量的变化

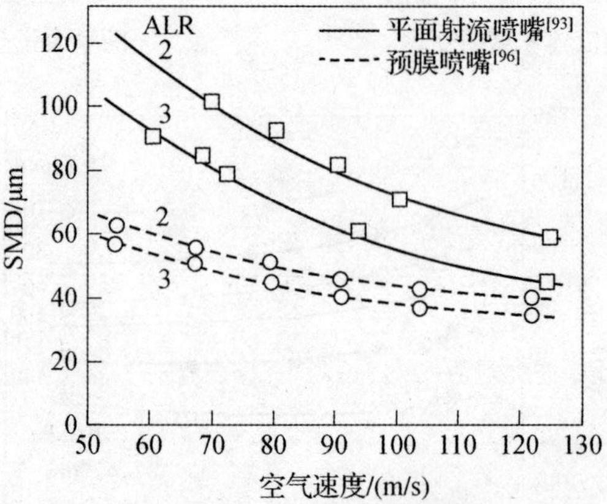

图 6.32 预膜喷嘴和平面射流喷嘴的雾化性能对比

以下是根据实验数据分析得出的尺寸正确的 SMD 表达式：

$$\mathrm{SMD}=0.95\frac{(\sigma\dot{m}_L)^{0.33}}{U_R\rho_L^{0.37}\rho_A^{0.30}}\left(1+\frac{1}{\mathrm{ALR}}\right)^{1.70}+0.13\left(\frac{\mu_L^2 d_o}{\sigma\rho_L}\right)^{0.5}\left(1+\frac{1}{\mathrm{ALR}}\right)^{1.70} \tag{6.63}$$

在表 6.8 所示的空气和液体性质的大范围内，式(6.63)的误差在 8%以内。

表6.8 实验研究中采用的实验条件

喷嘴种类	研究人员	采用的液体	液体的性质			空气的性质			气/液质量比	SMD/10^6	测量方法
			$\sigma/10^3$	ρ_L	$\mu_L/10^3$	$P_A/10^{-2}$	T_A	U_A			
预膜型	Lefebvre, Miller[99]	水、煤油	27.7~73.5	784~1000	1.0~1.29	1.0	295	122~167	3~9	42~96	收集在涂布载玻片上
预膜型	Rizkalla, Lefebvre[95]	水、煤油、特殊处理	24~73	780~1500	1.0~44	1.0~8.5	296~424	70~125	2~11	30~120	光散射技术
预膜型	Jasuja[23]	残余燃油	27~74	784~1000	1.0~8.6	1.0	295	55~135	1~8	30~140	光散射技术
旋杯、预膜、平面射流型	El-Shanawany, Lefebvre[101]	水、煤油、特殊处理	26~74	784~1000	1.0~44	1.0~8.5	295	60~190	0.5~5.0	25~125	光散射技术
旋杯、预膜、平面射流型	Fraser 等[69]	多种油	29~35	810~830	5~165	1.0	295	29~198	0.17~4.0	20~320	光吸收
旋杯、预膜、平面射流型	Nukiyama, Tanasawa[83]	水、汽油、酒精、重油	19~73	700~1200	1.0~5.0	1.0	295	60~340	1~14	15~19	收集在涂布载玻片上
旋杯、预膜、平面射流型	Lorenzetto, Lefebvre[92]	水、煤油、特殊处理	26~76	794~2180	1.0~76	1.0	295	60~180	1~16	20~130	光散射技术
旋杯、预膜、平面射流型	Jasuja[96]	残余燃油	21~74	784~1000	1.0~53	1.0	295	70~135	2~18	35~120	光散射技术
空气辅助型	Rizk, Lefebvre[97]	煤油、瓦斯油、调和油	27~29	780~840	1.3~3.0	1~7.7	298	10~120	2~8	15~110	光散射技术
空气辅助型	Wigg[64]	水	73.5	1000	1.0	1.0	295	300~340	1~3	50~115	
空气辅助型	Sakai 等[85]	水	73.5	1000	1.0	1.0	298		0.001~0.1	90~500	油浸法

续表

喷嘴种类	研究人员	采用的液体	液体的性质			空气的性质			气/液质量比	SMD/10^6	测量方法
			$\sigma/10^3$	ρ_L	$\mu_L/10^3$	$P_A/10^{-2}$	T_A	U_A			
空气辅助型	Inamura, Nagai[86]	水	73.5	1000	1.0	1.0	298	0 ~ 300	1 ~ 10	35 ~ 140	收集在涂油玻片上
	Elkotb 等[89]	煤油	30	800	3.35	1.0 ~ 6.0	295		0.5 ~ 2	20 ~ 65	收集在涂布载玻片上
其他	Simmons[26]	校准液 MIL – F – 70411	25	763	1.2	1.0	295		0.5 ~ 6	20 ~ 300	派克汉尼芬喷雾分析仪
	Gretzinger, Marshall[116]	水溶液	50		1.0	1.6 ~ 4	295	接近声速	1 ~ 16	5 ~ 30	显微镜计数
	Ingebo, Foster[108]	水、异辛烷、苯、JP – 5	16 ~ 71		0.45 ~ 1.93	0.4 ~ 1.64	298	30 ~ 210	5 ~ 100	25 ~ 80	高速摄影
	Kim, Marshall[117]	融化蜡	30 ~ 50	800 ~ 960	1.0 ~ 5.0	0.76 ~ 2.0	298	75 ~ 393	0.06 ~ 40	10 ~ 160	显微镜计数
	Weiss, Worsham[115]	融化蜡	18 ~ 22	806 ~ 828	3.2 ~ 11.3	1.0 ~ 5.0	298	60 ~ 300	4 ~ 25	17 ~ 100	气体沉降粒度筛选和测定仪
	Ingebo[108]	水	73.5	1000	1.0	1.0 ~ 21	295	45 ~ 220		50 ~ 200	辐射仪

Jasuja[96]在克兰菲尔德大学对平面射流雾化进行了进一步的研究，研究采用单喷嘴结构，如图 4.52 所示。在这个喷嘴中，液体流经许多径向钻孔的普通圆孔，然后从这些孔中以离散射流的形式进入旋转气流中。随后，这些喷流在飞行的过程中解体，且不需要进一步的准备过程，如预膜。Jasuja 推导出了以下与液滴直径相关的方程：

$$\mathrm{SMD}=0.022\left(\frac{\sigma}{\rho_{\mathrm{A}}U_{\mathrm{A}}^{2}}\right)^{0.45}\left(1+\frac{1}{\mathrm{ALR}}\right)^{0.5}+0.00143\left(\frac{\mu_{\mathrm{L}}^{2}}{\sigma\rho_{\mathrm{L}}}\right)^{0.4}\left(1+\frac{1}{\mathrm{ALR}}\right)^{0.8} \quad (6.64)$$

应该指出的是，式(6.64)不包含几何长度参数，并且在尺寸上是不正确的。

Rizk 和 Lefebvre[97]还研究了空气和液体性质以及喷嘴尺寸对图 6.27 所示类型喷嘴的液滴平均直径的影响。测试使用液体孔径分别为 0.55mm 和 0.75mm 的两个几何形状相似的喷嘴。所使用的液体和所涵盖的实验条件范围如表 6.8 所列。

图 6.33 显示了空气速度、空气压力、气/液比以及喷嘴尺寸对 SMD 的影

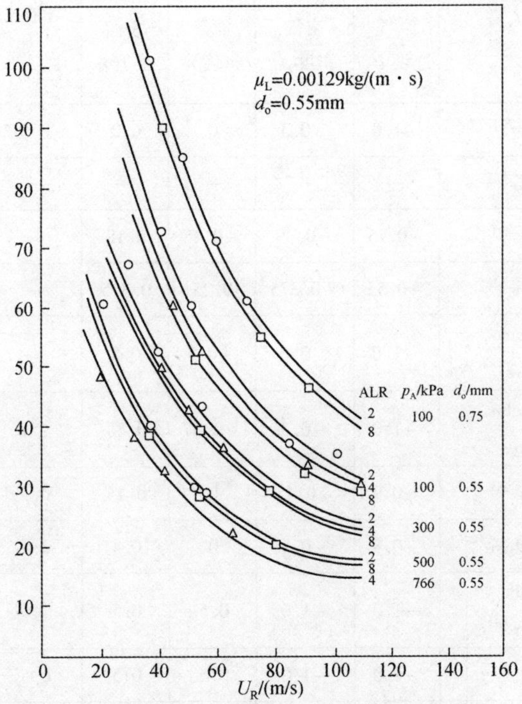

图 6.33　平面射流气动雾化喷嘴的液滴平均直径随空气压力、气液比以及燃料喷嘴直径的变化[97]

响,这是得到的典型结果,这些结果基本上证实了之前关于气动雾化喷嘴的研究结果。它们表明增加空气压力、空气速度以及气/液比都有降低液滴平均直径的趋势。推导出一个经验的、尺寸上正确的液滴平均直径公式如下:

$$\frac{\mathrm{SMD}}{d_o}=0.48\left(\frac{\sigma}{\rho_A U_R^2 d_o}\right)^{0.4}\left(1+\frac{1}{\mathrm{ALR}}\right)^{0.4}+0.15\left(\frac{\mu_L^2}{\sigma\rho_L d_o}\right)^{0.5}\left(1+\frac{1}{\mathrm{ALR}}\right) \tag{6.65}$$

该式提供了极好的数据相关性,特别是对于低黏度流体。由于采用不同的数据表示方法,无法与其他工作人员获得的结果进行比较。然而,对低黏度流体进行比较的结果如表6.9所列。表中所列的空气压力、空气速度和表面张力指数值相互一致,但喷嘴尺寸对SMD的影响存在明显差异。

表6.9　变量对低黏度流体液滴平均直径影响的数据汇总

双流体喷嘴的类型	研究人员	指示变量对液滴平均直径的影响程度						
		空气速度 U_A	空气密度 ρ_a	液体密度 ρ_L	表面张力 σ	气液比 $1+\frac{\dot{m}_L}{\dot{m}_A}$	液/气质量比 $\frac{\dot{m}_L}{\dot{m}_A}$	大小
空气辅助型	Wige[79]	-1.0	-0.3	0	0.2	0.5	—	$h^{0.1}$
	Sakai 等[85]	—	—	—	—	—	0.75	$d_o^{0.75}$
平面射流型	Elkotbet 等[89]	-0.75	-0.39	-0.18	0.18	—	0.29	$d^{0.43}$
	Simmons[26]	-0.55	-0.375	0.25	0.375	—	0.55	—
	Nukiyama, Tanasawa[83]	-1.0	0	-0.5	0.5	—	0	—
	Lorenzetto, Lefebvre[92]	-1.0	-0.3	-0.37	0.33	1.7	—	0
预膜型	Jasuja[96]	-0.9	-0.45	0	0.45	0.5	—	$d_o^{0.55}$
	Rizk, Lefebvre[97]	-0.8	-0.4	0	0.4	0.4	—	$d_o^{0.6}$
	Rizkalla, Lefebvre[95]	-1.0	-1.0	0.5	0.5	1.0	—	$D_P^{0.5}$
	Jasuja[23]	-1.0	-1.0	0.5	0.5	0.5	—	0
	Lefebvre[118]	-1.0	-0.5	0	0.5	1.0	—	$D_P^{0.5}$

续表

双流体喷嘴的类型	研究人员	指示变量对液滴平均直径的影响程度						
		空气速度 U_A	空气密度 ρ_a	液体密度 ρ_L	表面张力 σ	气液比 $1+\frac{\dot{m}_L}{\dot{m}_A}$	液/气质量比 $\frac{\dot{m}_L}{\dot{m}_A}$	大小
预膜型	El - Shanawany, Lefebvre[101]	-1.2	-0.7	0.1	0.6	1.0	—	$D_P^{0.4}$
其他	Ingebo, Foster[108]	-0.75	-0.25	-0.25	0.25	0	0	$D_P^{0.5}$
	Weiss, Worsham[115]	-1.33	-0.30	—	—	—	—	$d_o^{0.16}$
	Gretzinger, Marshall[116]	-0.15	-0.15	0	0	—	0.6	$L^{-0.15}$
	Kim, Marshall[117]	-1.44	0.72	-0.16	0.41	0	0	0
	Fraser 等[69]	—	-0.5	0	0.5	—	—	—

示例：

应用式(6.65)确定气动雾化喷嘴的 SMD。

约束条件和关键尺寸：

(1) $d_o=(0.55\sim0.75)$ mm；

(2) $10\text{m/s}\leqslant U_R\leqslant 120\text{m/s}$；

(3) $100\text{kPa}\leqslant P_A\leqslant 766\text{kPa}$；

(4) $2\leqslant \text{ALR}\leqslant 8$；

(5) $0.0013\text{kg/(m}\cdot\text{s)}\leqslant \mu_L\leqslant 0.0183\text{kg/(m}\cdot\text{s)}$。

问题参数：

(1) $d_o=0.55$mm；

(2) 空气流速 $U_R=100$m/s；

(3) $p_A=500$kPa；

(4) $\text{ALR}=3$；

(5) 液体是煤油，$\sigma=0.021\text{kg/s}^2$，$\mu_L=0.0016\text{kg/(m}\cdot\text{s)}$，$\rho_L=800\text{kg/m}^3$，

则有

$$\text{SMD}=d_o\left[0.48\left(\frac{\sigma}{\rho_A U_R^2 d_o}\right)^{0.4}\left(1+\frac{1}{\text{ALR}}\right)^{0.4}+0.15\left(\frac{\mu_L^2}{\sigma\rho_L d_o}\right)^{0.5}\left(1+\frac{1}{\text{ALR}}\right)\right]$$

$$\text{SMD}=0.55\times10^{-3}\left\{0.48\times\left[\frac{0.021}{\frac{500}{\frac{8.314}{29}\times293}\times100^2\times0.55\times10^{-3}}\right]^{0.4}\times\left(1+\frac{1}{3}\right)^{0.4}\right.$$

$$+0.15\times\left(\frac{0.0016^2}{0.021\times800\times0.55\times10^{-3}}\right)^{0.5}\left(1+\frac{1}{3}\right)\Bigg\}=34.0(\mu m)$$

式(6.56)表明,随着 U_R 的增加,第一项会不断减小,这就意味着,在高空气速度下,由于第二项所占的比重增加,黏度敏感性也变得越来越重要。这种情况一般发生在将液体和空气以同流的方式注入时。然而,如 Lefebvre[88] 中讨论的,当空气几乎垂直于液体的方向时,液体性质的影响微乎其微。在这些情况下,快速雾化机理可能是更加合适的观点,在这种情况下产生液滴的尺寸由下式描述:

$$\text{SMD}=\frac{3}{\dfrac{2}{d_o}+\dfrac{C^*\rho_L U_A^2}{4\sigma\left(1+\dfrac{1}{\text{ALR}}\right)}}\tag{6.66}$$

式中:C^* 为常数。式(6.64)可以改写为

$$\frac{\text{SMD}}{d_o}=1.5\left(1+\frac{C\cdot We_A}{1+\dfrac{1}{\text{ALR}}}\right)^{-1}\tag{6.67}$$

式中:C 为一个常量,它取决于雾化空气的利用效率。根据 Lefebvre 和 Ballal[98] 的研究,C 的值可能在 0.0001 量级上,但还没得到普遍验证。

有趣的是,Nukiyama 和 Tanasawa 的表达式[式(6.62)]是根据一个可以说易于迅速雾化的喷嘴推导出来的[88]。虽然他们没有观察到雾化质量对喷嘴尺寸的依赖性,但似乎发现了雾化质量对黏度的依赖性。

6.6.2 预膜

平面射流气动雾化喷嘴倾向将燃料液滴集中在喷嘴下游的一个小区域内,这对某些应用(如燃烧)不利。作为一种替代选择,可以考虑预膜型气动雾化喷嘴,它可以将液滴分散到整个区域。

气动雾化喷嘴的预膜概念是从 20 世纪 60 年代初 Lefebvre 和 Miller 的实验研究中发展而来的[99]。这些研究者用水和煤油对几种不同结构的喷嘴进行了大量的实验测试。液滴的直径是通过收集氧化镁涂层载玻片上的液滴来测量的。就空气速度对液滴平均直径的重要影响来说,他们的实验数据大体上证实了用其他类型的双流体喷嘴所获得的结果。他们还表明,当气液比在 3 ~9 变化时雾化质量几乎没有影响。然而,这个研究的主要结论是:“喷嘴旨在提供最大的气液接触面积,从而可以获得最小的液滴直径。使在雾化唇处形成的液膜受到两侧高速气流的作用尤为重要。这确保了液

滴保持在空气中,避免液体沉积在固体表面。”

Lefebvre 和 Miller 还强调了使液体受到气体作用之前将液体扩散成尽可能薄的膜的重要性,理由是“流过雾化唇的液膜厚度的增加将有增加液带厚度的趋势,这将导致液带分解时产生更大尺寸的液滴”。

这个研究的主要价值不在于获得的数据(由于采用了相当原始的测量技术,这些数据的正确性受到怀疑),而在于它确定了成功的预膜喷嘴设计的基本特征。

Rizkalla 和 Lefebvre[95] 使用光散射技术对预膜气动雾化喷嘴进行了详细研究。所使用喷嘴的横截面如图 6.34 所示。在这个设计中,流体流经 6 个等间距的径向入口进入堰,从堰溢出到预膜表面,而后在雾化唇处排出。为了使液体两侧都受到高速气流的作用,设计中提供了两条独立的流动通道。其中一股气流流过中心的圆形通道,并在撞击液膜内表面之前在针销处径向向外偏转;另一股气流流经喷嘴主体周围的环形通道。该通道在雾化唇的平面内具有最小的流通面积,以使空气在其与液膜外表面相遇的地方获得高速。

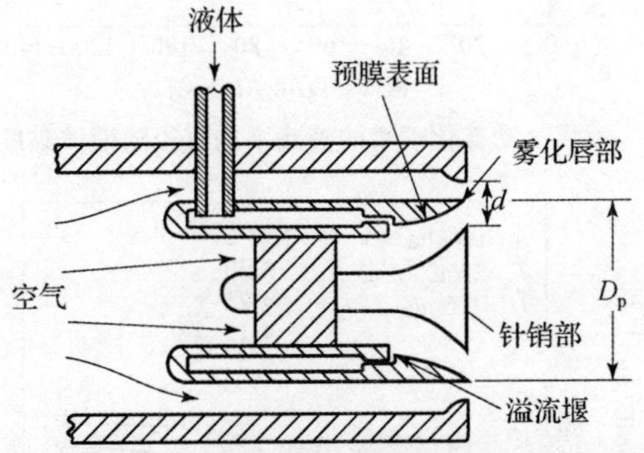

图 6.34 预膜气动雾化喷嘴($D_h = 2d$)

Rizkalla 和 Lefebvre 通过分析空气和液体性质对雾化质量影响的所有数据(其中一些数据如图 6.35 ~ 图 6.40 所示)得到有关影响液滴平均直径的主要因素的一般性结论。对于低黏度液体,关键影响因素是表面张力、空气速度和空气密度。从很宽的实验范围内获得的数据来看,可以得出结论:液体黏度的影响和表面张力的影响是完全独立的并且互不影响。由此可以得到方程的另一种形式,其中尺寸表示为两项之和——第一项由表面张力和空气动能决定,第二项由液体黏度决定。下列方程的推导应用了量纲分析,其中各项常数和指数是根据实验数据得出的:

$$\mathrm{SMD}=3.33\times10^{-3}\frac{(\sigma\rho_{\mathrm{L}}D_{\mathrm{p}})^{0.5}}{\rho_{\mathrm{A}}U_{\mathrm{A}}}\left(1+\frac{1}{\mathrm{ALR}}\right)+13.0\times10^{-3}\left(\frac{\mu_{\mathrm{L}}^{2}}{\sigma\rho_{\mathrm{L}}}\right)^{0.425}D_{\mathrm{p}}^{0.575}\left(1+\frac{1}{\mathrm{ALR}}\right)^{2}\tag{6.68}$$

式中:D_p 为预膜直径,D_p 等于喷嘴的特征长度 L_c。

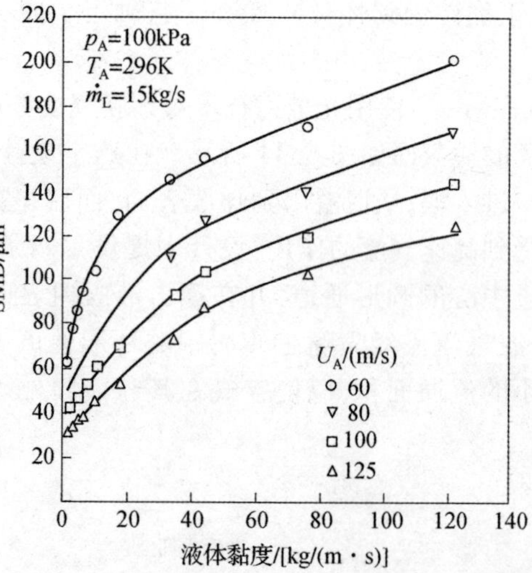

图 6.35 预膜气动雾化喷嘴的液滴平均直径随液体黏度的变化

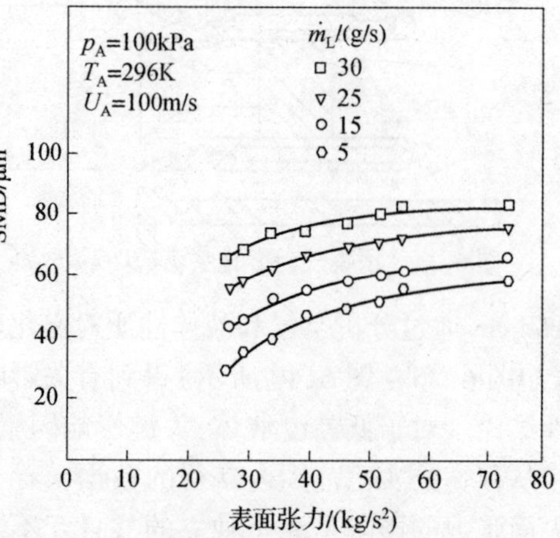

图 6.36 预膜气动雾化喷嘴的液滴平均直径随表面张力的变化

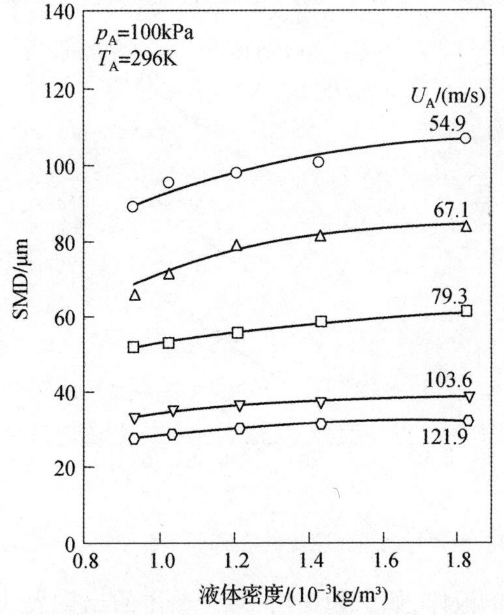

图 6.37　预膜气动雾化喷嘴的液滴平均直径随液体密度的变化

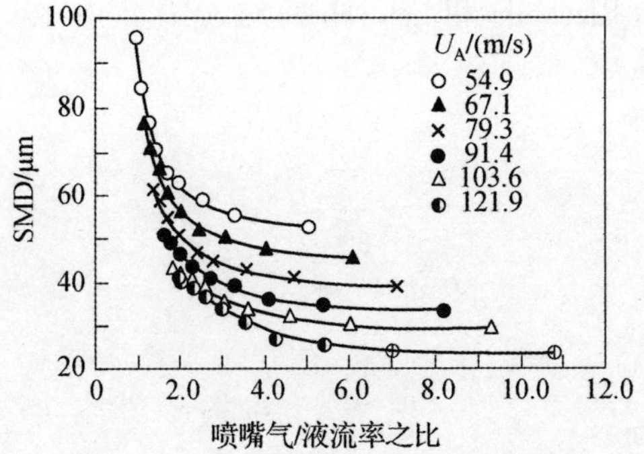

图 6.38　预膜气动雾化喷嘴的液滴平均直径随喷嘴气/液流率之比的变化

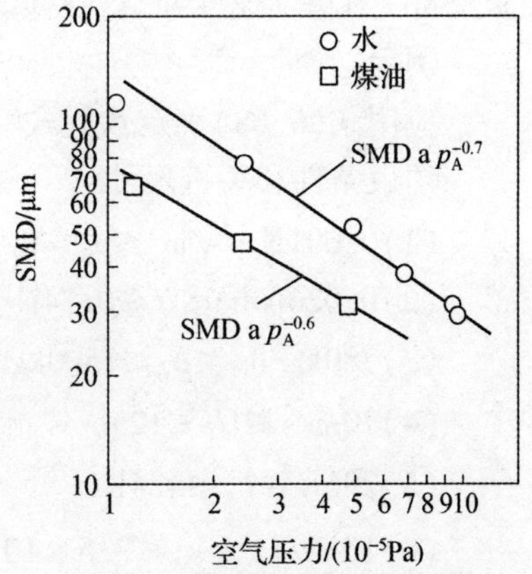

图 6.39　预膜气动雾化喷嘴的液滴平均直径随空气压力的变化

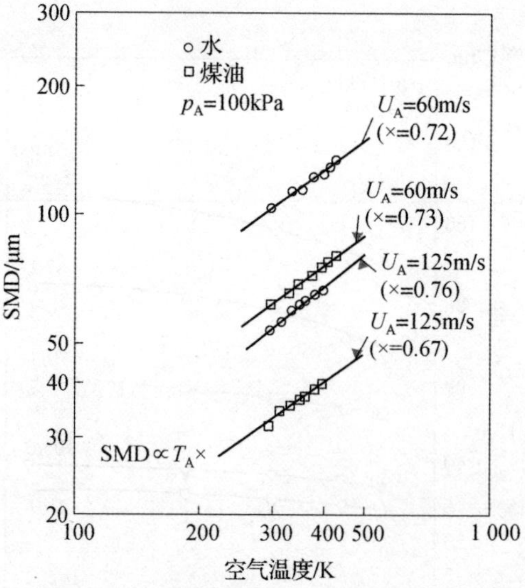

图6.40 预膜气动雾化喷嘴的液滴平均直径随空气温度的变化

对于低黏度的液体,如水和煤油,第一项占的比重大,因此SMD的值随液体表面张力、液体密度和喷嘴尺寸的增加而增加;随空气速度、气液比以及空气密度的增加而减小。对于高黏度的液体,第二项的影响更为显著;因此,SMD对空气速度和空气密度的变化不那么敏感。

例示:

应用式(6.68)确定预膜式喷嘴(Rizekalla和Lefevebre)的SMD。

约束条件和关键尺寸:

(1)$0.001\text{N}\cdot\text{s/m}^2 \leqslant \mu_L \leqslant 0.044\text{N}\cdot\text{s/m}^2$

(2)$0.026\text{N/m} \leqslant \sigma \leqslant 0.74\text{N/m}$

(3)$780\text{kg/m}^3 \leqslant \rho_L \leqslant 1500\text{kg/m}^3$

(4)$70\text{m/s} \leqslant U_L \leqslant 125\text{m/s}$

(5)$296\text{K} \leqslant T_A \leqslant 424\text{K}$

(6)$10^5\text{N/m}^2 \leqslant p_A \leqslant 8.5\times10^5\text{N/m}^2$

(7)$2 < \text{ALR} < 6$

问题参数:

(1)液体是293K的煤油,$\sigma=0.021$,$\rho_L=800\text{kg/m}^3$,$\mu_L=0.0016\text{kg/(m}\cdot\text{s)}$;

(2)防护气体和针状气体均处于350K,400kPa($\rho_A=4.00\text{kg/m}^3$);

(3) $ALR = \dfrac{\dot{m}_{空气}}{\dot{m}_{燃料}} = 5$；

(4) $U_A = 100 m/s$；

(5) $D_P = 0.0381 m$。

$$SMD = 3.33 \times 10^{-3} \times \frac{(\sigma \rho_L D_P)^{0.5}}{\rho_A U_A} \times \left(1 + \frac{1}{ALR}\right) + 13.0 \times 10^{-3} \times \left(\frac{\mu_L^2}{\sigma \rho_L}\right)^{0.425} \times D_P^{0.575} \left(1 + \frac{1}{ALR}\right)^2$$

$$SMD = 3.33 \times 10^{-3} \times \frac{(0.021 \times 800 \times 0.0381)^{0.5}}{4.00 \times 100} \times \left(1 + \frac{1}{5}\right) + 13.0 \times 10^{-3} \times \left(\frac{0.0016^2}{0.021 \times 800}\right)^{0.425} \times (0.0381)^{0.575} \left(1 + \frac{1}{5}\right)^2 = 11.6(\mu m)$$

鉴于人们对燃气轮机可替代燃料兴趣的不断增长，Jasuja[23]对煤油、汽油和各种轻质汽油与残渣燃料油的混合气的雾化特性进行了实验研究。他使用了 Brvan 等[100]开发的气动喷嘴，如图 6.41 所示，并通过光散射技术测量了液滴平均直径。实验数据符合式(6.69)：

$$SMD = 10^{-3}\left(1 + \frac{1}{ALR}\right)^{0.5} \left[\frac{(\sigma \rho_L)^{0.5}}{\rho_A U_A} + 0.06 \left(\frac{\mu_L^2}{\sigma \rho_A}\right)^{0.425}\right] \tag{6.69}$$

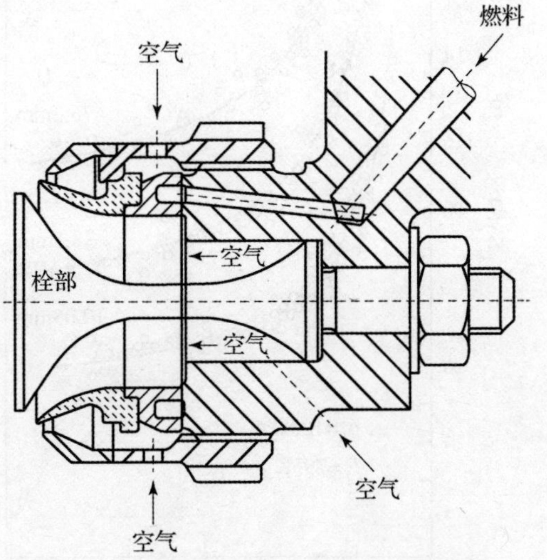

图 6.41 Bryan、Godbole 和 Norster 的喷嘴

除了缺少描述喷嘴尺寸的量，以及 SMD 对气液比的依赖性较低这两个差别外，该式与式(6.68)非常相似。

El - Shanawany 和 Lefebvre[101]研究了喷嘴尺寸对液滴平均直径的影响,他们使用了三个截面积为 1 : 4 : 16 的几何相似的喷嘴,基本喷嘴设计与 Rizkalla 和 Lefebvre[95]所使用的几乎相同,如图 6.34 所示,只对内部气流通道做了一些修改,以确保横截面积朝着雾化唇部逐渐减小。这些变化防止了通道内气流的分离,并使液膜黏附在预膜表面,直至达到雾化唇。

El - Shanawany 和 Lefebvre 的实验主要使用水和煤油,但也使用了一些特制高黏度液体。使用了 Lorenzetto 和 Lefebvre[92]开发的改进形式的光散射技术来测量液滴平均直径。图 6.42 显示了所使用的 3 个喷嘴在宽气流速度变化范围下获得的测试结果。他们证明了 $SMD \propto L_c^{0.43}$。通过对所有实验数据的分析,El - Shanawany 和 Lefebvre [101]得出结论,预膜气动喷嘴产生的液滴平均直径可以通过下述尺寸校正公式进行关联:

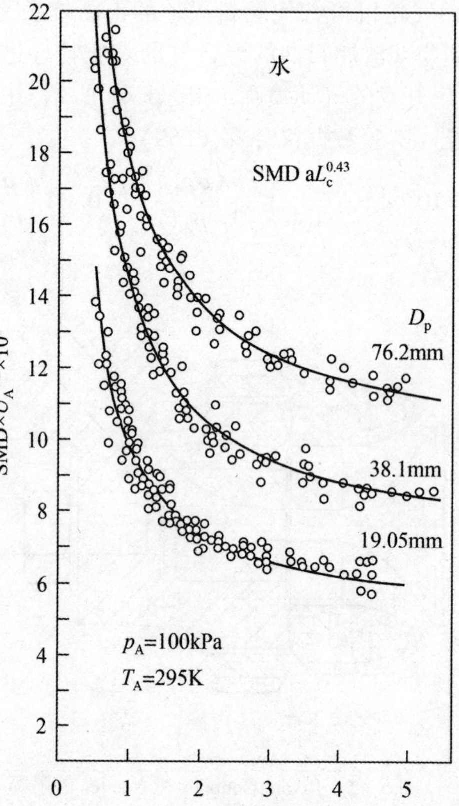

图 6.42　线性尺度变化对水的液滴平均直径的影响

$$\frac{SMD}{D_h}=\left(1+\frac{1}{ALR}\right)\left[0.33\left(\frac{\sigma}{\rho_A U_A^2 D_P}\right)^{0.6}\left(\frac{\rho_L}{\rho_A}\right)^{0.1}+0.068\left(\frac{\mu_L^2}{\rho_L \sigma D_P}\right)^{0.5}\right] \tag{6.70}$$

Wittig 及其同事[102]还研究了预膜气动喷嘴的喷雾特性,这种喷嘴将液膜注入外部气流中。其结果总体与其他类型的预膜气动喷嘴获得的结果一致。

正如对平面气动喷嘴的分析,液膜与空气的相互作用会影响破碎特性。在液膜和空气同时流动的情况下,发生如式(6.68)所述的经典破碎模式,当空气更接近垂直地冲击液膜时,传统的黏度延迟破碎的观点就不适用了。另外,如 Sattelmayer 和 Wittig[103]所指出的,在更大的法向冲击角的情况下,液膜厚度的作用也减小了。Beck 等[104]观察到了类似的结果,他们在二维薄膜研究中,研究了一种几何构型,空气以 30°的角度冲入液膜,而不是同流。后来,相同的研究人员在高压环境下展开研究。从而得到表示 SMD 的表达式:

$$SMD=0.160\frac{\sigma^{0.45}}{\rho_A^{0.18}\rho_L^{0.27}U_R^{0.90}}t^{0.13}\left(1+\frac{1}{ALR}\right)^{0.37}+0.333\left(\frac{\mu_L^2}{\sigma\rho_L}\right)^{0.5}t^{0.5}\left(1+\frac{1}{ALR}\right)^{1.1} \tag{6.71}$$

式(6.71)在维度上是不正确的,尽管存在明显的激励型雾化机制,但其仍保持如式(6.66)~式(6.68)中的形式。观察到,在高相对速度和高空气密度下,初始膜厚不那么重要。

Lefebvre[88]进一步考虑了经典雾化机制与激励型雾化机制的差异,提出了激励型雾化的表达式如下:

$$SMD=\frac{3}{\dfrac{1}{t}+\dfrac{0.007\rho_L U_A^2}{4\sigma\left(1+\dfrac{1}{ALR}\right)}} \tag{6.72}$$

同样也可表示为

$$\frac{SMD}{t}=3\left(1+\frac{0.00175\,We_A}{1+\dfrac{1}{ALR}}\right)^{-1} \tag{6.73}$$

式(6.72)中0.007的值是由 Beck 等[104]的实验数据进行最佳拟合得到的。Lefebvre[88]指出,0.007 的值很可能是空气对液面撞击角的函数。Beck 等[104]选用的角度约为 30°,Lefebvre 推测随着角度的增加,该数值也会增加。Harari 和 Sher[106]的一项研究表明,当达到最佳的撞击角 45°时,可以产生最细的液滴。这项研究虽然是针对平面射流结构进行的,但也可能适用于膜状材料。他们还发现30°撞击时产生的液滴尺寸最均匀。

Knoll 和 Soika[107]的研究使用了与 Beck 类似的喷注装置。在这项研究中,他们把重点放在了黏性更强的液体上——比 Rizkalla 和 Lefebvre[95]研究的液体黏度高了3个数量级。另外,Knoll 和 Sojka 与 Lefebvre[88]在能量方面有着相同的考虑,得出了与式(6.70)相同类型的 SMD 表达式,而雾化空气利用系数 C 的表达式更为明确:

$$\mathrm{SMD}=\frac{12\sigma\left[1+\dfrac{1}{C\cdot\mathrm{ALR}}\right]}{\rho_{\mathrm{L}}U_{\mathrm{R}}^{2}+4\left(\dfrac{\sigma}{t}\right)\left(1+\dfrac{1}{C\cdot\mathrm{ALR}}\right)} \tag{6.74}$$

其中,C 由式(6.75)确定:

$$C=\frac{1.62\pm0.17}{U_{\mathrm{A}}^{1.3\pm0.02}\,\mathrm{ALR}^{0.63\pm0.01}\,\mu_{\mathrm{L}}^{0.3\pm0.01}} \tag{6.75}$$

为了说明式(6.74)和式(6.75)的正确性,图6.43提供了使用这些公式预测的 SMD 和测量的液滴平均直径。

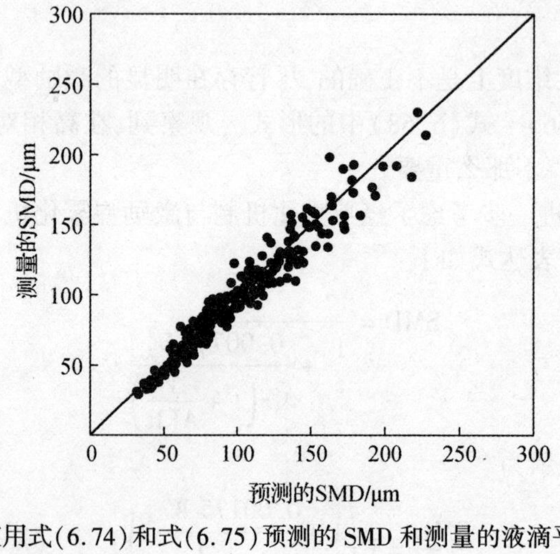

图6.43 使用式(6.74)和式(6.75)预测的 SMD 和测量的液滴平均直径[107]

6.6.3 其他类型

1. 横向流动的平面喷射雾化

在针对喷嘴设计结构不能很好地适应两种主要类型的预膜和平面射流系统展开的工作中,已经对气动型喷嘴进行了一些重要研究。例如,Ingebo

和 Foster[108] 使用了一种横向射流的平面喷射式空气喷射喷嘴，来研究异辛烷、JP－5、苯、四氯化碳和水的分解。这些研究人员得出了一种经验关系式来关联他们的实验数据：

$$\frac{\mathrm{SMD}}{d_o}=0.5(We\cdot Re)^{-0.25} \tag{6.76}$$

将 We 和 Re 的表达式代入得

$$\mathrm{SMD}=5.0\left(\frac{\sigma\mu_L d_o^2}{\rho_A U_R^3\rho_L}\right)^{0.25} \tag{6.77}$$

根据 Ingebo[109] 的研究，式(6.77)仅适用于 $We\cdot Re<10^6$ 的情况。当两者处在 $We\cdot Re>10^6$ 这个范围时，Ingebo 建议使用以下液滴平均直径表达式：

$$\frac{\mathrm{SMD}}{d_o}=37\,(We\cdot Re)^{-0.4} \tag{6.78}$$

或

$$\mathrm{SMD}=37\left(\frac{\sigma\mu_L d_o^{0.5}}{\rho_A U_R^3\rho_L}\right)^{0.4} \tag{6.79}$$

上述经验公式是通过液体射流推导出来的，并保证量纲的正确性。

Ingebo[110] 针对高压下横流产生的液滴大小导出了一个修正表达式，其中包含一个新的无量纲参量，即分子尺度动量传递参量，其有助于改善数据对高压高速结果的拟合：

$$\frac{d_o}{\mathrm{SMD}}=1.4\,(We\cdot Re)^{0.4}(gl/c^2)^{0.15} \tag{6.80}$$

式(6.80)与式(6.78)和式(6.79)非常相似，但其考虑了密度效应的影响以修正动量传递项。

Faeth 等[111] 对横流中液体射流破碎所产生的液滴直径给出了以下表达式：

$$\mathrm{SMD}=0.56\Lambda\left(\frac{x}{\Lambda\cdot We_1^{0.5}}\right)^{0.50} \tag{6.81}$$

在这项研究中[111]，通过高分辨率相机和全息摄像确定粒子的大小。该表达式直接源于在静止环境下液体射流的类似喷射形式的发展。其中，Λ 为横流湍流的径向空间积分长度尺度。

基于上述 Ingebo 的公式，Song 等给出了另一种表达式：

$$\frac{d_o}{\mathrm{SMD}}=0.267\,We^{0.44}q^{0.08}\left(\frac{\rho_L}{\rho_A}\right)^{0.30}\left(\frac{\mu_L}{\mu_A}\right)^{-0.16} \tag{6.82}$$

在 Song 等[112]的研究中,射流 A 是实验液,采用相位多普勒干涉法测量液滴大小。对由密度比获得的环境压力的影响评价是其这项研究值得注意的点。在这种情况下,q 是液体与横流的动量通量比。

Bolszo 等[113]得到了另一种由横流中平面射流的雾化而产生的 SMD 表达式。在 Bolszo 等的研究中,考虑了水、油和水/油乳液的横向流动,而在式(6.83)中,则考虑了纯净液体(水和 DF-2)。在该研究中,采用激光衍射来确定液滴大小,并考虑了喷注点下游 100mm 处的流域。下面的表达式在喷注点下游 40mm 处有效。

$$\frac{\mathrm{SMD}}{d_o}=9.33\times10^7\left(\frac{y}{d}\right)^{1.173}We^{-0.419}q^{-1.711}Re_A^{-2.087} \tag{6.83}$$

式(6.76)~式(6.83)与平面孔喷嘴向高速、横向流动的空气或气体流进行径向燃油喷射的应用高度相关。例子包括各种吸气式推进发动机,如冲压发动机和涡轮喷气加力燃烧室。

2. 直射撞击式喷注器

在燃料横向渗透到气流中是不必要或不希望发生的情况下,通常首选飞溅板式喷注器。该装置使得燃油射流撞击在一个小板的中心。燃料流过板的边缘时,被流过的高速气体流雾化。本质上,该装置是一个简单的预膜空气喷射喷嘴。

Ingebo[114]研究了在空气压力范围为 0.10~2.1MPa 的情况下,这种类型喷射器的雾化性能。他的实验仅限于水,液体速度和空气特性对液滴平均直径的影响符合以下关系:

$$\mathrm{SMD}=(2.6\times10^4U_LP_A^{-0.33}+4.11\times10^6\rho_AU_AP_A^{-0.75})^{-1} \tag{6.84}$$

Weiss 和 Worsham[115]研究了高速空气中液体射流的横流和顺流喷射。他们的实验条件包括空气速度 60~300m/s,孔板直径 1.2~4.8mm,液体黏度 0.0032~0.0113kg/m.s,空气密度 0.74~4.2kg/m^3。研究发现,控制液滴平均直径的最重要因素是空气和液体之间的相对速度。他们认为,喷雾中的液滴直径分布取决于液膜表面可激发波长的范围,较短的波长限制是由于黏性阻尼,而较长的波长限制是由于惯性效应。基于这些假设,他们得出结论:

$$\mathrm{SMD}\propto\left(\frac{U_L^{0.08}d_o^{0.16}\mu_L^{0.34}}{\rho_A^{0.30}U_R^{1.33}}\right) \tag{6.85}$$

他们的实验数据证实了雾化质量对空气流速的依赖关系,但对液体性质的影响给出了略有不同的指数。

3. 其他设计

Gretzinger 和 Marshall[116]研究了两种不同设计的气动式喷嘴的液滴平均直径及其分布特性。一种是 Nukiyama 和 Tanasawa[83]采用的收敛式喷嘴，液体首先在喷嘴的喉部与雾化气流接触;另一种是撞击式喷嘴,由中心圆形空气管道和周围环形液体管道组成。撞击器安装在杆中心的气管中,气流模式允许调整,并产生相应的喷雾锥角变化。采用的3个孔直径分别为2.4mm、2.8mm和3.2mm。

首先将黑色染料的水溶液喷雾干燥,然后收集到矿物油中,并使用光学显微镜计数。实验中液体流量为2~17L/h。液滴直径在5~30μm,他们的实验数据通过以下公式进行关联:

$$\mathrm{MMD} = 2.6\times10^{-3}\left(\frac{\dot{m}_L}{\dot{m}_A}\right)^{0.4}\left(\frac{\mu_A}{\rho_A U_A L}\right)^{0.4} \tag{6.86}$$

对于收敛喷嘴:

$$\mathrm{MMD} = 1.22\times10^{-4}\left(\frac{\dot{m}_L}{\dot{m}_A}\right)^{0.6}\left(\frac{\mu_A}{\rho_A U_A L}\right)^{0.15} \tag{6.87}$$

对于冲击式喷嘴,L 是气体和液体流之间的湿周直径。

这项研究的结果基本上证实了先前关于增加空气/液体质量比、空气速度和空气密度对雾化质量有利影响的结论。然而,Gretzinger 和 Marshall[116]强调,当将其相关性应用于其他类型的喷嘴时,应酌情处理,特别是那些物理性质与他们实验中使用的不同的流体。

式(6.86)和式(6.87)的一个有趣的特征是,他们没有直接研究空气黏度对液滴平均直径的影响,但其中包含了空气黏度项。令人惊讶的是喷嘴尺寸的增加会使液滴平均直径减小。这被解释为,较长的湿周产生较薄的液膜,以及更细的喷雾。

Kim 和 Marshall[117]使用了一种通用设计的气动喷嘴,得出了两种形式的雾化气流模型。在第一种形式中雾化空气通过液体喷嘴周围的环隙聚集和膨胀。在第二种形式中将二次空气喷嘴轴向插入液体喷嘴中,如图6.44所示。因此,在两股气流之间产生了环状液膜,Lefebvre 和 Miller[99]的工作表明,这种安排在产生精细喷雾方面非常成功。在液体黏度为0.001~0.050kg/(m·s)、相对空气流速为75~393m/s、空气/液体质量流量比为0.06~40、液体密度为800~960kg/m^3、空气密度在0.93~2.4kg/m^{3}的范围内,他们使用蜡混合物熔体对液滴直径进行了测量。

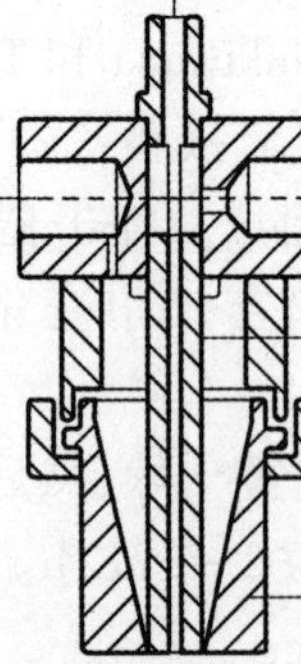

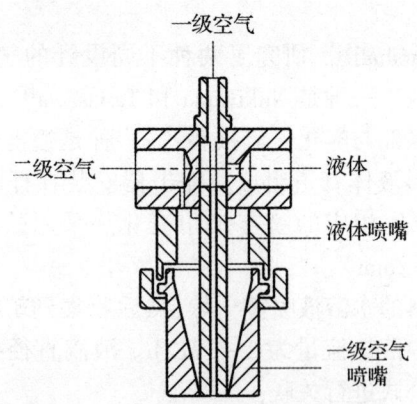

图6.44　Kim 和 Marshall 的喷嘴[117]

对于收敛型单气流喷嘴,研究发现:

$$\mathrm{MMD}=5.36\times10^{-3}\frac{\sigma_{\mathrm{L}}^{0.41}\mu_{\mathrm{L}}^{0.32}}{(\rho_{\mathrm{A}}U_{\mathrm{R}}^{2})^{0.57}A^{0.36}\rho_{\mathrm{L}}^{0.16}}+3.44\times10^{-3}\left(\frac{\mu_{\mathrm{L}}^{2}}{\rho_{\mathrm{L}}\sigma}\right)^{0.17}\left(\frac{\dot{m}_{\mathrm{A}}}{\dot{m}_{\mathrm{L}}}\right)^{m}\frac{1}{U_{\mathrm{R}}^{0.54}}\tag{6.88}$$

式中:A 为雾化气流的流通面积(m^2)。

$$m=\begin{cases}-1, & \dot{m}_{\mathrm{A}}/\dot{m}_{\mathrm{L}}<3\\ -0.5, & \dot{m}_{\mathrm{A}}/\dot{m}_{\mathrm{L}}>3\end{cases}$$

对于双同心空气气动型喷嘴,研究发现:

$$\mathrm{MMD}=2.62\frac{\sigma_{\mathrm{L}}^{0.41}\mu_{\mathrm{L}}^{0.32}}{(\rho_{\mathrm{A}}U_{\mathrm{R}}^{2})^{0.72}\rho_{\mathrm{L}}^{0.16}}+1.06\times10^{-3}\left(\frac{\mu_{\mathrm{L}}}{\rho_{\mathrm{L}}\sigma}\right)^{0.17}\left(\frac{\dot{m}_{\mathrm{A}}}{\dot{m}_{\mathrm{L}}}\right)^{m}\frac{1}{U_{\mathrm{R}}^{0.54}}\tag{6.89}$$

Kim 和 Marshall[117]认为,气动式雾化的重要变量是 ALR 和动力$\rho_{\mathrm{A}}U_{\mathrm{R}}^{2}$。增加其中一个(或两个)都会减小液滴平均直径。ALR 的推荐取值范围是 0.1~10。低于下限时雾化会发生恶化,而高于上限时气体能量会被浪费。应当注意的是,ALR 的取值范围比 Cranfield 的研究[95,99,101]得出的结果要大得多,这些研究都表明,在空气/液体比低于 2.0 时,雾化质量将显著恶化。

值得注意的是,带有同心双气流喷嘴,即采用液膜夹在两气流之间的方案,轻微改善了单气流喷嘴雾化质量。因此,Lefebvre 和 Miller[99]观察到的前一类型的优越性能并没有在这些实验中得到证实。

Fraser 等[69]研究了一种气动型系统的喷雾特性,在该系统中,旋流室可以产生厚度均匀的扁平圆形液膜。高速气流使得液膜解体,该气流通过与杯轴向对称的环形间隙。他们将自己的实验数据与其他研究者的实验数据进行了比较，并指出，预膜喷嘴相较于平面喷射喷嘴可以产生更细的喷雾，并且薄液膜的受控产生是实现细化喷雾的先决条件。它们与液滴直径数据的相关性为

$$SMD = 6 \times 10^{-6} + 0.019 \frac{\sigma^{0.5} \nu_r^{0.21}}{\rho_A^{0.5} (aD_L + a^2)^{0.25}} \times \left[1 + 0.065 \left(\frac{\dot{m}_L}{\dot{m}_A}\right)^{1.5}\right] \left[\frac{Q_L}{U_P^2 (0.5 U_r^2 - U_r + 1)}\right]^{0.5} \tag{6.90}$$

式中：ν_r 为与水的运动黏度比；a 为到杯唇的径向距离(m)；D_L 为杯唇部直径(m)；U_P 为杯圆周速度(m/s)；U_R 为空气/液体速度比，$L/R = U_A/U_P$。

Fraser 等得出结论，当气/液质量比超过 1.5 时，对 SMD 的影响很小。这明显低于后续研究报告的 4 ~ 5 的值[95,99,101]。

相关研究者提出了许多用于关联和预测空气喷射喷嘴的液滴平均直径的表达式。表 6.10、表 6.11 和表 6.12 分别列出了用于平面射流气动喷嘴、预膜喷嘴和其他类型喷嘴的液滴直径公式。

表 6.10　用于平面射流气动喷嘴的液滴直径公式

研究者	公式	备注
Nukiyama 和 Tanasawa[83]	$SMD = 0.585 \left(\frac{\sigma}{\rho_L U_R^2}\right)^{0.5} + 53 \left(\frac{\mu_L^2}{\sigma \rho_L}\right)^{0.225} \left(\frac{Q_L}{Q_A}\right)^{1.5}$	不受喷嘴尺寸或空气密度的影响
Lorenzetto 和 Lefebvre[92]	$SMD = 0.95 \left[\frac{(\sigma \dot{m}_L)^{0.35}}{\rho_L^{0.37} \rho_A^{0.30} U_R}\right] \left(1 + \frac{\dot{m}_L}{\dot{m}_A}\right)^{1.70} + 0.13 \left(\frac{\mu_L^2 d_o}{\sigma \rho_L}\right)^{0.5} \left(1 + \frac{\dot{m}_L}{\dot{m}_A}\right)^{1.70}$	用于低黏度液体，SMD 不受初始喷射直径 d_o 影响
Jasuja[96]	$SMD = 0.022 \left(\frac{\sigma}{\rho_A U_A^2}\right)^{0.45} \left(1 + \frac{1}{ALR}\right)^{0.5} + 0.00143 \left(\frac{\mu_L^2}{\sigma \rho_L}\right)^{0.4} \left(1 + \frac{1}{ALR}\right)^{0.5}$	用于横流破碎
Rizk 和 Lefebvre[97]	$SMD = 0.48 d_o \left(\frac{\sigma}{\rho_A U_A^2 d_c}\right)^{0.4} \left(1 + \frac{1}{ALR}\right)^{0.4} + 0.15 d_o \left(\frac{\mu_L^2}{\sigma \rho_L d_c}\right) \left(1 + \frac{1}{ALR}\right)$	同流的空气和液体
Lefebvre[88]	$\frac{SMD}{d_o} = 1.5 \left[1 + \frac{C We_A}{\left(1 + \frac{1}{ALR}\right)}\right]^{-1}$	空气对液体的角度冲击（瞬变模式）C 量级 0.0001

表6.11 用于预膜喷嘴的液滴直径公式

Rizkalla 和 Lefebvre[95]	$\mathrm{SMD}=3.33\times10^{-3}\times\frac{(\sigma\rho_L D_P)^{0.5}}{\rho_A U_A}\times\left(1+\frac{\dot{m}_L}{\dot{m}_A}\right)+13.0\times10^{-3}\times\left(\frac{\mu_L^2}{\sigma\rho_L}\right)^{0.425}\times t^{0.575}\left(1+\frac{\dot{m}_L}{\dot{m}_A}\right)^2$	$L_c=t$
Jasuja[23]	$\mathrm{SMD}=10^{-3}\frac{(\sigma\rho_L)^{0.5}}{\rho_A U_A}\left(1+\frac{\dot{m}_L}{\dot{m}_A}\right)^{0.5}+0.6\times10^{-4}\left(\frac{\mu_L}{\sigma\rho_A}\right)^{0.425}\left(1+\frac{\dot{m}_L}{\dot{m}_A}\right)^{0.5}$	喷嘴尺寸无影响
Lefebvre[118]	$\frac{\mathrm{SMD}}{L_C}=A\left(\frac{\sigma}{\rho U_A^2 D_P}\right)^{0.5}\left(1+\frac{\dot{m}_L}{\dot{m}_A}\right)+B\left(\frac{\mu_L^2}{\sigma\rho_L D_P}\right)^{0.5}\left(1+\frac{\dot{m}_L}{\dot{m}_A}\right)$	预成膜空气喷射喷嘴的基本方程 L_C 为特征尺寸 D_P 为预膜直径 A、B 为关于喷嘴设计的常数
El - Shanawany 和 Lefebvre[101]	$\frac{\mathrm{SMD}}{D_h}=\left(1+\frac{\dot{m}_L}{\dot{m}_A}\right)\left[0.33\left(\frac{\sigma}{\rho_A U_A^2 D_P}\right)^{0.6}\left(\frac{\rho_L}{\rho_A}\right)^{0.1}+0.068\left(\frac{\mu_L^2}{\rho_L\sigma D_P}\right)^{0.5}\right]$	
Fraser 等[69]	$\mathrm{SMD}=6\times10^{-6}+0.019\frac{\sigma^{0.5}V_r^{0.21}}{\rho_A^{0.5}(aD_L+a^2)^{0.25}}\times\left[1+0.065\left(\frac{\dot{m}_L}{\dot{m}_A}\right)^{1.5}\right]\left[\frac{Q_L}{U_P^2(0.5U_r^2-U_r+1)}\right]^{0.5}$	a 为杯唇的径向距(m) U_P 为杯圆周速度(m/s)
Beck 等[105]	$\mathrm{SMD}=0.160\frac{\sigma^{0.45}}{\rho_A^{0.18}\rho_L^{0.27}U_R^{0.90}}t^{0.13}\left(1+\frac{1}{\mathrm{ALR}}\right)^{0.37}+0.333\left(\frac{\mu_L^2}{\sigma\rho_L}\right)^{0.5}t^{0.5}\left(1+\frac{1}{\mathrm{ALR}}\right)^{1.1}$	U_R 为空气/液体速度比
Lefebvre[88]	$\frac{\mathrm{SMD}}{t}=3\left(1+\frac{0.00175\,We_A}{1+\frac{1}{\mathrm{ALR}}}\right)^{-1}$	快速雾化模式
Knoll 和 Sjoka[107]	$\mathrm{SMD}=\frac{12\sigma\left(1+\frac{1}{C\cdot\mathrm{ALR}}\right)}{\rho_L U_R^2+4\frac{\sigma}{t}\left(1+\frac{1}{C\cdot\mathrm{ALR}}\right)}$	$C=\frac{1.62\pm0.17}{U_A^{1.3\pm0.02}\,\mathrm{ALR}^{0.63\pm0.01}\,\mu_L^{0.3\pm0.01}}$

表6.12 其他类型喷嘴的液滴直径公式

研究者	公式	备注
Grezinger 和 Marshall[116]	$\mathrm{MMD}=2.6\times10^{-3}\left(\frac{\dot{m}_L}{\dot{m}_A}\right)^{0.4}\left(\frac{\mu_A}{\rho_A U_A L}\right)^{0.4}$	L为湿周直径 液滴直径与液体黏度无关,与空气黏度有关
Ingebo 和 Foster[108]	$\mathrm{SMD}=5.0\left(\frac{\sigma\mu_L d_o^2}{\rho_A U_R^3 \rho_L}\right)^{0.25}$	用于交错流分流
Kim 和 Marshall[117]	$\mathrm{MMD}=5.36\times10^{-3}\frac{\sigma_L^{0.41}\mu_L^{0.32}}{(\rho_A U_R^2)^{0.57}A^{0.36}\rho_L^{0.16}}$ $+3.44\times10^{-3}\left(\frac{\mu_L^2}{\rho_L\sigma}\right)^{0.17}\left(\frac{\dot{m}_A}{\dot{m}_L}\right)^m\frac{1}{U_R^{0.54}}$	A为雾化气流流通面积 $m=-1$时,$\dot{m}_A/\dot{m}_L<3$; $m=-0.5$时,$\dot{m}_A/\dot{m}_L>3$
Weiss 和 Worsham[115]	$\mathrm{SMD}\propto\left(\frac{U_L^{0.08}d_o^{0.16}\mu_L^{0.34}}{\rho_A^{0.30}U_R^{1.33}}\right)$	横流和顺流喷注
Ingebo[114]	$\mathrm{SMD}=(2.67\times10^4 U_L p_A^{-0.33}+4.11$ $\times10^6\rho_A U_A p_A^{-0.75})^{-1}$	防溅板喷嘴
Song 等[112]	$\frac{d_o}{\mathrm{SMD}}=0.267\,We^{0.44}q^{0.08}\left(\frac{\rho_L}{\rho_A}\right)^{0.30}\left(\frac{\mu_L}{\mu_A}\right)^{-0.16}$	射流横流
Bolszo 等[113]	$\frac{\mathrm{SMD}}{d_o}=9.33\times10^7\left(\frac{\gamma}{d}\right)^{1.173}We^{-0.419}q^{-1.711}Re_A^{-2.087}$	射流横流

6.6.4 不同变量对液滴平均直径的影响

影响喷雾液滴平均直径的主要因素是液体性质、空气性质和喷嘴几何形状。

1. 液体性质

在空气喷射雾化中重要的液体性质参数是黏度、表面张力和密度。黏度增加对喷雾质量的不利影响如图6.35所示,在液体流量保持15kg/s时研究不同流速下黏度对SMD的影响。表面张力对SMD的影响如图6.36所示,同样也表明液体流量增加对雾化质量的不利影响。

液体密度以相当复杂的方式影响液滴大小。对于预膜喷嘴,连贯的液膜沿雾化唇部向下游延伸的距离随着密度的增加而增加,从而形成空气和液体之间的相对速度较低的情况。此外,对于任何给定的流量,液体密度的增加会产生更紧凑的喷雾,减少了高速空气雾化作用的影响。这两种效应结合起来增加了液滴平均直径。然而,液体密度的增加也可以通过减少预膜系统雾化唇处产生的液膜的厚度($t \propto \rho_L^{-0.4}$)和增加平面喷射的相对速度U_R来改善雾化质量。这些冲突的因素最终导致液体密度对SMD的影响很小,如图6.37所示。

2. 气体性质

在影响液滴平均直径的各种因素中,气体流速无疑是最重要的。从图6.35、图6.37和图6.38中可以很清楚地看出这一点。对于低黏度液体,SMD大致与空气速度成反比。这强调了在空气喷射喷嘴设计中,在保证压降的前提下,将液体暴露在最大可能空气速度下的重要性。

对于煤油和水,空气压力和温度对液滴平均直径的影响分别如图6.39和图6.40中所示。综合上述结论可知,对于预膜喷嘴,SMD与$\rho^{-0.6}$成正比。

对于预膜喷嘴,根据$\text{SMD} \propto L_c^{0.4}$的关系,SMD随喷嘴(尺寸)的增加而增加。

6.6.5 液滴直径关系分析

通过对预膜空气喷射喷嘴实验数据的观察,得出了一些关于空气和液体性质对液滴平均直径影响的一般性结论。对于水和煤油等低黏度液体,控制SMD的主要因素是表面张力、空气密度和空气速度;对于高黏度液体,空气性质的影响不那么显著,SMD更依赖液体性质,特别是黏度。

通过观察Nukiyama和Tanasawa[83]、Kim和Marshall[117]、Lefebvre等[95,99,101]的实验数据可以得出,黏度的作用与气流速度的作用是完全不同的。Jasuja[23]提出了一种方程形式,其中SMD表示为两项的和,其中一项以空气速度和空气密度为主,另一项以液体黏度为主。对于预膜喷嘴,可以证明[118]

$$\frac{\text{SMD}}{L_c} = \left[A'\left(\frac{\sigma}{\rho_A U_A^2 D_P}\right)^{0.5}\right] + B'\left(\frac{\mu_L^2}{\sigma \rho_L D_P}\right)^{0.5}\left(1 + \frac{1}{\text{ALR}}\right) \tag{6.91}$$

式中:A'、B'为常数,取决于喷嘴的设计,必须通过实验来确定。

式(6.91)是预膜喷嘴液滴平均直径的基本方程。该式表明SMD与特征尺寸L_c成正比,L_c代表喷嘴的线性尺度。式(6.91)还表明,液滴平均直径大小与预膜唇部直径 D_P 的平方根成反比。这并非不合理,在其他参数不变的情况下,D_P 的增大会减小雾化唇处的液膜厚度,从而减小 SMD。这一结果对喷嘴设计的启示是明确的,对于任何给定的喷嘴尺寸(对于任何给定的 L_c),D_P/L_c 的比值应该尽可能大。

在实际应用中,一些次要因素如液流雷诺数和气流马赫数对雾化过程的影响还不是很明确。因此,可以通过将$\sigma_L/\rho_A U_A^2 D_P$ 的指数从 0.5 提高到 0.6 来提升式(6.91)预测液滴平均直径的能力。此外,雾化过程的高速摄影表明,对于预膜喷嘴来说,ρ_L/ρ_A 的增加会延长雾化唇下游液膜破碎发生位置的距离,从而使其发生在相对速度较低的区域[119]。对实验数据的分析表明,在式(6.91)中引入无量纲项ρ_L/ρ_A 可以适应这种影响。从而式(6.91)变为

$$\frac{\mathrm{SMD}}{L_c}=A'\left(\frac{\sigma}{\rho_A U_A^2 D_P}\right)^{0.6}\left(\frac{\rho_L}{\rho_A}\right)^{0.1}\left(1+\frac{1}{\mathrm{ALR}}\right)+B'\left(\frac{\mu_L^2}{\sigma\rho_L D_P}\right)^{0.5}\left(1+\frac{1}{\mathrm{ALR}}\right) \tag{6.92}$$

特征尺寸 L_c 的合理选择是喷嘴气流出口平面的水力平均直径(图 6.34)。将 L_c 与 D_h 等价,并将参考文献[101]的实验数据得到的 A 和 B 的值代入式(6.92),得出式(6.70)。

6.6.6　小结

根据许多研究人员在不同类型的气动喷嘴上获得的实验数据,可以得出以下结论:

(1)喷雾的液滴平均直径随液体黏度和表面张力的增大以及气液比的减小而增大。在理想情况下,气/液质量比应超过 3,但将该比值提高到约 5 时,雾化质量几乎得不到改善。

(2)液体密度对液滴平均直径影响不大。对于预膜喷嘴,随着液体密度的增加,液滴平均直径略有增大;对于平面射流喷管,结论相反。

(3)在气动雾化中,重要的空气特性是密度和速度。一般来说,液滴平均直径大致与空气流速成反比。空气密度的影响可以用 $\mathrm{SMD}\propto\rho_A^{-n}$ 来表示,其中对于平面喷射喷嘴,n 大约为 0.3,预膜喷嘴 n 取 0.6 和 0.7。

(4)对于平面射流喷嘴,初始射流直径对低黏度液体的液滴平均直径影响不大;而对于高黏度液体,雾化质量随着射流尺寸的增大而下降。

(5)对于预膜喷嘴,由 $\mathrm{SMD}\propto L_c^{0.4}$ 可知,液滴平均直径随喷嘴尺寸的增大而增大。

(6)对于任何给定尺寸的预膜喷嘴(对于任何不变的 L_c 值),最好的雾化质量是通过使预膜唇直径 D_P 尽可能大来实现的。这是因为 D_P 的增加,降低了液膜厚度 t,进而降低了液滴平均直径($SMD \propto t^{0.4}$)。

(7)设计喷嘴使空气和液体之间实现最充分的物理接触,从而实现液滴最小直径。对于预膜系统,产生尽可能薄的均匀厚度的液膜能实现最好质量的雾化。同样重要的是,要确保在雾化唇处形成的液膜受到两侧高速空气的影响。这不仅提供了最细的雾化,而且可以消除液滴在相邻固体表面的沉积。

(8)预膜喷嘴的性能优于普通射流喷嘴,特别是在低气液比或低空气流速的不利条件下。

(9)至少有两种不同的机制涉及气动雾化,而每种机制的相对重要性主要取决于液体黏度。当低黏度液体注入低速气流时,液体表面产生波,从而变得不稳定,分解成碎片。这些碎片会收缩成液丝,而液丝又会分解成液滴。随着空气流速的增加,液体层分解得更早,因此带在靠近唇处形成。这些液丝往往更细更短,并解体成更小的水滴。对于高黏度液体,波面机理不复存在。相反,液体以长液丝的形式从雾化唇中抽出。当雾化发生时,它可以很好地在相对低速度的雾化区下游工作。因此,液滴直径往往更大。

表6.9总结了低黏度液体中主要变量对液滴平均直径的影响。

6.7 气泡雾化喷嘴

Lefebvre 等[120]对图4.54所示的喷嘴类型进行的一些液滴直径测量结果如图6.45所示。该图显示了四种喷注压力 Δp_L:34.5kPa、138kPa、345kPa和690kPa下的液滴平均直径与气/液质量比(GLR)的关系。该图中显示的雾化质量显然是相当高的。即使在只有138kPa的水压下,当GLR为0.04时,即每25份水中只使用1份按质量计算的氮气时,液滴平均直径小于50μm。图6.45还显示,正如预期的那样,气体流量和/或液体喷注压力的增加会显著改善雾化质量。

如果考虑通过喷注器孔的气流,关于连续性可以得出:

$$\dot{m}_G = \rho_G A_G U_G \tag{6.93}$$

式中:A_G 为气流占据的平均横截面积;U_G 为通过喷射孔的平均气流速度。

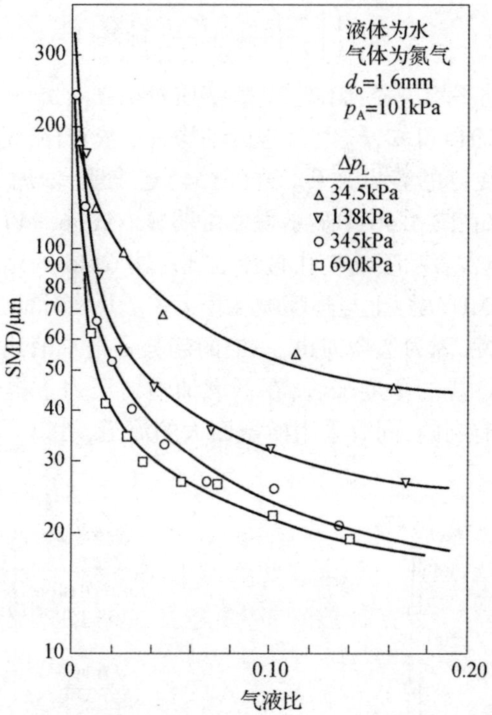

图 6.45 $d_o=1.6\text{mm}$ 时气液比和喷注压力对 SMD 的影响[120]

由式(6.93)可知,在气体流量恒定的情况下,ρ_G 的降低必然导致 A_G 或 U_G 或者两者同时增加。增加气体流动面积有利于雾化,因为它减少了液体流动的可用面积;也就是说,当液体流经喷孔时,它将液体挤压成更薄的膜和带。增加气流速度也有利于雾化,因为它加速了液体通过喷孔的流动,使其以更高的速度排出。因此,在高喷注压力下工作时,由于以下两个原因雾化质量有所提高。一个原因是通过出口孔的高压降。这表示在没有注入任何气体的情况下实现雾化。另一个原因是所喷射的气体在液体流经喷射器孔时将其挤压成细带,并且在喷管出口下游将这些细带粉碎成小液滴。随着喷射压力的降低,自然雾化(即仅由于喷嘴上的压降而发生的雾化)受到损害,但这在很大程度上由气体所起的相对更大的作用来补偿,气体体积随着压力的降低而增大,导致气泡的数量增加。这两种效果都有利于更好地雾化。

如果所有通过排气口的气泡都是相同的尺寸,那么从简单的几何角度考虑其可以表明相邻气泡之间的平均最小厚度为

$$t_{\min}=d_{G}\left\{\left[\frac{\pi}{6}\left(1+\frac{\rho_{G}}{\rho_{L}GLR}\right)\right]^{\frac{1}{3}}-1\right\} \tag{6.94}$$

式中:d_G 为气泡的平均直径;GLR 为气/液质量比;ρ_G、ρ_L 分别为气体和液体的密度。由式(6.94)可知,$t_{\min}$ 与气泡的平均直径成正比,说明通过产生更小的气泡可以达到更好的雾化效果。式(6.94)还表明,增加 GLR 可以提高雾化质量,这一结果在图 6.46 中显示得非常明显。式(6.94)的另一个关键的特点是,它没有包含表示喷嘴喷孔直径的项。图 6.46 的结果完全印证了这一点,结果表明 SMD 实际上与喷嘴喷孔径无关。从实际的角度来看,这是一个非常有用的特性,因为迄今为止,一般的趋势是把小液滴尺寸与小喷嘴尺寸联系起来。从燃烧的角度来看,在低燃油喷射压力下提供良好雾化的燃料喷嘴显然是最有利的,同时采用横截面大的流道,可以大大减轻燃料中污染物堵塞的程度。

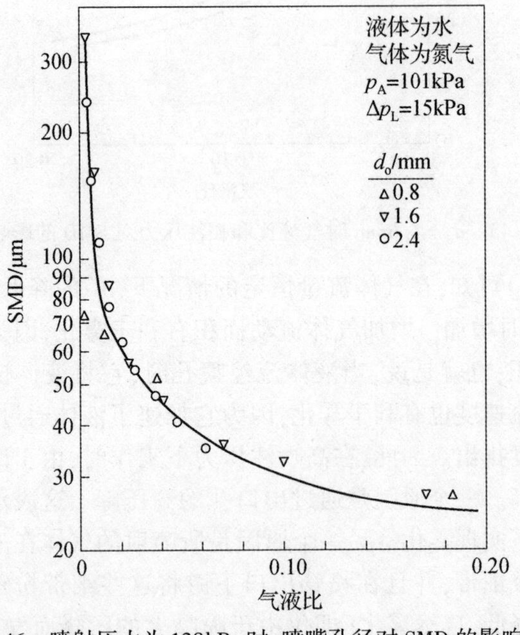

图 6.46 喷射压力为 138kPa 时,喷嘴孔径对 SMD 的影响[120]

图 6.47 是直径为 2.4mm 的出口 Rosin - Rammler 液滴直径分布参数 q(见第 3 章)的测量值。

可以看出,任何影响雾化质量的变化,既产生较大的 SMD 值,也产生更加分散的喷雾。

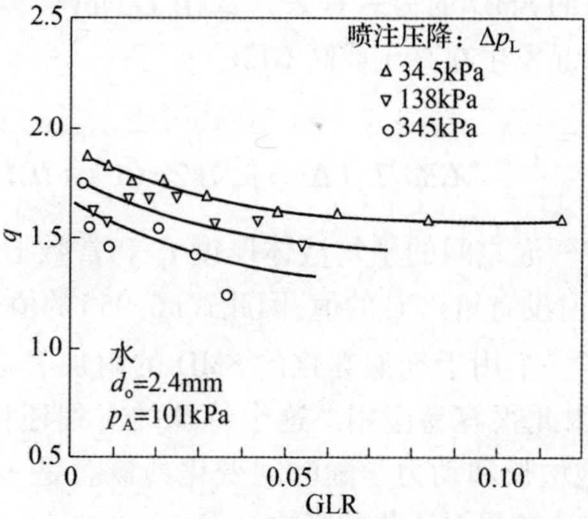

图 6. 47　气/液比和喷射压力对液滴直径分布参数的影响[120]

进一步的研究发现了许多关于喷雾的 SMD 与气泡喷嘴相关参数的关联。Sojka 和 Lefebvre 的工作将 SMD 表达成与通气过程中加入的空气量相关的 ALR 函数：

$$\mathrm{SMD} = \frac{12\sigma}{\rho_{\mathrm{L}}\left[V_{L1}^2 + \varepsilon \mathrm{GLR} V_{A1}^2 - \frac{(V_{L1} + \varepsilon \mathrm{GLR} V_{A1})^2}{1 + \varepsilon \mathrm{GLR}}\right]} \tag{6.95}$$

其中

$$V_{A1} = \left[2RT_n \ln \frac{P_{A0}}{P_{\mathrm{atm}}}\right]^{0.5} \tag{6.96}$$

$$V_{L1} = \left[\frac{2(P_{L0} - P_{\mathrm{atm}})}{\rho_{\mathrm{L}}}\right]^{0.5} \tag{6.97}$$

式中：ε 为由测量数据确定的经验常数。如 Buckner 和 Sojka[121] 的研究结果，甘油和水混合物的 ε 值为

$$\varepsilon = 10^{-4.33}\mathrm{GLR}^{-0.67} \tag{6.98}$$

对于甘油/水/聚合物(非牛顿流体)的混合物为

$$\varepsilon = 10^{-4.21}\mathrm{GLR}^{-0.56} \tag{6.99}$$

式(6.95) ~ 式(6.99)计算结果与测量数据的误差在 25% 以内。与图 6.45相一致的是，Buckner 和 Sojka[121] 提到，在降低 SMD 方面，GLR 达到 0.15时效益最大。他们还指出，增加喷射压力有一些好处，如图 6.45 所示，一旦达到临界最小压力，几乎不能实现更多的收益。最后，他们提到，无论是牛顿流体还是非牛顿流体，只要 GLR 值趋近 0.15，都可以使用气泡雾化的方法有效雾化，且雾化 SMD 相似。对于低 GLR，非牛顿液体的 SMD 略高。

气泡雾化产生的SMD的另一种表达式由Lefebvre[122]基于快速雾化的概念给出。这种情况发生在高压或高GLR：

$$\mathrm{SMD}=\frac{3}{\frac{1}{t_b}+[CR\rho_L T_A(\Delta p_A/p_A)/2\sigma(1+1/\mathrm{GLR})]} \tag{6.100}$$

该式需要确定气泡之间的平均液体厚度 t_b 和常数 C。文献[122]中给出了 t_b 的表达式,但没有给出 C 的值,因此式(6.95)的值受到限制。

Qian 等提供了一个用于气泡雾化的SMD的附加表达式[123],由于所有参数都是已知的,因此很容易应用。这个特殊的方程还包含了到喷嘴的轴向距离 x,这与气泡增长和动力学随时间变化的概念是一致的。因此,离喷嘴越远,时间越长,该效果对雾化的影响越大：

$$\mathrm{SMD}=0.00505\left(\frac{\mathrm{GLR}}{0.12}\right)^{-0.4686}\left(\frac{\Delta P_L}{5\times10^6}\right)^{-0.1805}\left(\frac{d_o}{0.2}\right)^{0.6675}\left(\frac{\mu_L}{0.2}\right)^{0.1714}\left(\frac{\sigma}{46}\right)^{0.1382} \tag{6.101}$$

$$x\to0$$

$$\begin{aligned}\mathrm{SMD}=&\,x\left[1.103\left(\frac{\mathrm{GLR}}{0.12}\right)^{-0.218}\right]+14.72\left(\frac{\mathrm{GLR}}{0.12}\right)^{-0.3952}\left(\frac{\mu_L}{0.2}\right)^{0.1517}\left(\frac{\sigma}{46}\right)^{0.8199}\times10^{-4}\\&+(1-x)\left[0.00505\left(\frac{\mathrm{GLR}}{0.12}\right)^{-0.4686}\left(\frac{\Delta P_L}{5\times10^6}\right)^{-0.1805}\right]\left(\frac{d_o}{0.2}\right)^{0.6675}\left(\frac{\mu_L}{0.2}\right)^{0.1714}\\&\left(\frac{\sigma}{46}\right)^{0.1382},0<x<0.01\mathrm{m}\end{aligned} \tag{6.102}$$

$$\mathrm{SMD}=1.103x\left(\frac{\mathrm{GLR}}{0.12}\right)^{-0.218}+14.72\left(\frac{\mathrm{GLR}}{0.12}\right)^{-0.3952}\left(\frac{\mu_L}{0.2}\right)^{0.1517}\left(\frac{\sigma}{46}\right)^{0.8199}\times10^{-4},\quad 0.01\mathrm{m}<x<0.2\mathrm{m} \tag{6.103}$$

除了上述表达式,在Konstantinov等的综述中还提供了关于液滴大小(和流量系数)的其他详细表达式[124]。

6.8 静电喷嘴

尽管在第4章“静电喷嘴”一节中提到了这部分内容,但是很少有表达液滴尺寸与喷嘴特性和工作条件的公式。另一篇关于喷嘴和相关性能表达式的综述证实了目前这方面的结果非常有限。20世纪80年代,Mor等[125]研究得出以下公式：

$$\mathrm{SMD}=5.39d_0\,\bar{E}^{-0.255}\,\bar{Q}^{0.277}Re^{-0.124} \tag{6.104}$$

式中：d_o 为液体供应管路外径；$\bar{E} = E^2 d_o/\sigma$，σ 为介电常数，E 为电场强度；$\bar{Q} = \rho_L Q^2 d_o^3/\sigma$；$Q$ 为液体流率；$Re = Q/\mu_L d_o$。

6.9 超声波喷嘴

超声波喷嘴的液滴形成机制最初被认为是由强烈的声波引起的汽蚀的产生以及破碎。然而，目前的观点更倾向于毛细管波理论，其基础是观察到在超声激发平板上的液体薄层所产生的液滴平均直径与液体表面的毛细管波长成正比。这意味着液滴平均直径应该与波纹波长有关，而波纹波长又由振动频率控制。实验结果更倾向于这一假设。例如，Lang[126] 研究发现：

$$D = 0.34\lambda = 0.34\left(\frac{8\pi\sigma}{\rho_L\,\omega^2}\right) \tag{6.105}$$

这与 Lobdell[127] 基于高振幅毛细管波的液滴形成得出的理论值 0.36 λ 非常接近。

另一种毛细管波理论是 Peskin 和 Raco[128] 依据泰勒不稳定性提出的。他们发现雾化过程受几个无量纲参数控制。图 6.48 给出了液滴大小与传感器振幅 a、频率 ω、液膜厚度 t、表面张力和密度的关系。液滴大小可以看作频率和液膜厚度的函数。对于厚度较大的液膜，其分析结果为

$$D = 0.34\left(\frac{4\,\pi^3\sigma}{\rho_L\,\omega^2}\right)^{\frac{1}{3}} \tag{6.106}$$

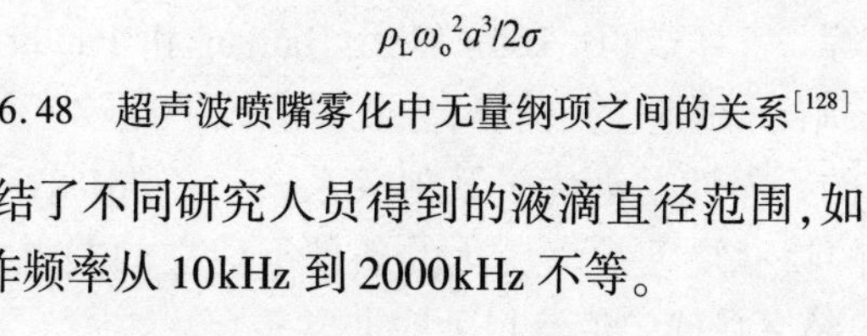

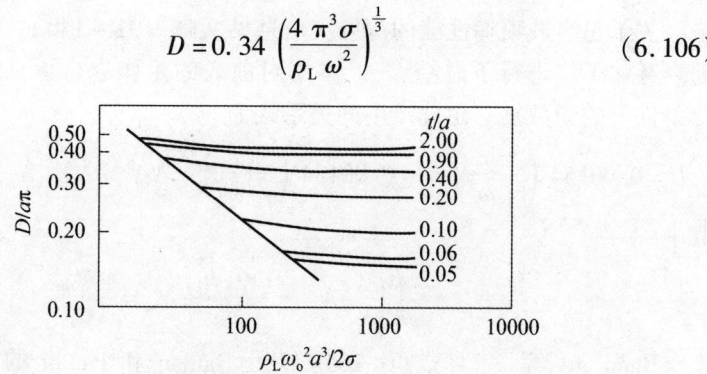

图 6.48 超声波喷嘴雾化中无量纲项之间的关系[128]

Lee 等[129] 总结了不同研究人员得到的液滴直径范围，如表 6.13 所列。这些研究中的工作频率从 10kHz 到 2000kHz 不等。

表6.13　使用超声波喷嘴的各种研究所涵盖的液滴直径范围

研究者	液滴直径/μm			
	1	10	100	1000
Wilcox 和 Tate[131]		—		
Crawford[132]			—	
Antonevich[133]		—		
Lang[126]	—			
Bisa 等[134]	—			
McCubbin[135]	—			
Topp[136]		—		
Muromstev 和 Nenashev[137]	—			

Mochida[130]研究了一种喇叭型超声波喷嘴,工作频率为26kHz,流率可达50L/h。利用蒸馏水与含甲醇和甘油的水溶液,发现影响雾化的液体性质的适当变化,得到以下SMD的经验公式:

$$\mathrm{SMD}=0.158\left(\frac{\sigma}{\rho_{\mathrm{L}}}\right)^{0.354}\mu_{\mathrm{L}}^{0.303}Q_{\mathrm{L}}^{0.139}\tag{6.107}$$

关于超声波喷嘴性能的深层次信息见文献[131-140]。Ramisetty 等对超声雾化工作进行了总结[139]。本书对前人的工作进行了总结并获得了广泛条件下的新数据。由此产生的关系式为

$$D=0.00154\left(\frac{\pi\sigma}{\rho_{\mathrm{L}}\omega^{2}}\right)^{0.33}+0.00154\left(\frac{\pi\sigma}{\rho_{\mathrm{L}}\omega^{2}}\right)^{0.33}N_{Oh}^{-0.111}N_{We}^{0.154}N_{\ln}^{-0.33}\tag{6.108}$$

其中

$$N_{Oh}=\frac{\mu_{\mathrm{L}}}{\omega d_{\mathrm{tip}}^{2}\rho_{\mathrm{L}}};N_{We}=\frac{\omega Q_{\mathrm{L}}\rho_{\mathrm{L}}}{\sigma};N_{\ln}=\frac{\omega^{2}d_{\mathrm{tip}}^{4}}{cQ_{\mathrm{L}}}$$

Ramisetty 等[139]对式(6.105)以及 Ranjan 和 Pandit 的式(6.106)和式(6.108)[140]预测和测量的液滴尺寸数据进行了比较。在匹配测量数据方面,式(6.108)的可靠性远远优于其他关系式。Ramisetty 等[139]认为这是在之前研究特定的喷嘴缺乏频率变化的条件下建立的关系。从式(6.108)中可以明显看出,频率在确定液滴尺寸时非常重要。

超声速喷嘴雾化可以根据所使用的液体进行调节。表6.14中列出了不同种类液体雾化过程的难度。

表6.14 超声波喷嘴雾化各种液体的难度

简单	中等	困难或不可能
水	油性涂料	重烃(非加热)
水溶性溶液	中型油	长链聚合物溶液
轻烃	煤浆	高固含量的乳胶漆
轻油	大多数乳液	
有机溶剂		乳胶黏合剂
短链聚合物溶液		陶瓷浆

6.10 变量说明

A_O:喷孔面积,m^2

A_P:进气孔总面积,m^2

A_S:涡流室截面积,m^2

ALR:气/液质量比

c:均方根分子速度,m/s

D:液滴直径,m

D_h:通风管道平均水力直径,m

D_p:预膜直径,m

D_S:涡流室直径,m

d:圆盘直径,m

d_o:出流孔直径,m

d_l:亚临界带直径,m

F:充填系数

FN:流量数,m^2

g:重力加速度($g=0.98m/s^2$)

GLR:气液比

l:平均自由程,m

L_C:特征尺寸,m

L_S:涡流室长度,m

MMD:质量中值直径,m

n_h:圆孔个数

N:转速,r/s

p:压强,Pa

p_A:气体压强,Pa

ΔP_L:喷管两端喷射压差,Pa

q:动量通量比

Q:体积流量,m^3/s

R:圆盘半径,m

Re:雷诺数

Re_L:基于液体性质的雷诺数

$R\Omega^2$:离心加速度,m/s^2

SMD:索特平均直径,m

s:测量平面到喷嘴下游的距离,m

T:热力学温度,K

t:喷孔内的液膜厚度,m

t_s:喷嘴出口的初始液膜厚度,m

U:速度,m/s

V_{A1}:喷嘴出口气体流速,m/s

V_{L1}:喷嘴出口液体流速,m/s

We:韦伯数

We_L:基于液体特性的韦伯数($We_L = \rho_L U_L^2 d_o / \sigma$)

x:流向距离,m

ω:转速,rad/s

ε:气体流出喷嘴时动能传给喷雾的比例

λ:波长,m

ω:频率

μ:动力黏度,kg/(m·s)

Λ:径向空间积分长度尺度,m

y:壁面垂直方向距离,m

ν：运动黏度，m^2/s

ρ：密度，kg/m^3

σ：表面张力，kg/s^2

下标：

A：空气

L：液体

R：空气相对于液体

G：气体

l：带

ex：出口

参考文献

1. Jenny, P., Roekaerts, D., and Beishuizen, N., Modeling of turbulent dilute spray combustion, *Prog. Energ. Combust. Sci.*, Vol. 28, 2012, pp. 846–867.
2. Jiang, X., Siamas, G., Jagus, K., and Karyiannis, T., Physical modelling and advanced simulations of gas-liquid two-phase jet flows in atomization and sprays, *Prog. Energ. Combust. Sci.*, Vol. 36, 2010 pp. 131–167.
3. Gutheil, E., Issues in computational studies of turbulent spray combustion, in: Merci, B., Roekaerts, D., Sadiki, A., (eds.), *Experiments and Numerical Simulations of Diluted Spray Turbulent Combustion*. New York, NY: Springer-Verlag; 2011.
4. Gorokhovski, M., and Herrmann, M., Modeling primary atomization, *Annu. Rev. Fluid Mech.*, Vol. 40, 2008, pp. 343–366.
5. Xue, Q., Som, S., Senecal, P. K., and Pomraning, E., Large eddy simulation of fuel-spray under non-reacting IC engine conditions, *Atomization Sprays*, 10, 2013, pp. 925–955.
6. Rizk, N. K., and Lefebvre, A. H., Drop-size distribution characteristics of spill-return atomizers, *AIAA J. Propul. Power*, Vol. 1, No. 1, 1985, pp. 16–22.
7. Wu, P. -K., and Faeth, G. M., Aerodynamic effects on primary breakup of turbulent liquids, *Atomization Sprays*, Vol. 3, 1993, pp. 265–289.
8. Merrington, A. C., and Richardson, E. G., The break-up of liquid jets, *Proc. Phys. Soc. London*, Vol. 59, No. 33, 1947, pp. 1–13.
9. Panasenkov, N. J., Effect of the turbulence of a liquid jet on its atomization *Zh. Tekh. Fiz.*, Vol. 21, 1951, p. 160.
10. Harmon, D. B., Drop sizes from low-speed jets *J. Franklin Inst.*, Vol. 259, 1955, p. 519.
11. Giffen, E., and Lamb, T. A. J., The effect of air density on spray atomization, Motor Industry Research Association Report 1953/5, 1953.
12. Miesse, C. C., Correlation of experimental data on the disintegration of liquid jets, *Ind. Eng. Chem.*, Vol. 47, No. 9, 1955, pp. 1690–1701.
13. Tanasawa, Y., and Toyoda, S., On the atomization of a liquid jet issuing from a cylindrical nozzle, Tech. Report of Tohoku University, Japan, No. 19–2, 1955, p. 135.
14. Hiroyasu, H., and Katoda, T., Fuel droplet size distribution in a diesel combustion chamber, *SAE Trans.*, Paper 74017, 1974.
15. Elkotb, M. M., Fuel atomization for spray modeling, *Prog. Energy Combust. Sci.*, Vol. 8, No. 1, 1982, pp. 61–91.
16. Sallam, K. A., and Faeth, G. M., Surface properties during primary breakup of turbulent liquid jets in still air, *AIAA J.*, Vol. 41, 2003, pp. 1514–1524.
17. Dumochel, C., On the experimental investigation on primary atomization of liquid streams, *Exp. Fluids*, Vol. 45, 2008, pp. 371–422.
18. Jones, A. R., Design optimization of a large pressure-jet atomizer for power plant, in: Proceedings of the 2nd International Conference on Liquid Atomization and Sprays, Madison, Wisconsin, 1982, pp. 181–185.
19. Simmons, H. C., and Harding, C. F., Some effects on using water as a test fluid in fuel nozzle spray analysis, ASME Paper 80-GT-90, 1980.
20. Kennedy, J. B., High weber number SMD correlations for pressure atomizers, ASME Paper 85-GT-37, 1985.
21. Lefebvre, A. H., *Gas Turbine Combustion*, Washington, DC: Hemisphere, 1983.
22. Wang, X. F., and Lefebvre, A. H., Mean drop sizes from pressure-swirl nozzles, *AIAA J. Propul. Power*, Vol. 3, No. 1, 1987, pp. 11–18.
23. Jasuja, A. K., Atomization of crude and residual fuel oils, *ASME J. Eng. Power,* Vol. 101, No. 2, 1979, pp. 250–258.
24. Radcliffe, A., Fuel injection, *High Speed Aerodynamics and Jet Propulsion*, Vol XI, Sect. D, Princeton, NJ: Princeton University Press, 1960.
25. Dodge, L. G., and Biaglow, J. A., Effect of elevated temperature and pressure on sprays from simplex swirl atomizers, ASME Paper 85-GT-58, 1985.
26. Simmons, H. C., The prediction of Sauter mean diameter for gas turbine fuel nozzles of different types, ASME Paper 79-WA/GT-5, 1979.
27. Knight, B. E., Communication on the performance of a type of swirl atomizer, by A. Radcliffe, *Proc. Inst. Mech. Eng.*, Vol. 169, 1955, p. 104.

28. Rizk, N. K., and Lefebvre, A. H., Spray characteristics of simplex swirl atomizers, in: Bowen, J. R., Manson, N., Oppenheim, A. K., and Soloukhin, R. I. (eds.), *Dynamics of Flames and Reactive Systems, Prog. Astronaut. Aeronaut.*, Vol. 95, 1985, pp. 563–580.
29. Abou-Ellail, M. M. M., Elkotb, M. M., and Rafat, N. M., Effect of fuel pressure, air pressure and air temperature on droplet size distribution in Hollow-Cone Kerosine sprays, in: Proceedings of the 1st International Conference on Liquid Atomization and Spray Systems, Tokyo, 1978, pp. 85–92.
30. De Corso, S. M., Effect of ambient and fuel pressure on spray drop size, *ASME J. Eng. Power*, Vol. 82, 1960, p. 10.
31. Hinze, J. O., Critical speeds and sizes of liquid globules, *Appl. Sci. Res.*, Vol. VA-l, 1948, p. 273.
32. Lane, W. R., Shatter of drops in streams of air, *Ind. Eng. Chem.*, Vol. 43, 1951, pp. 1312–1317.
33. De Corso, S. M., and Kemeny, G. A., Effect of ambient and fuel pressure on nozzle spray angle, *Trans. ASME.*, Vol. 79, No. 3, 1957, pp. 607–615.
34. Neya, K., and Sato, S., Effect of ambient air pressure on the spray characteristics of swirl atomizers, Ship Research Institute, Tokyo, Paper 27, 1968.
35. Rizk, N. K., and Lefebvre, A. H., Spray characteristics of spill-return atomizer, *AIAA J. Propul. Power*, Vol. 1, No. 3, 1985, pp. 200–204.
36. Wang, X. F., and Lefebvre, A. H., Influence of ambient air pressure on pressure-swirl atomization, in: Paper Presented at the 32nd ASME International Gas Turbine Conference, Anaheim, California, June 1987.
37. Ortman, J., and Lefebvre, A. H., Fuel distributions from pressure-swirl atomizers, *AIAA J. Propul. Power*, Vol. 1, No. 1, 1985, pp. 11–15.
38. York, J. L., Stubbs, H. E., and Tek, M. R., The mechanism of disintegration of liquid sheets, *Trans. ASME*, Vol. 75, No. 7, 1953, pp. 1279–1286.
39. Hagerty, W. W., and Shea, J. F., A study of the stability of plane fluid sheets, *J. Appl. Mech.*, Vol. 22, 1955, pp. 509–514.
40. Dombrowski, N., and Johns, W. R., The Aerodynamic instability and disintegration of viscous liquid sheets, *Chem. Eng. Sci.*, Vol. 18, 1963, pp. 203–214.
41. Elkotb, M. M., Rafat, N. M., and Hanna, M. A., The influence of swirl atomizer geometry on the atomization performance, in: Proceedings of the 1st International Conference on Liquid Atomization and Spray Systems, Tokyo, 1978, pp. 109–115.
42. Needham, H. C, Power Jets R&D Report, No. R1209, 1946.
43. Joyce, J. R., Report ICT 15, Shell Research Ltd., London, 1949.
44. Turner, G. M., and Moulton, R. W., Drop-size Distributions from Spray Nozzle *Chem. Eng. Prog.*, Vol. 49, 1943, p. 185.
45. Babu, K. R., Narasimhan, M. V., and Narayanaswamy, K., Prediction of mean drop size of fuel sprays from swirl spray atomizers, in: Proceedings of the 2nd International Conference on Liquid Atomization and Sprays, Madison, Wisconsin, 1982, pp. 99–106.
46. Lefebvre, A. H., The prediction of Sauter mean diameter for simplex pressure-swirl atomizers, *Atomization Spray Technol.*, Vol. 3, No. 1, 1987, pp. 37–51.
47. Ohnesorge, W., Formation of drops by nozzles and the breakup of liquid jets, *Z. Angew. Math. Mech.*, Vol. 16, 1936.
48. Suyari, M., and Lefebvre, A. H., Film thickness measurements in a simplex swirl atomizer, *AIAA J. Propul. Power*, Vol. 2, No. 6, 1986, pp. 528–533.
49. Omer, K., and Ashgriz, N., Spray nozzles, in: Ashgriz, N. (ed.), in *Handbook of Atomization and Sprays*, Chap. 24. New York: Springer, 2011.
50. Khavkin, Y. I., *Theory and Practice of Swirl Atomizers*. New York: Taylor & Francis, 2004.
51. Hinze, J. O., and Milborn, H., Atomization of liquids by means of a rotating cup, *ASME J. Appl. Mech.*, Vol. 17, No. 2, 1950, pp. 145–153.
52. Dombrowski, N., and Fraser, R. P., A photographic investigation into the disintegration of liquid sheets, *Philos. Trans. R. Soc. London Ser. A*, Vol. 247, No. 924, September 1954, pp. 101–130.
53. Tanasawa, Y., Miyasaka, Y., and Umehara, M., On the filamentation of liquid by means of rotating discs, *Trans. JSME.*, Vol. 25, No. 156, 1963, pp. 888–896.
54. Dombrowski, N., and Munday, G., Spray drying, in: *Biochemical and Biological Engineering Science*, Vol. 2, Chap. 16, New York: Academic Press, 1968, pp. 209–320.
55. Christensen, L. S., and Steely, S. L., Monodisperse atomizers for agricultural aviation applications, NASA CR-159777, February 1980.
56. Eisenklam, P., Recent research and development work on liquid atomization in Europe and the USA, in: *Invited Paper to the 5th Conference on Liquid Atomization*, Tokyo, 1976.
57. Matsumoto, S., Belcher, D. W., and Crosby, E. J., Rotary atomizers: Performance understanding and prediction, in: *Proceedings of the 3rd International Conference on Liquid Atomization and Sprays, London*, 1985, pp. 1A/1/1–21.
58. Fraser, R. P., Eisenklam, P., Dombrowski, N., and Hasson, D., Drop formation from rapidly moving liquid sheets, *AIChEJ.*, Vol. 8, 1962, pp. 672–680.
59. Willauer, H. D., Mushrush, G. W., and Williams, F. W., Critical evaluation of rotary atomizer, *Pet. Sci. Technol.*, Vo 24, 2006, pp. 1215–1232
60. Karim, G. A., and Kumar, R., The atomization of liquids at low ambient pressure conditions, in: *Proceedings of the 1st International Conference on Liquid Atomization and Spray Systems*, Tokyo, August 1978, pp. 151–155.
61. Bar, P., Dr. Eng. dissertation, Technical College, Karlsruhe, Germany, 1935.
62. Tanasawa, Y., Miyasaka, Y., and Umehara, M., Effect of shape of rotating disks and cups on liquid atomization, in: Proceedings of the 1st International Conference on Liquid Atomization and Spray Systems, Tokyo, 1978, pp. 165–172.
63. Matsumoto, S., Saito, K., and Takashima, Y. Phenomenal transition of liquid atomization from disk, *J. Chem. Eng. Jpn.*, Vol. 7, 1974, p. 13.
64. Walton, W. H., and Prewett, W. G., The production of sprays and mists of uniform drop size by means of spinning disc type sprayers *Proc. Phys. Soc. London Sect. B*, Vol. 62, 1949, p. 341.
65. Oyama, Y., and Endou, K., On the centrifugal disk atomization and studies on the atomization of water droplets, *Kagaku Kogaku*, Vol. 17, 1953, pp. 256–260, 269–275 (in Japanese, English summary).
66. Matsumoto, S., and Takashima, Y., *Kagaku Kogaku*, Vol. 33, 1969, p. 357.
67. Kayano, A., and Kamiya, T., Calculation of the mean size of the droplets purged from the rotating disk, in: *Proceedings of the 1st International Conference on Liquid Atomization and Sprays*, Tokyo, 1978, pp. 133–143.
68. Fraser, R. P., and Eisenklam, P., Liquid atomization and the drop size of sprays, *Trans. Inst. Chem. Eng.*, Vol. 34, 1956, pp. 294–319.
69. Fraser, R. P., Dombrowski, N., and Routley, J. H., The production of uniform liquid sheets from spinning cups; the filming by spinning cups; the atomization of a liquid sheet by an impinging air stream, *Chem. Eng. Sci.*, Vol. 18, 1963, pp. 315–321, 323–337, 339–353.
70. Hege, H., *Aufbereit. Tech.*, No. 3, 1969, p. 142.

71. Masters, K., *Spray Drying*, 2nd ed., New York: John Wiley & Sons, 1976.
72. Friedman, S. J., Gluckert, F. A., and Marshall, W. R., Centrifugal disk atomization *Chem. Eng. Prog.*, Vol. 48, No. 4, 1952, p. 181.
73. Herring, W. H., and Marshall, W. R., Performance of vaned-disk atomizers, *J. Am. Inst. Chem. Eng.*, Vol. 1, No. 2, 1955, p. 200.
74. Fraser, R. P., Eisenklam, P., and Dombrowski, N., Complete simulation of rotary dryers, *Br. Chem. Eng.*, Vol. 2, No. 9, 1957, p. 196.
75. Scott, M. N., Robinson, M. J., Pauls, J. F., and Lantz, R. J. Spray congealing: particle size relationships using a centrifugal wheel atomizer, *J. Pharm. Sci.*, Vol. 53, No. 6, 1964, p. 670.
76. Choi, S. M., Jang, S. H., Lee, D. H., and You, G. W.,. Spray Characteristics of the rotating fuel injection system of a micro-jet engine. *J. Mech. Sci. Technol.*, Vol. 24, No. 2, 2010, pp. 551–558.
77. Dahm, W. J. A., Patel, P. R., and Lerg, B. H., Analysis of liquid breakup regimes in fuel slinger atomization, *Atomization and Sprays*, Vol. 16, 2006, pp. 945–962.
78. Wigg, L. D., The effect of scale on fine sprays produced by large airblast atomizers, Report No. 236, National Gas Turbine Establishment, Pyestock, England, 1959.
79. Wigg, L. D., Drop-size predictions for twin fluid atomizers, *J. Inst. Fuel*, Vol. 27, 1964, pp. 500–505.
80. Clare, H., and Radcliffe, A., An airblast atomizer for use with viscous fuels, *J. Inst. Fuel*, Vol. 27, No. 165, 1954, pp. 510–515.
81. Wood, R., unpublished work at Thornton Shell Research Center, 1954.
82. Mullinger, P. J., and Chigier, N. A., The design and performance of internal mixing multi-jet twin-fluid atomizers, *J. Inst. Fuel*, Vol. 47, 1974, pp. 251–261.
83. Nukiyama, S., and Tanasawa, Y., Experiments on the atomization of liquids in an airstream, *Trans. Soc. Mech. Eng. Jpn.* Vol. 5, 1939, pp. 68–75.
84. Mayer, E., Theory of liquid atomization in high velocity gas streams, *Am. Rocket Soc. J.*, Vol. 31, 1961, pp. 1783–1785.
85. Sakai, T., Kito, M., Saito, M., and Kanbe, T., Characteristics of internal mixing twin-fluid atomizer, in: Proceedings of the 1st International Conference on Liquid Atomization and Sprays, Tokyo, 1978, pp. 235–241.
86. Inamura, T., and Nagai, N., The relative performance of externally and internally-mixed twin-fluid atomizers, in: *Proceedings of the 3rd International Conference on Liquid Atomization and Sprays*, London, July 1985, pp. IIC/2/1–11.
87. Barreras, F., Lozano, A., Barroso, J., and Lincheta, E., Experimental characterization of industrial twin-fluid atomizers, *Atomization Sprays*, Vol. 16, 2006, pp. 127–145.
88. Lefebvre, A. H., Energy considerations in twin-fluid atomization, *J. Eng. Gas Turbines Power*, Vol. 114, 1992, pp. 89–97.
89. Elkotb, M. M., Mahdy, M. A., and Montaser, M. E., Investigation of External-Mixing Air-blast Atomizers, in: Proceedings of the 2nd International Conference on Liquid Atomization and Sprays, Madison, Wisconsin, 1982, pp. 107–115.
90. Suyari, M., and Lefebvre, A. H., Drop-size measurements in air-assist swirl atomizer sprays, in: *Paper Presented at Central States Combustion Institute Spring Meeting, NASA-Lewis Research Center*, Cleveland, Ohio, May 1986.
91. Rayleigh, L., On the stability of jets, *Proc. London Math. Soc.*, Vol. 10, 1879, pp. 4–13.
92. Lorenzetto, G. E., and Lefebvre, A. H., Measurements of drop size on a plain jet airblast atomizer, *AIAA J.*, Vol. 15, No. 7, 1977, pp. 1006–1010.
93. Rizk, N. K., and Lefebvre, A. H., Influence of airblast atomizer design features on mean drop size, *AIAA J.*, Vol. 21, No. 8, August 1983, pp. 1139–1142.
94. Foust, M.J., Thomsen, D., Stickles, R., Cooper, C., and Dodds, W., Development of the GE aviation low emissions TAPS combustor for next generation aircraft engines, Paper AIAA-2012-0936.
95. Rizkalla, A., and Lefebvre, A. H., The influence of air and liquid properties on air blast atomization, *ASME J. Fluids Eng.*, Vol. 97, No. 3, 1975, pp. 316–320.
96. Jasuja, A. K., Plain-jet airblast atomization of alternative liquid petroleum fuels under high ambient air pressure conditions, ASME Paper 82-GT-32, 1982.
97. Rizk, N. K., and Lefebvre, A. H., Spray characteristics of plain-jet airblast atomizers, *Trans. ASMEJ. Eng. Gas Turbines Power*, Vol. 106, July 1984, pp. 639–644.
98. Lefebvre, A. H., and Ballal, D. R., *Gas Turbine Combustion*, 3rd ed. Boca Raton, FL: CRC Press.
99. Lefebvre, A. H., and Miller, D., The development of an air blast atomizer for gas turbine application, CoA-Report-AERO-193, College of Aeronautics, Cranfield, England, 1966.
100. Bryan, R., Godbole, P. S., and Norster, E. R., Characteristics of airblast atomizers, in: Norster, E. R. (ed.), *Combustion and Heat Transfer in Gas Turbine Systems*, Cranfield International Symp. Ser., Vol. 11. New York: Pergamon, 1971, pp. 343–359.
101. El-Shanawany, M. S. M. R., and Lefebvre, A. H., Airblast atomization: The effect of linear scale on mean drop size, *J. Energy*, Vol. 4, No. 4, 1980, pp. 184–189.
102. Wittig, S., Aigner, M. Sakbani, K, and Sattelmayer, T, Optical measurements of droplet size distributions: Special considerations in the parameter definition for fuel atomizers, in: *Paper Presented at AGARD Meeting on Combustion Problems in Turbine Engines*, Cesme, Turkey, October 1983. Also Aigner, M., and Wittig, S., Performance and optimization of an airblast nozzle, drop-size distribution and volumetric air flow, in: *Proceedings of the 3rd International Conference on Liquid Atomization and Sprays*, London, July 1985, pp. IIC/3/1–8.
103. Sattelmayer, T., and Wittig, S., Internal flow effects in prefilming airblast atomizers: Mechanisms of atomization and droplet spectra, *J. Engr Gas Turbine and Power*, Vol. 108, 1986, pp. 465–472.
104. Beck, J. E., Lefebvre, A. H., and Koblish, T. R., Airblast atomization at conditions of low air velocity, *J. Propul. Power*, Vol. 7, 1991, pp. 207–212.
105. Beck, J. E., Lefebvre, A. H., and Koblish, T. R., Liquid sheet disintegration by impinging air streams, *Atomization Sprays*, Vol. 1, 1991, pp. 155–170.
106. Harari, R., and Sher, E., Optimization of a plain-jet airblast atomizer, *Atomization Sprays*, Vol. 7, 1997, pp. 97–113.
107. Knoll, K. E and Sojka, P. E., Flat-sheet twin-fluid atomization of high viscosity fluids. Part I: Newtonian liquids, *Atomziation Sprays*, Vol. 2, 1992, pp. 17–36.
108. Ingebo, R. D., and Foster, H. H., Drop-size distribution for cross-current break-up of liquid jets in air streams, NACA TN 4087, 1957.
109. Ingebo, R. D., Capillary and acceleration wave breakup of liquid jets in axial flow air-streams, NASA Technical Paper 1791, 1981.
110. Ingebo, R.D., Aerodynamic effect of combustor inlet pressure on fuel jet atomization, *J. Propul.*, Vol. 1, 1985, pp. 137–142.

111. Lee, K., Aalburg, C., Diez, F. J., Faeth, G. M., and Sallam, K. A., Primary breakup of turbulent round liquid jets in uniform crossflows, *AIAA J.*, Vol. 45, 2007, pp. 1907–1916.
112. Song, J., Cain, C. C., and Lee, J. G., Liquid jets in subsonic air crossflow at elevated pressure, *J. Engr. Gas Turbine and Power*, Vol. 137, 2015, pp. 041502–1-12.
113. Bolszo, C. D., McDonell, V. G., Gomez, G. A., and Samuelsen, G. S., Injection of water-in-oil emulsion jets into a subsonic crossflow: An experimental study, atomization and sprays, 24, 2014, pp. 303–348.
114. Ingebo, R. D., Atomization of liquid sheets in high pressure airflow, ASME Paper HT-WA/ HT-27, 1984.
115. Weiss, M. A., and Worsham, C. H., Atomization in high velocity air-streams, *J. Am. Rocket Soc.*, Vol. 29, No. 4, 1959, pp. 252–259.
116. Gretzinger, J., and Marshall, W. R. Jr., Characteristics of pneumatic atomization, *AIChEJ.*, Vol. 7, No. 2, 1961, pp. 312–318.
117. Kim, K. Y., and Marshall, W. R., Drop-size distributions from pneumatic atomizers, *AIChE J.*, Vol. 17, No. 3, 1971, pp. 575–584.
118. Lefebvre, A. H., Airblast atomization, *Prog. Energy Combust. Sci.*, Vol. 6, 1980, pp. 233–261.
119. Rizk, N. K., and Lefebvre, A. H., Influence of liquid film thickness on airblast atomization, *ASME J. Eng. Power*, Vol. 102, July 1980, pp. 706–710.
120. Lefebvre, A. H., Wang, X. F., and Martin, C. A., Spray characteristics of aerated liquid pressure atomizers, *AIAA J. Propul. Power*, Vol. 4, No. 4, 1988, pp. 293–298.
121. Buckner, H., and Sojka, P., Effervescent atomization of high-viscosity fluids: Part II. Non-Newtonian liquids, *Atomization Sprays*, Vol. 3, 1993, pp. 157–170.
122. Lefebvre, A.H., Twin-fluid atomization: Factors influencing mean drop size, *Atomization Sprays*, Vol. 2, 1992, pp. 101–119.
123. Qian, L, Lin, J., and Hongbin, X. A fitting formula for predicting droplet mean diameter for various liquids in effervescent atomization sprays, *J. Therm. Spray Technol.*, Vol. 19, 2010, pp. 586–601.
124. Konstantinov, D., Marsh, R., Bowen, P. and Crayford, A., Effervescent atomization of industrial energy—Technology review, *Atomization Sprays*, Vol. 20, 2010, pp. 525–552.
125. Mori, Y., Hijikata, K., and Nagasaki, T., Electrostatic atomization for small droplets of uniform diameter, *Trans. Jpn. Soc. Mech. Eng. Ser. B*, 1981, pp. 1881–1890.
126. Lang, R. S. J., Ultrasonic atomization of liquids, *J. Acoust. Soc. Am.*, Vol. 34, No. 1, 1962, pp. 6–8.
127. Lobdell, D. D., Particle size-amplitude relation for the ultrasonic atomizer, *J. Acoust. Soc. Am.*, Vol. 43, No. 2, 1967, pp. 229–231.
128. Peskin, R. L., and Raco, R. J., Ultrasonic atomization of liquids, *J. Acoust. Soc. Am.*, Vol. 35, No. 9, September. 1963, pp. 1378–1381.
129. Lee, K. W., Putnam, A. A., Gieseke, J. A., Golovin, M. N., and Hale, J. A., Spray nozzle designs for agricultural aviation applications, NASA CR 159702, 1979.
130. Mochida, T., Ultrasonic atomization of liquids, in: *Proceedings of the 1st International Conference on Liquid Atomization and Sprays*, Tokyo, 1978, pp. 193–200.
131. Wilcox, R. L., and Tate, R. W., Liquid atomization in a high intensity sound field, *AIChE J.*, Vol. 11, No. 1, 1965, pp. 69–72.
132. Crawford, A. E., Production of spray by high power magnetostriction transducers, *J. Acoust. Soc. Am.*, Vol. 27, 1955, p. 176.
133. Antonevich, J., Ultrasonic atomization of liquids, *IRE Trans. PGUE*, Vol. 7, 1959, pp. 615.
134. Bisa, K., Dirnagl, K., and Esche, R., Zerstaubung von Flussigkeiten mit Ultraschall, *Siemens Z.*, Vol. 28, No. 8, 1954, pp. 341–347.
135. McCubbin, T., Jr., The particle size distribution in fog produced by ultrasonic radiation, *J. Acoust. Soc. Am.*, 1953, pp. 1013–1014.
136. Topp, M. N., Ultrasonic atomization—A photographic study of the mechanism of disintegration, *Aerosol. Soc.*, Vol. 4, 1973, pp. 17–25.
137. Muromtsev, S. N., and Nenashev, V. P., The study of aerosols—III. An ultrasonic aerosol atomizer, *J. Microbiol. Epidemiol. Immunobiol.*, Vol. 31, No. 10, 1960, pp. 1840–1846.
138. Berger, H. L., Characterization of a class of widely applicable ultrasonic nozzles, in: *Proceedings of the 3rd International Conference on Liquid Atomization and Sprays*, London, July 1985, pp. 1A/2/1–13.
139. Ramisetty, K. A., Pandit, A. B., and Gogate, P. R., Investigations into Ultrasound induced atomization, *Ultrason. Sonochem.*, Vol. 20, 2013, pp. 254–264.
140. Ranjan, R., and Pandit, A. B., Correlations to predict droplet size in ultrasonic atomisation, *Ultrasonics*, Vol. 39, 2001, pp. 235–255.

第7章 外喷雾特性

7.1 引言

喷嘴在大多数应用场合中起到的主要作用是将液体分解成细小液滴并将这些液滴以对称、均匀的喷雾形式喷注至周围的气体介质中。采用直流喷嘴时,喷雾锥角很小,但液滴在整个喷雾体内分布得非常均匀。因此,这种类型的喷雾通常被看作是连续相。用旋流喷嘴也可以产生连续的喷雾,但在大多数情况下,这种喷雾通常呈大角度的空心锥形,大部分液滴集中在喷雾外围。

在以上两种类型的喷嘴中,液体射流或液膜被迅速分解成液滴,这些液滴趋向保持原始射流或液滴运动的大致运动方向。然而,由于空气阻力的作用,较早喷注的液滴和位于喷雾外部的液滴迅速失去动量,形成悬浮在喷雾主体周围的细雾化液滴云。它们随后的扩散主要由雾化区的气流决定。

由于直流喷嘴会产生狭窄而紧凑的喷雾,其中只有小部分液滴会受到空气阻力的影响,因此,喷雾的整体分布主要取决于喷嘴出口液滴的速度和方向。相比之下,当采用空气辅助或空气雾化的两相流喷嘴时,液滴在开始时由气体输运,后续轨迹则由涡流器或其他空气动力装置造成的气体运动所主导,这些空气动力装置是喷嘴不可或缺的一部分。因此,这些喷嘴与直流喷嘴的一个共同特点是液体和周围气体介质的物理特性对喷雾几何特性影响不明显。

离心喷嘴的情况则完全不同。对于这种喷嘴而言,喷嘴出口处形成的锥形液膜的初始角度取决于喷嘴的设计特征、喷嘴的工作条件以及液体特性。此外,即使液体被喷射到静止空气中,喷嘴自身的喷注行为所产生的气流仍会对喷雾本身的物理结构产生很大的影响,这是因为初始的锥形液膜形状会受到周围空气的接触影响。通常,喷雾锥角的增加会导致液膜与空气的接触面积变大,从而提高雾化效果。这就是喷雾锥角是离心喷嘴重要特征的原因之一。

本章主要研究直流喷嘴、离心喷嘴和空气雾化喷嘴的外部喷雾特性。由于在第6章中考虑了液滴平均直径和液滴直径分布,因此本章仅讨论其他重要的喷雾特性,即穿透深度、喷雾锥角、径向液体分布以及周向液体分布。

7.2 喷雾特性

本节详述了喷雾的主要特性,以及喷雾特性受液体性质和雾化条件影响的方式和程度。

7.2.1 分散度

如果在给定的时刻,喷雾内的液体体积已知,则喷雾的分散度可以定量表示。喷雾的分散度可以定义为喷雾体积与喷雾中所含液体体积的比。

良好分散性的特点是液体与周围气体迅速混合,随后快速蒸发。喷雾锥角较小的直流喷嘴分散性较差。对于离心喷嘴,分散性能受喷雾特性如喷雾锥角、液滴平均直径以及液滴直径分布等的影响较大,而受到液体和周围介质的物理特性的影响较小。增大喷雾锥角通常会提升喷雾的分散性能。

7.2.2 穿透深度

喷雾的穿透深度可定义为喷雾射入静止空气中能达到的最大距离,或喷雾射入横流空气中能达到的最大距离。间歇性喷雾如柴油或汽油喷嘴产生的喷雾的穿透深度通常被表示为时间的函数。穿透深度是由两个作用方向相反的力,即初始液体射流的动能和周围气体的气动阻力的相对大小决定的。初始液体射流的速度通常很高,但随着雾化的进行和喷雾表面积的增大,射流的动能逐渐受到气体的摩擦损失而被损耗。当液滴最终耗尽动能时,其后续运动轨迹主要由自身的重力以及周围气体的运动所决定。

通常来说,紧凑而狭窄的喷雾具有较大的穿透深度,而能产生良好雾化效果的宽喷雾锥角喷雾会产生较大的空气阻力,因此穿透深度往往较小。任何情况下,喷雾的穿透深度都远大于单独液滴。喷雾中的先导液滴将能量传递给周围气体,于是气体开始随喷雾移动,因此气体对后面的液滴的阻力较小,从而使得后面的液滴穿透性能更强。

在横流情况下,气动力作用在产生的液流或液滴上,因而喷雾初始喷射方向会弯曲。正如第2章所述,影响这种弯曲现象的关键参数是液流与横流的动量比[式(2.72)]。

7.2.3　喷雾锥角

由于空气与喷雾的相互作用,喷雾锥角的边界是弯曲的,这是喷雾锥角定义和测量所面临的主要困难。为了解决这一问题,通常将喷雾锥角定义为从喷嘴出口开始到距喷嘴一定距离处截断的两条直喷雾轮廓线所形成的角度,测量喷雾锥角的常用方法是在适当的放大倍数下,记录喷雾轮廓图像。还可以在几个不同的轴向位置处测量喷雾宽度,从而定义喷雾轮廓。用于离心喷嘴的一种测量方法是使用两个距喷嘴中心线等距分布的探针,使之移动直到它们探触到喷雾边缘终止;另一种方法是利用线性可变位移传感器来确定探针位置,从中可以计算出喷雾角度以及相对于轴线的喷雾偏斜度[1]。

由于喷雾锥角是描述喷雾行为的重要参数,因此研究人员对建立喷雾锥角的标准测量方法进行了尝试[2]。然而现阶段仍未建立可靠的标准化测量方法,这表明对最初看似简单的测量进行量化具有一定的困难;同时也表明,任何给出的喷雾锥角的测量值,都应该对测量方法作出明确、准确的说明。

7.2.4　喷雾形状

在许多实际应用中,由喷嘴产生的喷雾形状的对称性是重要的参数。例如,在雾化干燥时,不对称的喷雾形状可能会导致气液混合不均,从而降低工艺效率和产品质量[3];而在表面喷漆或涂层时,均匀的喷雾形状至关重要。喷雾形状在燃油燃烧器等燃烧设备中也很重要,在燃烧系统中,必须均匀分配燃料,以达到燃烧效率高、污染物排放少以及延长热端部件寿命的目的。除非喷雾不对称性非常严重,否则无法通过目视检查来判断喷雾形状的优劣,因此,在喷嘴设计和开发过程中,以及特殊应用的质量控制过程中,都需要进行喷雾形状的定量测量[3]。

7.2.5 径向液体分布

喷雾形状测量需要同时进行径向测量和周向测量,以确定喷雾内的液体分布。典型的喷雾径向液体分布测量装置由许多小的收集管组成,这些小收集管的方向与喷雾的初始位置呈径向等距。图 7.1 所示的测量装置由 29 个方形截面的采样管组成,采样管均匀分布在半径为 10cm 的弧线上,相隔 4.5°。如图 7.2 所示,此装置安装在测试喷嘴的下方,喷嘴轴向位于弧线曲率中心处。

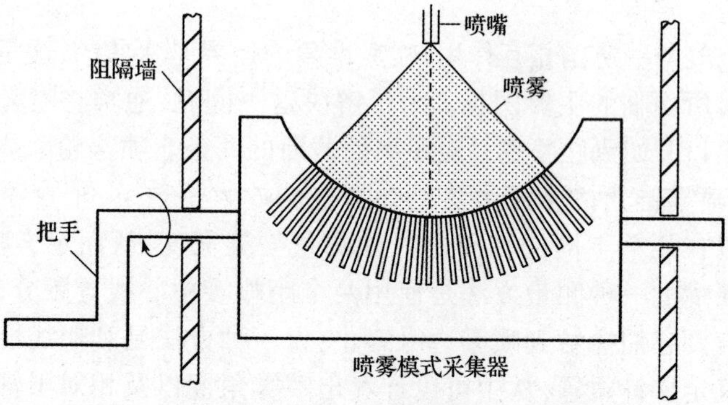

图 7.1 喷雾液体径向分布的测量装置原理图

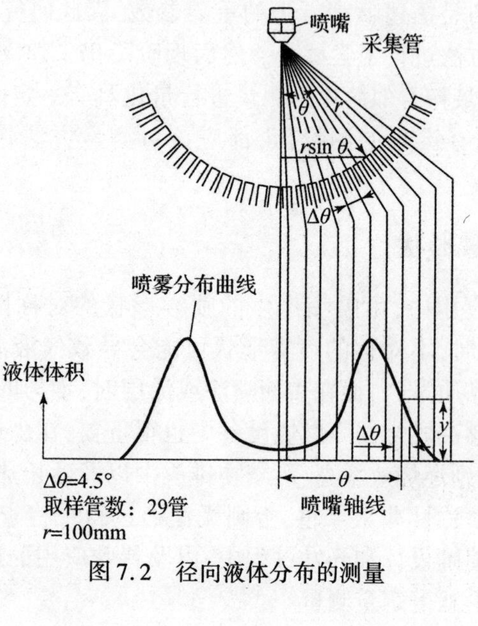

图 7.2 径向液体分布的测量

在喷雾采样前，先将采集装置倒置以排放完采样管中的所有液体。然后调节液体流速，使喷嘴达到工作条件。随后将装置旋转到竖直位置，采样管开始填充。当其中一根采样管装满 3/4 时，关闭液体供应，再将生成器旋转约 30°，直到附着在装置上的薄金属板挡住喷雾。由于在液体供给泵关闭后会有液体滴落的风险，因此这项操作是十分必要的。

通过采集装置的透明塑料外壳，目测刻度线间的弯液面位置，进而测定每个采样管中的液体量。将液体体积设为纵坐标，将相应的采样管角度设为横坐标，以绘制径向液体分布曲线，如图 7.2 所示。这种类型的曲线图，对于确定操作参数的变化如何影响喷雾中各个位置处的液体体积流量很有效。然而，不能对同一条曲线上不同角度位置之间的体积流量进行定量比较。这是由于每个采样管的尺寸相同，因此测量的是特定的体积。随着采样管与喷雾中心的距离增加，被测喷雾的比例必然减小。

为了解决这一问题，每个液体体积都用一个面积加权系数来修正。该系数表示采样管总数，这些采样管需要测量所有从喷嘴轴向到指定径向位置的下落液体量。通过添加修正后的液体体积来计算喷雾中的液体总量。通过用修正体积除以总体积，可以得到每个角度位置所测喷雾量的百分比。然后，可以绘制一条新的液体分布曲线，以显示不同角度位置的体积流量之间的关系。

7.2.6　等效喷雾角

为了更简洁地描述操作参数变化对液体分布的影响，可以将径向分布曲线简化为一个数值，称为等效喷雾角[4-5]。等效喷雾角是两个角度的和，即 $\Phi = \Phi_L + \Phi_R$，这两个角度可用以下关系式计算得出：

$$\Phi_L(\text{或 } \Phi_R) = \frac{\Sigma y^\theta \Delta\theta \sin\theta}{\Sigma y\theta \Delta\theta \sin\theta} = \frac{\Sigma y^\theta \sin\theta}{\Sigma y \sin\theta} \tag{7.1}$$

式中：L、R 分别为液体分布曲线的左、右端；θ 为采样管的位置角度；$\Delta\theta$ 为采样管间的夹角；y 为相应采样管测得的液体体积。等效喷雾角的物理含义是，Φ_L（或 Φ_R）是对应的分布曲线左端（或右端）的综合系统质心位置的 θ 值。

7.2.7　周向液体分布

周向液体分布的定量测量，起源于多年前的燃气轮机行业[6]，当时经常使用圆形和扇形容器来测量空心锥形燃料喷嘴对于喷雾轴的对称性。采用这种方法时,喷嘴置于容器上方的中心位置,并向下喷注到一个圆柱形收集盘中,该收集盘被划分为多个扇形区,一般为12个。每个扇形区的喷雾都可各自排入一个采样管中。可根据喷雾锥角的改变,调整此测量装置上方的喷嘴高度,以确保收集到所有喷雾。每次测量的持续时间,取决于其中一个采样管近似充满所需的时间。测量并记录每个采样管中的液位高度值后,将这些值取平均值以得到平均高度。根据平均值对采样管的高度值进行标准化,然后计算这些标准化值的标准差。这些标准差表示了喷雾的周向不规则性。

根据 Tate[3] 的研究,最小扇区与最大扇区的比值,随着所采用的扇区总数改变,有显著变化。扇区越小,显示的形状就越好。因此,在给出结果时需要指定此变量。

早期的自动化测量方法是使用光电晶体管来测量每个扇形采样管中的液位高度[1],McVey 等[7]开发了一种自动化测量方法。自动化测量方法已被用于高压情况下的研究[8],而当时这种方法所需的机械设备相当复杂。

近年来,已经开发出各种复杂程度和定量程度不同的光学方法。基于消光成像法[9-10]和平面成像法[11-14]开发的仪器已经得到应用。基于消光层析成像技术的商业仪器可从 EńUrga 公司(位于美国印第安纳州的西拉法叶市)获得。消光层析成像技术是一种非常可靠的质量控制方法,并且可靠性和易用性接近机械设备的要求。消光层析成像技术能够便捷地提供整个平面上的喷雾表面的区域集中率,而机械装置则可直接提供液体质量分布的测量结果。这两种测量方法的根本性差异,使直接比较这两种方法的优劣有点困难。

一些商业公司采用喷雾与激光片相互作用的平面成像技术,例如,LaVision公司(位于德国的哥廷根市)、Dantec 公司(位于丹麦的斯科夫伦德市),TSI 公司(位于美国明尼苏达州的肖维尤市)。与消光成像法不同的是,平面成像法依赖散射强度。为了取得液体质量的数据,使用了荧光技术[11-16]。由于喷雾本身对光源的影响,以及来自喷雾的信号光的影响,平面成像法极容易受到影响。这种影响对于密集的喷雾(更确切地说是光学上的密集喷雾——物理密度较大或液滴之间距离较小的喷雾)而言更加显著。克服这些影响的策略已经被开发出来,并且最近已将光学测量装置商业化[14-15]。这个概念的扩展,涉及荧光和散射的同时成像,它可以生成平面液滴尺寸(PDS)的测量结果[16],但必须注意修正数据[16-17]。第9章会详细介绍 PDS 的相关内容。

在测量周向液体分布的技术里,其中较不方便的是将径向测量装置绕其轴线旋转到不同的角度位置,通常需间隔 15°或 22.5°。这个冗长的过程可给出径向液体分布和周向液体分布的详细信息。

但是,无论采用何种方法,周向液体分布的定量化都是一个重要的评估参数。

7.2.8 喷雾形状的影响因素

Tate[3]论述了喷雾形状不良的原因,其中一些原因可能与取样技术或设备有关。很显然,喷嘴相对于收集容器的轴线不应该倾斜,而收集容器应该精确地位于中间,并且应该距喷嘴适当距离。在液体流速大的情况下,或者在空气雾化喷嘴高空气流速的条件下,收集容器的飞溅和夹带作用可能会对结果产生影响。可以通过分别设计具有较深采集管的径向测量装置,以及较深扇形区的周向测量装置,使影响最小化。在液体流速较低的情况下,由于喷雾未完全成形,喷雾形状对称性的测量结果也可能较差。

喷雾的周向形状受特殊喷嘴结构特性的影响很大。例如,对于空心锥形的单路喷嘴,最终的喷雾形状与涡流室和终端出口之间的偏心度有关[3]。喷嘴加工质量也很重要,表面粗糙度、孔口缺陷、流道堵塞或受污染、喷嘴关键部件偏心对准性差,以及其他情况都可能影响喷雾形状。对于空气雾化喷嘴,不同的空气通道及涡流器中的不对称性,也会对喷雾形状产生不利影响。

60 年前,Tate [3] 发现,喷雾形状的标准是相当主观和经验性的。这恰好描述了如今的情况。虽然喷雾对称性可以定量地测量与表征,但是很少有人将喷雾形状参数与喷嘴应用相关的各种性能参数联系起来。

7.3 穿透性能

7.3.1 进入静止环境的平面射流

在许多应用中,静止环境下的喷雾穿透性能都是至关重要的,如喷雾清洗、喷泉,以及柴油机等。在柴油机中,喷雾的过度穿透会导致燃料冲击燃烧室壁,如果壁很热并且存在相当大的空气涡流,这种情况是可以接受的,但是在大型发动机中,燃烧室内通常是静止的,很少有空气涡流,因此,过度穿透将导致喷雾冲击冷壁,从而浪费燃料;另外,如果喷雾穿透能力不足,则会导致燃油与空气混合不好。当喷雾穿透能力与燃烧室的大小及几何结构相匹配时,发动机可获得最佳性能。因此,计算喷雾穿透深度的方法对于合理的发动机设计至关重要。

许多研究人员对柴油发动机的喷雾穿透深度进行了研究。Hiroyasu [18] 对这些研究的结果进行了回顾。

以下为 Sitkei[19] 利用量纲分析,推导的在静止空气中柴油机射流的穿透深度的表达式:

$$S = 0.2d_o\left(\frac{U_L t}{d_o}\right)^{0.48}\left(\frac{U_L d_o}{v_L}\right)^{0.3}\left(\frac{\rho_L}{\rho_A}\right)^{0.35} \tag{7.2}$$

Taylor 和 Walsham [20] 采用常规摄像技术和纹影摄像技术,跟踪高压下将柴油单次喷注到静止氮气中的穿透深度。结果如下:

$$S = 0.5d_o\left[\left(\frac{\Delta P_L}{\rho_A}\right)^{0.5}\frac{t}{d_o}\right]^{0.64}\left(\frac{l_o}{d_o}\right)^{0.18} \tag{7.3}$$

Dent[21] 利用射流混合理论,推导出穿透深度的经验公式:

$$S = 3.01\left[\left(\frac{\Delta P_L}{\rho_A}\right)^{0.5}d_o t\right]^{0.5}\left(\frac{295}{T_A}\right)^{0.25} \tag{7.4}$$

Hay 和 Jones[22] 对1972年以前出版的、与柴油喷嘴相关的射流穿透深度的文献,进行了仔细研究。研究表明,在低负载条件下,Sitkei 关系式[式(7.2)]是比较准确的,但是在高负载条件下,它给出的值过大。Taylor - Walsham 关系式[式(7.3)]高估了喷嘴的 l_o/d_o 比值的影响。所以,不建议在 $d_o > 0.5$mm 时使用,因为在这样的条件下,关系式给出了非常低的穿透深度结果。

根据 Hay 和 Jones 的研究,Dent 关系式[式(7.4)]与许多不同来源的实验数据吻合得较好。所以,他们建议除了在特别大的腔室压强条件下($p_A >$ 10MPa),其他条件都使用它,而在大腔室压强条件下,它给出的穿透深度过大。

Hiroyasu 等[23-24] 对柴油发动机喷雾穿透深度进行了进一步研究。图7.3是基于他们的实验数据,绘出了几个不同喷注压强值下,喷雾端部的穿透深度随时间变化的对数曲线图。值得注意的是,在喷注的早期阶段,曲线的斜率是一致的,但是经过很短的一段时间后降低到0.5。喷雾端部穿透深度的关系式为

$$S_1 = K_1\,\Delta p_L^{\;0.6}\rho_A^{\;-0.33}t \tag{7.5}$$

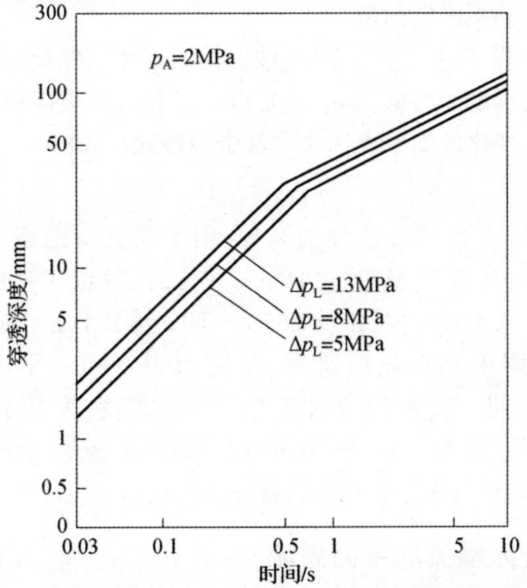

图 7.3　喷注压强和喷注时间对喷雾穿透深度的影响[23-24]

以及

$$S_2 = K_2 \Delta p_L{}^{0.1} \rho_A{}^{-0.42} t^{0.5} \tag{7.6}$$

Hiroyasu 和 Arai[24]将实验结果与 Levich[25]的射流破碎理论相结合，导出了以下喷雾端部穿透深度的关系式。如果喷注时间 t 小于射流破碎时间 t_b，则

$$S = 0.39 \left(\frac{2\Delta p_L}{\rho_A}\right)^{0.5} t \tag{7.7}$$

如果 $t_b < t$，则

$$S = 2.95 \left(\frac{\Delta p_L}{\rho_A}\right)^{0.25} (d_o t)^{0.5} \tag{7.8}$$

射流破碎时间由量纲修正方程给出：

$$t_b = 28.65 \rho_L d_o (\rho_A \Delta p_L)^{-0.5} \tag{7.9}$$

Sazhin 等[26]根据斯托克斯流动、牛顿流动和艾伦流动近似的分析，提出了许多计算穿透深度的表达式。他们的表达式在性质上类似于 Dent 关系式[式(7.4)]，但是，它们需要知道初始射流速度和液滴体积分数，而这两个值并不容易确定。虽然可以根据压降估算速度，但它仍取决于液体排放的相

关系数,而如果已知给定压降的质量流量,则可确定这个相关系数。体积分数则是另一个更加不确定的量。

Kostas 等[27]做了进一步的工作,他们使用高速成像技术,获得时间分辨的喷雾端部穿透深度的数据,其中主要得到了在喷雾破碎前的情况下,穿透深度随时间函数变化的简单表达式。这个表达式[27]如下:

$$S(t)=At^{\frac{3}{2}} \tag{7.10}$$

式中:A 为喷注压强和环境压强的函数,由测量数据的最佳拟合值确定。结果发现,当喷注压降为 500bar(1bar = 10^5Pa),环境压强从 1atm(1atm≈101.3kPa)增加到 50atm 时,A 从 265bar 下降到 185bar。而当喷注压降为 1000bar,环境压强从 1atm 增加到 50atm 时,A 从 570bar 下降到 480bar。式(7.10)的结果表明,式(7.7)高估了初始穿透深度,尤其是在喷注压降为 500bar,并且环境压强为 1atm 和 10atm 时。Kostas 等[27]指出,式(7.8)在喷雾破碎后时间,能相当好地适应新的高解析度数据。

7.3.2 进入横流的平面射流

描述直流液体射流对横流的穿透深度的表达式非常多。Birouk 等[28]最近在一篇综述中总结了这些内容。在对进入横流中的液体射流,进行了数十项研究分析的基础上,为了匹配文献中相关性的平均值,他们提出了一个最佳拟合表达式,如下:

$$\frac{y}{d_o}=4.6q^{0.4096}\left(\frac{x}{d_o}\right)^{0.3635} We_A^{-0.12}\left(\frac{\mu_L}{\mu_W}\right)^{-0.23}\left(\frac{T}{T_0}\right)^{-0.80} Re_A^{0.01} \tag{7.11}$$

式中:q 为式(2.72)定义的动量比。在这个表达式中,与液体相关的速度项,等于液体体积流量除以喷嘴的有效面积。换言之,假设其流量系数或阻力系数 $C_d=1$。

Birouk 等[28]针对使用不统一的 C_d 值的情况,提出了另一个表达式[式(7.12)]。在这种情况下,液体射流速度采用离开喷孔时的液体实际射流速度。然而,C_d 的精确值在不同的研究中有所不同,因此,应慎重使用式(7.12):

$$\frac{y}{d_o}=4.49q^{0.4156}\left(\frac{x}{d_o}\right)^{0.3254} We_A^{-0.11}\left(\frac{\mu_L}{\mu_W}\right)^{-0.18}\left(\frac{T}{T_0}\right)^{-0.8} \tag{7.12}$$

值得注意的是,如果使用特殊几何尺寸的喷嘴(例如,倒角的进口对比未倒角的进口的l_o/d_o)来建立特殊的相关性,则该相关性对于具有类似几何特征的新设计,也能够很好地表征。

Lin 等[29]研究了在超声速燃烧条件下，气泡型射流喷注到横流时的穿透深度。

Ghenai 等[30]给出了两个穿透深度的表达式。他们研究了将水和甲醇喷入马赫数为1.5的横流中的情况，其中液体中的气体量，即气液比(GLR)按质量计为0~9.9%，表达式如下：

$$\frac{y}{d_o}=3.88q^{0.40}\left(\frac{x}{d_o}\right)^{0.2}\ \text{无空气} \tag{7.13}$$

$$\frac{y-y[\text{式}(7.13)]}{d_o}=3.88\,q_{\text{未充气}}{}^{-0.28}(\mathrm{GLR})^{0.32}\left(\frac{x}{d_o}\right)^{0.18}\left(\frac{\mu_L}{(\rho_L d_o \sigma)^{0.5}}\right)_{\text{充气}} \tag{7.14}$$

结果表明，液体射流中增加气体后穿透能力更强(例如：水中增加气体后，气/液比达到8.2%时，穿透深度增加超过112%；而甲醇中增加气体后，气/液比达到9.9%时，穿透深度增加超过70%)。

前面提及的表达式用于计算射流前缘(迎风边缘)的穿透深度。并得出了射流的峰值流量轨迹的表达式。以下为 Wu 等[31]早期研究的一个例子：

$$\frac{y}{d_o}=4.3q^{0.33}\left(\frac{x}{d_o}\right)^{0.41} \tag{7.15}$$

除了推导出射流前缘射入横流时的穿透深度的表达式，Wu 等[31]还提出了可供设计参考的羽流宽度及横截面积的计算公式，如下：

$$\frac{z}{d_o}=7.86q^{0.17}\left(\frac{x}{d_o}\right)^{0.33} \tag{7.16}$$

以及

$$\frac{A_{\text{plume}}}{A_0}=121q^{0.34}\left(\frac{x}{d_o}\right)^{0.52} \tag{7.17}$$

Wu 等[32]另外还提出了液柱射入横流时破碎点位置的计算方法：

$$\frac{y_b}{d_o}=3.44q^{0.50} \tag{7.18}$$

$$\frac{x_b}{d_o}=8.06 \tag{7.19}$$

Wang 等[33]通过大量条件也得到了计算破碎点位置的类似结果：

$$\frac{y_b}{d_o}=2.5q^{0.53} \tag{7.20}$$

$$\frac{x_b}{d_o}=6.9 \tag{7.21}$$

7.3.3 离心喷嘴

关于喷雾从离心喷嘴喷注到静止或横流环境中的穿透深度的情况,现有的资料涉及很少。对于应用于燃气轮机燃烧室中的单孔喷嘴及双孔喷嘴,Lefebvre[34]已经证明,喷雾穿透深度与环境气体压强的立方根成反比,而燃油喷雾的收缩,是在高燃烧压强下,产生更多煤烟的主要原因。

Prakash 等[35]对横流环境下,广泛的 We_A 值和 q 值进行了成像研究,并提出锥形喷雾迎风边缘平均轨迹的表达式,如下:

$$\frac{y}{d_o}=0.9q^{0.50}\left(\frac{x}{d_o}\right)^{0.32} \tag{7.22}$$

如式(7.22)所示,其形式与平面射流相似,但实际上的穿透深度要小得多。这是因为离心喷嘴的出口处的锥形喷雾有明显分散,而且射流初始动量方向与横流方向是非正交的。

7.4 喷雾锥角

本节对离心喷嘴内的流动特性进行了研究。研究表明,喷雾锥角受到喷嘴尺寸、液体性质,以及液体射入介质的密度的影响。

7.4.1 离心喷嘴

离心喷嘴产生的喷雾锥角,对其在燃烧系统中的应用,具有特别重要的意义。在燃气轮机燃烧室中,喷雾锥角对点火性能、火焰熄火极限,以及未燃碳氢化合物与烟雾的污染物排放,有很大影响。这些情况已经在有关控制喷雾锥角的因素的众多理论与实验研究中得到反映。

(1)原理。如第5章所述,根据泰勒的理论[36],喷雾锥角只由涡流室的几何结构决定,是进口面积与涡流室直径和孔口直径乘积的比的唯一函数,即 A_p/D_sd_o,如图7.4所示。这种关系只对非黏性流体是唯一的。而在实际中,它需通过黏性效应进行修正,黏性效应取决于由比值 D_s/d_o、L_s/D_s、l_o/d_o 表示的湿表面的形状和面积。图7.4中的虚曲线表示泰勒无黏理论的预测,而实曲线对应于 Watson[37]、Giffen、Massey[38]、Carlisle[39]获得的实验数据。对于较大锥角,理论与实验的一致性非常好,但是对于60°的锥角,理论预测值偏低约3°。

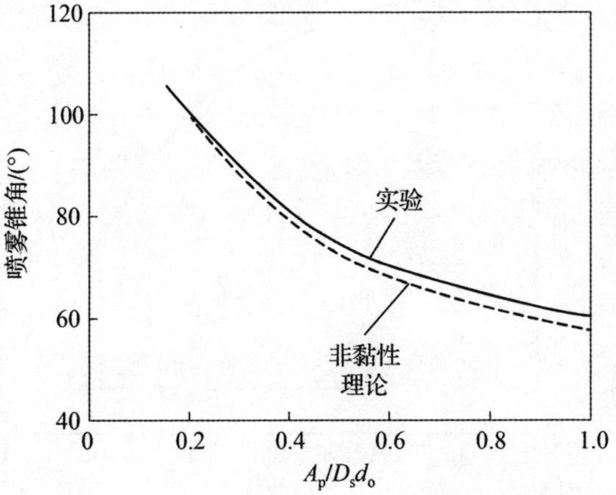

图 7.4　喷雾锥角与喷嘴几何结构的实际关系

Giffen 和 Muraszew[40] 对离心喷嘴内的流动进行了分析,假定喷嘴内流体的流动无黏,则喷雾锥角可表示为只与喷嘴尺寸相关的函数。由此得出喷雾半锥角 θ 的平均值表达式,如下:

$$\sin\theta = \frac{(\pi/2)C_D}{K(1+\sqrt{X})} \tag{7.23}$$

式中:$K = A_p/(D_sd_o)$;$X = A_a/A_o$。

同样的理论还给出了用喷嘴尺寸表示的流量系数的式(5.37),将式(5.37)代入式(7.23)可以得到:

$$\sin\theta = \frac{(\pi/2)(1-x)^{1.5}}{K(1+\sqrt{X})(1+X)^{0.5}} \tag{7.24}$$

该式给出了喷嘴尺寸、空气芯尺寸,以及平均喷雾锥角之间的关系。为了消除其中一个变量,Giffen 和 Muraszew 假设孔口中的空气芯尺寸将始终提供最大流量,也就是说,表示为 X 函数的流量系数的值达到最大值,或者 $1/C_D^2$ 达到最小值。

令 $d(1/C_D^2)/dX = 0$,得到用 X 表示 K 的表达式,如下:

$$K^2 = \frac{\pi^2(1-X)^3}{32X^2} \tag{7.25}$$

式(7.24)和式(7.25)允许用 X 或 K 来表示喷雾锥角。图 7.5 是基于 Simmons[41] 的计算得出的喷雾锥角和喷嘴尺寸的理论关系曲线图。

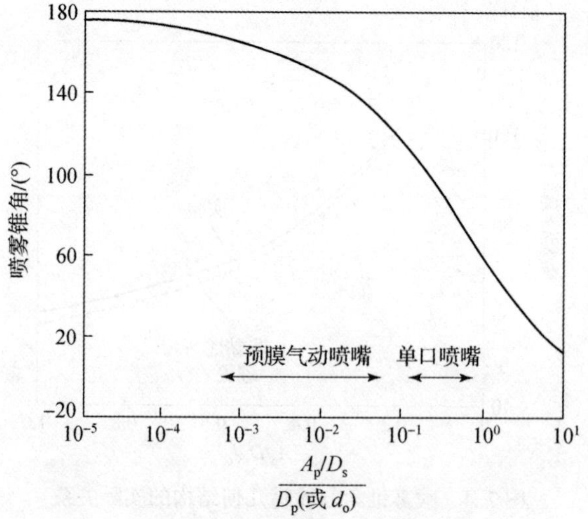

图7.5 喷雾锥角与喷嘴尺寸的理论关系[40-41]

由于 X 的值仅仅是关于 K 的函数,因此很明显,理论上来说喷雾锥角仅仅是该喷嘴常数的函数,并且与液体性质和喷注压强无关。

从假定 $vr^n=$常数,喷嘴内为涡流模式出发,Babu 等[42]推导了初始喷雾半锥角的经验关系式,如下:

$$\tan\theta=\frac{(\pi/4)(1-X)K_\theta}{B} \tag{7.26}$$

其中

$$B=\frac{A_P}{D_m d_o}\left(\frac{D_m}{d_o}\right)^{1-n}$$

对于 $\Delta p_L > 2.76\text{MPa}$:

$$n=28A_O^{0.14176}\frac{A_P^{0.27033}}{A_S^{0.17634}}$$

$$K_\theta=0.0831\frac{A_P^{0.34873}}{A_O^{0.26326}A_S^{0.32742}}$$

式(7.26)的普适性得到了由数个不同单喷嘴获得的大量实验数据的支持。Babu 等[42]研究指出,其预测结果与实验结果的最大偏差小于10%。

Rizk 和 Lefebvre[43]认为,任何给定的液体颗粒,都会在与圆柱边缘相切的喷口边缘平面处留下一个点,该点处速度的轴向和切向分量围成一个夹角。这个喷雾包络线的切线之间的夹角就是喷雾锥角,等于 2θ。

孔口速度的轴向分量由式(7.27)给出：

$$U_{ax}=\frac{\dot{m}_L}{\rho_L(A_o-A_a)}=\frac{\dot{m}_L}{\rho_L A_o(1-X)} \tag{7.27}$$

喷嘴出口处液膜的平均速度为

$$\bar{u}=K_v\left(\frac{2\Delta p_L}{\rho_L}\right)^{0.5} \tag{7.28}$$

式中：K_v 为速度系数，实际喷注速度与理论喷注速度之比（详见第 5 章）。质量流量为

$$\dot{m}_L=C_D A_o \rho_L\left(\frac{2\Delta p_L}{\rho_L}\right)^{0.5}=C_D A_o \rho_L \frac{\bar{u}}{K_v}$$

或

$$\bar{u}=\frac{\dot{m}_L K_v}{C_D A_o \rho_L} \tag{7.29}$$

此时

$$\cos\theta=\frac{u_{ax}}{\bar{u}}$$

分别代入式(7.27)和式(7.29)中的u_{ax}和 $\bar{u}$，得

$$\cos\theta=\frac{C_D}{K_v(1-X)} \tag{7.30}$$

Rizk 和 Lefebvre [43]还导出了下述仅以空气芯尺寸表示的喷雾锥角方程：

$$\cos^2\theta=\frac{1+X}{1-X} \tag{7.31}$$

式中：θ 为在喷嘴附近测得的半锥角。由于该区域内的喷雾具有较小但明确的厚度，因此由喷雾外边界形成的锥角定义为 2θ，而 $2\theta_m$ 表示喷嘴附近区域的平均锥角。速度切向分量的平均值如下：

$$v_m=\frac{v_s+v_o}{2} \tag{7.32}$$

式中：v_s 为空气芯内液体表面切向速度；v_o 为孔口直径 d_o 处的切向速度（m/s）。

从而，根据自由涡流理论：

$$v_o=\frac{d}{d_o}v_s=\sqrt{X}v_s \tag{7.33}$$

因此,假设通过液膜的孔口轴向速度 U_{ax} 为定值,则有

$$\tan\theta_m = \frac{v_s + v_o}{2U_{ax}} = 0.5\tan\theta(1 + \sqrt{X}) \tag{7.34}$$

当然,X 与液膜厚度 t 直接相关,因为空气芯直径和喷口直径之间的差值仅由液膜厚度决定。故有式(5.48),其中的 t 值可以从式(5.51)或式(5.55)中获得。式(7.31)、式(7.34)与式(5.48)、式(5.51)及式(5.55),可用于检查喷嘴尺寸、液体特性、空气特性以及喷注压强的变化对喷雾锥角的影响。

(2)喷嘴尺寸。如图7.4和图7.5所示,对于非黏性流体,喷雾锥角主要由喷嘴尺寸 A_p、D_s,及 d_o 决定。然而,在实际中,通过采用不同的孔口边缘结构(倒圆角、倒角、修边、台阶等)可以对雾化锥角进行一些基本的修正。

Rizk 和 Lefebvre[44] 利用式(7.31)和式(7.34)以及式(5.52)中相应的 t 值,估算了不同喷嘴尺寸的锥角值。图7.6所示的是得到的一些结果,该图说明了不同喷嘴口直径对喷雾锥角的影响。结果表明,随着喷嘴口直径增大,喷雾锥角变大,而喷注压强增大,喷雾锥角也将变大,但变化幅度较小。图7.6所示的这些实验结论[45]证实了上述变化趋势。

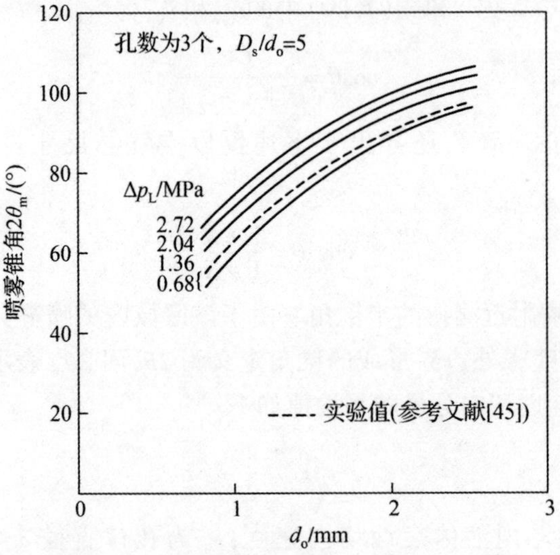

图7.6　喷雾锥角随喷口直径的变化[43]

通过类似的计算可以确定入口直径、涡流室直径、喷嘴口长度、涡流室长度和喷嘴常数的变化对喷雾锥角的影响。图7.7表明,喷雾锥角随着入口直径的增加略有减小,而图7.8表明,增加涡流室直径则有相反的效果。这

些影响可直接归因于液体流速的变化,以及切向流速和轴向流速的相对大小。图7.9和图7.10表明,随着喷嘴口长度和涡流室长度的变化,喷雾锥角变化很小。这些论证了喷雾锥角的预测值与实验值具有良好的一致性。

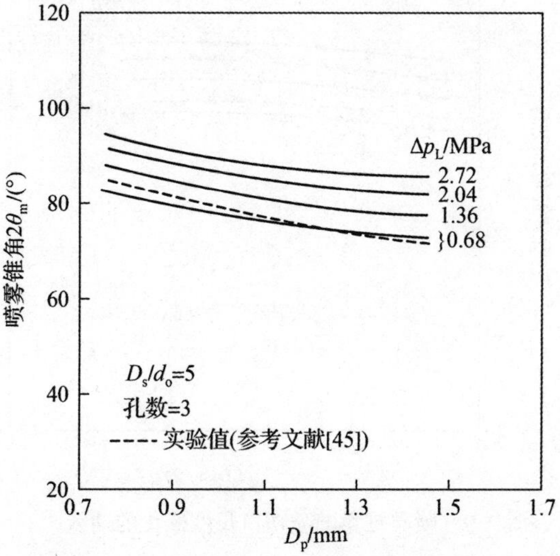

图7.7 喷雾锥角随入口直径变化的曲线[43]

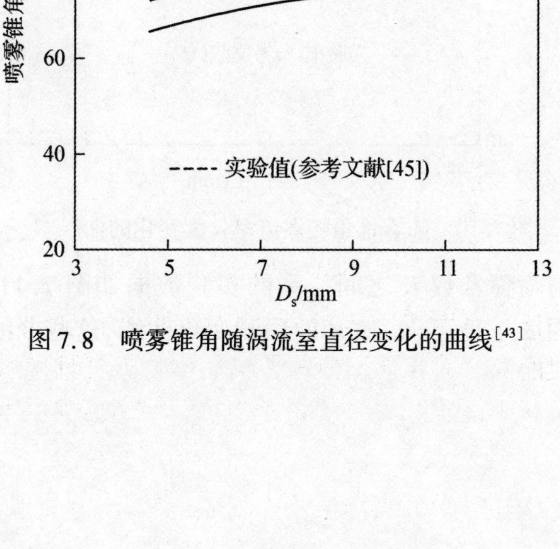

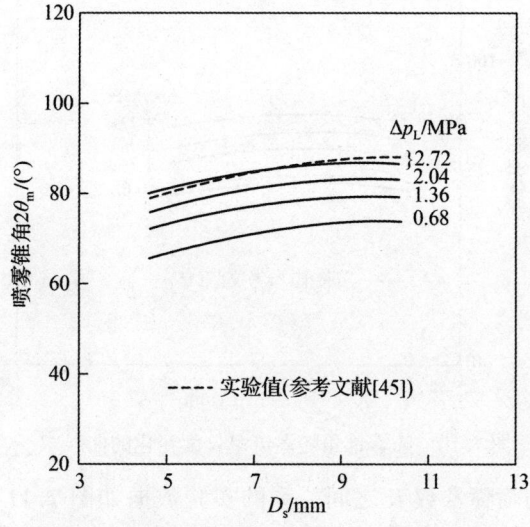

图7.8 喷雾锥角随涡流室直径变化的曲线[43]

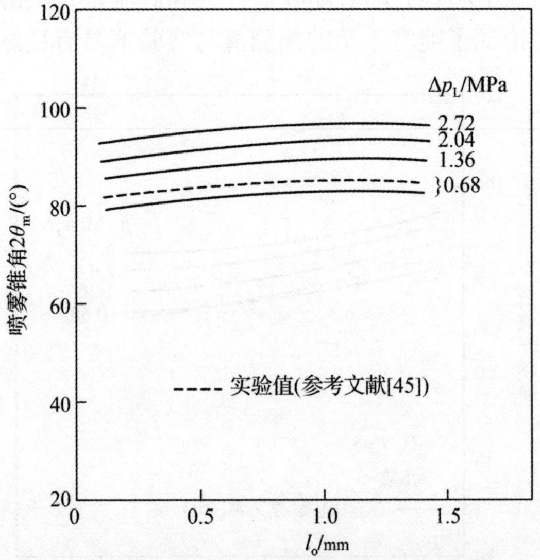

图7.9　喷雾锥角随喷嘴口长度变化的曲线[43]

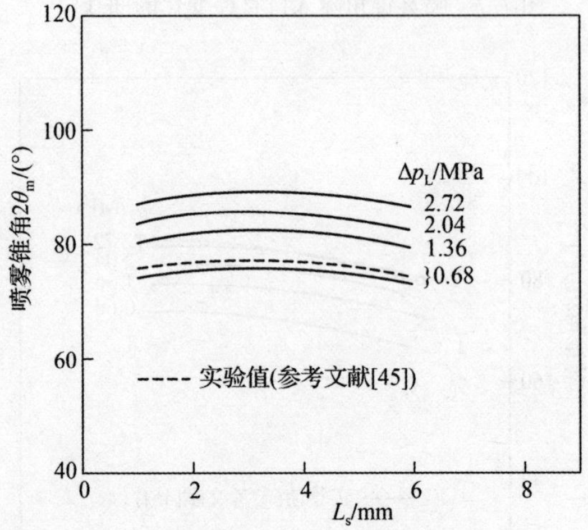

图7.10　喷雾锥角随涡流室长度变化的曲线[43]

喷雾锥角与喷嘴常数 K 之间关系的实验数据如图 7.11 所示。该图中还绘制了在不同 Δp_L 值下，θ_m 随 K 的预测变化曲线，这些曲线显示了普遍相同的趋势。

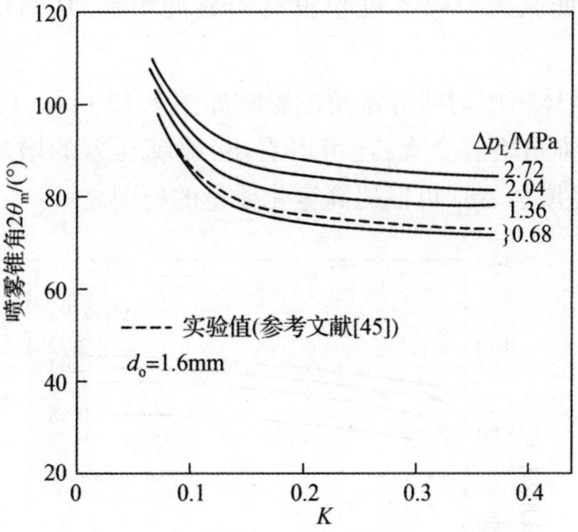

图 7.11　喷雾锥角随喷嘴常数变化的曲线[43]

(3)液体性质。基于利用式(5.52)、式(7.31)及式(7.34)对喷雾角进行的大量计算，Rizk 和 Lefebvre [44]推导出了喷雾锥角的尺寸修正关系式，如下：

$$2\theta_m = 6K^{-0.15}\frac{\Delta p_L d_o^2 \rho_L}{\mu_L^2} \tag{7.35}$$

Ballester 和 Dopazo[46]的研究是从无黏理论开始，然后通过重油喷注实验加入了黏性效应，得到：

$$2\theta_m = 16.156K^{-0.39} d_o^{1.13} \mu_L^{-0.9} \Delta p_L^{0.39} \tag{7.36}$$

对比式(7.35)和式(7.36)可以看出指数上的差异，也可以看出喷嘴出口参数与流体黏度和压降对锥角影响相对较轻，喷嘴参数 K 对雾化锥角的影响较大。然而，虽然 Ballester 和 Dopazo[46]研究了 20 个不同喷口直径的喷嘴，但是他们研究时并未改变试验介质的密度与黏度。因此，式(7.35)能更加普遍性地表示液体喷注压强和液体特性对喷雾锥角的影响。

①表面张力。根据式(7.35)可知表面张力对喷雾锥角无影响，这一点在实验中得到了普遍的证实。Giffen 和 Massey [38]测量的黏度大致相同，但表面张力在 1 ~ 3 的几种液体的喷雾锥角，没有观察到表面张力对雾化锥角有显著影响。Wang 和 Lefebvre [47]比较了几种单旋流喷嘴在水流和柴油(DF - 2)下的等效锥角。这些液体的表面张力相差了将近 1/3。所有工况

下,柴油的雾化锥角都较小,这是因为柴油的黏度较高。因此,Wang 和 Lefebvre认为表面张力对喷雾锥角没有明显的影响,从而证实了 Giffen 和 Massey 的结论。

②密度。液体密度对喷雾锥角的影响如图7.12所示,可以看出,随着密度的增加,喷雾锥角略有变大;还可以看出,喷嘴压差的增加会导致喷雾锥角变大。这就是增加 Δp_L 可以提高雾化质量的原因之一。

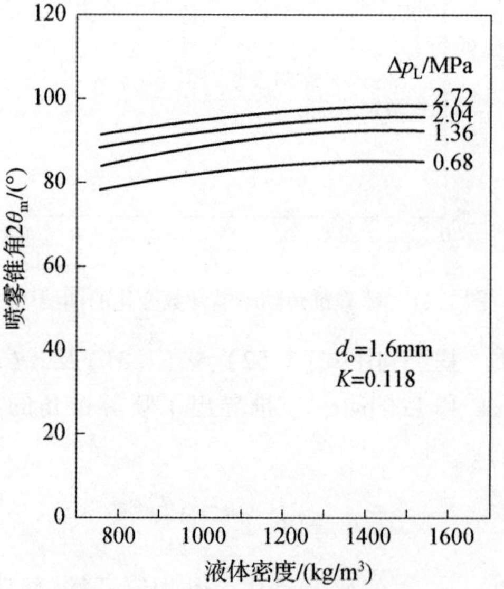

图7.12　液体密度对喷雾锥角的影响[43]

③黏度。液体的黏度对雾化锥角有很大的影响。它以两种方式影响理想液体的流动:a. 通过液体自身内部的摩擦,b. 通过液体与其相邻壁面之间交界处的摩擦。这两种作用都是黏性流体中由速度梯度产生的摩擦力引起的。这种由速度梯度产生的摩擦力趋向于减小切向速度,并且这种效果随着喷嘴半径的减小而增大,从而在空气芯处达到最大值。黏度越高,实际切向速度与方程式计算值之间的偏差越大:

$$\nu_r = \nu_i R \tag{7.37}$$

液体和容器壁之间的边界处的速度梯度是另一个摩擦源,这导致液体边界层形成,在边界层中液体的速度从边界处的零逐渐变化到液体的正常速度。边界层中的液体与远离固体边界的液体主体不遵循相同的规律,如果边界层的厚度足够大,则流动状态会发生显著变化[40]。

Giffen 和 Massey[38]在 $2\times10^{-6}\sim50\times10^{-6}\ m^2/s$ 的黏度范围内研究了黏度对喷雾锥角的影响。他们发现,旋流喷嘴的喷雾半锥角与黏度之间的关系可用以下经验关系式表示:

$$\tan\theta = 0.169 v_L^{-0.131} \tag{7.38}$$

该方程显示了黏度对雾化锥角的影响关系,与式(7.35)所示的黏度对雾化锥角影响关系大致相同。

Chen 等[47]利用柴油(DF-2)和聚丁烯的混合物,来研究黏度对单路喷嘴的等效喷雾锥角的影响。图 7.13 是研究得到的典型结果。结果表明,喷雾锥角随着流体黏度的增加而减小,这似乎与式(7.35)和式(7.38)给出的结论一致。

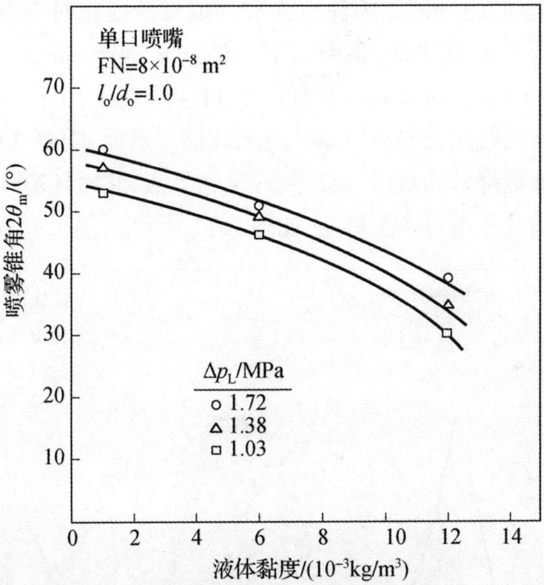

图 7.13 液体黏度对等效喷雾角的影响[47]

在螺旋槽型涡流喷嘴中,液体在到达最终出口前必须流经曲折的通道,因此,黏度在这种喷嘴中可能产生更大的影响。Giffen 和 Massey[38]证实了这一点,他们发现,在这种喷嘴中,随着黏度增加而喷雾锥角减小的情况,比涡流片式喷嘴更加明显。Chen 等[47]还发现,较小的 l_o/d_o 值会导致更大喷雾锥角,但是随着黏度的增加,l_o/d_o 对喷雾锥角的影响效果减小。

(4)空气特性。De Corso 和 Kemeny[4]首次研究了环境气压对雾化锥角的影响。结果表明,在10～800kPa的气压范围内,等效雾化锥角是$p_A^{1.6}$的反函数。Neya和Sato[48]进行了类似的研究,将水喷注到静止的空气中进行实验,得到了类似的结论,即喷雾收缩量$\Delta\phi$随着$p_A^{1.2}$的增加而增加。

这些研究仅限于低于1MPa的环境气压。还应注意的是,这些研究人员研究的等效雾化锥角不是在喷嘴附近测量的,而是在喷嘴下游某个距离处测量的。因此,所测的雾化锥角角度往往比在喷嘴附近区域测量的角度要小得多。随着液滴离开喷嘴后,它们会受到由自身动能所产生的径向气流的影响,这正如De Corso和Kemeny[4]的研究所述。

Ortman和Lefebvre[5]使用图7.1所示类型的径向液滴分布采集器,对4个不同的单路喷嘴,测试液体喷注压强和环境气压变化对等效喷雾锥角的影响。使用的介质为航空煤油,具有以下特性:$\rho=780\text{kg/m}^3$,$\sigma=0.0275\text{kg/s}^2$,$u=0.0013\text{kg/(m}\cdot\text{s)}$。获得的结果如图7.14～图7.17所示。最初,气体压力增加到高于正常大气压会导致喷雾的急剧收缩。然而,随着气压的持续增加,喷雾收缩速率逐渐降低。最终,会达到一个临界点,此时环境气压进一步增加对等效雾化锥角几乎不再产生影响,如图7.17所示。

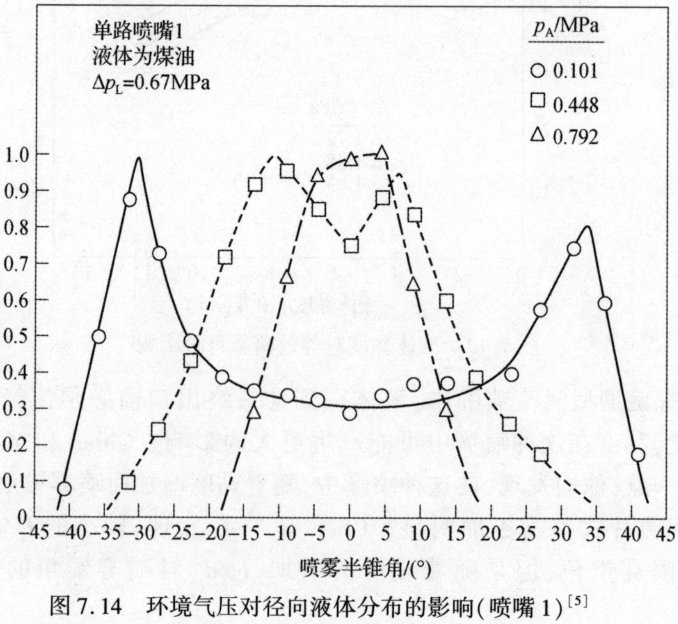

图7.14　环境气压对径向液体分布的影响(喷嘴1)[5]

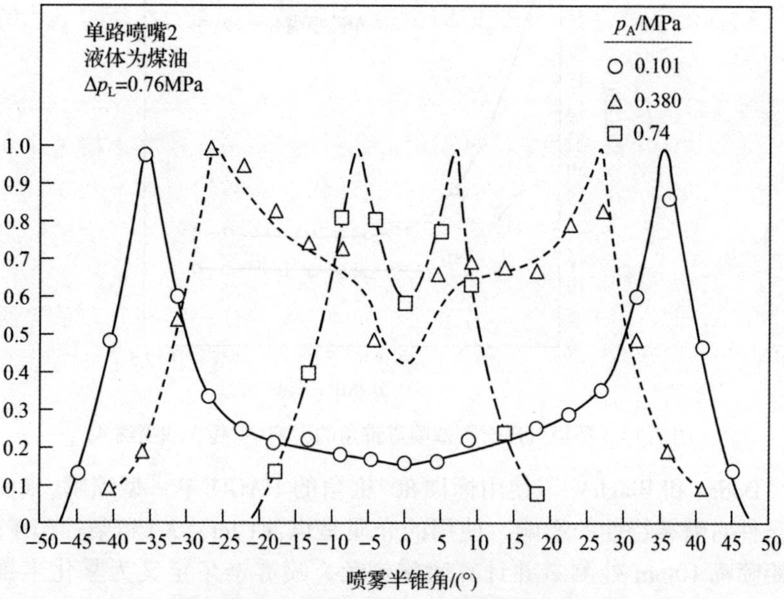

图 7.15　环境气压对径向液体分布的影响(喷嘴 2)[5]

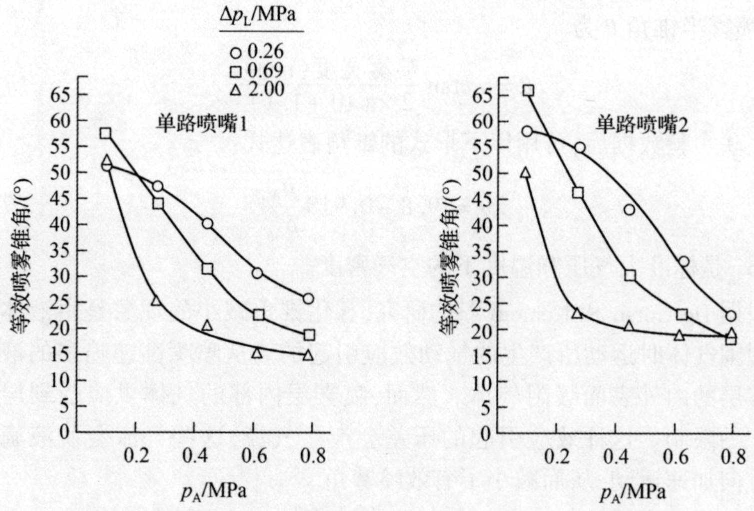

图 7.16　环境气压对等效喷雾锥角的影响(喷嘴 1 和喷嘴 2)[5]

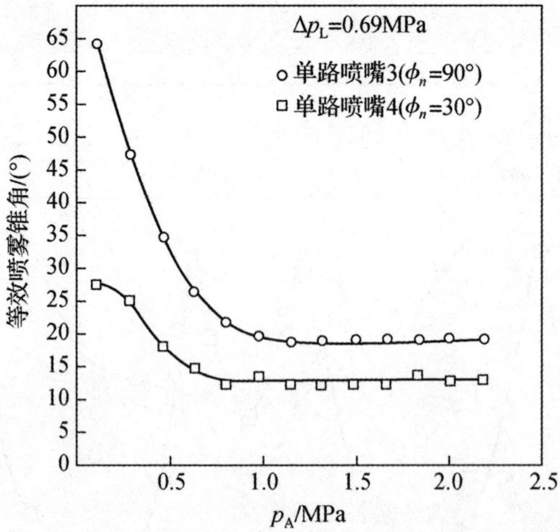

图7.17 环境气压对等效喷雾锥角的影响(喷嘴3和喷嘴4)[5]

Dodge 和 Biaglow[49]使用标称 80°锥角的 HAGO 单一型喷嘴,来测试雾化条件对喷雾特性的影响。使用的介质是煤油(Jet - A)和柴油(DF - 2)。在距喷嘴 10mm 处测量并计算喷雾锥角。喷雾锥角定义为雾化半锥角的2倍,半锥角是用 10mm 处喷雾总宽度的一半,除以此位置距喷嘴的距离加上喷雾有效起点的距离(喷嘴端部上游 1.1mm),经三角函数计算得出的。因此,喷雾半锥角 θ 为

$$\theta = \arctan\frac{\text{喷雾宽度(mm)}}{2\times(10+1.1)} \tag{7.39}$$

关联实验数据后,可用以下形式的锥角表达式:

$$2\theta = 79.8 - 0.918\frac{\rho_A}{\rho_{A_0}} \tag{7.40}$$

式中:ρ_{A_0}是标准大气压和温度下的空气密度。

根据 De Corso 和 Kemeny[4]的研究,雾化锥角减小的现象是由液体喷雾喷入周围气体时运动所产生的气动效应引起的。从喷嘴高速喷出的液体会在喷雾层的内外表面吸附气体。然而,喷雾层内部的气体供应受到层内封闭体积的限制。这种效应引起的压差会产生气流,这些气流会使液滴向喷嘴轴方向加速运动,从而减小了有效喷雾角。

(5) 喷注压强。De Corso 和 Kemeny[4]、Neya 和 Sato[48]、Ortman 和 Lefebvre[5],以及 Dodge 和 Biaglow[49]等数个研究小组,都研究过喷注压强对雾化锥角的影响。De Corso、Kemeny、Neya 以及 Sato 的研究结果表明,在

0.17~2.7MPa的喷注压强范围内,等效雾化锥角是 Δp_L 的反函数。

Ortman 和 Lefebvre[5]进行了类似的测量。图 7.18 是其获得的典型结果。图7.19 显示,从大气压开始,喷注压强的增加会导致喷雾锥角先扩大再缩小。Neya 和 Sato[26]也观察到这种现象,但是 De Corso 和 Kemeny[3]没有观察到,因此推测这种现象和喷嘴设计有关。

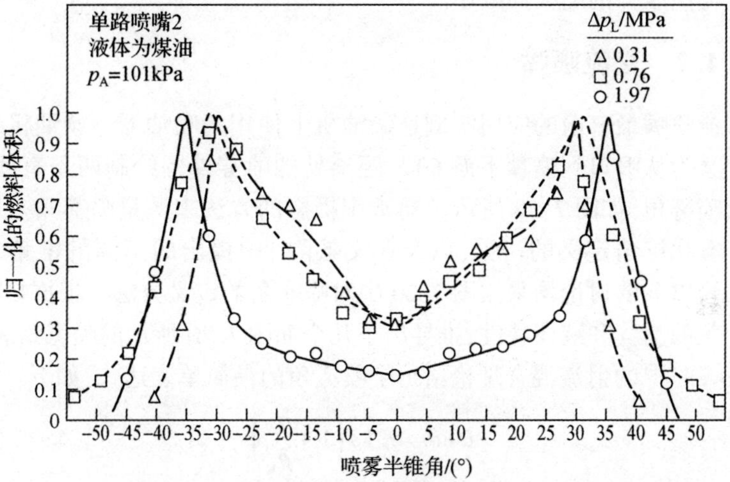

图7.18 喷注压强对径向液体分布的影响[5]

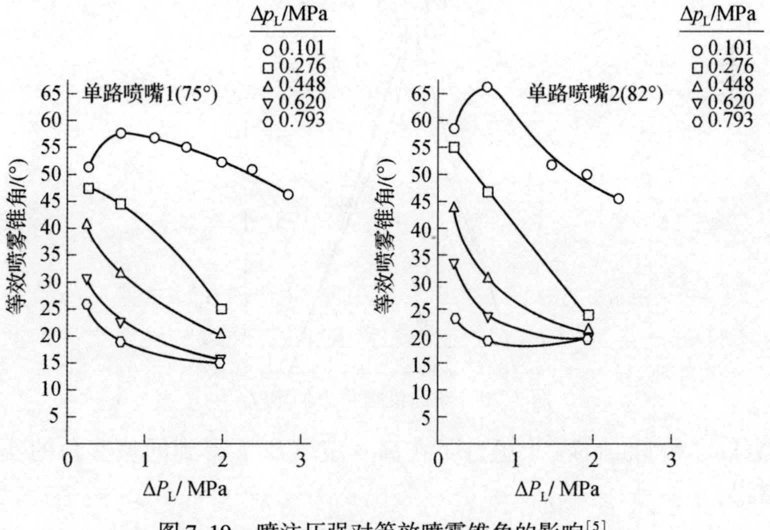

图7.19 喷注压强对等效喷雾锥角的影响[5]

随着喷雾锥角的初始增大(仅在标准大气压下喷注到空气中的喷雾时发生),之后喷雾随着液体压强的进一步增加而持续收缩。最终,达到最小喷雾角,之后进一步增大喷注压强对喷雾锥角不会再产生明显影响。

综上所述,影响雾化锥角的主要因素是喷嘴尺寸,尤其是 d_o 和空气密度。很明显,喷雾锥角随着 d_o 的增大而增大,而随着空气密度、液体黏度以及液体喷注压强的增大而减小。

7.4.2 直流喷嘴

直流喷嘴最普遍的应用实例是柴油机上使用的喷油器。柴油机喷雾角通常定义为从喷口到喷嘴下游 $60d_o$ 距离处的喷雾外围绘制两条直线,所夹角度为喷雾角,如图7.20所示。通常用摄影的方法来测量喷雾角。回想前面关于雾化锥角定义的讨论,以及在文献[2]中提出的不同的锥角定义方法,但是,以下的讨论均采用图7.20中对喷雾角的定义方法。根据喷嘴尺寸以及相关的空气和液体特性,推导出了几个如图7.20所示的喷雾角表达式。Abramovich[51]的射流混合理论给出了喷雾角的最简单表达式,如下:

$$\tan\theta = 0.13\left(1 + \frac{\rho_A}{\rho_L}\right) \tag{7.41}$$

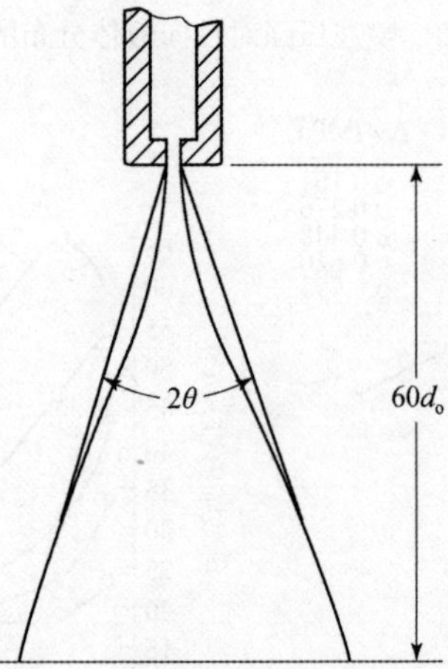

图7.20 柴油机喷雾角的定义[50]

Yokota 和 Matsuoka[52]整合了在高环境气压下得到的喷雾角的实验数据,得出:

$$\theta = 0.067Re_L^{0.64}\left(\frac{l_o}{d_o}\right)^{-n}\left[1 - \exp\left(-0.023\frac{\rho_A}{\rho_L}\right)\right]^{-1} \tag{7.42}$$

其中

$$n=0.0284\left(\frac{\rho_L}{\rho_A}\right)^{0.39} \tag{7.43}$$

根据 Reitz 和 Bracco [53] 的研究，可以将不稳定表面波增长最快的径向速度与轴向喷注速度相结合来确定喷雾角。该假设得出以下喷雾角的表达式：

$$\tan\theta=\frac{4\pi}{A}\left(\frac{\rho_A}{\rho_L}\right)^{0.5} f\left(\frac{\rho_L\cdot Re_L}{\rho_A\cdot We_L}\right)^2 \tag{7.44}$$

式中：A 为 l_o/d_o 的函数，必须通过实验确定。函数 f 的图像如图 7.21 所示。

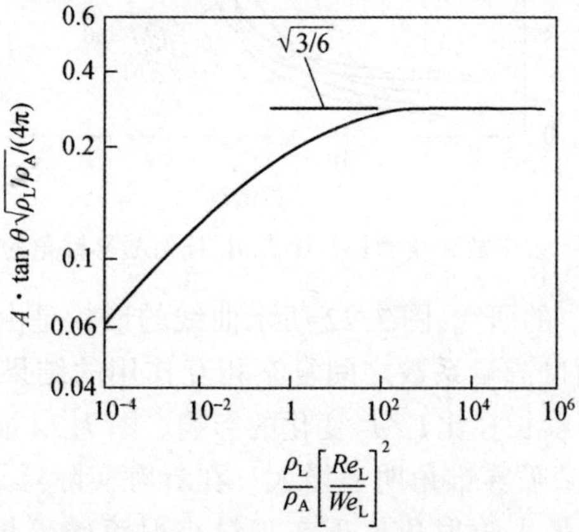

图 7.21 式(7.34)中的函数图像[53]

Bracco 等[54]将式(7.44)简化为

$$\tan\theta=\frac{2\pi}{\sqrt{3A}}\left(\frac{\rho_A}{\rho_L}\right)^{0.5} \tag{7.45}$$

Hiroyasu 和 Arai[55]对在高压下获得的实验数据进行了量纲分析，推导出以下喷雾角公式：

$$\theta=0.025\left(\frac{\rho_A\Delta p_L d_o^2}{\mu_A^2}\right)^{0.25} \tag{7.46}$$

注意在式(7.42)和式(7.46)中，θ 用 rad 表示。

Hiroyasu 和 Arai[56]随后又提出了以下喷雾角表达式：

$$\theta=83.5\left(\frac{l_o}{d_o}\right)^{-0.22}\left(\frac{d_o}{d_{sack}}\right)^{0.15}\left(\frac{\rho_A}{\rho_L}\right)^{0.26} \tag{7.47}$$

雷诺数和喷嘴长径比 l_o/d_o 对喷雾锥角的影响如图 7.22 所示。该图中所示的数据是在3MPa压强下,水经过0.3mm的喷口喷注到静止空气中获得的。为了提高清晰度,该图省略了实际的实验点。

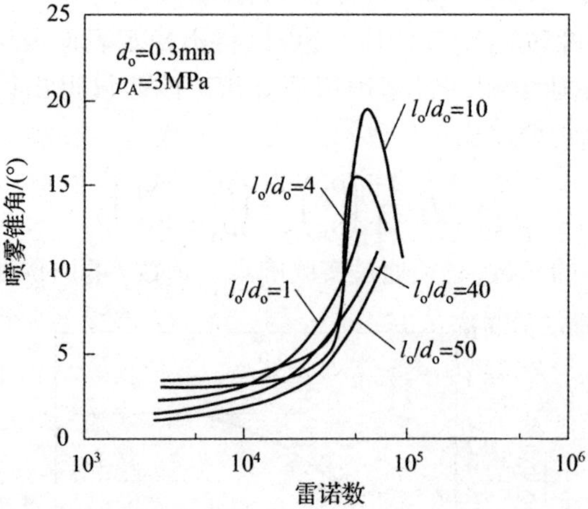

图7.22　雷诺数和喷嘴长径比 l_o/d_o 比对喷雾锥角的影响[55]

根据Arai等[50]的研究,图7.22所示曲线的形状是由射流湍流强度、射流破碎长度以及喷口流量系数之间复杂相互作用的结果造成的,这些因素都受到雷诺数和喷嘴长径比 l_o/d_o 变化的影响。图7.22显示,雷诺数增加到30000以上时会导致喷雾锥角明显增大。在具有实际意义的喷嘴长径比的范围内,即4~10,最大喷射角出现在与最小射流破碎长度相对应的雷诺数处。

7.5　周向液体分布

由于在获得整个平面的液体分布信息上缺乏适当的方法,20世纪80年代和90年代,对压力旋流喷嘴产生喷雾中的液体周向分布的研究屈指可数。最近,随着对雾化质量需求的提高,以及对均匀或对称液体分布的应用需求的关注程度上升,越来越多的人使用更加复杂的机械或者光学的平面图案化方法来研究喷雾轴向液体分布。人们很可能直到对液体整个平面分布的研究变得更为普遍时,才容易接受喷嘴产生轴对称喷雾这种概念。实际上,喷嘴的表面粗糙度或污染物造成的小缺陷很容易影响喷雾的对称性。因此,很难确定实际喷嘴设计或制造方法对相关性能的影响。

7.5.1　压力旋流喷嘴

在一些早期的周向分布研究中，Ortman 和 Lefebvre [5]研究了几种不同设计和制造方法喷嘴的喷雾特性。他们发现，当以径向液体分布的对称性和周向液体分布的均匀性衡量喷雾质量时，不同喷嘴之间的结果有所不同。这些差异不是由物理损伤或制造误差引起的，而是由喷嘴设计的差异引起的。最佳喷嘴具有良好的径向对称性以及小于 10% 的周向不均匀性。令人不太满意的喷嘴测量结果如图 7.23 和图 7.24 所示，这两幅图以 45°的间隔画出了在标准大气压下得到的 8 个径向液体分布，结合横轴可表示测量结果中液体径向和周向的分布。结果显示，液体分布显然存在一些不均匀性。在其他喷注压强和环境气压条件下，也发现了这种液体分布不均匀的现象[5]。Chen 等[47]研究了喷嘴长径比对液体分布的影响。研究发现 l_o/d_o 值为 2 时，可提供最均匀的周向分布。数值越小，雾化质量越好，但均匀性越差。

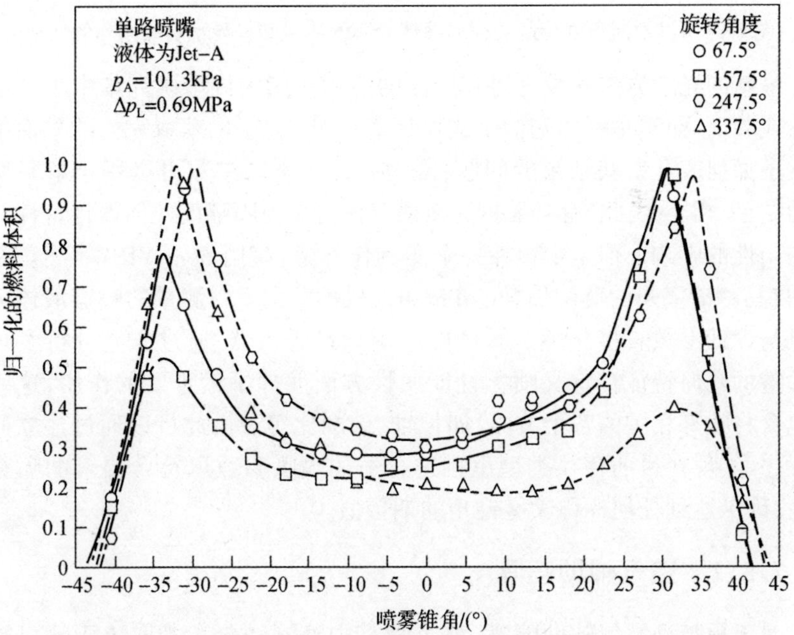

图 7.23　以不同角度绘制的径向液体分布的测量结果显示出周向均匀性[5]

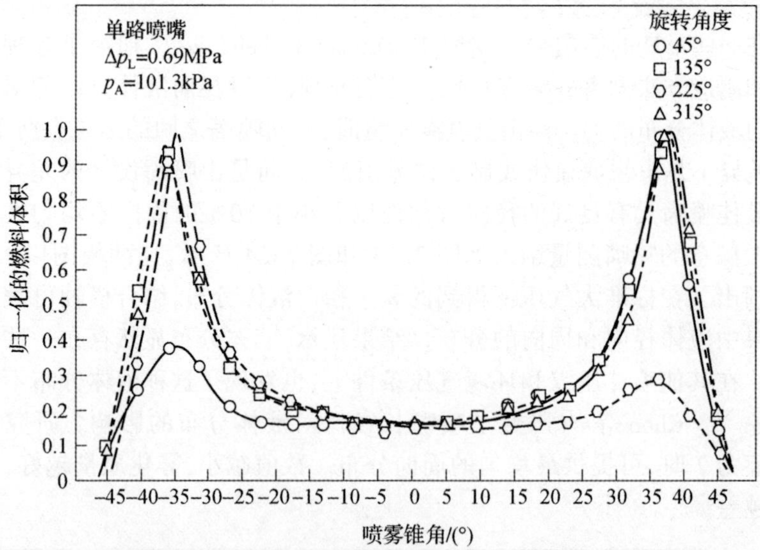

图7.24　以不同角度绘制的径向液体分布的测量结果显示出周向均匀性[5]

最新的光学方法并没有得到广泛的应用。因为许多研究集中于方法的开发或验证,而不是利用它们生成设计工具[57]。此外,获取完整的平面信息引发了如何表征所获结果的问题,因为有许多不同参数可以用于解释所获得的结果[2,58]。因此,有必要进一步研究压力旋流喷嘴的几何设计特性对喷雾均匀性的影响。但至少存在一个实例作参考,使用 SprayVIEW®测量系统(来自马萨诸塞州的莫尔伯勒的 Proveris 科学公司)[59]测量的喷雾液体分布结果与设计参数直接相关。本例中应用计量吸入器,通过方差分析发现一些关键的几何特征在定义喷雾性能属性方面发挥了最重要的作用,这些属性包含与喷雾相关的各个方面,如长轴、椭圆比等。由此可以通过建立简单的程序,实现在目前存在类型里挑选合适的喷嘴参数以符合要求的喷雾均匀性,确保达到任何标称喷雾锥角的期望值。

7.5.2　空气辅助喷嘴

对于预膜型空气辅助喷嘴,整个喷雾中液滴的分布既取决于喷口端部形成的液膜的对称性和均匀性,也取决于高速雾化气流通过喷嘴时产生的流动形状。

Ortman 等[60]测量了许多预膜型空气辅助喷嘴的径向和周向液体分布。

图 7.25~图 7.28 是得到的一些典型结果。如图 7.25 所示,增加喷嘴处的空气压差会导致液体分布曲线中的两端向中间靠拢,而喷雾中间的液体浓度增加。如图 7.26 所示,增加液体流量会减小中心位置的喷雾密度,而曲线峰值的位置没有明显变化。

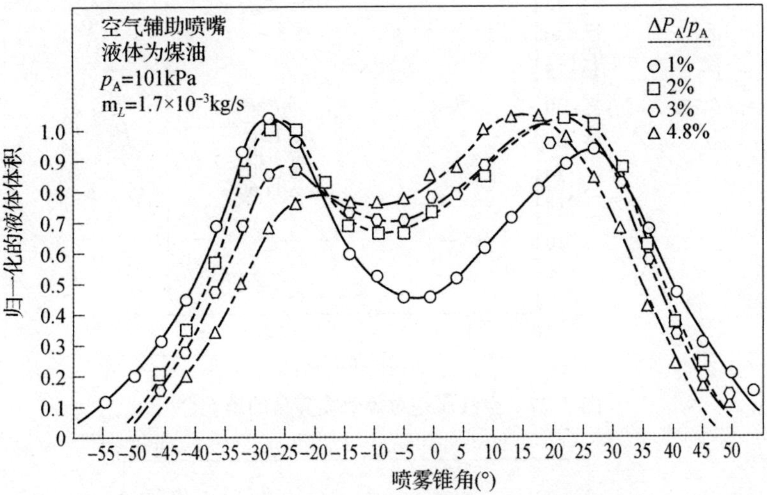

图 7.25　空气压差对径向液体分布的影响[60]

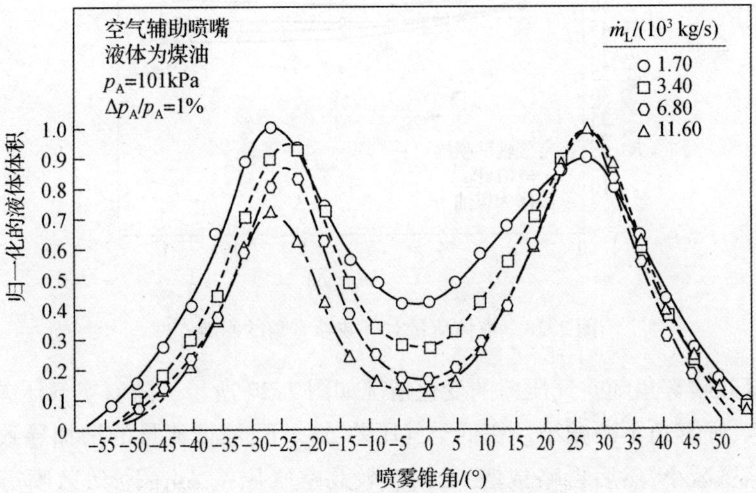

图 7.26　液体流量对径向液体分布的影响[60]

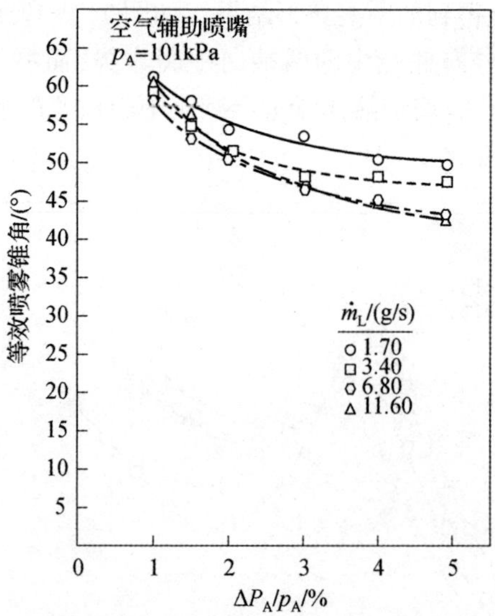

图 7.27　空气压差对等效喷雾角的影响[60]

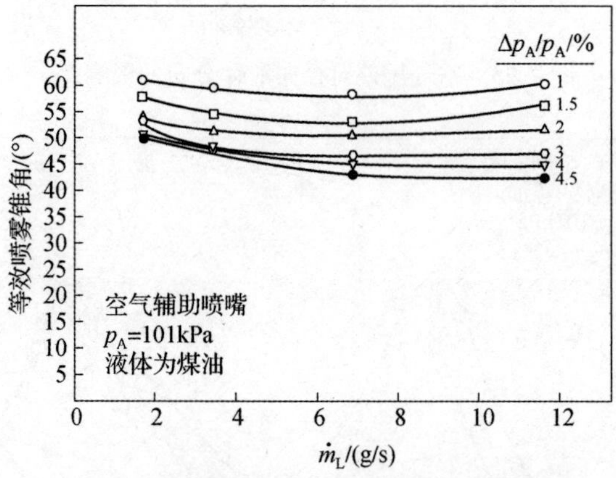

图 7.28　液体流量对等效喷雾角的影响[60]

等效喷雾角随空气压差的变化情况如图 7.27 所示。随着空气压差 Δp_A 的增大,喷雾角不断减小。在低空气压差 Δp_A 下,液体流量的增加导致喷雾角先略微减小,然后再略微增大,而在较高空气压差 Δp_A 下,等效喷雾角先减小,然后保持明显的恒定,如图 7.28 所示。与压力旋流喷嘴的情况一样,也出现了一些对比性研究[61],这些研究展示了得到相似信息的不同方法。文献[61]中指出,零件的微小偏差导致空气辅助喷嘴的喷雾形状产生明显改变,进而影响了燃烧性能。轻微的硬件偏差,以及配置了不合适的周向图案生成器,导致一氧化碳含量和形状系数升高。

其他预膜型空气辅助喷嘴得到的实验数据与图 7.25 ~ 图 7.28 所示情况表现出相同的整体趋势,但是在得出任何普遍性结论之前,还需要做进一步的研究。

7.6　液滴阻力系数

当液体喷注到流动的气流中时,只要准确地定义流动条件并且已知液滴阻力系数,那么就能简单明确地预测喷雾中个别液滴的轨迹。

Stokes[62]分析了真实流体流过实心球体(或在真实流体中运动的实心球体)的稳定流动,发现球体上的阻力可以表示为

$$F = 3\pi D\mu_L U_R \tag{7.48}$$

如果阻力系数 C_D 定义为

$$C_D = \frac{F}{(\pi/4)D^2(\rho_A U_A^2/2)} \tag{7.49}$$

可表示为

$$C_D = \frac{24}{Re} \tag{7.50}$$

式中:$Re = U_R D\rho_A/\mu_A$。

Stokes 定律只适用于完全由黏性力主导的流动,即具有低雷诺数特征的流动。对于较高的雷诺数特征的流动,惯性力对流动影响较大,并且由于尾迹的形成及耗能涡流的分离,阻力可能会随之增加。另一个 Stokes 定律的不适用的原因是流动边界层的存在,通过流体的实际体积包含球体及其边界层。这些问题导致了 Stokes 定律需要各种理论修正系数,但是大多数常用的液滴阻力系数的关系式还是基于对实验数据的分析。

许多由经验确定的函数与不同研究者得到的实验数据近似吻合。例如,Langmuir 和 Blodgett [63]提出:

$$C_D\frac{Re}{24} = 1 + 0.197Re^{0.63} + 2.6\times10^{-4}Re^{1.38} \tag{7.51}$$

而根据 Prandtl[64]的研究:

$$C_D = \frac{24}{Re} + 1,\quad Re < 1000 \tag{7.52}$$

Mellor[65]在低雷诺数(Re)时采用式(7.53),以预测液滴轨迹:

$$C_D = \frac{1}{Re}[23 + (1 + 16Re^{0.33})^{0.5}] \tag{7.53}$$

当雷诺数趋于零时,上述阻力系数方程均近似满足 Stokes 定律,即 $C_D = 24/Re$。这些方程中的一些方程不适用于轨迹预测所需的数学积分。而式(7.52)和式(7.53)都适用于积分,但是前者太简单,而后者又太复杂。这就是 Putnam [66] 为什么要试图得到一个既适合积分又相当精确的经验方程。他提出了以下轨迹预测方程,该方程与实验数据吻合得良好,且容易进行数学处理:

$$C_D = \frac{24}{Re}\left(1 + \frac{1}{6}Re^{2/3}\right) \tag{7.54}$$

该式易于积分以获得液滴速度和轨迹,并且最好在 $Re < 1000$ 时使用。由于它涵盖了喷雾分析中通常遇到的雷诺数范围,因此使用方便。由于喷雾分析涉及液滴轨迹预测,因此显然非常需要容易积分的液滴阻力系数方程。

7.6.1 加速度对阻力系数的影响

到目前为止,已经考虑了在没有加速或减速的情况下,液滴在流场中稳定运动的情形。在这种情况下,从理论或实验中获得的阻力系数称为标准阻力系数。但是,如果气流速度高于液滴速度,液滴会被气流加速;反之,如果气流速度低于液滴速度,液滴会被气流减速。因此,尽管在低加速度下,液滴阻力系数仍接近稳态值,加速度对阻力系数的影响始终存在。

Ingebo[67]进行了一些试验,研究了在不同的气流压强、温度和速度下,液滴和固体球在气流中的加速情况,并利用高速摄影测得了单个液滴和固体球的直径和速度。根据这些数据,得到了直径为 20 ~ 120μm 固体球的线性加速度,并计算出非稳态动量传递的瞬时阻力系数。研究发现异辛烷、水、三氯乙烯及固体球(镁和硅化钙)的阻力系数与 Re 相关,关系式如下,其中 $6 < Re < 400$:

$$C_D = \frac{27}{Re^{0.84}} \tag{7.55}$$

7.6.2 蒸发液滴的阻力系数

蒸发对液滴阻力的影响可能归因于两个因素:①传质对阻力的影响,即“吹气”效应;②液滴表面附近温度和浓度梯度的影响,由于蒸发效应影响了阻力系数对雷诺数的依赖关系。这意味着所选择的物理性质(不同平均方法的可变性或恒定性)将影响函数方程 $C_D = f(Re)$。

Yuen 和 Chen [68] 的研究表明,如果边界层中的平均黏度是在 1/3 参考状态下计算的,则蒸发液滴的阻力系数可以与固体球的阻力数据相关联[见式(8.7)和式(8.8)],产生这一结果的原因可能是,在高雷诺数条件下,蒸发导致摩擦阻力减少,被由吹气引起气流分离而导致压强阻力的增加所抵消。在低雷诺数条件下,流量损失对阻力几乎没有影响。因此,无论是在高雷诺数下还是低雷诺数下,由蒸发导致的流量损失对阻力系数的影响都很小。Yuen 和 Chen 的基本结论是,蒸发液滴的阻力系数与相应非蒸发液滴的阻力系数的偏差,不是由吹气效应所致,而是由液滴表面气体的物理性质变化所致。

Eisenklam 等[69] 使用小的、自由下落的、燃烧中的,以及蒸发的燃料液滴的实验数据来确定阻力系数。他们提出了蒸发或燃烧中的液滴的阻力系数关系式:

$$C_{D/m} = \frac{C_D}{1 + B_M} \tag{7.56}$$

式中:$C_{D/m}$为在剧烈质量传递的平均条件下计算的阻力系数;B_M为传质系数(见第 8 章)。

式(7.56)在以下条件范围内被认为是有效的:液滴直径为 25 ~ 500μm,近似雷诺数 Re 为 0.01 ~ 15.00,传递系数为 0.06 ~ 12.30。

根据 Law[69-70] 的研究,液滴阻力系数可以表示为

$$C_D = \frac{C_D}{Sc^{0.14} \cdot Re}(1 + 0.276\, Sc^{0.33} \cdot Re^{0.5})(1 + B_M)^{-1} \tag{7.57}$$

该式仅对 $Re < 200$ 有效。Law 认为,研究较大雷诺数下系统的行为是没有必要的,因为对于大多数黏性小的液体,液滴在大雷诺数条件下会变得不稳定并趋向于破碎。但这种说法仅适用于低压情况,因为对于高压和相对低温情况,$Re > 1000$ 是很常见的。当 Re 接近零时,此表达式并不接近 Stokes 表达式 $C_D = 24/Re$,但它们之间的偏差很小,而且通常也不重要,因为在这种情况下,液滴几乎跟随气体运动。

由 Lambiris 和 Combs [72] 提出,并被许多研究人员使用的液滴阻力系数表达式如下:

$$C_D = 27 \times Re^{-0.84}, \quad Re < 80 \tag{7.58}$$

$$C_D = 0.271 \times Re^{-0.84}, \quad 80 < Re < 10000 \tag{7.59}$$

$$C_D = 2,\quad Re > 10000 \tag{7.60}$$

最后,可以说,目前还没有一个能适用于所有条件的液滴阻力系数表达式。在此之前,建议使用式(7.61)。该式适用于低温和 $Re < 1000$ 的情况,可以集成使用。

$$C_D = \frac{24}{Re}\left(1 + \frac{1}{6}Re^{2/3}\right) \tag{7.61}$$

在这些相同的条件下,人们认为当 $Re > 1000$ 时 C_D 可以取 0.44[73]。

对于高温伴随液滴蒸发的情况,可以使用 Eisenklam 的修正式[式(7.56)]。最近,Chiang 和 Sirignano[74] 利用精确分析模拟,提出了高温环境下蒸发液滴的阻力系数的经验表达式,如下:

$$C_D = (1 - B_H)^{-0.27}\left(\frac{24.432}{Re^{0.721}}\right) \tag{7.62}$$

其中

$$B_H = \frac{h_e - h_s}{L_{eff}},\quad Re = \frac{\rho_A DU}{\mu_A}$$

7.7 变量说明

A_{plume}:喷雾羽流的横截面积,m

Re:雷诺数

G_{LR}:气液比

y:距外壁的距离,m

y_b:破碎点距外壁的距离,m

x:喷注点的下游距离,m

x_b:喷雾破碎处的下游距离,m

q:动量比[见式(2.72)]

A_a:空气芯面积,m^2

A_p:入口总面积,m^2

A_o:喷口面积,m^2

A_s:涡流室面积,m^2

B_M:传质系数

C_D:流量系数或阻力系数

D:直径,m^2

D_p:入口直径,m
D_s:涡流室直径,m
d_{sack}:喷嘴孔直径
d_o:喷孔直径,m
F:球的阻力
FN:流量数($FN = m_L/\Delta p_L \rho_L^{0.5}$),$m^2$
h_e:边界层边缘焓,kJ/kg
h_s:液滴表面焓,kJ/kg
K:喷嘴常数($K = A_p/d_o D_s$)
K_v:速度系数;实际喷注速度与理论喷注速度之比
L_{eff}:有效蒸发潜热,kJ/kg
L_s:涡流室平行段长度,m
l_o:喷孔长度,m
$\dot{m}_L$:液体流量,kg/s
p:总压,Pa
Δp:通过喷嘴的压差,Pa
R:盘半径,m
R_s:涡流室半径,m
r:局部半径,m
S:喷雾端部的贯穿距离,m
t:液膜厚度,m;或时间,s
T:热力学温度,K
U:速度,m/s
$\bar{U}$:喷孔合速度,m/s
U_{ax}:喷孔轴向速度,m/s
V:半径 r 处的切向速度,m/s
v_i:涡流室入口速度,m/s
v_m:平均切向速度,m/s
v_o:喷孔直径 d_o 处的切向速度,m/s
v_r:液体径向速度,m/s
v_s:空气芯内液体表面切向速度,m/s
We:韦伯数
X:A_a/A_o 面积比

θ:喷雾半锥角,°

θ_m:平均喷雾半锥角,°

μ:动力黏度,kg/m·s

v:运动黏度,m^2/s

ρ:密度,kg/m^3

σ:表面张力,kg/s^2

Φ_n:标称喷雾角,即在 $\Delta P_L = 0.69MPa$ 和 $p_A = 0.101MPa$ 下测量的喷雾轮廓角

Φ:基于喷雾左右端质心的等效喷雾角

Φ_0:在 $\Delta p_L = 0.69MPa$ 和 $p_A = 0.101MPa$ 下测量的等效喷雾角

下标:

A:空气

L:液体

R:液体与空气相关值

参考文献

1. Jones, R. V., Lehtinen, J. R., and Gaag, J. M., The testing and characterization of spray nozzles, in: *The manufacturer's viewpoint, Paper Presented at the 1st National Conference on Liquid Atomization and Spray Systems*, Madison, WI, June 1987.
2. SAE International Standard J2715_200703, Gasoline Fuel Injector Spray Measurement and Characterization, 2007.
3. Tate, R. W., Spray patternation, *Ind. Eng. Chem.*, Vol. 52, No. 10, 1960, pp. 49–52.
4. De Corso, S. M., and Kemeny, G. A., Effect of ambient and fuel pressure on nozzle spray angle, *Trans. ASME*, Vol. 79, No. 3, 1957, pp. 607–615.
5. Ortman, J., and Lefebvre, A. H., Fuel distributions from pressure-swirl atomizers, *AIAA J. Propul. Power*, Vol. 1, No. 1, 1985, pp. 11–15.
6. Joyce, J. R., Report ICT 15, Shell Research Ltd., London, 1947.
7. McVey, J. B., Russell, S., and Kennedy, J. B., High resolution patterator for the characterization of fuel sprays, *AIAA J.*, Vol. 3, 1987, pp. 607–615.
8. Cohen, J. M., and Rosfjord, T. J., Spray patternation at high pressure, *J. Propul. Power*, Vol. 7, 1991, pp. 481–489.
9. Ullom, M. J., and Sojka, P. E., A simple optical patternator for evaluating spray symmetry, *Rev. Sci. Instrum.*, Vol. 72, 2001, pp. 2472–2479.
10. Lim, J., Sivathanu, Y., Narayanan, V., and Chang, S., Optical patternation of a water spray using statistical extinction tomography, *Atomization Sprays*, Vol. 13, 2003, pp. 27–43.
11. Talley, D. G., Thamban, A. T. S., McDonell, V. G., and Samuelsen, G. S., Laser sheet visualization of spray structure, in: Kuo, K. K. (ed.), *Recent Advances in Spray Combustion*, New York: AIAA, 1995, pp. 113–141.
12. Locke, R. J., Hicks, Y. R., Anderson, R. C., and Zaller, M. M., Optical fuel injector patternation measurements in advanced liquid-fueled high pressure gas turbine combustors, *Combust. Sci. Technol.*, Vol. 138, 1998, pp. 297–311.
13. McDonell, V. G., and Samuelsen, G. S., Measurement of fuel mixing and transport processes in gas turbine combustion, *Meas. Sci. Technol.*, Vol. 11, 2000, pp. 870–886.
14. Brown, C. T., McDonell, V. G., and Talley, D. G., Accounting for laser extinction, signal attenuation, and secondary emission while performing optical patternation in a single plane, in: *Proceedings, ILASS Americas*, Madison, WI, 2002.
15. Berrocal, E., Kristensson, E., Richter, M., Linne, M., and Aldén, M., Application of structured illumination for multiple scatter suppression in planar laser imaging of dense sprays, *Opt. Express*, Vol. 16, 2008, pp. 17870–17882.
16. Le Gal, P., Farrugia, N., and Greenhalgh, D. A., Laser sheet dropsizing of dense sprays, *Opt. Laser Technol.*, Vol. 31, 1999, pp. 75–83.
17. Domann, R., and Hardalupas, Y., A study of parameters that influence the accuracy of the Planar Droplet Sizing (PDS) technique, *Part. Part. Syst. Char.*, Vol. 18, 2001, pp. 3–11.
18. Hiroyasu, H., Diesel engine combustion and its modelling, in: *Proceedings of the International Symposium on Diagnostics and Modelling of Combustion in Reciprocating Engines*, Tokyo, Japan, September 1985, pp. 53–75.

19. Sitkei, G., *Kraftstoffaufbereitung und Verbrennung bei Dieselmotoren*, Berlin: Springer-Verlag, 1964.
20. Taylor, D. H., and Walsham, B. E., Combustion processes in a medium speed diesel engine, *Proc. Inst. Mech. Eng.*, Vol. 184, Pt. 3J, 1970, pp. 67–76.
21. Dent, J. C., A basis for the comparison of various experimental methods for studying spray penetration, SAE Transmission, Paper 710571, Vol. 80, 1971.
22. Hay, N., and Jones, P. L., Comparison of the various correlations for spray penetration, SAE Paper 720776, 1972.
23. Hiroyasu, H., Kadota, T., and Tasaka, S., Study of the penetration of diesel spray, *Trans. JSME*, Vol. 34, No. 385, 1978, p. 3208.
24. Hiroyasu, H., and Arai, M., Fuel spray penetration and spray angle in diesel engines, *Trans. JSAE*, Vol. 21, 1980, pp. 5–11.
25. Levich, V. G., Physicochem cal Hydrodynamics, Englewood Cliffs, NJ: Prentice Hall, 1962, pp. 639–650.
26. Sazhin, S. S., Feng, G., and Heikal, M. R., A model for fuel spray penetration, *Fuel*, Vol. 80, 2001, pp. 2171–2180.
27. Kostas, J., Honnery, D., and Soria, J., Time resolved measurements of the initial stages of fuel spray penetration, *Fuel*, Vol. 88, 2009, pp. 2225–2237.
28. Birouk, M., Wang, M., and Broumand, M., Liquid jet trajectory in a subsonic gaseous crossflow: An analysis of published correlations, *Atomization Sprays*, doi:10.1615/AtomizSpr.2016013485
29. Lin, K. C., Kennedy, P., and Jackson, T. A., Structures of water jets in a mach 1.94 supersonic crossflow, in: *Paper AIAA-2004-971, 42nd Aerospace Sciences Meeting*, Reno, Nevada, 2004.
30. Ghenai, C., Sapmaz, H., and Lin, C.-X., Penetration height correlation of non-aerated and aerated transverse liquid jets in supersonic crossflow, *Exp. Fluids*, Vol. 46, 2009, pp. 121–129.
31. Wu, P.-K., Kirkendall, K. A., Fuller, R. P., and Nejad, A. S., Spray structures of liquid jets atomized in subsonic crossflow, *J. Propul. Power*, Vol. 14, 1998, pp. 173–186.
32. Wu, P.-K., Kirkendall, K. A., Fuller, R. P., and Nejad, A. S., Breakup processes of liquid jets in subsonic crossflows, *J. Propul. Power*, Vol. 13, 1997, pp. 64–79.
33. Wang, Q., Mondragon, U. M., Brown, C. T., and McDonell, V. G., Characterization of trajectory, breakpoint, and break point dynamics of a plain liquid jet in a crossflow, *Atomization Sprays*, Vol. 21, 2011, pp. 203–220.
34. Lefebvre, A. H., Factors controlling gas turbine combustion performance at high pressures, *Combustion in Advanced Gas Turbine Systems*, Cranfield International Symposium Series, Vol. 10, I. E. Smith, ed., 1968, pp. 211–226.
35. Prakash, R. S., Gadgil, H., and Raghunandan, B. N., Breakup processes of pressure swirl spray in gaseous cross-flow, *Int. J. Multiphas. Flow*, Vol. 66, 2014, pp. 79–91.
36. Taylor, G. I., The mechanics of swirl atomizers, in: *Seventh International Congress of Applied Mechanics*, Vol. 2, Pt. 1, 1948, pp. 280–285.
37. Watson, E. A., Unpublished report, Joseph Lucas Ltd., London, 1947.
38. Giffen, E., and Massey, B. S., Report 1950/5, Motor Industry Research Association, England, 1950.
39. Carlisle, D. R., Communication on the performance of a type of swirl atomizer, by A. Rad cliffe, *Proc. Inst. Mech. Eng.*, Vol. 169, 1955, p. 101.
40. Giffen, E., and Muraszew, A., *Atomization of Liquid Fuels*, London: Chapman & Hall, 1953.
41. Simmons, H. C, Parker Hannifin Report, BTA 136, 1981.
42. Babu, K. R., Narasimhan, M. V., and Narayanaswamy, K., Correlations for prediction of discharge rate, cone angle, and air core diameter of swirl spray atomizers, in: *Proceedings of the 2nd International Conference on Liquid Atomization and Spray Systems*, Madison, WI, 1982, pp. 91–97.
43. Rizk, N. K., and Lefebvre, A. H., Internal flow characteristics of simplex swirl atomizers, *AIAA J. Propul. Power*, Vol. 1, No. 3, 1985, pp. 193–199.
44. Rizk, N. K., and Lefebvre, A. H., Prediction of velocity coefficient and spray cone angle for simplex swirl atomizers, in: *Proceedings of the 3rd International Conference on Liquid Atomization and Spray Systems*, London, 1985, pp. 111C/2/1–16.
45. Sankaran Kutty, P., Narasimhan, M. V., and Narayanaswamy, K., Design and prediction of discharge rate, cone angle, and air core diameter of swirl chamber atomizers, in: *Proceedings of the 1st International Conference on Liquid Atomization and Spray Systems*, Tokyo, 1978, pp. 93–100.
46. Ballester, J., and Dopazo, C., Discharge coefficient and spray angle measurements for small pressure-swirl nozzles, *Atomization Sprays*, Vol. 4, 1994, pp. 351–367.
47. Chen, S.K., Lefebvre, A.H., and Rollbuhler, J., Journal of Engineering for Gas Turbines and Power, Vol 114, 97–102, 1992.
48. Neya, K., and Sato, S., Effect of ambient air pressure on the spray characteristics and swirl atomizers, *Ship. Res. Inst.*, Tokyo, Paper 27, 1968.
49. Dodge, L. G., and Biaglow, J. A., Effect of elevated temperature and pressure on sprays from simplex swirl atomizers, in: *ASME Paper 85-GT-58, presented at the 30th International Gas Turbine Conference*, Houston, Texas, March 18–21, 1985.
50. Arai, M., Tabata, M., Hiroyasu, H., and Shimizu, M., Disintegrating process and spray characterization of fuel jet injected by a diesel nozzle, SAE Transmission, Paper 840275, Vol. 93, 1984.
51. Abramovich, G. N., *Theory of Turbulent Jets*, Cambridge, MA: MIT Press, 1963.
52. Yokota, K., and Matsuoka, S., An experimental study of fuel spray in a diesel engine, *Trans. JSME*, Vol. 43, No. 373, 1977, pp. 3455–3464.
53. Reitz, R. D., and Bracco, F. V., On the dependence of spray angle and other spray parameters on nozzle design and operating conditions, SAE Paper 790494, 1979.
54. Bracco, F. V., Chehroudi, B., Chen, S. H., and Onuma, Y., On the intact core of full cone sprays, SAE Transactions, Paper 850126, Vol. 94, 1985.
55. Hiroyasu, H., and Arai, M., Fuel Spray Penetration and Spray Angle in Diesel Engines, *Trans. JSAE*, Vol. 21, 1980, pp. 5–11.
56. Hiroyasu, H., and Aria, M., Structures of Fuel Sprays in Diesel Engines, SAE Technical Paper 900475, 1990.
57. Muliadi, A. R., Sojka, P. E., Sivathanu, Y. R, and Lim, J. A., Comparison of phase doppler analyzer (Dual-PDA) and optical patternator data for twin-fluid and pressure-swirl atomizer sprays, *J. Fluid Eng.*, Vol. 132, 2010, pp. 061402–1:10
58. Sheer, I. W., and Beaumont, C., A new quality methodology and metrics for spray pattern analysis, *Atomization Sprays*, Vol. 21, 2011, pp. 189–202.
59. Smyth, H., Brace, G., Barbour, T., Gallion, J., Grove, J., and Hickey, A. J., Spray pattern analysis for metered dose inhalers: Effect of actuator design, *Pharmaceut. Res.*, Vol. 23, 2016, pp. 1591–1597.
60. Ortman, J., Rizk, N. K., and Lefebvre, A. H., Unpublished report, School of Mechanical Engineering, Purdue University, 1984.
61. McDonell, V. G., Arellano, L., Lee, S. W., and Samuelsen, G. S., Effect of hardware alignment on fuel distribution and combustion performance for a production engine fuel-injection assembly, in: *26th Symposium (International) on Combustion*, 1996, Naples, Italy pp. 2725–2732.
62. Stokes, G. G., *Scientific Papers*, Cambridge: University Press, 1901.

63. Langmuir, I., and Blodgett, K., A mathematical investigation of water droplet trajectories, A.A.F. Technical Report 5418, Air Material Command, Wright Patterson Air Force Base, 1946.
64. Prandtl, L., *Guide to the Theory of Flow*, 2nd ed., Braunschweig, Vieweg, Germany: 1944, p. 173.
65. Mellor, R., Ph.D. thesis, University of Sheffield, Sheffield, England, 1969.
66. Putnam, A., Integratable form of droplet drag coefficient, *J. Am. Rocket Soc.*, Vol. 31, 1961, pp. 1467–1468.
67. Ingebo, R. D., Drag coefficients for droplets and solid spheres in clouds accelerating in airstreams, NACA TN 3762, 1956.
68. Yuen, M. C., and Chen, L. W., On drag of evaporating liquid droplets, *Combust. Sci. Technol.*, Vol. 14, 1976, pp. 147–154.
69. Eisenklam, P., Arunachlaman, S. A., and Weston, J. A., Evaporation rates and drag resistance of burning drops, in: *11th Symposium (International) on Combustion*, The Combustion Institute, 1967, pp. 715–728.
70. Law, C. K., Motion of a vaporizing droplet in a constant cross flow, *Int. J. Multiphase Flow*, Vol. 3, 1977, pp. 299–303.
71. Law, C. K., A theory for monodisperse spray vaporization in adiabatic and isothermal systems, *Int. J. Heat Mass Transfer*, Vol. 18, 1975, pp. 1285–1292.
72. Lambiris, S., and Combs, L. P., Steady state combustion measurement in a LOX RP-1 rocket chamber and related spray burning analysis, *Detonation and Two Phase Flow, Prog. Astronaut. Rocketry*, Vol. 6, 1962, pp. 269–304.
73. Desantes, J. M., Margot, X., Pastor, J. M, Chavez, M., and Pinzello, A., A CFD-phenomenological diesel spray analysis under evaporative conditions, *Energ. Fuels*, Vol. 23, 2009, pp. 3919–3929.
74. Chiang, C. H., and Sirignano, W. A., Interacting, convecting, vaporizing fuel droplets with variable properties, *Int. J. Heat Mass Transfer*, Vol. 36, 1993, pp. 875–886.

第 8 章 液滴蒸发

8.1 引言

喷雾中液滴的蒸发涉及同时进行的传热和传质两个过程，其中蒸发所需的热量是由周围的热气体通过热传导和对流传递到液滴表面的，而蒸气经过对流和扩散将热量带回到气流中。总的蒸发速率取决于气体的压力、温度和输运特性，喷雾中液滴的温度、挥发性和直径，液滴相对于周围气体的速度。

本章中的大部分燃料涉及各种类型的液体喷雾过程，但本章重点关注液态碳氢燃料的蒸发。燃烧这类燃料的典型燃烧装置包括柴油发动机、火花点火式发动机、燃气轮机、液体火箭发动机和工业炉。蒸发在许多其他过程中也很重要，例如喷雾干燥、消防安全和蒸发冷却，这些应用大多涉及水的蒸发。

在公开的文献中，最常被提及的情况是挥发性燃料液滴在周围氧化气氛中的燃烧。液滴蒸发形成的燃料蒸气与周围的氧化剂（通常是空气）发生燃烧，并在液滴周围形成扩散火焰。但是，这种异质燃烧仅代表液体燃料燃烧的一种极端情况。在另一种极端情况下，燃料在燃烧前已完全蒸发并与空气混合，燃烧特性与完全混合的气态燃料－空气混合物的燃烧特性基本相同。这种类型的燃烧过程可以描述为预混合的或均质的。

在大多数燃烧器中，燃料以液带或液膜的形式离开喷嘴，并迅速地分解成不同大小的液滴。雾化的主要目的是增加燃料的表面积，从而提高周围气体与燃料的热传递速率。随着热量的传递，液滴会被加热（或降温，具体取决于周围的气体条件和燃料的初始温度),同时蒸发并扩散到周围的空气或气体中,因而损失一部分质量。液滴的雷诺数显著地影响传热和传质的速度。由于液滴直径和液滴速度均不会保持恒定,雷诺数在液滴的整个生命周期中都会变化。液滴之前的运动速度由液滴与周围气体之间的相对速度以及液滴阻力系数决定,液滴后面的运动速度取决于雷诺数。经过一定的时间后,每个液滴均达到与当前条件相对应的稳态温度或湿球温度。

大液滴需要更长的时间才能达到平衡状态,同时由于其受到气动阻力的影响较小,因此其轨迹与小液滴的轨迹有所不同。但是,小液滴蒸发得更快,可产生与空气一起移动的蒸气团,并在某一时刻,形成可燃混合物并达到点火条件。在许多燃烧系统中,通过将燃烧产物再循环到反应区中来提供点火源。在其他系统中,混合物则是通过空气加热,直到其达到自燃温度终止。在大多数情况下,产生空气和燃料蒸气的可燃混合物所需的时间占据了完成燃烧总时间的主要部分。因此,燃料液滴蒸发研究值得详细讨论。

8.2 稳态蒸发

当描述液滴蒸发时,"稳态"这一术语可能不太准确,因为燃料液滴在整个生命周期内都可能无法达到稳态蒸发,对于包含多种不同物化特性组分的化石燃料液滴更是如此。但是,对于大多数轻馏分燃料而言,可考虑能够体现质量和热扩散过程主要特征的准稳定气相,这可以使对液滴质量蒸发速率和寿命的预估处于合理的精度范围内。

8.2.1 蒸发速率测量

在单液滴蒸发的实验研究中采用了两种常用的确定蒸发速率方法。一种方法是首先在硅纤维或热电偶丝上悬挂液滴(后一种可以测量液体温度),再使用拍摄频率为100帧/s的摄像机,记录液滴直径随时间变化的规律。随后,将液滴的椭圆形校正为等体积的球体,经过最初的一段瞬态过程后,很快就建立了稳态蒸发过程,并且液滴的直径根据式(8.1)随时间减小:

$$D_0^2 - D^2 = \lambda t \tag{8.1}$$

这称为液滴蒸发的D^2定律。λ为蒸发常数(m^2/s)。

确定蒸发速率的另一种方法是将液体注入多孔空心球体内部,如图8.1

所示,调节液体供应量以使球体外表面保持湿润。利用这种技术,汽化球体表面的直径并保持恒定,汽化速率等于液体的供应速率。此类实验的典型结果如图 8.2[1] 所示。表 8.1 中列出了各种燃料的 λ 值。

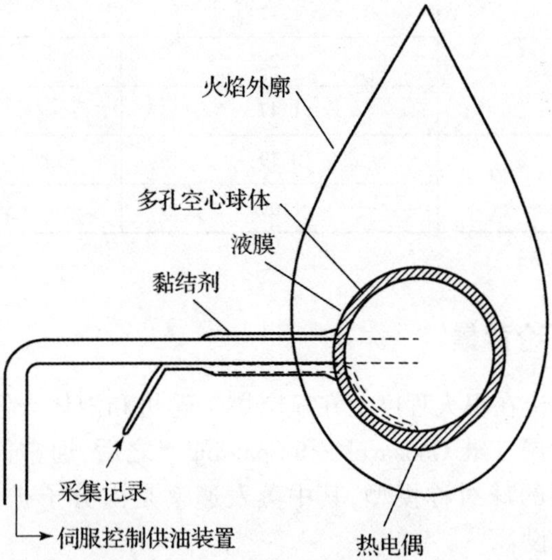

图 8.1　利用热电偶测量液体表面温度的燃油浸湿多孔空心球体示意图

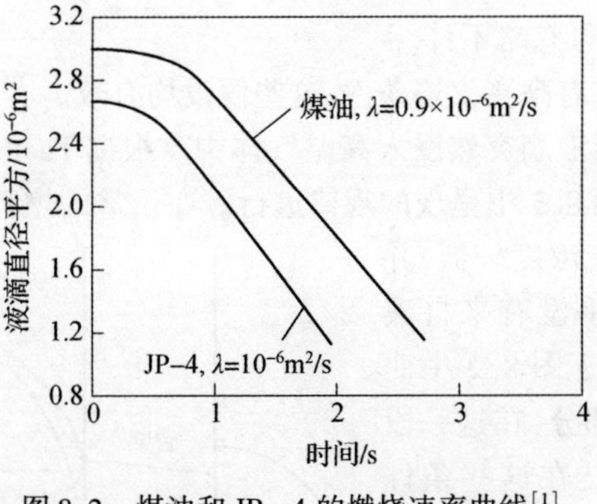

图 8.2　煤油和 JP－4 的燃烧速率曲线[1]

表 8.1　各种静止的燃料－空气混合物的蒸发常数值

燃料	$\lambda/(10^{-6}\mathrm{m^2/s})$	$\lambda/(10^{-6}\mathrm{ft^2/s})$
汽油	1.06	11.4
	1.49	16.0

续表

燃料	$\lambda/(10^{-6}m^2/s)$	$\lambda/(10^{-6}ft^2/s)$
煤油	1.03	11.1
	1.12	12.1
	1.28	13.8
	1.47	15.8
柴油	0.79	8.5
	1.09	11.7

注:1ft(英尺)=0.3m。

8.2.2 理论背景

液滴蒸发理论在很大程度上在航空燃气轮机和液体火箭发动机的需求下得到进一步发展。继 Godsave[2] 和 Spalding[3] 之后,通常使用的方法是假设一个蒸发液滴的球对称模型,其中蒸发速率是由分子扩散过程控制的。通常做出以下假设:

(1)液滴是球形的;

(2)燃料是有确定沸点的纯净液体;

(3)辐射传热可忽略不计。

除了极低压或有高亮火焰条件,这些假设均有效。

假设将纯燃料液滴突然浸入高温气体中。根据 Faeth[4] 的研究,随后的蒸发过程将按照图8.3中呈现的规律进行。在正常的燃料喷射温度下,液体表面上的燃料蒸气浓度较低,并且在初始阶段几乎没有来自液滴的传质,这对应于图8.2中曲线的初始时间段部分,在这一段图线中斜率很小。在这些条件下,当燃料液滴被放置在高温环境时,它会像其他冷物体一样被完全加热。由于燃料的导热能力有限,液滴内部温度不均匀,液滴中心处的温度要比液体表面的温度低。

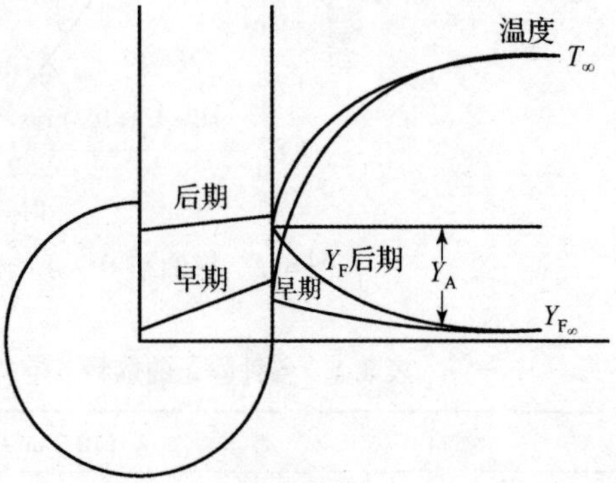

图8.3 液滴蒸发过程中温度和气体浓度的变化[7]

最初,几乎所有提供给液滴的热量都用于提升其温度。随着液体温度的升高,在液滴表面形成的燃料蒸气会有两个影响:①传递给液滴的部分热量需要为液体提供汽化热;②燃料蒸气的向外流动阻碍了热量传递到液滴上。这使液滴表面温度的升高速率降低,因此液滴内的温度变得更加均匀。最终,所有传递到液滴的热量都用于蒸发,并且液滴稳定在其湿球温度。此条件对应于图 8.2 中的直线部分。

传质数。燃料液滴蒸发速率的表达式见文献[4-10],其提供了更全面和严格的推导方法。

忽略热扩散,并假设组分扩散的驱动力取决于沿扩散路径方向的浓度梯度,则对于蒸发液滴可得:

$$\frac{\mathrm{d}Y_{\mathrm{F}}}{\mathrm{d}r}=-\frac{RT}{D_{\mathrm{c}}p}(m_{\mathrm{F}}Y_{\mathrm{A}})\tag{8.2}$$

式中:Y_{F}为燃料质量分数;Y_{A} 为空气质量分数;m_{F} 为单位面积的燃料蒸发速率 $\mathrm{kg/(m^2\cdot s)}$;D_{c} 为扩散系数($\mathrm{m^2/s}$);p 为环境空气压力(kPa);r 为液滴半径(m),在液滴中心 $r=0$,在液滴表面 $r=r_{\mathrm{s}}$。

从连续性考虑,液滴表面的质量扩散速率为

$$m_{\mathrm{F_s}}=4\pi r_{\mathrm{s}}^2=m_{\mathrm{F}}4\pi r^2$$

$$\frac{\mathrm{d}Y_{\mathrm{F}}}{\mathrm{d}r}=-\frac{RT}{D_{\mathrm{c}}P}Y_{\mathrm{A}}\,\dot{m}_{\mathrm{F_s}}\left(\frac{r_{\mathrm{s}}^2}{r^2}\right)$$

或由$Y_{\mathrm{A}}=1-Y_{\mathrm{F}}$,得

$$\frac{\mathrm{d}Y_{\mathrm{F}}}{\mathrm{d}r}=-\frac{RT}{D_{\mathrm{c}}P}(1-Y_{\mathrm{F}})\,\dot{m}_{\mathrm{F_s}}\left(\frac{r_s^2}{r^2}\right)$$

整理可得

$$\frac{\mathrm{d}T_{\mathrm{F}}}{1-Y_{\mathrm{F}}}=-\frac{RT}{D_{\mathrm{c}}P}\dot{m}_{\mathrm{F_s}}r_{\mathrm{s}}^2\frac{\mathrm{d}r}{r^2}\tag{8.3}$$

现在边界条件是

$$r=r_{\mathrm{s}};T=T_{\mathrm{s}};Y_{\mathrm{F}}=Y_{\mathrm{F_s}}$$

$$r=\infty;T=T_{\infty};Y_{\mathrm{F}}=Y_{\mathrm{F_\infty}}=0$$

由 Spalding[3] 的不溶性假设隐含的最终边界条件是,液体表面的环境气体质量通量为零。

在 $r=0$ 和 $r=\infty$ 之间对式(8.3)进行积分得到:

$$[\ln(1-Y_{\mathrm{F}})]_{Y_{\mathrm{F_s}}}^{0}=\left[\frac{RT}{D_{\mathrm{c}}P}\dot{m}_{\mathrm{F_s}}r_{\mathrm{s}}^2\left(-\frac{1}{r}\right)\right]_{r_{\mathrm{s}}}^{\infty}$$

或

$$0-\ln(1-Y_{F_s})=-\frac{RT}{D_cP}\dot{m}_{F_s}r_s^2\left(-\frac{1}{r_s}\right)=\frac{RT}{D_cP}\dot{m}_{F_s}r_s$$

因此

$$\dot{m}_{F_s}=-\frac{D_cP}{RT}\frac{\ln(1-Y_{F_s})}{r_s}=\frac{\rho D_c\ln(1-Y_{F_s})}{r_s}$$

且

$$\dot{m}_F=4\pi r_s m_{F_s}=4\pi r_s\rho D_c\ln(1-Y_{F_s}) \tag{8.4}$$

假设路易斯数为1,则可以用$(k/c_p)_g$代替ρD_c,其中k和c_p分别是平均热系数和定压比热。

现在定义

$$B_M=\frac{Y_{F_s}}{1-Y_{F_s}} \tag{8.5}$$

然后

$$\ln(1-Y_{F_s})=-\ln(1+B_M)$$

在式(8.4)中代入$\ln(1-Y_{F_s})$和$2r_s=D_s$得出:

$$\dot{m}_F=2\pi D_s\left(\frac{k}{c_p}\right)_g\ln(1+B_M) \tag{8.6}$$

这是直径为D_s的燃料液滴蒸发速率的基本方程。其准确性高度依赖k_g和c_{p_g}值的选择。据 Hubbard 等[11]的研究,使用 Sparrow 和 Gregg[12]的1/3规则可获得最佳结果,其中在以下参考温度和组成下评估平均性能:

$$T_r=T_s+\frac{T_\infty-T_s}{3} \tag{8.7}$$

$$Y_{F_r}=Y_{F_s}+\frac{Y_{F_\infty}-Y_{F_s}}{3} \tag{8.8}$$

式中:T为温度;Y_F为燃料质量分数;下标r、s和∞分别为参考、表面和环境条件。如果假设距液滴无穷远处燃料的浓度为零,则式(8.8)变为

$$Y_{F_r}=\frac{2}{3}Y_{F_s} \tag{8.9}$$

和

$$Y_{A_r}=1-Y_{F_r}=1-\frac{2}{3}Y_{F_s} \tag{8.10}$$

式(8.7)~式(8.10)用于计算构成蒸发液滴环境的蒸气-空气混合物的相关物理特性的参考值。例如,定压热容的参考值为

$$c_{P_s} = Y_{A_r}(c_{p_A} \text{at} T_r) + Y_{F_r}(c_{p_v} \text{at} T_r) \tag{8.11}$$

导热系数参考值的估算方法与式(8.12)相似

$$k_g = Y_{A_r}(k_A \text{at} T_r) + Y_{F_r}(k_v \text{at} T_r) \tag{8.12}$$

空气定压比热随压力和温度的变化如图 8.4 所示。碳氢燃料蒸气的比热随温度的变化关系如下：

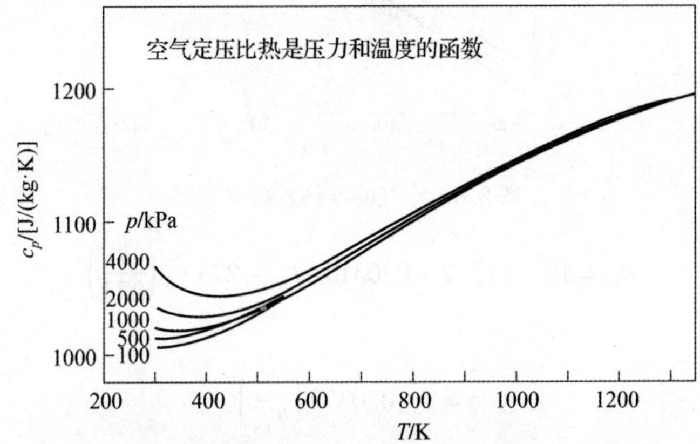

图 8.4　空气定压比热随压力和温度的变化

$$c_{p_v} = (363 + 0.467T)(5 - 0.001\rho_{F_0})\text{J/(kg} \cdot \text{K)} \tag{8.13}$$

式中：ρ_{F_0}是燃料在热力学温度为 288.6K 时的密度。式(8.13)以及文献[13]中的汽油、柴油和煤油的实验数据如图 8.5 所示。

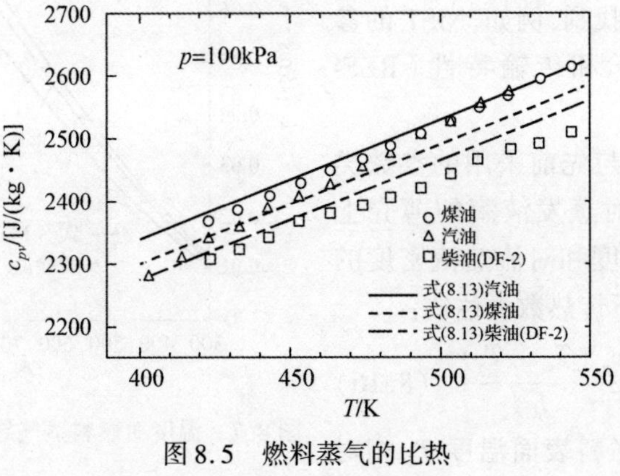

图 8.5　燃料蒸气的比热

图 8.6 提供了各种温度下空气的导热系数。碳氢燃料蒸气的导热系数可以通过以下表达式给定到合理的精度水平：

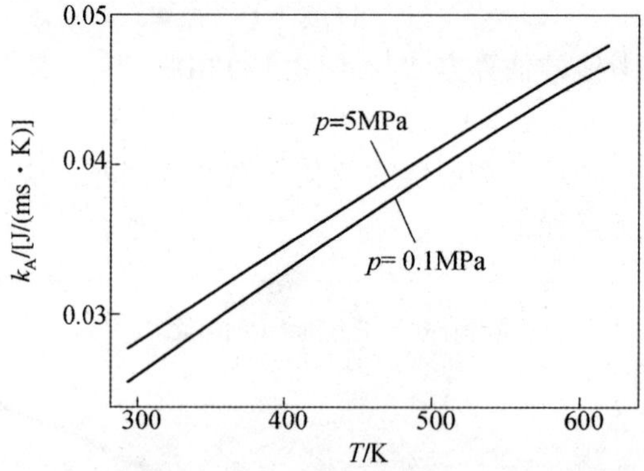

图8.6　空气的导热系数[13-14]

$$k_{VT}=10^{-3}[13.2-0.0313(T_{bn}-273)]\left(\frac{T}{273}\right)^n \qquad (8.14)$$

其中

$$n=2-0.0372\left(\frac{T}{T_{bn}}\right)^2 \qquad (8.15)$$

温度对燃料蒸气导热系数的影响如图8.7所示，该图对比了用式(8.14)计算的数据曲线以及文献[13-14]中的实验数据。各类液体和混合物的此类信息也可以在表格数据库中找到，例如，NIST的参考流体热力学和传输特性(REFPROP)。

传热数。与先前采用的参数类似，此处基于对蒸发液滴的薄壳上的导热热流密度和对流热流密度的考虑，得出以下传热数表达式：

$$B_T=\frac{c_{p_g}(T_\infty-T_g)}{L} \qquad (8.16)$$

式中：L为与燃料表面温度T_s相对应的燃料汽化潜热。

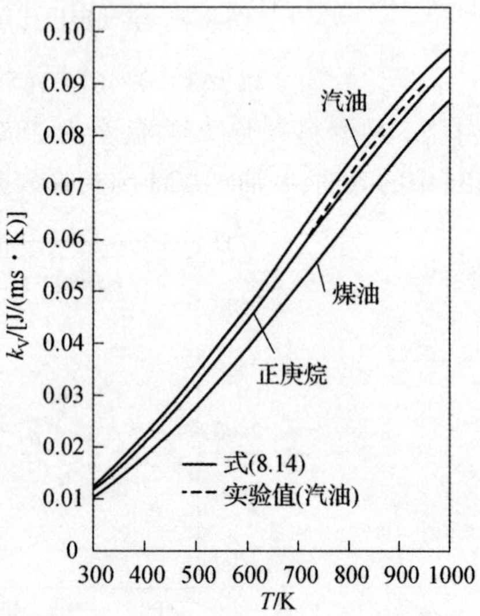

图8.7　温度对燃料蒸气导热系数的影响

B_T表示周围气体中的可用焓与燃料汽化热之比，代表了蒸发过程的驱动力。当传热速率在控制蒸发的情况下，获得一个路易斯单位的燃油蒸发

速率为

$$\dot{m}_F = 2\pi D\left(\frac{k}{c_p}\right)_g \ln(1 + B_T) \tag{8.17}$$

在稳态条件下 $B_M = B_T$,式(8.6)或式(8.17)均可用于计算燃料蒸发速率。式(8.6)的优点在于,它适用于所有条件,包括液滴加热的瞬态过程,而式(8.17)仅可用于稳态蒸发。然而,式(8.17)通常更易于评估,因为各参数一般由输入条件给出或很容易在文献中获得。当环境气体温度明显高于燃料表面温度 T_s 时,用燃料的沸腾温度代替 T_s 可以获得足够准确的结果。

稳态蒸发速率的计算。术语“稳态”用于描述液滴蒸发过程中的某个阶段,在该阶段中,液滴表面已达到其湿球温度,并且到达表面的所有热量都用于提供汽化潜热。在已知 T_{sgt} 的情况下,传热数 B_T 易于评估。基于式(8.5),现在有

$$Y_{F_s} = \frac{P_{F_s} M_F}{P_{F_s} M_F + (P - P_{F_s}) M_A} \tag{8.18}$$

$$Y_{F_s} = \left[1 + \left(\frac{p}{p_{F_s}} - 1\right)\frac{M_A}{M_F}\right]^{-1} \tag{8.19}$$

式中:P_{F_s}是液滴表面的燃料蒸气压;p 为环境空气压力,是液滴表面的燃料蒸气压力和空气分压的总和;M_F 和 M_A 分别为燃料和空气的分子量。

对于任何给定的表面温度值,可以很容易地由克劳修斯 - 克拉珀龙方程式估算出蒸气压,即

$$p_{F_s} = \exp\left(a - \frac{b}{T_s - 43}\right) \tag{8.20}$$

表 8.2 列出了几种碳氢燃料的 a 值和 b 值。

表 8.2 相关热物性参数

燃料	正庚烷	航空汽油	JP - 4	JP - 5	DF - 2
$T_{cr'}$/K	540.17	548.0	612.0	648.8	725.9
$L_{T_{bn}}$/(J/kg)	316600	346000	292000	266500	254000
分子量	100.16	108.0	125.0	169.0	198.0
密度/(kg/m^3)	687.8	724	773	827	846
T_{bn}/K	371.4	333	420	495.3	536.4

续表

燃料	正庚烷	航空汽油	JP-4	JP-5	DF-2
a(在式(8.20)中 $T>T_{bn}$)	14.2146	14.1964	15.2323	15.1600	15.5274
a(在式(8.20)中 $T<T_{bn}$)	14.3896	13.7600	15.2323	15.1600	15.5274
b(在式(8.20)中 $T>T_{bn'}$/K)	3151.64	2777.65	3999.66	4768.77	5383.59
b(在式(8.20)中 $T<T_{bn'}$/K)	3209.45	2651.13	3999.66	4768.77	5383.59

在稳态条件下,$B_M=B_T=B$,并且燃油蒸发速率为

$$\dot{m}_F=2\pi D\left(\frac{k}{c_p}\right)_g\ln(1+B) \tag{8.21}$$

示例:

一滴直径为200μm的正庚烷燃料在常压和773K的热力学温度下的空气中进行稳态蒸发。其表面温度为341.8K。求燃料的蒸发速率。

对于 $T_s=341.8$K,通过表8.2和式(8.20)获得的蒸气压为38.42kPa。$M_A=28.97$,$M_F=100.2$。在常压下,$p=101.33$kPa。将这些值代入式(8.19)可得出:

$$Y_{F_s}=\left[1+\left(\frac{101.33}{38.42}-1\right)\frac{28.97}{100.2}\right]^{-1}$$
$$=0.679$$

因此,根据式(8.5)

$$B_M=\frac{Y_{F_s}}{1-Y_{F_s}}=2.12$$

要获得 B_T,首先必须导出 T、Y_A 和 Y_F 的参考值。

根据式(8.7),$T_r=341.8+\frac{1}{3}(773-341.8)=485.5$。

根据式(8.9),$Y_{F_r}=\frac{2}{3}(0.679)=0.453$。

根据式(8.10),$Y_{A_r}=1-Y_{F_r}=0.547$。

根据图8.4和图8.5,参考温度485.5K时的 c_{pA} 和 c_{pv} 分别为1026J/(kg·K)和2450J/(kg·K)。

根据式(8.11)

$$c_{p_g}=0.547\times1026+0.453\times2450=1671(\text{J/(kg·K)})$$

根据由 Watson[15] 给出的汽化潜热表达式

$$L = L_{T_{bn}}\left(\frac{T_{cr} - T_s}{T_{cr} - T_{bn}}\right)^{\mp 0.38} \tag{8.22}$$

表8.2列出了一些典型燃料的 $L_{T_{bn}}$、T_{cr} 和 T_{bn} 值。将正庚烷对应的值代入式(8.22)可得出 $T_s = 341.8$，$L = 339000\text{J/kg}$。因此

$$B_T = \frac{1671(773 - 341.8)}{339000} = 2.13$$

因此，B_M 和 B_T 的计算值相同，与稳态条件下的预期相符。

在稳态条件下，可以使用式(8.6)或式(8.17)评估燃料的蒸发速率。在计算中，这些方程中唯一未知的项是 k_g，可使用式(8.12)估算。对于参考温度为485.5K的空气和燃料蒸气，分别从图8.6和图8.7获得 k_A 和 k_V 值，分别为0.0384J/(m·s·K)和0.0307J/(m·s·K)。因此

$$k_g = 0.547 \times 0.0384 + 0.453 \times 0.0307 = 0.0349(\text{J/(m·s·K)})$$

根据式(8.21)

$$\dot{m}_F = \frac{2\pi \times 0.0002 \times 0.0349 \times \ln(1 + 2.13)}{1671} = 3 \times 10^{-8}(\text{kg/s})$$

蒸发常数。在后面的推导中可以知道，在液滴蒸发的稳态阶段，其任何时刻的直径与初始直径都满足式(8.1)：

$$D_0^2 - D^2 = \lambda t$$

式中 λ 为 Godsave[2] 定义的蒸发常数。在稳态条件下，蒸发常数 λ 可记为 λ_{st}，式(8.1)可重组为

$$\lambda_{st} = \frac{dD^2}{dt} \tag{8.23}$$

显然，λ_{st} 代表图8.2中图线的斜率。

λ_{st} 可用于确定传输数 B。从式(8.23)中可以看出：

$$\dot{m}_F = \frac{\pi}{4}\rho_F\, \lambda_{st} D \tag{8.24}$$

而根据式(8.21)，得到：

$$\dot{m}_F = 2\pi D\left(\frac{k}{c_p}\right)_g \ln(1 + B)$$

根据式(8.21)和式(8.24)可得出：

$$\lambda_{st} = \frac{8\, k_g \ln(1 + B)}{c_{pg}\rho_F} \tag{8.25}$$

蒸发常数的计算。在前面的示例中,表面温度稳态值 $T_{s_{st}}$ 的引入大大简化了稳态蒸发的传输数 B 的计算。通常需要获得 $T_{s_{st}}$ 才能得出 B 和 λ。Spalding[7] 和 Kanury[6] 提出了一种确定 T_{st} 和 B 的图形方法。基本思想是绘制 B_M 和 B_T 随 T_s 变化的曲线,直到两条曲线相交为止。两条线的交点定义 B 和 $T_{s_{st}}$。然后从式(8.25)中获得相应的 λ_{st} 值。

示例:

将正庚烷燃料的球形液滴放入常压、温度 773K 的空气中。求 B 和 λ_{st} 的稳态值。

由于 $T_{s_{st}}$ 必须始终低于正常沸腾温度 T_{bn}(对于正庚烷在1个标准大气压下为 371.4 K),建议从 320K 开始,对低于 371.4K 的一系列 T_s 值计算 B_M 和 B_T,然后逐步增加 T_s,直到 B_M 和 B_T 随 T_s 变化的曲线相交。

B_M 的计算:

(1)根据式(8.20),在 320K 时的 $p_{F_s} = 16.5\text{kPa}$。

(2)根据式(8.19)

$$Y_{F_s} = \left[1 + \left(\frac{p}{p_{F_s}} - 1\right)\frac{M_A}{M_F}\right]^{-1}$$

其中 $M_A = 28.97$,对于正庚烷 $M_F = 100.2$。另外,$P = 101.33\text{kPa}$。因此,$Y_{F_s} = 0.4022$。

(3)$B_M = Y_{F_s}/(1 - Y_{F_s}) = 0.6727$

B_T 的计算:

(1)根据式(8.9),$Y_{F_r} = \frac{2}{3}Y_{F_s}$,因此 $Y_{F_r} = \frac{2}{3}(0.4022) = 0.2681$。

(2)根据式(8.10),$Y_{A_r} = 1 - Y_{F_r} = 0.7319$。

(3)根据式(8.7),$T_r = T_s + \frac{1}{3}(T_\infty - T_s) = 320 + \frac{1}{3}(773 - 320) = 471(\text{K})$。

(4)分别从图 8.4 和图 8.5 读出 471 K 时的 c_{p_A} 和 c_{p_v},有

$$c_{p_A} = 1024\text{J}/(\text{kg}\cdot\text{K})$$

$$c_{p_v} = 2400\text{J}/(\text{kg}\cdot\text{K})$$

(5)根据式(8.11)

$$c_{p_g} = 0.7319 \times 0.2681 \times 2400 \approx 470.934(\text{J/kg}\cdot\text{K})$$

(6)根据式(8.22),在 320K 时的 L 值为 350000J/kg。

(7)可得

$$B_T = \frac{c_{p_g}(T_\infty - T_s)}{L}$$
$$= \frac{470.934(773 - 320)}{350000}$$
$$= 0.610$$

因此，对于 $T_s = 320\text{K}$，B_M 小于 B_T。这意味着所选的 T_s 值太低。通过在增加的 T_s 值上重复上述计算并将结果绘制为 B_M 和 B_T 与 T_s 的关系图，取两条线的交点的 T_s 和 B 值为所需的 $T_{s_{st}}$ 和 B 值。对于此示例，此过程产生的结果如图 8.8 所示，表明 $T_{s_{st}} = 341.8\text{K}$，$B = 2.13$。

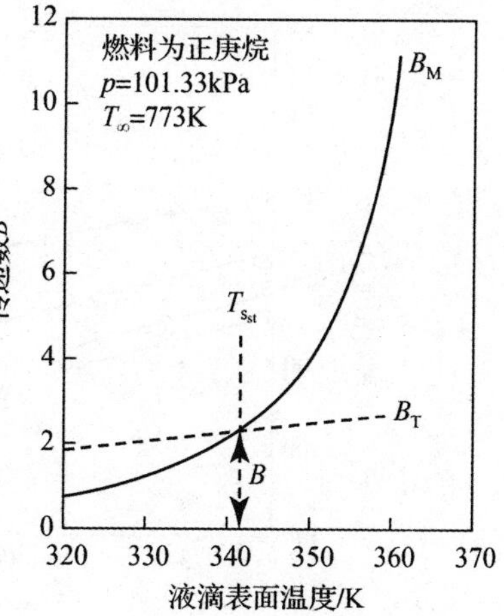

图 8.8　B_M 和 B_T 随液滴表面温度变化的规律曲线图

为了计算 λ 的稳态值，还需要知道其他信息是 c_{p_g}、k_g 和 ρ_F。燃料密度可通过式(8.26)计算：

$$\rho_{F_T} = \rho_{F_{288.6}}\left[1 - 1.8\,C_{ex}(T - 288.6) - 0.090\,\frac{(T - 288.6)^2}{(T_{cr} - 288.6)^2}\right] \quad (8.26)$$

式中：C_{ex} 为热膨胀系数。C_{ex} 的值随 288.6K 时燃料密度的变化规律如图 8.9 所示。式(8.26)的燃料密度预测值与文献[13]中给出的实验值具有较好的一致性，如图 8.10 所示。

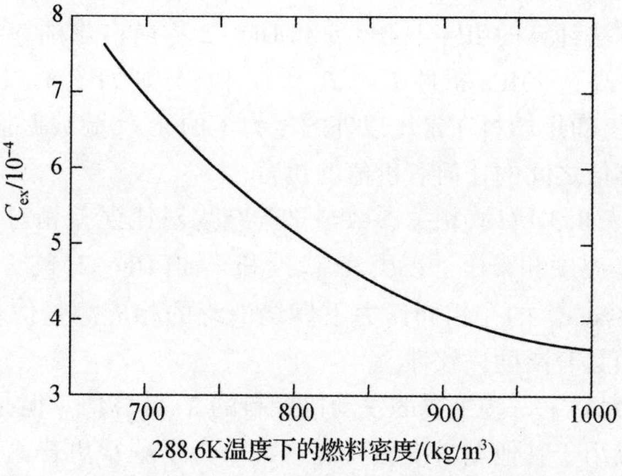

图 8.9　288.6K 温度下的燃料密度对热膨胀系数的影响

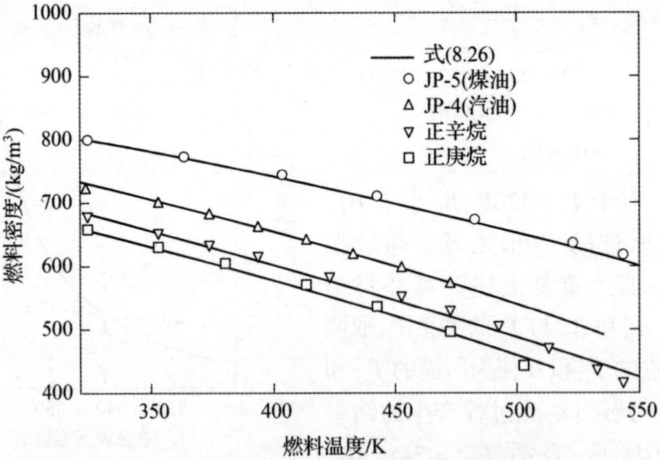

图 8.10 燃料密度预测值与文献[13]实验值比较[13]

对于温度为 341.8K 的正庚烷,根据式(8.26)可得到其密度 ρ_F 为 638kg/m³。对于相同的实验条件,从上文的示例可以看出,$c_{p_g} = 1671\text{J/kg}$,$k_g = 0.0349\text{J/(m·s·K)}$。将这些值代入式(8.25)可得出:

$$\lambda_{st} = \frac{8\ln(1+2.13)}{638(1671/0.0349)} = 0.30 \times 10^{-6}\text{m}^2/\text{s} = 0.30(\text{mm}^2/\text{s})$$

如上所述,图形方法的主要缺点是烦琐且耗时。此外,如果 B_M 和 B_T 线以小角度相交,获得的结果则不是很准确。使用 Chin 和 Lefebvre[16] 描述的数值方法可以实现更高的精度。

使用此方法计算的 JP-4,JP-5 和 DF-2 等航空煤油在环境温度高达 2000K 和压力高达 2MPa 条件下的 T_{st} 和 λ_{st} 值,分别如图 8.11 和图 8.12 所示。遗憾的是,商用燃料在常压以外的压力下的 λ_{st} 实验数据很少,这阻碍了实验值和计算值之间的任何有价值的比较。

但是,如表 8.3 所列,相关参数与试验结果对比误差相对很小。该表显示了在 2000K 温度和常压下正庚烷、汽油和柴油(DF-2)的 λ_{st} 计算值,并列出了来自 Godsave[2] 的在相同压力下燃烧液滴的相应测量值。λ_{st} 的计算值和测量值之间具有高度一致性。

图 8.12 列举了一些主要的发动机燃料的 λ_{st} 计算值。但是,这些数据并不能直接地应用于其他燃料或燃料混合物。为了获得更普遍形式的参数计算信息,有必要选择一种能够在足够的精度范围内定义任何燃料的蒸发特性。

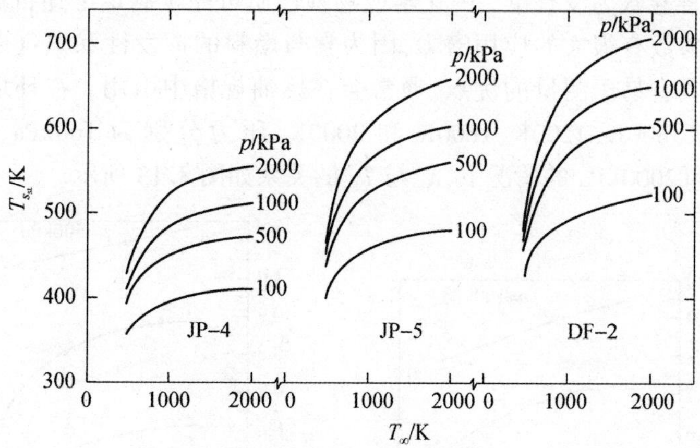

图 8.11 压力和温度对汽油(JP-4)、煤油(JP-5)和柴油(DF-2)等的稳态液滴表面温度的影响[16]

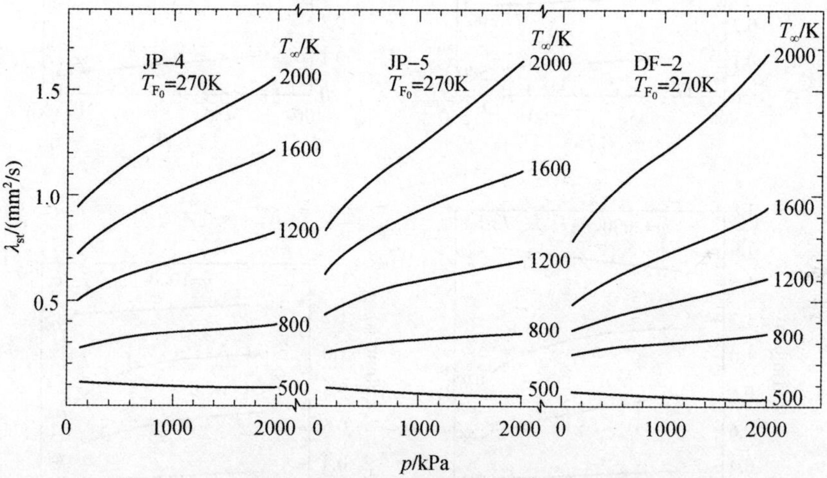

图 8.12 压力和温度对汽油(JP-4)、煤油(JP-5)和柴油(DF-2)等的稳态液滴蒸发常数的影响[16]

表 8.3 λ_{st}的计算值与试验值的比较

燃料	计算值/(mm^2/s)	试验值/(mm^2/s)
正庚烷	0.979	0.97
汽油	0.948	0.99
柴油(DF-2)	0.802	0.79

人们普遍认为没有单一的化学或物理性质可完全满足上述目标。但是平均沸点参数有很大的应用潜力,因为它与燃料的挥发性和蒸气压直接相关。它还具有易于测量的优点,通常会在燃油规格中引用。在环境温度分别为 500K、800K、1200K、1600K 和 2000K,压力分别为 100kPa、500kPa、1000kPa 和 2000kPa 的情况下,λ_{st}与 T_{bn}的关系如图 8.13 所示。

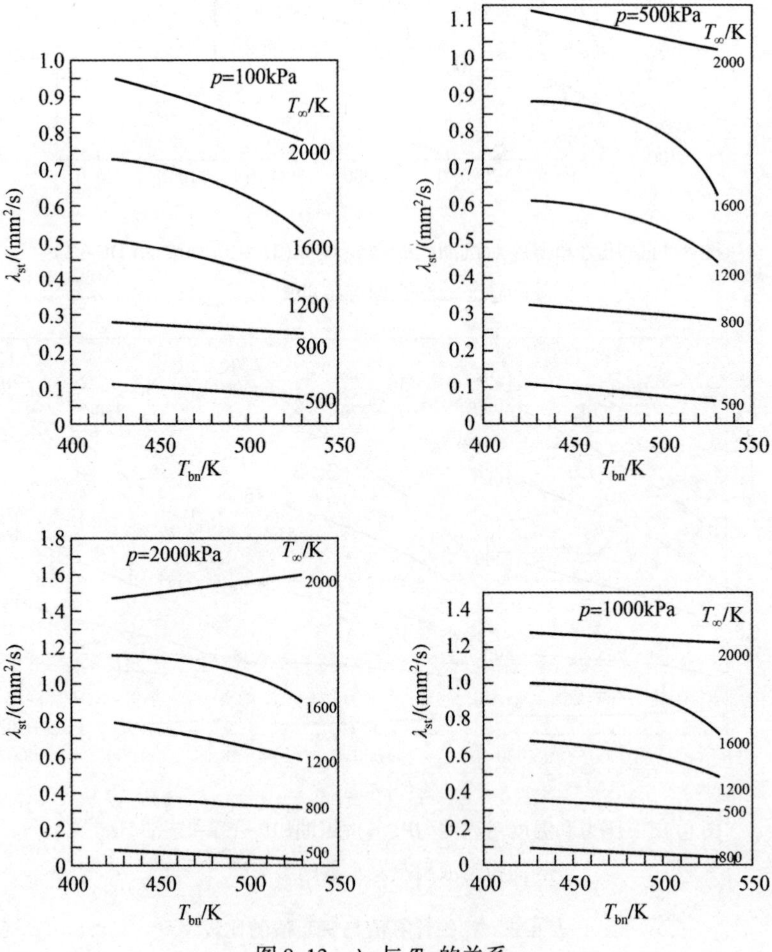

图 8.13 λ_{st}与 T_{bn}的关系

8.2.3 环境压力和温度对蒸发速率的影响

图 8.12 中的曲线清楚地表明,蒸发速率随环境温度的升高而显著增加。压力对蒸发速率的影响更为复杂。从该图中可以看出,当环境温度较高(大

于 800K)时,λ_{st}随压力增加而增大;当环境温度较低(小于 600K)时,λ_{st}随着压力增加而减小。在 600 ~800K,蒸发速度明显与压力无关。如果 λ_{st}的压力依赖性以以下形式表示:

$$\lambda_{st} \propto p^n \tag{8.27}$$

则可知在所考虑的压力和温度范围内,n 的值在 ±0.25 之间变化。在最高环境温度下(对应于燃烧条件),图 8.14 和图 8.15 分别显示了 JP-5 和 DF-2 的 n 为 0.15 ~0.25,这与 Hall 和 Diederichsen[17] 在 1 ~20atm(1atm = 101kPa)的压力范围内进行的燃料液滴悬浮燃烧实验中,确定的 0.25 的 n 值完全吻合。

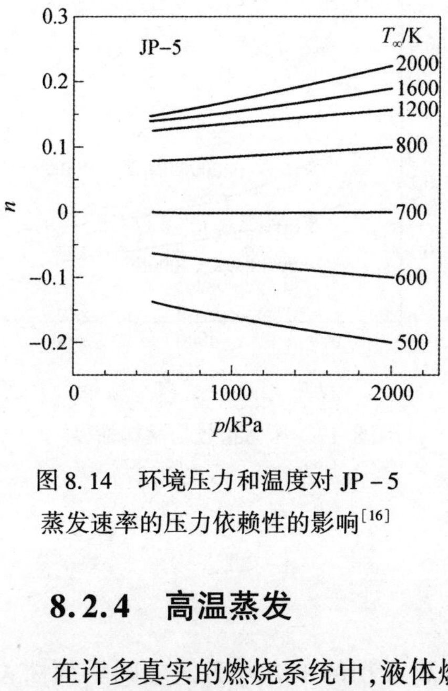

图 8.14 环境压力和温度对 JP-5 蒸发速率的压力依赖性的影响[16]

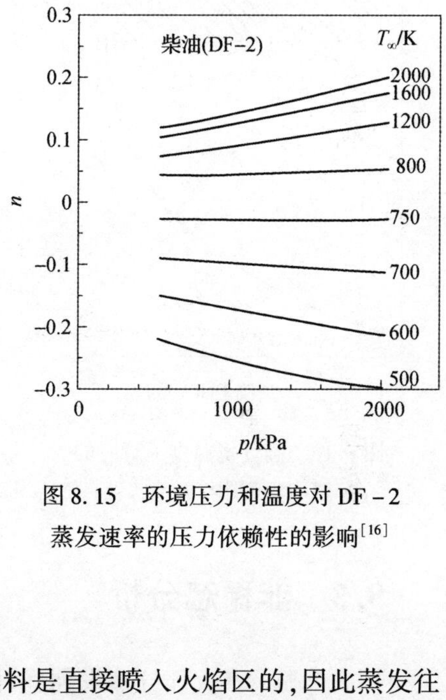

图 8.15 环境压力和温度对 DF-2 蒸发速率的压力依赖性的影响[16]

8.2.4 高温蒸发

在许多真实的燃烧系统中,液体燃料是直接喷入火焰区的,因此蒸发往往发生在高环境温度(通常约为 2000K)的条件下。在这样的高温下,在该压力下的湿球温度仅比沸腾温度低一点,这是由 Spalding[7]、Kanury[6] 等首先发现的。可以参考图 8.16 进行说明,该图显示了 B_M 和 B_T 随温度变化的曲线图。在低温下,B_M 很低,但随着温度的升高而迅速增加,并且相对于通过 $T_s = T_b$ 绘制的垂直线渐近。该图表明存在大量的 B_T 值,对应于很大的环境温度值,在此范围内 $T_{S_{st}} = T_b$。这意味着在式(8.16)中,对于高温,通常可以用沸腾温度 T_b 代替 T_s,因此 B 的稳态值变为

$$B = B_{T_{st}} = \frac{c_{p_g}(T_\infty - T_b)}{L} \tag{8.28}$$

显然,这种替代大大简化了 B_T 和 λ_{st} 的计算。还需要注意的是,对于较高的环境温度,式(8.27)中的压力指数与燃料临界压力密切相关,如图8.17所示。该图表明,蒸发速率对环境压力的依赖性随着临界燃料压力的增加而降低。

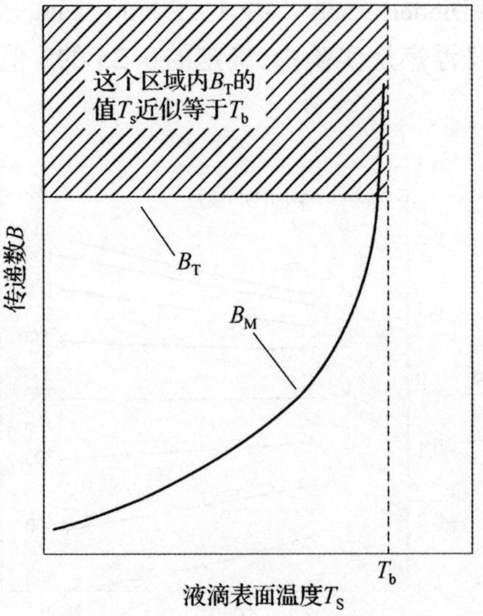

图8.16　高环境温度下对应的高 B_T 范围内 $T_s \approx T_b$

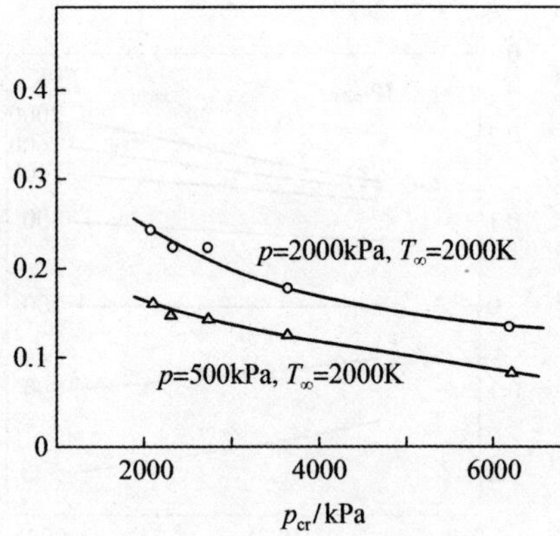

图8.17　压力指数与燃料临界压力的关系[见式(8.27)]

8.3　非稳态分析

图8.2显示在大部分蒸发期间,液滴直径的平方与时间之间呈线性关系。但是,检查图可发现,在蒸发的第一阶段,D^2/t 线的斜率几乎为零,然后斜率随时间逐渐增加,直到液滴达到其湿球温度,此后 D^2/t 的斜率在液滴寿命周期的其余时间内保持恒定。

尽管燃料液滴随时间渐近达到其湿球温度,但出于分析目的,蒸发过程可以大致分为瞬态或非稳态和稳态。对于低挥发性燃料和低环境温度,仅有很小一部分时间处在非稳定状态下。但是,当大多数燃料处于高环境压力和高温的情况时,处于非稳态的时间要长得多,并且不能忽略。

8.3.1 加热时间的计算

Chin 和 Lefebvre[18] 详细讨论了加热时间在液滴蒸发中的作用。为了便于计算，假定一个准稳态气相，其液滴周围的边界层具有与稳态边界层相同的特征，包括液滴大小、速度以及表面温度和环境温度。因此，传热系数由下式决定：

$$Nu = \frac{hD}{K_g} = 2\frac{\ln(1+B_M)}{B_M} \tag{8.29}$$

从气体传递到液滴的热量为

$$Q = \pi D^2 h(T_\infty - T_s) \tag{8.30}$$

将式(8.29)中的 h 代入式(8.30)可得出：

$$Q = 2\pi D k_g (T_\infty - T_s)\frac{\ln(1+B_M)}{B_M} \tag{8.31}$$

用于汽化燃料的热量为

$$Q_e = \dot{m}_F L \tag{8.32}$$

将式(8.6)中的$\dot{m}_F$ 代入式(8.32)可得出：

$$Q_e = 2\pi D\left(\frac{k}{c_p}\right)_g L\ln(1+B_M) \tag{8.33}$$

获得的可用于加热液滴的热量是 Q 和 Q_e 之差。根据式(8.31)和式(8.33)有

$$Q - Q_e = 2\pi D k_g \ln(1+B_M)\left(\frac{T_\infty - T_s}{B_M} - \frac{L}{c_{p_R}}\right) \tag{8.34}$$

将$B_T = c_{p_g}(T_\infty - T_s)/L$ 代入式(8.34)得到：

$$Q - Q_e = 2\pi D\left(\frac{k}{c_p}\right)_g L\ln(1+B_M)\left(\frac{B_T}{B_M} - 1\right) \tag{8.35}$$

或者

$$Q - Q_e = \dot{m}L\left(\frac{B_T}{B_M} - 1\right) \tag{8.36}$$

式(8.36)中需要注意的是，当 $B_T = B_M$时，$Q = Q_e$ 的值变为零，表示加热阶段结束。

液滴表面温度的变化率由式(8.37)给出：

$$\frac{dT_s}{dt} = \frac{Q - Q_e}{c_{p_F} m} \tag{8.37}$$

或者

$$\frac{\mathrm{d}T_{\mathrm{s}}}{\mathrm{d}t}=\frac{\dot{m}_{\mathrm{F}}L}{c_{p_{\mathrm{F}}}m}\left(\frac{B_{\mathrm{T}}}{B_{\mathrm{M}}}-1\right) \tag{8.38}$$

其中

$$m=\text{液滴质量}=\frac{\pi}{6}\rho_{\mathrm{F}}D^3 \tag{8.39}$$

同样,由于式(8.6)

$$\dot{m}_{\mathrm{F}}=2\pi D\left(\frac{k}{c_p}\right)_{\mathrm{g}}\ln(1+B_{\mathrm{M}})=\frac{\mathrm{d}}{\mathrm{d}t}\left(\frac{\pi}{6}\rho_{\mathrm{F}}D^3\right)$$

因此

$$\frac{\mathrm{d}D}{\mathrm{d}t}=\frac{4k_{\mathrm{g}}\ln(1+B_{\mathrm{M}})}{\rho_{\mathrm{F}}\,c_{p_{\mathrm{g}}}D} \tag{8.40}$$

迭代方法。可以使用 Chin 和 Lefebvre[18] 提出的迭代程序来简化加热期间的温度和蒸发速率的计算。从 $t=0, D=D_0, m=m_0, T_{\mathrm{s}}=T_{\mathrm{s}0}$ 开始,使用式(8.5)、式(8.6)、式(8.16)、式(8.22)、式(8.39)和式(8.40),可计算式(8.38)右侧的所有项。这一方法适用于任何给定的燃料和环境条件。因此,对于任意时间增量 Δt_1,可以从式(8.38)中获得温度增量 ΔT_{s_1},因为

$$\Delta T_{\mathrm{s}_1}=\frac{\mathrm{d}T_{\mathrm{s}}}{\mathrm{d}t}\Delta t_1 \tag{8.41}$$

或者,对于任何指定的温度增量 ΔT_{s_1},可使用式(8.41)估算相应的时间增量 Δt_1。

在第一个增量的末尾,有 $t_1=t_0+\Delta t_1$;根据式(8.41)得出 $T_{\mathrm{s}_1}=T_{\mathrm{s}_0}+\Delta T_{\mathrm{s}_1}$;根据式(8.40)得出 $D_1=D_0-\Delta D_1$; 并根据式(8.39)得出 $m=\frac{\pi}{6}\rho_{\mathrm{F}}D^3$。注意,在计算 m 时,应考虑 ρ_{F} 随 T_{s} 的变化(图8.10)。

将 $\Delta t_1+\Delta t_2+\Delta t_3+\Delta t_n$ 相加直到 $B_{\mathrm{M}}=B_{\mathrm{T}}$ 并且 $\mathrm{d}T_{\mathrm{s}}/\mathrm{d}t$ 变为零(这代表加热阶段结束),$D_0-\Delta D_1-\Delta D_2-\Delta D_3-\Delta D_n$ 代表加热阶段结束时液滴直径。通过该程序获得的直径为200μm 的正庚烷液滴在常压和773K 温度下的结果,如图8.18所示。初始液滴温度为288K,图8.18呈现了 T_{s}、D 和 λ(以无量纲形式绘制为 $\lambda/\lambda_{\mathrm{st}}$)随时间变化的规律。

近似方法。前面描述的用于计算加热阶段的持续时间以及该阶段结束时液滴的大小和表面温度的迭代过程相当精确,但很耗时。下面介绍一种不太准确但耗时短且能够满足大多数实际要求的方法。

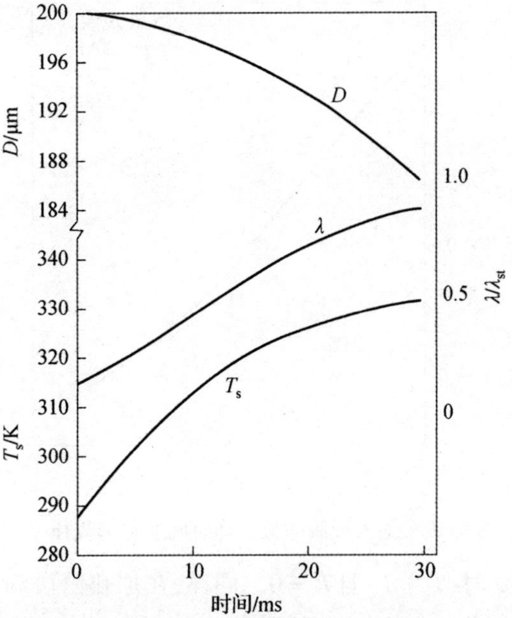

图 8.18　液滴直径、蒸发常数以及表面温度在加热阶段内的变化规律[18]

首先将加热周期的无量纲显热参数定义为

$$\overline{Q}=\frac{Q-Q_e}{Q_0-Q_{e0}} \tag{8.42}$$

式中：Q_0 为传递给液滴的总初始传热速率；Q_{e0} 为初始供热部分，用作蒸发潜热。

因此，当 $T=T_{s0}$，$\overline{Q}$，以及当 $T=T_{s_{st}}$ 时，$Q=Q_e$ 和 $Q=0$。参数 Q 是表面温度和时间的函数。从加热阶段开始到结束，其值从 1 变为 0。Q 随 t 变化的规律如图 8.19 所示。参数 $\bar{t}$ 定义为加热阶段任意给定时间与液滴在加热阶段达到其总温升的95%所需的时间之比。由于 T_s 随时间渐近地接近 $T_{s_{st}}$，因此需要采取这种措施以免无法精确定义加热阶段的长度。图 8.19 中绘制的线近似为一条直线，因此将 $0.5Q$ 作为平均值是合理的。

现在将无量纲表面温度 $\overline{T}_s$ 定义为

$$\overline{T}_s=\frac{T_s-T_{s0}}{T_{s_{st}}-T_{s0}} \tag{8.43}$$

或者

$$T_s=T_{s0}+(T_{s_{st}}-T_{s0})\overline{T}_s \tag{8.44}$$

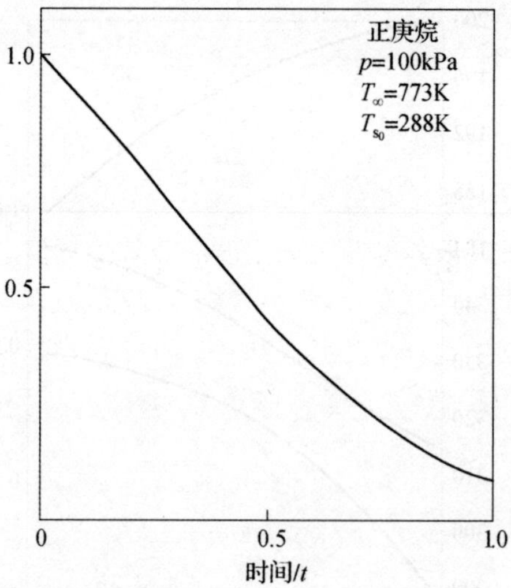

图 8.19　加入液滴的显热随时间变化的规律[18]

注意,当 $t=0$ 时,$T_s=T_{s_0}$ 且 $\overline{T}_s=0$。同样,在加热阶段结束时,$T_s=T_{s_{st}}$ 且 $\overline{T}_s=1$。因此,在加热阶段中,$\overline{T}_s$ 的值从 0 增加到 1。

Chin 和 Lefebvre[18] 计算了不同燃料在不同压力和温度水平以及不同初始燃料温度下 $\overline{Q}$ 随 T_s 的变化。通过这些计算,发现可以用环境空气温度 T_∞(在 $\overline{Q}=0.5$ 时)以及比值 T_{s_0}/T_b(图 8.20)来表示 $\overline{T}_s$。注意,T_b 不是在大气压下的正常沸点,而是在所考虑的压力下的沸腾温度。

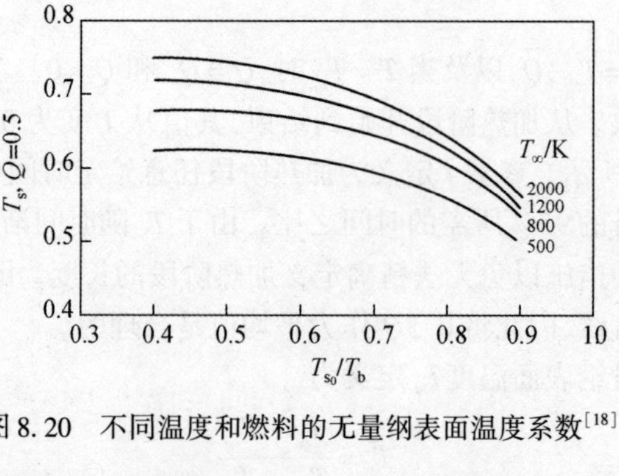

图 8.20　不同温度和燃料的无量纲表面温度系数[18]

为了估算加热时间,可以将式(8.6)、式(8.38)和式(8.39)联立,得出:

$$\Delta t_{hu}=\frac{c_{p_F}\rho_F\, c_{p_g} D_{hu}^2 (T_{s_{st}}-T_{s_0})}{12k_g \ln(1+B_M) L(B_T/B_M-1)} \tag{8.45}$$

式中：D_{hu}为加热期间有效平均液滴直径。D_{hu}与初始液滴直径 D_0 的关系如下：

$$D_{hu}=D_0\left[1+\frac{c_{p_F}(T_{s_{st}}-T_{s_0})}{2L(B_T/B_M-1)}\right]^{-0.5} \tag{8.46}$$

对于任何规定的气压和温度条件，都可由图 8.20 读取出$\overline{T}_s$ 值。然后，通过式(8.44)将加热阶段液滴表面温度的有效平均值定义为

$$T_{s_{hu}}=T_{s_0}+\overline{T}_s(T_{s_{st}}-T_{s_0}) \tag{8.47}$$

该温度用于计算 L、B_M、B_T 和 ρ_F 的值，以插入式(8.45)和式(8.46)。对于c_{ρ_F}，合适的温度为 $0.5(T_{s_0}+T_{s_{st}})$，式(8.11)和式(8.12)可分别用于计算c_{p_g}和 k_g，前提是现在参考温度变为

$$T_r=T_{s_{hu}}+\frac{T_\infty-T_{s_{hu}}}{3} \tag{8.48}$$

液态碳氢燃料的比热值可通过以下表达式计算

$$c_{p_F}=\frac{760+3.35T}{(0.001\rho_F)^{0.5}}\text{J/(kg·K)} \tag{8.49}$$

式中：ρ_F 为 289K 时的燃料密度。

通过将这些计算出的c_{p_g}、k_g、ρ_F 和 B_M值代入式(8.25)，可以轻松获得加热阶段蒸发常数的平均值或有效值λ_{hu}。

加热阶段结束时的液滴直径如下：

$$D_1^2=D_0^2-\lambda_{hu}\Delta t_{hu} \tag{8.50}$$

液滴寿命是加热阶段和稳态阶段时长之和，即

$$t_e=\Delta t_{hu}+\Delta t_{st} \tag{8.51}$$

$$t_e=\Delta t_{hu}+\frac{D_1^2}{\lambda_{st}} \tag{8.52}$$

将液滴蒸发时间细分为两部分，一是加热阶段，二是稳态阶段。这样获得的液滴直径随时间变化的曲线如图 8.21 所示。图 8.22 显示了对于直径为 100μm 的正庚烷燃料滴，基于 λ_{hu}、λ_{st} 和 D_1 的计算结果得出的类似的图线。在这些图中值得注意的是，T_{s_0}的变化仅影响加热时间，而对随后的蒸发过程没有影响。但是，环境温度的升高会同时缩短加热时间和稳态时间。

示例：

考虑直径为 200μm 正庚烷液滴处于温度为 773K 和压力为 101.33kPa 的空气中，且初始液滴温度为 288K。估算加热周期的持续时间、加热周期结束时的液滴直径以及液滴的总寿命。

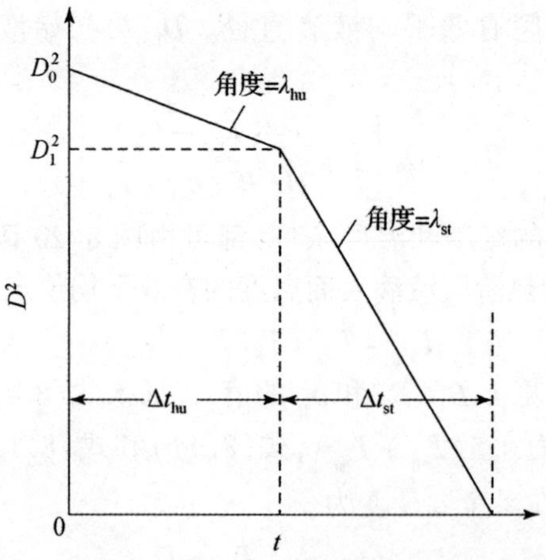

图 8.21　液滴直径随时间变化的曲线(包括加热段)

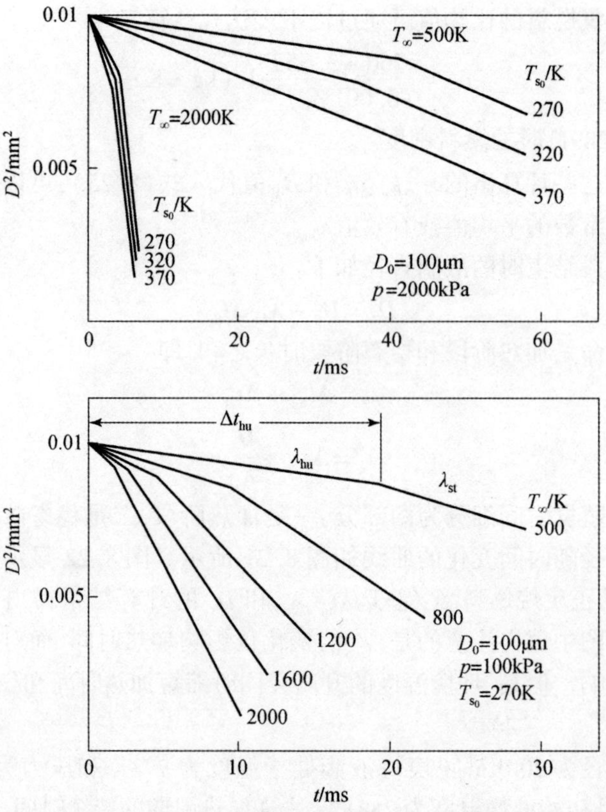

图 8.22　环境压强和温度以及初始液滴温度对正庚烷液滴蒸发历程的影响[18]

根据图 8.20，对于 $T_\infty = 773\text{K}$ 和 $T_b = 371.4$，有 $T_{s_0}/T_b = 88/371.4 = 0.776$ 和 $\overline{T}_s = 0.62$。前面的示例已经计算出 $T_{s_{st}} = 341.8\text{K}$。因此，

根据式(8.47)，有

$$T_{s_{hu}} = 288 + 0.62(341.8 - 288) = 321.4(\text{K})$$

根据式(8.20)，有

$$P_{F_s} = 17.4$$

根据式(8.19)，有

$$Y_{F_s} = \left[1 - \left(\frac{101.33}{17.4} - 1\right)\frac{28.97}{100.2}\right]^{-1} = 0.4176$$

$$B_M = \frac{Y_{F_s}}{1 - Y_{F_s}} = -0.717$$

$$Y_{F_r} = \frac{2}{3}Y_{F_s} = 0.2784$$

$$Y_{A_r} = 1 - Y_{F_r} = 0.7216$$

$$T_r = T_{s_{hu}} + \frac{1}{3}(T_\infty - T_{s_{hu}}) = 321.4 + \frac{1}{3}(773 - 321.4) = 472(\text{K})$$

根据图 8.4，温度为 472K 时，$c_{p_A} = 1024$ $c_{p_v} = 2406[\text{J/(kg}\cdot\text{K)}]$。

$$c_{p_g} = 0.2784 \times 2406 + 0.7216 \times 1024 = 1409$$

根据式(8.22)，当 $T_s = 321.3$，$L = 350000$。因此

$$B_T = \frac{c_{p_g}(T_\infty - T_{s_{hu}})}{L} = \frac{1409(773 - 321.4)}{350000}$$

$$= 1.818$$

根据式(8.46)，有

$$D_{hu} = 200 \times 10^{-6}\left\{1 + \frac{2330(341.8 - 288)}{700000[(1.818/0.717) - 1]}\right\}^{-0.5} = 187 \times 10^{-6}(\text{m})$$

因此

$$\Delta t_{hu} = 0.9375 \times 10^6 \times (187)^2 \times 10^{-12} = 0.0328(\text{s}) = 32.8(\text{ms})$$

加热时间为 32.8ms，在此期间，液滴直径从 200μm 减少到 187μm。

通过近似法获得的液滴直径随时间变化的曲线在图 8.23 中用虚线表示。该图中还显示了通过迭代法计算的液滴直径随时间变化的曲线。这种方法得出的 Δt_{hu} 值为 31ms。

加热周期的 λ 的平均值为

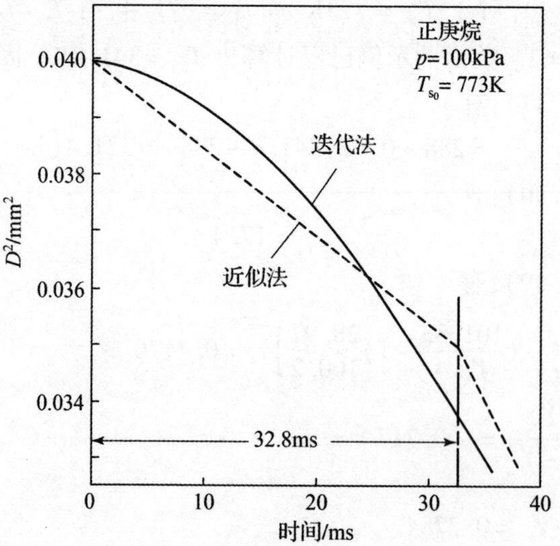

图 8.23　加热阶段中液滴直径随时间变化的曲线[18]

$$\lambda_{hu}=\frac{D_0^2-D_1^2}{\Delta t_{hu}}=\frac{200^2-187^2}{0.0328\times10^{12}}=0.1534\times10^{-6}(m^2/s)=0.1534(mm^2/s)$$

在前面的示例中,$\lambda_{st}=0.30\times10^{-6}m^2/s$。因此,根据式(8.51),总液滴寿命由下式给出:

$$\begin{aligned}t_e&=\Delta t_{hu}+\frac{D_1^2}{\lambda_{st}}\\&=0.0328+(187^2\times10^{-12})\times(0.30\times10^{-6})\\&=0.0328+0.1049\\&=0.138(s)\\&=138(ms)\end{aligned}$$

8.3.2　压力和温度对加热时间的影响

根据式(8.45)可知,加热时间与燃油液滴直径的平方成正比。环境压力和温度的影响在该式并不明显。Chin 和 Lefebvre[18]使用上述简化的估算加热时间的方法进行的计算结果显示,其持续时间随着压力的增加而增加,而随着温度的升高而减少。

例如,图 8.24 所示,将直径为 100μm 的正庚烷液滴置于温度为 500K 的空气中,将压力从 100kPa 增加到 2000kPa 会使加热时间从 19.3ms 延长到 41.6ms。同时,加热时间占液滴总寿命的比例从 24.5% 增加到 34%。

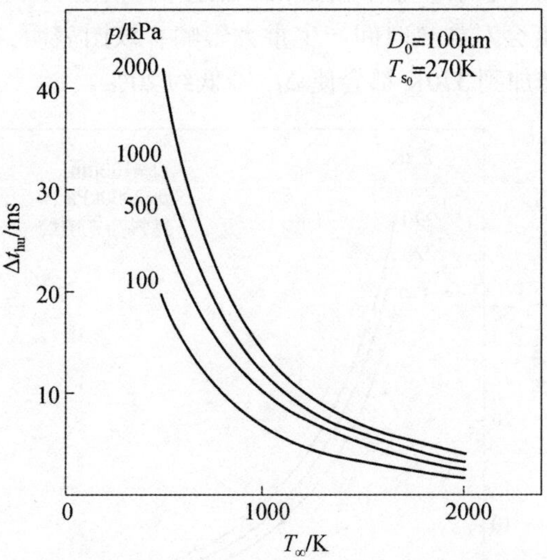

图 8.24　环境压力和温度对正庚烷加热时间的影响规律[18]

如果在不升高压力的前提下将空气温度从 500K 高到 2000K，则加热时间从 19.3ms 减少到 1.9ms，加热时间在总液滴寿命中所占的比例从 24.5% 降低至 16.8%。图 8.25 展示了相关数据，这些数据说明环境压力和温度对汽油（JP－4）、煤油（JP－5）和柴油（DF－2）Δt_{hu}的影响。

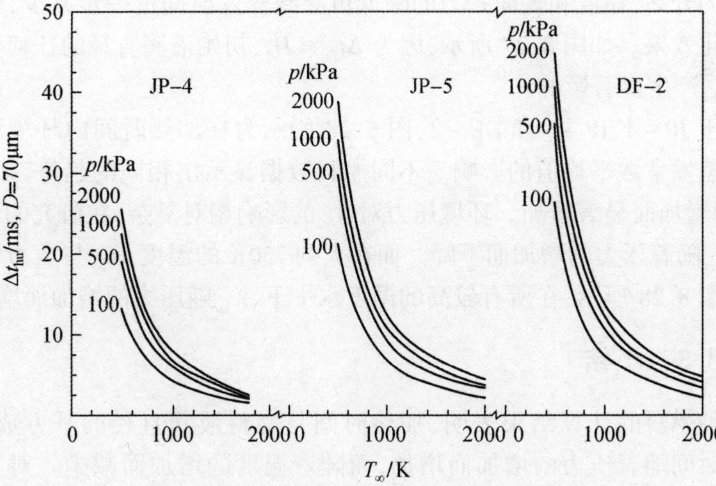

图 8.25　环境压力和温度对加热时间的影响，初始直径 D_0 = 70μm[18]

如图8.26所示,对于处在2000kPa压强的直径为100μm的正庚烷液滴,燃料初始温度会对加热时间产生重大影响。该图表明,在所有环境温度中,T_{s0}从270K增加到370K都会使Δt_{hu}降低约20%。

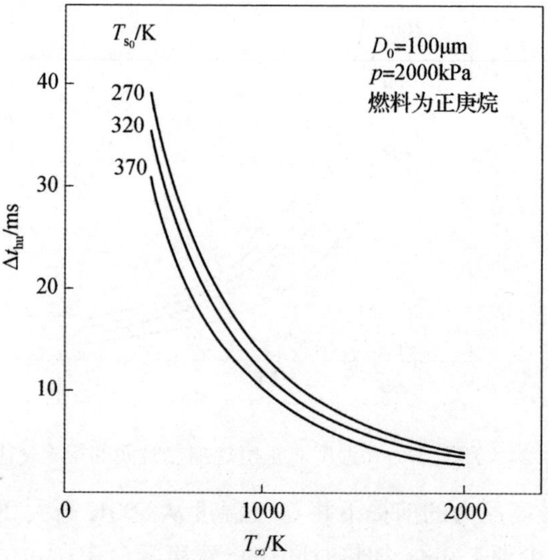

图8.26　燃料初始温度对加热时间的影响规律[18]

综上所述,燃料预热是减少燃料滴蒸发时间的有效手段。同时,随着燃料温度的升高,黏度和表面张力的降低可导致蒸发时间进一步减少,获得更好的雾化效果。如图8.27所示,因为$\Delta t_{hu} \propto D_0^2$,初始液滴直径的任何变化都会对$\Delta t_{hu}$产生显著影响。

对于JP-4、JP-5和DF-2,图8.28所示为在加热时间内环境压力和温度对蒸发常数平均值的影响。不同燃料数据显示出相同的趋势,即λ_{hu}随着T_∞的增加而显著增加。环境压力对λ_{hu}的影响相对复杂,在研究的最低温度下,λ_{hu}随着压力的增加而下降。而在大约750K的温度,λ_{hu}与压力明显无关。如图8.28所示,在所有较高的温度水平下,λ_{hu}随压力的增加而增加。

8.3.3　小结

几种燃料的计算结果表明,加热时间与燃料液滴直径的平方成正比。其持续时间随着压力的增加而增加,而随着温度的增加而减少。对于大多数燃料,加热时间占整个液滴寿命非常大的比例。实际上,在高压(2MPa)且液滴直径大于200μm的情况下,很难实现稳态蒸发。

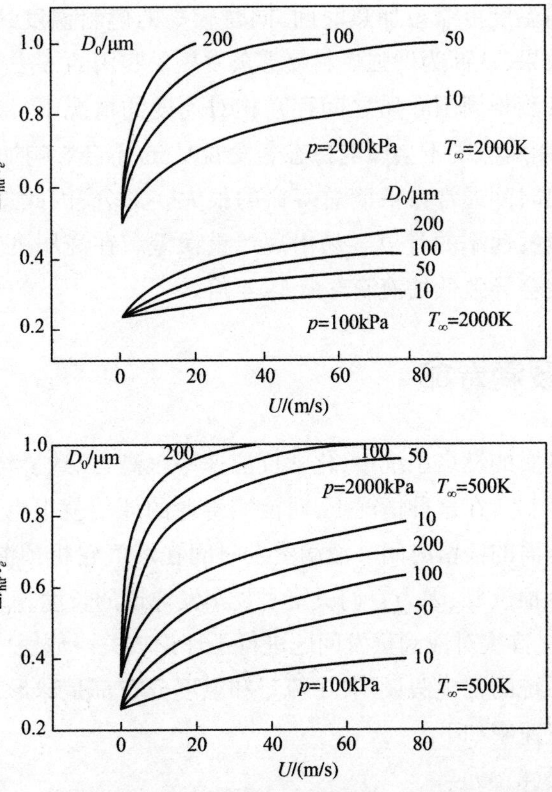

图 8.27 空气压强、温度、速度以及液滴直径对加热时间在整个液滴寿命中占比的影响,燃料为 JP-4[18]

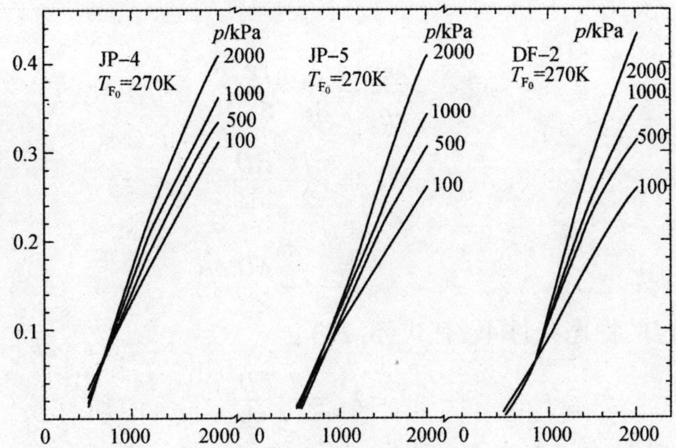

图 8.28 在加热时间内环境压力和温度对蒸发常数平均值的影响[18]

升高燃料温度可缩短加热时间,同时较高的燃料温度还能在一定程度上改善雾化效果,从而为增强燃料喷雾蒸发提供实用的方法。

在燃料液滴与周围介质之间存在相对速度的情况下,液滴的寿命会缩短。但是,强制对流既不会影响稳态蒸发温度,也不会影响加热时间。

由于加热时间通常占液滴总寿命的很大一部分,因此忽略加热时间的液滴寿命和蒸发速率的计算容易出现严重误差。在高压下尤其如此,因为忽略加热时间会导致低估液滴寿命3~4倍。

8.4 液滴寿命

在许多真实的燃烧系统中,化学反应速率很高,以致燃烧速率主要由燃料蒸发速率控制。在这种情况下,对液滴寿命的评估就很重要,因为它决定了完成燃烧所需的停留时间。液滴蒸发时间在燃气轮机预混-预蒸发燃烧器的设计中也很重要,因为它们决定了预蒸发通道的长度。

Godsave[2]首次对液滴蒸发问题进行了理论攻关。他使用具有稳定温度分布的球形系统的常规假设(其中流量和温度分布都是球形对称的)得出的单液滴的蒸发速率如下。

由于有式(8.39):

$$m = \rho_F \frac{\pi D^3}{6}$$

因此

$$\begin{aligned} \frac{\dot{m}_F}{\rho_F} &= \frac{d}{dt} \frac{\pi D^3}{6} \\ &= \frac{\pi D^2}{2} \frac{dD}{dt} \\ &= -\frac{\pi}{4} \lambda D \end{aligned}$$

在假定的稳态条件下,有式(8.23):

$$\lambda = \lambda_{st} = -\frac{dD^2}{dt}$$

Godsave 及其同事 Probert[19] 对蒸发常数 λ 的定义大大简化了许多工程计算。例如,液滴的蒸发速率由式(8.24)给出:

$$\dot{m}_{\mathrm{F}}=\frac{\pi}{4}\rho_{\mathrm{F}}\lambda_{\mathrm{st}}D$$

同样,为了很容易地获得液滴寿命,通过假设 λ 为常数并积分式(8.23)得到:

$$t_e=\frac{D_0^2}{\lambda_{\mathrm{st}}} \tag{8.53}$$

将式(8.25)中的 λ 替换为式(8.53)中的 t_e 可以得到以下替代表达式:

$$t_e=\frac{\rho_{\mathrm{F}}D_0^2}{8\,(k/c_p)_{\mathrm{g}}\ln(1+B)} \tag{8.54}$$

式(8.53)和式(8.54)提供了一种计算液滴完全蒸发所需时间的简便方法。但是,在某些应用中,了解蒸发液滴总质量的一部分所需的时间是很有必要的。

如果忽略加热时间,则 D^2 随时间的变化可以用直线表示,如图 8.29 所示。如果使用 f 表示在时间间隔 Δt_e 中蒸发的质量(或体积)分数,则

$$f=\frac{D_0^3-D_1^3}{D_0^3}=1-\left(\frac{D_1}{D_0}\right)^3$$

或者

$$\left(\frac{D_1}{D_0}\right)^3=1-f$$

以及

$$\left(\frac{D_1}{D_0}\right)^2=(1-f)^{2/3} \tag{8.55}$$

式中 D_1 为时间 Δt_e 之后(加热结束时)的液滴直径。

现在

$$\Delta t_e=\frac{D_0^2-D_1^2}{\lambda}=\frac{D_0^2}{\lambda}\left[1-\left(\frac{D_1}{D_0}\right)^2\right] \tag{8.56}$$

将式(8.55)的 $(D_1/D_2)^2$ 代入式(8.56)可得出:

$$\Delta t_e=\frac{D_0^2}{\lambda}\left[1-(1-f)^{2/3}\right] \tag{8.57}$$

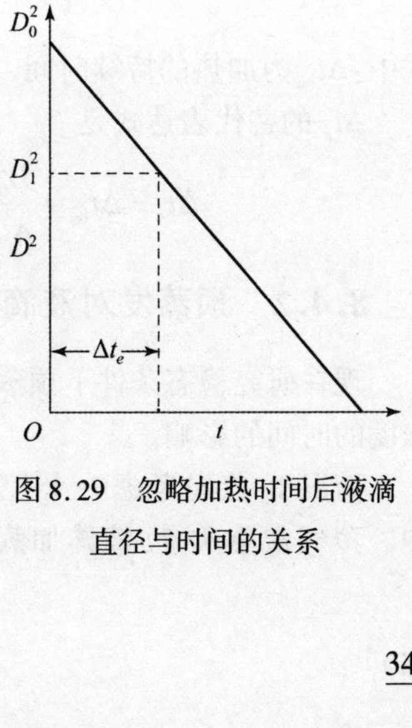

图 8.29　忽略加热时间后液滴直径与时间的关系

该式给出了蒸发具有初始直径 D_0 的液滴的初始质量(或体积)分数 f 所需的时间。

8.4.1 加热时间对液滴寿命的影响

在加热时间太长而不能忽略的情况下,将液滴完全蒸发所需的时间作为非稳态时间与稳态时间之和,即

$$t_e = \frac{D_0^2 - D_1^2}{\lambda_{hu}} + \frac{D_1^2}{\lambda_{st}} \tag{8.58}$$

式中:D_1 为加热时间结束时液滴的直径,如图 8.21 所示。D_1 和 λ_{hu} 均可使用8.3节中描述的方法进行估计。

为了计算蒸发液滴初始质量(或体积)分数 f 所需的时间,有必要考虑两种不同的情况。

情况1:当 f 较小(如小于0.1)时,仅需考虑加热阶段发生的蒸发,所需时间为

$$\Delta t_e = \frac{D_0^2}{\lambda_{hu}}[1-(1-f)^{2/3}] \tag{8.59}$$

情况2:如果 f 足够大,可以在加热阶段和稳态阶段进行蒸发,则蒸发时间为

$$\Delta t_e = \frac{D_0^2}{\lambda_{hu}}[1-(1-f_1)^{2/3}] + \frac{D_0^2}{\lambda_{st}}[1-(1+f_1-f)^{2/3}](1-f_1)^{2/3} \tag{8.60}$$

式中:f_1 为在加热阶段蒸发的初始液体质量分数。f_1 的合适表达式是

$$f_1 = 1 - \left[\frac{(D_0^2 - \lambda_{hu}\Delta t_{hu})^{0.5}}{D_0}\right]^3 \tag{8.61}$$

式中:Δt_{hu} 为加热的持续时间,如式(8.45)所示。

Δt_e 的替代表达式是

$$\Delta t_e = \Delta t_{hu} + \frac{D_0^2}{\lambda_{st}}[1-(1+f_1-f)^{2/3}](1-f_1)^{2/3} \tag{8.62}$$

8.4.2 预蒸发对液滴寿命的影响

现在研究稳态条件下预蒸发对液滴蒸发时间和产生任意给定水平蒸气浓度的时间的影响。

情况1:首先考虑一个控制体,将液滴、蒸气和空气的混合物注入其中。蒸气占总质量(液体加蒸气)的1/3。需要导出时间 Δt_e 的表达式,即

混合物必须在控制体中使蒸气含量从其初始值 Ω 升高到更高的值 f 所花费的时间。

令 D_1 为初始液滴直径，D_0 为进入控制体积的液滴直径，D_1 为时间 Δt_e 后的液滴直径，Ω 为以蒸气形式进入控制体积的总质量（液体加蒸气）的分数。假设液滴进入控制体积时已达到稳态蒸发。

通过定义，有

$$\frac{D_i^3 - D_0^3}{D_i^3} = \Omega$$

或者

$$\left(\frac{D_0}{D_i}\right)^3 = 1 - \Omega$$

或者

$$D_0^2 = D_i^2 (1 - \Omega)^{2/3} \tag{8.63}$$

同样，根据定义

$$\frac{D_i^3 - D_1^3}{D_i^3} = f$$

和

$$D_1^2 = D_i^2 (1 - f)^{2/3} \tag{8.64}$$

现在

$$\Delta t_e = \frac{D_0^2 - D_1^2}{\boldsymbol{\lambda}_{\rm st}} \tag{8.65}$$

将式(8.63)中的 D_0^2 和式(8.64)中的 D_1^2 代入式(8.65)中，有

$$\Delta t_e = \frac{D_i^2}{\boldsymbol{\lambda}_{\rm st}}\left[(1 - \Omega)^{2/3} - (1 - f)^{2/3}\right] \tag{8.66}$$

或者根据式(8.59)，有

$$\Delta t_e = \frac{D_0^2}{\boldsymbol{\lambda}_{\rm st}}\left[1 - \left(\frac{1 - f}{1 - \Omega}\right)^{2/3}\right] \tag{8.67}$$

情况 2：现在考虑液滴、蒸气和空气的混合物进入控制体积的情况，如情况 1，除了没有对蒸气的来源做任何假设。它可能来自现有液滴的部分预蒸发，也可能来自单独的蒸气注入，或者来自多种蒸气源。

这种情况最容易处理的是假设所有进入的蒸气，不管来源如何，都是由于系统中存在液滴的部分预蒸发。式(8.67)再次给出了控制体中将蒸气浓度提高到总质量（蒸气加液体）的分数 f 所需的时间，其中 D_0 是进入控制体

积的液滴直径,Ω 是以蒸气形式进入控制体积的总质量(液体加蒸气)分数,f 表示在控制体积中停留时间 Δt_e 之后以蒸气形式存在的总质量(液体加蒸气)分数。

8.5 对流对蒸发的影响

在静态条件下的液滴蒸发,热传递的主要方式是热传导。在液滴与周围空气或气体之间存在相对运动的情况下,蒸发速率会提高。出人意料的是,对流效应不会改变稳态蒸发温度 $T_{s_{st}}$。

这是因为强制对流会对 Q(周围气体传给液滴的热速传递率)和 Q_e(蒸发率)产生相同程度的影响。在稳态条件下,当 $Q = Q_e$ 时,这两个效应相互抵消。此外,从式(8.45)可以明显看出,加热时间 Δt_{hu} 不受对流效应的影响,但是由于蒸发速率通过对流提高了,总的液滴寿命必然缩短。因此,对流的作用是减少液滴蒸发过程的稳态时间。

如果将单位时间、单位表面积的液滴的热传递速率定义为 h,则

$$h = \frac{\dot{m}_F L}{\pi D^2} \tag{8.68}$$

用式(8.17)代替 $\dot{m}_F$ 得出:

$$h = \frac{2\,(k/c_p)_g L\ln(1 + B_T)}{D} \tag{8.69}$$

对于恒定的流体性质,在没有对流的情况下,努塞特数为

$$Nu = \frac{hD}{k(T_\infty - T_s)}$$

用式(8.69)代替 h 可得出:

$$Nu = 2\,\frac{L}{c_{p_g}(T_\infty - T_s)}\ln(1 + B_T)$$

或者,因为 $c_{p_g}(T_\infty - T_s)/L = B_T$,

$$Nu = 2\,\frac{\ln(1 + B_T)}{B_T} \tag{8.70}$$

随着 B_T 趋于零,$\ln(1 + B_T)/B_T$ 趋于1,$Nu = 2$,这是低热量传递至球体情况下的正常值。

在一项全面的理论和实验研究中,Frossling[20] 指出,对流对传热速率和传质速率的影响可以通过一个校正因子来解决,该校正因子是雷诺数和施

密特(或普朗特)数的函数。在控制扩散速率的情况下,校正因子为

$$1+0.276Re_D^{0.5}\cdot Sc_g^{0.33} \tag{8.71}$$

因此,在对流条件下的蒸发速率等于稳态蒸发速率[如式(8.24)]乘以式(8.71)。

对于传热率可控的更一般的情况,它变为

$$1+0.276Re_D^{0.5}Pr_g^{0.33} \tag{8.72}$$

Re_D 中的速度项应为液滴与周围气体之间的相对速度,即 $Re_D = \mathrm{UD}\rho_g/\mu_g$。但是,计算值和实验值均表明,小液滴迅速达到与周围气体相同的速度,此后它们仅受速度u'的波动分量的影响。雷诺数的实际值将变为$u'D\rho_g/\mu_g$。

根据 Ranz 和 Marshall[21],另一个重要的对流换热关系式如下:

$$Nu=2+0.6Re_D^{0.5}\cdot Pr_g^{0.33} \tag{8.73}$$

对应于校正因子

$$1+0.3Re_D^{0.5}\cdot Pr_g^{0.33} \tag{8.74}$$

注意,Re_D 和 Pr_g中体现的物理特性ρ_g、μ_g、c_{p_g}和k_g应该在参考温度 T_r下进行评估。c_{p_g}和k_g的值由式(8.11)和式(8.12)给出,其中C_{p_A}、C_{p_V}、k_A和k_V 的具体值可以从图 8.4 ~ 图 8.6 中获得。ρ_g和μ_g的对应方程为

$$\rho_{g_r}=\left(\frac{Y_{A_r}}{\rho_A}+\frac{Y_{F_r}}{\rho_F}\right)^{-1} \tag{8.75}$$

$$\mu_g=Y_{A_r}(\mu_A \mathrm{at} T_r)+Y_{F_r}(\mu_V \mathrm{at} T_r) \tag{8.76}$$

图 8.30 和图 8.31 提供了某些碳氢燃料的ρ_V、μ_A 和μ_V 与温度的关系。

Faeth[4]分析了有关对流效应的现有数据,并提出了一个有关 Nu 的综合关系式,该关系式在低雷诺数和高雷诺数下都接近正确的极限值(Re_D < 1800)。这个关系式产生以下校正因子,以说明由于强制对流引起的蒸发增量:

$$\frac{1+0.276Re_D^{0.5}\cdot Pr_g^{0.33}}{[1+1.232/(Re_D\cdot Pr_g^{1.33})]^{0.5}} \tag{8.77}$$

因此,影响液滴寿命的主要因素如下:

(1) 环境空气或气体的物理特性,即压力、温度、导热系数、比热容和黏度;

(2) 液滴与周围介质之间的相对速度;

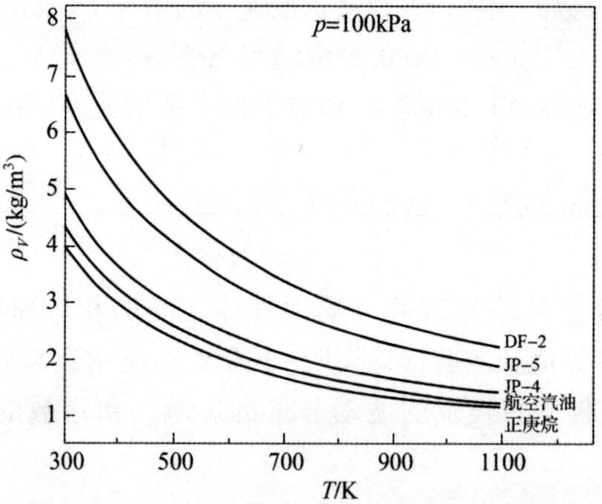

图 8.30　不同燃料蒸气密度随温度变化的规律

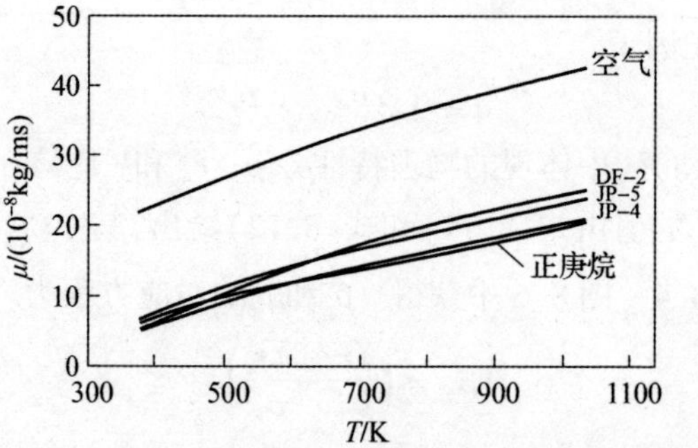

图 8.31　空气及几种燃料的黏度随温度变化的规律

(3)液体及其蒸气的特性,包括密度、蒸气压、导热系数和比热容;

(4)液滴的初始状态,尤其是大小和温度。

将式(8.21)和式(8.74)组合得出带有强制对流的燃料蒸发速率的方程:

$$\dot{m}_{\mathrm{F}} = 2\pi D\left(\frac{k}{c_p}\right)_{\mathrm{g}} \ln(1+B)(1+0.30\,Re_{\mathrm{d}}^{0.5}\cdot Pr_{\mathrm{g}}^{0.33}) \tag{8.78}$$

该方程给出了直径为 D 的液滴的瞬时蒸发速率。为了获得液滴在寿命期间的平均蒸发速率,常数应从 2 降低到 1.33。同时 $D=0.667D_0$ 和 $Pr_{\mathrm{g}}=0.7$,得到:

$$\overline{\dot{m}}_{\mathrm{F}} = 1.33\pi D_0\left(\frac{k}{c_p}\right)_{\mathrm{g}} \ln(1+B)(1+0.22\,Re_{D0}^{0.5}) \tag{8.79}$$

和

$$t_e = \frac{\rho_F D_0^2}{8\,(k/c_p)_g \ln(1+B)(1+0.22\,Re_{D0}^{0.5})} \tag{8.80}$$

Sirignano[10]注意到 Frossling 校正[式(8.71)]以及 Ranz 和 Marshall 表达式[式(8.73)]仅考虑环境温度的有限条件(环境条件比典型的燃烧温度低得多)。还应注意,El Wakil 等的验证实验[22-24]具有相似的环境温度。因此 Abrahmson 和 Sirignano[25]为更广泛的条件开发了一个更适用的模型,放宽了 Schmidt、Prandtl 和 Lewis 数的假设,并获得了液滴表面边界层的平均传输速率:

$$\begin{aligned}\dot{m} &= 2\pi \frac{kD}{c_{p,v}} \ln(1+B_H)\left[1+\frac{b}{2}\frac{Pr^{1/3}Re^{1/2}}{F(B_H)}\right] \\ &= 2\pi\rho D_c D \ln(1+B_M)\left[1+\frac{b}{2}\frac{Sc^{1/3}Re^{1/2}}{F(B_M)}\right]\end{aligned} \tag{8.81}$$

当 $P_r = S_c$ 时,$B_M = B_H$,否则,对于更一般的情况:

$$B_H = (1+B_M)^a - 1 \tag{8.82}$$

其中

$$a = \frac{c_{p,v}}{c_p}\frac{1}{Le}\frac{1+\dfrac{b}{2}\dfrac{Sc^{1/3}\cdot Re^{1/2}}{F(B_M)}}{1+\dfrac{b}{2}\dfrac{Pr^{1/3}\cdot Re^{1/2}}{F(B_H)}} \tag{8.83}$$

并且

$$F(B) = (1+B)^{0.7}\frac{\ln(1+B)}{B},\quad 0 \leqslant B_H, B_M \leqslant 20,\ 1 \leqslant Pr, Sc \leqslant 3 \tag{8.84}$$

式(8.81)和式(8.83)中的 b 值可以取为 0.78[20]或 0.85[21],这在 $Re>5$ 时是成立的。随着 B 的变小,式(8.81)的结果与式(8.78)的结果非常吻合。但是对于高的 B 值,会出现差异。式(8.77)若采用上述假定也可以得到改善。但是,文献[10]中没有讨论考虑 Faeth[4]提出的更正。

8.5.1　蒸发常数和液滴寿命的确定

加热阶段。可以证明[16]在加热阶段,具有强制对流的平均液滴直径 D'_{hu} 由式(8.85)给出:

$$D'_{hu} = 0.25\left\{D_0^{0.5} + \left[D_0^2 - \lambda_{hu}\Delta t_{hu}\left(1+0.3\frac{\rho_g D'_{hu} U}{\mu_g} Pr_g^{0.33}\right)\right]^{0.25}\right\}^2 \tag{8.85}$$

当 D'_{hu} 出现在式(8.85)的两侧时,其求解涉及一些逐次逼近方法。

确定 D'_{hu} 后,强制对流加热期间蒸发常数的有效平均值为

$$\lambda'_{hu} = \lambda_{hu}\left[1 + 0.3\left(\frac{\rho_g D'_{hu} u'}{\mu_g}\right)^{0.5} Pr_g^{0.33}\right] \tag{8.86}$$

如前所述,对于静态混合物,应在式(8.7)给出的参考温度下评估式(8.85)和式(8.86)中的热物理性质,其中将 T_s 替换为式(8.47)中的 $T_{s_{hu}}$。

稳态阶段。通过采用与推导式(8.85)和式(8.86)相同的论点,可以证明稳态阶段的有效平均液滴直径为

$$D'_{st} = 0.25 D_1 = 0.25\left(D_0^2 - \lambda'_{hu}\Delta t_{hu}\right)^{0.5} \tag{8.87}$$

和

$$\lambda' = \lambda_{st}\left[1 + 0.3\left(\frac{\rho_g D'_{st} u'}{\mu_g}\right)^{0.5} Pr_g^{0.33}\right] \tag{8.88}$$

对于稳态条件,$T_s = T_{st}$,用于确定 ρ_g、μ_g、c_{p_g} 和 k_g 的参考温度可从式(8.7)获得,如下所示:

$$T_r = T_{st} + \frac{T_\infty - T_{st}}{3}$$

8.5.2 液滴寿命

液滴寿命由式(8.89)给出:

$$\begin{aligned} t_e &= \Delta t_{hu} + \Delta t_{st} \\ &= \Delta t_{hu} + \frac{D_0^2 - \lambda'_{hu}\Delta t_{hu}}{\lambda'_{st}} \\ &= \Delta t_{hu}\left(1 - \frac{\lambda'_{hu}}{\lambda'_{st}}\right) + \frac{D_0^2}{\lambda'_{st}} \end{aligned} \tag{8.89}$$

加热时间占总蒸发时间的比例可以从式(8.45)和式(8.89)中以 $\Delta t_{hu}/t_e$ 的比例获得。JP-4 和 DF-2 的 $\Delta t_{hu}/t_e$ 与速度的关系曲线分别如图 8.27 和图 8.32 所示。这些数据表明,如 El Wakil、Priem 等[22-24]首先指出的那样,在较宽的工作条件范围内,加热时间代表了液滴总蒸发时间的主要部分。对于高气压和高温尤其如此,在这种情况下,除最小的液滴外,所有液滴都无法在其使用寿命内达到稳态蒸发。

图 8.27 和图 8.32 显示,$\Delta t_{hu}/t_e$ 随着油滴大小的增加而增加。它也随着速度的增加而显著增加。这是因为较高的速度会提高蒸发速率,从而降低 t_e,而 Δt_{hu} 则保持恒定。图 8.27 中很清楚地表明了压力对 $\Delta t_{hu}/t_e$ 的影响,压力增加总是使 $\Delta t_{hu}/t_e$ 升高,这是因为 Δt_{hu} 受到压力变化的强烈影响。温度对 $\Delta t_{hu}/t_e$ 的影响较小,但更为复杂。图 8.32 显示,在低压(100kPa)

下，$\Delta t_{hu}/t_e$ 随温度升高而减小；而在高压（2000kPa）下，则观察到相反的趋势。

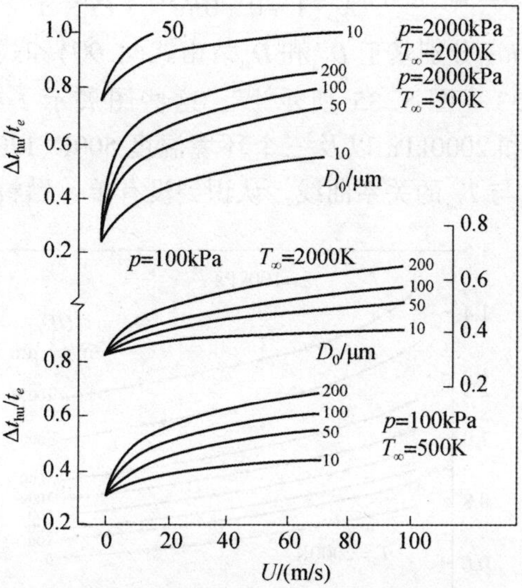

图 8.32　空气压强、温度、速度以及液滴大小对加热时间占液滴寿命比例的影响（燃料为 DF－2）[18]

8.6　有效蒸发常数的计算

在稳态蒸发期间，传递到液滴的所有热量用于燃料蒸发，因此蒸发速率相对较高。然而，在加热期间，传递给液滴的大部分热量在加热液滴时被吸收，因此可用于燃料蒸发的热量相对减少。考虑到加热时间占液滴总寿命很大一部分的情况，这种较低的蒸发速率意味着总蒸发速率可以明显降低，并且液滴的寿命比假设加热时间为零时计算出相应的值长得多。

从实践的角度来看，如果将加热时间的影响与强制对流的影响相结合，将允许在规定的条件下得到任何给定的燃料在环境压力、温度、速度和液滴大小条件下的蒸发常数，这将是非常方便的。为此，Chin 和 Lefebvre[26] 将有效蒸发常数定义为

$$\lambda_{eff} = \frac{D_0^2}{t_e} \tag{8.90}$$

式中：t_e 为液滴蒸发时间，包括对流和瞬态加热效应。由式（8.50）和

式(8.71)可得

$$t_e = \Delta t_{hu} + \frac{[D_0^2 - \lambda_{hu}\Delta t_{hu}(10.30Re_{hu}^{0.5} \cdot Pr_g^{0.33})]}{\lambda_{st}(1+0.30Re_{st}^{0.5} \cdot Pr_g^{0.33})} \tag{8.91}$$

其中,Re_{hu}和Re_{st}分别基于D_{hu}和D_{st}。由式(8.90)和式(8.91)计算得出的λ_{eff}值如图8.33~图8.35所示[26]。这些图展示了在三个压力水平100kPa、1000kPa和2000kPa以及三个环境温度500K、1200K和2000K时,UD_0各种值的λ_{eff}与T_{bn}的关系曲线。认识到没有单一燃料特性可以完全描

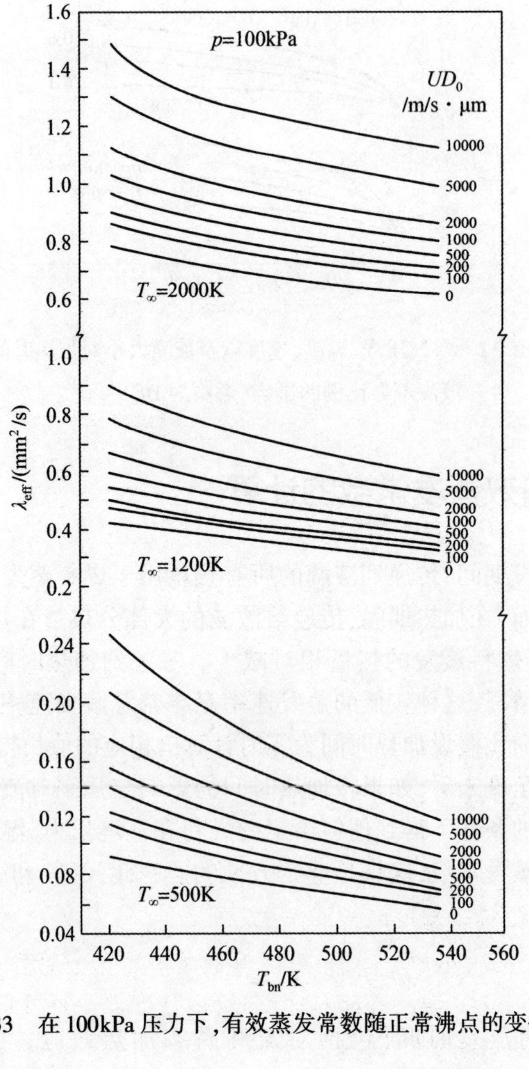

图8.33 在100kPa压力下,有效蒸发常数随正常沸点的变化[26]

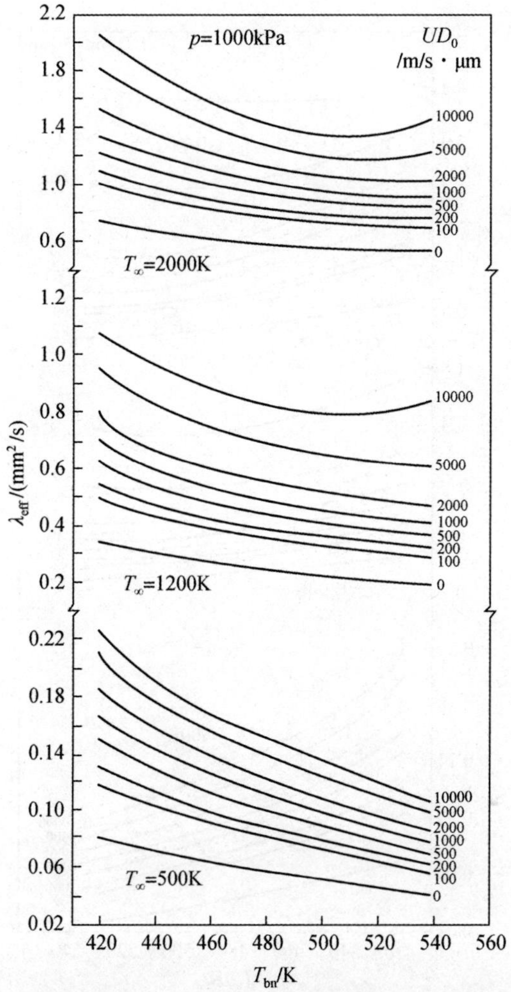

图 8.34 在 1000kPa 压力下，有效蒸发常数随正常沸点的变化[26]

述任何给定燃料的蒸发特性。平均沸点参数非常适合此目的，因为它与燃料的挥发性和蒸气压直接相关。同时它还具有易于测量的优点，通常在燃油规格中应用。

图 8.33～图 8.35 表明，λ_{eff}随着环境温度、压力、速度和液滴直径的增大而增大，随着正常沸腾温度的增加而减小。

蒸发常数有效值的概念大大简化了燃油液滴蒸发特性的计算。例如，对于任何给定的压力、温度和相对速度条件，任何给定尺寸的燃料液滴的寿命都可以从式(8.90)中获得，如下：

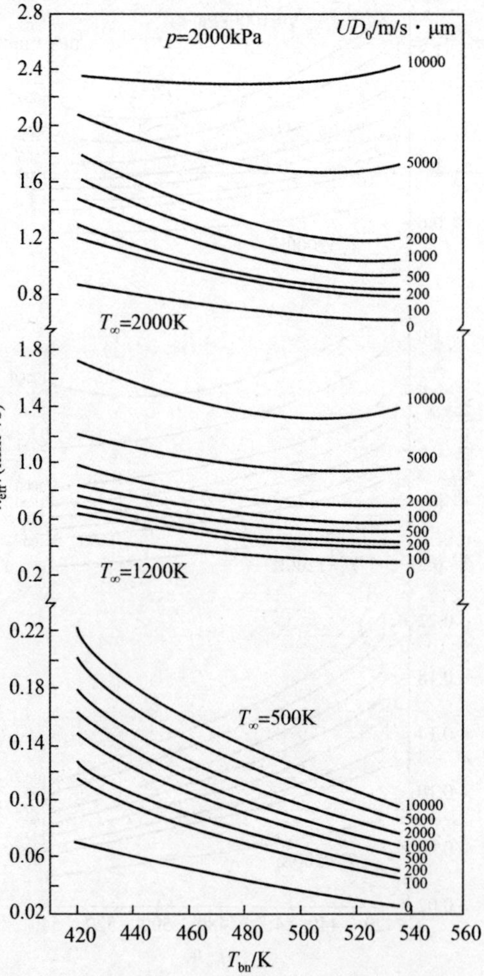

图 8.35　在 2000kPa 压力下,有效蒸发常数随正常沸点的变化[26]

$$t_e = \frac{D_0^2}{\lambda_{\text{eff}}} \tag{8.92}$$

通过将式(8.39)的 $\dot{m}_F$ 除以式(8.92)的 t_e 即可轻松确定平均燃料蒸发速率:

$$\dot{m}_F = \frac{\pi}{6}\rho_F \lambda_{\text{eff}} D_0 \tag{8.93}$$

示例:

需要计算在环境压力 1400kPa 和温度为 1100K,空气与液滴之间的相对速度为20m/s的流动流中,直径为65μm的燃料液滴的寿命。燃料的正常沸腾温度为485K,初始密度为810kg/m³。

图8.34中通过内插得出,对于$p=1000$kPa和$UD_0=20\times65=1300$的λ_{eff}值为0.54mm²/s。类似地,从图8.35中发现,对于$p=2000$kPa和$UD_0=1300$,λ_{eff}为0.59mm²/s。因此,通过插值,$p=1400$kPa时的λ_{eff}为0.56mm²/s。

根据式(8.92),有

$$t_e=\frac{D_0^2}{\lambda_{\text{eff}}}=\frac{(65\times10^{-6})^2}{0.56\times10^{-6}}$$
$$=7.55\times10^{-3}s=7.55(\text{ms})$$

根据式(8.93),有

$$\dot{m}_{\text{F}}=\frac{\pi}{6}\rho_{\text{F}}\lambda_{\text{eff}}D_0=\frac{\pi}{6}\times810\times0.56\times10^{-6}\times65\times10^{-6}$$
$$=1.54\times10^{-8}(\text{kg/s})$$

8.7 蒸发对液滴直径分布的影响

虽然单液滴的蒸发特性为完整喷雾的蒸发过程提供了有用的指导,但是蒸发喷雾的某些关键特征只有通过将喷雾视为一个整体来研究。

例如,对于燃料喷雾的点火而言,最重要的是初始蒸发速率。而对于燃烧效率较高的情况而言,燃料喷雾完全蒸发所需的时间是点火的主要影响因素。贫油预混物-预蒸发燃烧器提供了另一个示例。该概念的关键特征是在燃烧之前实现燃料的完全蒸发以及燃料蒸气与空气的完全混合。

未能完全蒸发燃料会导致更高的NO_x排放。因此,重要的是要知道蒸发的燃料的分数或百分比如何随时间变化,以便可以在最小NO_x排放量和最小预混室长度的矛盾要求之间做出最佳折中。

确定初始液滴平均直径和液滴直径分布(由Rosin-Rammler分布参数q定义)如何影响随后的蒸发过程很有意义。

Chin等[27]详细研究了JP-5燃料的喷雾蒸发过程。其计算结果可在任何规定的环境压力和温度条件下估算其他燃料汽化任何给定百分比的初始喷雾质量所需的时间。

图9.1中显示了在温度为2000K、压力为2MPa的空气中喷注JP-5燃

料时,质量中值直径(MMD)随着蒸发进行的变化规律。该图包含几条不同的曲线,可以说明初始液滴直径分布参数 q_0 对液滴平均直径随时间变化的影响。在最关注的 q_0 值范围内,图 9.1 显示蒸发导致 MMD 随着时间增加,对于 q_0 值较低的喷雾,效果尤其明显。如果将时间以无量纲形式表示为 $t_{90\%}$(将 90% 质量的喷雾气化所需的时间表示为 MMD 除以其初始值 MMD_0)则可以针对无量纲时间 $t/t_{90\%}$ 绘制无量纲平均直径 MMD/MMD_0,如图 8.36 所示,其中 MMD_0 的不同值的结果合并形成一条曲线。由于蒸发时间现在是无量纲的,因此图 8.36 可以看作大多数烃类燃料喷雾蒸发的特征。它是完全通用的,并且同样适用于压力、温度和 MMD_0 的所有实际值。

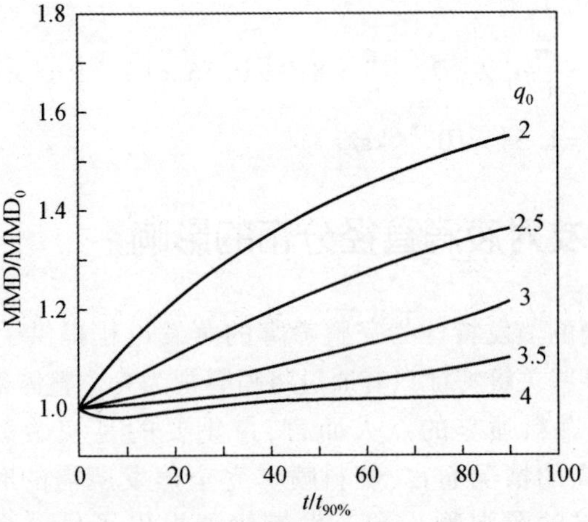

图 8.36　不同 q_0 值条件下无量纲直径与无量纲蒸发时间的关系图[27]

以类似的方式,如果将 q 的相对变化(q/q_0)相对于无量纲的蒸发时间 $t/t_{90\%}$ 作图,则不同 MMD_0 值的结果将落在一条曲线上,如图 8.37 所示。q 的总体趋势是随着蒸发时间的增加而增加,而对于 q_0 值较低的喷雾而言,效果更为明显。图 8.37 所示为以无量纲形式绘制的图,它对于 MMD_0,压力和温度的所有实际值均有效。

蒸发一定比例的燃油喷雾所需的时间与 MMD_0 的平方成正比,如图 8.38所示。该图中绘制的曲线代表了在 $MMD_0 = 70\mu m$ 时蒸发 90% 的喷雾质量所需时间的计算结果。通过乘比例$(70/MMD_0)^2$,从计算得出的 MMD_0 分别为 30μm、50μm、90μm 和 120μm 数据转换其他数据点。图 8.39 显示了 $MMD_0 = 70\mu m$ 时蒸发 20% 的喷雾质量所需的时间。从图 8.38 和图 8.39 中

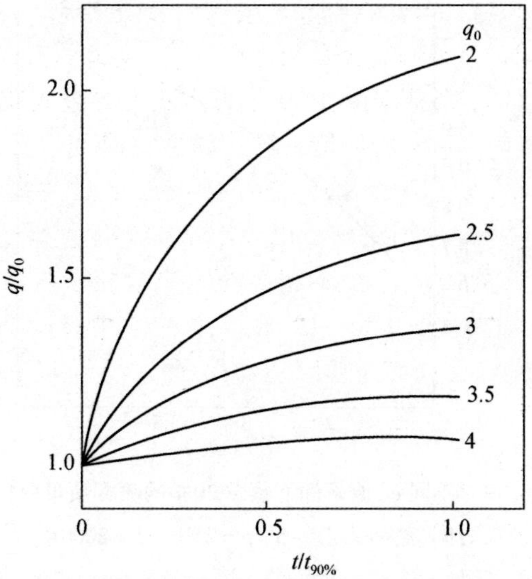

图8.37　不同 q_0 值条件下不同无量纲蒸发时间下液滴直径分布的相应变化[27]

可以明显看出,大 q_0 的喷雾将具有 90% 的低蒸发时间和 20% 的高蒸发时间。因此,从燃烧效率的观点出发,期望具有 q_0 值高的燃料喷雾,但是为了良好的点火性能,则 q_0 的值低是更好的。

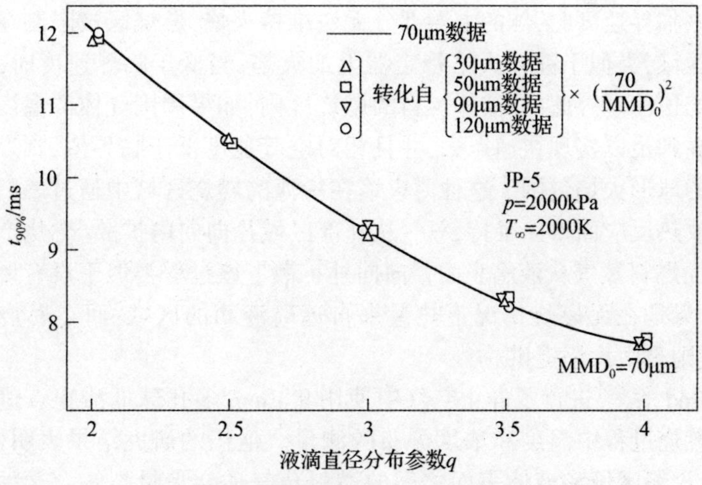

图8.38　蒸发时间与 MMD_2 正相关关系[27]

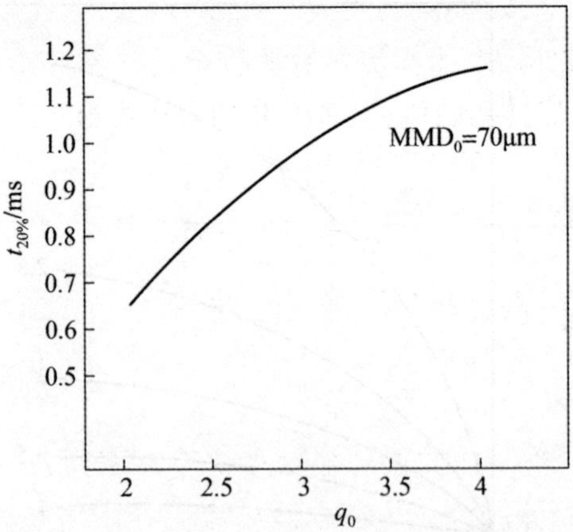

图 8.39 不同 q_0 值条件下蒸发 20% 的喷雾质量(体积)所需时间(燃料为 JP-5, $p=2\text{MPa}$, $T=2000\text{K}$)[27]

8.8 液滴燃烧

如前所述,大多数燃烧单个液滴的实验研究,不是使用悬浮在金属丝末端的液滴,就是使用覆盖液膜的多孔球来模拟液滴燃烧过程。Spalding 的早期研究表明[3],相对空气速度对液体燃料球燃烧的影响存在一个临界值。当大于该临界速度时,球的上游部分无法维持火焰,燃烧区被限制在一个小的尾流区域,类似于钝体火焰稳定器上的火焰;当低于临界速度时,球体完全被火焰覆盖。因此,在液体燃料的燃烧区内,如果周围气体的温度和氧气浓度都高到足以实现快速点火,并且相对空气速度低于临界值,则燃料液滴将被薄的球形火焰包围。这种薄火焰在稀薄的燃烧区域中通过燃料蒸气和氧气的放热反应而得以维持,氧气从外部区域径向向内扩散(燃烧产物向外流动),而燃料蒸气从液滴表面径向向外扩散。该过程类似于没有燃烧的液滴蒸发,只是在无燃烧情况下热量来自远离液滴的区域;而在燃烧的情况下,热量则是由火焰提供。

Aldred 等[28]进行了静止空气中使用 9.2mm 多孔球低滞止点进行正庚烷燃料燃烧过程中温度和浓度分布的测量。他们的研究结果表明,除氧化作用外,火焰区域和液体表面之间的燃料蒸气还会大量裂解。这种裂解产生的碳颗粒在很大程度上造成了燃料喷雾的黄色火焰特征。

由于单个燃料液滴的燃烧速率受蒸发速率的限制,因此在前面各节中得出的质量蒸发速率 $\dot{m}_F$ 和液滴寿命 t_e 的方程式可直接应用。由于传热过程占主导地位,因此将 B_T 用作传热数比较合适。在液滴燃烧开始时,虽然液滴中心的温度仍保持初始值,但对于 B 的表达式为

$$B = \frac{c_{p_g}(T_f - T_b)}{L + c_{p_F}(T_b - T_{F_0})} \tag{8.94}$$

式中:T_f 为火焰温度;T_b 为沸腾温度;T_{F_0} 为初始燃料温度;L 为 T_b 的燃料汽化潜热;c_{p_g} 为 T_b 和 T_f 之间的平均气体比热;c_{p_F} 为 T_b 和 TF_0 之间的平均燃料比热。

随着燃烧进行,液滴内的循环流动很快使液滴具有一个相当均匀的温度分布。因此,在液滴的整个体积中,液滴温度非常接近表面值 T_b。因此,在稳态条件下,传递数简化为

$$B = \frac{c_{p_g}(T_f - T_b)}{L} \tag{8.95}$$

将这个 B 值代入式(8.78),可得出燃油液滴瞬时燃烧率的表达式:

$$\dot{m}_F = 2\pi D \left(\frac{k}{c_p}\right)_g \ln\left[1 + \frac{c_{p_g}(T_f - T_b)}{L}\right](1 + 0.30\, Re_D^{0.5} \cdot Pr_g^{0.33}) \tag{8.96}$$

燃烧液滴的寿命可通过式(8.53)、式(8.54)和式(8.80)结合式(8.95)获得。例如,式(8.80)定义了加热时间实际上为零的条件下的液滴寿命,变为

$$t_e = \frac{\rho_F D_0^2}{8(k/c_p)_g \ln[1 + c_{p_g}(T_f - T_b)/L](1 + 0.22 Re_{D_0}^{0.5})} \tag{8.97}$$

8.9 多组分燃油液滴

早期关于液滴蒸发和燃烧的信息,大部分是通过使用正庚烷等纯燃料获得的。此类燃料的沸腾温度比较确定,同时其在稳态蒸发(或燃烧)过程中,液滴的横截面积随时间呈线性下降趋势。然而,商用燃料通常是各种石油化合物的多组分混合物,具有各自不同的物理和化学性质。根据 Wood 等[1]的研究,多组分燃料液滴的成分会随着燃烧的进行通过简单的间歇蒸馏过程发生变化;也就是说,所产生的蒸气被持续带走而不与残留的液体混合物进一步接触。因此,随着燃烧的进行,液滴中易挥发的成分首先蒸发,且液相中较高沸点的浓度增加。然而,该蒸馏过程取决于液滴循环时间与

蒸发时间的比值,该比值本质上是佩克莱数。在循环较强的情况下,会发生蒸馏且液滴的横截面积随时间以非线性方式减小。同时,该特性也为分析多组分燃料燃烧期间发生的汽化过程提供了一种合适的手段。图8.40给出了蒸馏如何影响液滴表面积随时间变化的关系。

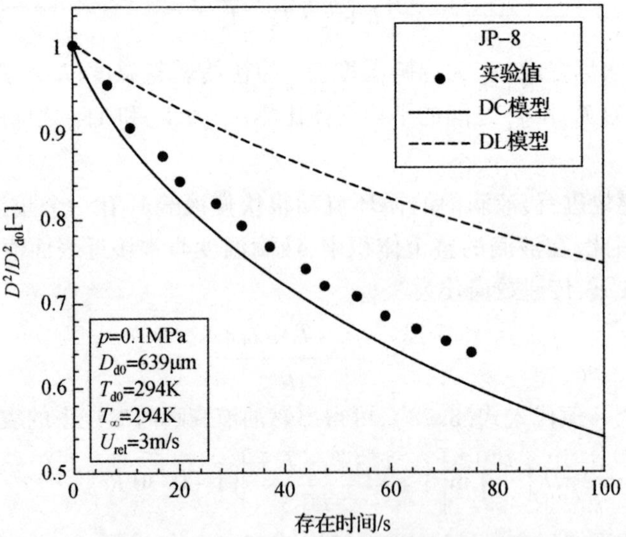

图8.40　液滴表面积随存在时间变化的测量值与预测结果的对比[47]

目前,已经有许多关于多组分燃料的实验研究,并且针对液滴燃烧过程中的扩散火焰模型预测结果与在中等压力下的测量结果进行了分析和对比。本书不涉及对这些研究的综述,如需了解可在 Faeth、El Wakil、Law、Sirignano和 Reitz 的各种出版物中找到(如文献[9-10,30-45])。

现有的轻馏分石油燃料实验数据表明,JP-4和在空气中燃烧的煤油燃料在稳态蒸发过程中,λ 保持恒定,如图8.2所示。但正如 Faeth[30] 指出的那样,上述特征可能在火焰温度远高于液滴温度的液滴燃烧过程中发生,但在低温环境中的液滴蒸发就完全不同了。在较低的气体温度下,由成分变化而引起的液滴表面温度变化会对液滴及其周围环境之间的温差产生较大的影响,从而导致 B_M 显著变化。针对低温气流中多组分燃料的蒸发特性,还需要开展更多的实验工作。

在高温条件下,考虑了多组分的更为复杂的蒸发概念模型已经取得了突破。包括快速混合模型,该模型假定液滴内部的混合是瞬时发生的,因此在整个蒸发过程中温度是恒定的。但是,快速扩散可能对高压下的馏分燃料无效[45]。扩散极限(DL)模型中则整合了更复杂的物理学过程[9,46],但该模型的计算效率随着燃料成分添加变得越来越低下,最终仍可能限制实际燃料的应用。

另外还尝试使用了蒸馏曲线模型(DC 模型)捕获多组分行为,该模型使用液体的平均摩尔质量作为蒸发速率的相关参数[47]。例如,在此模型中,Jet - A 可以用三种纯烷烃表示。与 DL 模型相比,DC 模型具有单组分模型的效率,同时可以更精确地计算实际发动机燃料。DC 模型基于均匀温度模型,并结合了诸如 Jet - A、JP - 4 和 DF - 2 等实际发动机燃料的蒸馏曲线来确定燃料蒸气的摩尔质量。

分馏沸腾过程仅是一个变量函数:液滴内部燃料的实际平均摩尔质量。因此,多组分燃料蒸发可被视为组分性质随时间变化的单组分燃料蒸发过程。针对嵌入典型的燃气轮机工况 CFD 计算中的 DC 模型,已开展了相关的验证工作[29]。然而,考虑到自燃的风险通过实验难以达到目标条件,因此获得合适的数据比较有限。

Nakamura 等[48]比较了在高温和高压条件下实际柴油喷雾的结果。在这项研究中,使用普通射流式气动雾化喷嘴在 5 个标准大气压和不同的环境温度下将柴油喷射到氮气环境中,使用式(6.65)估算初始液滴大小。同时采用有效蒸发概念模型与 DC 模型进行计算。如图 8.41 所示,尽管 DC 模型相较于有效蒸发概念模型内置了其他复杂模型,但两个模型获得的结果吻合

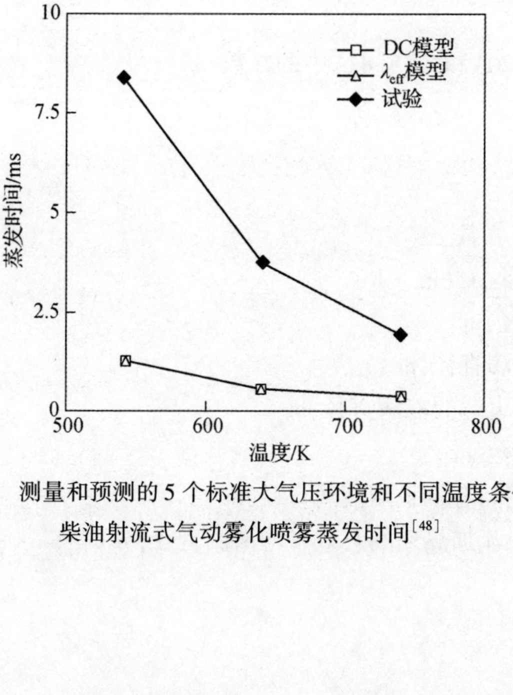

图 8.41 测量和预测的 5 个标准大气压环境和不同温度条件下的柴油射流式气动雾化喷雾蒸发时间[48]

得很好。另外,两者都超过了测得的蒸发速率。这很可能是由于液滴团彼此的相互作用,导致在喷雾中心线存在饱和条件。因此与孤立的液滴情况相比,蒸发速度变慢(图8.41)。

与轻质燃料不同,中性燃料和重质燃料燃烧因燃烧液滴的破坏性沸腾和溶胀以及碳质残留物的形成而变得复杂[8-31]。D^2 定律不再成立,尽管仍可以定义等效的燃烧速率常数。

根据 Williams 的文献[8],从中油燃料到重油燃料液滴的燃烧过程总结如下:

(1)加热液滴并蒸发低沸点组分;

(2)自燃和燃烧,并具有轻微的热分解和挥发性成分的持续汽化;

(3)液滴的广泛破坏性沸腾和溶胀,以及大量的热分解,产生了重焦油;

(4)由于重焦油的分解而残留的挥发性液体和气体燃烧,重焦油坍塌并形成具有开放结构的碳质残余物,称为空心层;

(5)含碳残渣的缓慢异质燃烧速度约为初始下降速度的1/10(就燃烧速率常数而言)。

据称,当用燃料乳化水来增强破坏性溶胀时,液滴的广泛溶胀可通过将较小的液滴从母滴爆炸性地喷出而产生二次雾化。

8.10 变量说明

a、b:式(8.20)和式(8.81)中的常数

B:传输数

B_M:传质数

B_T:传热数

C_{ex}:热膨胀系数

c_p:定压比热,J/(kg · K)

D:液滴直径,m

D_0:初始液滴直径,m

D_1:加热结束时的液滴直径,m

D_c:扩散系数,m^2/s

D_{hu}:加热期间有效平均液滴直径,m

D'_{hu}:强制对流加热期间有效平均液滴直径,m

D'_{st}:强制对流稳态阶段的有效平均液滴直径,m
F:时间 Δt_e 后蒸气形式的初始液体质量分数
h:传热系数,$J/(m^2 \cdot s \cdot K)$
k:平均导热系数,$J/(m \cdot s \cdot K)$
L:燃料汽化潜热,J/kg
Le:刘易斯数
L_{Tb}:沸腾温度 T_b 时燃料汽化潜热,J/kg
$L_{T_{bn}}$:在正常沸腾温度 T_{bn} 下的汽化潜热, J/kg
m:油滴质量,kg
m_F:单位面积的燃油蒸发速率,$kg/(m^2 \cdot s)$
$\dot{m}_F$:燃油蒸发速率, kg/s
M:分子量
MMD:质量中值直径
Nu:努塞特数
n:蒸发速率压力指数
p:环境空气压力,kPa
p_{cr}:临界压力,kPa
p_{F_s}:液滴表面的燃油蒸气压,kPa
Pr:普朗特数
Q:周围气体传给液滴的热传递速率,J/s
Q_e:燃料汽化中的热利用率, J/s
$\overline{Q}$:无量纲感热参数
q:Rosin - Rammler 液滴直径分布参数[请参见式(3.14)]
R:气体常数
r:液滴半径,m
r_s:液滴表面半径,m
Re_D:液滴雷诺数
Sc:施密特数
T:热力学温度,K
T_b:沸腾温度,K
T_{bn}:常压下的沸腾温度,K。对于多组分燃料,T_{bn} 为平均沸点

T_{cr}:临界温度,K
T_f:火焰温度,K
T_r:参考温度,K[参见式(8.7)]
T_s:液滴表面温度,K
$\overline{T}_s$:无量纲表面温度,K
T_∞:环境温度,K
t:时间,s
t_e:液滴蒸发时间,s
Δt_{hu}:加热时间,s
Δt_{st}:稳态周期的持续时间,s
U:燃料液滴与周围气体之间的相对速度,m/s
u':湍流速度的波动分量,m/s
Y_A:空气质量分数
Y_F:燃料质量分数
Y_i:i 的质量分数
λ:蒸发常数,m^2/s
λ':强制对流的蒸发常数,m^2/s
λ_{eff}:液滴寿命期间 λ 的有效平均值,m^2/s
μ:动态黏度,kg/(m · s)
ρ:密度,kg/m^3
下标:
A:空气
F:燃料
V:蒸气
g:气体
0:初始值
r:参考值
s:液滴表面值
st:稳态值
hu:升温期间的平均值或有效值
∞:环境值

参考文献

1. Wood, B. J., Wise, H., and Inami, S. H., Heterogeneous combustion of multicomponent fuels, *NASA TN* D-206, 1959.
2. Godsave, G. A. E., Studies of the combustion of drops in a fuel spray—The burning of single drops of fuel, in: *4th Symposium (International) on Combustion*, Williams & Wilkins, Baltimore, Maryland, 1953, pp. 818–830.
3. Spalding, D. B., The combustion of liquid fuels, in: *4th Symposium (International) on Combustion*, Williams & Wilkins, Baltimore, 1953, pp. 847–864.
4. Faeth, G. M., Current status of droplet and liquid combustion, *Prog. Energy Combust. Sci.*, Vol. 3, 1977, pp. 191–224.
5. Goldsmith, M., and Penner, S. S., On the burning of single drops of fuel in an oxidizing atmosphere, *Jet Propul.*, Vol. 24, 1954, pp. 245–251.
6. Kanury, A. M., *Introduction to Combustion Phenomena*, New York: Gordon & Breach, 1975.
7. Spalding, D. B., *Some Fundamentals of Combustion*, New York: Academic Press; London: Butterworths Scientific Publications, 1955.
8. Williams, A., Fundamentals of oil combustion, *Prog. Energy Combust. Sci.*, Vol. 2, 1976, pp. 167–179.
9. Sirignano, W. A., Fuel droplet vaporization and spray combustion, *Prog. Energy Combust.*, Vol. 9, 1983, pp. 291–322.
10. Sirignano, W. A., *Fluid Dynamics and Transport of Droplets and Sprays*, 2nd ed., Cambridge: Cambridge University Press, 2010.
11. Hubbard, G. L., Denny, V. E., and Mills, A. F., Droplet evaporation: Effects of transients and variable properties, *Int. J. Heat Mass Transfer.*, Vol. 18, 1975, pp. 1003–1008.
12. Sparrow, E. M., and Gregg, J. L., Similar solutions for free convection from a non-isothermal vertical plate, *Trans ASME*, Vol. 80, 1958, pp. 379–386.
13. Vargaftik, N. B., *Tables on the Thermophysical Properties of Liquids and Gases*, New York: Halsted Press, 1975.
14. Touloukian, Y., *Thermal-Physical Properties of Matter*, New York: Plenum Press, 1970.
15. Watson, K. M., Prediction of critical temperatures and heats of vaporization, *Ind. Eng. Chem.*, Vol. 23, No. 4, 1931, pp. 360–364.
16. Chin, J. S., and Lefebvre, A. H., Steady-state evaporation characteristics of hydrocarbon fuel drops, *AIAA J.*, Vol. 21, No. 10, 1983, pp. 1437–1443.
17. Hall, A. R., and Diederichsen, J., An experimental study of the burning of single drops of fuel in air at pressures up to 20 atmospheres, in: *Fourth Symposium (International) on Combustion*, Baltimore, Maryland: Williams & Wilkins, 1953, pp. 837–846.
18. Chin, J. S., and Lefebvre, A. H., The role of the heat-up period in fuel drop evaporation, *Int. J. Turbo Jet Eng.*, Vol. 2, 1985, pp. 315–325.
19. Probert, R. P., *Philos. Mag.*, Vol. 37, 1946, p. 94.
20. Frossling, N., On the evaporation of falling droplets, *Gerl. Beitr. Geophys.*, Vol. 52, 1938, pp. 170–216.
21. Ranz, W. E., and Marshall, W. R., Evaporation from drops, *Chem. Eng. Prog.*, Vol. 48, 1952, Part I, pp. 141–146; Part II, pp. 173–180.
22. El Wakil, M. M., Uyehara, O. A., and Myers, P. S., A theoretical investigation of the heating-up period of injected fuel drops vaporizing in air, NACA TN 3179, 1954.
23. El Wakil, M. M., Priem, R. J., Brikowski, H. J., Myers, P. S., and Uyehara, O. A., Experimental and calculated temperature and mass histories of vaporizing fuel drops, NACA TN 3490, 1956.
24. Priem, R. J., Borman, G. L., El Wakil, M. M., Uyehara, O. A., and Myers, P. S., Experimental and calculated histories of vaporizing fuel drops, NACA TN 3988, 1957.
25. Abramzon, B., and Sirignano, W. A., Droplet vaporization model for spray combustion calculations, *Int. J. Heat Mass Tran.*, Vol. 32, 1989, pp. 1605–1618.
26. Chin, J. S., and Lefebvre A. H., Effective values of evaporation constant for hydrocarbon fuel drops, in: *Proceedings of the 20th Automotive Technology Development Contractor Coordination Meeting*, 1982, pp. 325–331.
27. Chin, J. S., Durrett, R., and Lefebvre, A. H., The interdependence of spray characteristics and evaporation history of fuel sprays, *ASME J. Eng. Gas Turb. Power*, Vol. 106, July 1984, pp. 639–644.
28. Aldred, J. W., Patel, J. C., and Williams, A., The mechanism of combustion of droplets and spheres of liquid *n*-heptane, *Combust. Flame*, Vol. 17, 1971, pp. 139–149.
29. Faeth, G. M., Evaporation and combustion of sprays, *Prog. Energ. Combust.*, Vol. 9, 1983, pp. 1–76.
30. Faeth, G. M., Spray combustion models—A review, AIAA Paper No. 79–0293, 1979.
31. Law, C. K., Multicomponent droplet combustion with rapid internal mixing, *Combust. Flame*, Vol. 26, 1976, pp. 219–233.
32. Law, C. K., Unsteady droplet combustion with droplet heating, *Combust. Flame*, Vol. 26, 1976, pp. 17–22.
33. Law, C. K., Recent advances in multicomponent and propellant droplet vaporization and combustion, ASME Paper 86-WA/HT-14, Presented at Winter Annual Meeting, Anaheim, California, December 1986.
34. Law, C. K., Recent advances in droplet vaporization and combustion, *Prog. Energ. Combust.*, Vol. 8, 1982, pp. 171–201.
35. Law, C. K., Prakash, S., and Sirignano, W. A., Theory of convective, transient, multi-component droplet vaporization, in: *16th Symposium (International) on Combustion*, The Combustion Institute, 1977, Cambridge, MA pp. 605–617.
36. Sirignano, W. A., and Law, C. K., Transient heating and liquid phase mass diffusion in droplet vaporization, Adv. Chem. Ser. 166, in: Zung, J. T. (ed.), *Evaporation-Combustion of Fuels*, American Chemical Society, Wash D.C. 1978, pp. 1–26.
37. Law, C. K., and Sirignano, W. A., Unsteady droplet combustion with droplet heating—II: Conduction limit, *Combust. Flame*, Vol. 28, 1977, pp. 175–186.
38. Sirignano, W. A., Theory of multicomponent fuel droplet vaporization, *Arch. Thermodyn. Combust.*, Vol. 9, Waterloo, Ontario 1979, pp. 235–251.
39. Lara-Urbaneja, P., and Sirignano, W. A., Theory of transient multicomponent droplet vaporization in a convective field, in: *Eighteenth Symposium (International) on Combustion*, The Combustion Institute, 1981, pp. 1365–1374.
40. Sirignano, W. A., Fuel droplet vaporization and spray combustion, *Prog. Energy Combust.*, Vol. 9, No. 4, 1983, pp. 291–322.
41. Aggarwal, S. K., and Sirignano, W. A., Ignition of fuel sprays: Deterministic calculations for idealized droplet arrays, in: *20th Symposium (International) on Combustion*, The Combustion Institute, Ann Arbor, MI 1984, pp. 1773–1780.
42. Tong, A. Y., and Sirignano, W. A., Multicomponent droplet vaporization in a high temperature gas, *Combust. Flame*, Vol. 66, 1986, pp. 221–235.

43. Tong, A. Y., and Sirignano, W. A., Multicomponent transient droplet vaporization with internal circulation: Integral equation formulation and approximate solution, *Numer. Heat Transfer*, Vol. 10, 1986, pp. 253–278.
44. Zhu, G.-S., and Reitz, R. D., A model for high-pressure vaporization of droplets in complex liquid mixtures using continuous thermodynamics, *Int. J. Heat Mass Transfer*, Vol. 45, 2002, pp. 495–507.
45. Kneer, R., Schneider, M., Noll, B., and Wittig, S., Diffusion controlled evaporation of a multicomponent droplet: Theoretical studies on the importance of variable liquid properties, *Int. J. Heat Mass Transfer*, Vol. 36, 1993, pp. 2403–2415.
46. Burger, M., Schmehl, R., Prommersberger, K., Schafer, O., Kock, R., and Wittig, S., Droplet evaporation modeling by the distillation curve model: Accounting for kerosene fuel and elevated pressures, *Int. J. Heat Mass Transfer*, Vol. 46, 2003, pp. 4403–4412.
47. Prommersberger, K., Maier, G., and Wittig, S., Validation and application of a droplet evaporation model for real aviation fuel, in: *RTO AVT Symposium on "Gas Turbine Combustion, Emissions and Alternative Fuels,"* RTO-MP-14, Lisbon, Portugal, pp. 16.1–16.12.
48. Nakamura, S., Wang, Q., McDonell, V., and Samuelsen, S. Experimental validation of a droplet evaporation model, ICLASS 2006, Paper ICLASS06-184, Kyoto, Japan.

第9章 喷雾测量及建模方法

9.1 引言

在过去的几十年中,喷雾的特性研究取得了很大的进展。尽管喷雾中液滴的尺寸仍然是喷雾的关键特征,但其他参数也可以进行常规测量。如第1章(图1.1)所述,喷雾中发现的现象非常复杂且变化多端。随着仪器和仿真方法变得越来越强大,对多种行为的观测变为可能。

本章的研究内容主要集中在喷雾液滴的尺寸上。但是,正如第7章所讨论的那样,为描述喷雾形态特征已经提出了一系列的有效模型,这些被确定为性能的一个关键方面。此外,现在已经有量化喷雾速度、气相、温度和其他参数的方法。

本章着重介绍了测量液滴大小和喷雾形态的方法,同时还涉及喷雾一些其他特征信息的测量。目前有许多关于喷雾特性的一般诊断方法综述,包括文献[1-4]的最新综述。

可见,模拟的作用不容忽视。尽管本章着重介绍实验方法,但也对模拟进行了一些讨论。显然,模拟和实验可以(并且应该)齐头并进,以最大限度地了解所发生的复杂现象。

Bachalo[1]认为这是增加对喷雾特性了解所需要的主要步骤,并建议未来的表征方法可以将模拟与测量直接集成。遗憾的是,由于喷雾诊断和模拟本身就是两个重要的大领域,其所适用的范围以及所需的不同背景和技能,使得两种方法的融合受到了限制。

尽管如此,在一些典型的范例中将建模与实验结合起来的实用价值已经得到证明,包括 Drake 和 Haworth 的范例[5]、湍流喷雾燃烧的测量和计算进展[6-7]、发动机燃烧网[8],以及 Jenny 等的结论[9]。显然,最好通过各个组织联合完成这类融合测量,这通常需要在国家或国际层面上发挥领导作用。

9.2 喷雾测量

针对工程科学许多分支中遇到的测量非常小颗粒尺寸的问题,人们已经采用许多不同的方法,并取得不同程度的成功。但是,在人们试图将这些方法应用于喷雾中的液滴直径的测量时,他们都遇到了特殊的困难。这些困难包括:①喷雾中的液滴数量非常大;②液滴的流速高且变化不定;③在大多数实际喷雾中遇到的液滴直径范围很广(液滴最大与最小直径之比通常超过100∶1);④在蒸发和聚合过程中液滴直径随时间变化。在为给定应用选择液滴直径测量技术时,必须考虑这些因素。

喷雾液滴大小测量技术应具有以下理想特征:

(1)不会对雾化过程或喷雾形态造成干扰。使用侵入式设备测量流动气流中的液滴直径时需要特别注意,因为小液滴通常沿流线运动,而大液滴倾向于跨流线迁移。所以这种现象会导致测量结果出现尺寸偏差。

(2)具有至少10倍尺寸范围测量能力,甚至在某些应用中希望接近30倍。通常,热丝技术之类的探针方法的尺寸范围为1~600μm,而成像技术的尺寸范围为5μm以上。

(3)具有测量空间和基于通量的分布的能力(在9.2.3节中讨论)。通常优选后者,但是许多重要的光学技术仅提供空间分布。如果还提供液滴速度数据,则可以将雾化和喷雾由一种分布转换为另一种分布。

(4)在适当的地方,提供大量的代表性样品。为了获得合理准确的尺寸分布测量结果,样品中应至少包含5000个液滴。

(5)适应液体和环境气体性质广泛的变化。许多喷雾系统在高压和高温下运行,如何在这些苛刻条件下成功地开发出用于燃料蒸发和燃烧的数学模型,在很大程度上取决于精确和可靠的喷雾诊断。

(6)某些应用中具有较大的物理喷雾。因此,通常需要考虑在保持准确性能的同时为诊断人员保持足够的工作距离。

(7)提供快速的采样和统计方法。当前使用的大多数仪器具有自动数据采集和处理功能,可以在几秒内累计结果。当需要密度值(液滴数/cm^3)时,系统必须足够快地测量和记录通过探头体积的每个液滴。数据管理系统应该以直方图形式迅速再现液滴直径分布以及各种平均直径和标准偏差。

由于实际上不可能在单个仪器中实现这些标准，因此必须认识到各种可用测量技术的功能和局限性。

9.2.1　液滴直径测量方法

液滴直径测量中使用的各种方法可以简单地分为机械、电子和光学三大类，如下所述。光学方法包括近年来研发的应用越来越广泛的光学诊断系统。其中一些仪器具有测量液滴速度、数量密度以及直径分布的能力。其他测量能力还包含有关气相信息的更多详细信息（如液滴的蒸气或连续流）。

1. 机械方法

(1)载玻片或细胞中的液滴收集。

(2)熔蜡法和冷冻液滴技术。

(3)级联撞击器。

2. 电学方法

包括导线法和热线法。

3. 光学方法

(1)成像－摄影、干涉、全息/全光、平面、时间选通、结构光。

(2)非成像－单粒子计数器、光散射、衍射。

喷雾诊断的日益重要性为器械制造商提供了一个重要的市场，以通过研究和研发活动来完善和改进技术并创新方法。本章并不涵盖所有相关技术或可能应用于喷雾直径分布测量的潜在技术；相反，注意力主要集中在以下三个主要类别上：过去已广泛使用的方法、仍在广泛使用的方法，以及开始出现并似乎有望在未来增强诊断能力的方法。

近年来，文献［1－4］中的综述专门针对液滴直径测量技术，包括Chigier[10－11]、Bachalo[12]、Ferrenberg[13]、Hirleman[14]和Jones[15]的综述，为该领域的历史和发展奠定了基础。

9.2.2　液滴直径测量的影响因素

所有测量技术，无论简单的方法还是复杂的方法都容易受到各种误差和不确定性的影响，其性质和重要性取决于所采用的特定方法。但是，大多数方法中，液滴直径测量中的许多潜在误差源都是最常见的，包括采样方法（基于空间或通量）、样本大小、液滴饱和度、液滴蒸发、液滴聚合和采样位置等。在设计用于测量液滴直径的仪器时，应尽一切努力将这些类型的误差减至最小。但事实是,所有技术均会由其采用的基本假设、使用方法以及数据采集质量等带来误差和不确定性。

9.2.3 基于空间和通量的采样

人们普遍认为,各种测量方法与所用采样的固有性质有关。根据 ASTM E799-03(2015)采用的两种类型的采样来确定液滴直径分布。

第一种是空间采样,它描述了在单位体积内的液滴在任何观察期间都不会改变的极短时间内,对单位体积内液滴的观察和测量。多年来,空间采样也称基于浓度的采样,但本书将使用 ASTM E799 中的术语。空间采样的例子有单次闪光、高速摄影和激光全息照相,此类照片的总和将构成空间采样。第二种是基于通量的采样,描述了对在特定时间间隔内穿过固定区域液滴的观察或测量,其中每个液滴分别计数。基于通量的液滴分布,通常通过能够感应单个液滴的光学仪器和收集技术获得。在某些情况下,可以获得既不是基于空间的样本也不是基于通量的样本,例如,在一个移动的载玻片上收集液滴,除了通过载玻片运动的扫掠体积收集到的液滴,还有液滴沉降在载玻片上。

Tropea[3] 制作了一个能够很好展示两种采样方式的示意图,如图 9.1 所示。这显示了在所收集样品中的一种可能的偏差。本质上,在单位体积中花费更多时间的粒子将倾向于更频繁地采样,而在给定的时间段 T 中,所有粒子都将在单位区域中采样。考虑采用单次闪光图像,任何特定图像都更可能捕获慢速移动的对象,因为它在相机的视场中比快速移动的对象驻留时间长。

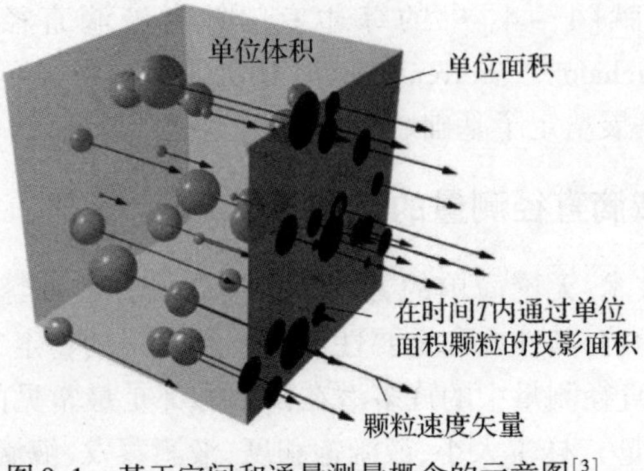

图 9.1 基于空间和通量测量概念的示意图[3]

如果喷雾中的所有液滴以相同的速度移动,则通过空间和时间采样获得的结果是相同的。如果不是,则可以用该速度下的液滴数目对给定速度的液滴数目进行无量纲化,从而使空间液滴直径分布转换为时间分布。因此,相对于缓慢运动的液滴,快速运动的液滴的相对计数将增加。

使用压力喷嘴时,喷雾中较小的液滴通常比较大的液滴更快减速,这导致紧挨喷嘴的下游区域内小液滴浓度很高。因此,该区域的空间采样产生的平均直径小于基于通量采样的直径[16-17]。在更下游区域,所有液滴以相同的速度移动时,两种方法获得的结果应该相同。

基于空间和通量的采样方法的相对优点经常受到争议。有时有人认为,空间采样是不正确的,因为它给出的结果与给定时间间隔内喷嘴实际喷注的液滴尺寸的光谱不一致。但是,正如 Tate[18] 指出的那样,这两种方法基本上都不会比另一个差。在实践中,哪种方法最好取决于应用场景。例如,当将除草剂喷在地面上时,基于通量的采样将提供最多的信息。但空间采样在燃烧应用中可能是有利的,这是因为在燃烧应用中,点火和燃烧速率取决于给定体积或区域内的瞬时液滴数量[18]。

1. 样本容量

尽管喷雾包含的小液滴比大液滴的比例要大得多,但是确定喷雾的液滴平均直径的主要因素是相对较少的大液滴。因此,如何使液滴的样品真正代表整个喷雾,至关重要的是要包括大液滴。如 Lewis 等[19] 指出的,在 1000 个液滴样品中是否存在一个大液滴可能会影响样品的平均直径达 100%。

为了获得对喷雾质量的合理准确估计,必须测量大约 5500 个液滴。然而,在没有一个特定均值的置信区间的情况下,显然没有一个普适数是很正确的(请参阅第 3 章中讨论的各种平均直径和代表直径)。表 9.1 显示了由 Bowen 和 Davies[20] 估计的 95% 置信度极限所获得的各种样本大小的平均直径的准确性。

表 9.1　在液滴大小测量中样品大小对准确性的影响[20]

样品中的液滴数目/个	准确性/%
500	±17
1500	±10
5500	±5
35000	±2

体积、质量分布或索特平均直径(SMD)等情况要更为复杂。正如 Yule 和 Dunkley[21]所建议的那样,SMD 测量可能需要 30000 个样本才能达到 2% 的准确度。随着自动测量系统的出现,可以想到基于期望的置信区间来设置获得的样本数量。Wagner 和 Drallmeier[22]提出了使用自举法进行相位多普勒干涉测量的概念。

经他们严格的分析得出的主要结论是,对于各种类型和工况的喷嘴,各种测量方法的样本量大于 10000 就足够了。发现对于四孔雾化发生器有 5500 个样本就足够了,在文献[20]中也恰巧提出了相同的数目。强烈建议从业者在计算样本量归因的参数时积累经验,并尝试对存在或不存在一些相对较大的液滴的敏感性进行实验。为了降低相对少见的对大液滴的敏感性,也可以将分布分配为连续函数(如第 3 章中描述的函数)。

2. 液滴饱和度

当液滴通量或数量超过测量设备或方法的能力时,会发生液滴饱和。当在镀膜载玻片上或不混溶的溶剂中进行液滴收集时,此问题最为明显。如果样本太大,则液滴重叠(或它们的印迹)而导致错误的可能性很高。

光学系统常遇到饱和现象[1]。某些仪器被设计为一次检测一个粒子。除非仪器能够识别并排除重合的颗粒,否则会将光路或样品体积中存在的不止一个的颗粒记录为某个表观直径的单个液滴。当使用高速摄影或视频成像技术研究密集喷雾①时,饱和度也是一个问题。Edwards 和 Marx 提出了饱和度对相位多普勒干涉测量影响的严格分析[23]。在这项工作中,研发了仪器的解析表达形式,并与各种尺寸/速度分布结合使用。结果表明,较慢的液滴会被优先剔除,从而导致偏向于较快移动的液滴。在许多情况下,导致 SMD 值出现明显偏差所需的液滴数目密度非常高。在有一种压力旋流喷嘴的情况下,90% 的液滴由于饱和而被排除,SMD 值也仅改变了 10%。当然,依赖所有液滴(如液滴数目密度或体积通量)的准确计数的统计信息仍会受到液滴饱和度的严重影响。

对于成像类型的系统,由于液滴会衰减照明源以及由液滴散射或荧光产生的信号光,因此液滴饱和会对测量结果产生重大影响。然而,已经开发

① 术语"密集喷雾"提供了饱和情况的直观描述。实际上,液滴间距和喷雾物理尺寸都起作用。考虑到朗伯-比尔定律,很明显,液滴的数量密度(与液滴的间距相关)以及它们与光相互作用的路径长度(物理尺寸的函数)都会影响信号,从而影响图像中重叠液滴的概率等,术语"光学厚度"也被用来描述"密集喷雾"。

了能够解决该问题的复杂方法，包括将消光与成像的结合[24-25]以及与结构化光照平面成像（SLIPI）[26]相结合的方法。对于基于激光衍射的光散射方法，已开发出校正方案来帮助补偿饱和度。这些将在后续部分中详细讨论。

3. 液滴蒸发

由于小液滴的寿命非常短，因此在喷雾的精细测量过程中，蒸发作用将非常重要。蒸发会导致液滴平均直径增加或减少，这取决于初始液滴直径分布。对于单分散喷雾，蒸发总是会减小液滴平均直径。但是如果喷雾最初包含大范围的液滴直径，则蒸发可能会导致质量中值直径（MMD）增大。Chin 等[27]已对蒸发对液滴平均直径的影响开展了深入研究。图 9.2 显示了煤油（JP－5）燃料喷雾在温度为 2000K 和压强为 2MPa 的空气中蒸发时，对于不同初始值的 Rosin－Rammler 尺寸分布参数 q，MMD 随蒸发时间变化的规律。

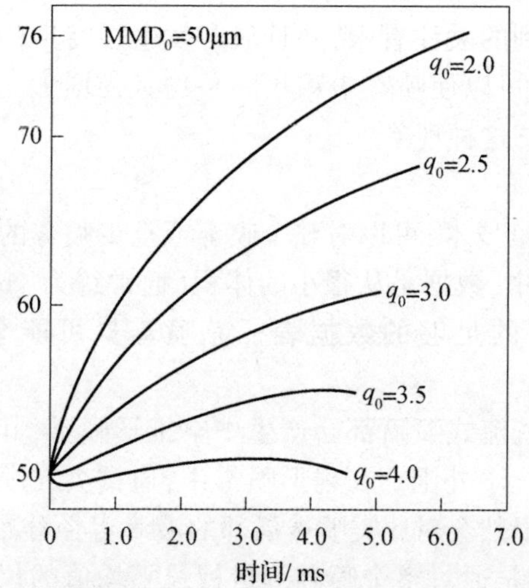

图 9.2　q_0 质量中值直径随蒸发时间变化的规律[27]（燃料为 JP－5、空气压力为 2000kPa，空气温度为 2000K）

很明显，在该图中，MMD 通常随蒸发时间而增加，且对于具有较小 q_0 值的喷雾，MMD 的变化更为明显。当 $q_0>4$ 时，MMD 随着蒸发的进行而下降，蒸发的影响在蒸发喷雾中更加明显。在许多实例中，常基于在非反应静态条件下进行的雾化性能来指定用于燃烧系统的喷嘴。在这些情况下，经过多年的积累，最终用户可能在静态冷流喷雾特性和燃烧条件之间建立了传递函数。

但是通常,此类传递函数将针对所考虑的应用背景和条件而特定。为此,可以找到许多将冷喷雾与反映喷雾特性的喷雾进行比较的实例。在某些情况下,空气动力学条件(缺乏热释放)没有改变(如文献[28-29]);而在其他情况下,冷喷雾研究是在喷雾室进行的,而燃烧研究则是在强烈的空气动力学旋流条件下进行的[30]。在这两种情况下测得的液滴直径分布和参数均完全不同。在确定表征喷雾的最佳方法时需要考虑这一影响。

4. 液滴聚合

液滴碰撞有时会导致液滴聚合。两个液滴的碰撞是否会导致聚合除了取决于液滴的直径、相对速度和碰撞角度[31],还取决于喷雾的液滴数目密度和可用于碰撞的时间。因此,在距喷嘴较远的位置进行采样时,最有可能在浓密的喷雾中发生聚合。实际上,虽然在典型的单点喷射喷雾中聚合作用并不明显,但是对于相互作用的喷雾中可能发生不一样的情况[32]。理论上,可以通过详细的模拟评估这一行为。正如Greenberg[32]所讨论的,聚合的作用在该文献中受到的关注有限,并且通常发生在特定的系统中。实验的观察结果表明,聚合可以使喷雾中颗粒的平均直径增大。最好使用高保真度的模拟方法来评估这种现象。

5. 采样位置

通过某些测量技术,可以对整个喷雾或至少喷雾的代表性部分进行采样。而其他方法中,数据是从很小的体积(通常约为1mm^3)中提取的。使用这种方法获得的足够的数据表征总喷雾量可能会变得毫无意义且耗时。

大多数压力旋流式喷嘴都会产生中空锥形喷雾,其中最大的液滴由于其较高的惯性而位于外围。在扇形喷雾中,通常会在喷雾场的外边缘发现最大的液滴。这显然会对此类喷雾局部的液滴直径分布测量产生误导。同时也应注意,即使是通过整个喷雾测量视线平均值的仪器(例如,对那些包含在由激光束和喷雾的交叉点确定的体积内液滴样本)也不能避免由此引起的误差。

图9.3说明了视线测量的情况以及如何引入偏差。在此示例中,请考虑在喷雾横截面的中心环的50个10μm液滴和在外环中的50个100μm液滴。在平面A上,对所有100个液滴进行了采样,其SMD为99.2μm。但是在平面B上,大约10μm的液滴中有80%被采样,而100μm的液滴中只有大约10%被采样。在这种情况下,所报告的SMD约为20μm。因此,喷雾中心的液滴(或液滴更可能被采样的位置)存在相当大的偏差。

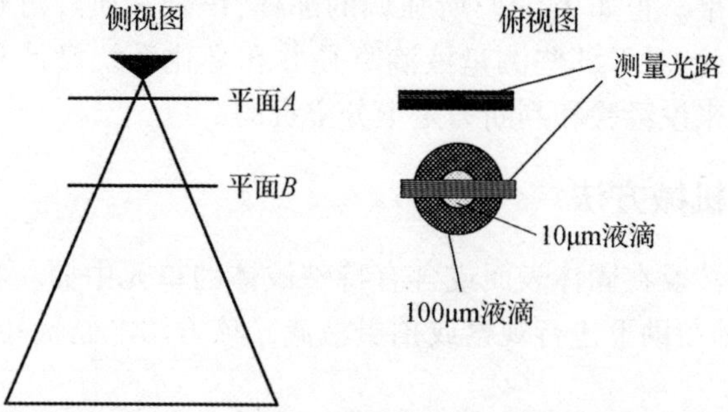

图 9.3　采样平面对视线法抽样统计的影响

考虑到这个原因(以及其他与非对称喷雾有关的原因),报告 ASTM E1260-03[33]中指出,建议对喷雾进行横向遍历而不是单一径向测量。但是,第 6 章中指出的许多相关性都是基于使用视线方法的单一径向测量,将其测量值与其他不同方法的结果进行比较具有重要意义。如果信息是基于单个视线测量的,则其至少是在为特定喷嘴指定 SMD 要求时,需要考虑一个重要因素。

对于低环境温度,燃料蒸发的影响可以忽略不计。Chin 等[17]研究表明,当液体从压力喷嘴横向喷入气流中时,在喷嘴下游区域通过光散射技术测得的液滴平均直径和液滴直径分布值,可能会与雾化过程刚刚完成的离喷嘴非常接近的平面中测得的真实值明显不同。遗憾的是,实际上,该平面很难精确确定,因为它非常依赖喷嘴设计特征、液体流量、喷注压力和周围空气特性。

通常,较均匀的喷雾(较高的 q)或有较高初始 MMD 随轴向位置的变化较小。出现液滴加速或减速的情况时,会分别使 MMD 的测量值偏大或偏小。在由空气速度和初始 MMD 确定的距离喷嘴很远的下游位置,所有液滴均达到合理的均匀速度,因此测得的 MMD 再次接近初始值。

这些发现表明,在喷嘴的下游(200~300mm)进行空气流中的喷雾特性的测量最理想(试验采用低温空气小于 300K 和低挥发性液体)。

上面提到的压力喷嘴存在的问题在空气射流喷嘴中并不明显,部分原因是液滴和空气的湍流掺混,这主要是因为液滴随空气流快速地进行输运限制了液滴尺寸突跃的形成。但是,由聚合和蒸发共同作用产生的误差仍然适用于这种类型的喷嘴产生的喷雾。

通常,大多数实用喷嘴产生的喷雾模式太复杂,以至于只有深刻地把握准确可靠的仪器和数据处理程序的适用范围,才能获得相当精确的液滴直径分布测量结果。正如Tate[18]所强调的那样,识别和质疑可疑数据的能力尤其重要。因此,对于那些测量液滴直径并在雾化系统设计和应用中使用这些参数的人来说经验和判断力是十分宝贵的。

9.2.4 机械方法

这些通常涉及在固体表面或含有特殊液体的单元中捕获喷雾样品。然后,在显微镜的帮助下进行观察或拍摄液滴。该方法非常简单,并且有很多变化。

1. 载玻片收集液滴

这种技术中的固体表面(通常是玻璃载玻片)需要被具有非常细的晶粒结构的涂层覆盖,从而分辨非常小的液滴[18,34]。可以在玻璃下面燃烧浸有煤油的灯芯以产生薄的烟灰涂层,或通过燃烧镁带沉积一层薄的氧化镁来获得非常精细的表面。使用这种涂层,可以观察并测量到直径降至3μm的液滴尺寸[35]。

在将载玻片暴露于喷雾后,有时会通过带有移动刻度尺的显微镜来测量液滴投影的大小。20世纪60年代,自动图像处理的出现催生了一种方便的仪器,即Leica Quantimet图像分析仪计算机,它可以对幻灯片上的颗粒分布进行快速、准确的评估。然后使用May[35]得出的考虑了载玻片上液体沉积的校正系数将这些尺寸转换为实际的液滴尺寸。与载玻片上的颗粒体积相关的实际直径将小于观测的直径。

Elkotb等[36]使用了碳烟涂层的载玻片来测量喷雾中的径向液滴尺寸和总体液滴直径分布。采样设备由一个小直径的圆柱体组成,圆柱体上有10个不同径向距离的直径为5mm的孔。将涂有炭烟的玻璃载玻片安装在圆柱体内的轴上,并且可以通过轮子绕圆柱轴旋转。将设备放置在距喷嘴60mm的位置。

从喷嘴和设备边缘孔注入的喷雾会在有沉积烟灰层的载玻片上留下痕迹。采用了总放大倍数为350的显微镜对载玻片上的印迹进行了拍摄。每组印迹代表的部分喷雾的径向位置与产生这些印迹相应的喷孔的径向位置一致。测量了直径0.5μm以上的液滴大小,对不同直径大小的液滴按照10μm的间隔进行计数。对于喷雾的每个半径获得的压痕数量和直径定义了空间和总直径分布。

与载玻片有关的一个问题是确定液滴应覆盖载玻片面积的大小。如果收集的液滴太多,则由重叠导致的错误概率很高,并且液滴计数变得毫无意义。另外,如果收集的液滴太少,则样品可能无法代表喷雾。从易于测量和计数的观点来看,0.2% 的覆盖率是较优的。为避免明显的液滴重叠问题,可以容许高达 1.0% 的覆盖率。

其他需要考虑的重要因素是液滴蒸发和内部液滴动力学。小液滴的寿命非常短,例如,直径为 10μm 的水滴在 90% 相对湿度的环境中的寿命约为 1s[37]。因此,在测量喷雾时,蒸发作用非常重要。对于热力学不稳定的情况(如作为乳液的油中的水滴)也会出现类似的问题。在获得样品并进行分析时,可能已经发生自然颗粒的团聚/分离。乳化剂可以在这种特殊情况下提供帮助。如果目标是量化液滴中飞沫或泡腾雾化的气泡的大小和数量,则与气泡重组相关的时间尺度可能会在图像分析之前改变样品。

由于空气喷嘴在收集表面周围形成流场,因此收集效率尤其重要。大液滴具有足够的惯性来撞击表面,但是小液滴倾向遵循流线。由于这些原因,通过直接液滴收集获得的空气喷嘴的液滴尺寸数据往往表明大于实际尺寸。

在涂层的载玻片上收集液滴产生的另一个问题是确定校正因子,必须乘扁平液滴的直径以获得球形体积的原始直径。其值取决于液体性质,尤其是表面张力,以及所用涂层的性质。例如,如果有油滴,则对于干净的玻璃表面,校正系数约为 0.5;对于镀镁的玻片,校正系数约为 0.86[38]。

使用压印方法的大多数工作是在 40 年前进行的,现在该技术已被照相和光学方法所取代。此外,现在有大量的数字图像处理方案和程序包可用于自动计数和调整粒子大小,例如美国国立卫生研究院的 ImageJ 或提供图像处理附加模块的 MATLAB®或 National Instruments 的商业程序包。此类软件包可直接用于液滴的高倍放大图像(与收集液滴相比)。但是,在许多情况下使用非均质液体时,对喷雾进行物理采样很可能是最好的方法。一个例子是在乳液中发生的连续油相中离散水颗粒分布的定量[39]。在最近的这项研究中,使用载有乳化稳定剂的载玻片收集方法和图像处理软件 ImagePro®(MediaCybernetics)进行分析,非常方便且准确地定量了油中水滴的大小分布,并获得了 2 ~ 15μm 的平均值。

2. 单元收集液滴

涂层滑动技术的一种改进方法是将液滴捕获在靶标上,在计数和测量液滴的过程中液滴保持悬浮状态。Hausser 和 Strobl[40]是第一位用目标显微镜载玻片的研究人员,这些载玻片涂有特殊的液体,液滴不会溶解,但会保持稳定并悬浮。另一种改进方法是将液滴收集在含有合适浸液的单元中。

该方法相比在载玻片上收集具有三个优点:①如果浸入液体的密度仅略小于喷洒液体的密度,则液滴几乎保持完美球形;②防止蒸发;③如果在浸入浸液时液滴没有分裂,则可以得到液滴的真实尺寸并可以直接测量。该方法应用于粗喷雾的效果并不理想,因为在浸入液体的冲击下最大液滴存在破碎风险。通过选择低黏度和表面张力的浸液可以在某种程度上减轻液滴破碎的问题。这样的液体有助于液滴滴入液体表面。液滴然后沉降到槽的底部,在那里它们会保持悬浮并稳定一段较长的时间,当然,前提是浸入液体与喷洒的液体绝对不混溶。

浸入式采样方法的另一个问题是液滴聚合。据 Karasawa 和 Kurabayashi[41]称,由于很难检测到聚合的发生,因此常常忽略这种现象。补救措施与前面提到的液滴破碎的补救措施相同,即使用低黏度的浸液[41]。Rupe[42]在研究喷雾剂时使用了这种方法。所使用的液体是水和水 - 酒精混合物,浸入的液体是 Stoddard 溶剂和染色的水。Delavan 公司最初广泛使用该技术来积累有关喷雾中液滴直径分布的大量数据[43]。所采用的实验程序与 Rupe 的实验程序密切相关。将染色的水喷入装满 Stoddard 溶剂的电池中。样品池位于气动百叶窗下方,调节其速度可获得代表性的液滴数。沉淀在单元池底部后,高倍率(通常为 50 倍)拍摄液滴。然后处理放大的液滴图像,以提供采样液滴的数量和与每个尺寸类别相关的喷雾量。自动分析还可以确定平均值和中值液滴直径以及指示分布均匀性的参数[43]。

3. 熔蜡技术

Joyce[44]在 1940—1946 年将该技术发展到了很高的完美状态。基本思想是,石蜡在加热到高于熔点的合适温度时具有与航空煤油相近的物理性能(密度为 $780\mathrm{kg/m^3}$;表面张力为 $0.027\mathrm{kg/s^2}$;运动黏度为 $1.5\times10^{-6}\mathrm{m^2/s}$)。熔蜡被注入大压力容器的大气中,在此处液滴迅速冷却并固化。然后对样品进行筛分操作,其中将蜡滴分成大小组。称量每个尺寸组以获得每个尺寸范围内的体积(或质量)分数。因此,可以直接测量累积的体积分布和 MMD,而无须花费大量的时间和人力,无须进行大量单个液滴的大小计算和计数。此外,样品中的液滴数达到数百万个,因此很明显,该技术不会因样品量太小而无法达到统计学上的准确性。

熔蜡技术的一个严重缺点是可以方便使用的材料选择范围有限。如果任何给定液体的性质与模拟物的性质不同,则有必要确定这些性质(尤其是表面张力和黏度)对雾化过程的影响。该方法的其他缺点是与预热蜡有关的实际问题,以及蜡滴在离开喷嘴后迅速冷却引起的物理特性变化导致的误差,因此可能不会进行二次重组并准确地复制。应将喷嘴附近的空气,即在进行关键雾化过程的区域中的空气,加热到与熔蜡相同的温度。某些涉及液体雾化然后凝固(如熔融金属)并可以收集的应用,可能会固有地使用这种方法确定粒径。

4. 液滴冻结技术

熔蜡技术的自然扩展是,一旦液滴从喷嘴中出来,就会通过冻结而凝固。在早期的研究中,Longwell[45]开发了一种在室温下将燃料喷雾中的液滴收集到流体中的技术。然后将载有液滴的液体送入酒精浴中,该酒精浴保持在大约干冰的温度下,干冰的温度足以将液滴冷冻成固体球。然后,在冷冻的同时对液滴进行筛分,将其分成不同大小的组。

20 世纪 50 年代初期,Taylor 和 Harmon[46]将水滴收集在已烷盘中冻结,并用干冰包装,然后在 -20℃的条件下使已烷冻结,其方法取决于水滴通过已烷下落所需的时间。水滴在通过流体下降时结冰,并停在百叶窗上。当样品全部沉降后,打开百叶窗,并测量液滴再次下落 30cm 的时间。经过 30cm 后,水滴落在秤盘上。然后可以将秤盘重量随时间的变化转换为等效的液滴直径,跌落所需的时间是液滴与支撑液之间的密度差、液体黏度、下落深度和液滴直径平方的函数。但是,该过程是一个非常漫长的过程,其中 5μm 的液滴需要长达 27h 才能掉落,而 100μm 的液滴则需要 4min。

1957 年,Choudhury 等[47]描述了一种在液氮浴中冷冻整个喷雾的方法。安装喷嘴时,其排放喷嘴向下指向液氮表面上方约 0.4m 的高度。收集到足够的液滴后,将液氮倒出,将冷冻的液滴通过一系列尺寸为 53 ~ 5660μm 的筛网。为了避免液滴在液氮表面上的任何团聚,被雾化的液体的密度应超过 1200kg/m^3。因此,该方法不适用于煤油、燃料油和水,这显然是一个严重的缺点,尤其是与 53μm 的最小可测量液滴尺寸结合在一起。

Nelson 和 Stevens[48]、Street 和 Danaford[49]、Rao[38]和 Kurabayashi 等[50]对氮冷冻技术进行了各种修改。Rao 的方法采用专门设计的等速探针,该探针的入口朝向喷嘴。气态或液态氮被输送到探头的尖端,并通过狭窄的环形槽注入到进入的喷雾中。氮气在约 140K 的温度下迅速冻结,然后将其收集在由氮气冷却的有机玻璃锅中并通过显微镜拍照。最终的照片显示液滴放大了 50 倍或更多,随后进行分析以确定样品中液滴的数量和大小。该方法简单、美观、方便,但仍涉及校正因子,以解决冻结过程中液滴尺寸的变化。典型的冻结液滴照片如图 9.4 所示。

5. 级联撞击器

级联撞击器基于以下原理:高速运动的大液滴将因其动量而撞击其路径上的障碍物,而以一定速度行进的小液滴则跟随障碍物周围的气流。

单级撞击器如图9.5所示。通过喷嘴抽取正在研究的喷雾样品,使其遇到载玻片。载玻片通常涂有碳和氧化镁的混合物以保留液滴。大水滴撞击载玻片,而较小的水滴跟随载玻片周围的气流。随着包含液滴的射流的速度通过减小流通过的喷嘴的面积而增加,较小的液滴将由于其增加的动量而撞击载玻片。May[51]设计了一种四级叶栅撞击器,其中4个喷嘴逐渐变小,因此当空气以稳定的速度吸入时,液滴的速度和液滴撞击的效率会随着滑动的增加而增加。对于直径大于50μm的液滴,液体在第一孔壁上的沉积成为问题,因此在直径范围为1.5~50μm的情况下,可以获得最大的采样效率。为了改善对较大液滴的采样问题,应增大撞击器的尺寸。

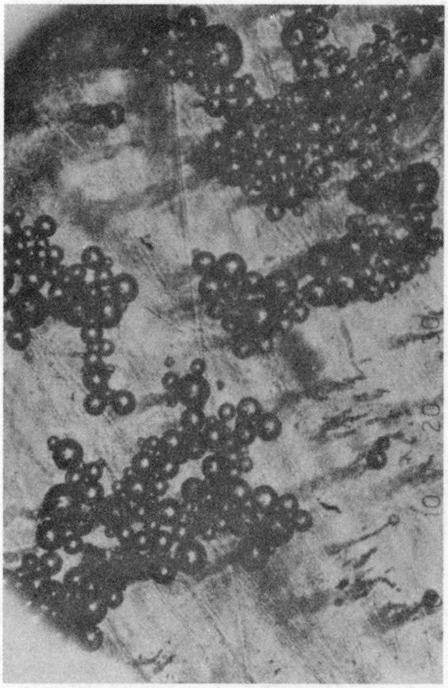

图9.4　典型的冻结液滴照片

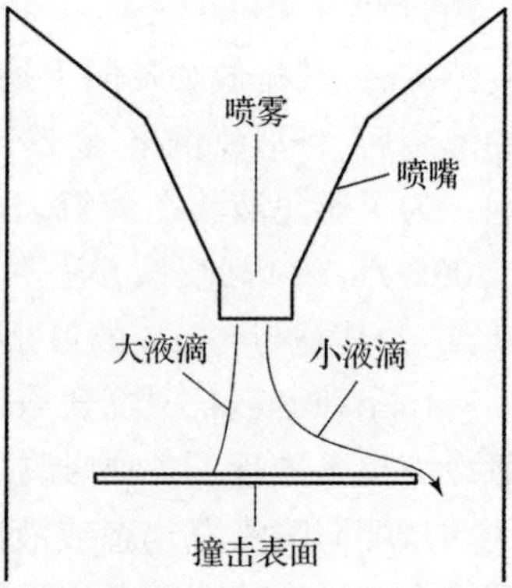

图9.5　单级撞击器

级联撞击器的一个优点是可以使用等速采样来避免对喷雾中非常大或非常小的液滴的区分;另一个优点是,在校准之后,容易通过重量分析法或化学方法评估在级联撞击器的每个阶段中收集的与每个液滴尺寸范围相关的液体量。理论上,可以使用任何数量的阶段为所需的液滴大小分组。

级联撞击器显然缺乏现代光学方法的先进性,但可以使其机械强度高,以承受常规处理的严格要求。而且,它可以在相当艰苦的条件下令人满意地工作。例如,它已经在飞行测试中用于测量云中液滴直径分布[34]。也就是说,如后面所述,其在用于气力测试的加固光学方法方面已经取得长足的进步。

9.2.5　电学方法

测量液滴大小的电学方法通常依赖对液滴产生的电子脉冲的检测和分析。

1. 威克斯 – 杜克勒技术(电极法)

Wicks 和 Dukler[52]提出的威克斯 – 杜克勒方法是基于对液滴瞬间桥接两个尖针之间的缝隙而产生的脉冲计数,在两个尖针之间产生电势差。通过调整此间隙的宽度,可以获得频率计数,然后将其转换为液滴直径分布。

Jones[15]描述了这种类型的仪器可能引起的一些问题。已经发现,桥接间隙的液滴的表观阻力是液滴速度和探针浸入液滴深度的函数。除非采用非常灵敏的检测和计数系统,否则大部分脉冲将低于必须设置的阈值,以免由于噪声而对脉冲进行计数。这可能会导致液滴直径分布出现较大误差[15]。此外,液滴速度的变化将对计数率产生与液滴大小变化相同的影响,因此,实际上只有液滴速度发生变化时,直径分布才会发生明显变化。尽管有这些限制,但考虑到其易于操作,该系统仍可能在某些类型的喷雾中找到应用。为了确定其有用的工作范围并确定和量化主要误差来源,有必要与一种经过验证的液滴定径方法进行比较。

2. 带电导线技术

带电导线技术的原理是,当液滴撞击到带电的电线上时,会去除取决于其大小的电荷,从而可以通过将电荷转换为可测量的电压脉冲来获得液滴大小。

根据 Gardiner[53]的研究,带电导线探针的局限性似乎取决于液体的电导率和液滴通量的组合。低电导率的液体会产生长脉冲,增加由连续碰撞相互叠加而导致发生错误计数的可能性。这个问题似乎限制了该技术在稀释高电导率液体喷雾方面的应用。

3. 热线技术

当液滴附着在加热的导线上时,它会在导线蒸发时引起导线的局部冷却。此现象可用于获取气流中液滴的大小和浓度。本质上,所使用的设备是恒温热线风速计。当不存在液滴时,导线的电阻很高,并且沿其长度合理地均匀分布。当液滴附着在导线上时,通过液滴进行的局部冷却会降低电阻,与液滴大小成比例。电阻的降低表现为导线支架两端的电压降。供给导线的恒定电流电能随后将液滴蒸发,使设备准备好接收另一个液滴。整个过程在2ms的时间内完成,具体取决于液滴尺寸[54]。

Mahler和Magnus[54]已经详细描述商用热线仪器的操作原理和校准程序。在适当的条件下,它可以准确测量SMD、MMD、体积流量和液体浓度。尽管这是一种侵入性技术,但所使用的铂丝直径仅为5μm,长度为1mm,对流量的干扰很小。当测量大液滴时,由于铂丝上的液滴破碎,该设备只能以低于10m/s的流速运行[12]。而且,该技术不能用于在导线上留下残留物的液体,因为这会影响校准。

为了更完整地说明热线技术和其他用于测量液滴直径的电学方法,应参考Jones[15]的评论。值得指出的是,通常可以通过材料或技术的最新发展来克服较老技术的缺陷。

9.2.6 光学方法

光学方法可以大致分为成像和非成像两类。前者,包括闪光照相术和全息照相术,在实践中仅限于直径大于5μm的液滴。成像方法的一个优点是可以在需要了解液滴大小的时间点将液滴视为存在,另一个优点是消除了采样后液滴聚合或蒸发所引起的误差[34]。

非成像方法可分为两类:一次计数和确定单个液滴大小的方法,以及同时测量大量液滴的方法。为了获得准确的结果,重要的是要知道液滴的大小和速度,并且某些仪器(成像和非成像)可以提供两组信息。

两种光学方法已用于喷雾分析。每种方法都有自身的优点和局限性,但是它们都有一个重要的属性,即无须在喷雾中插入物理探针即可进行尺寸测量。

1. 高倍率成像

成像是测量喷雾中液滴尺寸和速度的最准确、最便宜的技术之一。通常它涉及以足够强度和足够短的持续时间的光脉冲来拍摄图像(早期的照片,近年来的数码相机),以产生清晰的图像,然后对所记录的液滴图像计数和调整大小。高速摄像技术在喷雾分析中的许多开发工作是由Dombrowski等[55-57]以及谢菲尔德大学的Chigier等[58-61]进行的。

成像需要在放大倍率(希望获得良好的细颗粒分辨率)、视场(以隔离小区域或在大区域捕获信息)、图像持续时间(短脉冲持续时间以免模糊)、记录介质的灵敏度(数字传感器的任意薄膜)之间进行权衡。在某些数字成像系统中,即使在使用连续光源的情况下,曝光时间(当前远小于 1μs)也可用于冻结粒子运动,这对于高速记录很有帮助。

对于短时间的光脉冲,可以使用许多选项。通常使用汞蒸气灯、电火花、闪光灯和激光脉冲来创建持续时间短的高强度光源。闪光灯光源的持续时间约为 1μs,而普通激光器的脉冲持续时间约为纳秒量级,并且由于技术的发展,先进的系统实现了皮秒和飞秒量级的脉冲持续时间。

1977 年,Jones[15] 提出,成像(特别是摄影)可能是唯一有可能在许多应用中从浓密、快速移动的感兴趣的喷雾中提供液滴尺寸信息的技术。然而,该方法并非没有问题,其中最困难的是对摄影图像的分析,这至少需要一定程度的人工参与。手动调整大小既烦琐又费时,并且总是会使操作员疲劳和产生误差。诸如 Quantimet(德国的 Lieca Microsystems、Wetzlar)之类的自动图像分析仪,也要求操作人员作出相当大的判断,他们必须最终决定聚焦哪些液滴。使用高密度喷雾时,液滴图像在底片上可能会变得非常紧密,甚至重叠,这会大大降低自动图像分析的准确性。在成像阶段放大倍率趋于减轻该问题,并且还减小了 Quantimet 能够可靠测量的液滴最小直径。但是,这些改善只能通过放弃景深来实现[15]。

Chigier[61] 描述了一种确定有效景深的校准程序。将已知大小的颗粒沉积在载玻片上,穿过照相机的聚焦区域,并以固定的间隔拍摄照片。通过在两个不同的光强度水平下测量每个特定的直径来确定粒子图像。这些测量值的平均值与粒径有关,直径之间的差是颗粒边缘模糊晕圈厚度的量度。通过这种方式,可以确定每个特定光学系统和颗粒尺寸的有效景深。标准设备可用于标定景深(如 Edmunds Scientific 5 - 15 景深目标)。

Parker Hannifin 在 20 世纪 60 年代开发了一种早期的基于全自动电视摄像机的系统,以深入了解喷嘴液滴直径分布[62-63]。Jones[15] 指出的烦琐和主观的数据处理挑战在很大程度上由 Parker Hannifin 公司开发的电视分析仪缓解了。该仪器使用 0.5μs 的闪光灯拍摄包含在尺寸为 1.5mm × 2.0mm、深度约为 1 mm 的小框架中的液滴。系统分辨率在 4μm 以内。摄影速度为 15 帧/s。完整的测试大约需要 20min,包含超过 14000 滴。该仪器被认为在 80 ~ 200μm 的 SMD 范围内是精确的。在这种情况下,术语“精确”是指 ±6% 的可重复性。该方法进一步发展到了下一代系统[64]。通用汽车研究实验室还使用涉及电视标准的背光技术和成像技术开发的类似的交钥匙液滴定径系统[65]。像 Parker 系统一样,GM 系统通过精心开发用于图像处理的算法来检测、隔离、确定单个液滴的大小并考虑到景深问题的深度,从而获得了良好的结果。

双曝光成像或高速成像可以用于获取液滴速度信息。如果快速连续产生两个光脉冲,则会在记录介质上获得单个液滴的双重图像,从中可以通过测量液滴行进的距离并将其除以时间间隔来确定液滴的速度。液滴的运动方向也可以直接从照片中确定为相对于喷雾中心轴线的偏转角。该方法提供了对单个液滴的瞬时测量,并且从一系列这样的测量中,可以确定时间平均量和空间平均量以及标准偏差。基于这一原理的测量技术已被包括 De Corso 和 Kemeny[62]、Mellor 等[59]和 Chigier[61]在内的许多工人成功地使用。

高倍率双脉冲激光摄影具有同时测量液滴大小和速度的能力。由于无法充分控制光脉冲之间的时间,早期的实施方式仅限于较低的速度,但是当以 30m/s 的速度移动时,直径小于 5μm 的颗粒已被拍摄[10]。使用短脉冲成像来确定液滴直径分布技术已基本实现并一直在发展。通过利用光源以及传感器的发展优势,在喷雾密度和速度方面和越来越富挑战性的条件下,取得了更高的精度结果(如文献[66])。现在可以使用许多基于成像来调整颗粒大小的商业仪器[如 Dantec Dynamics(丹麦斯克夫伦德) Shadow Sizer、Oxford Laser(英国牛津) VisiSizer、LaVision(德国哥廷根) ParticleMaster Shadow Imaging]。值得注意的是,这些商业仪器中的大多数通过双脉冲图像的各种分析方法(例如,粒子跟踪测速或粒子图像测速算法)添加了附加参数,如速度。

2. 全息/全光

上面通过普通背光系统提出的挑战可以通过其他方法来解决,例如全息照相法或使用全光相机重建图像。

1)全息照相法

全息技术与摄影有很多共同点,它们的优点是可以捕获较大的区域,而不是摄影方法提供的有限景深。Chigier[11]、Jones[15]、MacLoughlin 和 Walsh[67]、Murakami 和 Ishikawa[68]、Thompson[69]、Faeth 及其同事[70-71]以及 Santangelo 和 Sjoka[72]已经描述了全息技术在喷雾系统中的应用。

对于全息技术,以短脉冲形式的相干光束照射移动液滴的样本体积。测量体积是一个圆柱体,其长度等于特定轴向位置处喷雾的总宽度,并且直径等于激光束的直径。由于激光脉冲的持续时间非常短(20ns),测量空间中包含的液滴会被有效冻结。生成的全息图提供了喷雾的完整三维图像,清晰可见小至15μm的液滴。然后可以用相干的光束照射全息图,以产生所有液滴在其正确的相对空间位置的静止图像。因此,全息方法本质上是一个两步成像过程,它以永久形式捕获液滴运动系统的大小和位置,然后生成样本体积内所有液滴的静止三维图像。

全息技术的一个优点是它可以产生记录的图像,以后可以在闲暇时进行研究;另一个优点是,原则上不需要校准。该方法的精度从根本上取决于光的波长。因此,从理论上讲,可以获得大约2μm的分辨率。该方法的主要缺点是其应用仅限于稀释喷雾[15]。典型的激光全息系统如图9.6所示。也可以安排其他配置(如文献[72])。

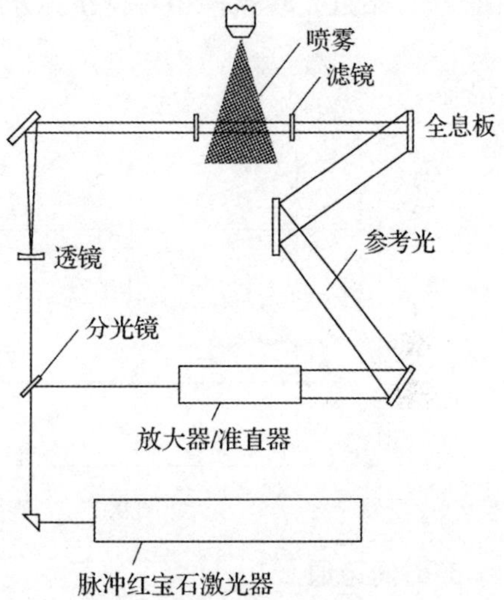

图9.6 典型的激光全息系统

英格兰的Marchwood工程实验室开发了一种用于喷雾研究的早期激光全息系统[15]。康涅狄格州东哈特福德的联合技术研究中心也将全息照相技术用于喷雾分析[73]。

在日本福冈的九州大学,Murakami和Ishikawa[68]开发了一种技术,使用两个不同波长的脉冲激光,以便在适当的时间间隔的两个不同的胶片上记录两幅全息图。在这两张膜的叠加图像上测量了运动粒子的位移(即粒子速度)。

在最近的发展中,电子传感器技术的发展使得数字全息技术成为可能(与上述示例中的胶片记录相比),这预示了全息技术的更广泛应用和更方便使用。例子包括Müller等[74]的文章和Sallam及其同事[75-76]的工作。

2)使用全光相机重建图像

捕获有关液滴场的固有三维信息的另一种数字方式涉及使用光场成像或全光成像。这种方法源自积分摄影法[77-79]。概念是使用多透镜阵列获得记录的图像。从本质上讲,这模仿了许多单独的摄像头从大量略有不同的视角拍摄对象的情况。了解透镜阵列的细节可以重建不同的焦平面(像全息照相一样,可以使从传感器到喷雾羽流的不同物理距离变得失焦)。图9.7所示为全光图像结构,其中在主透镜和成像面之间放置了一个微透镜阵列,以生成一组稍微不同的物体图像。该方法的主要折中是,最终功能图像的分辨率仅是传感器的原始像素密度的一小部分。在一些示例中,使用29兆像素传感器提供分辨率降低了一个数量级的功能图像。然而,作为多焦点方法,已经开发出克服这一问题的策略,其中微透镜阵列具有几个不同的焦距[79]。最近发现这种相对较新的方法已经用于喷雾中[80-81]。

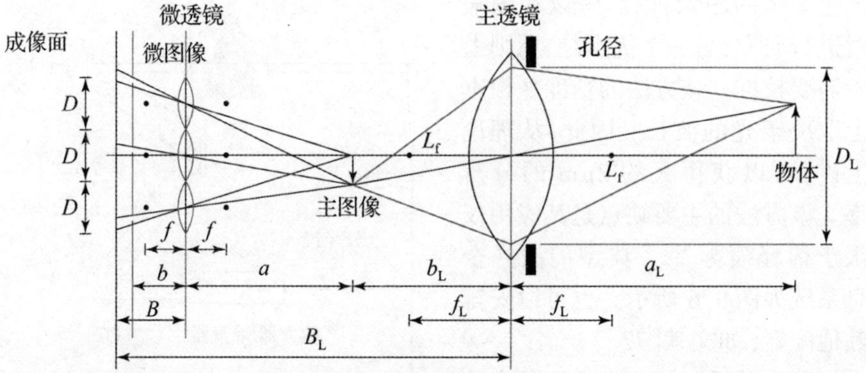

图9.7　全光图像结构[79]

3. 时间选通

某些应用会产生浓密或(光学上)浓密的喷雾。这些喷雾通常具有紧密分布的细小液滴,如来自柴油喷嘴的细小液滴。但是涉及雾化或甚至是物理上较大的喷雾的应用将产生类似的结果。通常,直流喷嘴可以产生光学上较厚的喷雾。在这些情况下,成像方法可能会因为缺乏穿透喷雾的光线而受到挑战。这种情况还会导致大量的多次散射,从而严重降低任何类型的背光图像的质量。为了解决这个问题,Paciaroni 和 Linne 提出了弹道成像技术[82]。弹道成像涉及使用极快的时间选通来将光子与光源隔离,该光子可以穿透喷雾而不会遇到液滴。该概念如图9.8所示。

如图9.8所示,由于与液滴的相互作用,许多光子(扩散光子)需要更多的时间才能穿透喷雾。弹道光子能够相对快速地穿透喷雾并提供最佳对比度。用皮秒激光脉冲和快速光学效应门来锁定扩散光子已成为可能。为了说明获得的改进信息,图9.9比较了具有标准阴影图和弹道成像的光学浓密喷雾的结果。

弹道成像方法不断发展,少数研究团队正在对这项技术进行总结,该技术已在最近对光学厚喷雾探测技术的综述中概述[83]。尽管不是专门为液滴大小而开发的,但随着技术的改进,可能会获得一些有关液滴大小的信息。

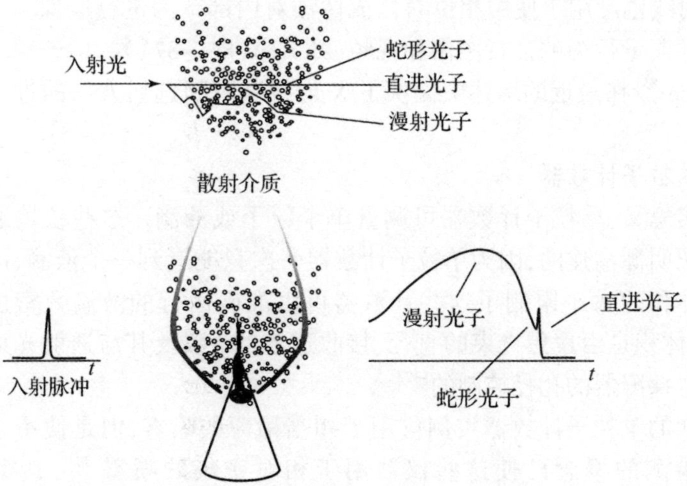

图9.8 时间选通隔离弹道光子概念

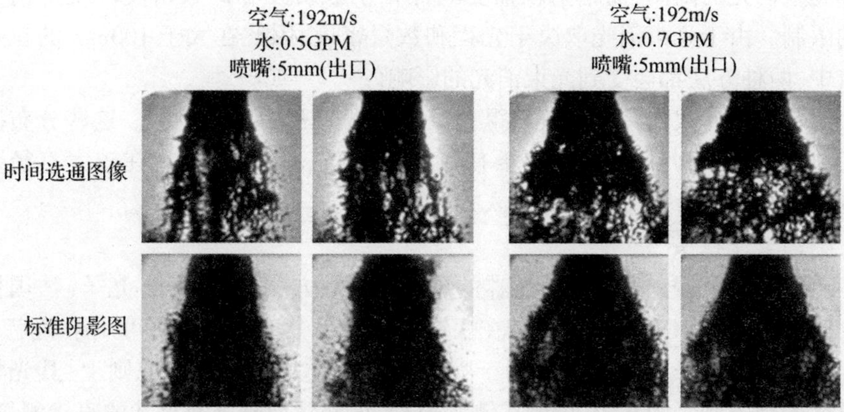

图9.9 标准阴影图与时间选通图像对比

4. X 射线方法

近年来,X 射线方法,即一种在 X 射线的使用中探测近场喷雾结构以及实际喷嘴内部流动特性的方法引起了广泛关注。这主要是由于 Argonne 国家实验室开发了高级光子源(APS)。早期的例子包括使用 X 射线吸收[84,85]或 X 射线照相。在此应用中,由于质量吸收,X 射线通过比尔定律被吸收。因此,射线照相术测量单位面积的液体质量。虽然它不能测量液滴的大小,但可以提供有关近场中光学密集喷雾行为的无与伦比的定量信息。

X射线也已用于使用相位对比成像法对内部行为进行成像。这样就提供了内部流量行为的独特图像和视频(如文献[86-87])。

Linne[83]在最近的综述中提供了X射线和时间选通方法的进一步分析和比较。

5. 单粒子计数器

顾名思义,单粒子计数器可测量单个粒子或液滴。这些仪器通常是围绕激光照明源构建的,因为单粒子计数器一次只能看到一个液滴,因此测量或探头体积的大小限制了这些计数器可以准确运行的液滴数密度。实际上,测量体积是由聚焦光束的直径、接收透镜的f数及其与透射光束的角度以及光电探测器的孔径控制的[12]。

早期的单粒子计数器实例仅用于相当稀薄的喷雾,但是使用大离轴角光散射检测的概念已使这些仪器用于相对密集的喷雾[88],其密度接近Fraunhofer衍射方法并受到限制。通常,单粒子计数器受到高粒子数密度[23]和光束消光的限制,而衍射仪器受到低粒子数密度和高数密度环境下消光的限制。由于光束消光取决于光程和数量密度,因此在大于100mm的粒子流中,两种方法都会受到光束消光的影响。

单粒子计数器具有直接获得直径和速度分布的巨大潜力。这些分布基于单个液滴的测量,并且不需要使用分布函数。它们还具有在较大直径范围内以高空间分辨率进行非侵入式测量的能力。

1)光学探头

一种涉及侵入式光学传感器的单粒子计数方法是采用A2光子(法国格勒诺布尔)S-POP探针。撞击在探针尖端的单个液滴会产生可用于确定直径和速度的信号。该方法适用于喷雾及其他类型的流动。原则上,其光学厚度不受限制。图9.10说明了测量原理,该测量原理涉及尺寸的直接测量,并在液滴开始离开传感头时根据光信号的斜率推断速度。该方法仅限于约25m/s且液滴大于15μm的情况。

可以测量接近100%的浓度。虽然该仪器尚未广泛应用于喷雾研究中,但在某些情况下,它是一种可行且相对低成本的选择。

2)光散射干涉仪

随着激光多普勒测速仪(LDV)的问世,人们很快就对该系统同时进行粒度测量产生兴趣。这是由于认识到需要的粒子可能会跟随要测量的所在的气流。Durst等[89]概述了这些考虑因素以及激光速度测定法的其他原理和实践。Farmer[90-91]使用多普勒猝发信号的可见性研究了粒径测量的可能

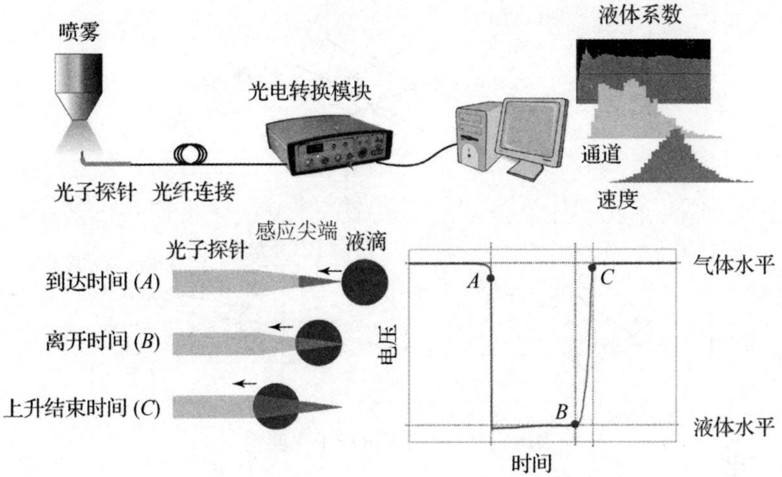

图9.10 A2光子S-POP探针与测量原理图

性。给定适当的光学参数条件,Farmer的分析虽然不是十分严格,但还是准确的。该技术的最大局限性是要求使用同轴前向或后向散射光检测。这导致样品体积过大,并检测到穿过两个激光束完全重叠区域之外的颗粒。另外,该方法的尺寸范围被限制在10倍以下。Chigier等(如文献[92])试图将散射光强度的测量值与LDV值结合起来,以获得同时的粒径和速度测量值。由于使用了近前光散射检测,因此该方法也仅限于非常稀疏的粒子场。直到Bachalo[88]得出大偏轴角双光束光散射的理论分析,光散射干涉测量法才确定是进行喷雾诊断的可行方法。

从Farmer的方法开始,对液滴直径和速度的测量是基于对液滴穿过两个相交激光束交叉区域的散射光的观察而实现的。实际上,单个激光束被分成的两个相干光束强度和平行极化相等,如图9.11所示。穿过两束光束的相交点的液滴会散射光,从而产生信息,根据该信息可将液滴速度U计算为

$$U=\frac{\lambda f_{\mathrm{D}}}{2\sin(\theta/2)} \tag{9.1}$$

式中:λ为激光波长;f_{D}为多普勒频率;$\theta/2$为激光束交叉半角。

尺寸信息包含在散射信号的相对调制(可见度)中。参考图9.12可以理解术语"可见度"。Michelson将其定义为

$$可见度=\frac{I_{\max}-I_{\min}}{I_{\max}+I_{\min}} \tag{9.2}$$

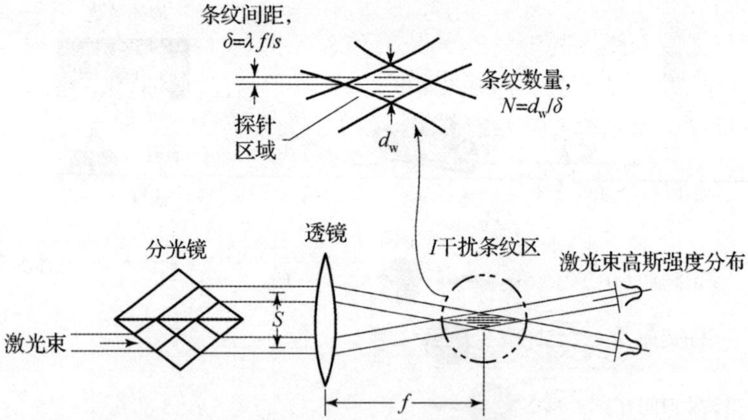

图 9.11 液滴测试相干光路[93]

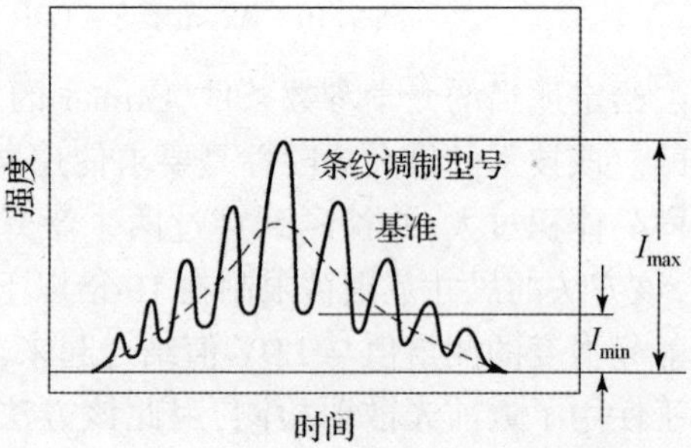

图 9.12 多普勒脉冲信号和基准曲线

其中 I_{max} 和 I_{min} 如图 9.12 所示。可以用两种方式来观察现象。在图9.13 中，条纹模型用于显示随着粒子大小相对于条纹间距的增加，粒子如何一次散射来自多个条纹的光以减少信号调制或可见度。更严格的描述考虑了从每个光束散射的光的叠加，然后它们会干涉。在近前方向上，对于远大于光波长的粒子，可以通过 Fraunhofer 衍射理论或更准确地描述任意散射的光；对于任意大小的球形粒子，可以通过 Lorenz - Mie 理论来描述。然后，前向散射光强度的相对重叠确定了散射干涉条纹图形的相对可见度。例如，较大的粒子散射在向前方向更窄分布的光上，因此对于给定的光束交角，产生的强度重叠较小。基于标量衍射理论和 Farmer 的推导，液滴直径和可见度之间的关系可以表示为

$$可见度 = \frac{2J_1(\pi D/\delta)}{\pi D/\delta} \tag{9.3}$$

式中：D 为液滴直径；J_1 为第一类 1 阶贝塞尔函数；δ 为干涉条纹间距。该式显示了无量纲参数 D/δ 与信号可见度之间的函数关系，该关系允许最大测量范围约为 10∶1。

在 Farmer 使用轴上光散射检测模式的实现中，可见性大小调整方法仅

适用于直径小于条纹间隔的液滴。这迫使使用相当大的光束直径。同样，如果增加条纹间距以测量大约 200μm 的液滴直径，则光束直径必须约为直径的 10 倍，并且光束交角必须非常小。对于包含各种液滴直径的喷雾而言，过大的样品量将不再有足够的可能性使在任何时候只有一个颗粒留在样品量中，这会导致颗粒重合误差。

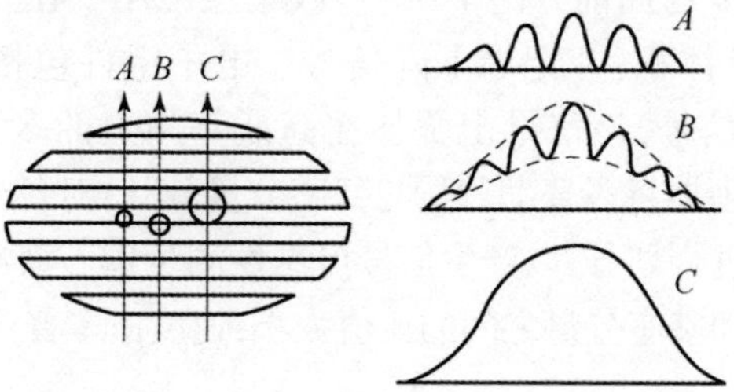

图 9.13　颗粒直径对调制信号的影响

3）大型离轴光散射检测

需要测量直径大约为 100μm 的大液滴，建议重新评估所使用的光散射机制。Bachalo[88] 认为通过折射和散射的光是确定大型球形颗粒尺寸的一种更可靠的方法。这些光散射组件需要使用大的离轴检测，这当然是在处理高数字密度环境中寻求的优势之一，因此样品体积可减少 2～3 个数量级。Bachalo 的分析表明，通过折射或反射散射的光的相移可能与粒径有关。例如，对于通过折射在离轴前方向上散射的光，散射角 θ 和相移 ϕ 为

$$\theta = 2\tau - 2\tau' \tag{9.4}$$

$$\phi = \frac{2\pi D}{\lambda}(\sin\tau - m\sin\tau') \tag{9.5}$$

式中：τ 为射线与表面切线的入射角；τ' 为斯涅尔定律给出的透射射线的折射角；m 为折射率的下降指数。请注意，τ 和 τ' 由接收器孔径固定，因此相移 ϕ 与液滴直径 D 成正比。在双光束光散射下，相移表现为空间频率与波长成反比的干涉条纹图形与液滴直径成正比。

为了避免检测由衍射产生的散射，并主要通过折射机制检测散射的光，通常使用与前向光轴呈 30°且与两个光束平面正交的角度。对于这种光学装置，所需的聚焦光束直径和样品体积的长度显著减小，并且通过离轴检测可以更精确地定义。使用折射或反射光，通过允许离散测量步骤的光学配置，可以获得对 5～3000μm 尺寸范围内液滴的良好灵敏度。但是，任何一种光学配置的动态尺寸范围仍被限制在小于 10:1。

Bachalo 等[94]描述了一种早期的液滴尺寸干涉仪,其结合了激光测速仪和具有离轴收集功能的干涉仪系统,并由 Spectron 开发实验室(现已关闭)进行商业开发。该系统如图 9.14 所示。它包括两个基本单元,即发送器和接收器。发射器光学器件定义了条纹间距(由激光束的交角确定)和探头体积的位置。接收器收集从穿过探针体积的液滴散射的光。在图 9.14 所示的系统中,收集角度 θ 与向前方向呈 30°。收集透镜用于在光电倍增管的光圈或针孔上成像探针体积,并记录下降信号。电子组件包括一个可见性处理器,用于处理输入信号,该信号由叠加在高斯基座上的多普勒信号组成,如图 9.12 所示。处理器将多普勒分量与基座分量分开,对各个信号下的区域进行积分,并对结果进行划分,以产生信号可见性测量值。液滴大小由信号可见度确定,即多普勒和基座分量之间的比值大小,速度由多普勒频率确定。

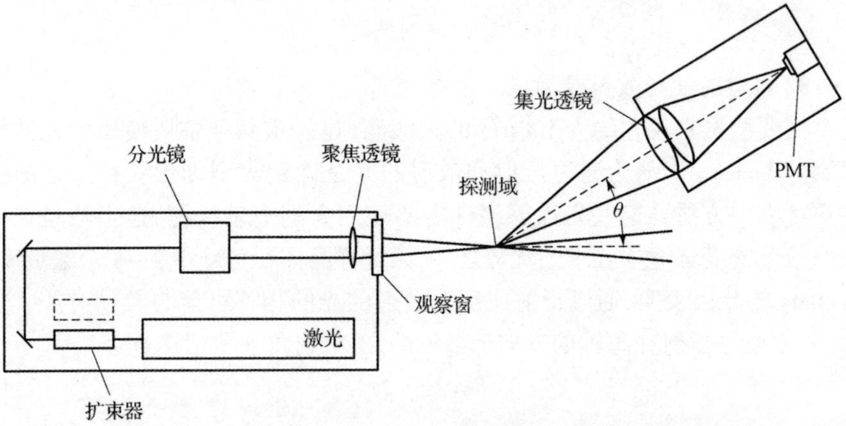

图 9.14　激光测速仪和具有离轴收集功能的干涉仪系统

仅在条纹可见度(或对比度)已知的情况下,可见度技术才能提供准确的液滴直径测量。在浓密的喷雾中,与探头体积上游的透射光束相互作用的液滴会随机破坏在探头体积处达到完美条纹对比度所需的条件(这些条件包括高度相干的光束、相等的光束强度以及在交叉点处的光束完全重叠)。结果是边缘可见性降低,这导致测得的液滴直径超过实际的液滴直径。还有一种情况是由于针孔对离焦液滴的信号进行了屏蔽,或者由于可见度处理器对快速上升的信号作出了响应,可见度可能会增加[95]。仪器进行了扩展,既包括散射光的振幅,又包括有助于减少误差的可见度[96]。

液滴的测量尺寸与散射光量之间的相关性(米氏理论)用于消除指示错误尺寸的信号。这种强度验证(IV)技术基于以下事实:产生一定可见度的液滴必须具有给定的大小,因此它们必须以给定的强度散射光。通过这种方式,对每个测得的可见度都设置了限制[93]。

该技术解决了两个主要问题。首先,能见度有误的液滴(由于光束阻塞导致探头体积受到干扰)会散射光,其强度低于与其外观大小有关的强度。其次,在强度较小的点(高斯强度分布的尾部)处穿过探针体积的液滴将具有正确的可见度,但会散射具有不同强度的光。IV 技术设置了探针体积的范围并通过建立强度来拒绝无效信号基座强度的限制条件。

该技术的优点在于,它不需要通过自动设置光电倍增管的电压来直接校准强度。这种增加的功能已显著提高仪器精度,尤其是在浓雾中的测量[12]。该技术的缺点是它选取大量样本,大大增加了采样时间。

4)相位多普勒粒子分析仪

一类通常被称为相位多普勒干涉仪(PDI)的基础工作始于20世纪70年代中期[97],而第一台将信号时间相移与多普勒频率相结合的商用仪器是由加利福尼亚州的 Aerometrics 生产的 View,后来被明尼苏达州的 Shoreview 的 TSI 公司购买。Bachalo[88]的理论描述是被称为相位多普勒粒子分析仪(PDPA)的双光束光散射的理论描述,该理论显示在离轴角处,散射干涉条纹图形的空间频率成反比关系到液滴直径。测量空间频率的可见度方法的局限性提示了其他测量条纹图形方法的发展。众所周知,由于时间频率是光束相交角、光波长和液滴速度的函数,因此需要寻求一种同时测量空间和时间频率的方法。然后,Bachalo 得出了一种方法(美国专利号:4540283),该方法使用成对的检测器以固定间隔放置在由充当透镜的各个液滴产生的干涉或条纹图形的图像中。该方法具有以下几个优点:如果信噪比足够大,则测量相对不受随机光束衰减的影响,仪器的响应在整个工作范围内都是线性的,并且可能具有较大的尺寸动态范围。动态范围仅受检测器响应和信噪比限制。单分散液滴的仪器响应函数示例如图9.15所示。

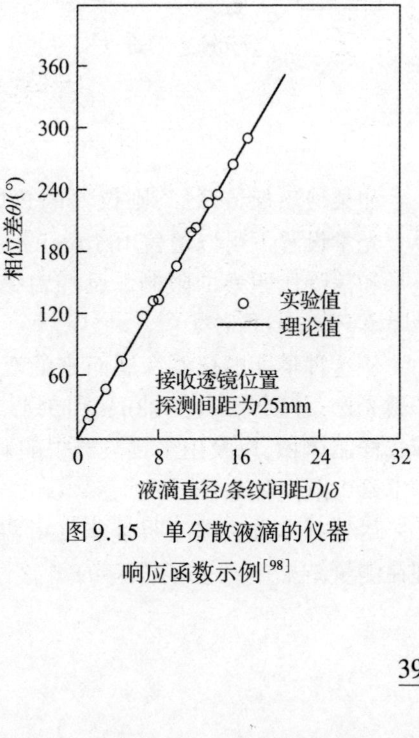

图9.15 单分散液滴的仪器响应函数示例[98]

基本仪器与常规双光束激光多普勒测速仪相似,不同之处在于接收机中使用了3个探测器。光学装置的示意图如图9.16所示。该系统的早期版本包括一个10mW的HeNe激光光源,然后是扩束器和衍射光栅的组合版本,以分离光束。最初,旋转衍射光栅用于为复杂喷雾中的测量提供频移。原始接收器配置由直径为108mm的$f/5$透镜组成,该透镜位于与发射光束平面呈30°角的位置。使用3个检测器消除测量的模糊性,添加冗余测量以提高可靠性,并在较大的尺寸范围内提供高灵敏度。它们的并置使每个检测器都会产生多普勒脉冲串信号,但具有相对的时间相移。此相移与液滴大小线性相关。来自光电探测器的信号被放大,并传输到信号处理器。完成数据采集和处理后,将确定并显示各种平均直径、质量通量、数密度以及平均速度和均方根速度。

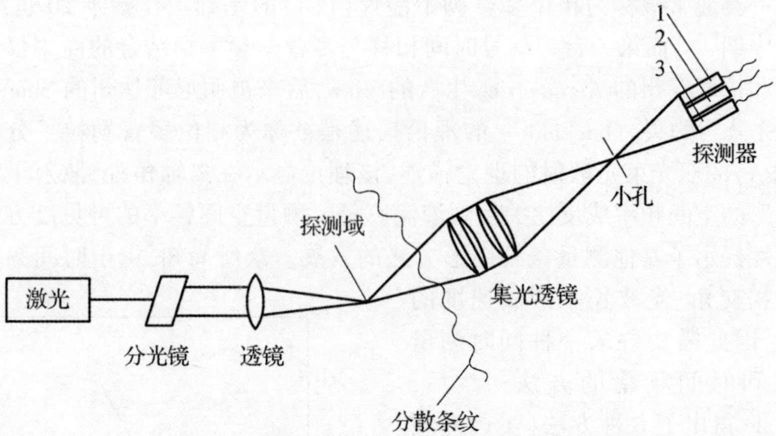

图9.16　多普勒粒径分析仪

如果液滴保持球形,则仪器的总体测量直径范围为0.5~3000μm。在单个光学设置下可以覆盖105μm的大小范围。动态范围是35倍,它受信号电平和信噪比因素的限制。已经对该方法进行了广泛的测试,有时在高密度喷雾环境中进行[98-99]。

从这种早期的仪器发展而来的双组分(双速度)系统,其中使用了氩离子激光器,分别分离了488nm和514.5nm的波长,并用于形成两个重叠的干涉式样品体积,以及用于接收器中的彩色滤光片和偏振滤光片,用于从每个样本量中隔离信号。

尽管基本方法被证明是非常可靠的,但是许多用户控制的设置及其管理在测量结果中产生了固有的敏感性。例如,McDonell和Samuelsen[100]的研究表明需要考虑结果对用户敏感性的控制设置以估计测量不确定度。这种观察到的灵敏度产生了自动设置的工作,消除了可变性。

另一项有关不确定性的研究使用了 Parker Hannifin(研究简单构型喷嘴)提供的标准喷嘴[101]。这项研究涉及3个研究人员在两个实验室中使用同一模型的两个 Aerometrics PDPA 系统在单个 RSA 喷嘴上进行的五个单独的测量集。SMD(D_{32})获得的结果示例如图9.17所示。结果表明,轴向流量、

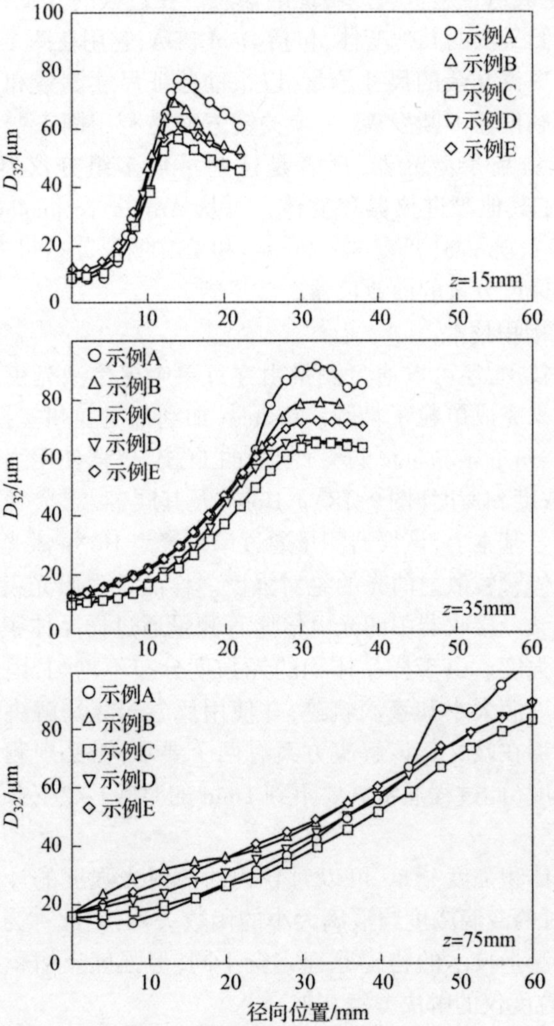

图9.17 喷雾径向 SMD 对比[101]

SMD和体积流量的平均流量加权测量值的标准偏差分别为平均值的8.7%、10.3%和18.1%。考虑到流量控制、实验室条件和用户规程的可变性,结果很好地表明测量的总体可重复性。

信号处理的进步将信号分析从时域转移到了频域,这通常可以提高稠密喷雾的光学测量精度,并有助于降低对用户操作的敏感性[102]。

相位多普勒干涉测量法仍然是获取有关喷雾的高度详细信息的关键方法,并且可以生成适合进行模拟验证的信息。在过去的几十年中,出现了相位多普勒干涉测量法的其他变体,包括Dual PDA,它用在两个正交方向上对齐的检测器来提供冗余的尺寸测量,以帮助验证尺寸测量和液滴轨迹的影响。相位多普勒仪器不断发展,一个关键方面是利用固态二极管激光器代替大型水冷式氩离子激光器,后者是这些早期多组分仪器的主要光源。Tropea[3]描述了其他改进仪器和变体。可从Artium Technologies(加利福尼亚州Sunnyvale),Dantec(丹麦Skovlunde)和TSI(明尼苏达州Shoreview)获得最多具有3个速度分量的商业仪器。

5)强度反褶积技术

除了干涉技术,还可以通过测量由穿过单个聚焦激光束的粒子散射的光的绝对强度来完成单粒子计数。Insitec(加利福尼亚州圣拉蒙;英国沃尔斯特郡的Malvern Instruments购买)制造的PCSV仪器使用强度反褶积技术来测量粒径、浓度和速度(图9.18)。Holve及其同事[103-108]在出版物中解释了其工作原理。基本上,该仪器测量通过单束聚焦HeNe激光束的样品体积中的液滴或固体颗粒散射的光的绝对强度。样品量由激光束和检测器光学器件的交点定义。接收器中的光电倍增管测量通过样品体积的每个粒子散射的光的绝对强度。由于样品体积的光强度分布不均匀,因此散射光信号的强度取决于液滴大小和液滴轨迹,并使用反卷积算法解决了液滴大小和浓度测量中的潜在歧义。该解决方案有两个要求:①必须测量大量液滴的绝对散射光强度(此过程通常需要不到1min的时间);②必须知道样品体积的强度分布。

已知样品体积强度分布,可以对卷积的散射光强度的计数谱进行反褶积,以得出绝对的液滴浓度与液滴大小的函数关系,因此称为强度反褶积技术。尽管两种测量技术的物理原理完全不同,但强度反褶积技术的解决方案与Malvern粒度仪的解决方案相似。

强度反褶积方法的一个重要属性是它能够测量液滴、浆液和固体颗粒。由于该测量技术分析在近前方向上散射光,因此散射可以是球形或不规则形

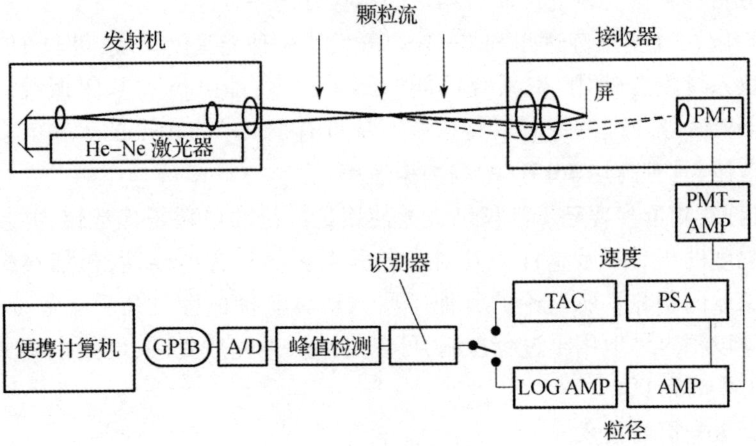

图9.18 强度反褶积技术

状。使用干涉滤光片可以在燃烧条件下进行颗粒测量。总体测量尺寸范围为0.2～200μm。典型仪器的光学配置允许进行0.3～100μm的测量。使用过渡计时技术确定了高达200m/s的粒子速度[107]。快速信号处理(40～150kHz)允许进行在线数据分析。

现在逐渐发展出一些方法来使强度与大小和位置的卷积在激光束的高斯强度分布图内。示例包括涉及两种大小的焦点或两种颜色的双光束系统。在这些系统中,一个光束紧紧地聚焦在更大腰部的第二个光束中。较小的光束可以用于确认信号是从较大直径光束的中间的粒子生成的,因此可以确保将较大光束中心的信号用于确定大小。相关方法使用变迹滤波器来生成顶帽强度轮廓,以便通过其他方式的高斯轮廓激光束再次减小由于轨迹变化而引起的振幅变化。这些方法以及其他方法,已在Black等[109]的综述中进行了更详细的讨论。在这篇综述中,考虑了能够确定不规则颗粒(如煤)以及球体尺寸的方法。

6)其他技术

现在已经开发了几种其他技术来同时测量喷雾中的速度和液滴尺寸。Yule等[92]在谢菲尔德大学工作,促进了基于激光测速技术的液滴定径技术的发展。该方法不是测量信号调制,而是针对大于条纹间隔的液滴测量多普勒信号的峰值平均值。他们的分析表明,对于直径在30～300μm的液滴,基座峰幅度(图9.12)与液滴直径之间存在线性关系。他们发现在用激光测速仪测量的喷雾中测得的液滴直径分布与通过在载玻片上收集液滴并使用图像分析计算机测得的尺寸分布之间有很好的一致性。

TSI 公司(明尼苏达州 Shoreview)开发了一种能见度模块,可与 TSI 激光测速仪系统配合使用,该系统可同时测量速度、能见度和基座振幅。它与 TSI LDV 信号处理器一起运行。该系统具有 1kHz ~ 2MHz 的大输入多普勒频率范围,具有高达 50kHz 的高数据速率[11]。

目前,相位多普勒干涉仪已成为使用最广泛的单粒子计数仪,并且它对绝对强度的相对不敏感性使其对于各种喷雾都具有鲁棒性,包括在机翼上进行结冰的研究。所讨论的其他一些方法具有鲁棒性且几乎不需要维护,因此可以很容易地用于过程控制,可以足够快地完成处理,以提供有关粒子分布的实时信息。

6. 激光衍射技术

介质的光学特性以其折射率为特征,只要折射率均匀,光就不会变形地穿过介质。每当由于颗粒的存在而使折射率发生离散变化时,一部分辐射将在所有方向上散射,而另一部分不受干扰地传输。在液滴直径分析中,如果观察到的液滴数量足够大可以确保获得代表性样品,则散射光的属性可用于指示液滴直径分布。Dobbins 等[110]首先推导了关于在有限光学深度的多分散体中发生的任意大小和任意折射率颗粒的散射特性理论。对于多分散系统,由于入射辐射 E_0 的平面入射波,从向前方向以小角度 θ 散射的辐射强度 $I(\theta)$ 可以写为

$$\frac{I(\theta)}{E_0}=\frac{D^2}{16}\left\{\alpha^2\left[\frac{2J_1(\alpha\theta)}{\alpha\theta}\right]^2+\left[\frac{4m^2}{(m^2-1)(m+1)}\right]^2+1\right\} \tag{9.6}$$

式中:E_0 为入射辐照度;$I(\theta)$ 为辐射强度;θ 为散射角;α 为尺寸编号 $\pi d/\lambda$,其中 λ 是入射光的波长;m 为折光率;J_1 为第一类 1 阶贝塞尔函数。

式(9.6)中括号内的三个术语分别表示 Fraunhofer 衍射、由中心透射光线的折射引起的光学散射和由入射光线引起的光学散射。式(9.6)要求:①入射辐射是平面且是单色的;②前角 θ 小;③粒径数 α 和相移 $2\alpha(m-1)$ 大;④与 D^2/λ 相比,粒子与观察者之间的距离较大。

对于存在颗粒的多分散体,则通过对所有直径求和可以找到所生成的所有颗粒图形的积分强度。通过除以正向衍射散射光的强度 $\theta=0$ 来归一化因多色散引起的散射强度的表达式。在许多实际情况下,式(9.6)中的第二项和第三项很小,可以忽略不计。因此,归因于较大颗粒的多分散,前向散射光的归一化积分强度 $I(\theta)$ 为

$$I(\theta) = \frac{\int_0^\infty \left[\frac{2J_1(\alpha\theta)/}{\alpha\theta}\right]^2 N_r(D) D^4 \mathrm{d}D}{\int_0^\infty N_r(D) D^4 \mathrm{d}D} \tag{9.7}$$

式中：$N_r(D)$以这样的方式定义，即在给定直径间隔内$N_r(D)$的积分表示在指定间隔内出现粒子的概率。

式(9.7)表示散射光的角度分布与液滴直径分布之间的关系。然后，基本问题成为根据实验确定的散射光$I(\theta)$的角度分布评估液滴直径分布的方法之一。Dobbins 等[110]和 Roberts 和 Webb[111]证明，对于具有不同大小参数的许多液滴直径分布函数，相对于$\pi D_{32}\theta/\lambda$的横坐标绘制时，可以获得$I(\theta)$的唯一照明分布（或散射光分布），如图 9.19 所示。因此，实验确定的$I(\theta)$与θ的确可以评估D_{32}(SMD)。

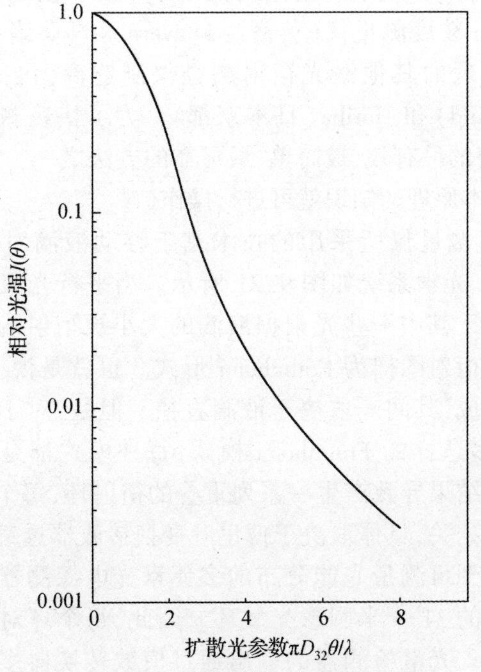

图 9.19 散射光分布[110]

Dobbins 等[110]使用的原始光学系统，如图 9.20 所示。

Dobbins 技术主要限于 SMD 的测量。为了突破这个限制，Rizk 和 Lefebvre[112]发展了一种技术，通过该技术，利用确定的 SMD 的光强图还可以提供完整液滴直径分布所需的基本信息。该方法采用了 Swithenbank 等[113]

开发的理论,该理论基于散射的能量分布而不是强度分布,最终实现 Malvern 出售商用激光衍射仪。

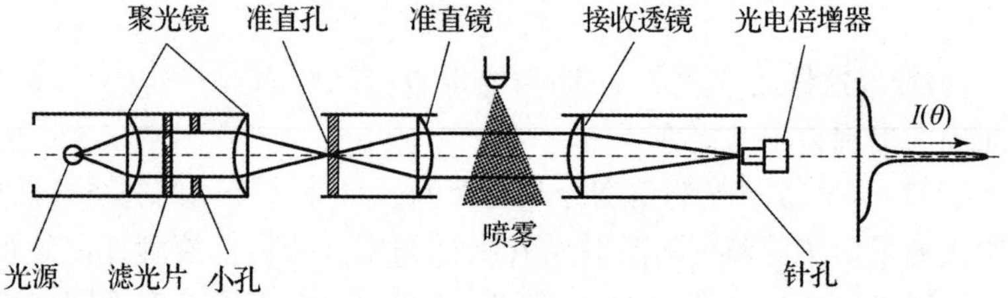

图 9.20　原始光学系统[110]

1)商业起源

尽管已开发出许多用于测量液滴直径分布的非侵入性技术,但激光衍射方法和 Malvern 粒度测量仪(英格兰 Malvern 和马萨诸塞州 Framingham)仍然很重要。出现的其他激光衍射测径仪制造商,包括 Sympatec(德国 Clausthal - Zellerfeld)和 Horiba(日本京都)。为了快速测量喷雾的整体特性,这是目前市售的最有效、最简单、最可靠的方法之一。它易于使用,并且几乎不需要其基本原理的知识就可进行操作。

Malvern 粒度测量仪所采用的技术基于移动液滴对平行单色光束的 Fraunhofer 衍射。光学系统如图 9.21 所示。当平行光束与液滴相互作用时,形成衍射图形,其中一些光根据液滴的大小被衍射成一定量。喷雾为单分散时产生的衍射图样为 Fraunhofer 形式。也就是说,它由一系列交替的明暗同心环组成,其间隔取决于液滴直径。但是,对于更常见的多分散喷雾,会产生许多这样的 Fraunhofer 模式,每种模式都是由不同组的液滴尺寸产生。这些结果导致产生一系列重叠的衍射环,每个衍射环都与特定的液滴直径范围相关,具体取决于傅里叶变换接收器透镜的焦距。该透镜将衍射图形聚焦到可测量光能分布的多元素光电探测器上。光电探测器包括围绕中心圆的 31 个半圆形光敏环。因此,每个环对液滴大小的特定小范围都最敏感。光电检测器的输出通过模数转换器多路复用。然后由计算机进行测量的光能分布作为液滴直径分布的解释,该计算机提供测量值分布的即时显示。另一个重要的属性是液滴产生的衍射图样与光束中液滴的位置无关。这允许在液滴以任何速度移动的情况下进行直径分布的测量。

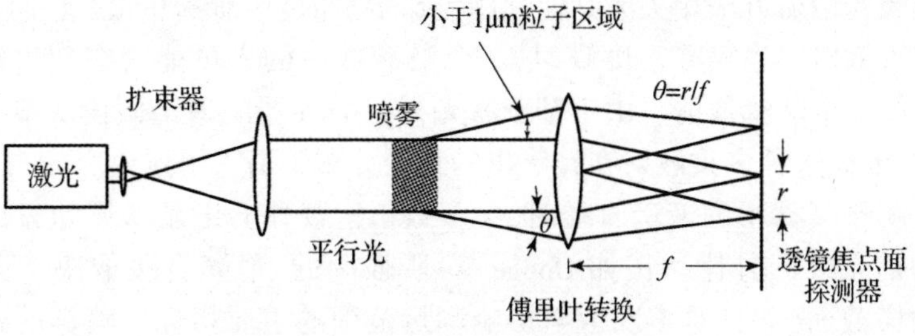

图 9.21　Malvern 粒度测量仪光路

经验表明,Malvern 光学系统的良好对准对于精确测量至关重要。应根据要测量的液滴直径范围选择正确的透镜焦距。对准激光束以使其在喷嘴下游适当距离处垂直于喷雾轴也很重要。

数据可以直方图的形式呈现,也可以正态、对数正态、Rosin - Rammler 或与模型无关的模式表示。可以使用任何期望的分布函数对原始直方图数据进行后处理。

2)准确性

仪器所依赖的 Fraunhofer 衍射理论仅适用于直径远大于入射光波长的液滴。这意味着,当测量的液滴直径低于给定接收器透镜的最小直径时,可能会产生误差。同样重要的是要记住,该仪器只能在一定范围内测量液滴大小。通过适当选择镜片,可以毫不费力地分析大多数实际的喷雾。但是,指示的液滴尺寸直方图应始终显示明确的峰。在没有明显峰值的地方,这可能意味着大量液滴落在测量能力范围之外,因此仪器无法正确解释观察到的散射模式。

早期商业系统引起的一个问题是检测器灵敏度的可变性。通过标准喷嘴的循环测试注意到了这一点,该测试在一些实验室的测量值中显示了明显的异常值,说明了此类研究的价值。

Dodge[114]确定了光电二极管检测器精度固有差异的原因。假定这些检测器对入射光能量具有统一的响应度,但实际上,同一组中不同检测器的响应度可能会发生明显变化,并且这些变化在不同检测器组件之间不可重复。

为了解决这个问题,Dodge[114]设计了一种方法,该方法包括对每个检测器环的单独校准。每个检测器都暴露于几种不同的光照水平下,以确定其响应因子 $F = C/R$,其中 C 是归一化常数,对于每个光照水平都不同,R 是响应度。然后,将从此过程确定的 F 值输入 Malvern 计算机程序中,以替换现有的响应因子。现在,在工厂进行仪器质量控制检查时会考虑到此类校准程序。

与激光衍射方法相关的其他问题包括多重散射、渐晕和光束转向。

多重散射。当喷雾密度高时,一个液滴散射的光可能会在到达检测器之前被第二个液滴散射。由于基于激光衍射的仪器的理论假设从单个液滴中散射,因此这种多重散射在计算出的直径分布中引入了误差。

当测量喷雾中的液滴直径时,大多数衍射仪器会记录从原始方向移出的光的消光或百分比。正如 Dodge[115] 所强调的,消光直接取决于光束中液滴的横截面,并且是多次散射影响测量范围的主要指标。喷雾的密度不是一个好参数,因为对于给定的密度,消光可以在很宽的范围内变化,这取决于喷雾中的直径分布和光程长度。多次散射的主要结果是衍射图样向更大的角度和更宽的角度范围变形。处理失真的数据时,它们会导致指示的液滴直径分布比实际分布更宽,平均直径更小。当超过 50% 的入射光被液滴散射时,此问题会变得很严重。但是,只要对结果进行校正,仍然可以在消光率高达 95% 的密集喷雾中进行测量。

Dodge[115] 通过实验检验了这个问题,并提出了经验修正方案。随后进行了更广泛的理论研究,从而产生了适用范围更广泛的新校正技术,如下所述。

Felton 等[116] 开发了一种多重光散射的理论模型,该模型将光路分为一系列相同消光的切片,并评估了多重散射对衍射图样的影响。他们将基于该模型的预测与使用玻璃珠的致密悬浮液获得的实验结果进行比较,并获得了极好的一致性。他们发现多重散射的影响取决于直径分布参数,并且针对 Rosin - Rammler 分布和对数正态分布推导了一套校正方程。对于 Rosin - Rammler 分布,相关的校正因子为

$$C_X = \frac{\overline{X}_0}{\overline{X}} \tag{9.8}$$

和

$$C_q = \frac{q_0}{q} \tag{9.9}$$

式中:X、q 为高消光的实际测量值;X_0、q_0 为低消光的相应计算值。参数 X 和 q 在第 3 章中定义。它们分别代表 Rosin - Rammler 表达式[式(3.14)]中的特征直径和直径分布函数。

由 C_X 和 C_q 导出以下表达式:

$$C_X = 1.0 + [0.036 + 0.4947\ (\mathrm{EX})^{8.997}]\, q_{\mathrm{dens}}^{1.9 - 3.437(\mathrm{EX})} \tag{9.10}$$

$$C_X = 1.0 + [0.035 + 0.1099\ (\mathrm{EX})^{8.65}]\, q_{\mathrm{dens}}^{0.35 + 1.45(\mathrm{EX})} \tag{9.11}$$

式中:EX 为消光;q_{dens} 为 Rosin - Rammler 分布参数,是针对浓雾测得的。

将这些校正因子应用于 Dodge[115] 实验数据的结果如图 9.22 所示,其中绘制了 SMD 与消光的关系。校正后的值显然比原始数据更接近真实值,但是很明显,在最高消光水平下,理论和实验之间仍然存在一些差异。

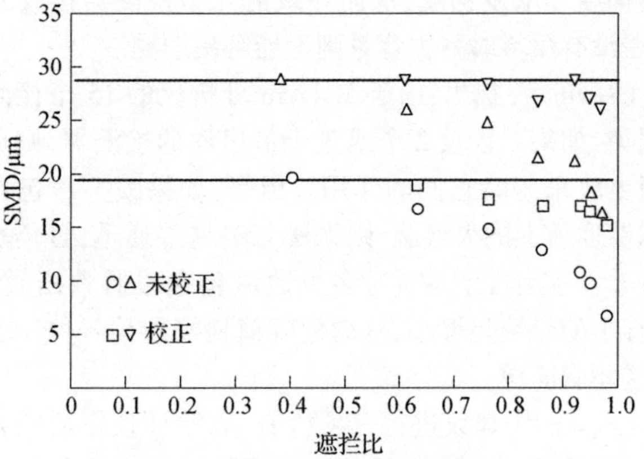

图 9.22 有无 Felton 校正 Dodge 结果[115]

Hamadi 和 Swithenbank[117] 扩展了 Felton 等的程序。用于校正多重散射以包括任何类型的液滴直径分布,包括双峰和三峰直径分布。

大多数最新版本的激光衍射仪器都具有合并由于多次散射而进行校正的方法,因此用户无须对此类结果进行后期处理。

渐晕。在喷雾中进行测量时,必须限制喷雾与接收光学元件之间的最大距离。该最大距离取决于接收器镜头的焦距和直径。超过此距离会导致外部检测器环上的信号渐晕,从而使测得的尺寸分布偏向较大的直径。Dodge[114] 讨论了此问题,并提供了以下表达式来计算最大允许距离 x:

$$x = f\left(\frac{D_1 - D_b}{D_d}\right) \tag{9.12}$$

式中:f 为镜头焦距;D_1 为镜片直径;D_b 为激光束直径;D_d 为探测器直径(探测器中心到最外边缘的距离的 2 倍)。

Dodge[114] 使用三种标准镜头为 Malvern 系统提供了具体结果。对于标准仪器,使用 300mm 镜头很难超过 x,但是对于 100mm 镜头,喷雾应在镜头的 120mm 以内,而对于 63mm 镜头,喷雾应在 55mm 以内。

Wild 和 Swithenbank[118] 研究了渐晕问题,并发展了一种可用于纠正渐晕误差的理论。通过将其与计算和实际渐晕实验的比较,验证了他们的方法。它可以应用于颗粒均匀且浓度大或小的地方。

光束转向。光散射技术在高温环境中应用于喷雾时可能会出现问题。即使没有喷雾,热空气中的热梯度也会使激光束以随机的高频模式折射(称为光束转向),从而导致最里面的探测器出现虚假读数。当出现喷雾时,会产生额外的热梯度和浓度梯度,从而导致前几个检测器接收到异常大的信号。然而,仅在没有喷雾时减去背景则不能解决问题。

Dodge 和 Cerwin[119] 提出,由于 Malvern 分析仪的 15 个检测器构成一个超确定的数据集,如果只涉及 2 个或 3 个最里面的检测器,则可以通过计算机软件的适当更改来忽略它们的作用。但是,如果喷雾中包含许多将光散射到内部检测器通道上的大液滴,则无法忽略这些通道,且仍然会达到合理的液滴直径分布。实际上,必须对多少通道包含虚假数据做出主观判断。通常,如果喷雾中的液滴足够小,从而使峰值检测器信号位于受干扰通道区域的外部,则这非常简单。

Dodge 和 Cerwin[119] 建议进行三项检查,以验证校正后的光分布是否合理。首先,校正后的光分布应显示出用于计算液滴直径分布的外部通道与内部通道之间的平滑过渡,在该内部通道中,已记录的数据被最适合整个模式的新计算出的光模式所替代。其次,在光分布峰的左侧至少应有 4 个或 5 个良好的检测器信号。当扰动的检测器信号接近光分布的峰值时,此技术将无效。最后,Malvern 仪器指示的对数误差不应超过 5.0。

与这种校正技术相关的误差和不确定性必然随着忽略的检测器信号的数量增加而明显增加。用细雾化的喷雾可获得最佳结果,其光强度信号在检测器通道的外半部达到最大值。Dodgee 和 Cerwin[119] 提供了使用此校正技术的示例。

关于使用来自激光衍射系统的拟合数据或无模型数据存在一些问题。Dodge 等[120] 发现这两种方法在与相位多普勒干涉仪的比较中都是合理的。

7. 强度比法

当光束通过喷嘴时,液滴会将光散射到各个方向。对于大于 2μm 的液滴,可以使用衍射理论计算出正向散射光的相对强度与角度。

散射强度在向前方向上随角度的这种平滑变化促使 Hodkinson[121] 提出了一种基于两个不同角度下测得的光强度之比的简单粒子定径方法。Gravatt[122] 开发并使用了基于此思想的仪器。该方法的优点是对折射率相当不敏感,但其液滴直径范围限制在 5μm 以下。较大的液滴要求在很小的角度进行精确测量,在这种情况下,对直接非散射光束的干扰变得很明显[122-123]。

如果液滴直径分布较宽,则如上所述的单一强度比法容易产生严重的误差。Hirleman 和 Wittig[124]提出了一种基于不同波长和/或不同对散射角的多比例系统,以最大限度地减少这些误差。Hirleman[125]实际使用的倍比系统具有 4 个角度,但是显然随着角度数量的增加,该系统变得不实用。

就商业发展而言,Spectron[126](现已关闭)开发了一种比例处理器,如图 9.23所示。在收集光学系统中集成了环形掩模对,因此可以观察到在近前方向以两个角度(5°和 2.5°)散射的光。两次测量的比例是粒径的函数,粒径的下限约为 0.3μm。

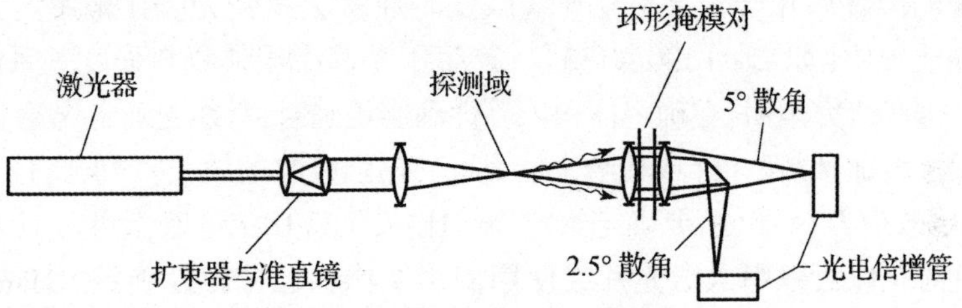

图 9.23　粒径测量强度比法[126]

基于比例的其他方法涉及使用不同的散射光。例如,已经使用了包含在两个偏振方向上的散射光的强度比[109]。另外,关于光散射的波长依赖性的知识导致了使用通过喷雾散射的两个波长的光的强度比的方法。后一种方法的一个例子由 Labs 和 Parker[127]详细描述,该方法应用于柴油机喷雾的附近区域。配比方法的问题通常包括有限的动态范围(可以检测到的液滴最大直径与最小直径之比)。在 Labs 和 Parker 使用的波长对(1.06μm 和 9.27μm)中,有效尺寸范围为 1 ~ 10μm,对于大于 10μm 的液滴,观察到的尺寸/比例关系不明确。但是对于细颗粒的应用,如柴油喷雾,这种方法很有希望使用。

8. 平面方法

最近,已经开发出各种平面方法来测量液滴尺寸。这种趋势与光学机械设备整体能力的提高以及仿真结果产生的兴趣相一致,仿真结果通常以二维和三维方式显示。

1)平面液滴尺寸

在进行平面定径的早期尝试中,Hofeldt 和 Hanson[128]利用宽带染料激光光源将两个相机成像和光散射理论相结合,从喷雾羽流中的平面中提取尺寸分布。所使用的基本原理是偏振比,因为两台摄像机检测到两个偏振角的图像。他们估计了该方法达到1000~10000个/cm^3颗粒浓度的可行性。在这项早期的工作中,提出了对密集喷雾的挑战,进而引起多次散射,因此难以隔离偏振特性。

平面液滴尺寸的另一个示例涉及荧光发射强度与散射强度的图像之比。基本前提是荧光与被照液体的体积成正比,而散射与表面积成正比。Yeh等[129]似乎是第一个考虑这种方法的人。Le Gal等[130]和Sankar等[131]提出了使用这种方法的其他例子。荧光与体积成正比的基本假设需要仔细考虑。通常,必须将染料添加到液体中以产生荧光。另外,在许多实际燃料中发现的芳香族化合物在被紫外线激发时通常会发荧光。在采用荧光方法的早期研究中(如文献[130-132]),产生了一些说明体积与强度关系的具体例子。这些研究表明,在确定体积依赖性确实正确时,必须先确定先验。LeGal等演示了增加染料浓度(或在给定情况下使用强吸收的波长)如何将信号比例从D^3更改为D^2。最终,要确定给定局部比值的SMD定量值,需要一个校准因子。这必须以可以引入激光片或使用阴影图像的已知粒度确定。Hardalupas及其同事对这种方法进行了广泛的评估,结果表明,根据喷雾中的粒径分布,校准系数可能会在整个平面内变化,从而导致误差高达30%[133-134]。

同样,对于蒸发喷雾,如果将染料添加到液体中可以产生荧光信号,则染料的蒸发特性必须与引入溶剂的行为相匹配,否则分子信号(D^3)保持固定,而分母信号(D^2)将下降,从而增加了SMD。

2)滴定法干涉激光成像(ILIDS)

滴定法干涉激光成像是另一种基于平面的尺寸调整方法,涉及使用平面干涉成像,这是Konig等于1986年首先提出的[135]。多年来,众多研究者为提高分辨率做出了贡献,如Maeda等[136]。该方法涉及对由液滴眩光点的激光相互作用产生的干涉测量粒径图进行成像(图9.24)。使用图像分析,可以确定干涉图案的条纹间距,并且结合折射率信息,将校准与液滴尺寸联系起来。条纹间距越大,落差越小。液滴大小的干涉平面成像方法的主要缺点是它们仅限于稀释的喷雾[137]。在双脉冲照明下,该方法可以与粒子跟踪测速相结合,以提供有关粒子速度的信息。可以使用基于这种方法的商业仪器[如Dantec(丹麦)、LaVision(德国)]。

9. 校准技术

在液滴尺寸测量中使用的大多数光学方法都需要某种形式的校准。Hirleman[138]、Koo和Hirleman[139]给出了基本方法的总结。通常,讨论五种方法,包括乳胶球、玻璃微球、单分散液滴、针孔和光掩模板。

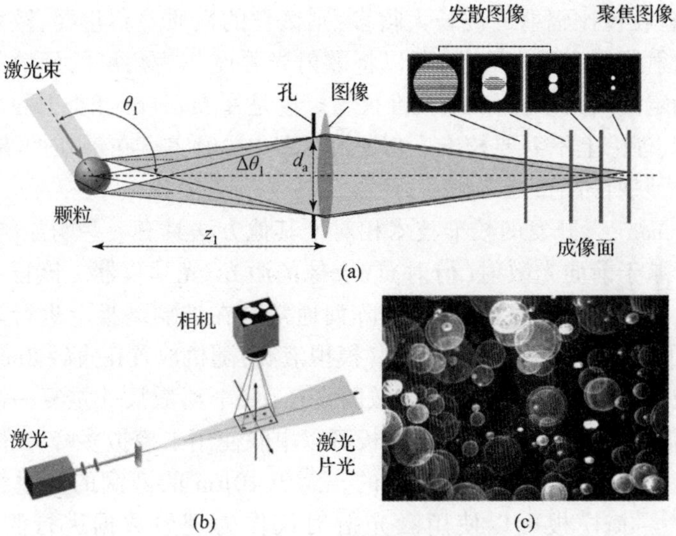

图 9.24 干涉测量粒径图[137]

(a)光学原理图;(b)系统布局示意图;(c)测试结果。

首先从稀释的液体悬浮液中喷出高度单分散的聚苯乙烯微球(可从加利福尼亚州帕洛阿尔托的 Duke Scientifc Co. 购得),随后进行干燥,可用于校准最大粒径约为 5μm 的粒度分析仪。对于较大的粒径,必须在液体悬浮液中使用聚苯乙烯或玻璃球。由于玻璃球相比聚苯乙烯具有更大的尺寸分布,因此使用筛分或沉淀技术来产生明确定义的尺寸组。玻璃微球也可以附着在显微镜载玻片或旋转玻璃盘上,并放置在仪器样品体积中[92]。这些技术所引起的问题包括重力沉降和壁沉积,这是与尺寸有关的现象,是对样品池和流动系统的需求以及用于支撑校准球的载玻片对散射过程的干扰[138]。

振动孔技术有时用于产生几乎单分散液滴的液流或团雾,其直径为10～150μm[140]。这种设备便于校准相位多普勒干涉仪。旋转盘发生器已经用于产生相对小的液滴。这些机械技术对于校准单粒子光学计数器很有用,但是它们无法产生包含校准集成散射仪器所需的宽液滴尺寸的喷雾[138]。

在近前方向上,具有相同直径的液滴、针孔和不透明圆盘的散射特性相当,这一事实使精确形成的圆形针孔可用于校准用作单粒子计数器的液滴定径仪器[103]。这种方法在整体散射仪器中的用途很有限。

上述校准方法在基于衍射的液滴定径器的校准和性能验证中的适用性有限。从某种意义上说,这样的仪器不需要校准,因为在 Mie 散射理论中严格定义了散射光的衍射角和强度。如果将散射测量值限制在小角度(前向衍射)并且粒径比辐射的波长大得多,则微粒的性质并不重要,散射强度仅取决于散射体的直径。因此,可以将散射光强度作为角度的函数的测量结果用于确定液滴大小,而无须校准仪器。这是在 Malvern 和类似粒度仪中使用的原理,理论上不需要校准。但是在实践中,确实存在潜在的错误源,如 Dodge[114-115]所讨论的错误源。

Hirleman[138]开发的校准技术相对于其他方法具有一些明显的优势,特别是对于基于前向光散射(衍射)或成像的激光/光学仪器。该技术采用的标线提供了二维样本阵列,该样本阵列通常是在玻璃基板上进行光蚀刻的1万个圆形的铬膜圆盘。这些圆盘(模拟液滴)随机放置在直径 8mm 的圆形样品区域中。通常,使用 23 个离散的直径(每个离散尺寸重复一次到几千次)来近似特定的粒度分布。掩模板可以串联使用来模拟多峰分布,并且潜在的阵列配置数量实际上是无限的。大于 10μm 的液滴的测量精度约为 ±1μm[138]。掩模板可以使用激光衍射仪作为理想数据进行测量,并在 Rosin - Rammler 分布参数[式(3.14)]中计算 X 和 q 的相应值。已开发出将这些标线用作 ASTM 标准测试方法(E1458 - 12)。这些标线最初是由 Laser Electro - Optics(现已关闭)制造的。

9.3 喷雾模式

正如本书第 7 章中简要讨论的,现已确定了多种确定喷雾模式的方法,包括由简至繁的机械方法,最后为光学方法。

9.3.1 机械

在第 7 章中,讨论了诸多可用于量化喷雾模式的机械设备,其中包括图 7.1 所示的径向喷雾模式采集器。

其他方法涉及平面喷雾分布的量化,例如由联合技术研究中心开发并由 McVey[141]及 Cohen 等[142]描述的系统。该模式形成器系统涉及 25 个收集管,液体经该收集管输送到储液罐,并采用电容式传感器自动测量给定时间内的液体收集量。上述形成器工作原理类似于图 7.1 中所示喷雾模式形成器,但是该形成器采用 3 个径向采样探针,而非两个。布局模式为直径 4.6mm的收集管且径向间隔为 15.2mm。

机械图形形成器仍然是精确量化喷嘴液体空间分布的重要资源。其可配置为圆形或线性几何形状。在极端情况下,可以使用单个样品探针,并通过喷雾移动到所需位置进行取样。该方法已应用于光学厚喷雾中精确测量的先进相位多普勒干涉技术[143]。

9.3.2　光学

在最近的时间里，已经开发了用于图形化喷雾的光学方法。这些图形形成器通常有成像和非成像两类。

1. 成像

成像型图形形成器通常采用激光直接入射喷雾并使用数码相机收集喷雾的散射光。上述方法已在第 7 章中进行讨论，并在文献[3－4]中进行了详细介绍。成像方法的主要挑战是入射光和产生信号的衰减以及二次散射。文献[130,144－146]中详细讨论了上述问题。一般而言，可根据具体情况采用不同方式解释激光片和液滴的相互作用产生的光学成像。如果检查散射光（与入射光波长相同），则可认为它与生成信号的液体表面积成正比。如果添加染料，或使用入射光波长引导产生来自自然物种的荧光（如芳香化合物的紫外激发），则信号光将与被激发液体的体积成正比。因此，图形可用于记录单位面积的表面积或体积，且后者表征荧光介质的吸收行为非常重要。一旦吸收系数太大，信号就不与体积成正比[145]。无论何种情况，此类测量方式均基于空间或浓度的测量（请参阅本章中基于空间与通量的测量部分）。因此，除非所有液滴都以相同的速度传播，否则无法直接与机械图形形成器进行比较。目前已开发出一些方法来解决液滴干扰性质的诸多问题（例如，结构化光照明平面成像— SLIPI[146]），但所需方法相较于机械测量更为复杂。但光学法仍是表征高压环境中的喷雾或小尺寸喷雾的首选方法。此外，由于可采用激光片进行其他因素的测量（如速度、尺寸等），如若将喷雾模式的光学测量结果与其他特征相结合，这对生成有关喷雾行为的详细信息十分有利。

2. 非成像

非成像方法主要与消光有关。实例可参考 Ullom 和 Sojka[147] 和 Lim 等[148]的描述。已证明由 EńUrga（印第安纳州西拉法叶）开发基于消光的商业仪器已成功应用于快速质量控制。如图 9.25 所示，基于统计消光层析成像的基本操作涉及 6 对发射器和接收器。每个发射器形成一个准直激光片，将其聚焦到各接收器的线性阵列并沿喷雾的 3000 多条单独路径测量消光，然后使用统计断层扫描来确定平面中存在的局部散射场，该散射场会导致沿 3000 多条路径的平均消光。该仪器采用更早应用的概念（如 Chen 和 Goulard[149]）并利用照明技术、传感器和计算技术的进步来创建实用商用设备的绝佳范例。

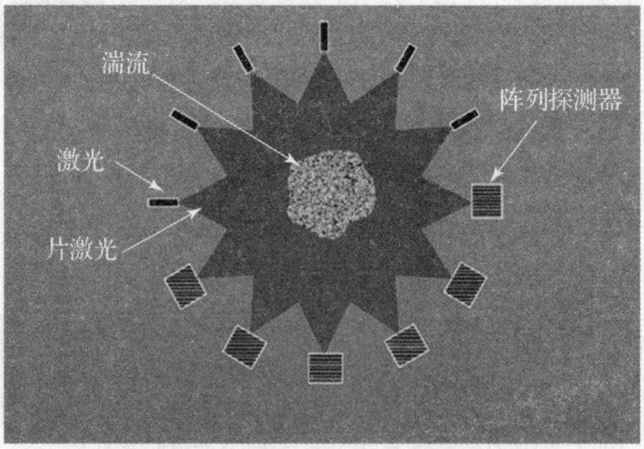

图 9.25　基于统计消光层析成像

9.4　其他特征

如文献[3－4]所述,除了液滴大小和喷雾模式,还可以测量有关喷雾的诸多其他特征,包括液体温度、喷雾羽流中的蒸气浓度及速度等。该成像方法已使许多尺寸和喷雾成型标定与其他特性的测量相结合。

9.5　关于仿真的评论

尽管与喷雾尺寸和成型模式的诊断方法相关的技术发展使人印象深刻,但因计算资源逐年增加促使高保真度模拟的能力以更快的速度发展。相位多普勒(phase Doppler)等方法的开发部分旨在为喷雾模拟提供边界条件或为初始条件提供帮助,而这些条件并未为雾化过程引入某种分解模型。Jenny 等[9]提供了实现该策略的几个示例,例如,将大小和速度分布的相位多普勒结果嵌入计算域。然后将标定粒子(大小和速度)释放到气相中,因此无论气液相之间采用何种耦合模型,标定粒子都对液滴的传播方向起决定性作用。Jenny 等[9]的例子表明当前模拟可以成功匹配喷雾的总体行为。在许多情况下,模拟与实际情况精确匹配的目标值的定义并不明确。这导致某些情况下关于测量和模拟之间的合理一致性或良好一致性的表述十分模糊。没有明确的准确度规范便难以评论其一致性。

实际雾化过程的模拟已经取得长足的进步。第2章介绍了一些简单的破碎模型,但现在可以更详细地模拟破碎过程。例如,Gorokhovski 和 Herrmann[150]的描述方法可以产生令人惊奇的逼真结果。图 9.26 所示为使用耦合液位集和流体体积[151]模拟注入湍流旋流中的离散燃料喷射的雾化效果。

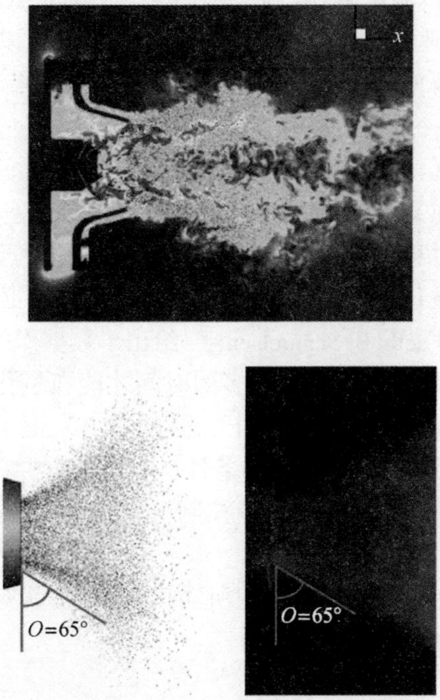

图 9.26　空气旋流喷嘴仿真与试验结果对比

Herrmann[152]使用平衡力细化水平集网格方法为注入横流的湍流射流给出了类似的高保真结果。模拟结果在整体结构、破碎特征和破碎后的液滴行为方面与高速视频图像拥有良好的一致性。仿真模型从喷射器通道上游开始,使用辅助模拟建立液体流出孔口的湍流和速度分布并强调了边界条件的临界性。在大多数关于横流射流的研究中忽略有关湍流的实际液体速度分布,甚至无轴向速度,而只给出体速度,因此导致模拟不够充分。但将结果与高速视频图像进行比较,就整体结构、破碎特性和破碎后的液滴行为而言,在质量上提供了良好的一致性。这些模拟使用辅助模拟从喷射器通道的上游开始建立从孔口流出的液体的湍流和速度分布。这样的结果强调了边界条件的临界性。在大多数关于横流射流的研究中,很少考虑湍流的实际液体速度分布甚至其轴向速度,而给出体积速度导致此类模拟存在一定欠缺。

此外仍有其他研究人员报道了高度详细的柴油喷雾模拟[153]。然而,有关液滴破碎的模拟中难以采用实际数据验证。尽管通过相位多普勒干涉仪得到的详细数据可以验证破碎模拟的结果,但无法完全验证实际破碎细节。虽然普遍采用与高速相机拍摄的视频对比法,但仍可以将更多的定量方法(如适当的正交分解或动态模式分解)应用于模拟结果和实验结果,以便更好评估实验与仿真一致性。

显然,采用仿真和实验协同研究的结果最为实用。这在多机构研究中效果很明显,例如在文献[5-9]中发现的实用结果。但是,对于仅进行实验的研究人员,建议对实验进行充分记录,以使结果用于验证仿真。边界条件的定义至关重要。随着仿真模型扩展至喷注器上游,必须提供喷注器内部的详细几何参数。Faeth 和 Samuelsen[154]给出了数据库的建议格式。考虑到许多详细的实验可能需要花费相当多的时间才能在量化不确定性的情况下仔细完成,因此很容易证明花费额外10%的精力来记录条件十分合理。所需记录的信息包括设施、构型、测试条件、入口和边界条件、测量数量、诊断程序、不寻常的方法、试验方案、质量控制、错误分析、数据可用性、参考文献和数据。

在计划和进行实验时,只要牢记所需信息列表,就有助于确保其作为模型验证的合适数据集的价值。

9.6 小结

显然,没有一种单液滴定径方法或喷雾成形方法使人满意。目前已开发了诸多实用的诊断测量技术,各技术都有优点和局限性。

机械方法具有简单和低成本的优点。其主要代表性问题在于喷雾样品的提取和收集。

在讨论的各种电学方法中,热线技术似乎最为实用。但该设备由于存在与电丝碰撞时破碎的风险,只能在相对较低的速度(小于10m/s)下运行。关于液体的测量还存在其他问题,例如液体可能会在焊丝上留下残留物。

成像系统可以观测喷雾,但主要困难为在给定液滴尺寸下观测体积大小的分配问题。对于喷雾场整体测量,光衍射法被广泛用作喷雾分析的通用工具。在其余光学方法的讨论中,已证明相位多普勒干涉仪对可获得信息的详细程度有重大影响,其可提供尺寸和由大多数实际喷嘴产生的喷雾中速度和质量通量等多个分量。

平面方法因其高效省时的应用以及易于添加互补测量的优势取得一定进展。

在早期液滴测量仪器的应用过程中，Dodge[155]比较了 17 种液滴尺寸测量仪器(包括 6 种不同类型)的性能。以喷雾种类为控制变量，进行了 10 种仪器的性能比较实验，且对另一种喷雾采用了 11 种仪器进行测量，某些仪器在两种喷雾中均有采用。结果表明，仪器性能的系统差异所产生的影响远超喷雾再现性问题的影响程度。液滴平均直径的差异高达 5 倍。但对于某些仪器，观测结果之间有很好的一致性。随着诸多其他液滴尺寸标定方法和工具的发展，再次证明了这种矛盾。

就成形模式而言，统计消光断层扫描已显示出可观前景。光学成像方法在克服入射和信号光衰减的困难方面已取得长足发展，尽管应用程序的复杂性抵消了从激光散射的光被记录和分析的相对简便性，但仍需考虑信息的准确性。

Arthur Lefebvre 在 1995 年的弗里曼学者(Freeman scholar)演讲中[156]提及："高级激光诊断和全面建模的一个缺点为挑战性与智力成果回报并存将导致很容易忘记它们只是达到目的的手段。本人不了解喷嘴或燃烧器技术的任何重大进步，这可归因于激光诊断或综合建模。这些活动经常会损害创新和创造力，而创新和创造力是在这些领域取得进展的两个基本要素。"

在过去 20 年中，这个前提在某种程度上仍然正确，但是激光诊断和模拟在时间和空间分辨率上提供的信息更为重要。然而，喷嘴设计师必须进行创新以促进性能提升，并应使用结果来验证其创造性思维。

参考文献

1. Bachalo, W. D., Spray diagnostics for the twenty-first century, *Atomization Sprays*, Vol. 10, 2000, pp. 439–474.
2. McDonell, V. G., and Samuelsen, G. S., Measurement of fuel mixing and transport processes in gas turbine combustion, *Meas. Sci. Technol.*, Vol. 11, 2000, pp. 870–886.
3. Tropea, C., Optical particle characterization in flows, *Annu. Rev. Fluid Mech.*, Vol. 43, 2011, pp. 399–426.
4. Fansler, T. D., and Parrish, S. E., Spray measurement technology: A review, *Meas. Sci. Technol.*, Vol. 26, 2015, pp. 1–35.
5. Drake, M. C., and Haworth, D. C., Advanced gasoline engine development using optical diagnostics and numerical modeling, *Proc. Combust. Inst.*, Vol. 31, 2007, pp. 99–124.
6. Merci, B., Roekaerts, D., and Sadiki, A., (eds.), Experiments and numerical simulations of turbulent combustion of diluted sprays, in: *Proceedings of the 1st International Workshop on Turbulent Spray Combustion*, Corsica, France, 2011.
7. Merci, B., and Gutheil, E., (eds.), Experiments and numerical simulations of turbulent combustion of diluted sprays, TCS 3, in: *3rd International Workshop on Turbulent Spray Combustion*, Heidelberg, Germany, 2014.
8. http://www.sandia.gov/ecn/ (accessed 4/30/2016)
9. Jenny, P., Roekaerts, D., and Beishuizen, N., Modeling of turbulent dilute spray combustion, *Prog. Energy Combust. Sci.*, Vol. 38, 2012, pp. 846–887.
10. Chigier, N. A., Instrumentation techniques for studying heterogeneous combustion, *Prog. Energy Combust. Sci.*, Vol. 3, 1977, pp. 175–189.
11. Chigier, N. A., Drop size and velocity instrumentation, *Prog. Energy Combust. Sci.*, Vol. 9, 1983, pp. 155–177.
12. Bachalo, W. D., Droplet analysis techniques: Their selection and applications, in: Tishkoff, J. M., Ingebo, R. D., and Kennedy, J. B. (eds.), *Liquid Particle Size Measurement Techniques*, ASTM STP 848, West Conshohocken, US: American Society for Testing and Materials, 1984, pp. 5–21.
13. Ferrenberg, A. J., Liquid rocket injector atomization research, in: Tishkoff, J. M., Ingebo, R. D., and Kennedy,

J. B. (eds.), *Liquid Particle Size Measurement Techniques*, ASTM STP 848, West Conshohocken, US: American Society for Testing and Materials, 1984, pp. 82–97.
14. Hirleman, E. D., Particle sizing by optical, nonimaging techniques, in: Tishkoff, J. M., Ingebo, R. D., and Kennedy, J. B. (eds.), *Liquid Particle Size Measurement Techniques*, ASTM STP 848, West Conshohocken, US: American Society for Testing and Materials, 1984, pp. 35–60.
15. Jones, A. R., A review of drop size measurement—The application of techniques to dense fuel sprays, *Prog. Energy Combust. Sci.*, Vol. 3, 1977, pp. 225–234.
16. Wittig, S., Aigner, M., Sakbani, K. H., and Sattelmayer, T. H., Optical measurements of droplet size distributions: Special considerations in the parameter definition for fuel atomizers, *Paper Presented at AGARD meeting on Combustion Problems in Turbine Engines*, Cesme, Turkey, October 1983.
17. Chin, J. S., Nickolaus, D., and Lefebvre, A. H., Influence of downstream distance on the spray characteristics of pressure-swirl atomizers, *ASME J. Eng. Gas Turb. Power*, Vol. 106, No. 1, 1986, p. 219.
18. Tate, R. W., Some problems associated with the accurate representation droplet size distributions, in: *Proceedings of the 2nd International Conference on Liquid Atomization and Spray Systems*, Madison, Wisconsin, June 1982, pp. 341–351.
19. Lewis, H. C., Edwards, D. G., Goglia, M. J., Rice, R. I., and Smith, L. W., Atomization of liquids in high velocity gas streams, *Ind. Eng. Chem.*, Vol. 40, No. 1, 1948, pp. 67–74.
20. Bowen, I. G., and Davies, G. P., Report ICT 28, Shell Research Ltd., London, 1951.
21. Yule, A. J., and Dunkley, J. J., *Atomization of Melts for Power Production and Spray Deposition*, Oxford: Clarendon Press, 1994.
22. Wagner, R. M., and Drallmeier, J. A., An approach for determining confidence intervals for common spray statistics, *Atomization Sprays*, Vol. 11, 2001, pp. 255–268.
23. Edwards, C. F., and Marx, K. D., Analysis of the ideal phase-Doppler system: Limitations imposed by the single-particle constraint, *Atomization Sprays*, Vol. 2, 1992, pp. 319–366.
24. Brown, C. T., McDonell, V. G., and Talley, D. G., Accounting for laser extinction, signal attenuation, and secondary emission while performing optical patternation in a single plane, in: *15th Annual Conference on Liquid Atomization and Spray Systems*, Madison, WI, 2002 (ILASS Americas 2002).
25. Koh, H., Joen, J., Kim, D., Yoon, Y., and Koo, J.-Y., Analysis of signal attenuation for quantification of planar imaging technique, *Meas. Sci. Technol.*, Vol. 14, 2003, pp. 1829–1839.
26. Berrocal, E., Kristensson, E., Richter, M., Linne, M., and Aldén, M., Application of structured illumination for multiple scattering suppression in planar laser imaging of dense sprays, *Opt. Express*, Vol. 16, 2008, pp. 17870–17881.
27. Chin, J. S., Durrett, R., and Lefebvre, A. H., The interdependence of spray characteristics and evaporation history of fuel sprays, *ASME J. Eng. Gas Turb. Power*, Vol. 106, 1984, pp. 639–644.
28. Mao, C. P., Wang, G., and Chigier, N. A., An experimental study of air-assist atomizer spray flames, in: *21st Symposium (International) on Combustion*, The Combustion Institute, Pittsburgh, PA, 1986, pp. 665–673.
29. McDonell, V. G., and Samuelsen, G. S., An experimental data base for the computational fluid dynamics of reacting and non-reacting methanol sprays, *J. Fluid Eng.*, Vol. 117, 1995, pp. 145–153.
30. McDonell, V. G., Wood, C. P., and Samuelsen, G. S., A comparison of spatially-resolved drop size and drop measurements in an isothermal spray chamber and a swirl-stabilized combustor, in: *21st Symposium (International) on Combustion*, The Combustion Institute, Pittsburgh, PA, 1986, pp. 685–694.
31. Crosby, E. J., Atomization considerations in spray processing, in: *Proceedings of 1st International Conference on Liquid Atomization and Spray Systems*, Tokyo, August 1978, pp. 434–448.
32. Greenberg, J. B., Interacting sprays, in: Ashgriz, N. (ed.), *Handbook of Atomization and Sprays: Theory and Applications*, Springer, New York, 2011.
33. ASTM E1260-03, Standard test method for determining liquid drop size characteristics in a spray using optical non-imaging light-scattering instruments, 2015.
34. Pilcher, J. M., Miesse, C. C., and Putnam, A. A., Wright Air Development Technical Report WADCTR 56-344, Chapter 4, 1957.
35. May, K. R., The measurement of airborne droplets by the magnesium oxide method, *J. Sci. Instrum.*, Vol. 27, 1950, pp. 128–130.
36. Elkotb, M. M., Rafat, N. M., and Hanna, M. A., The influence of swirl atomizer geometry on the atomization performance, in: *Proceedings of the 1st International Conference on Liquid Atomization and Spray Systems*, Tokyo, 1978, pp. 109–115.
37. Kim, K. Y., and Marshall, W. R., Drop-size distributions from pneumatic atomizers, *J. Am. Inst. Chem. Eng.*, Vol. 17, No. 3, 1971, pp. 575–584.
38. Rao, K. V. L., Liquid nitrogen cooled sampling probe for the measurement of spray drop size distribution in moving liquid-air sprays, in: *Proceedings of the 1st International Conference on Liquid Atomization and Spray Systems*, Tokyo, 1978, pp. 293–300.
39. Bolszo, C. D., Narvaez, A. A., McDonell, V. G., Dunn-Rankin, D., and Sirignano, W. A., Pressure-swirl atomization of water-in-oil emulsions, *Atomization Sprays*, Vol. 201, 2011, pp. 1077–1099.
40. Hausser, F., and Strobl, G. M., Method of catching drops on a surface and defining the drop size distributions by curves, *Z. Tech. Phys.*, Vol. 5, No. 4, 1924, pp. 154–157.
41. Karasawa, T., and Kurabayashi, T., Coalescence of droplets and failure of droplets to impact the sampler in the immersion sampling technique, in: *Proceedings of the 2nd International Conference on Liquid Atomization and Spray Systems*, Madison, Wisconsin, 1982, pp. 285–291.
42. Rupe, J. H., A technique for the investigation of spray characteristics of constant flow nozzles, in: *3rd Symposium on Combustion, Flame, and Explosion Phenomena*, Williams & Wilkins, Baltimore, MD, 1949, pp. 680–694.
43. *Spray Droplet Technology, Brochure*, West Des Moines, IA: Delavan Manufacturing Corporation, 1982.
44. Joyce, J. R., The atomization of liquid fuels for combustion, *J. Inst. Fuel*, Vol. 22, No. 124, 1949, pp. 150–156.
45. Longwell, J. P., Fuel Oil Atomization, D.Sc. thesis, Massachusetts Institute of Technology, Massachusetts, 1943.
46. Taylor, E. H., and Harmon, D. B., Jr., Measuring drop sizes in sprays, *Ind. Eng. Chem.*, Vol. 46, No. 7, 1954, pp. 1455–1457.
47. Choudhury, A. P. R., Lamb, G. G., and Stevens, W. F., A new technique for drop-size distribution determination, *Trans. Indian Inst. Chem. Eng.*, Vol. 10, 1957, pp. 21–24.
48. Nelson, P. A., and Stevens, W. F., Size distribution of droplets from centrifugal spray nozzles, *J. Am. Inst. Chem. Eng.*, Vol. 7, No. 1, 1961, pp. 80–86.
49. Street, P. J., and Danaford, V. E. J., A technique for determining drop size distributions using liquid nitrogen, *J. Inst. Pet.* London, Vol. 54, No. 536, 1968, pp. 241–242.
50. Kurabayashi, T., Karasawa, T., and Hayano, K., Liquid nitrogen freezing method for measuring spray drop-

let sizes, in: *Proceedings of 1st International Conference on Liquid Atomization and Spray Systems*, Tokyo, 1978, pp. 285–292.
51. May, K. R., The cascade impactor: An instrument for sampling coarse aerosols, *J. Sci. Instrum.*, Vol. 22, 1945, pp. 187–195.
52. Wicks, M., and Dukler, A. E., *Proceedings of ASME Heat Transfer Conference*, Vol. V, Chicago, 1966, p. 39.
53. Gardiner, J. A., Measurement of the drop size distribution in water sprays by an electrical method, *Instrum. Pract.*, Vol. 18, 1964, p. 353.
54. Mahler, D. S., and Magnus, D. E., Hot-wire technique for droplet measurements, in: Tishkoff, J. M., Ingebo, R. D., and Kennedy, J. B. (eds.), *Liquid Particle Size Measurement Techniques, ASTM STP 848*, West Conshohocken, PA: American Society for Testing and Materials, 1984, pp. 153–165.
55. Dombrowski, N., and Fraser, R. P., A photographic investigation into the disintegration of liquid sheets, *Philos. Trans. R. Soc. London Ser. A*, Vol. 247, No. 924, 1954, pp. 101–130.
56. Dombrowski, N., and Johns, W. R., The aerodynamic instability and disintegration of viscous liquid sheets, *Chem. Eng. Sci.*, Vol. 18, 1963, pp. 203–214.
57. Fraser, R. P., Dombrowski, N., and Routley, J. H., The production of uniform liquid sheets from spinning cups; The filming by spinning cups; The atomization of a liquid sheet by an impinging air stream, *Chem. Eng. Sci.*, Vol. 18, 1963, pp. 315–321, 323–337, 339–353.
58. Mullinger, P. J., and Chigier, N. A., The design and performance of internal mixing multi-jet twin-fluid atomizers, *J. Inst. Fuel*, Vol. 47, 1974, pp. 251–261.
59. Mellor, R., Chigier, N. A., and Beer, J. M., Pressure jet spray in airstreams, in: *ASME Paper 70-GT-101, ASME Gas Turbine Conference*, Brussels, 1970.
60. Chigier, N. A., McCreath, C. G., and Makepeace, R. W., Dynamics of droplets in burning and isothermal kerosine sprays, *Combust. Flame*, Vol. 23, 1974, pp. 11–16.
61. Chigier, N. A., The atomization and burning of liquid fuel sprays, *Prog. Energy Combust. Sci.*, Vol. 2, 1976, pp. 97–114.
62. De Corso, S. M., and Kemeny, G. A., Effect of ambient and fuel pressure on nozzle spray angle, *ASME Trans.*, Vol. 79, No. 3, 1957, pp. 607–615.
63. Simmons, H. C., and Lapera, D. L., A high-speed spray analyzer for gas turbine fuel nozzles, *Paper Presented at ASME Gas Turbine Conference, Session 2b*, Cleveland, March 1969.
64. Weiss, B.A., Derov, P., DeBiase, D., and Simmons, H.C., Fluid particle sizing using a fully automated optical imaging system, Optical Engineering, Vol 23, 1984, pp 561–566.
65. Bertollini, G. P., Oberdier, L. M., and Lee, Y. H., Imaging processing system to analyze droplet distributions in sprays, *Opt. Eng.*, Vol. 24, 1985, pp. 464–469.
66. Hardalupus, Y., Hishida, K., Maeda, M., Morikita, H., Taylor, A. M. K. P., and Whitelaw, J. H., Shadow Doppler technique for sizing particles of arbitrary shape, *Appl. Opt.*, Vol. 33, 1994, pp. 8417–8426.
67. MacLoughlin, P. F., and Walsh, J. J., A holographic study of interacting liquid sprays, in: *Proceedings of 1st International Conference on Liquid Atomization and Spray Systems*, Tokyo, 1978, pp. 325–332.
68. Murakami, T., and Ishikawa, M., Laser holographic study on atomization processes, in: *Proceedings of 1st International Conference on Liquid Atomization and Spray Systems*, Tokyo, 1978, pp. 317–324.
69. Thompson, B. J., Droplet characteristics with conventional and holographic imaging techniques, in: Tishkoff, J. M., Ingebo, R. D., and Kennedy, J. B. (eds.), *Liquid Particle Size Measurement Techniques, ASTM STP 848*, West Conshohocken, PA: American Society for Testing and Materials, 1984, pp. 111–122.
70. Ruff, G. A., Bernal, L. P., and Faeth, G. M., Structure of the near-injector region of non-evaporating pressure-atomized sprays, *J. Prop. Power*, Vol. 7, 1991, pp. 221–230.
71. Tseng, L. E., Wu, P. K., and Faeth, G. M., Dispersed-phase structure of pressure atomized sprays, and various gas densities, *J. Prop. Power*, Vol. 8, 1992, pp. 1157–1166.
72. Santangelo, P. J., and Sjoka, P. E., Holographic particle diagnostics, *Prog. Energy Combust. Sci.*, Vol. 19, 1993, pp. 587–603.
73. McVey, J. B., Kennedy, J. B., and Owen, F. K., Diagnostic techniques for measurements in burning sprays, *Paper Presented at Meeting of Western States Section of the Combustion Institute*, Washington, DC, October 1976.
74. Müller, J., Kebbel, V., and Jüptner, W., Characterization of spatial particle distributions in a spray-forming process using digital holography, *Meas. Sci. Technol.*, Vol. 15, 2004, pp. 706–710.
75. Lee, J., Miller, B., and Sallam, K. A., Demonstration of digital holographic diagnostics for the breakup of liquid jets using a commercial-grade CCD sensor, *Atomization Sprays*, Vol. 19, 2009, pp. 445–456.
76. Olinger, D. S., Sallam, K. A., Lin, K.-C., and Carter, C. D., Image processing algorithms for digital holographic analysis of near-injector sprays, in: *Proceedings of the ILASS-Americas, 25th Annual Conference on Liquid Atomization and Spray Systems*, Pittsburgh, PA, 2013.
77. Okoshi, T., *Three Dimensional Imaging Techniques*, New York: Academic Press, 1976.
78. Javidi, B., and Okano, F. (eds.), *Three-Dimensional Television Video and Display Technologies*, Berlin: Springer-Verlag, 2002.
79. Perwaβ, C., and Weitzke, L., Single lens 3D-camera with extended depth of field, in: *Proceedings, SPIE*, Vol. 8291, 2012.
80. Nonn, T., Jaunet, V., and Hellman, S., Spray droplet size and velocity measurements using light-field velocimetry, in: *ICLASS 2012, 12th Triennial International Conference on Liquid Atomization and Spray System*, Heidelberg, Germany, 2012.
81. Lillo, P. M., Greene, M. L., and Sick, V., Plenoptic single-shot 3D imaging of in-cylinder fuel spray geometry, *Z. Phys. Chem.*, Vol. 229, 2015, pp. 549–560.
82. Paciaroni, M., and Linne, M., Single-shot two-dimensional ballistic imaging through scattering media, *Appl. Opt.*, Vol. 43, 2004, pp. 5100–5109.
83. Linne, M., Imaging in the optically dense regions of a spray: A review of developing techniques, *Prog. Energy Combust. Sci.*, Vol. 39, 2013, pp. 403–440.
84. MacPhee, A. G., Tate, M. W., Powell, C. F., Yong, Y., Renzi, M. J. Ercon, A., Narayanan, S., Fontes, E., Walther, J., Shaller J. et al., X-ray imaging of shock waves generated by high-pressure fuel sprays, *Science*, Vol. 295, 2002, pp. 1261–1263.
85. Wang, J., S-ray vision of fuel sprays, *J. Synchorotron Radiat.*, Vol. 12, 2005, pp. 197–207.
86. Powell, C. F., Kastengren, A. L., Liu, Z., and Fezzaa, K., The effects of diesel injector needle motion on spray structure, *ASME J. Eng. Gas Turb. Power*, Vol. 133, 2011, p. 012802.
87. Duke, D. J., Dastengrem, A. L. O., Tilocco, F. A., Swantek, A. B., and Powell, C. F., X-ray radiography of cavitating nozzle flow, *Atomization Sprays*, Vol. 23, 2013, pp. 841–860.
88. Bachalo, W. D., Method for measuring the size and velocity of spheres by dual-beam light scatter interferometry, *Appl. Opt.*, Vol. 19, No. 3, 1980, pp. 363–370.
89. Durst, F., Melling, A., and Whitelaw, J. H., *Principles and Practice of Laser-Doppler Anemometry*, New York: Academic Press, 1976.

90. Farmer, W. M., The interferometric observation of dynamic particle size, velocity, and number density, Ph.D. thesis, University of Tennessee, Knoxville, 1973.
91. Farmer, W. M., Sample space for particle size and velocity measuring interferometers, *Appl. Opt.*, Vol. 15, 1976, pp. 1984–1989.
92. Yule, A., Chigier, N., Atakan, S., and Ungut, A., *Particle Size and Velocity Measurement by Laser Anemometry*, AIAA Paper 77-214, 15th Aerospace Sciences Meeting, Los Angeles, 1977.
93. Mularz, E. J., Bosque, M. A., and Humenik, F. M., Detailed fuel spray analysis techniques, NASA Technical Memorandum 83476, 1983.
94. Bachalo, W. D., Hess, C. F., and Hartwell, C. A., An instrument for spray droplet size and velocity measurements, ASME Winter Annual Meeting, Paper No. 79-WA/GT-13, 1979.
95. Jackson, T. A., and Samuelson, G. S., Spatially resolved droplet size measurements, ASME Paper 85-GT-38, 1985.
96. Hess, C. F., A technique combining the visibility of a Doppler signal with the peak intensity of the pedestal to measure the size and velocity of droplets in a spray, *Paper Presented at the AIAA 22nd Aerospace Sciences Meeting*, Reno, NV, January 9–12, 1984.
97. Hirleman, E. D., History of development of the phase-Doppler particle sizing velocimeter, *Part. Part. Syst. Char.*, Vol. 13, 1996, pp. 59–67.
98. Bachalo, W. D., and Houser, M. J., Phase Doppler spray analyzer for simultaneous measurements of drop size and velocity distributions, *Opt. Eng.*, Vol. 23, No. 5, 1984, pp. 583–590.
99. Bachalo, W. D., and Houser, M. J., Spray drop size and velocity measurements using the phase/Doppler particle analyzer, in: *Proceedings of the 3rd International Conference on Liquid Atomization and Spray Systems*, London, 1985, pp. VC/2/1–12.
100. McDonell, V.G., and Samuelsen, G. S., Sensitivity assessment of a phase Doppler interferometer to user controlled settings, in: Hirleman, E. D. (ed.), *Liquid Particle Size Measurement Techniques: 2nd Volume: ASTM STP 1083*, Philadelphia, PA: American Society for Testing and Materials, 1990, pp. 170–189.
101. McDonell, V. G., Samuelsen, G. S., Wang, M. R., Hong, C. H., and Lai, W. H., Interlaboratory comparison of phase Doppler measurements in a research simplex atomizer spray, *J. Propul. Power*, Vol. 10, 1994, pp. 402–409.
102. Zhu, J. Y., Bachalo, E. J., Rudoff, R. C., and Bachalo, W. D., and McDonell, V. G., Assessment of a Fourier-transform Doppler signal analyzer and comparison with a time-domain counter processor, *Atomization Sprays*, Vol. 5, 1995, pp. 585–601.
103. Holve, D. J., and Self, S. A., Optical particle sizing counter for in situ measurements, Parts I and II, *Appl. Opt.*, Vol. 18, No. 10, 1979, pp. 1632–1645.
104. Holve, D. J., In situ optical particle sizing technique, *J. Energy*, Vol. 4, No. 4, 1980, pp. 176–182.
105. Holve, D. J., and Annen, K., Optical particle counting and sizing using intensity deconvolution, *Opt. Eng.*, Vol. 23, No. 5, 1984, pp. 591–603.
106. Holve, D. J., and Davis, G. W., Sample volume and alignment analysis for an optical particle counter sizer, and other applications, *Appl. Opt.*, Vol. 24, No. 7, 1985, pp. 998–1005.
107. Holve, D. J., Transit Timing Velocimetry (TTV) for two phase reacting flows, *Combust. Flame*, Vol. 48, 1982, pp. 105–108.
108. Holve, D. J., and Meyer, P. L. In-situ particle measurement in combustion environments, in: Chigier, N. (ed.), *Combustion Measurements*, Washington, DC: Hemisphere, 1991, pp. 279–299.
109. Black, D. L., McQuay, M. Q., and Bonin, M. P., Laser-based techniques for particle-size measurement: A review of sizing methods and their industrial applications, *Prog. Energy Combust. Sci.*, Vol. 22, 1996, pp. 267–306.
110. Dobbins, R. A., Crocco, L., and Glassman, I., Measurement of mean particle sizes of sprays from diffractively scattered light, *AIAA J.*, Vol. 1, No. 8, 1963, pp. 1882–1886.
111. Roberts, J. M., and Webb, M. J., Measurement of droplet size for wide range particle distribution, *AIAA J.*, Vol. 2, No. 3, 1964, pp. 583–585.
112. Rizk, N. K., and Lefebvre, A. H., Measurement of drop-size distribution by a light-scattering technique, in: Tishkoff, J. M., Ingebo, R. D., and Kennedy, J. B. (eds.), *Liquid Particle Size Measurement Techniques, ASTM STP 848*, American Society for Testing and Materials, Philadelphia, PA 1984, pp. 61–71.
113. Swithenbank, J., Beer, J. M., Abbott, D., and McCreath, C. G., A laser diagnostic technique for the measurement of droplet and particle size distribution, Paper 76-69, in: *14th Aerospace Sciences Meeting*, American Institute of Aeronautics and Astronautics, Washington, DC, January 26–28, 1976.
114. Dodge, L. G., Calibration of Malvern particle sizer, *Appl. Opt.*, Vol. 23, 1984, pp. 2415–2419.
115. Dodge, L. G., Change of calibration of diffraction based particle sizes in dense sprays, *Opt. Eng.*, Vol. 23, No. 5. 1984, pp. 626–630.
116. Felton, P. G., Hamidi, A. A., and Aigal, A. K., Measurement of drop size distribution in dense sprays by laser diffraction, in: *Proceedings of the 3rd International Conference on Liquid Atomization and Spray Systems*, London, 1985, pp. IVA/4/1–11.
117. Hamadi, A. A., and Swithenbank, J., Treatment of multiple scattering of light in laser diffraction measurement techniques in dense sprays and particle fields, *J. Inst. Energy*, Vol. 59, 1986. pp. 101–105.
118. Wild, P. N., and Swithenbank, J., Beam stop and vignetting effects in particle size measurements by laser diffraction, *Appl. Opt.*, Vol. 25, No. 19, 1986, pp. 3520–3526.
119. Dodge, L. G., and Cerwin, S. A., Extending the applicability of diffraction-based drop sizing instruments, in: Tishkoff, J. M., Ingebo, R. D., and Kennedy, J. B. (eds.), *Liquid Particle Size Measurement Techniques, ASTM STP 848*, Philadelphia, PA: American Society for Testing and Materials, 1984, pp. 72–81.
120. Dodge, L. G., Rhodes, D. J., and Reitz, R. D., *Comparison of Drop-Size Measurement Techniques in Fuel Sprays: Malvern Laser-Diffraction and Aerometrics Phase Doppler*, Spring Meeting of Central States Section of the Combustion Institute, Cleveland, May 1986.
121. Hodkinson, J., Particle sizing by means of the forward scattering lobe, *Appl. Opt.*, Vol. 5, 1966, pp. 839–844.
122. Gravatt, C., Real time measurement of the size distribution of particulate matter by a light scattering method, *J. Air Pollut. Control Assoc.*, Vol. 23, No. 12, 1973, pp. 1035–1038.
123. Stevenson, W. H., Optical Measurement of Drop Size in Liquid Sprays, Gas Turbine Combustion Short Course Notes, School of Mechanical Engineering, Purdue University, West Lafayette, Indiana, 1977.
124. Hirleman, E. D., and Wittig, S. L. K., Uncertainties in particle size distributions measured with ratio-type single particle counters, in: *Conference on Laser and Electro-Optical Systems*, San Diego, California, May 25–27, 1976.
125. Hirleman, E. D., Optical Techniques for Particulate Characterization in Combustion Environments, Ph.D. thesis. School of Mechanical Engineering, Purdue University, West Lafayette, Indiana, 1977.
126. Wuerer, J. E., Oeding, R. G., Poon, C. C., and Hess, C. F., (Spectron Development Labs), The application of non-intrusive optical methods to physical measurements

in combustion, in: *American Institute of Aeronautics and Astronautics 20th Aerospace Sciences Meeting, Paper No. AIAA-82-0236*, Orlando, FL January 1982.

127. Labs, J., and Parker, T., Diesel fuel spray droplet sizes and volume fractions from the region 25 mm below the orifice, *Atomization Sprays*, Vol. 13, 2003, pp. 425–442.
128. Hofeldt, D. L., and Hanson, R. K., Instantaneous imaging of particle size and spatial distribution in two-phase flows, *Appl. Opt.*, Vol. 30, 1991, pp. 4936–4948.
129. Yeh, C. N., Kosaka, H., and Kamimoto, T., Fluorescence/scattering image technique for particle sizing in unsteady diesel spray, *Trans. Jpn. Soc. Mech. Eng.*, Vol. 59, pp. 4008–4013, 1993.
130. Le Gal, P., Farrugia, N., and Greenhalgh, D. A., Laser sheet drop sizing of dense sprays, *Opt. Laser Technol.*, Vol. 31, 1999, pp. 75–83.
131. Sankar, S. V., Maher, K. E., and Robart, D. M., Rapid characterization of fuel atomizers using an optical patternator, *ASME J. Eng. Gas Turb. Power.*, Vol. 121, 1999, pp. 409–414.
132. Talley, D. G., Thanban, A. T. S., McDonell, V. G., and Samuelsen, G. S., Laser sheet visualization of spray structure, Chapter 5, in: Kuo, K. K. (ed.), *Recent Advances in Spray Combustion: Spray Atomization and Drop Burning Phenomena, Progress in Astronautics and Aeronautics*, Vol 166, 1996, pp. 113–142.
133. Domann, R., and Hardalupas, Y., Quantitative measurements of planar droplet sauter mean diameter in sprays using planar droplet sizing, *Part. Part. Syst. Char.*, Vol. 20, 2003, pp. 209–218.
134. Charalampous, G., and Hardalupas, Y., Method to reduce errors of droplet sizing based on the ratio of fluorescent and scattered light intensities (Laser-Induced Fluorescence/Mie Technique), *Appl. Opt.*, Vol. 50, 2011, pp. 3622–3627.
135. Konig, G., Anders, K., and Frohn, A., A new light scattering technique to measure the diameter of periodically generated moving droplets, *J. Aersol. Sci.*, Vol. 17, 1986, pp. 157–167.
136. Maeda, M., Akasaka, Y., and Kawaguchi, T., Improvements of the interferometric technique for simultaneous measurement of droplet size and velocity vector field and its application to a transient spray, *Exp. Fluids*, Vol. 33, 2002, pp. 125–134.
137. Damaschke, N., Noback, H., and Tropea, C., Optical limits of particle concentration for multi-dimensional particle sizing techniques in fluid mechanics, *Exp. Fluids*, Vol. 32, 2002, pp. 143–152.
138. Hirleman, E. D., On-line calibration technique for laser diffraction droplet sizing instruments, ASME Paper 83-GT-232, 1983.
139. Koo, J. H., and Hirleman, E. D., Review of principles of optical techniques for particle size measurements, in: Kuo, K. K. (ed.), *Recent Advances in Spray Combustion: Spray Atomization and Drop Burning Phenomena, Progress in Astronautics and Aeronautics*, New York: AIAA, Vol 166, 1996, pp. 3–32.
140. Berglund, R. N., and Liu, B. Y. H., Generation of monodisperse aerosol standards, *Environ. Sci. Technol.*, Vol. 7, 1973, pp. 147–153.
141. McVey, J. B., Russell, S., and Kennedy, J. B., High resolution patternator for the characterization of fuel sprays, *AIAA J.*, Vol. 3, 1987, pp. 607–615.
142. Cohen, J. M., and Rosfjord, T. J., Spray patternation at high pressure, *J. Propul. Power*, Vol. 7, 1991, pp. 481–489.
143. Strakey, P. A., Tally, D. G., Sankar, S. V., and Bachalo, W. D., Phase-Doppler interferometry with probe-to-droplet size ratios less than unity. II: Application of the technique, *Appl. Opt.*, Vol. 39, 2000, pp. 3887–3894.
144. Talley, D. G., Thamban, A. T. S., McDonell, V. G., and Samuelsen, G. S., Laser sheet visualization of spray structure, in: Kuo, K. K. (ed.), *Recent Advances in Spray Combustion*, New York: AIAA, 1995, pp. 113–141.
145. Brown, C. T., McDonell, V. G., and Talley, D. G., Accounting for laser extinction, signal attenuation, and secondary emission while performing optical patter nation in a single plane, in: *Proceedings, ILASS Americas*, Madison, WI, 2002.
146. Berrocal, E., Kristensson, E., Richter, M., Linne, M., and Aldén, M., Application of structured illumination for multiple scatter suppression in planar laser imaging of dense sprays, *Opt. Express*, Vol. 16, 2008, pp. 17870–17882.
147. Ullom, M.J. and Sojka, P.E., A simple optical patternator for evaluating spray symmetry, *Rev. Sci. Instruments*, Vol 72, 2001, pp 2472–2477.
148. Lim, J., Sivathanu, Y., Narayanan, V., and Chang, S., Optical Patternation of a water spray using statistical extinction tomography, *Atomiz. Sprays*, Vol 13, pp 27–43, 2003.
149. Chen, F. P., and Goulard, R., Retrieval of arbitrary concentration and temperature fields by multiangular scanning techniques, *J. Quant. Spectrosc. Radiat. Transfer*, Vol. 16, 1976, p. 819.
150. Gorokhovski, M., and Herrmann, M., Modeling primary atomization, *Annu. Rev. Fluid Mech.*, Vol. 40, 2008, pp. 343–366.
151. Li, X., Soteriou, M. C., Kim, W., and Cohen, J. M., High fidelity simulation of the spray generated by a realistic swirling flow injector, *J. Eng. Gas Turb. Power*, Vol. 136, 2014, pp. 071503–1:10.
152. Herrmann, M., Detailed numerical simulations of the primary atomization of a turbulent liquid jet in cross flow, *J. Eng. Gas Turb. Power*, Vol. 132, 2010, pp. 061506–1:10.
153. Shinjo, J., and Umemura, A., Surface instability and primary atomization characteristics of straight liquid jet sprays, *Int. J. Multiphase Flows*, Vol. 37, 2011, pp. 1294–1304.
154. Faeth, G. M., and Samuelsen, G. S., Fast reacting nonpremixed combustion, *Prog. Energy Combust. Sci.*, Vol. 12, 1986, pp. 305–372.
155. Dodge, L. G., Comparison of performance of drop-sizing instruments, *Appl. Opt.*, Vol. 26, No. 7, 1987, pp. 1328–1341.
156. Lefebvre, A. H., The role of fuel preparation in low-emission combustion, *J. Eng. Gas Turb. Power*, Vol. 117, 1995, pp. 617–653.

内 容 简 介

从柴油机的燃烧到喷涂以及蒸发冷却的整个工业过程中，液体喷雾的发展非常重要。在众多的工业应用中，喷雾及其雾化过程是一个不断发展的、多学科的研究和生产领域。

本书以液体破碎、传输和蒸发的关键物理学为基础，着重为喷嘴的设计者提供工具，来指导喷嘴的设计、雾化性能的优化和蒸发行为的评估。本书首要主题基于 Arthur Lefebvre 在职业生涯中所采用的实用的、基于物理学的方法，也就是他作为雾化和喷雾技术工程师的开创性工作，以及他为实现各种喷雾行为而发明的简单易用的设计工具。本书在第 1 版基础上增加了喷嘴性能和喷雾分布的其他关系，以及对先进制造方法更广泛的思考等内容。最后，本书不仅更新了关于仪器设备的其他内容，以反映用于量化喷雾特性的设备的发展；还为初学者和专家提供了一系列可以在喷雾的雾化和蒸发的任何方面应用的工程工具。

总之，本书总结了各种喷嘴的类型和与它们相关的关键使用原理；包含了计算示例，可以帮助人们正确使用设计工具；更新了第 1 版关于雾化和喷雾的经典教程中的方法论和重要观点。